Mercedes-Benz
C-Klasse

HEEL Verlag GmbH
Gut Pottscheidt
53639 Königswinter
Telefon 0 22 23 / 92 30-0
Telefax 0 22 23 / 92 30 26
Mail: info@heel-verlag.de
Internet: www.heel-verlag.de

Verantwortlich für den Inhalt:
Günter Engelen

Redaktion und Lektorat:
Gerhard Heidbrink, Nils Beckmann, Jost Neßhöver

Lithographie, Satz und Gestaltung:
gb-s Mediendesign, Königswinter

Titelfoto:
Daimler AG

Printed in Poland

ISBN: 978-3-95843-942-9

GÜNTER ENGELEN

Mercedes-Benz C-Klasse

DIE BAUREIHEN 201–205

HEEL

Inhalt

Selten wird der Größenunterschied zwischen dem ersten Serien- und Kompaktwagen der Welt, dem Benz Velo und dem Benz Phaeton, der L-Version des Benz Victoria, so deutlich wie auf diesem am Ende des vorletzten Jahrhunderts aufgenommenen Foto von einem Familienausflug der Familie Benz an die Bergstraße zwischen Heidelberg und Weinheim (von rechts nach links: die Töchter Thilde und Ellen Benz auf dem Velo, Sohn Richard Benz, Karl Benz, Bertha Benz und ihre Mutter Auguste Ringer auf dem Phaeton).

KAPITEL 1 – SPURENSUCHE

In der Geschichte der Marke Mercedes-Benz und ihrer Ursprungsmarken spielen vor allem Personenwagen für die oberen Marktsegmente von jeher eine bedeutende Rolle. Dennoch haben beide Gründerfirmen der späteren Daimler-Benz AG ihren Kunden von Beginn an auch kompaktere Modelle angeboten.

Die Firma Benz & Cie. beispielsweise hatte ab 1894 neben dem Victoria und dem Vis-à-Vis das deutlich kleinere und preiswertere Motor-Velociped, auch kurz Velo genannt, im Programm. Das Benz Velo war damit der erste Kompaktwagen der Automobilgeschichte und brachte es in sieben Produktionsjahren auf die beachtliche Stückzahl von etwa 1200 Exemplaren.

Der Mercedes 8/11 PS war 1901 der „Kleine Mercedes" in Wilhelm Maybachs innovativer Trilogie vom Typ 8/11 PS, 12/16 PS bis zum 35 PS Mercedes, die den modernen Automobilbau einläutete.

Auch die Daimler-Motoren-Gesellschaft, der damalige Konkurrent aus Cannstatt, bot schon sehr früh Motorwagen in unterschiedlichen Größen- und Leistungsklassen an. 1901 zum Beispiel umfasste die Modellpalette neben dem Mercedes 35 PS, der heute als erstes modernes Automobil gilt, die kleineren und weniger leistungsstarken Typen 12/16 PS und 8/11 PS.

Die Wurzeln der heutigen C-Klasse reichen also sehr weit zurück, auch wenn eine kontinuierliche Ahnenreihe nur schwer definiert werden kann. In der langen Geschichte der Marke Mercedes-Benz finden sich immer wieder Beispiele für den Versuch des Unternehmens, unterhalb des etablierten Typenprogramms ein kompakteres, preiswerteres Modell zu lancieren, das trotz geringerer Größe und eines niedrigeren Preises die klassischen Markenwerte repräsentierte.

In vielen, aber nicht in allen Fällen, erreichten diese Versuche das Produktionsstadium und konnten dann bis auf sehr wenige Ausnahmen auch außerordentlich erfolgreich am Markt eingeführt werden. In einigen Fällen kam es jedoch nicht zur Serienproduktion, und die Entwicklung eines derartigen neuen Modells wurde eingestellt.

Einer dieser Fälle war der Mercedes-Benz 5/25 PS. Ende 1926 war der Mercedes-Benz 8/38 PS mit 2-Liter-Motor der kleinste Typ der gerade durch eine Fusion gebildeten Daimler-Benz AG. Parallel arbeitete man in Untertürkheim unter dem damaligen Chefkonstrukteur Ferdinand Porsche jedoch an einem noch kleineren Fahrzeug: dem Typ 5/25 PS. Dieser war als kleiner Sechszylinder mit 25 PS Motorleistung als neues Einstiegsmodell vorgesehen. Der 1,4-Liter-Motor sollte trotz seiner geringen Leistung den Wagen auf eine Höchstgeschwindigkeit von 88 km/h bringen. Das waren immerhin fast 10 km/h mehr als beim Typ 8/38 PS. Vorne war die starre Faustachse über zwei Halbelliptikfedern mit dem Rahmen verbunden. Hinten hatte der kleine Wagen eine starre Banjoachse, die über ebenfalls zwei Halbelliptikfedern mit dem Kastenrahmen verbunden war. Avant-

Der Mercedes-Benz 5/25 PS als Offener Tourenwagen war als billigstes Auto für einen relativ hohen Verbreitungsgrad vorgesehen.

Unten: Der kleine 1,3-Liter-Mercedes-Benz 5/25 PS war nach der Fusion als Einstiegsmodell in die anspruchsvolle Welt der Automobile aus Untertürkheim vorgesehen. Das Bild zeigt einen Versuchswagen als zweitürige Limousine.

gardistische Fahrwerkskonstruktionen gehörten damals noch nicht zum technischen Repertoire von Chefingenieur Porsche. Von den acht gebauten Versuchswagen erblickte keiner das Licht der Serienproduktion. Zu sehr war man mit dem Serienanlauf des ebenfalls neu entwickelten Zweiliters 8/38 PS beschäftigt.

1927 wurde unter Porsches Leitung ein weiterer Anlauf für einen 5/25-PS-Wagen genommen. Aber es war nicht mehr dieselbe Konstruktion wie 1926. Dieses Mal hatte Porsche ein ambitionierteres technisches Konzept vorgelegt. Als 1,3-Liter-Vierzylinder-Modell konzipiert, wies dieser Wagen vorne bereits eine Einzelradfederung auf. Sie nahm mit ihren zwei Achsschenkeln, die an den zwei übereinander liegenden Querblattfedern befestigt waren, bereits das technische Layout der Vorderachse des 1931 vorgestellten Typs 170 vorweg. Hinten wurde allerdings noch ganz konventionell eine Starrachse mit zwei Halbelliptikfedern verwendet. Dieser Wagen wurde wohl auch in größeren Stückzahlen als Versuchsfahrzeug gebaut. Ist in einer Vorstandssitzung noch von 30 Fahrzeugen die Rede, so sind im Fahrgestellverzeichnis nur 24 Exemplare aufgeführt. Die anvisierte Produktion von 1000 Wagen pro Monat hätte die zu diesem Zeitpunkt bestehende Vertriebsstruktur der Daimler-Benz AG allerdings massiv überfordert. Zum Vergleich: Daimler-Benz produzierte 1928 lediglich 6859 Personenwagen insgesamt. Schlussendlich wurde dann aber der Typ 5/25 PS wegen unzureichender finanzieller Mittel vom Aufsichtsrat gestrichen. Außerdem waren Ressourcen für die Aufarbeitung von Problemen an den Serienfahrzeugen sowie für Entwicklungsarbeiten am späteren Typ 170 gebunden. Aufsichtsrat Carl Jahr hatte vor einem „Sprung ins Ungewisse“ gewarnt, da etwa der geplante Verkaufspreis von 5000 Reichsmark weit über dem Preis eines 4-PS-Opel (2700 RM) lag.

Der 1931 präsentierte Typ 170 mit seinen 32 PS war bei seinem Erscheinen der preisgünstigste Mercedes-Benz Personenwagen. Er stellt den erneuten Versuch dar, ein kleineres, preislich attraktiveres Modell auf den Markt zu bringen. Aber wer sollte ihn in der damals so desolaten Wirtschaftslage kaufen? Er wurde zwar für die Daimler-Benz AG ein Erfolg, war aber trotzdem immer noch für breitere Schichten viel zu teuer. Daran änderte auch sein fortschrittliches Fahrwerk mit vier einzeln aufgehängten Rädern und hydraulischer Bremsanlage nichts. Das wusste auch der realistische Generaldirektor Wilhelm Kissel, der den Typ 170 einerseits zwar als „Rettungswagen“ pries, andererseits aber nach wie vor einen noch preiswerteren Wagen vermisste. Ein vergleichbarer 1,8-Liter-Opel mit einem ebenfalls 32 PS starken Sechszylinder-Triebwerk kostete eben nur 3300 RM.

Der 1931 vorgestellte Mercedes-Benz Typ 170 (W 15) mit Einzelradfederung war das erste Erfolgsmodell der Daimler-Benz AG in den krisengeschüttelten frühen dreißiger Jahren.

Der Typ 130, hier als Cabrio-Limousine, war unterhalb des Typs 170 als preiswerteres Einstiegsmodell vorgesehen und mit seinem damals futuristischen Konzept des Heckmotors ein Beweis für technischen Fortschritt.

Der Zentralrohr-Rahmen des Typ 130 mit den vier einzeln aufgehängten Rädern zählte damals zur technischen Avantgarde.

Ganz rechts: Der Typ 170 H löste nach zwei Jahren den Typ 130 ab. Aufgrund seines im Vergleich zum Typ 170 V höheren Preises diente er auch nicht mehr als Einstiegsmodell und erreichte wegen seiner weniger ausgewogenen Fahreigenschaften nie die Popularität des Typs 170 V.

So kam es, dass Daimler-Benz Anfang der 30er Jahre noch einen Schritt weiterging und die Entwicklung eines noch preiswerteren Modells in Angriff nahm. Dazu schreibt Paul Siebertz: „Der 1,7-Liter-Wagen kostete 4400 Mark, und Kissel wusste aus seinem genauen Studium der Marktlage nur zu gut, dass dieser Preis angesichts der wirtschaftlichen Struktur noch viel zu hoch sei. Er hatte deshalb noch während der Arbeiten an diesem Wagen das Konstruktionsbüro mit der Schaffung eines 1,3-Liter-Fahrzeugs beauftragt, welches um höchstens 3000 Mark verkauft werden könne. Dieser (gemeint war der Typ 130, Anm. des Autors) war dann wieder viel teurer geworden als Kissel es gewünscht hatte und bot mit seinem Preis von 3680 Mark zu wenig Abstand zum 1,7-Liter-Wagen. Kissel hatte bereits am 27. Juli 1933 den Auftrag gegeben, es solle trotz des jetzt fertigen 1,3-Liter-Wagens die Konstruktion eines sogenannten Volkswagens (sic!) mit allem Nachdruck betrieben werden.' Im Frühjahr 1934 berichtete Chefingenieur Dr. Hans Nibel, es würde möglich sein, ein Fahrzeug in der Preislage von 2000 bis 2200 Mark, keineswegs jedoch einen noch billigeren Wagen herauszubringen."

Der 1934 präsentierte Typ 130 mit Heckmotor, der übrigens nie 130 H hieß, war mit einem Verkaufspreis von RM 3425,- nicht nur zu teuer, er war auch ob seiner gewöhnungsbedürftigen Fahreigenschaften sowie dem damals noch ungewohnten Erscheinungsbild ohne den klassischen Mercedes-Kühler kein Fahrzeug, auf das die Kunden sehnlichst gewartet hätten. Der VW Käfer war noch anderthalb Jahrzehnte von seinem Siegeszug auf dem zivilen Markt entfernt, und so wirkte der Typ 130 zu seiner Zeit avantgardistisch-futuristisch auf die vorwiegend ablehnend reagierende Klientel. Man erwog in Sindelfingen sogar eine vordere Haube mit einem angedeuteten Kühlergesicht. Trotz des fortschrittlichen Rahmenkonzepts eines Zentralrohrrahmens mit vorderer Einzelradfederung wie beim Typ 170 und der hinteren Zweigelenk-Pendelachse blieb der Typ 130 ein Außenseiterprodukt und das Sorgenkind in der damaligen Produktpalette von Daimler-Benz. Der Typ 130 wurde dann auch bereits nach zwei Jahren vom aufgewerteten, leistungsstärkeren 170 H abgelöst, der das „H" wie „Heckmotor" in der Typenbezeichnung benötigte, weil es parallel den 170 V als klassisch konzipiertes Fahrzeug mit vorn eingebautem Motor gab.

Der Typ 170 V löste Anfang 1936 den erfolgreichen und innovativen Typ 170 ab und gilt damit ebenfalls als ideeller Vorläufer der C-Klasse – auch wenn er durch seine Marktpositionierung und seine Klientel aus heutiger Sicht ebenso gut in die Reihe der E-Klasse-Vorläufer eingeordnet werden kann. Er wurde mit mehr als 70.000 Exemplaren der Pkw-Variante das bei weitem erfolgreichste Mercedes-Benz Modell vor 1945.

Für den Typ 130, der nochmals unterhalb des 170 angesiedelt war, ist die Verbindung zur C-Klasse weniger eng. Der innovative Typ 130 dokumentiert jedoch das Bemühen um ein preiswertes Einstiegsmodell, bei dessen Konzeption auch ungewöhnliche Wege beschritten wurden.

Ein vom Konstrukteur Josef Müller zu derselben Zeit als Alternative konstruierter 1,3-Liter-Wagen mit einem quer stehenden Frontmotor und Vorderradantrieb war seiner Zeit zu weit voraus. Diese Idee wurde erst 1959 von Alec Issigonis im Austin Mini erfolgreich umgesetzt.

Kissel soll seinem Biographen zufolge einmal geäußert haben, er brauche Konstrukteure, die sich in erster Linie auf den Bau kleiner Wagen verstünden. Er hatte zwar einen in der Person Josef Müllers, aber wie so oft galt der Prophet im eigenen Land nichts.

Als der Aufsichtsratvorsitzende Emil Georg von Stauss, ohne sich mit dem Vorstand abzustimmen, den Adler-Chefkonstrukteur Hans Gustav Röhr mit seinem ganzen Stab technischer Mitarbeiter von den Adler-Werken zu Daimler-Benz holte, entwarf dieser sofort eine komplette neue Typenreihe, die mit einem 1,3-Liter-Wagen beginnen sollte. Dieser sehr weit gediehene Typ 130 (W 144) hatte Frontantrieb und einen seitengesteuerten Vierzylinder-Boxermotor mit 34 PS. In jenen Jahren galt der Opel Olympia mit seinen 37 PS als spritziges Fahrzeug.

Der weit nach außen gezogene Kastenrahmen des W 144 bestand aus zwei 110 mm hohen und 90 mm breiten Profilrohren, verbunden durch vier Querverbindungen unterschiedlicher Profilgestaltung. Im hinteren Querrohr waren die Drehstäbe der geschobenen beiden hinteren Kurbellenker der Einzelradaufhängung untergebracht. Am vorderen Ende der Kurbellenker waren die Teleskopstoßdämpfer montiert. Die Vorderradaufhängung bestand aus je zwei Dreieckslenkern, einem Drehstab und einem schräg stehenden Teleskopstoßdämpfer. Von diesem neuen Typ 130 wurden 1936 zwölf und 1937 sechs Versuchswagen mit zwei und vier Türen gebaut, die aber nach Röhrs plötzlichem Tod am 10. August 1937 auf Veranlassung Max Sailers alle verschrottet wurden.

Den endgültigen Todesstoß erhielt das Projekt eines kleinen Mercedes-Benz Personenwagens durch den von Hitler geförderten Volkswagen. Der Vorstand beschloss deshalb am 10. Februar 1939 den Bau eines 1,3-Liter-Wagens fallen zu lassen, „um die hervorragenden Kräfte des Werkes auf die Typen der alten Daimler-Benz Mittellage zu vereinigen.“

Der 1936 vorgestellte Typ 170 V war nach seinem Erscheinen zwar der preiswerteste Personenwagen von Mercedes-Benz, und bis zur kriegsbedingten Produktionseinstellung 1942 auch der erfolgreichste Personenwagen der Daimler-Benz AG. Er ließ aber aufgrund seiner preislichen Positionierung noch Platz für ein billigeres Einstiegsfahrzeug mit großen Stückzahlen.

Nach Kriegsende entstanden unter Max Wagner in den Jahren 1946/1947 durch Josef Müller zahlreiche Entwürfe im Segment unterhalb des Typs 170 V. 1,5-Liter-Limousinen mit einem Zentralrohrrahmen, hinterer De-Dion-Achse und schräg eingebautem Motor sollten diesen Marktbereich abdecken.

Die Konstruktionsabteilung erarbeitete weiter Vorschläge für Typen dieses Zuschnitts, die aber nie über das Zeichnungs- bzw. das 1:5-Modellstadium hinaus kamen. Es war hier wieder Josef Müller, der sich mit interessanten Pkw-Projekten beschäftigte. So hatte Chefingenieur Fritz Nallinger für den kleinen Wagen einen Vierzylinder-Motor mit 1,2 Litern Hubraum vorgesehen. Dieses Triebwerk sollte aus dem 1,8 Liter großen Sechszylinder-Motor abgeleitet werden, der später im Typ 220 – auf 2,2 Liter Hubraum vergrößert – auf den Markt kam. Für diesen kleinen Mercedes-Benz hatte Müller Frontantrieb, hinten eine leichte Starrachse mit Spiralfedern und innen liegenden Teleskopstoßdämpfern vorgesehen. Das Fahrgestell bestand

Der Typ 130 (Baureihe 144) Versuchswagen als zweitürige Cabrio-Limousine in der Esslinger Altstadt. Vor mehr als 80 Jahren konnte man noch mit Prototypen völlig ungetarnt durch die Gegend fahren.

aus außen liegenden Ovalrohren, die durch drei Querrohre miteinander verbunden waren. Nach vorne nahmen an dem Stirnwandrohr zwei Längsträger den Motor auf. Die Federung der Vorderräder erfolgte durch je eine Spiralfeder mit innen

Das 1:5-Modell eines auf Anregung von Chefingenieur Fritz Nallinger von Josef Müller entwickelten kleinen Mercedes-Benz Zwei- bis Dreisitzers mit 1,2 Litern Hubraum und Vierzylinder-Motor.

liegenden Teleskopstoßdämpfern, die zwischen zwei Trapezlenkern angebracht waren.

Auch wenn diese Konzepte ebenso wie die Vorkriegskonstruktionen von Josef Müller und Hans Gustav Röhr im Segment des Mercedes-Benz 130 liegen und damit eher unterhalb der Ahnenlinie der C-Klasse anzusiedeln sind, müssen für die unmittelbare Nachkriegszeit, insbesondere in Deutschland andere Faktoren berücksichtigt werden. Der Neubeginn nach dem Krieg erfolgte aus bescheidensten Anfängen, und vor diesem Hintergrund war der 170 V in den ersten Nachkriegsjahren eher in der Ahnenreihe der E-Klasse angesiedelt – zumindest bis 1951, als wieder ein breiteres Modellprogramm bis hin zu Repräsentationsfahrzeugen und Luxus-Sportwagen angeboten werden konnte.

Ernsthafte Bemühungen, auch wieder einen kleineren Personenwagen zu entwickeln, wurden Anfang der fünfziger Jahre angestrengt, ausgehend von einem Vorstandsbeschluss vom 2. Februar 1953. Das war also bereits ein halbes Jahr vor der Präsentation des damals als Sensation empfundenen Typs 180 (W 120), der der Ahnenreihe der E-Klasse zuzuordnen ist. Der neue Typ 170 (W 122) sollte in seinen Herstellungskosten und Verkaufspreisen unterhalb des Typs 170 V liegen, da diese ursprünglich dem W 120 zugedachte Zielvorgabe nicht erfüllt wurde. Der Vorstand beschloss, einen Wagen entwickeln zu lassen, der in den Material- und Lohnkosten 15 bis 20 % unter denen des Typs 170 V liegen sollte. Der kleinere 1,7-Liter-Motor für den Typ 170 (W 122) hatte lediglich eine Kurbelwelle mit geringerem Hub. Deshalb hätte der M 120 genannte Motor auf derselben Fertigungslinie wie der kommende 1,9-Liter-Motor M 121 kostengünstig produziert werden können. Auch sonst achtete der später gerne als technikverliebt belächelte Nallinger strikt auf eine kostengünstige Fertigung mit möglichst vielen Gleichteilen. Ihm war es immer wichtig, für die Anschlusstypen nach unten aus Kostengründen möglichst viele Aggregate von laufenden Typen einzusetzen. So sah er für die Vorderachse die Lenker und Achsschenkel des W 120 vor, er wollte auch den am W 120 neu eingeführten Fahrschemel in gleicher oder vereinfachter Ausführung für den W 122 übernehmen.

An der Konzeption der Hinterachse entzündeten sich im Laufe der Jahre noch hitzige Debatten. Die undogmatischen Techniker vom Schlage des Chefingenieurs Nallinger oder des damaligen Versuchschefs Rudolf Uhlenhaut begingen ein Sakrileg. Sie stellten allen Ernstes eine Starrachse nicht nur zur Debatte, sondern erprobten sie auch in den unterschiedlichen Konfigurationen. Das Problem der Pendelachse bestand in der starken Sturzänderung durch die schmalere Spurweite als beim Typ 180/190. Zu dieser Zeit gab es bereits beachtliche und aufwändige Starrachs-konstruktionen mit Schraubenfedern von Peugeot und Alfa Romeo, die sich deutlich von den einfachen Starrachsen mit Blattfedern, wie sie von den Massenproduzenten Opel und Ford verwendet wurden, unterschieden. Deshalb tendierten die Techniker aus Fahrsicherheitsgründen in diesem speziellen Fall eher zu einer aufwändigeren Starrachse, die aber immer noch billiger war als eine Eingelenk-Pendelachse. Eine anfangs aus Preisgründen favorisierte Starrachse mit Blattfedern schied allerdings bald aus dem Wettbewerb aus.

Mit dem W 122 begann übrigens – sozusagen unter Ausschluss der Öffentlichkeit –die kontroverse Diskussion über das traditionelle Mercedes-Benz Kühlergesicht. Damals waren die Entwürfe Friedrich Geigers am 300 SL und Walter Häckers am 190 SL brandneu und sorgten für anhaltenden Beifall in der Öffentlichkeit. Auch unter den jungen Stilisten, wie sich die Designer damals nannten, sorgte das SL-artige Gesicht für großen Enthusiasmus. Einer von ihnen, Andreas Langenbeck, erinnert sich daran, dass die jungen Stilisten den Mercedes-Kühler loswerden wollten, weil man ihn als ein Relikt aus vergangener und überholter Zeit ansah. Heute, nach einigen Jahrzehnten als Designer, sieht er das differenzierter. Tatsache ist, dass die ersten Prototypen, die 1956 in der Zeitschrift „das Auto Motor und Sport“ als Erlkönige gezeigt wurden, ganz eindeutig auf die Verwendung eines SL-Gesichts schließen lassen.

Sahen diese zweitürigen Fahrzeuge noch wie die Kopien einer Borgward Isabella aus, so zeigten die von Hermann Ahrens, Friedrich Geiger und Walter Häcker 1956 präsentierten Modelle eine eigene Formensprache. Interessant daran ist, dass sowohl Ahrens als auch Geiger jeweils ein SL-Gesicht als Alternative zu der traditionellen Mercedes-Benz Kühlermaske präsentierten. Aber auch in den Jahren danach wurde bei anderen Modellentscheidungen immer wieder ein SL-Kühlergesicht als Alternative zur Entscheidung gestellt. So etwa bei den Coupés und Cabriolets der Baureihen 180, 111 und sogar W 120.

Der ehemalige Designchef Dr. Bruno Sacco ist heute noch stolz darauf, dass es ihm gelungen war, bei dem Coupé der Baureihe 126 das SL-Gesicht durchzusetzen. Der in den frühen sechziger Jahren dargestellte Typ W 118 wurde in der Mercedes-Benz Variante nur noch mit einem modifizierten SL-Gesicht präsentiert. Wenn also heute die C-Klasse in der Avantgarde-Version das

W 122 Designvorschlag der Gruppe Geiger/Wilfert mit einem SL-Gesicht.

Oben: Die Heckansicht mit Rücklichtern, wie sie später beim 220 S Cabriolet/Coupé verwendet wurden.

Rechts: W 122 Designvorschlag der Gruppe Geiger/Wilfert mit traditioneller Mercedes-Benz Kühlermaske. Stilistische Anklänge an das kantigere Design der späteren Baureihe 111 (220 bis 220 SEb) sind, trotz ungünstigerer Proportionen aufgrund der kleineren Karosserie, unverkennbar.

Oben: W 122 – Auf der linken Seite zeigt Ahrens eine von vorne nach hinten durchlaufende breite Chromleiste, die auf halber Höhe der Scheinwerfer vorne beginnt. Deutlich wird am Ahrens-Entwurf das rundlichere Design der damals produzierten „Ponton-Modelle“ (180 bis 220 SE).

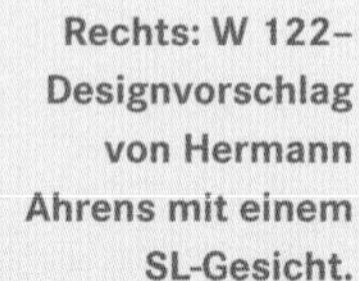

Rechts: W 122–Designvorschlag von Hermann Ahrens mit einem SL-Gesicht.

W 122: Designvorschlag von Hermann Ahrens mit traditioneller Mercedes-Benz Kühlermaske. Ahrens präsentiert an diesem Modell zwei unterschiedliche Vorschläge für die Seitengestaltung. Auf der rechten Seite sind die Radläufe ausgestellt, die sich in einer Leiste auf dem Schweller fortsetzen. Die dünne Chromleiste beginnt unterhalb der Scheinwerfer und läuft nach einem Hüftschwung am Ende der hinteren Tür im hinteren Kotflügel aus.

Oben: W 122 – Walter Heckers Vorschlag mit stark von amerikanischen Fahrzeugen beeinflussten Detaillösungen.

SL-Gesicht trägt, ist das die Quintessenz einer Diskussion, die seit über fünfzig Jahren geführt wurde.

Im Zuge der Programmerneuerung gegen Ende des Jahrzehnts, die 1959 mit dem ersten Serienautomobil mit Sicherheitsfahrgastzelle und Knautschzonen anlief (W 111), wurde auch das Experiment W 122 begraben. Mit der Akquisition der Auto Union GmbH hatte Daimler-Benz ein Unternehmen gekauft, dessen Produktionsprogramm auch die unteren Marktsegmente abdeckte. Überdies hatte sich der W 122 konstruktiv überlebt. Er ging noch zu sehr von den konzeptionellen Vorstellungen der damaligen „Ponton"-Baureihen 120/180 aus. Eine ähnliche Entwicklung, wie sie in jenen Jahren auch bei dem Übergang von der SL-Baureihe121 zum W 113 zu beobachten war. Man sah bei den Entscheidungsträgern zunächst mehr Sinn in einem billigen Verkaufspreis des Typs 180 (W 120), der auf abgeschriebenen Anlagen preiswert gebaut werden konnte, als das Risiko einzugehen, einen relativ teuren kleinen Mercedes-Benz Personenwagen zu lancieren, dessen Lebenszyklus man auf Grund der inzwischen ausgedehnten Entwicklungszeit für zu begrenzt hielt.

Bereits im Juni 1958 wurde mit dem W 118 ein neuer Anlauf genommen, um in der unteren Mittelklasse Fuß zu fassen. Aus Kostengründen hatte man sich zur Blockbauweise entschlossen. Das bedeutete die Entwicklung eines Frontantriebskonzepts. Erprobt wurden die getarnten Prototypen mit einem Mercedes-Benz Boxermotor, dem Mercedes-Benz Reihenmotor M 118 und einem Lancia-Boxermotor. Vorgesehen hatte Chefingenieur Nallinger dieses Konzept für den Fall, dass es zu einer Übernahme der BMW AG gekommen wäre. Der Boxermotor wurde dann zugunsten der Entwicklung des Mitteldruckmotors, eines Reihenvierzylinders mit hoher Verdichtung, aufgegeben. Nachdem es bei der BMW-Hauptversammlung am 9. Dezember 1959 nicht zu einer Beteiligung von Daimler-Benz an BMW gekommen war, sollte der W 118 eine Scharnierfunktion zwischen den Fahrzeug-Programmen von Daimler-Benz und der Auto Union übernehmen. Mit dem Verkauf der Auto Union an das Volkswagenwerk zum Jahreswechsel 1965/1966 wanderte der vom W 118 zum W 119 mutierte kleinere Mercedes-Benz Personenwagen einschließlich des bis dahin von Daimler-Benz ausgeliehenen Konstruktionsleiters Ludwig Kraus endgültig nach Ingolstadt und trug dort zum Wiedererstarken der Auto Union maßgeblich bei. Chefingenieur Nallinger vertrat bei seinem Ausscheiden 1965 die Meinung, dass „ein Zweitwagentyp nun schleunigst wieder konstruiert und versuchsmäßig in Angriff genommen werden müsste, nachdem nun der Typ W 122 (W 119) stilistisch veraltet und der Motor M 118 von der Auto Union übernommen ist." Es dauerte allerdings dann noch bis zum November 1973, als Nallingers Nachfolger Prof. Dr. Hans Scherenberg das Konzept eines kleinen Mercedes-Benz Personenwagens wieder aufgriff.

W 119: 1:1-Modell mit einem vom SL inspirierten Grill, luftigem „Green House" und niedriger Gürtellinie.

S-HS 8352

KAPITEL 2 – BAUREIHE 201

Vorgeschichte

Waren die Verantwortlichen der Daimler-Benz AG während der 1950er und 1960er Jahre bei ihren Überlegungen zu einer möglichen kompakteren Fahrzeugbaureihe noch im Wesentlichen von strategischen Erwägungen im Hinblick auf den deutschen Binnenmarkt geleitet, so bekam das Thema in der ersten Hälfte der 1970er Jahre neue Signifikanz durch spezielle Entwicklungen auf dem bedeutenden Exportmarkt USA. Zum einen war der dort seit einiger Zeit zu vernehmende Ruf nach einem Zweitwagen mit den Komfort- und Sicherheitsstandards von Mercedes-Benz Pkw immer lauter geworden. Zum anderen machten es im Rahmen des Clean Air Act verschärfte Bestimmungen über den Flottenverbrauch der in den USA angebotenen Modellpalette unabdingbar, das Pkw-Programm nach unten zu erweitern, um auch künftig die Marktanteile in den traditionellen Segmenten nicht zu gefährden.

Im Vorstand des Konzerns machte man sich die Sache alles andere als leicht. Die hier zu treffende Entscheidung über eine dritte Baureihe war – darüber war man sich im Klaren – ebenso unausweichlich wie weitreichend. Sie berührte elementare Fragen wie die, wo bei einem kleineren Fahrzeug die Grenzen dessen lagen, was man Mercedes-Benz Kunden in puncto Qualität, Fahrkultur, Sicherheit und Platzverhältnisse noch zumuten könne.

Dabei herrschte Einigkeit darüber, dass man nicht etwa mit den Champions der bürgerlichen deutschen Mittelklasse, Opel und Ford, konkurrieren wollte. Stattdessen sollten sich die Fahrzeuge einer neuen kompakteren Baureihe bewusst von den Produkten dieser Marken absetzen und eindeutig als Mercedes-Benz Pkw erkennbar sein – optisch, technisch, in ihren Eigenschaften ebenso wie in ihrer Ausführung.

Nicht zuletzt diese bereits im Ansatz widerstreitenden Anforderungen ließen die Entscheidungsfindung zu einem überaus zähen Prozess werden. Immer wieder kreisten die Vorstandsdiskussionen um die Frage, wie all dies unter Beibehaltung des Unternehmenserfolgs der Daimler-Benz AG eingelöst werden konnte – schließlich brummte seinerzeit das Geschäft dank prallvoller Auftragsbücher auch ohne eine neue Einsteiger-Baureihe. Überdies waren die nötigen Investitionen beachtlich, und es war keineswegs ausgemacht, dass sich ein kleiner Mercedes auf dem Markt in einer Weise würde etablieren können, wie es erwartet wurde.

So rang sich der Vorstand erst 1979 zum offiziellen Beschluss durch, eine dritte Pkw-Baureihe zu lancieren. Zu diesem Zeitpunkt hatte man die seit längerem angestellten Überlegungen zu einer diesbezüglichen Kooperation mit Herstellern wie Peugeot, Lancia und Honda ad acta gelegt. Angesichts weitestgehend ausgelasteter Kapazitäten waren auch Fragen der weiteren Produktionsplanung ausführlich diskutiert worden. Letztlich verabschiedete man das Konzept eines flexiblen Fertigungsverbunds, an dem in der finalen Ausbaustufe die beiden Montagewerke Bremen und Sindelfingen sowie als Komponentenlieferant das Werk Untertürkheim beteiligt waren.

Dem Sindelfinger Entwicklungschef Werner Breitschwerdt diente ein in Länge und Breite auf das Maß eines zukünftigen W 201 verkleinerter W 115, um an diesem Modell die Raumverhältnisse eines kleinen Mercedes-Benz zu studieren.

Dass man von Seiten der Daimler-Benz Konzernleitung trotz einer im Entscheidungsjahr noch eintretenden massiven Verteuerung der Kraftstoffpreise den Schritt aus der Komfortzone wagte und sich mit der neuen Baureihe W 201 so etwas wie die Quadratur des Kreises vornahm, war unter anderem auch ein Verdienst des damaligen Sindelfinger Entwicklungschefs und nachmaligen Chefingenieurs Werner Breitschwerdt, der 1977 in den Vorstand aufgerückt war. Er und Chefdesigner Bruno Sacco können als Väter des W 201 betrachtet werden. Mit beiden kam nicht nur eine neue Generation von Entscheidungsträgern ans Ruder, sie setzten auch in den Fahrzeugfamilien der damaligen Daimler-Benz AG Akzente in Sachen Modernität, die Jahrzehnte lang nachhallten.

Dieses sehr frühe 1:1-Modell aus dem September 1974 zeigt die Formensprache der damaligen S-Klasse W 116 und des 1976 debütierenden W 123.

Design

Eine besonders schwierige Aufgabe kam bei der Entwicklung der neuen Baureihe den Designern der Abteilung Stilistik unter der Führung Bruno Saccos zu. Form und Ausstrahlung des Fahrzeugs wirkten unmittelbar auf die potenzielle Kundschaft und mussten, da es keinen Vorgänger gab, auf Anhieb überzeugen. Die Botschaft, dass die Fahrzeuge der Baureihe W 201 erkennbar sportlicher und moderner zugeschnitten waren, aber dennoch über die Kernqualitäten eines Mercedes-Benz verfügten, musste sich in der Linienführung des Exterieurs widerspiegeln.

Chefdesigner Sacco, der zunächst die Kreativität seiner Mitarbeiter herausforderte, hatte von Beginn an genaue Vorstellungen darüber, was einen Mercedes-Benz ausmacht. Anfängliche Versuche, die Formensprache der Mittelklasse-Baureihen W 114/W 115 und W 123 auf das neue, kleiner dimensionierte Fahrzeug zu übertragen, führten in eine Sackgasse.

Daraufhin betrauten Sacco und Entwicklungschef Breitschwerdt die Mannschaft der Stilistik-Abteilung mit anderen Aufgaben, unter anderem mit der Gestaltung eines kleinen Coupés. Ziel der Aktion war es, das gedankliche Verhaftetsein der Designer in der Limousinenwelt von Mercedes-Benz zu überwinden und neue stilistische Ansätze zu kreieren.

Bei einer Präsentation entsprechender Modelle Mitte 1978 im Sindelfinger Kuppelbau stach dann ein Entwurf heraus, der vom Designer Peter Pfeiffer und seinen Mitarbeitern erarbeitet worden war. Das zweitürige Stufenheck-Coupé zeigte ein gestalterisches Konzept, das bereits weitgehend die Linienführung des späteren Serienfahrzeugs aufwies. Besonderheiten waren an der Front eine Frühform des Plakettengrills, der erst drei Jahre später beim S-Klasse Coupé der Baureihe 126 realisiert wurde, eine farblich abgesetzte Kunststoffverkleidung entlang des unteren Bereichs der Wagenflanken, die sich in der Front- und Heckschürze fortsetzte, sowie ein scharf konturierter Heckabschluss.

Überhaupt waren die Flächen klar strukturierende Kanten und Knicke prägende Merkmale des Pfeifferschen Entwurfs. Sie fanden sich unter anderem an den Flanken, am Dach, am Kofferraumdeckel, ja sogar mitten auf der Heckscheibe. Zwar wurden manche dieser gestalterischen Details aus produktionstechnischen oder Kostengründen, aber auch aufgrund von Marketingüberlegungen noch nicht oder nicht in vollem Umfang umgesetzt. Das moderne, schnörkellose Erscheinungsbild des Entwurfs kennzeichnete jedoch eine bei Mercedes-Benz Pkw bislang ungekannte Straffheit und stellte damit zugleich eine Neuinterpretation der markentypischen Formensprache dar.

Schließlich wurde im Rahmen einer am 19. Oktober 1978 anberaumten Begutachtung durch den Vorstand der von Pfeiffer inzwischen zur viertürigen Limousine weiterentwickelte Entwurf auserkoren, um als Basis für die endgültige Formfreigabe zu dienen. Letztere erfolgte am 6. März 1979 in Sindelfingen – der Beginn einer neuen Design-Epoche bei Mercedes-Benz.

Trotz sparsamerer Verwendung von Chromzierrat ist die Nähe zu W 116 und W 123 nicht zu leugnen. Die angestrebte formale Eigenständigkeit ist hier noch nicht zu erkennen.

Mercedes-Benz S-Klasse W 126: ja oder nein? Eine allzu große Nähe des W 201 zur kommenden S-Klasse wurde nicht angestrebt. Eigenständigkeit war die Devise.

Der Coupé-Entwurf von Peter Pfeiffer, der die Basis für die entscheidende W 201 Form bildete. Interessant der Plakettengrill auf Basis der traditionellen Kühlermaske, hier aber ohne den markanten vertikalen Steg in der Mitte. Die angedeuteten Kunststoffseitenteile flossen erst nach der Modellpflege 1988 in die Serie ein.

In dieser Ansicht sind der durch eine schräg verlaufende Kante deutlich gemachte Einzug des hinteren Kotflügels erkennbar sowie ein kaum sichtbarer Knick, der vom Dach durch die Heckscheibe in die Kante des Heckdeckels läuft. Türgriffe dieser Art waren später dem Coupé der Baureihe 126 vorbehalten.

Vorentscheidung – auf Basis dieses Modells wurde die endgültige Form des „Baby-Benz“ entwickelt.

Auch aus dieser Perspektive zeigt sich bis auf die Radzierdeckel der schon fast fertige W 201.

Messungen im großen Windkanal in Untertürkheim gehören zum Pflichtprogramm eines jeden Modells.

Aerodynamik

Mit Bravour erledigten die Gestalter auch die anspruchsvolle Aufgabe, der Karosserie des W 201 neben einem modernen, eigenständigen, aber unzweideutig als Mercedes-Benz identifizierbaren Charakter auch aerodynamische Qualitäten zu verleihen. Das Thema aerodynamische Effizienz hatte es seinerzeit auf die vordersten Plätze in den Lastenheften der Automobil-Entwickler geschafft. Schließlich resultierte nicht zuletzt eine gute Windschlüpfigkeit in ausgezeichneten Höchstgeschwindigkeitswerten und günstigem Kraftstoffverbrauch. Während man mit der Materie bei Mercedes-Benz bisher eher stiefmütterlich umgegangen war, erlangte sie beim W 201 einen hohen Stellenwert.

Trotz der zahlreichen Kanten und klaren Konturen der neuen Karosserie gelang es, einen c_w-Wert von 0,34 zu erreichen. Damit setzte man nicht nur in den eigenen Reihen die Messlatte höher, sondern lag auch im Reigen der Wettbewerber an einer vorderen Position – ohne freilich das Thema, wie etwa Audi beim 1982 erscheinenden Typ 100 C3, in den Fokus zu rücken.

Karosseriestruktur

Attraktiv aussehen und geschmeidig durch den Wind schneiden waren aber nur zwei der Qualitäten, über die der Karosserieaufbau des kleinen Mercedes-Benz verfügen musste. Mit dem Einstieg in die neue Fahrzeugklasse ging es um weitaus mehr: Es war gefordert, in puncto passiver Sicherheit das Niveau der anderen Modelle aus dem Pkw-Programm mindestens zu erreichen, dabei aber ein möglichst niedriges Fahrzeuggewicht im Auge zu behalten und – natürlich – trotz dieser für sich schon hohen Anforderungen höchste Kostendisziplin walten zu lassen.

Die Konstruktion des Karosserie-Rohbaus oblag Guntram Huber, einem ausgewiesenen Leichtbau-Spezialisten, der dank kreativer Konstruktionsideen die genannten Zielkonflikte auflöste. So ging das außergewöhnlich gute Crashverhalten des W 201 zum großen Teil auf die hier erstmalig realisierte Aufprallstruktur mit Hilfe konisch geformter Gabelträger aus hochfesten und zugleich leichtgewichtigen Blechen zurück. Die Fahrgastzelle selbst wurde durch einen mit Längssicken versehenen Kardantunnel, einen Querträger zwischen den A-Säulen, an ihrer Innenseite durch Sicken verstärkte B-Säulen und durch besonders robuste, als Überrollschutz dienende C-Säulen stabilisiert.

Um für den Fall eines Seitenaufpralls bestmöglich gewappnet zu sein, wurden Längsträger, Dachrahmen und Türen speziell ausgelegt. Ergänzend sorgten Querträger unter den vorderen und hinteren Sitzen sowie den B-Säulen für eine Stabilität der Fahrgastzelle, die in der Fahrzeugklasse ihresgleichen suchte. Um zugleich die erwartete Dauerhaltbarkeit sicherzustellen, wurden Längs- und Querträger, innere Dachsäulen und Dachrahmen aus rostfreiem Stahl hergestellt.

Der W 201 war zu seiner Zeit das sicherste Auto seiner Klasse und erreichte den Standard der großen Mercedes-Benz Personenwagen.

Auch den Heckaufprall bestand der W 201 mit Bravour und setzte Maßstäbe.

Fahrwerk

Die bei den Fahrzeugen der Baureihe W 201 zum Einsatz gebrachte Fahrwerkstechnologie kam für Mercedes-Benz einem Sprung in die Moderne gleich. Nicht nur galt es, in puncto Fahrsicherheit den hohen Standard des Wettbewerbs möglichst noch zu übertreffen, dabei aber keine nennenswerten Abstriche am Mercedes-Benz-typischen Fahrkomfort in Kauf nehmen zu müssen. Vielmehr sollte darüber hinaus ein deutlich agileres, sprich: sportlicheres Fahrverhalten erzielt werden, das neue Kundengruppen ansprach.

Nach einem umfassenden Auswahlverfahren, bei dem drei verschiedene Konstruktionen miteinander verglichen wurden, entschied man sich vor allem aus Gründen des besseren Fahrkomforts und des geringeren Platzbedarfs für eine Dämpferbeinkonstruktion als Vorderachsaufhängung. Die – intern so genannte – Dämpferbeinachse verfügte über einen unteren Dreieckslenker sowie eine separate Schraubenfeder und bot dank dieser Auslegung zahlreiche bedeutsame Vorteile, wie zum Beispiel einen ausgezeichneten Geradeauslauf, ein verzögerungsfreies Ansprechverhalten der Stoßdämpfer, hohen Abrollkomfort und gutes Crashverhalten.

Als ganz spezielle Herausforderung erwies sich die Suche nach einem neuen Hinterachs-Konzept. Die komplexen Anforderungen an Fahrkomfort, Fahrsicherheit und Handlingverhalten, gepaart mit den Erfordernissen eines deutlich kleineren und vor allem leichteren Fahrzeugs, aber auch die in diesem Segment zentrale Kostenfrage machten umfassende Erprobungsstudien unerlässlich.

Hier lag das Ziel aber in greifbarer Nähe, denn bereits im Rahmen der Konstruktion der S-Klasse Baureihe W 126, für die ebenfalls nach einer neuen Hinterachsauslegung gesucht worden war, hatte man höchst aufwändige Entwicklungsarbeit geleistet. Dabei waren aus acht Basiskonzepten – unter anderem der De-Dion-Achse, der Schräglenkerachse, der Doppelquerlenkerachse und der Federbeinachse – nicht weniger als 77 Konstruktionsentwürfe entstanden. Als meistversprechende Lösung kristallisierte sich mit der Raumlenkerachse schließlich eine innovative Entwicklung heraus, der man zudem das höchste Zukunftspotenzial zuschrieb.

Zwar kam die Raumlenkerachse mit ihren fünf zierlichen, funktional voneinander entkoppelten Lenkern pro Rad für die Limousinen der Baureihe W 126 zu spät, stellte aber nach ihrer konstruktiven Finalisierung in der zweiten Hälfte der 1970er-Jahre für die kompakten neuen Viertürer der Baureihe W 201 nicht zuletzt dank des besonders umfangreichen Abstimmungsspektrums eine ideale Lösung dar.

Zu den Stärken der Raumlenkerachse, von der eine Frühform bereits im Experimentalfahrzeug C 111 realisiert worden war, gehörten eine reduzierte Übersteuerneigung, geringe Lastwechselreaktionen bei Kurvenfahrt, höchste Spur- und Sturzstabilität sowie ein geschmeidiges Abrollverhalten. Zudem brachte sie gegenüber einer herkömmlichen Schräglenker-Achskonstruktion, wie sie in den anderen Pkw-Baureihen von Mercedes-Benz üblich war, eine Gewichtsersparnis von rund 25 %.

Anordnung der Dämpferbein-Vorderachse

Nach zahllosen Fahrerprobungen, an denen auch Vorstandsmitglieder aktiv teilgenommen hatten, fiel schließlich bereits 1977 die endgültige Entscheidung für die hochmoderne und – wie sich zeigen sollte – Maßstab setzende Fahrwerkskonfiguration der neuen kleinen Mercedes-Benz Baureihe, bestehend aus vorderer Dämpferbein- und hinterer Raumlenkerachse.

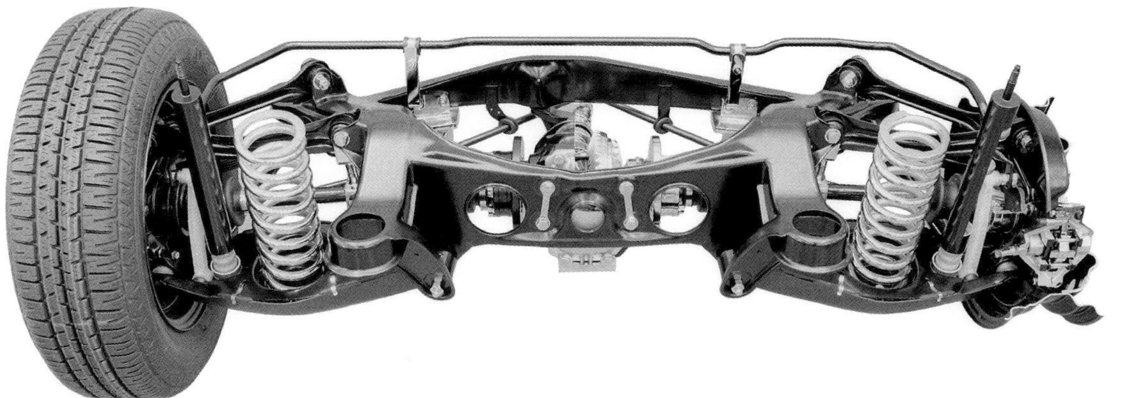

Die fertige Raumlenkerachse mit Drehstab-Stabilisator und Fahrschemel ist eine auch heute noch gültige Achskonstruktion, die vielfache Nachahmer gefunden hat.

Motoren

Wie in nahezu allen anderen Technikbereichen bestand auch in puncto Antriebsaggregate bei der Entscheidung für eine dritte, das Programm nach unten abrundende Pkw-Baureihe erheblicher Modernisierungsbedarf. Mit Blick auf die Wettbewerbssituation im anvisierten Marktsegment war klar, dass vor allem die bekannten Dieselmotoren bei den zentralen Parametern Leistung, Verbrauch und Schadstoffemission keine Perspektive mehr boten. Während man bei den Benzinern auf die ab 1980 zur Verfügung stehende Motorenfamilie M 102 mit obenliegender Nockenwelle und Querstromzylinderkopf zurückgreifen konnte – was man nach Diskussionen über die geeignete Zylinderanzahl und Hubraumgröße auch tat –, war die Situation bei den Selbstzündern so schwierig, dass zum Zeitpunkt der Markteinführung der neuen kleinen Baureihe noch keine modernen Dieseltriebwerke bereitstanden.

Verfügbar waren zunächst ausschließlich zwei Varianten des 2 Liter Hubraum aufweisenden Vierzylinder-Ottomotors M 102. Die im Typ 190 zum Einsatz kommende leistete mit Einzelvergaser 66 kW/90 PS, 14 kW/19 PS weniger als das Aggregat im Mittelklasse-Typ 200. Beim Typ 190 E betrug die Ausbeute vor allem dank der erstmalig bei Daimler-Benz eingesetzten mechanisch-elektronischen Bosch KE-Jetronic Benzineinspritzung 90 kW/122 PS.

Die im Vorhinein intern geführte Diskussion über die optimale Motorenkonfiguration für das neue kompakte Fahrzeug erwies sich übrigens im Lauf der Modellevolution der Baureihe W 201 als obsolet: Ab 1986 kam es im Typ 190 E 2.6 zum Einbau eines Sechszylinder-Triebwerks, und vier Jahre später wurde im 190 E 1.8 eine auf 1797 cm^3 hubraumreduzierte Version des 2-Liter-Vierzylinders mit der Bezeichnung M 102 E 18 lanciert.

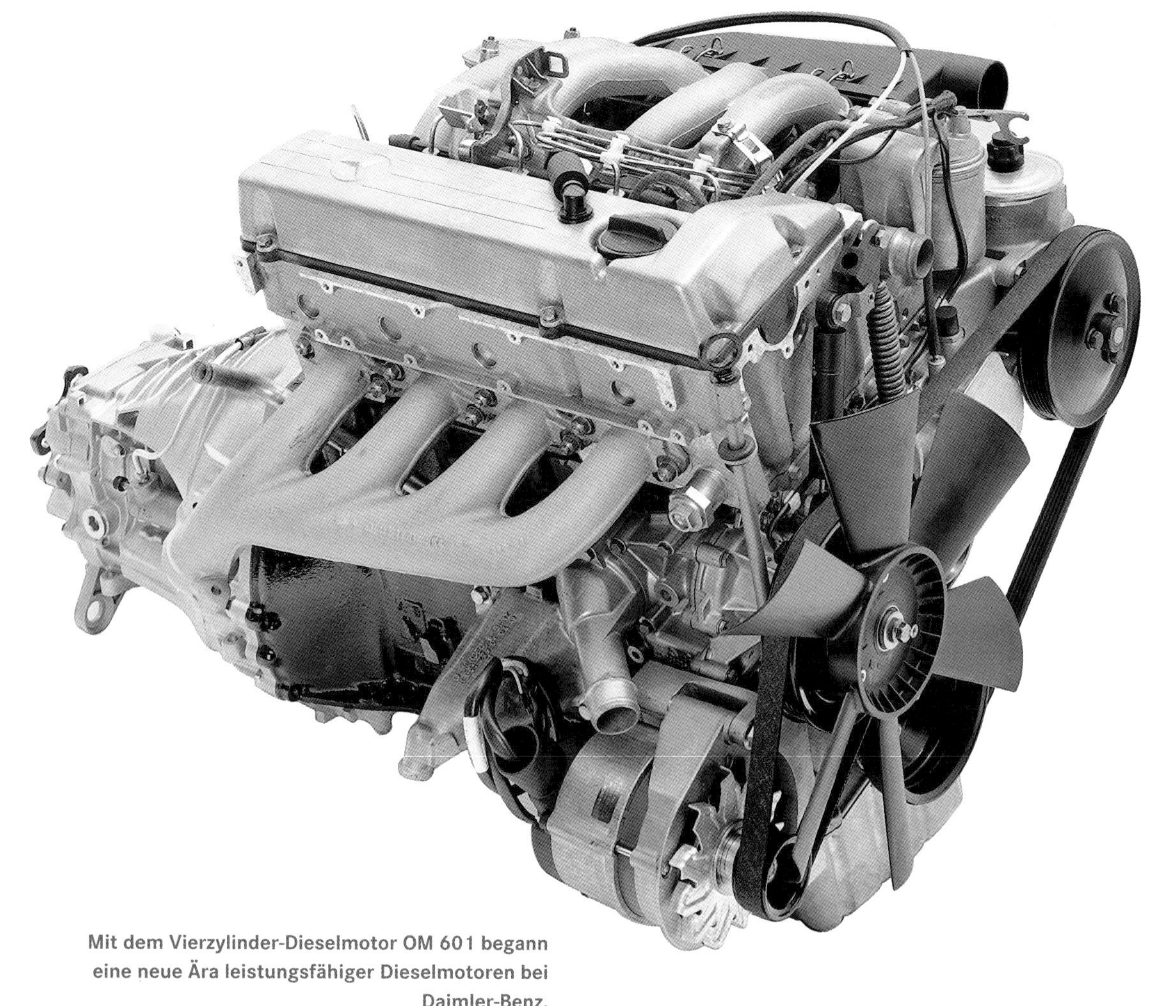

Mit dem Vierzylinder-Dieselmotor OM 601 begann eine neue Ära leistungsfähiger Dieselmotoren bei Daimler-Benz.

Letztlich erweiterte erst ein dreiviertel Jahr nach dem Debüt der Baureihe W 201 eine komplett neu konstruierte Generation von Dieseltriebwerken die lieferbare Palette an Antriebsaggregaten. Die Einführung der Motorenbaureihe OM 600, die sich mit der Zeit zu einer Motorenfamilie mit vier, fünf und sechs Zylindern entwickelte, markierte für Daimler-Benz den Beginn einer neuen Ära im Dieselmotorenbau. Gegenüber den antiquierten Selbstzündern der Vorgänger-Baureihe OM 615 fiel der neu konstruierte 2-Liter-Vierzylinder namens OM 601 nicht nur um fast 50 Kilogramm leichter und erkennbar kompakter dimensioniert aus, vor allem zeigte er mit einer auf 53 kW/72 PS gesteigerten Höchstleistung ein bisher unbekanntes Maß an Lebhaftigkeit. Unter anderem waren dafür moderne Konstruktionsprinzipien wie ein Querstromzylinderkopf verantwortlich.

Auch im Bereich der Dieselmotoren beschränkte sich die Baureihe W 201 in weiterer Folge nicht auf vier Zylinder. Mit dem im Frühsommer 1985 debütierenden Typ 190 D 2.5 kam unter der Bezeichnung OM 602 D 25 eine erste Fünfzylin-

Im 190 D entpuppte sich seinerzeit der OM 601 als lebhafte und sparsame Antriebsquelle.

Der 90 kW/122 PS starke Einspritzer des Typs 190 E überraschte mit bemerkenswert agilen Fahrleistungen.

der-Variante des Selbstzünder-Triebwerks auf den Markt. Deren Höchstleistung von 66 kW/90 PS sorgte bei kaum erhöhtem Motorgewicht für durchaus muntere Fahrleistungen. Ein erstes Statement in Richtung Hochleistungs-Diesel stellte schließlich der ab Herbst 1987 auch in Deutschland lieferbare Typ 190 D 2.5 Turbo dar, dessen 90 kW/122 PS liefernder aufgeladener Fünfzylinder-Diesel mit dem vergleichsweise zierlichen W 201 leichtes Spiel hatte.

Der OM 602 D 25 war der mittlere Motor aus der Baukastenreihe von Vier-, Fünf-, und Sechszylinder-Dieseltriebwerken.

Der 190 D 2.5 erweiterte das Typenprogramm der Dieselpersonenwagen mit seinem 90-kW-/122-PS-Triebwerk nach oben.

Modellevolution

Als der neue kleine Mercedes-Benz nach rund achtjähriger Entwicklungsphase Anfang Dezember 1982 in Andalusien vorgestellt wurde, reagierte das erwartungsfrohe Publikum zunächst etwas reserviert. Der W 201 forderte als Neuinterpretation einer Mercedes-Benz Limousine für ein bislang nicht belegtes Marktsegment manche Eingewöhnung, etwa im Hinblick auf seine Optik und das anfängliche Fehlen von Dieselmodellen. Anderes wiederum kam vielen Beobachtern bekannt vor, zum Beispiel die selbstbewusste Preisgestaltung, die trotz des neuen Wettbewerbsumfelds dem - damals noch nicht so bezeichneten - Premium-Anspruch entsprach. Traditionell mager war auch die Serienausstattung ausgefallen. Andererseits überzeugte die hochmoderne Technik, die vor allem in Sachen Fahrdynamik und Fahrkomfort einen neuen Klassenstandard setzte.

Im Herbst 1983, dem ersten vollen Produktionsjahr der kleinen Baureihe, kamen die Absatzzahlen durch die Premiere des schmerzlich vermissten Dieselmodells 190 D auf der Internationalen Automobil-Ausstellung (IAA) allmählich in Schwung. Für Begeisterung sorgte die Motorkapselung, die die Lebensäußerungen des neu entwickelten Selbstzünder-Triebwerks nach dem Start fast völlig unterdrückte. Auf der anderen Seite des Typenspektrums sorgte die ebenfalls in Frankfurt erstmals gezeigte Sportversion E 2.3-16 für Erstaunen und das unbestimmte Gefühl, dass die Marke Mercedes-Benz dabei war, einen Transformationsprozess zu starten, der Gesicht und Charakter ihrer Fahrzeuge tiefgreifend verändern würde.

Das neue Spitzenmodell der Baureihe mit auffälligem Flügelspoiler auf dem Heckdeckel wurde von einem 2,3-Liter-Vierzylinder angetrieben, der ebenfalls der Motorenfamilie M 102 entstammte und über einen neu konstruierten Vierventil-Zylinderkopf verfügte. Im Zusammenwirken mit einer Fülle weiterer technischer Maßnahmen führte dies zu einer Leistungsausbeute von 136 kW/185 PS. Die daraus resultierende Literleistung von rund 59 kW/80 PS war in der Serien-Pkw-Welt von Daimler-Benz ein völliges Novum.

Bereits vier Wochen vor seinem Debütauftritt bei der IAA hatte der 190 E 2.3-16 für Schlagzeilen gesorgt: Als Beleg für die Dauerbelastbarkeit und Leistungsfähigkeit des neuen Sportmotors hatten drei Prototypen auf dem Rundkurs im süditalienischen Nardò Langstreckenweltrekorde über 25.000 km, 25.000 Meilen und 50.000 km mit Durchschnittsgeschwindigkeiten von nahezu 250 km/h aufgestellt.

Den zwei Jahre später - vorerst noch in Privatinitiative - erfolgenden ersten Einsätzen des „Sechzehnventilers“ samt seiner Varianten im Tourenwagensport der Gruppe A ist weiter unten ein gesonderter Textabschnitt gewidmet. Zunächst jedoch startete im September 1984, ein ganzes Jahr nach seinem Publikumsdebüt in Frankfurt, die Auslieferung des dezidiert sportlich zugeschnittenen Topmodells der Baureihe 201. Als Lackfarben waren anfangs ausschließlich die Metallictöne „blauschwarz“ und „rauchsilber“ zu haben.

Das Einstiegsmodell, der Typ 190 mit Vergasermotor, bekam im selben Jahr eine um 11 kW/15 PS auf 77 kW/105 PS gesteigerte Höchstleistung, die ihm Fahrwerte ganz in der Nähe des 190 E bescherten. Weitere Verbesserungen waren die Einführung hydraulischer Motorlager und des hydraulischen Ventilspielausgleichs. Während Erstere zu einer nochmaligen Steigerung des Fahrkomforts beitrugen, resultierte Letzterer in einem reduzierten Wartungsaufwand.

Ebenfalls neu an Bord war eine Frühform der elektronischen Fahrprogramme: Am Automatikgetriebe bestand nun die Möglichkeit, mittels Taster zwischen den Stufen „S“ wie „Standard“ und „E“ wie „Economy“ zu wählen. Im auf Verbrauchseinsparung ausgelegten „E“-Modus fuhr das Getriebe im zweiten Gang an und schaltete früher hoch und später zurück.

Im Rahmen der Modellpflege wurden die Autos der Baureihe 201 zum Jahresbeginn 1985 weiter aufgewertet. 15- statt der bisherigen 14-Zoll-Felgen waren das primäre optische Erkennungs-

Oben links: Ebenfalls auf der IAA 1985 wurde der 190 E 2.6 präsentiert – eine Überraschung, weil ihn niemand auf der Agenda hatte.

Oben rechts: Drangvolle Enge herrscht im Motorraum des Baby-Benz mit dem lang bauenden Sechszylinder.

merkmal, beheizte Scheibenwaschdüsen und ein vergrößertes Wischfeld der Scheibenwischer demonstrierten den Sinn der Entwickler für fahrpraktische Erfordernisse. Zum neuen Modelljahr im Herbst wurden beheizbare Außenspiegel und eine Servolenkung Teil des serienmäßigen Ausstattungsumfangs. Bereits im Mai war die Modellpalette um den Typ 190 D 2.5 mit Fünfzylinder-Saugdieselmotor ergänzt worden.

Auf der Internationelen Automobilausstellung im September zeigte Mercedes-Benz zwei weitere neue Modelle der kompakten Limousinen-Baureihe. Der schon seit zwei Jahren auf dem US-amerikanischen Markt angebotene Typ 190 E 2.3 – dort allerdings in einer leistungsreduzierten Ausführung – war nun unter anderem auch für deutsche Kunden bestellbar. Die mit dem aus der Mittelklasse bekannten 2,3-Liter-Vierzylinder M 102 E 23 motorisierte, bis zu 100 kW/136 PS starke Version rollte aber erst im September des Folgejahrs zu den Händlern.

Nur rund sieben Monate warten musste, wer die zweite Novität orderte, den 190 E 2.6. Tatsächlich hatten es die Entwickler vollbracht, den lang bauenden Reihensechszylinder M 103 E 26 in den Motorraum des 190ers zu zwängen. Der kultiviert laufende und überaus langlebige Benziner stellte maximal 122 kW/166 PS bereit, die dem leichtgewichtigen Viertürer souveräne Fahrleistungen verliehen. Eine tiefer heruntergezogene Frontschürze mit breiteren Belüftungsschlitzen und die zweiflutige Abgasanlage waren neben dem Typenkennzeichen – so es denn vom Kunden nicht abbestellt wurde – die einzigen optischen Hinweise auf die Sechszylinder-Version.

Ebenfalls in Frankfurt zeigte sich Mercedes-Benz bereits gerüstet für die Einführungsphase des geregelten Dreiwege-Katalysators, der ursprünglich ab 1989 in sämtliche Neufahrzeuge obligatorisch eingebaut werden sollte. Alle Benziner der Baureihe W 201, bis auf den Typ 190 mit Vergasermotor, waren schon ab Werk mit der neuen Abgasreinigungstechnologie lieferbar. Je nach individueller Versorgungssituation mit bleifreiem Kraftstoff konnten Kunden die Modelle aber auch ohne Kat oder in einer RÜF-Version ordern, die gegebenenfalls eine unkomplizierte Nachrüstung von Katalysator und Lambdasonde erlaubte.

Der Einsatz des Dreiwege-Katalysators ging einher mit leichten Leistungseinbußen der einzelnen Triebwerke. So stellte der 2-Liter-Motor im 190 E nur noch 87 kW/118 PS, der 2,3-Liter im 190 E 2.3 nur noch 97 kW/132 PS bereit, der 2,3-Liter-Sechzehnventiler im 190 E 2.3-16 kam auf 125 kW/170 PS und der 2,6-Liter-Sechszylinder im 190 E 2.6 auf 118 kW/160 PS. Schließlich wurde im Herbst des Folgejahrs auch der Vergasermotor im Typ 190 auf geregelten Dreiwege-Katalysator umgestellt, wodurch die Leistungsausbeute des Vierzylinders nur unwesentlich auf 75 kW/102 PS sank.

Auf der IAA 1987 signalisierte der neue Spitzen-Diesel 190 D 2.5 Turbo, dass auch bei Mercedes-Benz das Leistungsvolumen aufgeladener Selbstzünder-Triebwerke steil nach oben zeigte. Die Kombination aus exzellenten Fahrleistungs- und niedrigen Verbrauchswerten bei satter Durchzugskraft machte das Fünfzylinder-Modell zu einem Vorboten für die kommende Entwicklung. Das auf dem US-Markt bereits seit einem Jahr angebotene Fahrzeug wurde nun auch für alle übrigen Märkte verfügbar. Die bald als prestigeträchtig geltenden sechs Einlasskiemen im rechten vorderen Kotflügel des Modells wie auch das Doppelendrohr der Abgasanlage zeigten deutlich, dass sich der Diesel ein für alle Mal des

Der Flankenschutz an den Türen besteht aus glasfaserverstärktem Polyurethan.

Stigmas der Behäbigkeit entledigt hatte und sich aufmachte, die Welt der Pkw-Motorisierung zu revolutionieren.

1988 setzte die Baureihe 201 in mehrfacher Hinsicht neue Wegmarken. Zum einen erreichte die Gesamtproduktion der 190er-Modelle im Frühjahr die magische Grenze von einer Million Einheiten – ein beeindruckender Beleg für die Richtigkeit der Entscheidung, eine dritte Personenwagenbaureihe zu lancieren und zugleich für die Stimmigkeit des verwirklichten Fahrzeugkonzepts. Dafür sprach im Übrigen auch die hohe Eroberungsquote von Kunden, die bislang mit Fremdfabrikaten unterwegs gewesen waren: Bis Ende 1984 betrug deren Anteil stolze 50 %.

Zum anderen wurden die kompakten Limousinen im Herbst, mit Beginn des neuen Modelljahrs, einer ersten größeren Modellpflege unterzogen. Auf dem Pariser Automobilsalon im Oktober wurden die modifizierten Fahrzeuge erstmals dem Publikum vorgestellt. Insbesondere am äußeren Erscheinungsbild war die Überarbeitung deutlich zu erkennen. Für alle Modelle außer dem 190 E 2.3-16 gab es neue, tiefer nach unten gezogene und damit aerodynamisch günstigere Front- und Heckschürzen, voluminösere Stoßfänger sowie dazu stilistisch wie farblich passende Seitenbeplankungen aus glasfaserverstärktem Polyurethan und zusätzliche Schwellerverkleidungen. Dies resultierte in geringfügigen Veränderungen von Wagenlänge und -breite.

Dem Sicherheitsgedanken geschuldet war der nun zum Serienumfang zählende Außenspiegel auf der Beifahrerseite. Im Interieur profitierte der Wagenfond in puncto Knie- wie Kopffreiheit von einem verbesserten Raumangebot, das durch eine Reihe technischer Maßnahmen im Fahrzeugunterbau möglich gemacht wurde. Einen Beitrag dazu leistete auch die von Feder- auf Schaumkernpolsterung umgestellte Rücksitzbank. Weitere Detailverbesserungen im Innenraum betrafen die Einführung einer Gurthöhenverstellung, komfortoptimierte Vordersitze mit verfeinerten Bezugsmaterialien sowie Fußraumteppiche aus Velours.

Antriebstechnisch blieb weitestgehend alles beim Alten. Lediglich die mit manuellem 5-Gang-Getriebe ausgestatteten Typen 190 und 190 E erhielten eine deutlich kürzere Hinterachsübersetzung. Dies führte zu lebhafterer Kraftentfaltung und reduzierte die im unteren Drehzahlbereich erforderliche Schaltarbeit nachhaltig.

Im Februar des Folgejahres wurde bei den Dieselmodellen 190 D und 190 D 2.5 die neu entwickelte Schrägeinspritzung mit Höhenkorrekturdose in die Serie eingeführt. Die Selbstzünder-Triebwerke warteten nun einerseits mit einer um 40 % geringeren Partikelemission auf, die den Einsatz eines Rußfilters bei Fahrzeugen für den US-Export obsolet machte, stellten andererseits aber eine Mehrleistung von 2 kW/3 PS respektive 3 kW/4 PS bereit.

Highlight des Jahres 1989 war im Frühjahr die Präsentation des Homologationsmodells 190 E 2.5-16 EVO I in Genf. Es verwies, wie auch das ab Sommer für die regulären Modelle lieferbare Sportline Ausstattungspaket, das unter anderem ein tiefergelegtes, strafferes Fahrwerk und großdimensionierte Rad-/Reifen-Kombinationen umfasste, auf eine zunehmend sportliche Profilierung der kleinsten Pkw-Baureihe.

Als neues Einstiegsmodell in die Welt der Mercedes-Benz Personenwagen kam im März 1990 der 190 E 1.8. Bei dem 80 kW/109 PS starken 1,8-Liter-Einspritzmotor handelte es sich um eine im Hub reduzierte Version des 2-Liter-Triebwerks, die das Ende der Vergasermotoren-Ära im Pkw-Bau von Mercedes-Benz besiegelte. Äußerlich gab sich der gegenüber einem 190 E 2.0 um stattliche 5000,- Mark preiswertere Basistyp nur durch sein Typenschild zu erkennen und überzeugte das potenzielle Kaufpublikum mit besonders vorteilhaftem Preis-Leistungs-Verhältnis.

Bewehrt mit spektakulärem Flügelwerk, dokumentierte das auf dem Genfer Automobilsalon Anfang März gezeigte Homologationsfahrzeug 190 E 2.5-16 EVO II, dass es Mercedes-Benz mit seinem von wiederentdecktem Wettbewerbsgeist gespeisten, werkseitigen Motorsportengagement – wozu seinerzeit neben dem Tourenwagen- auch der Prototypenrennsport der Gruppe C gehörte – ausgesprochen ernst meinte.

Anfang 1991, nach rund achtjähriger Marktpräsenz, erfuhr die kleinste Mercedes-Benz Pkw-Baureihe noch einmal eine Aufwertung. Bis auf die Diesel- und Otto-motorisierten Einstiegsmodelle wurden nun alle Typen serienmäßig mit ABS und einer Mittelkonsole ausgerüstet. Der 190 E hieß jetzt 190 E 2.0 und war dank zweiflutiger Abgasanlage analog zum stärkeren Bruder 190 E 2.3 mit 3 kW/4 PS Mehrleistung dotiert. Äußeres Erkennungsmerkmal waren in Wagenfarbe lackierte Außenspiegel.

Zukunftsweisend war im September das Debüt des sportlich noch deutlich geschärften AMG 190 E 3.2 – erstes Auftreten einer AMG Version in der Kompaktlimousinen-Baureihe. Das Modell war auf Basis des 190 E 2.6 entstanden und besaß einen 3,2-Liter-Motor, den man in Affalterbach aus dem 3-Liter-Reihensechszylinder M 103 entwickelt und mit einer Spitzenleistung von 172 kW/234 PS bei 5750/min sowie einem Drehmomentmaximum von 305 Nm bei 4500/min versehen hatte. Das mit manuellem oder Automatikgetriebe lieferbare Hochleistungsfahrzeug gab mit spezieller Front- und Heckschürze, eigenen Seitenschwellern und dreiteiligem Heckspoiler einen optischen Vorgeschmack auf die künftige AMG-typische Art der Individualisierung. Dazu gehörten auch die im AMG-Design gehaltenen Leichtmetallfelgen im Format 7,5 J x 16 mit 225/45-Bereifung.

Mit drei limitierten Sondermodellen versuchte Mercedes-Benz im Frühjahr 1992, die auf der Zielgeraden befindliche Baureihe 201 für Käufer noch einmal besonders attraktiv zu gestalten. Das damit verbundene Marketingkonzept war ungewöhnlich: Verfügbar waren der rot lackierte „Avantgarde Rosso“ nur als 190 E 1.8, der blau lackierte „Avantgarde Azzurro“ ausschließlich als 190 E 2.3 und der in grün gehaltene „Avantgarde Verde“ nur als 190 D 2.5. Insgesamt hatte die Editionsserie eine Auflage von 4600 Fahrzeugen.

Ab September 1991 wird mit dem AMG 190 E 3.2 zum ersten Mal offiziell ein AMG-Fahrzeug im Typenprogramm von Mercedes-Benz geführt.

Zum Schluss noch einmal schick in Schale: Die rote Version des Avantgarde gab es nur als 190 E 1.8.

Das unwiderrufliche Ende des „190ers“ kam im August des Folgejahrs, als auch die Serienfertigung im Werk Bremen auslief. Was zunächst als in vielfacher Hinsicht risikoreiches Unterfangen mit geradezu überlanger Entwicklungsphase begonnen hatte, avancierte über zwölf Jahre und mit 1.879.630 produzierten Fahrzeugen zu einem enormen Erfolg. Das bleibende Verdienst des in einem Kraftakt realisierten Projekts W 201 war jedoch nicht allein die Etablierung einer dritten, kleineren Limousinen-Baureihe – in Tat und Wahrheit war es nichts weniger als der gelungene Beginn der Neupositionierung der Marke Mercedes-Benz.

Der Sechzehnventiler, so wurde der 190 E 2.3-16 sehr bald genannt, beeindruckte durch einen für einen Mercedes-Benz Pkw ungewohnt tief heruntergezogenen Frontspoiler, Radausschnittverbreiterungen und Seitenschweller.

Auf Umwegen zum Ziel – die „Sechzehnventiler"-Story

Die seitens Daimler-Benz ab Ende der 1970er-Jahre unternommenen Bemühungen, sich – wenn auch tastend und nur in speziellen Nischen – wieder werksseitig dem Motorsport zuzuwenden, verliefen trotz mancher Erfolge ohne wirkliche Perspektive. Immerhin hatten die bis zum offiziellen Ausstieg aus der Rallye-Weltmeisterschaft Ende 1980 angestellten Untersuchungen und Studien möglicher Potenziale zu der Überzeugung geführt, dass die bald auf den Markt kommende kompakte W 201 Limousine wie kein anderes Modell der Mercedes-Benz Typenpalette dazu geeignet sein würde, auch auf motorsportlicher Bühne zu reüssieren. Dabei hatte man den Blick zunächst zwar noch vornehmlich auf den Rallyesport gerichtet, doch dass für die Fahrzeuge der neuen Baureihe auch betont kompetitive Formen werkseitiger Motorsportbetätigung vorstellbar waren, etwa im Rundstreckensport mit Tourenwagen, lag zu dieser Zeit durchaus in der Luft.

Das beflügelte fraglos die Phantasie auch mancher leitender Mitarbeiter in der Motorenentwicklung, und so war es bereits im Frühjahr 1980 zu der für Daimler-Benz äußerst ungewöhnlichen Kontaktaufnahme zu einer externen Motorenschmiede gekommen. Dabei handelte es sich um die nicht nur in Rennsportkreisen höchst renommierte britische Firma Cosworth, die, wenn sie nicht gerade an hochrangigen Renntriebwerken arbeitete, auch als Entwicklungspartner der Automobilindustrie tätig wurde und in deren Auftrag ganze Motoren oder wichtige Motorenkomponenten entwickelte und zur Serienreife brachte.

Eine wenig später angereiste Gruppe Abgesandter aus Untertürkheim, die sich persönlich ein Bild machen wollte, ließ sich unverzüglich von der außerordentlichen Kompetenz und Professionalität sowie der hochmodernen technischen Ausstattung des in Northampton beheimateten Unternehmens überzeugen. Nach bald darauf erfolgter endgültiger Festlegung des Motorkonzepts und exakter Definition des Auftragsumfangs für den potenziellen neuen Kooperationspartner erstellten die Briten Ende August ein Angebot über Entwicklung und Fertigung eines Vierventil-Zylinderkopfs für den Mercedes-Benz Vierzylindermotor M 102.

Unerwartet geschmeidig und komplikationslos folgten nur wenige Tage später die Vorlage eines „Letter of Intent“, der die beiden ungleichen Partner zusammenführte, und der sofortige Beginn der Konstruktionsarbeiten bei Cosworth. Nach nicht einmal fünf Monaten wurde der Vertrag signiert, der eine Aufteilung des Fertigungsprozesses zwischen Cosworth und Daimler-Benz vorsah.

Ende September 1981, zum vereinbarten Zeitpunkt, lieferten die Briten das erste Exemplar ihrer neuen Schöpfung, und es hielt bei den umgehend vorgenommenen Prüfstandtests in vollem Umfang, was es versprochen hatte: In Verbindung mit einem auf gut 2,1 Liter vergrößerten M 102-Triebwerk lieferte der wesentlich freier atmende Vierventil-Zylinderkopf 129 kW/176 PS bei 6250/min, kombiniert mit einer leistungsorientiert spezifizierten Variante des Motors und 2,3 Litern Hubraum sogar 200 kW/272 PS bei 7500/min. Nach diesen überaus erfreulichen Resultaten reduzierte man in Untertürkheim das bislang angeschlagene Projekttempo und konzentrierte sich darauf, dem Triebwerk als Ganzem endgültige Serienreife nach Mercedes-Benz Standards zukommen zu lassen – schließlich handelte es sich bei dem Vierzylinder um den Pkw-Motor mit der höchsten Literleistung in der Geschichte des Unternehmens. Da durfte nichts dem Zufall überlassen bleiben.

Nach gut einjähriger Entwicklungszeit starteten quasi parallel zur Weltpremiere der Baureihe 201 erste Prototypen des späteren 190 E 2.3-16 zu Testfahrten auf dem gegen unerwünschte Zaungäste abgeschirmten Hochgeschwindigkeitskurs im apulischen Nardò. Im Fokus der ersten wie mehrerer weiterer Erprobungen vor Ort standen Themen wie Höchstgeschwindigkeit, Endübersetzung, Motorkühlung und Dauerbelastbarkeit unter Volllast. Inzwischen war klar, dass die Markteinführung der Hochleistungsversion des neuen Kompaktmodells von einem Publizitäts-Coup besonderer Art flankiert werden sollte – schließlich forderte ein Fahrzeug solchen Zuschnitts, das niemand von Mercedes-Benz erwartete, in den Augen der potenziellen Kundschaft höchste Glaubwürdigkeit und Integrität. Also plante man umfassende Rekordfahrten, die im Augst des Folgejahrs ebenfalls in Nardò stattfinden und nach Möglichkeit mit neuen Geschwindigkeits-Weltrekorden über verschiedene Dauerlaufdistanzen abgeschlossen werden sollten.

Zu diesem Zweck begann man vor dem Hintergrund der Nardò-Volllasttests mit der Überarbeitung der ursprünglichen Cosworth-Konstruktion, um einseitig die Dauerbelastbarkeit bei Höchstdrehzahl zu optimieren – eine Anforderung, die für ein im Alltagsbetrieb eingesetztes Serienfahrzeug so nicht existiert. Unter anderem wurden manche beweglichen Teile, wie etwa die Kolben, verstärkt oder anders spezifiziert, die Ölversorgung des Motors an die spezielle Belastung angepasst sowie hitzeresistentere Ausführungen von Zylinderkopfdichtung und Auspuffkrümmer vorgesehen.

Jenseits des Antriebsaggregats, dessen Entwicklung zehn Monate in Anspruch nahm, wurden auch an den Fahrzeugen selbst – drei 190 E 2.3-16 sollten an den Start gehen – diverse Rekordfahrzeug-typische Modifikationen vorgenommen. Dazu gehörten unter anderem ein größerer Tank, Entfall von Servolenkung und Lüfter, die Verwendung rollwiderstandsarmer Reifen und eine Fülle aerodynamischer Detailoptimierungen, wie beispielsweise eine Tieferlegung, die Entfernung von Außenspiegeln

Der Windkanal bringt es an den Tag: Der c_w-Wert des Sechzehnventilers war trotz größeren Kühlluftbedarfs sowie breiterer Bereifung und Räder besser als jener der Serienlimousine.

Für Freunde des Puzzles: die Einzelteile des Vierzylinder-Hochleistungsmotors M 102 E 23/2.

Oben: Der Motor M 102 E 23/2 mit zwei obenliegenden Nockenwellen und dem optimal auf die Leistung abgestimmten Rohrkrümmer der Abgasanlage.

Rechts: Blauschwarz Metallic war neben Rauchsilber die zweite Farbe, in der der 190 E 2.3-16 geliefert wurde.

Das Cockpit, bei dem der Tacho bei 260 km/h und der Drehzahlmesser bei 8000/min enden; dazu die Mittelkonsole, die um eine Öltemperaturanzeige, eine digitale Stoppuhr und einen Amperemeter als sportliche Accessoires ergänzt wurde.

und Scheibenwischern sowie modifizierte Felgen. Im Vorfeld der Mitte August 1983 anberaumten Rekordfahrten wurden testhalber insgesamt sechs Probeläufe über die als Zielstellung gesetzte Distanz von 50.000 Kilometern im Vollgasmodus absolviert, je drei auf dem Kurs in Nardò und auf dem Motorenprüfstand. Wesentliche technische Probleme aufgrund dieser Extrembelastung traten bei der Neukonstruktion nicht auf.

Beim entscheidenden Rekordversuch wurden schließlich drei identisch aufgebaute Fahrzeuge eingesetzt, um im Fall auftretender Schwierigkeiten noch Rückfallpositionen zu haben. Doch dank akribischer Vorbereitung lief fast alles nach Plan: Nach 201:39:43 Stunden unter Volllast – nur unterbrochen von regelmäßigen Boxenstopps – erreichte der rot markierte Wagen die anvisierte Distanz von 50.000 km und pulverisierte mit einer Durchschnittsgeschwindigkeit von 247,939 km/h geradezu die bisherige, über 30 Jahre alte Bestmarke.

Das zweite, weiß markierte Fahrzeug folgte mit nur geringfügig niedrigerem Durchschnittstempo, während das dritte nach einer längeren Reparaturpause kurz vor Erreichen der Distanz aus der Wertung genommen wurde. Das schnellste Fahrzeug stellte zwei weitere Weltrekorde – mit 247,549 km/h über 25.000 km sowie mit 247,749 km/h über 25.000 Meilen – und acht neue internationale Bestmarken in diversen Wertungskategorien auf.

Notwendige Informations- und Kommunikationseinrichtungen für die Rekordfahrt.

Die ersten Bestleistungen sind aufgestellt, trotzdem ist erst die Hälfte geschafft und auch die Boxencrew muss noch Spitzenzeiten vorlegen.

Start mit Rückenwind: 190 E 2.3-16

Ayrton Senna ließ sich den Sieg auf Mercedes-Benz auf dem Nürburgring nicht nehmen. Auch wenn es der 190 E 2.3-16 war und kein Formel-1-Bolide.

Die Publizitätswirksamkeit der erfolgreichen Rekordfahrten begann gerade zu verblassen, da brachten die Marketingverantwortlichen bei Mercedes-Benz den „Sechzehnventiler" wenige Monate vor der Markteinführung ein weiteres Mal in die Schlagzeilen. Zur Eröffnung des neu erbauten Grand-Prix-Kurses am Nürburgring wurde am 12. Mai 1984 ein Einladungsrennen veranstaltet, bei dem sich alte und junge Koryphäen vornehmlich der Formel-1-Welt auf zwanzig technisch identischen, leicht modifizierten 190 E 2.3-16 miteinander maßen. Das bei schlechtem Wetter ausgerichtete Rennen entschied der seinerzeit aufstrebende Star der Szene, Ayrton Senna, für sich. Nach diesem medial viel beachteten Auftritt wurden die Fahrzeuge weitgehend wieder in den Serienzustand zurückversetzt, aber samt eingebautem Überrollkäfig, Schalensitzen und Schnellverschlüssen an Endkunden verkauft.

Als der 190 E 2.3-16 im September 1984 endlich in den Ausstellungsräumen der Händler auftauchte, war er mit einem Einstandspreis von 52.212 Mark fast doppelt so teuer wie ein einfacher Typ 190. Als exklusives Spitzenmodell der Baureihe W 201 glänzte die kompakte Sport-Limousine jedoch mit einem hohen serienmäßigen Ausstattungsniveau, dem anfangs lediglich ABS und Airbag sowie eine Reihe seinerzeit noch unüblicher Komfortextras wie elektrische Fensterheber, Klimaanlage und getönte Scheiben fehlten.

Ein völlig neuer Anblick bei einem Mercedes-Benz Pkw war der durchaus offensive Einsatz aerodynamischer Hilfsmittel an der Karosserie. Ein tief heruntergezogener Frontspoiler, seitliche Schwellerleisten und vor allem der auffällige Heckspoiler auf dem Kofferraumdeckel verliehen dem „Sechzehnventiler" ein jugendlich-sportives Erscheinungsbild, verharrten aber in ihrer realen aerodynamischen Wirksamkeit bei wesentlichen Parametern wie den Auftriebswerten an Front- und Heck und dem Gesamt-Luftwiderstandsbeiwert zumeist im Promillebereich. Eindruck hinterließen auch die 15-Zoll-Leichtmetallräder, auf die Niederquerschnitts-Breitreifen im Format 205/55 aufgezogen waren.

Dass Mercedes-Benz mit dem 190 E 2.3-16 den richtigen Weg eingeschlagen hatte, bestätigten die ersten in der Fachpresse erscheinenden Testberichte. Der Hochleistungs-Vierzylinder überzeugte mit Drehfreude und energischer Leistungsentfaltung, das sportlichere Fahrwerks-Setup brachte die Qualitäten des neuen Achskonzepts noch besser zur Geltung, und verblüfft wurde konstatiert, dass bei alldem sogar der markentypische Fahrkomfort nicht zu kurz kam.

Sensation zu Beginn der DTM-Saison 1989: Klaus Ludwig wechselte als amtierender Meister von Ford zu Mercedes und bringt damit auch die Startnummer 1 zu AMG (hier beim Auftaktrennen im belgischen Zolder).

Den Motorsport fest im Blick

Mit Markteinführung und laufender Produktion war die Motorsport-Homologation für den 190 E 2.3-16 nur eine Frage der Zeit. So wurde schon in der Saison 1985 ein Einsatz der Sport-Limousine im besonders seriennahen Gruppe-N-Sport als auch in der Tourenwagen-Kategorie nach Gruppe-A-Reglement möglich, die gerade durch die zum Publikumsmagneten avancierte Deutsche Tourenwagen-Meisterschaft (DTM) enorme Breitenwirksamkeit entfaltete.

Während man sich in Deutschland vorerst noch zurückhielt, wagte in Frankreich das Team Snobeck Racing Service mit gleich drei Einsatzfahrzeugen und unterstützt von Mercedes-Benz France einen ersten Vorstoß in der einheimischen Produktionswagen-Meisterschaft, deren technisches Reglement allerdings über die Grenzen der Gruppe A hinausging. Der zweite Platz im Endklassement des Championats für einen der teilnehmenden „Sechzehnventiler" bestärkte auch die damalige Tuningschmiede AMG in Affalterbach in ihren Ambitionen hinsichtlich der DTM-Saison 1986.

Insgesamt bestritten neun 190 E 2.3-16, verteilt auf drei Teams und einen Privatfahrer, die Meisterschaft, und es gelang Volker Weidler mit einem Fahrzeug der Mannschaft Marko RSM, sich unter anderem nach zwei Laufsiegen im Gesamtklassement Rang zwei zu sichern – ein riesiger Erfolg und ein Meilenstein für Mercedes-Benz auf dem Weg

Zusammen mit Manuel Reuter bildete der Schwabe Roland Asch 1989 die Fahrerpaarung des MS Jet Racing Teams. Asch hatte im Jahr zuvor als neu verpflichteter Mercedes-Benz-Werksfahrer die DTM-Vizemeisterschaft gefeiert. Er sollte noch bis 1994 die Marke mit dem Stern in der populären Tourenwagenserie vertreten.

Schnell im Nadelstreifen-Design: In der Saison 1988 griff der Venezolaner Johnny Cecotto bei AMG ins Lenkrad. Der Motorradweltmeister von 1975 in der 350-ccm-Klasse belegte in der Endabrechnung nach 24 Läufen Platz 6.

zurück in den Werks-Motorsport, der im Januar 1988 mit der offiziellen Ankündigung einer Beteiligung im Tourenwagensport der Gruppe A und bei den Rennsportwagen der Gruppe C endgültig manifestiert wurde.

Während in diesem Jahr Roland Asch auf einem 190 E 2.3-16 Rennsport-Tourenwagen des Teams BMK-Motorsport die Vizemeisterschaft der DTM errang, stand die Saison 1989 schon ganz im Zeichen des Nachfolgemodells, das gemäß dem Evolutionsreglement in seinen Spezifikationen wesentlich stärker auf den Gruppe-A-Motorsport in der DTM abgestimmt war.

Gezielte Weiterentwicklung: 190 E 2.5-16

Als Ablösung des „Sechzehnventilers" mit 2,3-Liter-Motor wurde auf dem Pariser Autosalon im Herbst 1988 erstmals der 190 E 2.5-16 vorgestellt. Optisch gab es, bis auf das andere Typenschild auf dem Kofferraumdeckel, keine Unterscheidungsmerkmale zum Vorgängermodell. Sämtliche Verbesserungen beschränkten sich auf das inzwischen bestens bewährte Antriebsaggregat. Wesentliche Veränderungen waren die Hubraumvergrößerung um 200 cm³ durch den Einsatz einer Kurbelwelle mit längerem Hub und der nun auf eine Duplexkette umgestellte Nockenwellenantrieb.

Lieferbar waren ausschließlich die mit Katalysator versehene oder die RÜF-Version. Damit präsentierte sich der 2,5-Liter-Motor auf 143 kW/195 PS bzw. 150 kW/204 PS leistungsgesteigert. Trotz des längeren Hubs, der die Durchzugskraft des Sportmotors noch weiter verbesserte, war paradoxerweise ein insgesamt höheres Drehzahlniveau zu verzeichnen: Die Nennleistung wurde nun erst bei stattlichen 6750/min statt wie zuvor bei 5800/min erreicht.

Das 2,5-Liter-Triebwerk M 102 E 25/2 war der Vierzylinder mit dem größten Hubraum im Personenwagen-Programm.

Schick in Schale und schnell auf der Piste: der 190 E 2.5-16

Der Homologationstyp 190 E 2.5-16 Evolution beeindruckte durch die breiten 16-Zoll-Räder der SL-Baureihe 129 und die darauf abgestimmten Verbreiterungen der Radhausausschnitte, deren Anpassung an den vorderen einstellbaren Bugspoiler sowie die entsprechenden Seitenpartien mit Schwellerverkleidungen.

Spektakulär: Der 190 E 2.5-16 Evolution (EVO I)

Rund ein halbes Jahr nach der Einführung des 2,5-Liter-Modells war der Genfer Autosalon 1989 Schauplatz einer imposanten Neuvorstellung. Im Rahmen der in der DTM gültigen Evolutions-Regularien konnten nach erfolgter Homologation des Grundmodells – im Fall des 190 E 2.3-16 – weitere, stärker auf die Erfordernisse des Rennsporteinsatzes abgestimmte Entwicklungsversionen dieses Grundmodells realisiert werden. Voraussetzung war, dass mindestens 500 straßenzulassungsfähige Exemplare eines solchen Evolutionsmodells hergestellt werden mussten.

Seinen primären Bestimmungszweck sah man dem 190 E 2.5-16 Evolution, der bald als EVO I bezeichnet wurde, auf den ersten Blick an. Um in der DTM konkurrenzfähig zu bleiben, waren aber nicht nur karosserieseitig, sondern auch auf allen von außen nicht sichtbaren Technikfeldern tiefgreifende Veränderungen gegenüber dem Großserienmodell vorgenommen worden. Ins Auge fielen zunächst die Leichtmetallräder im Format 8 J x 16 mit 225/50-Bereifung sowie die voluminösen und weiter ausgestellten Radhäuser, die ergänzende Modifikationen an der Rohbaukarosserie nach sich gezogen hatten. Ein tiefer gezogener, anders konturierter Front- und der vergrößerte Heckspoiler, beide nun einstellbar, sorgten für verbesserte Abtriebswerte.

Der 2,5-Liter-Vierventiler, Herzstück der kompakten Sport-Limousine, präsentierte sich in seiner Architektur elementar verändert. Um das im Renneinsatz unabdingbare hohe Drehzahlniveau zu erreichen, war das Bohrung-/Hub-Verhältnis des Triebwerks verändert worden. Eine Vergrößerung des Bohrungsmaßes bei gleichzeitiger Reduzierung des Hubs senkte die mittlere Kolbengeschwindigkeit und schuf, bei leichter Reduzierung des Gesamthubraums, die Basis, bei einem Motor gemäß Gruppe-A-Spezifikation noch deutlich höhere Literleistungen zu erzielen. Beim Straßenfahrzeug blieben die Leistungswerte der Katalysator-Version mit 143 kW/195 PS respektive der RÜF-Version mit 150 kW/204 PS bei geringfügig erhöhter Nenndrehzahl gegenüber dem normalen Serienmodell unverändert. Deutlich weniger aufwändig fielen die am EVO I fahrwerkseitig vorgenommenen Modifikationen aus. Teile der Vorderradaufhängung sowie die komplette Bremsanlage hatte man vom SL Roadster der Baureihe

129 transferiert, und die hintere Raumlenkerachse zeigte sich an einigen Bauteilen verstärkt.

Trotz eines Einstandspreises von 87.204,30 Mark waren die 500 für den Verkauf freigegebenen Exemplare des EVO I in Windeseile vergriffen und verschwanden vielfach in den Garagen solventer Sammler. Im normalen Straßenbetrieb zeichneten sich die sportlich geschärften Homologationsmodelle, für die es übrigens keine Klimaanlage zu ordern gab, vor allem durch ein extrem neutrales Fahrverhalten aus, das die im Alltagsverkehr existierenden Limits mühelos außer Kraft setzte.

Einem Sieg auf dem Mercedes-Benz 190 E 2.3-16 standen vier Siege auf 190E 2.5-16 Evo gegenüber: Der schnelle Bonner Klaus Ludwig hatte im DTM-Jahr 1989 eine starke zweite Saisonhälfte.

Erfolgreiche Renneinsätze

Homologationsbedingt konnte der EVO I erst am vierten DTM-Wochenende der Saison 1989 an den Start gebracht werden – das aber mit durchschlagendem Erfolg, denn Roland Asch gelang es mit einem solchen Fahrzeug des MS Jet Racing Teams, gleich den ersten Lauf auf dem Flugplatzkurs in Mainz-Finthen für sich zu entscheiden. Bei den verbleibenden sieben DTM-Veranstaltungen des Jahres addierten sich fünf weitere Laufsiege für das neue Einsatzfahrzeug hinzu. Punktbester EVO I Pilot wurde Klaus Ludwig, der auf einem Wagen des AMG Teams allein vier davon realisierte.

Frank Biela in der „Grünen Hölle“: Auf Mercedes-Benz 190 E 2.5-16 Evo errang er 1990 im zweiten Lauf den Sieg. Der Umstieg auf den Evo II erfolgte erst am letzten Rennwochenende der Saison.

Der 190 E 2.5-16 Evolution II war noch konsequenter auf die Anforderungen als Homologationsfahrzeug entwickelt worden. Das erklärt die noch voluminöseren 17-Zoll-Räder mit entsprechenden Verbreiterungen der Radausschnitte sowie den zweistufig verstellbaren Frontspoiler.

Noch viel spektakulärer: Der 190 E 2.5-16 Evolution II (EVO II)

Exakt ein Jahr nach dem EVO I zündete Mercedes-Benz die nächste Entwicklungsstufe des DTM-Homologationsfahrzeugs: Der 190 E 2.5-16 Evolution II, kurz EVO II, ließ mit seinem gewaltigen Spoilerwerk an Front und Heck sowie markanten Kotflügelverbreiterungen das Publikum des Genfer Autosalons 1990, auf dem die Premiere stattfand, geradezu fassungslos zurück. Manche Betrachter mochten kaum glauben, dass dieses Fahrzeug mit seiner kompromisslos scheinenden Rennsport-Anmutung vollständig zulassungskonform war. Wie bei seinem Vorgänger wurden insgesamt 502 Exemplare aufgelegt, um den DTM-Regularien Genüge zu tun, und wieder gingen diese innerhalb kurzer Zeit in die Hände solventer Sammler über – zu einem Verkaufspreis von 115.259,70 Mark.

Die Weiterentwicklungen am EVO II beschränkten sich aber keineswegs nur auf die Aerodynamik. Das Kurzhub-Triebwerk wurde in einer Fülle wesentlicher Details überarbeitet, um es noch drehzahlfester und leistungsfähiger zu machen. Zu den Modifikationen gehörten unter anderem die Wiedereinführung von Kühlkanälen zwischen den Zylinderwänden, eine kettengetriebene Zahnradölpumpe, eine durch den Wegfall von Gegengewichten erleichterte Kurbelwelle, ebenfalls erleichterte Pleuel, höher verdichtende Kolben sowie ein überarbeiteter Ventiltrieb mit neuen Steuerzeiten. Als Höchstleistung des in seiner Grundarchitektur unveränderten, stets mit Dreiwege-Katalysator versehenen 2,5-Liter-Sportmotors standen nun 173 kW/235 PS bei 7200/min zu Buche.

Die auf Basis dieses Serienaggregats aufgebaute Gruppe-A-Version des Triebwerks zeigte sich noch einmal konsequent auf ihren Einsatzzweck

In der Heckansicht sind die massiven Radhausverbreiterungen und die besonders funktional ausgerichtete Gestaltung des Heckspoilers sichtbar.

hin modifiziert. Durch eine leichte Vergrößerung des Bohrungsmaßes wuchs nicht nur der Gesamthubraum um weitere 25 cm³, sondern es fanden auch leicht vergrößerte Einlassventile Platz. Generell stand neben klassischen Maßnahmen zur Leistungssteigerung wie leichteren Kolben und erhöhter Verdichtung insbesondere eine markante Verbesserung des Gaswechsels im Fokus. Ein für Rennmotoren typisches schiebergesteuertes Einlasssystem in Kombination mit einer leistungsorientiert konfigurierten Ventilsteuerung, einer entsprechend abgestimmten Auslassseite sowie der elektronischen Motorsteuerung Bosch Motronic 2.7 resultierte in einem auf bis zu 10.000/min erhöhten Drehzahlspektrum sowie einer Leistungsausbeute von offiziell genannten 242 kW/329 PS bei 8500/min. Ein vergrößerter Ölvorrat half, die thermische Stabilität des Renntriebwerks auch unter Extrembedingungen sicherzustellen.

Die das aufsehenerregende Erscheinungsbild des EVO II prägenden Kotflügelverbreiterungen und aerodynamischen Hilfsmittel waren keine vordergründigen Optik-Gimmicks, sondern spiegelten schlicht motorsportliche Erfordernisse wider. In der Serienversion beherbergten die voluminösen Radhäuser nun Leichtmetallfelgen der Dimension 8¼ J x 17 mit Super-Niederquerschnittsreifen der Dimension 245/40.

Der aus Aluminium gefertigte riesige Heckflügel verfügte über eine im Vergleich zum EVO I Heckspoiler wesentlich vergrößerte wirksame Fläche und eine an seinem oberen Luftleitelement herausziehbare hintere Abrisskante, die deutlich erhöhte Abtriebswerte produzierte. In ähnlicher Weise war auch die horizontale Lippe am unteren Ende des Frontspoilers zweifach in Längsrichtung verstellbar ausgeführt. Entsprechende Messungen bestätigten beim Serien-, vor allem aber beim Wettbewerbsfahrzeug fundamental bessere Abtriebswerte durch den Einsatz der neu konzipierten Aerodynamikbauteile.

Siegerwagen in der Deutschen Tourenwagen Meisterschaft 1992: Mit fünf Siegen sicherte sich Klaus Ludwig den Titel, gefolgt von den Markenkollegen Kurt Thiim und Bernd Schneider. In 16 von 24 Wertungsläufen stand ein Mercedes-Fahrer ganz oben auf dem Siegerpodest.

Renneinsätze

Die Ausnahmetalente des EVO II in puncto Fahrwerks- und Motoragilität, Querbeschleunigung und Fahrstabilität kamen im normalen Alltagsverkehr – dem sich wohl kaum eines der 502 produzierten Fahrzeuge längere Zeit unterziehen musste – nur andeutungsweise zur Geltung. Ganz anders verhielt es sich bei den in der DTM zum Einsatz kommenden Rennsport-Tourenwagen. Zwar konnten die EVO II der Saison erst ab der Premiere am achten Rennwochenende Anfang Juli 1990 ihren Stempel aufdrücken, aber bereits die Folgeveranstaltung, das Flugplatzrennen Diepholz, sah den ersten Laufsieg eines solchen Fahrzeugs unter dem dänischen AMG Piloten Kurt Thiim.

Konsequent weiterentwickelt zeigte die Erfolgskurve des EVO II in der Saison 1991 vor allem in den Händen von Thiims AMG Teamkollegen Klaus Ludwig steil nach oben. Er erzielte fünf der insgesamt sechs Laufsiege in der ersten kompletten DTM-Saison des neuen Wagens und holte sich die Vizemeisterschaft in der Fahrerwertung. 1992 schließlich wurde zum Jahr der erdrückenden Dominanz des EVO II in der DTM. Nicht weniger als 16 der insgesamt 24 absolvierten Läufe gingen auf das Konto des nun fast zur Perfektion weiterentwickelten Rennsport-Tourenwagens, und die drei Hauptprotagonisten am Lenkrad des EVO II, Klaus Ludwig, Kurt Thiim und Bernd Schneider, belegten in der Endabrechnung der Saison die ersten drei Plätze. Entsprechend souverän sicherte sich Mercedes-Benz auch die neu eingeführte Markenwertung.

Die Folgesaison stand im Zeichen des technischen Umbruchs im Rahmen der Einführung der vom Serienfahrzeug weit entfernten Klasse-1-Boliden. Der EVO II und die aus ihm entwickelte Interimsversion mit der einfachen Typbezeichnung 190 E Klasse 1 hielten jedoch im Wettbewerb mit der reinrassigen Klasse-1-Konstruktion aus Italien, dem allradgetriebenen Alfa Romeo 155 V6 TI, die Mercedes-Benz Flagge überraschend hoch und konnten immerhin acht der insgesamt 22 DTM-Läufe für sich entscheiden. Am Ende platzierten sich mit Roland Asch, Bernd Schneider und Klaus Ludwig sogar drei 190er Piloten auf den Rängen zwei bis vier des Abschlussklassements. Damit endete die Ära der DTM-Werkseinsätze des „Sechzehnventilers". In seiner höchsten Entwicklungsstufe, der Klasse-1-Version von 1993, stellte das standfeste 2,5-Liter-Aggregat eine Spitzenleistung von knapp 280 kW/380 PS bei einer Nenndrehzahl von 9500/min bereit.

Noch während die Evolution-Ausführung die ersten Siege einfuhr, begannen im August 1989 bereits die Arbeiten an der zweiten Entwicklungsstufe. Im Mai 1990 verließen die letzten der 502 gebauten Exemplare die Bänder im Werk Bremen. Danach übernahm die Firma AMG die Produktion. Werksseitig eigesetzt wurde der Evo II bis Ende 1993. Im Bild Jörg von Ommen beim Flugplatzrennen in Wunstorf, der fünften Veranstaltung in der Saison 1991.

In der letzten Saison wechselte der 190 E 1993 noch einmal die Gestalt, und es entstand durch Modifikationen der AMG Mercedes-Benz 190 E Klasse 1. Reglementsbedingt war die Basis nicht der Evo II, sondern der 190 E 2.5-16. Technische Besonderheit war die Position des Motors: Das Triebwerk lag nun im Vergleich zum Evo II fünf Zentimeter tiefer und 12 Zentimeter weiter hinten.

S LM 9067
S LM 9069
S LL 6823

KAPITEL 3 – BAUREIHE 202

Es ist müßig darüber zu streiten, ob es schwieriger ist, ein völlig neues Produkt zu kreieren, wie es der W 201 zur Zeit seiner Entstehung nun einmal war, oder ob es eine größere Herausforderung ist, einen Nachfolger zu etablieren, der an die Erfolge seines Vorläufers anknüpft. Jedenfalls mussten im Falle der Produktplanung für den W 202 im Vorstand nicht mehr lange Grundsatzdiskussionen geführt werden.

Im Frühjahr 1986, also zu jener Zeit, als der W 201 gerade stückzahlmäßig zur Hochform auflief, überlegte man sich in Untertürkheim und Sindelfingen, wie wohl sein Nachfolger aussehen könnte. Dabei untersuchte man auch intensiv die Möglichkeit eines Frontantriebskonzepts in Verbindung mit einem Vierradantrieb. Pkw-Konstruktionschef Sorsche und -Entwicklungschef Dr. Wolfgang Peter begründeten im November 1986 ihre ablehnende Haltung zum Frontantrieb in dieser Fahrzeugklasse mit folgenden Argumenten:

- Mangelnde Kompatibilität der Aggregate Motor, Getriebe und Achsen mit dem übrigen Fahrzeugprogramm

- Schlechteres Traktionsverhalten bei hohen Motormomenten

- Antriebseinflüsse auf die Lenkung

Die beiden Entscheidungsträger verwiesen im Übrigen darauf, dass die Schnittlinie zwischen Front- und Standardantrieb bei Herstellern, die damals beide Antriebsarten einsetzten, zwischen 1,6 und 1,8 Litern Hubraum liege. Am 22. September 1986 fand eine erste Besprechung unter der Leitung von Dr. Peter statt, um die Rahmenbedingungen für das Lastenheft des W 202 festzulegen. Der „Meilensteinplan“ sah als Anlauf der Hauptserie den September 1992 vor und nannte als Eckdaten für die erste Ausgabe des Lastenhefts Ende 1985/Anfang 1986.

Folgende grundsätzliche Forderungen wurden dabei erhoben:

- Verbesserte Leistung und Verbrauch bei gleichen Kosten und Nutzen wie beim W 201
- Verbesserte Platzverhältnisse im Fond
- Keine Erhöhung des Gesamtgewichts
- Möglichst geringe Zunahme der Außenabmessungen bei gleichzeitigen qualitativen Verbesserungen in der Raumökonomie und im Crashverhalten beim Sechszylinder
- Weiterentwicklung der bestehenden Achskonstruktionen im Hinblick auf bestehende Fertigungseinrichtungen
- Durchlademöglichkeit vom Kofferraum aus
- Längster eingebauter Motor: M 103/M 104; kein Einsatz des OM 603
- Tieferlegung der Ladekante
- Kompatibilität bei Unfällen (Partnerschutz)
- Verbesserung des c_w-Wertes
- Korrosionsverbesserung
- Verbesserter Seitenaufprallschutz
- Einteilige Seitenwand
- Rohbau auf hochfeste MPM-Bleche abgestimmt
- Serienmäßige Sitztiefenverstellung

Die bemerkenswerteste Entscheidung bestand in dem Beschluss, keine T-Modell-Variante vorzusehen. Begründet wurde dies damals mit der Konkurrenzsituation und der preislichen Nähe zum T-Modell der Baureihe 124. Mit einer Verzögerung von dreieinviertel Jahren wurde dieser weit reichende Beschluss erst allmählich aufgeweicht, als Arbeitskreise auf Veranlassung der Produktkommission Pkw (PKP) Vorschläge zu Varianten auf der Basis des W 202 erarbeiteten. Fazit dieser Untersuchung war, dass man zur Absicherung der Marktposition des W 202 den Karosserievarianten T-Modell und SLK – Letzterer wurde seinerzeit noch nicht als eigenständiges Modell, sondern als Variante des W 202 gesehen –, den Vorzug vor einer Großraumlimousine, einem Cabriolet und einem Coupé gab.

Mit dem Debüt der Baureihe 202 im Mai 1993 erfolgte auch die offizielle Einführung neuer Klassenbezeichnungen für das Mercedes-Benz Pkw-Produktionsprogramm. Die Nachfolger der ehemaligen Kompaktklasse der Baureihe 201 erhielten die Bezeichnung „C-Klasse“. Mit der Einführung der C-Klasse hielt ein neues Preis-/Wertverhältnis Einzug, das in der Grundausstattung die bisher je nach Modell als Sonderausstattung (SA) separat zu bestellenden und bezahlenden Positionen ABS, Servolenkung, Fahrerairbag, Seitenaufprallschutz, Fünfgang-Getriebe und Zentralverriegelung mit einschloss.

Teamwork als Gestaltungsveranstaltung schließt Kreativität nicht aus.

Der „Königsmacher“: Bruno Sacco war als Designchef für die Baureihen 201 und 202 verantwortlich.

Design

Stärker noch als beim W 201 (im Vergleich zum W 126) trat beim W 202 eine gewisse optische Ähnlichkeit zur seinerzeit aktuellen S-Klasse (W 140) hervor. Das war kein Zufall, sondern gewollt und nicht nur ein Ergebnis der von Designchef Sacco kreierten Designphilosophie der vertikalen und horizontalen Modell-Homogenität. Ein markantes Beispiel ist die Frontgestaltung des W 202, die mit ihrer optischen Nähe zum W 140 die positive Wirkung der Leitbildfunktion der S-Klasse auf die C-Klasse dokumentiert. Bei der Gestaltung des Hecks wird die mit dem W 124 begonnene und seit dieser Zeit für Mercedes-Benz Personenwagen typische Linie des trapezförmigen Kofferraumdeckels im Heckabschluss weitergeführt. Dass der Deckel bis an die Oberkante des hinteren Stoßfängers hinab geführt wird, hat den Vorteil einer niedrigeren Ladekante. Einen neuen optischen Akzent setzen im Heck die um die Kotflügelecken herum reichenden Heckleuchten, in deren oberer Kammer aus Sicht- und somit Sicherheitsgründen die Bremsleuchten untergebracht sind. Natürlich spielte bei all dem – bis zum heutigen Tag übrigens – auch die zeitliche Abfolge der Modelleinführungen eine Rolle. Bis heute folgt die Präsentation neuer C-Klasse Modelle stets nach der Lancierung einer neuen S-Klasse.

Beim W 202 wird das eher kantige Design des Vorgängermodells durch eine weichere Formensprache abgelöst, die den ebenfalls keilförmigen Linienverlauf geschickt kaschiert und ihm die lineare Strenge nimmt. Dazu trägt auch der aus Kosten- und Sicherheitsgründen wichtige einteilige Verbund aus C-Säule und hinterem Kotflügel maßgeblich bei. Der längere Vorbau und der vergrößerte Radstand lassen das Fahrzeug stattlicher erscheinen, als es mit seinen um 39 mm in der Länge, 30 mm in der Breite und 32 mm in der Höhe gewachsenen Dimensionen tatsächlich ist.

Am 7. November 1988 waren in der Sindelfinger Kuppel anlässlich eines Vorprototypenentscheids die Tonmodelle 1 bis 3 sowie 5 und 6 zur Begutachtung aufgestellt. Dabei fand das Modell 2 mit seinem Vieraugengesicht die besondere Aufmerksamkeit von Entwicklungsvorstand Dr. Peter, der dieses Modell am interessantesten fand. Für eine Umsetzung dieser ungewöhnlichen Optik in die Serie war allerdings die Zeit noch nicht reif.

Frühe Zeichnungen lassen die stilistische Nähe zur S-Klasse der Baureihe 140 erkennen.

Das Modell 1 zeigt eine große Nähe zum W 140. Bemerkenswert sind die Motorhaube mit ihren seitlich neben dem Grill bis an das Grillende nach unten laufenden Enden, intern Stoßzähne genannt, sowie die Leuchteinheiten mit ihren bis in die Waagrechte verlaufenden Gläsern wie sie auch beim S-Klasse Coupé der Baureihe 140 eingesetzt wurden. Der schräg angesetzte Kühlergrill läuft unten weit in den Stoßfänger hinein. Im Heckbereich betonen die flachen Heckleuchten und der unter ihnen und dem Abschluss des Kofferraumdeckels durchlaufende Blechstreifen die Breite des Wagens.

Das Modell 3 hat eine bündig zu den Leuchteinheiten angesetzte Kühlermaske. Im Heck endet der Kofferraumdeckel auf dem Stoßfänger und lässt das Auto schmaler erscheinen.

Das Modell 4 zeigt vorne wieder eine Stoßzahn-Motorhaube und Leuchteinheiten im Stil des C 140 Coupés. Hinten vermitteln die nach Art der späteren Serienleuchten gehaltenen Heckleuchten mit ihren über die Kante hinaus laufenden Gläsern und der über einem waagrechten Blechabschluss endende Kofferraumdeckel eine völlig neue Optik.

Das Modell 2 – es hätte die Sensation werden können. Aber die Zeit war für das Vieraugengesicht noch nicht reif.

Mit dem W 202 brach bei Mercedes-Benz Personenwagen das Zeitalter der designbetonten Ausstattungslinien an, die im Hause „Lines“ genannt werden. Die Basisversion bestand aus der zunächst „Standardversion“ und ab September 1995 „Classic“ genannten Linie und beinhaltete Stahlräder mit neugestalteten Radzierdeckeln. Die umlaufenden Profilschutzleisten, Türgriffe, B-Säulenverkleidungen und Dachzierleisten haben dabei einen tief dunkelgrauen Farbton.

Die Line „Esprit“ unterschied sich ausschließlich durch das um 25 mm tiefer gelegte Fahrwerk und die kontrastfarbenen Sitzmittelteile, Türbeläge und Kopfstützen in den Tönen „ultramarin“ und „fire“, wobei sich hinter letzterer Bezeichnung ein roter Farbton verbarg.

Die „Elegance“ genannte Linie zeichnete sich hauptsächlich durch Chromapplikationen an den Profilschutzleisten, Türgriffen, Radzierdeckeln und Stoßfängern sowie hämatitfarbenen B-Säulen-Verkleidungen aus. Die vorderen Blinkergläser waren farblos, hinten waren sie bichromatisch ausgeführt.

Die Line „Sport“ machte optisch mit dem 25 mm tiefer gelegten Fahrwerk und der straffer abgestimmten Fahrwerksabstimmung durch die 5-Loch-Aluminiumfelgen mit Breitreifen der Dimension 205/50 R 15 auf sich aufmerksam. Innen erfüllten Sportsitze mit einem klassischen Schachbrettdessin der Mittelteile und besserem Seitenhalt die Erwartungen fahraktiver Kunden.

Eine Besonderheit stellte die für alle Linien lieferbare AMG Ausstattung dar. Sie umfasste eine in Wagenfarbe lackierte, speziell gestaltete Frontschürze mit zwei integrierten Fernscheinwerfern, je eine Verkleidung der Seitenschweller und eine Heckschürze. Optional waren innerhalb des AMG Pakets 15- oder 17-Zoll-Leichtmetallfelgen im AMG Design lieferbar.

Der W 202 in seiner endgültigen Form. Die Line Elegance verfügte über farblose Blinkergläser und Chrom an Türgriffen, Radzierdeckeln und Stoßfängern.

Zwei weitere Varianten des Vieraugengesichts, die an dem Modell 2 dargestellt wurden, denen es aber an der klaren Konsequenz des ersten Entwurfs mangelt.

Ein fast serienreifes Modell, das sich aber durch die unteren Türverkleidungen von der späteren Serie unterscheidet.

Aerodynamik

Windkanalmessungen sind auch für die Reduzierung von Windgeräuschen unabdingbar. Der W 202 übertraf seinen Vorgänger im c_w-Wert je nach Ausstattung um 0,03 bis 0,04 Punkte – und das trotz größerer Fläche.

Schon die äußere Form des W 202 ließ beim Betrachter eine vorzügliche Aerodynamik des Fahrzeugs vermuten. So lag der c_w-Wert – bei vergleichbarer Motorisierung – um durchschnittlich 0,03 bis 0,04 Punkte unter dem des Vorgängers. Das führte dazu, dass, trotz der um 0,11 m² größeren Querschnittsfläche gegenüber dem W 201, der c_w x A-Wert beim W 202 – wiederum bei vergleichbarer Motorisierung – stets günstiger lag. Grundsätzlich ist dieser Wert allerdings bei jedem einzelnen Modell in Abhängigkeit von der Motorausstattung unterschiedlich. Das hängt mit unterschiedlichem Kühlluftbedarf der einzelnen Triebwerke und der daraus resultierenden Kühlergröße, aber auch mit den unterschiedlichen Reifen- und Räderbestückungen zusammen.

C 180	c_w 0,31	F = 2,05 m²
C 200, C 220 DIESEL	c_w 0,30	F = 2,05 m²
C 220, C 280	c_w 0,32	F = 2,06 m²

Aerodynamische Optimierung ist zu großen Teilen mühsame, oft für den Laien gar nicht sichtbare Kleinarbeit. So sind die Lamellen der Kühlermaske durch einen Einbauwinkel von 10° optimal der Luftströmung angepasst worden. Dennoch ergeben sich bei Höchstgeschwindigkeit mit und ohne Kühlermaske keine messbaren Unterschiede in der Kühlleistung. Eine verbesserte Kühlerumfeldabdichtung trägt ebenfalls durch die gezielte Führung der eindringenden Luftmasse zur Optimierung der Kühlleistung bei.

Aber es wurden noch weitere Detailverbesserungen umgesetzt: Durch die 20 mm hohe Spoilerlippe an der Bugschürzenunterkante wurde der AV-Wert um 30 % verringert. Die 30 mm hohen und 120 mm breiten Gummilippen an den Vorderrädern reduzieren durch die Ablenkung des Luftstroms gleichfalls den Luftwiderstand. In die Bugschürze ist ein Luftkanal integriert, der den Luftstrom zur Kühlung direkt auf die Bremsen leitet und außerdem zur Kühlung der vorderen Radlager dient.

Ein weiteres für den Kunden nicht sichtbares Detail ist der strömungsgünstige Übergang von den vorderen Radhäusern in die Bodengruppe – ein weiterer kleiner Baustein, der zu einem günstigen c_w-Wert beiträgt. Eine Reduzierung des C_{AH}-Wertes wurde überdies durch die Verkleidung der Hinterachsfederlenker erreicht. So sehen C_{AV}- und C_{AH}-Werte für die folgenden Modelle aus:

Modelle	C_{AV}	C_{AH}
C 180	c_w 0,31	F = 2,05 m²
C 200, C 220 DIESEL	c_w 0,30	F = 2,05 m²
C 220, C 280	c_w 0,32	F = 2,06 m²

Eine verbesserte Umströmung der A-Säule führt schließlich zu reduzierten Strömungsablösungen und somit auch zu niedrigeren Windgeräuschen. Darüber hinaus sind Außenspiegel und Heckscheibe zur Freihaltung von Schmutzwasser mit Fangrinnen versehen.

Der Offsetcrash ist die Königsdisziplin innerhalb der Crashversuche. Auch sie meistert der W 202 mit Bravour.

Karosserie

Grundsätzlich galt bei der Konstruktion der Karosserie die Vorgabe, dass der Nutzraum moderat wachsen, Gewicht und Kosten aber auf dem Niveau des W 201 bleiben sollten. Zudem mussten gestiegene Sicherheitsanforderungen, hier vor allem den Seitenaufprall betreffend, berücksichtigt werden. Eine weitere Herausforderung bestand für die Konstrukteure in der Verlegung des Tanks in den Raum vor der Hinterachse in Verbindung mit der Möglichkeit einer Durchladeeinrichtung, die als Sonderausstattung vom Modellstart an lieferbar war. Basisanforderungen an die neue Karosserie waren vor allem ein größerer Fondsitzraum und von Beginn an die Verwendung der 6-Zylinder-Reihenmotoren. Das sollte für die Zukunft insofern noch von Bedeutung sein, als aufgrund des entsprechenden Platzes zwischen Stirnwand und vorderem Querträger auch der Einbau von V8-Motoren ohne Adaption eines anderen Vorbaus – wie später bei den Baureihen 203 und 204 – möglich war. Der Radstand war nur um bescheidene 25 mm gewachsen.

Von allen Unfällen mit Verletzten machen Frontalunfälle rund 60 Prozent aus. Innerhalb dieser 60 Prozent geschehen zwei Drittel der Unfälle mit nur teilweiser Überdeckung der Fahrzeugfront. Um den Insassen solcher Offsetcrashs eine größere Überlebenschance und eine geringere Verletzungswahrscheinlichkeit zu bieten, wurde bei der Baureihe 202 die stoßabgewandte Seite durch massive Vorbau-Querverbindungen in die Energieaufnahme mit einbezogen. Deshalb sind der vordere Querträger kastenförmig und die Kühlerbrücke biegesteif und zugfest ausgelegt. Ein stabiler Kühlerquerträger schützt den Kühler bei niedrigen Hindernissen.

Das Verformungsverhalten des Vorbaus wird durch gleichmäßig zunehmenden Änderungswiderstand der Form verbessert. Erreicht wird das durch die vorderen Längsträger, die mit nach hinten ansteigender Höhe des Querschnitts und durch gezielte Versickung sowie innen liegende Profile zunehmender Verformung steigenden Widerstand entgegen setzen.

Mit der Stirnwand sind die Längsträger über eine Gabelträgerkonstruktion verbunden, die für eine

Sicherheitsfachwerk (rot) der 202-Karosserie.

Der seitliche Überschlag erfordert eine hohe Gesamtsteifigkeit der Karosserie als Überlebenszelle.

großflächige Verteilung der bei einer Frontalkollision auftretenden Kräfte in den Kardantunnel, die Seitenwände und die Bodengruppe sorgt. Um den Fußraum vor Intrusionen eines nach hinten verschobenen Vorderrades zu schützen, ist die Stirnwand außen durch einen Pedalboden-Querträger zwischen den vorderen und seitlichen Längsträgern verstärkt. Das Rückgrat der Bodengruppe bildet der Kardantunnel mit seiner erhöhten Blechstärke. Die Steifigkeit wird durch starke Versickungen mit zusätzlichen Verstärkungen auf der Oberseite des Tunnels erreicht.

Für die Quersteifigkeit beim Seitenaufprall sorgen drucksteife Fahrersitzquerträger sowie vier Tunnelquerträger. Die Querverbindungen der Längsträger sind durch Schottbleche in den seitlichen Längsträgern fortgeführt. Biegesteife Rohrquerträger zwischen den A-Säulen und ein großvolumiger Querträger verhindern das Eindringen von Aggregaten in den Fahrgastraum. Im Bereich der C-Säulen trägt der Querträger nicht nur die Kopfstützen, sondern erhöht in diesem Bereich die Quersteifigkeit; ein geschlossener Kastenträger unter der Fondsitzanlage bietet darüber hinaus noch einen besonderen Schutz für die Tankanlage.

Die B-Säulen sind zur Erhöhung der Sicherheit beim Seitenaufprall dreischalig aufgebaut. Sie sind in die seitlichen Längsträger eingesteckt, fest verschweißt und an ihrem Übergang zum Längsträger mit einem großen Radius versehen. Die Türen sind durch eine zusätzliche Rohrkonstruktion verstärkt. Die mit der Karosserie verklebten Windschutz- und Heckscheiben bilden zusammen einen homogenen Stabilitätsfaktor bei der Versteifung der Fahrgastzelle.

Im 202 ist der Fahrerairbag serienmäßig, der zunächst als Sonderausstattung lieferbare und ab August serienmäßig in das Armaturenbrett integrierte Beifahrerairbag lässt als so genannter „topmounted“ Airbag noch Platz für einen Handschuhkasten. Ein Steuergerät mit einem zweistufigen Auslösesystem entscheidet in Millisekunden über die Auslösung nur des Gurtstraffers oder zusätzlich des oder der Airbags.

Vorderachse

Beim W 202 verabschiedete man sich von der Dämpferbeinvorderachse und ging zur Doppelquerlenker-Achskonstruktion über, wie sie auch bei der S-Klasse der Baureihe 140 eingesetzt wurde. Durch die Trennung von Radführungs- und Dämpferfunktion des Stoßdämpfers gegenüber der Dämpferbeinvorderachse erreichte man ein besseres Ansprechverhalten der Stoßdämpfer und eine insgesamt präzisere Radführung. Die Vorderachshälften sind mit großvolumigen Elastomerlagern direkt am Vorbau aufgehängt. Der Achsschenkel ist mit dem unteren Querlenker über ein Traggelenk und mit dem oberen Querlenker über ein Führungsgelenk verbunden. Der Bremsnickausgleich beträgt 23 Prozent. Die unteren zweischaligen Querlenker sind mit einem eingeschweißten Schmiedetragegelenkauge versehen. Grundsätzlich ist die Achsauslegung auf ein komfortables Abrollverhalten sowie ein neutrales bis untersteuerndes Eigenlenkverhalten abgestimmt. Die vordere Spurweite ist beim W 202 um exakt 64 mm breiter als beim W 201.

Zur Gewichtsreduzierung ist der vordere Drehstab bei den Typen C 280 und C 250 Diesel als Rohrdrehstab ausgeführt. Die Lenkung ist beim W 202 generell steifer ausgebildet, da die Spurstangen direkt an der Lenkstange befestigt sind. Ihre Übersetzung wurde gegenüber dem Vorgängermodell von 16,66:1 auf 15,85:1 reduziert.

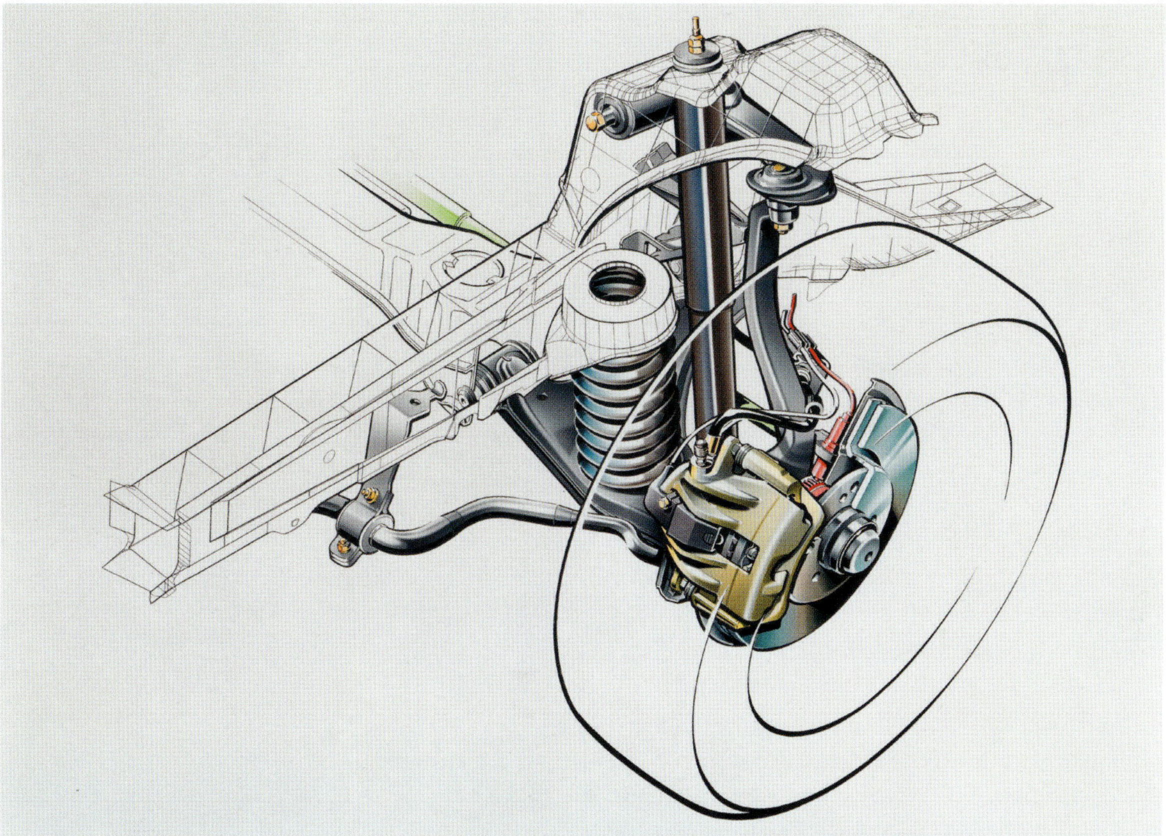

Die Doppelquerlenker-Konstruktion der Vorderachse.

Gesamtanordnung der Vorderachse mit Stabilisator, Lenkhebeln und Lenkungsdämpfern.

Hinterachse

Nachdem sich die Raumlenkerachse des W 201 in ihrem Grundkonzept als unschlagbar herausgestellt und bewährt hatte, bestand keinerlei Veranlassung, an diesem Konzept grundsätzliche Änderungen vorzunehmen. So wurde dieses Achskonzept

Rechts: Vierventiltechnik auch im Dieselmotor. Der Vierzylindermotor OM 604.

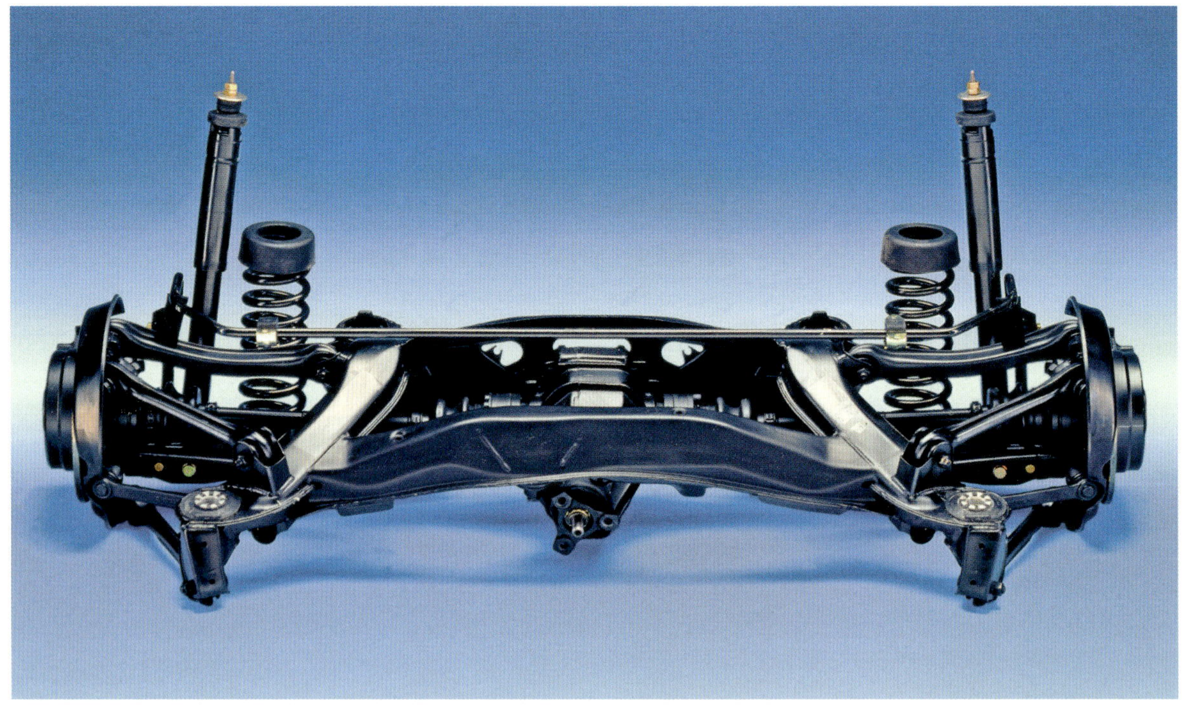

Ganz rechts: Das geniale Konzept der Raumlenkerachse bedurfte nur marginaler Anpassung an die leicht veränderten Verhältnisse in der neuen Baureihe.

den veränderten Einbaubedingungen der Baureihe 202 angepasst. Zur Verbesserung des Geräuschkomforts wurde das Hinterachsmittelstück über Elastomerlager – zwei davon sind hydraulisch gedämpft – am Hinterachsträger befestigt. Die Anfahr- und Bremsnickabstützung beträgt 63 respektive 52 %. Als Sonderausstattung ist an der Hinterachse für alle Modelle eine Niveauregulierung lieferbar. Die Spurweite fällt beim W 202 um exakt 55 mm breiter aus als beim W 201. C 180 und C 200 Diesel erhalten anstelle des Drehstabs härtere Hinterfedern. Schließlich werden die Antriebs-übersetzungen den veränderten Motorisierungen angepasst.

Mitte: Letztes Zweiventil-Triebwerk im Personenwagenprogramm von Mercedes-Benz war der Dieselmotor OM 601.

Der Fünfzylindermotor OM 605. Genau wie der OM 604 mit Abgasrückführung und Oxidations-Katalysator.

Motoren

Dieselmotoren – OM 601

Das letzte Zweiventil-Triebwerk in der Motorenpalette für Mercedes-Benz Personenwagen bildete die Einstiegsmotorisierung. Mit seinen 75 PS war es damals gerade noch zeitgemäß, wurde aber durch eine Überarbeitung des Ansaugsystems und geänderte Steuerzeiten in seinem Drehmomentverlauf optimiert. Die Umwelt schonte auch dieser Motor mit Abgasrückführung und einem Oxidations-Katalysator.

OM 604 / OM 605

Die Einführung der Vierventiltechnik im Personenwagen-Dieselmotor mit den modularen Triebwerken vom Typ OM 604 und OM 605 erregte weltweites Aufsehen. Durch den Einsatz der Vierventiltechnik wurden eine bessere Zylinderfüllung, ein höheres Drehmoment über den gesamten Drehzahlbereich sowie eine wesentlich höhere Motorleistung bei niedrigerem Treibstoffverbrauch und reduziertem Schadstoffausstoß erreicht. Die Partikelemission sank in Verbindung mit der elektronischen Einspritzung um 10 bis 15 %. Natürlich waren auch die beiden 95 PS und 113 PS starken Selbstzünder serienmäßig mit Abgasrückführung und Oxidations-Katalysatoren ausgerüstet. Während der Vierzylinder mit einer kennfeldgesteuerten Verteiler-Einspritzpumpe ausgerüstet war, verfügte das Fünfzylinder-Triebwerk über eine kennfeldgesteuerte Reiheneinspritzpumpe.

Ottomotoren
Auch bei den Ottomotoren hielt mit dem Anlauf der C-Klasse die Vierventiltechnik Einzug.

In Verbindung mit einem optimierten Motormanagement, das für erhöhte Abgastemperaturen in der Anwärmphase sorgte, und der Einführung von Katalysatoren der dritten Generation wurden gegenüber der Vorgängerbaureihe in Sachen Schadstoffemission deutlich bessere Werte erreicht. Während die Motoren der Typen C 200 (ab Anfang 1994), C 220 und C 280 bereits den in der Baureihe 124 ab September 1992 eingesetzten Triebwerken entsprachen, war der 1,8-Liter-Motor vom Typ M 111 E 18 eine Neukonstruktion, die auf Basis des Zweilitermotors entwickelt worden war. Dieses Triebwerk verfügte zunächst über eine PMS-, ab August 1996 über die HFM-Motorsteuerung.

Eine Besonderheit war der 3,6-Liter-Sechszylinder des ab September 1993 lieferbaren Typs C 36 AMG. Hier konnten die AMG Ingenieure sich aus dem Baukasten der Mercedes-Benz Motorenpalette bedienen. Als Motorblock diente der Basisblock des M 104 E 32, der von 89,9 mm auf 91,0 mm aufgebohrt wurde. Für den sehr langen Hub von 92,4 mm war die Kurbelwelle des 3,5-Liter Dieselmotors OM 603 D 35 A verantwortlich. Natürlich mussten die einzelnen Bauteile bei AMG sorgfältig bearbeitet und angepasst werden. Die Kurbelwelle zum Beispiel wurde aus Einbaugründen abgedreht und neu gewuchtet. Entsprechend musste der Drehschwingungsdämpfer der Kurbelwelle neu ausgelegt werden. Um den Freigang der Pleuel zum Ölabweisblech sicher zu stellen, wurde das Abweisblech um 2 mm abgesenkt. Die Ölspritzdüsen wurden ebenfalls wegen des Freigangs zu Pleuel und Kolben nachgearbeitet. Die Einlass-Nockenwelle erhielt einen vergrößerten Hub und geänderte Steuerzeiten, während die Auslass-Nockenwelle unverändert blieb. Dafür wurden aber die Auslasskanäle vergrößert.

Die Motoren M 111 E 18 (1,8 Liter) unterschieden sich äußerlich durch ein anderes Saugrohr von den hubraumstärkeren Motoren M 111 E 20 (2,0 Liter) und E 22 (2,2 Liter). Gemeinsam war allen drei Motoren die fortschrittliche Vierventiltechnik.

Eine Sonderanfertigung sind die Kolben. Um dem größeren Ansaugluftvolumen des Motors gerecht zu werden, bekam der Luftfilterkasten einen zweiten Ansaugschnorchel. Darüber hinaus erhielt das Ansaugquerrohr einen wesentlich größeren Querschnitt. Ebenfalls im Querschnitt vergrößert wurde die Abgasanlage. Für die Motorsteuerung kam ein HFM-Steuergerät mit geänderten Werten zum Einsatz. Mit einer Leistung von 280 PS und einem Drehmomentmaximum von 385 Nm erreichte dieser Motor in seiner Hubraumklasse Spitzenwerte.

Der Sechszylinder M 104 E 28 stellte zunächst das Spitzentriebwerk der Baureihe dar.

Ab September 1993 übernahm der C 36 AMG die Rolle des Topmodells. Von vorne wies nur die AMG-Bugschürze auf die Rolle des Wolfs im Schafspelz hin.

Unten links: Hinten war die Auflösung des Rätsels herausragender Performance auf dem Kofferraumdeckel abzulesen – soweit der Besitzer nicht inkognito reiste. Verräterisch waren allerdings die AMG-typischen doppelten viereckigen Endrohre der Auspuffanlage.

Ganz rechts: Der 272 PS starke 3,6-Liter-Motor des C 36 AMG war außer an den Schriftzügen auch an dem voluminöseren Querrohr der Ansauganlage über dem Motor zu erkennen.

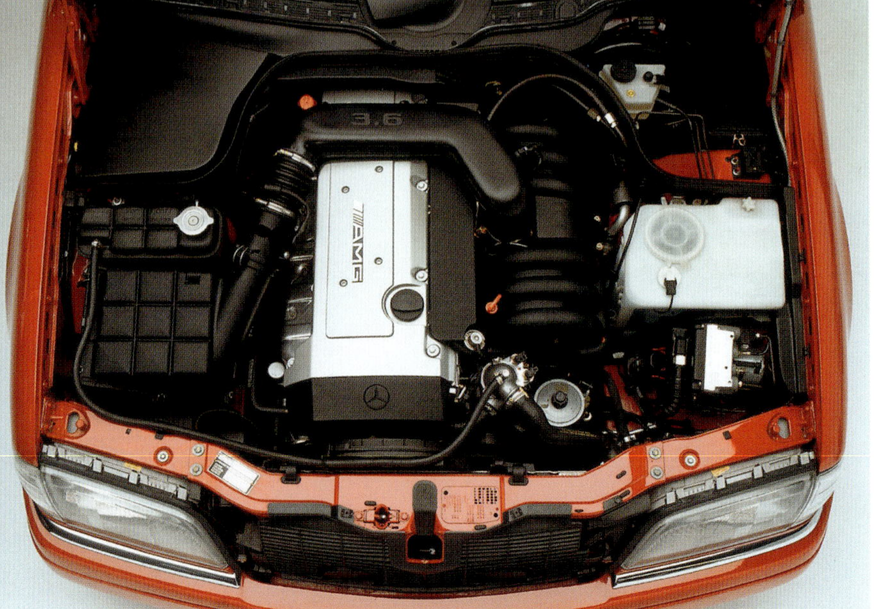

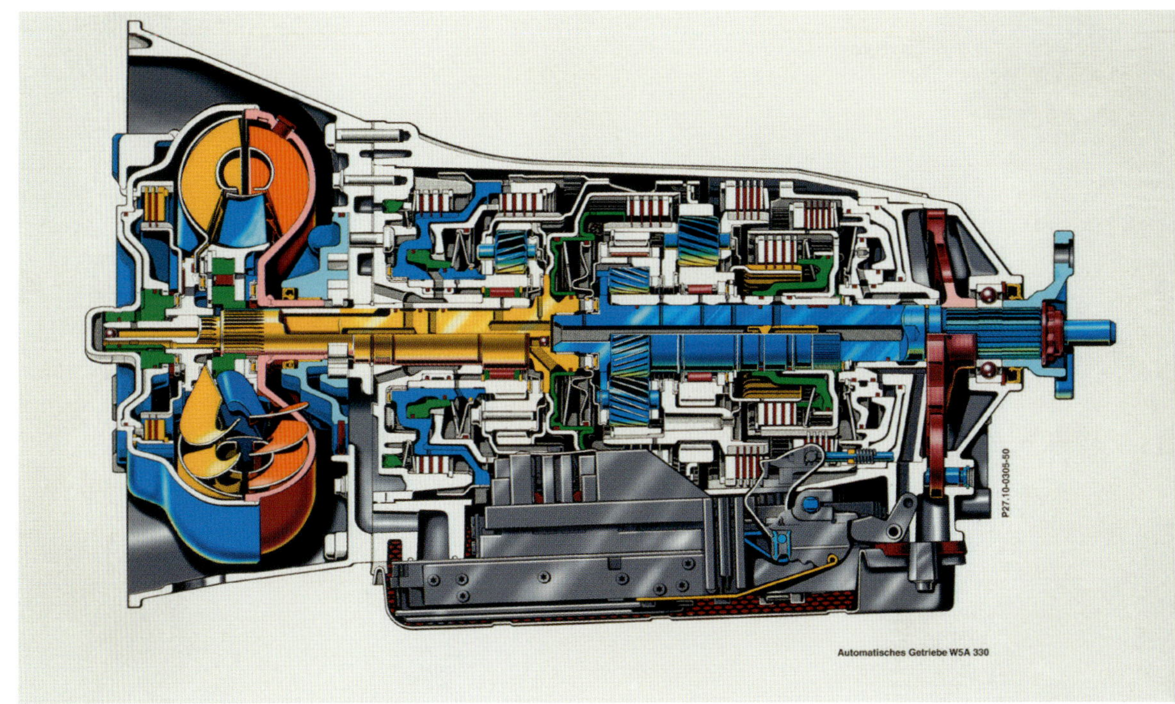

Modellpflegemaßnahmen

1994

Im August wurde die Serienausstattung um die Positionen Beifahrerairbag und abklappbare hintere Kopfstützen erweitert.

1995

Im September wurde die Serienbereifung der Dimension 185/65 R 15 auf die Größe 195/65 R 15 umgestellt. Einher ging mit dieser Änderung eine Verbreiterung der Felgen von 6J x15 auf 6½J x 15. Die vordere Spurweite wuchs damit um sechs Millimeter. Für leistungsorientierte Kunden bedeuteten die Typen C 230 Kompressor mit 193 PS sowie der Typ C 200 Kompressor mit 192 PS – dessen Motor für zahlreiche Mittelmeerstaaten aus fiskalischen Gründen auf zwei Liter Hubraum reduziert war – sowie der C 250 Turbodiesel mit 150 PS neue Schwerpunkte im C-Klasse-Programm. Der C 250 Diesel wurde als Rechtslenker noch bis zum Juli 1996 weitergebaut. Bereits im Oktober lief indes der letzte C 200 Diesel mit dem 75 PS starken Zweiventilmotor vom Band.

Der 150 PS starke Fünfzylinder-Turbodieselmotor OM 605 D 25 LA war das leistungsstärkste Dieseltriebwerk der Baureihe 202.

1996

Für den Export nach Portugal wird – auch aus fiskalischen Gründen – seit Juni 1996 wieder ein C 200 Diesel gebaut, der sich allerdings von dem ein Jahr zuvor eingestellten Modell durch seinen moderneren Vierventilmotor mit 88 PS unterscheidet. Im August werden Taxiversionen des C 220 Diesel angeboten, die für den Betrieb mit Bio-Diesel geeignet sind.

Der C 220 wird durch den aus dem C 230 Kompressor abgeleiteten Saugmotor als Typ C 230 ersetzt. Auch die Typen C 180 und C 200 kommen in den Genuss verstellbarer Einlass-Nockenwellen und der Heißfilm-Luftmassenmessung (HFM). In Sachen Kraftübertragung wurde die Viergang-Automatik durch die neue Generation von Fünfgang-Automatikgetrieben mit Wandler-Überbrückungskupplung ersetzt.

Oben: Das neue Fünfgang-Automatikgetriebe aus der Reihe NAG mit Wandler-Überbrückungskupplung.

Oben links: Renaissance der Kompressorära. Der Vierzylinder-Kompressormotor M 111 E 23 ML des C 230 Kompressor mit 193 PS Motorleistung.

Oben: Seitliche Zusatzblinker verbessern die Erkennbarkeit und die Sicherheit beim Abbiegen.

Oben: Die vor den Rädern weiter nach unten gezogene Bugschürze unterhalb des Stoßfängers.

Rechts: Lackierte Schweller ergänzen die formale Geschlossenheit.

Die Modellpflege von 1997

Der Erfolg der C-Klasse war nach vier Jahren und angesichts über einer Million gebauter Fahrzeuge nicht zu übersehen. Trotzdem erfolgte 1997 eine umfangreiche Überarbeitung dieser Baureihe, die auch von außen zu erkennen war. Zu nennen sind hier die vorderen und hinteren Stoßfänger, die im Bereich der Räder nach unten gezogen waren, lackierte Schweller, dunkel getönte Heckleuchten, der Kühlergrill mit Querlamellen und ein in den Kofferraumdeckel integrierter Spoiler.

Die aktive und passive Sicherheit wurde in den modellgepflegten Fahrzeugen durch Sidebags, die Kindersitzerkennung, die Gurtstraffer mit Gurtkraftbegrenzung, die seitlichen Zusatzblinker, die Außentemperaturanzeige sowie durch einen Bremsassistenten und eine Antischlupfregelung noch einmal erhöht; Letztere war allerdings bei den Basismodellen C 180 und C 220 Diesel nur als Sonderausstattung lieferbar.

Ebenfalls gegen Aufpreis waren so nützliche und sinnvolle Dinge wie Parktronic, zielführender Autopilot APS, Tempomat bei Automatikgetrieben, ESP bei V6-Motoren, Regensensor und asphärischer Fahreraußenspiegel lieferbar.

Links oben: Serienmäßige Sidebags in den vorderen Türen.

Links: Der Bremsassistent (BAS) verkürzt den Bremsweg beim plötzlichen Bremsen durch die unmittelbare Bereitstellung der vollen Bremskraft.

Oben: Die optionale Parktronic verhindert teuere Karosserieschäden. Die Bugschürze wurde vor den Rädern weiter nach unten gezogen, um die aerodynamische Qualität zu verbessern.

Motoren

Dieselmotoren

Der 95 PS starke Vierzylinder-Saugdiesel mit 2,2 Litern Hubraum im C 220 Diesel und der 150 PS starke Fünfzylinder-Turbodiesel mit 2,5 Litern Hubraum im C 250 Turbodiesel bildeten zunächst die Basispalette. Auf der IAA 1997 stellte Mercedes-Benz dann als erster deutscher Hersteller mit dem OM 611 DE/LA im C 220 CDI einen Pkw-Dieselmotor mit Common-Rail-Ein-spritzung vor, wobei das Kürzel CDI für Common Rail Direct Injection stand. Damit begann eine neue Epoche der Dieselmotorentechnologie.

Ottomotoren

Die 2,8-Liter-Reihensechszylinder der Baureihe M 104 im Typ C 280 wurden durch die neue V6-Motorengeneration M 112 mit 2,8 Litern Hubraum ersetzt, der 2,3-Liter-Vierzylinder-Reihenmotor M 111 im Typ C 230 durch den 2,4-Liter-V6; die Modellbezeichnung lautete dann Mercedes-Benz C 240. Der C 230 wurde zunächst für den Export noch ein weiteres Jahr gebaut.

Im Programm blieb auch der Typ C 230 Kompressor, der in den Fahrleistungen dem C 280 mit dem V6-Motor sogar leicht überlegen war und deshalb so etwas wie einen Geheimtipp für die Freunde engagierten Autofahrens darstellte.

AMG löste im Rahmen der Modellpflege den Typ C 36 durch das neue Modell C 43 ab. Das Besondere daran war der erstmalige Einbau eines V8-Triebwerks in ein Fahrzeug der C-Klasse. Diese Transplantation war im Gegensatz zu Maßnahmen in späteren Baureihen ohne größere Probleme möglich, weil seinerzeit bei der

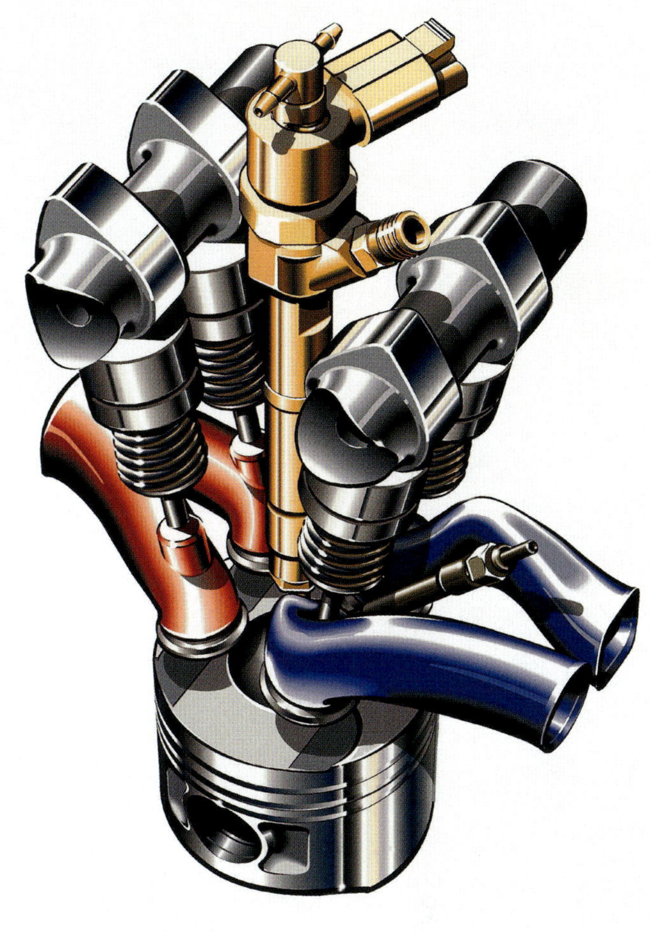

Konstruktion des Vorbaus das Maß des Reihensechszylinder-Motors zu Grunde lag, der länger baut als der V8. Für den Einsatz in der C-Klasse wurde der V8-Motor der Baureihe M 113 mit drei Ventilen und Doppelzündung von AMG einer Leistungskur unterzogen. Überarbeitete Zylinderköpfe, geänderte Nockenwellen und eine Auspuffanlage mit geringerem Abgasgegendruck führten zu einer Erhöhungen der Motorleistung von 279 PS auf 306 PS und des Drehmoments von 400 Nm auf 410 Nm.

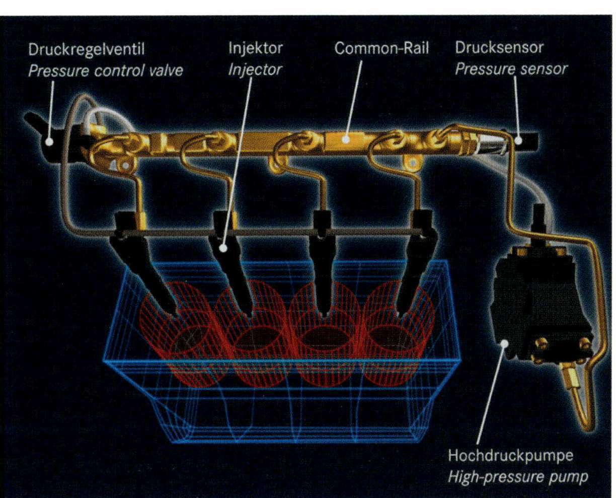

Oben links: Röntgenblick in das Innere des OM 611 mit Common-Rail-Direkteinspritzung.

Links: Schematische Darstellung der Common-Rail-Direkteinspritzung mit sämtlichen Komponenten.

Oben: Platzierung des Injectors in der Mitte des Verbrennungsraums zwischen den zwei Einlass- und zwei Auslassventilen.

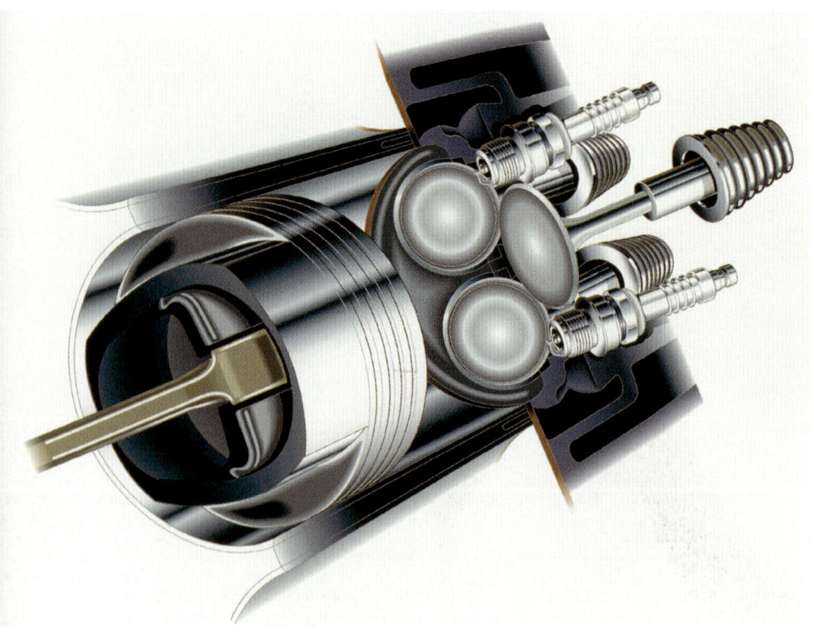

Oben: Darstellung der Dreiventiltechnik mit Doppelzündung der neuen V6-Motoren.

Rechts oben: Die neuen V6-Benzinmotoren mit 2,4 bzw. 2,8 Litern Hubraum werden in den C-Klasse-Typen C 240 und C 280 eingebaut.

Oben: Für leistungsorientierte Fahrer war der C 230 Kompressor immer noch eine interessante Alternative.

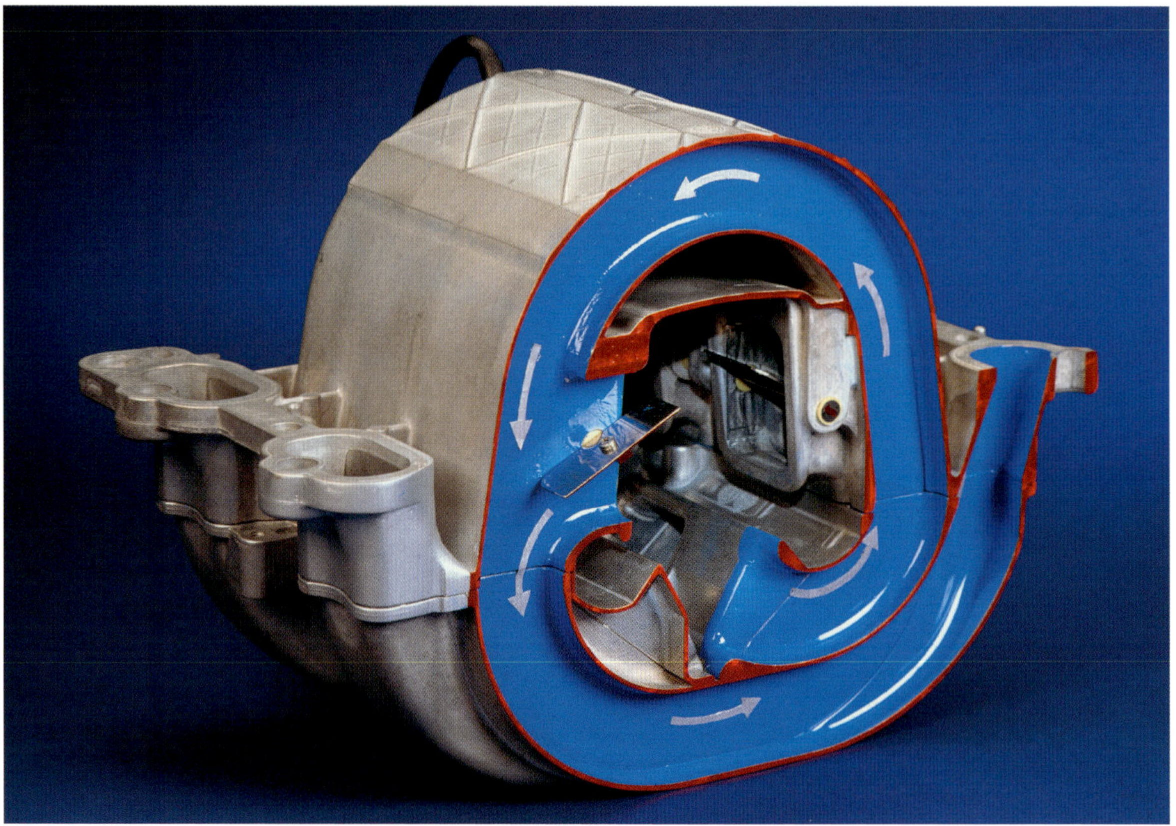

Rechts: Das Schaltsaugrohr der V6-Motoren sorgt für optimale Füllung der Brennräume bei unterschiedlichen Drehzahlen.

Oben: Den Anblick des AMG C 43 von hinten dürften viele Autofahrer bewundert haben.

Rechts: Blick in den „Kraftraum“ des AMG C 43.

Oben: Der AMG C 43 löste nicht nur den AMG C 36 ab, das Besondere an ihm war, dass mit ihm zum ersten Mal ein V8-Motor in einer C-Klasse lieferbar war.

Mit dem C 200 CDI erhält auch das Diesel-Einstiegsmodell die innovative Common-Rail-Einspritztechnik.

Modellpflegemaßnahmen

1998
Der ab Mai lieferbare C 200 CDI wurde von dem in der Leistung auf 102 PS reduzierten 2,2-Liter-Motor der Baureihe OM 611 des C 220 CDI angetrieben und ersetzte das bisherige gleich große Dieseltriebwerk mit 95 PS und zwei Ventilen.

Ab Mitte 1998 stieß AMG den C 43 klammheimlich vom Thron des stärksten C-Klasse Modells, indem die Affalterbacher den C 55 AMG als neues Spitzenfahrzeug aus der Taufe hoben. Möglich wurde das durch den Einbau der 5,5-Liter-Variante des V8-Motors der Baureihe M 113.

Bedingt durch die engeren Einbauverhältnisse gegenüber E- oder S-Klasse blieben von den ursprünglichen 354 PS einige auf der Strecke, so dass in der C-Klasse nur noch 347 PS zur Verfügung standen. Da dieser Umbau nicht am Band, sondern bei AMG erfolgte, war der C 55 AMG recht teuer.

Zum Listenpreis des C 43 mussten noch einmal 57.420 Mark für das so genannte Technikpaket C 55 addiert werden, so dass für den besonderen Spaß eines unscheinbaren PS-Protzes satte 115.420 Mark zu entrichten waren.

1999
Das Elektronische Stabilitäts-Programm ESP wurde als lebensrettende Sicherheitseinrichtung im August 1999 Bestandteil der Serienausstattung im gesamten Mercedes-Benz Pkw-Programm und hielt damit trotz der bevorstehenden Modellablösung auch in der C-Klasse Einzug.

Als im Mai 2000 die Nachfolgebaureihe 203 vor der Tür stand und die Produktion der W 202 Limousinen auslief, waren davon insgesamt 1.626.383 Fahrzeuge in neun Jahren gebaut worden. Das waren zwar 253.247 Fahrzeuge weniger als vom Vorgängermodell in zwölf Jahren hergestellt wurden, dabei bleibt aber zu berücksichtigen, dass sich die Kaufgewohnheiten in der Zwischenzeit gewandelt hatten. Von der deutlich gewachsenen Popularität der Kombifahrzeuge hatte nämlich auch die C-Klasse profitiert, womit sich die Anfang der 1990er Jahre getroffene Entscheidung, deren Marktposition durch eine Kombiversion zusätzlich abzusichern, als goldrichtig erwiesen hatte.

Interessant sind auch die unterschiedlichen Kaufgründe für einen W 202 in den so genannten Triademärkten der EU, den USA und Japans.

Das ESP hilft Leben retten und wird deshalb trotz der bevorstehenden Ablösung der C-Klasse noch in die Baureihe 202 serienmäßig eingebaut.

	EU	USA	Japan
I.	Markenloyalität	Hervorragende Verarbeitung	Sicherheitsausstattung
II.	Robustheit/Zuverlässigkeit	Guter Ruf des Herstellers	Fahrzeug passt zu mir
III.	Sicherheitsausstattung	Sicherheitsausstattung	Hoher Wiederverkaufswert
IV.	Außendesign	Robustheit/Zuverlässigkeit	Kompakte Größe
V.	Hoher Wiederverkaufswert	Preis/Leistung	Anschaffungspreis

Erfolgsmodell: Das 1996 eingeführte T-Modell der Modellreihe 202 entwickelte sich zu einem echten Bestseller. Bereits 1997 kam die Modellvariante in den Genuss der Modellpflegemaßnahmen, die zeitgleich auch bei der Limousine umgesetzt wurden.

Das T-Modell S 202

Bis zu einem Drittel betrug zeitweise der Anteil des 1996 eingeführten und bei Mercedes-Benz traditionell T-Modell genannten Lifestyle-Kombis am gesamten Produktionsvolumen der C-Klasse. Ein Erfolg also, auch wenn der Weg dorthin am Anfang steinig war, denn im September 1986 wurde in einer Besprechung, in der die Rahmenbedingungen für ein Lastenheft für den W 202 festgelegt wurden, zunächst der Beschluss gefasst, für die Baureihe 202 kein T-Modell vorzusehen. Man befürchtete damals eine zu große Nähe eines 202-Kombis zu dem damaligen E-Klasse T-Modell der Baureihe 124. Erst nach weiteren dreieinviertel Jahren kam wieder Leben in die Diskussion um eine Kombiversion.

Die Produkt-Kommission-Personenwagen (PKP) hatte am 15. November 1989 eine Untersuchung über Varianten der Baureihe 202 angeregt. Folgende Ziele wurden formuliert:

- Aktivierung neuer Käufergruppen, hier vor allem Frauen und jüngere Kunden
- Absicherung des Produktionsvolumens der Baureihe 202 und Verhinderung des Stückzahlrückgangs wie bei der Baureihe 201
- Abrundung des Programms

Untersucht wurden damals folgende Karosserievarianten:

- Pick-up
- Schrägheck-Limousine
- zweitürige Limousine
- SLK (202)
- A 202 als viersitziges Cabriolet
- C 202 als sportlich kompaktes Coupé
- S 202 als sportlich kompaktes T-Modell mit einem geringeren Raumangebot als im T-Modell der Baureihe 124

Übrig geblieben von den untersuchten Varianten ist der S 202. Die anderen Karosserievarianten tauchen zum Teil im Personenwagen-Programm von Mercedes-Benz in anderer Zuordnung wieder auf, etwa die Coupés und Cabriolets der Baureihe 208 in einer Art Scharnierfunktion zwischen Substitution für die entsprechenden Fahrzeuge der Baureihe 124 auf der einen Seite und – aus Kundensicht – als Ergänzung der Baureihe 202. Das sportlich kompakte C-Klasse Coupé debütiert erst in der Baureihe 203.

Die Entwicklung des S 202 stand unter extremem Zeitdruck – selbst wenn man berücksichtigt, dass die Plattform des W 202 mit ihrem vor der Hinterachse liegenden Tank vorgegeben war. Die Design-

(weiter auf Seite 71)

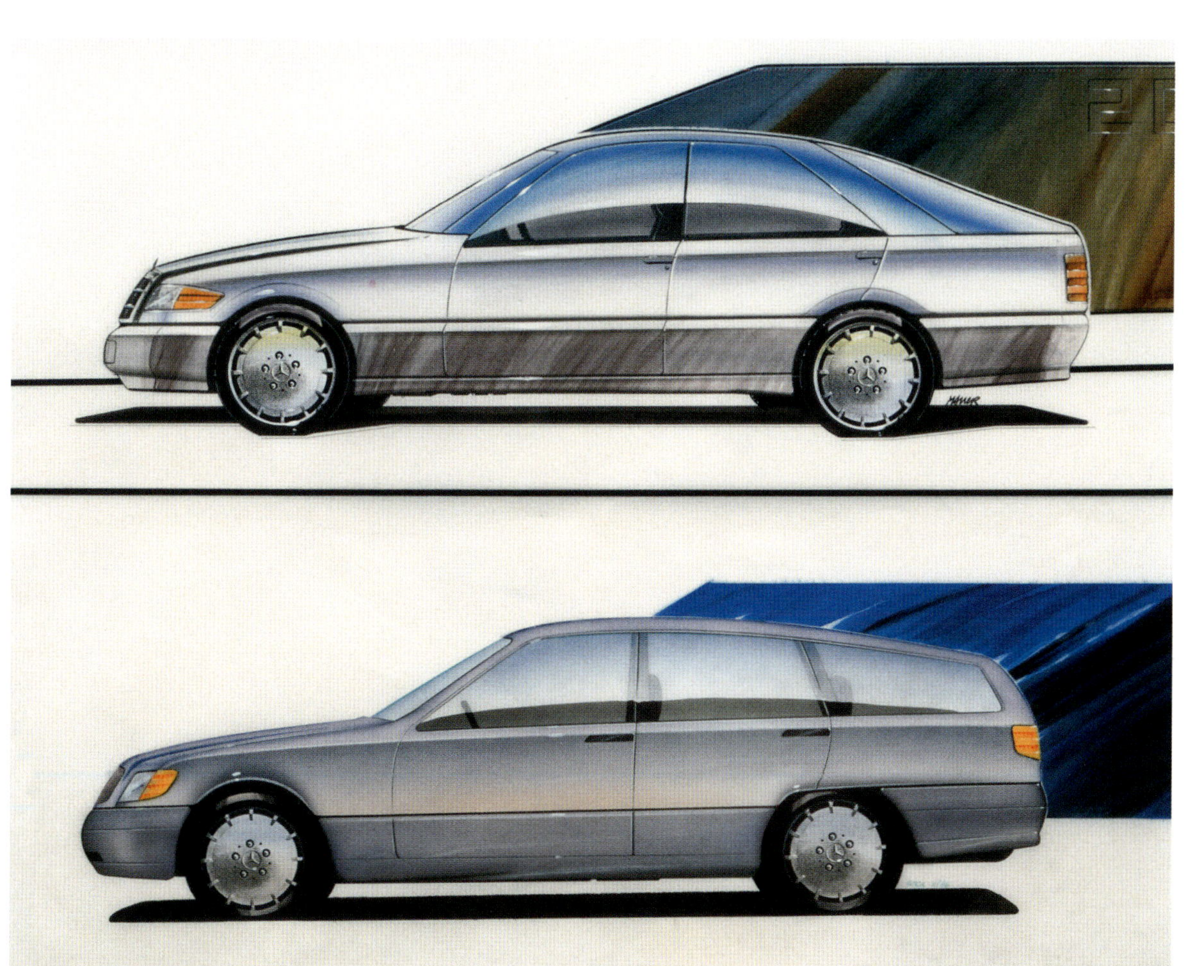

Sehr frühe gezeichnete Vorschläge zu Karosserien mit einem Fließheck, einem Kombiheck und einem konventionellen Stufenheck.

C 180, C 200, C 220	c_w 0,31	F = 2,05 m²
C 220 DIESEL, C 250 DIESEL	c_w 0,30	F = 2,05 m²

Studien aus der Frühphase der W 202 Designentwicklung mit Vorschlägen zu einem Fließheck und einer stark zum Kombiwagen tendierenden Heckgestaltung.

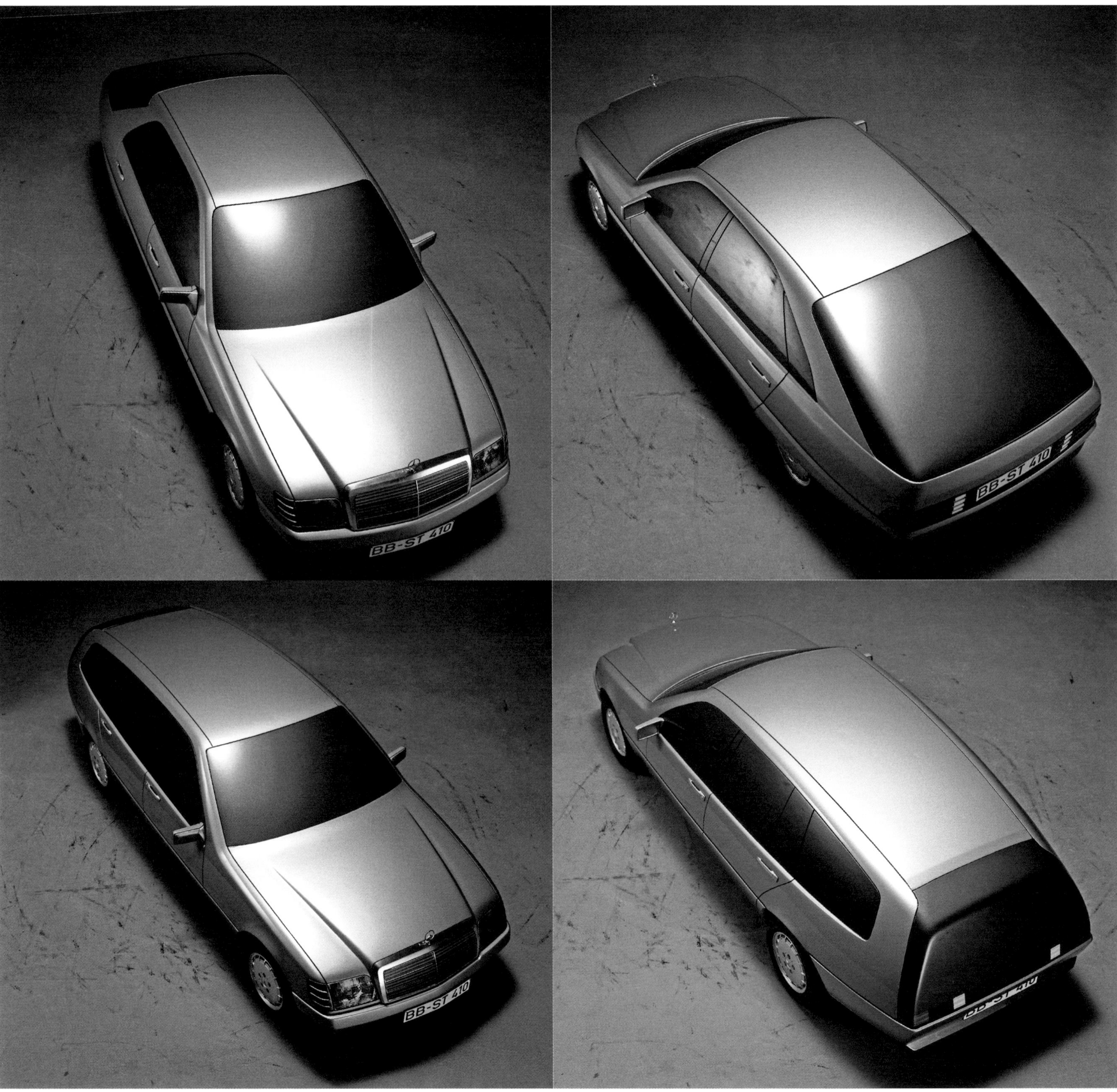

Die Sicherheitsentwicklung des T-Modells der C-Klasse erfolgte auf demselben hohen Niveau der Limousine.

Das Raumwunder: Das T-Modell dieser C-Klasse belegte im Wettbewerbsvergleich einen Spitzenplatz. Variabilität und Vielfalt der Einsatzmöglichkeiten waren beeindruckend.

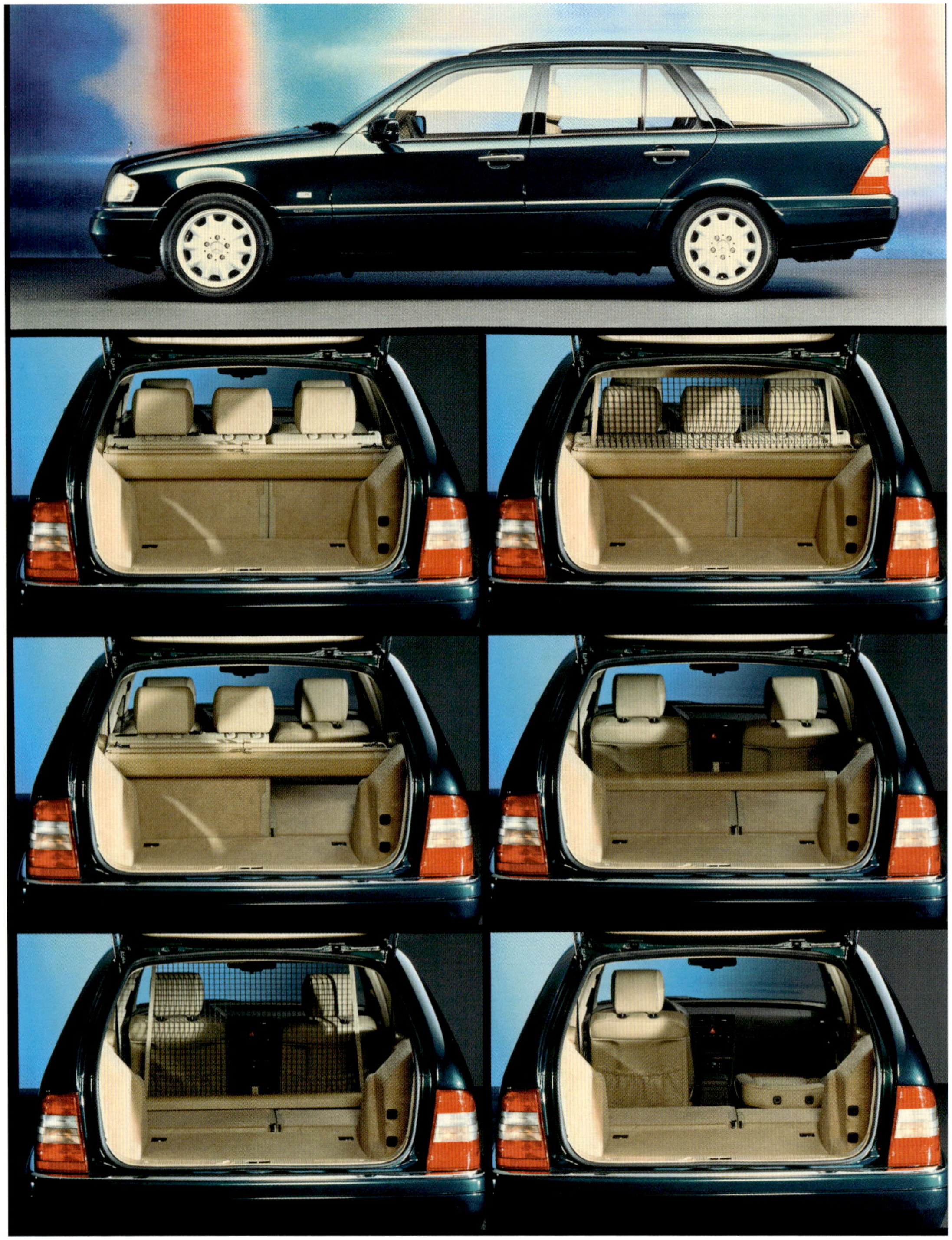

Die vielfältigen Facetten des Raum- und Transportwunders T-Modell der Baureihe 202.

entscheidung für die T-Limousine fiel erst am 30. März 1993. Drei Jahre später, im Mai 1996, wurde sie – zusammen mit der T-Limousine der damals neuen E-Klasse der Baureihe 210 – der Öffentlichkeit präsentiert. Der S 202 war ebenfalls in den verschiedenen Lines „Classic", „Elegance", „Esprit" und „Sport" lieferbar und entsprach auch in der Motoren- und Getriebebestückung sowie der Sicherheitsausstattung der Limousine. Das Laderaumvolumen war mit 1510 Litern in der Vergleichsklasse ein Spitzenwert.

Die T-Modelle weisen geringfügig schlechtere c_w-Werte als die Limousinen auf, dafür liegen sie in den Auftriebswerten an Vorder- und Hinterachse günstiger, wie die nachfolgenden Beispiele zeigen:

Vorgestellt wurden 1996 zunächst die Modelle C 200 Diesel T-Limousine (Exportmodell für Portugal), C 220 Diesel T-Limousine, C 250 Turbodiesel T-Limousine, C 180 T-Limousine, C 200 T-Limousine und C 230 T-Limousine. Auf die bei den viertürigen Limousinen lieferbaren Typen C 280 und C 36 AMG mit dem 6-Zylinder-Reihenmotor M 104 verzichtete man bei den T-Limousinen angesichts der kurz vor der Einführung stehenden V6-Triebwerke. Erst im Jahre 1997 konnten hier auch wieder leistungsstärkere Modelle angeboten werden.

Die Modellpflegemaßnahmen des Jahres 1997 wurden zeitgleich auch bei den vier Lines des T-Modells durchgeführt.

Der C 200 Kompressor wird als behändes Transportmobil zu einem beliebten Eckpfeiler innerhalb des Typenprogramms.

Die Modellpflege

1997

Die bei den Limousinen durchgeführten und dort beschriebenen stilistischen und technischen Modellpflegemaßnahmen der Baureihe 202 werden auch bei den T-Limousinen zeitgleich umgesetzt. Dazu gehört auch der Einsatz neuer V-Motoren mit drei Ventilen der Baureihe M 112. Es gibt sie als V6 mit 2,4 und 2,8 Litern sowie als V8 mit 4,3 Litern Hubraum. Für sportliche Fahrer werden in der unteren Preisklasse – wie bei den Limousinen – die Vierzylinder-Kompressor-Zwillinge mit 2 Litern Hubraum, als Sondermodell für die Märkte der Mittelmeer-Anrainerstaaten, sowie mit 2,3 Litern für den Rest der Welt angeboten.

Auf der IAA stellt dann der C 43 AMG mit seinem 4,3-Liter-V8-Triebwerk mit 306 PS zunächst die leistungsstärkste Variante im C-Klasse Segment auch der T-Limousinen dar. Auf der Dieselseite wird im Dezember 1997 parallel zum Viertürer mit der C 220 CDI T-Limousine das Zeitalter der Common-Rail Direkteinspritzung eingeläutet.

1998

Mit dem C 200 CDI, einem aus dem C 220 CDI entwickelten leistungsreduzierten Motor gleichen Hubraums, wird auch die niedrigste Leistungsstufe durch modernste Diesel-Verbrennungstechnik aufgewertet. Sie macht sich in höherem Drehmoment und besserer Leistung bemerkbar. Am oberen Ende der Leistungsskala toppt AMG seinen C 43 auch in der T-Limousine mit dem C 55 AMG T-Modell.

2000

Nachdem die T-Limousinen der Baureihe 202 acht Monate länger produziert worden waren als die Limousinen, kamen sie von Juni 2000 bis Januar 2001 noch einmal in den Genuss einer Modellpflege mit einigen Änderungen, die vor allem verbesserte Fahrleistungen und bessere Abgaswerte mit günstigeren Schadstoffeinstufungen zur Folge hatten.

Die C 180 T-Limousine erhält anstelle des 1,8-Liter-Motors M 111 mit 122 PS die 2-Liter-Version mit 129 PS, während der C 200 Kompressor mit 163 PS den C 200 mit 136 PS ersetzt. Beide alten Kompressortypen werden aus dem Programm gestrichen. Der C 240 erhält anstelle des 2,4-Liter-V6-Motors ein 2,6-Liter-Triebwerk aus der gleichen Baureihe – die Typenbezeichnung wird allerdings beibehalten. Durch diese Änderung wird die Variantenvielfalt der Motorenbaureihe M 111 von fünf auf zwei Versionen reduziert. Außerdem erhält der Zylinderkopf strömungsoptimierte Ein- und Auslasskanäle sowie einen kompakteren Brennraum. Die Abgasanlage bekommt einen Auspuffkrümmer in LSI-Technik. Diese innovative Isoliertechnik der Luftspaltisolierung sorgt dafür, dass der Katalysator früher seine Konvertierungstemperatur erreicht. Beim C 180 unterscheidet sich die Euro-4- von der Euro-3-Anlage durch einen direkt nach dem Auspuffkrümmer angeordneten Stirnwandkatalysator.

Die T-Modelle mit Benzinmotor erhalten das neue Zweiwellen-6-Gang-Schaltgetriebe (NSG) mit entsprechend abgestimmten Achsantriebsübersetzungen. Bei den Modellen mit Dieseltriebwerk bleibt es bei den bis dahin eingesetzten 5-Gang-Schaltgetrieben.

Bei den T-Limousinen werden schließlich auch die in der Baureihe 203 eingeführten elektronischen Schlüssel angeboten.

243.871 T-Limousinen werden zwischen 1995 – dabei ist der Beginn der Vorserie mit eingerechnet – und 2001 gebaut. Mit dieser Stückzahl erreicht die Baureihe mit insgesamt 1.870.254 Fahrzeugen bis auf 9376 Einheiten die Stückzahl der Vorgängerbaureihe – dies allerdings bereits nach 10 anstatt 12 Jahren.

Der C 43 AMG als T-Modell. Ein faszinierendes Fahrzeug für sportliche Familienväter, oder für Tarnkappensportfahrer, oder, oder, oder …

Ein neues Gesicht in der DTM, der Mercedes-Benz Renntourenwagen mit dem Erscheinungsbild der Baureihe 202.

Brot und Spiele oder die DTM- und ITC-Einsätze des W 202

1994 starten in der DTM sogenannte Klasse-1-Fahrzeuge. Von deren jeweiligem Basismodell müssen in 12 aufeinander folgenden Monaten mindestens 25.000 Fahrzeuge mit einer Mindestlänge von 4,30 Metern gebaut worden sein. Motoren sind mit maximal 2,5 Litern Hubraum und sechs Zylindern zugelassen. Das Triebwerk muss von einem Serienmotor abgeleitet sein, der in ebenfalls 12 aufeinander folgenden Monaten mindestens 2500 Mal in einem Serienmodell des Herstellers eingebaut worden war. Für das Renntriebwerk dürfen zwei Zylinder hinzugefügt oder weggelassen werden. Zylinderbankwinkel, Zylinderabstand und die Materialfamilie des Motorblocks müssen von dem Serientriebwerk übernommen werden.

Fahrzeuge mit zwei angetriebenen Rädern haben ein Mindestgewicht von 1000 Kilogramm, solche mit Allradantrieb eines von 1040 Kilogramm einzuhalten. Das Tankvolumen ist auf 110 Liter beschränkt.

Rennerfolge werden mit Platzierungsgewichten „belohnt", um möglichst spannende Rennläufe und eine größtmögliche Ausgeglichenheit des Starterfeldes herbeizuführen. Für Platz 1 wurden 15 kg zusätzlich zugeteilt, für Platz 2 waren es 12 kg, Platz 3 bekam neun, Platz 4 sechs und Platz 5 drei kg aufgeladen. Maximal konnten 50 kg zugeteilt werden. Abgebaut werden konnten diese Zusatzgewichte in umgekehrter Reihenfolge durch Platzierungen auf den Rängen 7 bis 11.

Die äußere Form der Karosserie musste weitgehend eingehalten werden. Aerodynamische Maßnahmen durften nur unterhalb der Radnabenmitte vorgenommen werden. Erlaubt war allerdings ein Heckspoiler, der weder seitlich noch hinten über die Fahrzeugkontur hinausragen durfte. Die Materialwahl für Motorhaube, Kofferraumdeckel, Stoßfänger, Anbauteile und die hinteren Türen war freigestellt.

Auf Basis dieses recht freizügigen Reglements entwickelten sich die ab 1994 in der DTM eingesetzten Renntourenwagen immer mehr zu Silhouette Cars, also Fahrzeugen, die lediglich in ihrer äußeren Erscheinung eine optische Nähe zu den jeweiligen Serienfahrzeugen einer Marke besaßen. Unter ihrem Äußeren verbarg sich jedoch hochkarätige Rennwagentechnik.

Das begann beim Motor. Zu dieser Zeit verfügte Mercedes-Benz in der Serie noch über keinen V6-Motor. Aber dafür gab es bei AMG immer noch Erhard Melcher, das „M" in der Firmenbezeichnung. Obwohl nicht mehr in der von ihm ursprünglich mitgegründeten Firma tätig, aktivierte ihn Hans Werner Aufrecht gerne, wenn es um kniffige technische Lösungen ging. Auf Melcher geht die ingeniöse Idee zurück, dem 4,2-Liter-V8 der Baureihe M 119 mit seinen zwei obenliegenden Nockenwellen reglementgemäß zwei Zylinder zu amputieren und daraus einen 2,5-Liter-Rennmotor für die DTM zu entwickeln.

Dazu war es allerdings erforderlich, eine Kurbelwelle mit kürzerem Hub zu verwenden. Dank einer Spezialwelle mit 62,6 mm Hub wurden 2496,84 cm³ erreicht, was die erlaubte Hubraumgrenze von 2500 cm³ optimal ausnutzte. Der kompakte V6-Motor mit der Bezeichnung M 106 war im Gegensatz zu dem bisherigen Vierzylinder-Reihenmotor, der seine Drehzahlgrenze bei 10.500/min erreicht hatte, für bis zu 13.000/min ausgelegt. Damit die Kurbelwangen bei diesen hohen Drehzahlen einen möglichst geringen Luftwiderstand verursachten, erhielten sie eine in Drehrichtung spitz zulaufende Kontur.

Der Nockenwellenantrieb wurde von der simplen Kette auf eine Zahnradkaskade umgestellt, die bei höchsten Drehzahlen zuverlässiger arbeitet. Um einen möglichst tiefen Schwerpunkt zu erzielen, erhielten diese Motoren eine Trockensumpfschmierung. Das Verdichtungsverhältnis war auf 12,4 ausgelegt. Die Ventilwinkel im Brennraum des Vierventilkopfs wurden gegenüber dem Serienkopf ebenfalls verändert und betrugen bei den Einlassventilen 10,5° und bei den Auslassventilen 12,5°.

Um eine möglichst ausgeglichene Gewichtsverteilung zu erzielen, wurde der Motor weit in die Fahrzeugmitte gerückt. Dem gleichen Ziel diente die zum Ende der Saison 1994 vorgenommene Verlegung der Lichtmaschine nach hinten, wo sie über Zahnräder vom Hinterachsgetriebe aus angetrieben wurde. Das sequenziell schaltbare Getriebe war mit dem Motor durch ein Zwischenstück verbunden und trug so ebenfalls durch seine weit nach hinten geschobene Einbauposition und seine 22 kg zur weiteren Belastung der Hinterachse bei. Die sequenzielle Schaltung brachte eine Verkürzung der Schaltzeiten von 0,2 auf 0,08 Sekunden. Ein besonderes technisches Glanzstück war die Möglichkeit, den Motor innerhalb von 15 Minuten zu tauschen – genau die Zeit, die zwischen zwei Läufen für Reparaturmaßnahmen an den Boxen zur Verfügung stand. Während der Saison 1994 wurde zwei Mal von dieser Möglichkeit Gebrauch gemacht.

Der DTM-V6-Motor M 106 neben seinem Stammvater, dem 4,2-Liter-V8 M 119.

Den DTM-Titel 1994 holte sich Klaus Ludwig auf einer AMG Mercedes-Benz C-Klasse vor Jörg van Ommen auf einem gleichen Auto des Teams Zakspeed; Letzterer gewann außerdem den ITR Gold Cup.

Für die Saison 1995 wurden die Autos weiter verbessert. Ein Motorentausch war jetzt, dank geänderter Motoraufhängung, in nur noch 12 Minuten zu realisieren. Ab Mitte der Saison wurden die herkömmlichen Ventilfedern der Rennmotoren durch ein pneumatisches System ersetzt, das die Ventile mit 9 bar Druck schließt. Offiziell sollte dieses System keine Mehrleistung, sondern nur größere Zuverlässigkeit bringen. 470 PS bei 11.500/min wurden dem neuen Triebwerk attestiert.

Der bei AMG entwickelte Mercedes-Benz Rennmotor für die DTM Renntourenwagen – ein kompaktes Kraftwerk.

Die größten Veränderungen gab es bei der Basiskonstruktion des Fahrzeugs, die in der DTM-Welt große Aufregung hervorrief. Der Überrollkäfig war

Getümmel in der Eifel: Ein buntes Starterfeld begeisterte beim Großen Preis der Tourenwagen auf dem Nürburgring am 21. August 1994.

Bernd Schneider gewann 1995 den Fahrertitel in der Deutschen Tourenwagen-Meisterschaft. In der zusätzlich ausgeschriebenen International Touring Car Championship ITC sicherte er sich ebenfalls den Fahrertitel. Schneider (Startnummer 14) siegt mit der AMG Mercedes C-Klasse auch im ersten und zweiten Lauf des Rennens um den Donington-Gold-Cup am 9. Juli 1995.

zum tragenden Rohrrahmen modifiziert worden, und der Unterboden aus Kohlefaser war so ausgelegt, dass eine Sogwirkung erzielt wurde. Auch die Fahrerposition war weiter nach hinten gerückt worden, so dass der Fahrer schon fast hinter der B-Säule saß. Motor und Kardanwelle wanderten weiter nach rechts. Durch die Gewichtserleichterung konnten die Mercedes-Benz Teams nun Zusatzgewichte so platzieren, dass sie das Fahrverhalten möglichst günstig beeinflussten. In einem beweglichen Schlitten sitzend wurden sie je nach Fahrsituation nach vorne oder hinten verlagert. Die hinteren Kotflügelverbreiterungen dienten nun auch als Lufthutzen für die im Kofferraum untergebrachten Kühler. Bernd Schneider gewann den letzten DTM-Titel auf einer AMG Mercedes-Benz C-Klasse vor Jörg van Ommen, der dieses Mal auch auf einer AMG Mercedes-Benz C-Klasse unterwegs war.

So endeet die von 1984 bis 1995 ausgetragene Deutsche Tourenwagen Meisterschaft mit 67 Siegen für Mercedes-Benz, 48 Siegen für BMW, 30 Siegen für Ford und 26 Siegen für Alfa Romeo. Die Teamwertung sah wie folgt aus: 47 Siege für AMG, 22 Siege für Alfa Corse, 17 Siege für Schnitzer und 16 Siege für Wolf.

1996 – „Die DTM ist tot, es lebe die ITC", so titelte ein bekanntes Motorsportmagazin am Beginn der neuen Rennsaison. Und Norbert Haug bemerkte optimistisch: „Die ITC wird die beste DTM, die es je gab." Um konsequenten Leichtbau zu praktizieren, hatte Gerhard Ungar von AMG für die Saison 1996 ein völlig neues Auto nach dem Modulkonzept entwickelt. Front- und Heckmodul waren an vier Punkten mit dem Hauptmodul durch vier M14-Schrauben befestigt. Ins Frontmodul war der V6-Motor M 106 als mittragendes Element integriert worden. Das Hauptmodul bestand aus einem Stahlrohrrahmen, der die Funktion des Überrollbügels übernahm. Fahrzeugboden, Kraftstofftank und Sitzmulde waren ein großes Formstück aus Kohlefasermaterial. Im und am hinteren Modul waren das Differenzial, die Achslenker mit ihren Aufhängungen und verschiedene Kühler, etwa für das Differenzial, untergebracht. Weiter perfektioniert wurde das System des beweglichen Gewichts. Durch ein von Bosch entwickeltes Steuersystem konnte das unterhalb des Wagenbodens angebrachte Zusatzgewicht hydraulisch gesteuert in einem Bereich von 560 mm bewegt werden.

Die Fahrerwertung gewann Manuel Reuter auf Opel Calibra vor Bernd Schneider auf Mercedes-Benz C-Klasse.

Mit dem Gewinn der Markenwertung bei der „International Touring Car Championship" (ITC) beendete Mercedes-Benz sein Engagement in der DTM/ITC als erfolgreichster Hersteller zwischen 1986 und 1996 mit 86 Siegen.

Oben: Ellen Lohr ging ebenfalls auf AMG Mercedes C-Klasse Rennsport-Tourenwagen in der Saison 1996 an den Start.

Rechts: Die bis 1995 ausgetragene Deutsche Tourenwagen Meisterschaft endete mit 67 Siegen für Mercedes-Benz.

Die Line Classic mit [illegible] Leicht-[illegible]rädern.

KAPITEL 4 – BAUREIHE 203

Vorgeschichte

Die Kompakten, wie die Fahrzeuge der C-Klasse intern genannt wurden, waren bei Mercedes-Benz angekommen. Diskussionen des „Wie“ und „Ob überhaupt“ waren Sequenzen aus der Vergangenheit. Es ging jetzt darum, das traditionelle Bild von Mercedes-Benz durch weitere attraktive Fixpunkte zu erweitern.

Schon 1989 war in Studien zur Definierung des Vorgängers 202 ermittelt worden, dass aus Sicht der Mercedes-Benz Kunden die Elemente Solidität und Komfort stark im Vordergrund standen, während bei BMW die Schwerpunkte Stilistik und Fahrleistungen stärker im Fokus lagen. Schon damals wurde erwogen, um ein erweitertes Kundenpotenzial anzusprechen, dem breit gefächerten Anforderungsprofil durch unterschiedliche Produktsegmente gerecht zu werden. Im Vordergrund standen damals ein SLK 202, ein Coupé, ein Cabriolet und ein T-Modell. Die Themen SLK sowie Coupé und Cabriolet wurden dann ab 1996 durch separate Baureihen abgedeckt.

Als man 1994 für die zukünftige Baureihe 203 daran ging, neue Rahmenbedingungen zu erstellen, fand man heraus, dass BMW schon immer eine hohe Akzeptanz nicht nur bei jungen, sondern durchaus auch bei älteren Kunden hat, während Mercedes-Benz deutliche Anstrengungen unternehmen muss, eine junge Klientel für seine Fahrzeuge zu begeistern. Als Zielgruppenschwerpunkte für die neue Baureihe kristallisierten sich demnach die „DINKS“ (double income, no kids), junge Familien sowie „junge Alte“ heraus. Analog zu diesen Zielgruppen wurden neben dem W 203 (Limousine) der S 203 (Kombi respektive T-Modell), der CL 203 (Sportcoupé) und als elegante Varianten die von der Nachfolgerbaureihe 208 verkörperten Coupés und Cabriolets in die Planung aufgenommen.

Eine wesentliche Erkenntnis war die Notwendigkeit, von Seiten der anvisierten Zielgruppen eine höhere Kompetenz auf dem weit gefassten Gebiet der Dynamik zugewiesen zu bekommen. Das betraf sowohl die äußere Erscheinung wie auch das Fahrerlebnis. Der frische und jugendliche Eindruck sollte sich auch im alltäglichen Einsatz auf der Straße vermitteln. Was dabei auf keinen Fall passieren sollte, war die Aufgabe bisheriger Qualitäts- und Alleinstellungsmerkmale im Konkurrenzumfeld.

Design und Ausstattung

Als im März 2000 die C-Klasse der Baureihe 203 vorgestellt wurde, wirkte sie schon auf den ersten Blick nicht größer als ihre Vorgänger, aber von den Proportionen her ausgewogener und auch dynamischer. Hier täuschte der Schein nicht, war doch die Fahrzeuglänge nur um 10 mm gewachsen, der Radstand aber um 25 mm, bei einer vernachlässigbaren Differenz in der Fahrzeughöhe von einem Millimeter. Der vordere Überhang war um 52 mm kürzer und der hintere um 37 mm länger ausgefallen als beim Vorgänger. Allein aufgrund dieser Verschiebung der Proportionen bei insgesamt wenig veränderten Gesamtmaßen überzeugte der Neue durch eine sehr viel dynamischere Anmutung.

Rückblende: Im Mai 1995 war der W 202 exakt erst zwei Jahre auf dem Markt. Trotzdem machte sich eine Expertengruppe bereits ernsthafte Gedanken über einen geeigneten Nachfolger. In diesem Monat wurde nämlich das Rahmenheft für die Baureihe 203 präsentiert, in dem, unterschrieben von den Herren Hubbert, Zetsche, Remmel und Krampe, die Eckpunkte der zukünftigen Entwicklung umrissen wurden. Es ging, wie schon neun Jahre zuvor beim Rahmenheft zum W 202, von einer breiteren Modellpalette aus. Dieses Mal bestanden die Zielsetzungen im Ausbau und der Stabilisierung der Marke im traditionellen Segment und in einer deutlichen Verjüngung der Marke. Über eine als „Familien-Mercedes“ bezeichnete Kombiversion gab es keinerlei Zweifel mehr. Sie gehörte, obwohl erst ein Jahr später in der C-Klasse als S 202 präsentiert, genauso schon zum allgemeinen Bewusstsein der Entscheidungsträger wie die als „Klassischer Mercedes“ bezeichnete Limousine. Neu im Rahmen der C-Klasse-Überlegungen war der „Junge Mercedes“, ein Produkt ohne Vorgänger, das den Markt der anspruchsvollen Schicht der „DINKS“ erobern sollte. Für diese jungen Doppelverdiener ohne Kinder – eine Käufergruppe, die man bis dahin so gut wie nie erreicht hatte – wollte man ein eigenständiges Fahrzeug mit einem breiten Nutzungsspektrum darstellen.

Das ein halbes Jahr später erstellte Lastenheft forderte vom Design ein für den Kunden erlebbar

Entwurf des Designers Vahe Bouldoukian aus der kreativen Frühphase.

Dynamischer Entwurf von Steve Mattin aus dem Jahr 1995.

wertigeres Erscheinungsbild gegenüber dem Vorgänger 202 und dem Wettbewerb.

Im Design war man jedoch schon einen Schritt weiter. Bereits Ende 1994 hatten die Kreativen in den Sindelfinger Studios die ersten Entwürfe zu Papier gebracht. Deutlich sichtbar wird schon an den frühen Entwürfen das Bemühen um mehr Grazilität in der Erscheinung – eine Linie, die bereits durch die S-Klasse der Baureihe 220 vorgegeben war. Dominiert wird der Korpus durch die coupéhafte Dachlinie, die in ein kurzes Heck ausläuft und somit auch den etwas längeren hinteren Überhang konterkariert. Interessant sind auch die frühen Bemühungen, beginnend mit dem 203, durch eine sehnenhafte Linienführung der Bordkantenlinie bis zum Heckabschluss ein dynamisches Designelement in die Produktgestaltung von Mercedes-Benz Fahrzeugen einzuführen, das bis heute in vielfältigen Variationen wiederkehrt. In der Frontgestaltung wird durch die neue Form des Vieraugen-Gesichts einerseits die Fahrzeugbreite betont, die jedoch durch die subtilere Gestaltung der vier Elemente an Massivität gegenüber der Leuchteinheit des Vorgängers verliert. Auch bei der Heckgestaltung wird die stärkere Betonung der Breite durch das Design der Heckleuchten und den Abschluss des Kofferraumdeckels mit seinen runden Ecken betont. In der Seitenansicht schließlich wird gestalterische Langeweile geschickt durch den Wechsel konvexer und konkaver Flächen in Verbindung mit den keilförmig nach vorne laufenden Rammschutzleisten vermieden.

Lieferbar war die Baureihe 203 in den Ausstattungsvarianten Classic, Elegance, Avantgarde und AMG mit unterschiedlichen Räder-/Reifenbestückungen, die fast eine Wissenschaft für sich darstellen: Die Classic Line sah für die schwächer motorisierten Typen C 200 CDI, C 220 CDI, C 180 und C 200 Kompressor serienmäßig 6J x 15-Stahlfelgen und Radzierblenden mit der Bereifung 195/65 R 15 vor.

Für die Typen C 270 CDI, C 240 und C 320 wurden breitere Stahlfelgen der Dimension 7J x 16 mit der Bereifung 205/55 R 16 kombiniert. Optional waren Leichtmetallräder zwischen 15 und 17 Zoll Durchmesser lieferbar.

Bei der Elegance Line gab es serienmäßig zwar Leichtmetallräder, jedoch wieder wie bei der Classic Line aufgeteilt in 15-Zoll-Räder bei den schwächer und 16-Zoll-Räder mit den oben beschriebenen Bereifungen bei den stärker motorisierten Modellen. Bei der Avantgarde Line kamen ausschließlich 7J x16-Zoll-Aluräder mit der Bereifung 205/55 R 16 für alle Modelle zum Einsatz.

Bei der Ausstattung AMG wurde ein Mischbereifungssatz vorgesehen, der vorne aus Fünfspeichen-Alurädern im AMG-Design mit der Größe 7,5 x 17 ET 37 und 225/45 R 17-Reifen sowie hinten aus Rädern der Größe 8,5 x 17 ET 30 mit Reifen der Dimension 245/70 R 17 bestand. Die AMG Ausstattung umfasste außerdem eine Frontschürze, Seitenschweller und eine Heckschürze in unverwechselbarem AMG Design.

Bei der Innenausstattung stand von Anfang an das Kombiinstrument mit seinen einfach wirkenden halbkreisförmigen Instrumenten im Zentrum der Kritik. Hier herrschte der Eindruck übertriebenen Sparwillens vor. Die Bemerkungen reichten von: „Da schon ein VW Lupo mit seinen liebevoll gezeichneten Instrumenten Eindruck schindet, mutet Mercedes-Benz seinen Kunden schmucklose und billig wirkende Zifferblätter zu“ bis zu „Auch die mickrigen, halbkreisförmigen Instrumente sind der Marke nicht angemessen“. Dieser Zustand wurde mit dem Facelift im Jahr 2004 beseitigt: Seitdem gab es attraktiv gezeichnete Rundinstrumente mit Chromrahmen.

Bei der Gestaltung des Armaturenbretts war das unterhalb des Beifahrerairbags platzierte und gegenüber dem Vorgänger doppelt so groß geratene Handschuhfach, das außerdem zweigeteilt war, ein echter Fortschritt. Für die Rücksitzbank waren auf Wunsch eine Isofix Kindersitzbefestigung und integrierte Kindersitze lieferbar. Abschließend die Designunterschiede der drei Ausstattungslinien auf einen Blick:

Realitätsnähere Zeichnung des Designers Michael Plessing vom März 1995.

	Classic	Elegance	Avantgarde
Kühlermaske	Stege in felsgrau mit aufgesetzten Chromleisten	Lamellen in atlasgrau, glänzend lackiert mit Chromleisten	Lamellen in schwarz, glänzend lackiert mit Chromteilen
Stoßfänger	in Wagenfarbe lackiert	in Wagenfarbe lackiert mit Chromleisten	in Wagenfarbe lackiert mit breiter Luftöffnung und Chromleiste
Seitliche Schutzleisten	in Wagenfarbe	zusätzlich mit Chromleisten	zusätzlich mit Chromleisten
Räder	Stahlfelgen mit Zierblenden	Aluräder	Aluräder in 16 Zoll
Dachzierstäbe	Dunkelgrau	Hämatitschwarz eloxiert	wie Elegance
Scheiben	grün getöntes WSG	wie Classic	blau getöntes WSG
Blenden B-Säule	Dunkelgrau	Schwarz glänzend lackiert	Schwarz mit Dekor
Fensterstege in Fondtüren	Dunkelgrau	Hämatitschwarz eloxiert	wie Elegance

Am Entwurf von Hartmut Sinkwitz ist klar das Spiel zwischen konvexen und konkaven Flächen zu erkennen, welches das spätere Design des W 203 prägte.

Links: Jürgen Bollmann (re.) diskutiert die Linienführung an einem 1:4-Modell.

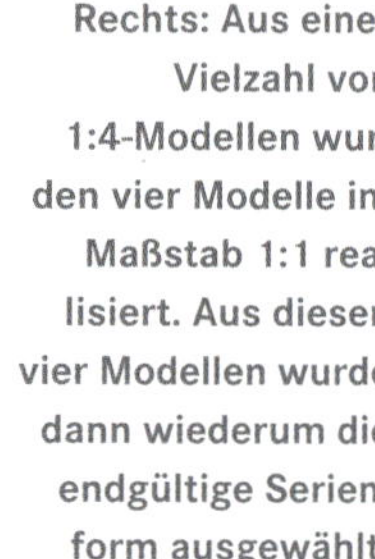

Rechts: Aus einer Vielzahl von 1:4-Modellen wurden vier Modelle im Maßstab 1:1 realisiert. Aus diesen vier Modellen wurde dann wiederum die endgültige Serienform ausgewählt.

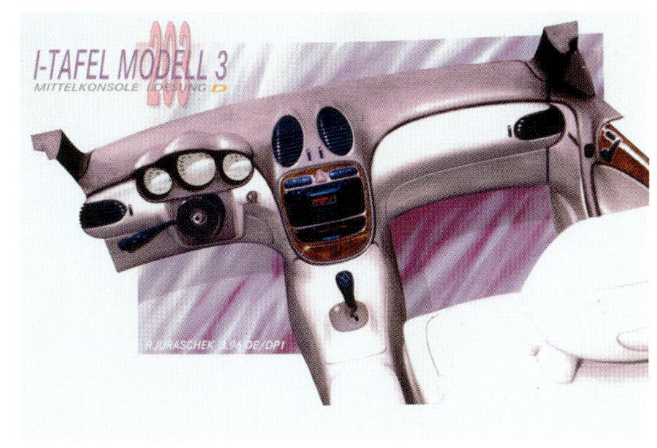

Entwurf für das bei den Designern I-Tafel genannte Armaturenbrett, hier noch mit Rundinstrumenten.

Ganz links: Die Line Avantgarde für den Connaisseur, der das Besondere in der C-Klasse sucht.

Armaturentafel der C-Klasse mit ihren halbrunden Skalen, die zum Teil auf Kritik stießen.

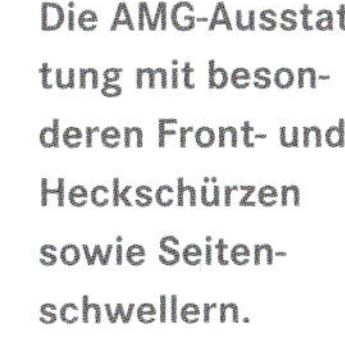

Die AMG-Ausstattung mit besonderen Front- und Heckschürzen sowie Seitenschwellern.

Mit einem c_w-Wert, der je nach Motorisierung zwischen 0,25 und 0,29 liegt, spielt der W 203 bis heute in der Topliga der strömungsgünstigsten Limousinen ganz vorne mit.

Aerodynamik

Der kleine integrierte Heckspoiler auf dem Kofferraumdeckel beeinflusst den Heckauftriebswert entscheidend und ist Teil des Aerodynamik-Konzepts.

Die Radspoiler tragen u. a. zu den gesunkenen Auftriebswerten an der Vorderachse bei.

In Sachen aerodynamische Gestaltung wurde beim W 203 gegenüber dem W 202 fast ein Quantensprung erzielt. Die c_w-Werte verbesserten sich bei vergleichbaren Fahrzeugen gegenüber dem Vorgänger von (im günstigsten Fall) 0,31 beim C 180 bzw. 0,32 beim C 280 auf (im günstigsten Fall) 0,25 beim C 180 bzw. 0,27 beim C 320. Trotz der um 0,03 m^2 größeren Fläche sank der Gesamtwert c_w x A aus Luftwiderstand und Fläche von 0,64 auf 0,52.

Möglich wurde dieser Fortschritt durch eine Vielzahl von Einzelmaßnahmen. Aber auch hier kam die alte Weisheit der Aerodynamiker zum Tragen, dass der c_w-Wert am Heck eines Fahrzeugs gemacht wird. Soll heißen, dass die Gestaltung des Hecks nicht nur einen ganz entscheidenden Einfluss auf die Güte des c_w-Wertes, sondern auch auf den Auftriebswert C_{AH} im Heck des Fahrzeugs hat. Beim W 203 kam der geglückten Abstimmung zwischen dem Einzug der C-Säulen und der Form des Hecks mit der auf dem Kofferraumdeckel integrierten, weit hinten liegenden Abrisskante besondere Bedeutung zu. Gleichfalls von großer Bedeutung ist die Gestaltung des Unterbodens, der bei der Entwicklung des W 203 ganz besondere Beachtung geschenkt wurde. So konnten die Auftriebswerte an der Hinterachse um bis zu 38 % gesenkt werden, was entscheidenden Einfluss auf den Geradeauslauf hat.

Im aerodynamischen Gesamtpaket sind die auch an der Vorderachse deutlich gesunkenen Auftriebswerte und die schon erwähnten Unterbodenverkleidungen in Verbindung mit den Radspoilern und den Anlaufkörpern vor den vorderen Radhäusern – die zudem für eine optimale Umströmung der Vorderachslenker sorgen – ebenfalls enthalten.

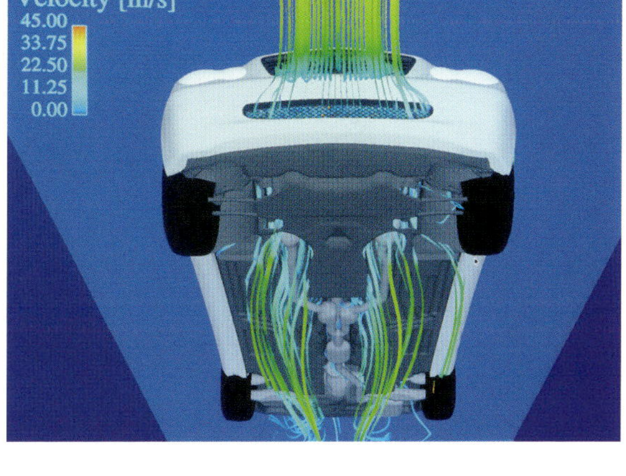

Computersimulation der Motorraumdurchströmung.

Ganz links: Unter ultraviolettem Licht werden der Strömungsverlauf des Regenwassers und der Verschmutzungsgrad der Karosserie bei Regen sichtbar gemacht.

Weitere Punkte aerodynamischer Optimierung waren:

- Verkleidungen im Bereich des Motorraums
- Optimierte Umfeldabdichtung des Kühlers und Strömungszuführung
- Abdichtung der Scheinwerfer durch eine Gummidichtung, die sich unter Staudruck-Einwirkung aufweitet
- Strömungsgünstige Gestaltung der Außenspiegel
- Strömungsgünstige Form der Motorhaube zur Überströmung der Scheibenwischer
- Gestaltung eines neuen Scheibenwischerkonzepts

Im Vergleichsfeld seiner Wettbewerber bezog der W 203 damit bei seinem Erscheinen in allen relevanten Werten die Spitzenposition.

Ein weiteres, weniger bekanntes Aufgabengebiet der im Aerodynamikbereich tätigen Ingenieure sind Schmutzfreihaltung und Aeroakustik. Beides sind wichtige passive Sicherheitsmerkmale. So wird das auf die Windschutzscheibe auftreffende Wasser durch eine Schiene über das Dach gelenkt und in einem Wasserkanal zwischen der Hinterkante des Dachs und der Gummieinfassung der Heckscheibe und weiter über seitliche Kanäle links und rechts abgeleitet. So bleibt die Heckscheibe bis 160 km/h schmutzfrei.

Das Außenspiegelgehäuse ist so gestaltet, dass zum einen die Verschmutzung des Glases und der Seitenscheiben stark reduziert wird und zum anderen die Strömungsgeräusche des Fahrtwinds minimiert werden. Dazu trägt auch eine besondere Abdichtung des Spiegelfußes bei. Die Abdichtung der Türen erfolgt durch ein spezielles Kantenschutzprofil. Der Windabweiser des Schiebedachs erzeugt durch acht gezielt angebrachte Kerben bestimmte Turbulenzen, die das lästige Wummern bei bestimmten Öffnungspositionen des Schiebedachs vermeiden.
Aerodynamische Beiwerte der C-Klasse Limousinen der Baureihe 203:

Modell	c_w	C_{AV}	C_{AH}	F m^2
C 180	0,25	0,02	0,09	2,08
C 200 Kompressor	0,26	0,03	0,09	2,08
C 240 / C 320	0,27	0,03	0,09	2,09
C 220 CDI	0,26	0,01	0,11	2,08
C 270 CDI	0,26	0,01	0,11	2,09
C 32 AMG	0,287	- 12	- 44	2,0806
C 55 AMG	0,29	+ 2	- 33	2,11

Die glattflächige Verkleidung des Unterbodens reduziert den Luftwiderstand.

Karosserie

Die Fahrzeuge der Baureihen 201 wie auch 202 verfügten zu ihrer Zeit über ein hohes Maß an passiver Sicherheit. Da sie in diesen Bereichen Maßstäbe gesetzt hatten, war man bestrebt, mit der neuen Baureihe noch weitere Fortschritte zu machen. Deshalb verschärfte man die internen Anforderungen, die stets über die unterschiedlichen gesetzlichen Forderungen hinaus gingen, deutlich. So wurde die bislang festgelegte Geschwindigkeit von 55 km/h beim Offsetcrash mit 40 % Überdeckung gegen eine starre Barriere auf 65 km/h gegen eine deformierbare Barriere heraufgesetzt. Dieser Crash stellt wesentlich höhere Anforderungen an die Gestaltfestigkeit des Rohbaus einer Karosserie. Desgleichen wurden die internen Anforderungen beim ECE-Seitenaufprall von 50 km/h auf 55 km/h und beim US-Seitenaufprall von 33,5 mph auf 38,5 mph verschärft.

Der Offsetcrash mit 65 km/h gegen eine deformierbare Barriere ist jener Crash, der aufgrund seines komplexen Anforderungsprofils die größte Herausforderung für jeden Karosseriekonstrukteur ist.

Zur Verbesserung des Absorptionsvermögens beim Frontalaufprall wurden beim W 203 im Einzelnen folgende Verbesserungen durchgeführt:

- Anschluss der vorderen Längsträger an der Ellipsoid-Stirnwand; ersetzen die bisherigen Gabelträger
- Längsträger in der oberen zweiten Aufprallebene
- Reduktion der Blocklänge bei Nebenaggregaten z.B. beim Bremsgerät, bzw. Ersatz der einen starren Block bildenden Kugelumlauflenkung durch die Zahnstangenlenkung
- Deformierbarer Integralträger
- Verwendung besser verformbarer einzelner Querlenker statt starrer Dreieckslenker
- Zusätzliche Prallelemente in Verlängerung der seitlichen Längsträger in Richtung der Vorderräder
- Verstärkter Einsatz hochfester Stahlbleche
- Größere Blechstärken bei seitlichen Längsträgern, Stirnwand und A-Säulen
- Dreischalige A-Säule
- Seitenwand mit umlaufender dritter Verstärkungsschale

Die zweistufigen Airbags haben als Fahrerairbag ein Volumen von 64 Litern bzw. als Beifahrerairbag ein Volumen von 130 Litern. Zunächst wird die erste Stufe gezündet. Erkennt das Steuergerät einen schweren Aufprall, wird mit 5 bis 15 Millisekunden Zeitversatz die zweite Stufe gezündet. Der Beifahrersitz verfügt über eine Sitzbelegungs- und Kindersitzerkennung um eine unnötige oder gefährliche Aktivierung zu unterbinden.

Das Stahl-Magnesium-Lenkrad ist bei schwerem Aufprall verformbar. Die vorderen Dreipunktgurte verfügen über Leistungsgurtstraffer und Gurtkraftbegrenzer. Hinten sind die beiden äußeren Dreipunktgurte ebenfalls mit Schlossstraffer und Gurtkraftbegrenzer ausgerüstet. Konsequenterweise wurden auch die Flankenbereiche der Karosserie in die Verstärkungsmaßnahmen mit einbezogen. Folgende Maßnahmen wurden ergriffen:

- Dreischalige A-, B- und C-Säulen aus hochfesten Blechen
- Stärkere Blechdicken bei den seitlichen Längsträgern bei gleichzeitiger Optimierung des Querschnitts durch Wegfall des Kabelkanals
- Zusätzliche Verstärkung des seitlichen Dachrahmens durch Dreischaligkeit wie bei den A- bis C-Säulen, Erhöhung der Blechdicken und Verbesserung des Querschnitts
- Mit Profilen zusätzlich verstärkte Türen
- Quersteife Bodenanlage mit zwei drucksteifen Querträgern unter den Vordersitzen

Die Festigkeit der Fahrgastzelle wurde gegenüber den Werten beim Vorgängermodell insgesamt wesentlich erhöht. So stieg ihre Verwindungssteifigkeit um 40 % im Vergleich zum W 202. Wie

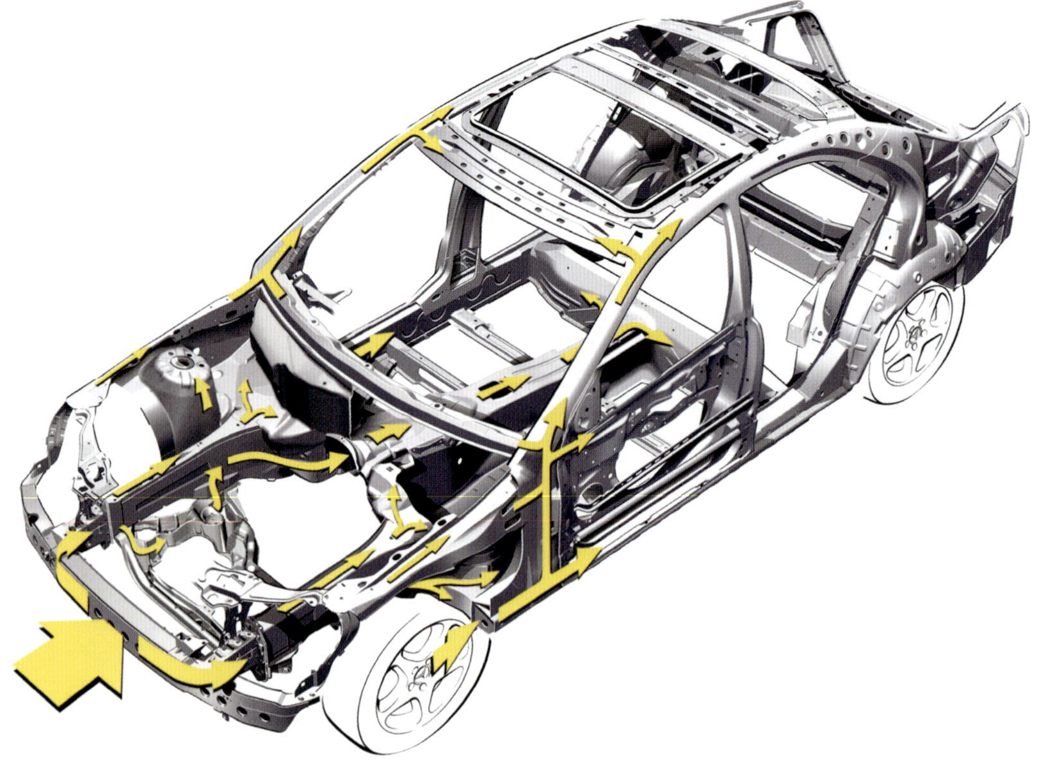

Kraftverläufe in der Karosserie beim Frontalaufprall

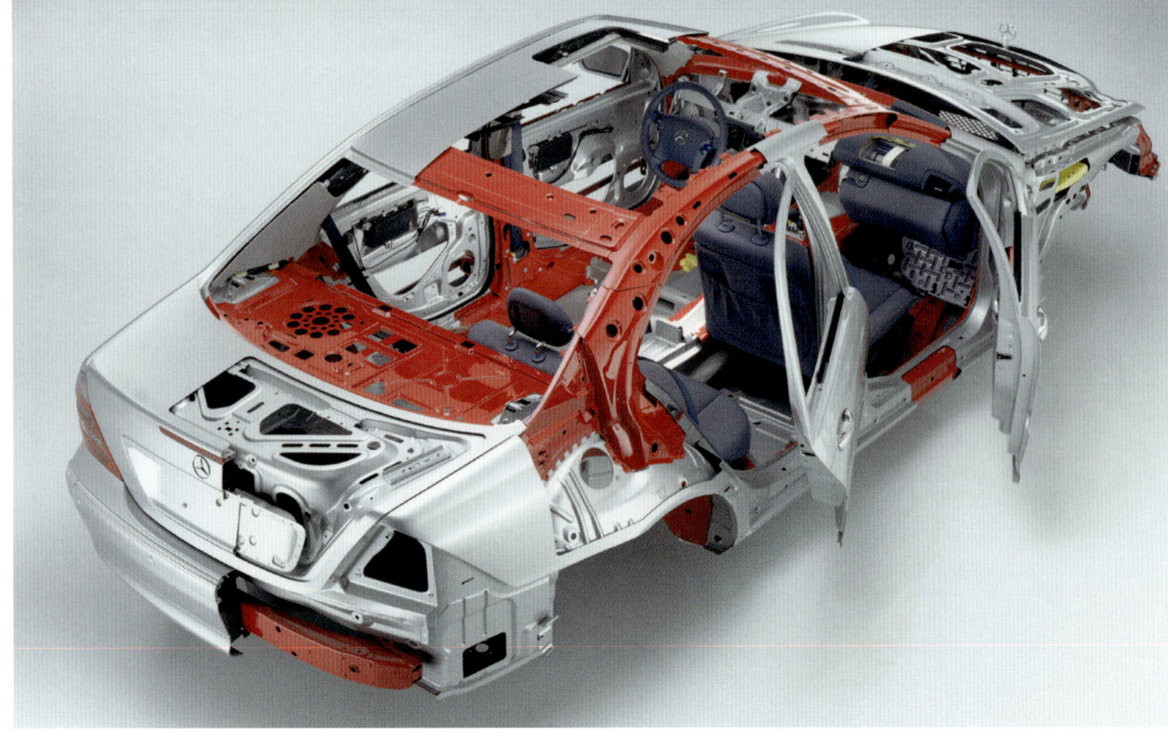

Der Anteil hochfester Stahlsorten an der Rohbaukarosserie hat sich beim W 203 verdoppelt.

gut die Bemühungen um eine sichere Karosserie gelungen waren, zeigte ein Vergleichstest, den die Zeitung *Auto Bild* im Jahr 2000 durchführte und zu dem auch ein von diesem Blatt in Verbindung mit dem TÜV Rheinland und Berlin-Brandenburg durchgeführter Offsetcrash mit 40 % Überdeckung bei 65 km/h gehörte. Bei diesem Test schnitt der daran teilnehmende C 200 Kompressor in fünf von sechs Kategorien als Bester ab und in einer Kategorie als Zweitbester.

Sidebags sind bei der Modelleinführung vorne serienmäßig und hinten optional erhältlich. Serienmäßig ist ebenfalls der Windowbag mit einem Volumen von 12 Litern. Im Falle einer Kollision legt sich der Windowbag zeitgleich mit dem Sidebag zwischen Insassen und den Seitenbereich, schützt sie vor Intrusionen und Glassplittern und verhindert ein Auspendeln des Kopfs über die seitliche Fahrzeugsilhouette hinaus.

Im Heckbereich wurden die bisher offenen Profile der hinteren Längsträger durch geschlossene Kastenprofile mit größeren Blechstärken ersetzt. Bei einem heftigen Heckcrash wird durch das Steuergerät der Leistungsgurtstraffer ausgelöst, um die plötzliche Vorverlagerung der Insassen zu verringern.

Zur Reduzierung der Reparaturkosten sind die Stoßfängersysteme mit regenerierbaren Schaumstoffeinlagen versehen, die bei Kollisionen bis zu 4 km/h schadenfrei bleiben. Bei Bagatellschäden verhindern vorne geschraubte Aluminium-Crashboxen und hinten ein Energie aufnehmender Biegeträger eine Beschädigung der Karosseriestruktur und reduzieren Reparaturkosten.

Der Langzeitkorrosionsschutz ist bei der Baureihe 203 durch den verstärkten Einsatz verzinkter Bleche weiter optimiert worden. Er stieg gegenüber der Baureihe 202 von 65 auf 70 %, bezogen auf das Rohbaueinsatzgewicht. Zusätzlich wird im Strukturbereich eine Hohlraumkonservierung durchgeführt.

Links: Window- und Sidebags garantieren optimalen Schutz beim Seitenaufprall.

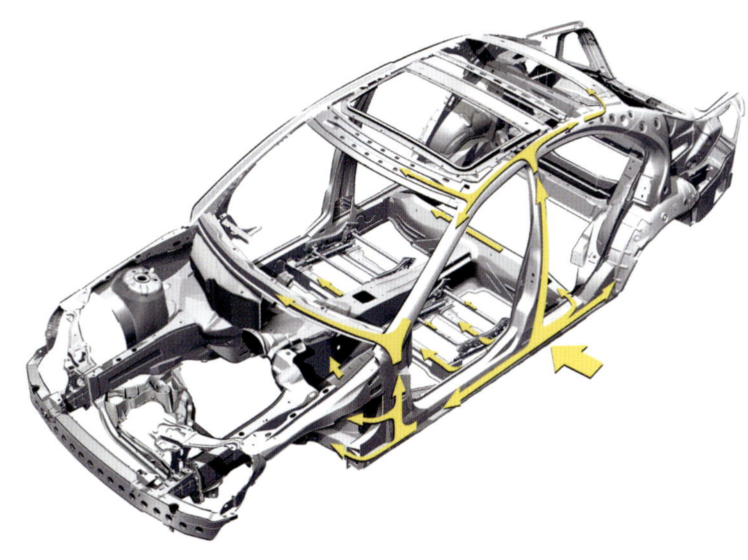

Oben: Kraftverläufe in der Karosserie beim Seitenaufprall

Der seit seiner Einführung im W 124 immer wieder kritisierte Einarmscheibenwischer wurde durch eine neue Zweiarmwischerkonstruktion ersetzt, die mit unterschiedlicher Kinematik arbeitet. Sie ist eine Kombination aus einem klassischen Scheibenwischer und einem Hubscheibenwischer. Während der linke Wischer sich auf einer festen Drehachse bewegt, vollführt der rechte Wischer zusätzlich eine Hubbewegung, um die sonst klassischerweise bei einem Drehscheibenwischer ungewischte obere rechte Ecke der Windschutzscheibe zu erfassen. Die Ablagefläche auf der rechten Seite der Scheibe wird durch einen Luftkanal beheizt.

Links: Seitenaufpralltest mit dem Stoßwagen

Vorderachsen, Lenkgetriebe und Motorlager sind auf einem Aluminium-Motorträger montiert.

Ganz rechts: Vorderachse – McPherson-Federbein, die beiden Lenker, die Stabilisatoranbindung und die Spurstange der Zahnstangenlenkung

Vorderachse

Die Vorderachse, deren untere Bauelemente auf einem Montageträger aus Aluminiumdruckguss befestigt sind – hier lebt der gute alte Fahrschemel wieder auf –, wird als Dreilenkerachse bezeichnet. Der untere Dreiecksquerlenker wurde beim 203 in zwei einzelne Lenker (Zug- und Querstrebe) aufgelöst. Ein Vorteil ergibt sich, neben dem flexibleren Crashverhalten der einzelnen Lenker durch größeren Verformungsweg, aus der geringeren Empfindlichkeit gegenüber Schwingungen, weil die Spreiz-Nachlaufachse näher an der Radmitte liegt. Als dritter Lenker wird die Spurstange bezeichnet. Das McPherson-Federbein dient als zusätzliches Führungselement. Der Drehstabstabilisator ist am Federbein angelenkt.

Eine Neuerung in der C-Klasse bedeutet auch hier die Einführung einer Zahnstangenlenkung. Sie bringt gegenüber der Kugelumlauflenkung Vorteile beim Crashverhalten aufgrund der geringeren Blockbildung, zudem ist sie leichter und billiger.

Hinterachse

Die Raumlenker-Hinterachse wurde im Grunde vom Vorgänger übernommen, konstruktiv überarbeitet und im Bereich der Kinematik und Elastokinematik optimiert. Der Fahrschemel wurde an die geänderten Maße angepasst. Alle Modelle außer dem Einstiegsmodell C 180 verfügten hinten nun über einen Stabilisator. Fahrwerksseitig waren alle Ausstattungslinien mit einem Sportfahrwerk lieferbar, das sich durch härtere und kürzere Federn sowie darauf abgestimmte Stoßdämpfer auszeichnete und dem Fahrzeug zu einem 15 mm tieferen Niveau verhalf. Zur Serienausstattung aller Fahrzeuge gehörten ABS, der Bremsassistent (BAS), ESP und ASR.

Als Fazit kann man festhalten, dass das Ziel der Fahrwerksingenieure, den Fahrspaß zu erhöhen ohne den Fahrkomfort zu vernachlässigen, erreicht wurde. Unisono bestätigten die Testberichte der Fachpresse dem W 203 von Anfang an eine deutlich höhere Fahragilität als seinem Vorgänger.

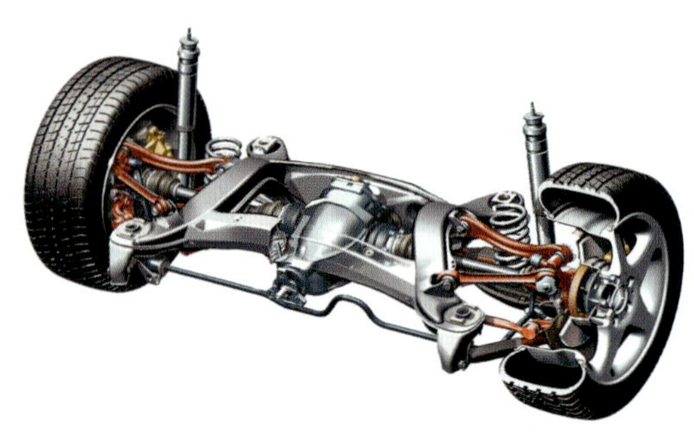

Die überarbeitete Raumlenkerachse

Motoren und Getriebe

Getriebeseitig wurde beim W 203 als Standardausrüstung das neue Sechsgang-Schaltgetriebe SG S 370 eingebaut, das ab dem Modelljahr zum SG S 400 weiterentwickelt wurde und so auch die gewaltigen 400 Nm Drehmoment des OM 612 im Typ 270 CDI verkraftete. Bei den Automatikgetrieben kam die Fünfgang-Automatik mit Wandlerüberbrückungskupplung aus der NAG-Baumusterreihe 722.600 zum Einsatz. In Sachen Motorisierung gab es zunächst keine Neukonstruktionen gegenüber dem W 202, aber unterschiedliche Leistungs- und Hubraumadaptionen, die den gestiegenen Fahrzeuggewichten Rechnung trugen.

DIESELMOTOREN

C 200 CDI
Dieser Typ mit dem schwächsten Dieselmotor – der mit 2,2 Litern Hubraum allerdings genau so groß ist wie das Triebwerk im 220 CDI – war beim Premierenstart noch nicht erhältlich. Seine Produktion lief erst mit einer kleinen Verzögerung im Juli 2000 an. Gegenüber dem W 202 waren die Leistung des Motors OM 611 DE 22 LA LR auf 116 PS und das Drehmoment auf 250 Nm angehoben worden. Das Suffix LR in der Motorenbezeichnung deutet auf die Leistungsreduzierung gegenüber dem Triebwerk im C 220 CDI hin. Dass die Höchstgeschwindigkeit des Modells dennoch um fast 20 km/h stieg, war allerdings auch der wesentlich strömungsgünstigeren Karosserie des W 203 zu verdanken. Als Standardbestückung kam das Sechsgang-Schaltgetriebe, optional das Fünfgang-Automatikgetriebe zum Einsatz.

Im Mai 2003 wurden die Dieselmotoren der Baureihe OM 611 durch die der Baureihe OM 646 abgelöst. Der wesentliche Unterschied bestand im Einsatz der Common Rail- Einspritzung der zweiten Generation, die mit 1600 bar Einspritzdruck arbeitete. Die Motorleistung stieg in der Abstimmung für den C 200 CDI von 116 auf 122 PS, das Drehmoment von 250 Nm auf 270 Nm.

C 220 CDI
Der Motor OM 611 DE 22 LA leistete im C 220 CDI mit 143 PS fast 20 PS mehr als im125 PS starken Vorgängertyp gleichen Namens. Das Drehmomentmaximum lag mit 315 Nm nun um 15 Nm höher. Die auf 220 km/h gestiegene Höchstgeschwindigkeit entsprach dem Niveau, das einige Jahre zuvor einer sportlichen Mittelklasselimousine zur Ehre gereicht hätte. Das Getriebeangebot entsprach dem des C 200 CDI. Der C220 CDI erfreute sich größter Beliebtheit und war das meistgebaute Dieselmodell dieser Baureihe, das allerdings auch als einziges Dieselfahrzeug von Beginn an lieferbar war.

Trotz der Einführung der neuen Motorenbaureihe OM 646 im Mai 2003 blieb die Leistungsausbeute des C 220 CDI bis März 2004 zunächst bei 143 PS und wurde ab April auf 150 PS angehoben. Der Drehmoment-Bestwert wurde hingegen von Beginn an von 315 auf 340 Nm angehoben.

C 270 CDI
Ein halbes Jahr nach Markteinführung des W 203, im November 2000, lief der bis dahin stärkste Dieseltyp mit dem 170 PS starken Dieselmotor OM 612 an. Er ersetzte den C 250 Turbodiesel aus der Vorgängerbaureihe, dem er in allen Fahrleistungs- und Verbrauchsbereichen deutlich überlegen war. Mit einer Höchstgeschwindigkeit von 230 km/h erreichte er die Fahrleistungswerte eines 300 E aus der Mitte der achtziger Jahre bei deutlich geringerem Verbrauch. Der C 270 CDI war mit Schalt- und Automatikgetriebe lieferbar. In der Version mit Schaltgetriebe wurde jedoch mit Rücksicht auf dessen Haltbarkeit das Drehmomentmaximum von 400 auf 370 Nm zurückgenommen.

Der Vierzylinder-2,2-Liter-Dieselmotor OM 611 mit Common-Rail Direkteinspritzung wird im C 200 CDI und im C 220 CDI als sparsames und leistungsstarkes Dieseltriebwerk eingesetzt.

Die Produktion der C 270 CDI Modelle lief im Juni 2005 nach 49.343 Limousinen und 25.072 T-Modellen aus. Sie wurden durch den Typ C 320 CDI abgelöst.

OTTOMOTOREN

Bei der Bestückung mit Benzintriebwerken und deren Bezeichnung wurde es in der Baureihe 203 etwas unübersichtlich. Zum Beispiel versehen bei den Typen C 180 und C 240 Motoren mit größeren Hubvolumina ihren Dienst als es die Typenbezeichnung glauben machen will.

C 180
Im Typ C 180, dessen Produktion erst im August 2000 anlief, wurde der 1,8-Liter-Motor der Baureihe M 111 des Vorgängers durch eine Zweiliterversion ersetzt. Die Leistung nahm um 7 PS auf 129 PS zu, das maximale Drehmoment stieg auf 185 Nm. Obwohl sich die Höchstgeschwindig-

Oben: Der 163 PS starke Kompressormotor M 111 ML EVO des C 200 Kompressor.

Oben: Das Fünfzylinder-2,7-Liter-Dieseltriebwerk OM 612 sorgte im C 270 CDI mit seinen 170 PS für den nötigen Schub.

keit des Einstiegsmodells auf 210 km/h erhöhte, blieb der Verbrauch gleich. Ausstattungsmäßig entsprach der C 180 dem C 200 CDI.

C 200 Kompressor

Bei diesem Typ stimmen Hubraum und Typenbezeichnung überein. Der Motor M 111 E 20 ML EVO mit 163 PS wurde auch im Sportwagen SLK eingebaut. Mit seinen 163 PS und dank des Kompressors 230 Nm Drehmoment erreicht er fast die Werte des C 280 der Baureihe 202 und liegt damit deutlich über den Leistungsdaten seines mit einem Saugmotor versehenen Vorgängers C 200. So nahm dieser Typ fast zwangsläufig die Favoritenrolle des meistgebauten C-Klasse-Modells dieser Baureihe ein.

C 240

Der in diesem Typ eingebaute 2,6-Liter-V6-Motor M 112 E 26 löste seinen Vorgänger mit 2,4 Litern Hubraum und derselben Typenbezeichnung ab. Gegenüber dem 2,4-Liter-Triebwerk blieb die Motorleistung zwar dieselbe, aber das Drehmoment wuchs durch den größeren Hubraum von 225 auf 240 Nm. Das milderte die bei diesem Typ oft reklamierte Durchzugsschwäche bei niedrigen Drehzahlen. Ungünstig wirkte sich bei den kleinen V6-Motoren die Verwendung eines einzigen Saugrohrs aus, das die ganze Triebwerkspalette von 2,4 bis 3,7 Litern Hubraum abdecken musste. Das führte bei den kleinvolumigeren Motoren zu relativ geringen Sauggeschwindigkeiten im für sie relativ großen Saugrohr mit daraus resultierender schlechter Zylinderfüllung.

Das Problem dieses Typs lag im um DM 8600,- höheren Preis gegenüber dem C 200 Kompressor, der ihm aber in den Fahrleistungen ebenbürtig und im Verbrauch günstiger war. Zu Gunsten des C 240 müssen jedoch die höhere Laufkultur des V6-Motors und die serienmäßige Klimaautomatik ins Feld geführt werden.

C 320

Der M 112 E 32 aus der Reihe der V6-Triebwerke mit drei Ventilen kann als harmonischste Motorversion gelten. Mit seinen 218 PS reicht er zwar in Leistung und Laufkultur bei hohen Drehzahlen nicht an den Reihensechszylinder M 104 heran, gefällt aber durch niedrigen Verbrauch und beispielhafte Robustheit. Da er den C 280 der Baureihe 202 ablöst, hatte er schon durch seinen größeren Hubraum einen Leistungs- und Drehmomentvorteil. Die 245 km/h schnelle C-Klasse war zunächst nur mit Automatikgetriebe lieferbar; das tat ihrer Beliebtheit aber keinen Abbruch. Ab Dezember 2002 gehörte das 6-Gang-Schaltgetriebe zur Standardausrüstung des C 320.

C 32 AMG

Schon bei seiner Präsentation auf der vom 13. bis 21. Januar 2001 in Detroit stattfindenden „North American Auto Show“ war der C 32 AMG kein Geheimnis mehr – er war sozusagen hier, aber noch nicht da. Um würdig die Nachfolge des C 43/C 55 AMG anzutreten, hatten die Affalterbacher Ingenieure der Mercedes-Benz Sportdependance AMG den V6-Motor M 112 nach denselben Maximen überarbeitet wie den V8-Motor M 113 des SL 55 AMG Kompressor. Dazu wurde zunächst einmal der Kurbeltrieb verstärkt, besonders belastbare Spezialkolben und Nockenwellen mit verlängerten Öffnungszeiten implantiert. Um genügend Leben in die Brennräume zu bekommen, wurde im V-Winkel der Zylinderbänke ein IHI-Schraubenlader installiert, der besonders viel und sauerstoffreiche Atemluft über eine speziell entwickelte Kombination aus Luft- und Flüssigkeits-Niedertemperatur-Ladeluftkühlung bezog.

Das Ergebnis dieser Leistungskur waren 354 PS und ein stattliches Drehmoment von 450 Nm. Mit diesen Leistungswerten markierte der C 32 AMG bis zu seiner Ablösung durch den C 55 AMG im Jahr 2004 die Leistungsspitze der C-Klasse.

Für die C-Klasse standen die beiden V6-Motoren mit 2,6 Litern Hubraum im C 240 und 3,2 Litern Hubraum im C 320 zur Auswahl.

Was an diesem Fahrzeug begeisterte, war die enorme Längsdynamik mit ihren Beschleunigungs- und Bremsleistungswerten. Da die Schaltabläufe nur bedingt beeinflussbar waren und auch kein Sperrdifferenzial lieferbar war, ergaben sich in mancher Hinsicht Defizite gegenüber vergleichbaren Wettbewerbern. Sehr gelobt wurden in Tests jedoch der Fahrkomfort, der Geradeauslauf und die geringen Windgeräusche. Letztere nicht zuletzt ein Ergebnis der hervorragenden Arbeit der Ingenieure im Windkanal. Selbst der C 36 AMG kam trotz seiner Veränderungen im Bugbereich aufgrund der veränderten Kühler und der voluminöseren Bereifung immer noch auf einen c_w-Wert von 0,287.

Bremsenseitig kamen vorne Scheiben der Dimension 345 x 30 mm und hinten der Dimension 300 x 22 mm zum Einsatz.

Der C 32 AMG setzte neue Leistungsmaßstäbe in der C-Klasse.

Der 354 PS starke und 3,2 Liter große V6-Kompressormotor überzeugte mit einem bärenstarken Drehmoment von 450 Nm – ein Spitzenwert in seiner Hubraumklasse.

Der Allradantrieb 4MATIC sorgt auch auf rutschigem Untergrund für sicheres Fortkommen.

Die Modellpflegemaßnahmen 2003

Für das im Herbst 2002 beginnende Modelljahr 2003 standen einige Ergänzungen und Änderungen auf dem Programm. Zu den kleineren und kaum Aufsehen erregenden Punkten gehörte der optionale Einsatz von Bi-Xenon-Scheinwerfern und die Verstärkung des Sechsgang-Schaltgetriebes, sodass auch die hohen Drehmomente des 2,7-Liter-Dieselmotors OM 612 verkraftet wurden. Dieses Getriebe war von diesem Zeitpunkt an auch im Typ C 320 lieferbar.

Eine beachtliche Attraktivitätssteigerung des Angebots bedeutete vor allem für den US-Markt und die Alpenländer Schweiz, Österreich und Italien die Einführung des Allradkonzepts 4MATIC für die Limousinen und T-Modelle C 240 und C 320. Es stieß dort auf große Resonanz.

C 180 Kompressor – C 200 CGI (M 271)

Ab Modelljahr 2003 stand im Bereich der Vierzylindermotoren nur noch ein Grundaggregat zur Verfügung, das aber in unterschiedlichen Leistungsstufen produziert wurde, die jedoch aufgrund verschiedener Typenbezeichnungen am Fahrzeug unterschiedliche Hubraumgrößen suggerierten. Diese Gruppierung war vom Marketing gewollt, um die unterschiedlichen Wertabstufungen aus der Vergangenheit zu erhalten. Kaufmännisch gesehen war diese Vorgehensweise hoch profitabel, weil die Herstellungskosten sehr günstig ausfallen.

Die technische Basis bildete der 1,8-Liter-Motor M 271 mit Kompressor, der über Ladeluftkühlung und eine zweifache Verstellung der beiden oben liegenden Nockenwellen verfügte. Bei Mercedes-Benz erhielt die Kombination dieser Maßnahmen den einprägsamen Namen „Twinpulse". Durch die Verwendung eines Kurbelgehäuses aus Aluminium-Druckguss konnte das Motorgewicht um 18 auf 167 kg reduziert werden. Für ein optimales Laufverhalten hatte dieses Triebwerk eine sogenannte Lanchesterwelle, eine Ausgleichswelle, erhalten, die auch einem Vierzylinder zu seidigerem Laufverhalten verhilft.

Der neue Vierzylinder-Einheitsmotor M 271, der über die Software gesteuert in drei Leistungsstufen einsetzbar war.

Über die Software gesteuert wurden drei Leistungsstufen generiert. Dies betraf die Motoren mit 143 PS (C 180 K), 163 PS (C 200 K) und 192 PS (C 230 K). Letzterer wurde in der Limousine zunächst einmal ausschließlich für die NAFTA-Märkte USA und Kanada geliefert. Als Versuchsballon für die Technologie der Direkteinspritzung fungierte die 170-PS-Version (C 200 CGI), deren Produktion nach lediglich 253 Limousinen und 137 T-Modellen im April respektive Mai 2005 eingestellt wurde.

C 30 CDI AMG

Eine Besonderheit, die im Verborgenen blühte, war der erste von AMG entwickelte spezielle Dieselmotor. Für den Einsatz in allen drei Karosserievarianten hatte AMG den 2,7-Liter-Fünfzylinder zu einem Dreiliter mit 231 PS und 540 Nm Drehmoment weiterentwickelt. In den Motor OM 612 wurde eine Kurbelwelle mit von 88,3 auf 97,0 mm verlängertem Hub eingebaut, die zu 2950 cm³ Hubvolumen führte. Neue Ölspritzdüsen und eine leistungsfähigere Ölpumpe sorgten dabei für die Mercedes-Benz typische Lebensdauer. Zur Verringerung der thermischen Belastung trug ein neues Luft-Wasser-Kühlsystem mit einer neuen Führung und Kühlung der Ladeluft durch eine geregelte Wasserpumpe bei. Die Kraftstoffversorgung erfolgte durch eine Hochdruck-Einspritzpumpe mit elektronisch gesteuerter Zumesseinheit. Darüber hinaus wurden Hard- und Software des Motormanagements EDC neu entwickelt.

Aufgrund des hohen Drehmoments von 540 Nm erhielten alle C 30 CDI AMG Modelle verstärkte Antriebswellen. Nur das Fünfgang-Automatikgetriebe W 5 A 580, das auch in den Fahrzeugen mit V8-Motoren eingesetzt wurde, war dem brachialen Drehmoment des leistungsgesteigerten Dieselmotors gewachsen. Die Wandlerüberbrückungskupplung und die Schaltkennlinien wurden den geänderten Parametern des Dieselmotors angepasst. Dem hohen Leistungspotenzial angemessen war die Bremsanlage, die aus dem C 32 AMG überommen wurde.

Das überarbeitete Gesicht des W 203 seit der Modellpflege 2004.

Die Modellpflege 2004

Anfang 2004 fand eine weitere Überarbeitung der Modellreihe 203 statt. Sie brachte nicht nur Modifikationen im Innen- und Außendesign, sondern auch zwei neue Typen und technische Änderungen, die zum Teil Lösungen für Probleme darstellten, die in der Vergangenheit immer wieder zu Kritik geführt hatten. Sämtliche Maßnahmen wurden gleichmäßig für die drei Varianten Limousine, T-Modell und Sportcoupé durchgeführt. Thematisch werden sie beim Sportcoupé aufgrund der etwas anderen Typenstruktur separat behandelt.

Äußerlich sind die überarbeiteten C-Klasse-Modelle an dem Plakettengrill mit drei verchromten Querstäben, den beiden Querstäben in der Kühleröffnung der Frontschürze und den Scheinwerfern in Klarglasoptik zu erkennen. Auch die Blinker in den Seitenspiegeln erhielten Klarglas. Die Heckleuchten erhielten ein geändertes Layout mit dunkelroter Färbung. Für alle Modelle wurden nun 16-Zoll-Räder eingeführt.

Bedeutend für eine weitere Steigerung der Fahragilität war die Überarbeitung des Fahrwerks mit dem Ziel präziser Lenkeigenschaften und neutraleren Eigenlenkverhaltens. Sie bestand aus:

- neu ausgelegten Zugstrebenlagern an der Vorderachse
- neuen Federlenkerlagern an der Hinterachse
- einen um 1 mm dickeren Drehstab an der Hinterachse
- direkterer Lenkübersetzung von i = 14,5 anstelle von i = 15,5

Die Schaltung des Sechsgang-Getriebes wurde in

Ganz links: Die modifizierte Vorderachse des W 203 und die Raumlenkerachse des W 203, welche auf die legendäre Urkonstruktion des W 201 zurückgeht.

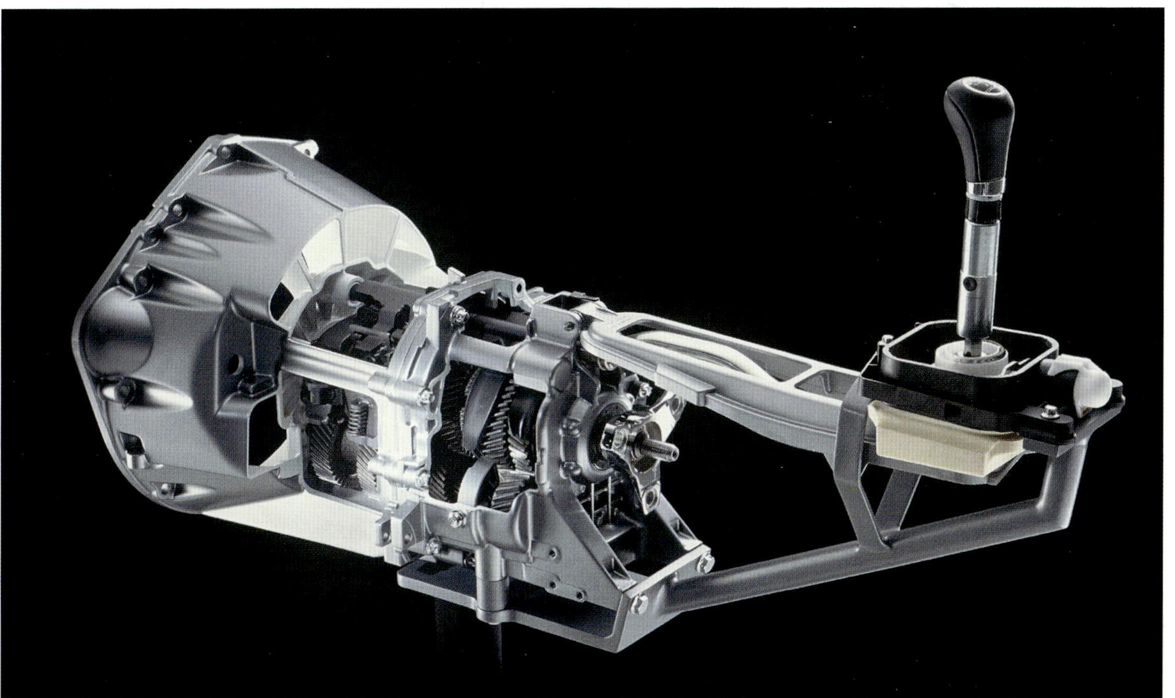

Die Einstangen-Schaltung des Sechsgang-Getriebes führt zu kürzeren Schaltwegen.

Sachen Bedienbarkeit überarbeitet. Eine sportlich orientierte Variante mit einem 20 mm kürzeren Schalthebel und 20 % kürzeren Schaltzeiten wurde bei allen Limousinen und T-Modellen des C 320 mit Sportpaket und Sportpaket AMG eingebaut.

Bei der Innenausstattung fiel als Erstes der Übergang zu Rundinstrumenten auf, die nun mit ihrer Chromumrandung einen besonders hochwertigen Eindruck machten. Serienmäßig war für alle Modelle die Thermatic genannte Heiz- und Belüftungsanlage, die eine Klimaanlage mit einschloss.

Neue Rundinstrumente, eine Innenausstattung mit einem höherwertigen Qualitätseindruck sowie die serienmäßige Klimaanlage trugen zur deutlichen Aufwertung der C-Klasse bei.

Der „Twinpulse"-Motor M 271 mit 192 PS für den C 230 Kompressor

Zur Steigerung der Wertanmutung wurden zugleich die Oberflächen im Innenraum überarbeitet. Als neue Sonderausstattungen waren bei der C-Klasse das Abbiegelicht und elektrisch einklappbare Außenspiegel lieferbar.

Die Motorleistung des C 220 CDI wurde leicht von 143 auf 150 PS erhöht.

Der Typ C 230 Kompressor, der als neues Modell auf den Markt kam, war genau genommen bereits bekannt, da er schon seit dem Herbst 2002 für den nordamerikanischen Markt produziert wurde.

C 55 AMG

Das zweite neue Modell war der C 55 AMG, der weit mehr als nur eine C-Klasse mit bärenstarkem V8-Motor darstellte. Man hatte seinerzeit die Konstruktion der Karosserie für die Baureihe 203, im Gegensatz zum W 202, bei dem es noch Sechszylinder-Reihenmotoren gab, ausschließlich auf den Einbau der Vierzylinder-Reihenmotoren und V6-Motoren ausgelegt. Für V8-Motoren war deshalb im Vorbau kein Platz. Um dennoch eine C-Klasse mit V8-Motor realisieren zu können, kombinierte man den trotz gleichen Radstands um 8 cm längeren Vorbau des CLK mit der Karosserie des W bzw. S 203 und kam so zu einer C-Klasse, die mit 367 PS und einem Drehmoment von 510 Nm deutlich mehr zu bieten hatte als ihr Vorgänger mit dem V6-Kompressormotor. Kenner identifizieren das Kraftpaket C 55 an dem flacher stehenden Plakettengrill, dem 85 mm längeren Überhang, den vier Endrohren der Abgasanlage und dem für mehr Abtrieb sorgenden Heckspoiler auf dem Kofferraumdeckel. Messwerte bestätigen dessen Effizienz.

Wenn auch bei dieser C-Klasse immer noch Defizite in Sachen Querbeschleunigung auf abgesperrter Strecke registriert wurden – wie etwa von Horst von Saurma in einem Test von „Sport Auto" bemängelt –, so begeisterten doch die Wendigkeit des Wagens inmitten des Alltagsgeschehens wie auch der komplette Antriebsstrang des C 55 AMG über alle Maßen.

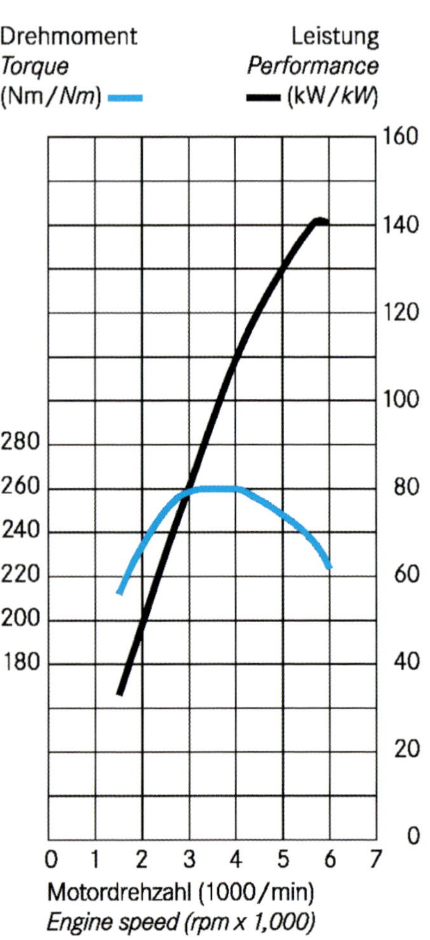

Wolf im Schafspelz: Der 354 PS starke C 55 AMG im Gewand einer biederen C-Klasse. Der genaue Beobachter erkennt den längeren Vorbau sowie den breiteren und flacheren Grill.

Nur im längeren Vorbau des C 209 hatte der voluminöse V8-Motor Platz gefunden.

Ein schöner Rücken, an dem kaum jemand vorbei kam.

Mit dem C 320 CDI konnte Mercedes-Benz auch in der Kompaktklasse bei den drehmomentstarken (510 Nm mit Automatikgetriebe!) Dieselsprintern vorne mitspielen.

Die Modelländerungen 2005

Sie waren äußerlich unauffällig, aber technisch nicht uninteressant, die neuen Modelle, die sich Anfang 2005 auf leisen Sohlen ihren Weg in die Typenpalette bahnten und dabei einer neuen Motorengeneration von V6-Diesel- und Ottomotoren mit zum Durchbruch verhalfen.

C 320 CDI

Abgelöst wurde im Bereich der Dieseltriebwerke der 2,7-Liter-Fünfzylinder OM 612 durch den neuen Dreiliter-V6 OM 642, der seinem Vorgänger in allen leistungsrelevanten Parametern deutlich überlegen war. Allein in der Motorleistung wurde ein Plus von 54 PS und beim Drehmoment gar von 110 Nm registriert. Der Maximalwert von 510 Nm war allerdings nur in Verbindung mit dem neuen Siebengang-Automatikgetriebe abrufbar. Mit dem mechanischen Sechsganggetriebe wurde das gewaltige Drehmoment des V6-Motors mit Blick auf die Haltbarkeit auf 410 Nm reduziert. Übrigens: Auch beim C 320 CDI stimmen Typenbezeichnung und Hubraumgröße nicht überein.

C 230, C 280 u. C 280 4MATIC, C 350 und C 350 4MATIC

Allen Typen gemeinsam ist das Motorenkonzept. Es handelt sich um den V6 der Baureihe M 272 mit vier Ventilen, zwei obenliegenden, verstellbaren Nockenwellen sowie einem verstellbaren Saugrohr mit Tumbleklappen zur besseren Zylinderfüllung bei niedrigen Drehzahlen. Die beiden kleineren Motoren mit 2,5 (M 272 E 25) und 3 Litern Hubraum (M 272 E 30) besitzen dasselbe Bohrungsmaß und unterscheiden sich nur durch

Der 3-Liter-V6-Dieselmotor OM 642 hat mit seinen 224 PS beachtliches Temperament.

Kurbelwellen mit einem Hub von 68,4 mm für den 2,5-Liter bzw. 82,1 mm für den Dreiliter. Ihre Leistung beträgt 204 bzw. 231 PS.

Spätestens hier ist nun Aufklärung über die Motoren-/Typen-Zuordnung nötig. Das 2,5-Liter-Triebwerk wurde in den Typ C 230, der Dreiliter in den Typ C 280 eingebaut. Die ursprünglich einmal auf den Hubraumgrößen der Motoren basierenden Typenbezeichnungen der Fahrzeuge unterliegen heute sehr oft marketingstrategischen Überlegungen. Lediglich bei dem 272 PS starken 3,5-Liter-Triebwerk M 272 E 35 stimmen Hubraumgröße und Typenbezeichnung überein. Diese Motorenpalette wurde auch im T-Modell und – mit Ausnahme des Dreiliters – auch im Sportcoupé eingesetzt.

Gegenüber heckgetriebenen Fahrzeugen ergaben sich bei den Modellen mit 4MATIC-Ausstattung Unterschiede im Antriebsstrang. Die mit Vierradantrieb ausgerüsteten Fahrzeuge waren ausschließlich mit der Fünfgang-Automatik lieferbar, ein mechanisches Getriebe konnte ebenso wenig geliefert werden wie die neue Siebengang-Automatik. Außerdem waren 4MATIC-Modelle jeweils um eine Stufe kürzer übersetzt als Wagen mit Heckantrieb.

Die moderne Motorenreihe M 272 mit Hubvolumina von 2,5, 3,0 und 3,5 Litern wurde seit 2005 in der C-Klasse eingesetzt.

Werkstoff-zusammensetzung

Werkstoffe	Anteil am Gesamtgewicht
Stahl und Eisen	63,8 %
Polymere	17,0 %
Leichtmetalle	7,1 %
Betriebsstoffe	4,7 %
Glas, Keramik	4,4 %
Buntmetalle	2,2 %
Lacke	0,5 %
Elektrik und Elektronik	0,3 %

Produktionszahlen des W 203

Nach neun Jahren und 1.529.920 Fahrzeugen wurde die Produktion der Limousine eingestellt. Das waren 96.463 Exemplare weniger als vom W 202 und 349.710 weniger als vom W 201 gebaut worden waren. Trotzdem wurde der 203 ein Erfolg, denn die Stückzahl der Limousine verrät nur die halbe Wahrheit. Zusammen mit dem T-Modell kam die Baureihe 203 auf insgesamt 1.903.794 Fahrzeuge und übertraf damit bereits beide Vorgängerbaureihen. Der Vorsprung erhöht sich aber nochmals um 310.704 Einheiten des Sportcoupés, sodass insgesamt 2.214.503 Fahrzeuge die Bänder in den Werken Sindelfingen, Bremen und East London (RSA) verlassen haben. Damit hatte sich die Entscheidung als goldrichtig erwiesen, die Baureihe um die Produktzweige des T-Modells und des Sportcoupés zu erweitern. Die Kundenbasis wurde damit wie angestrebt über die Erschließung neuer Zielgruppen verbreitert.

Limousinen wurden an drei Standorten produziert. Zum ersten Mal war das südafrikanische Werk in East London ausschließlich für die Fertigung rechts gelenkter Limousinen eingesetzt worden. Die Produktionszahlen verteilten sich wie folgt:

- Sindelfingen: 689.905 Einh., Prod. Beginn März 1999; Prod. Ende Dez. 2006, Febr. 2007 CKD
- Bremen: 577.364 Einheiten, Prod. Beginn Mai 1999; Prod. Ende März 2007
- East London: 262.651 Einheiten, Prod. Beginn Mai 2000; Prod. Ende März 2007

Die DTM-Einsätze von 2004 bis 2006

2004

Nachdem die Deutschen Tourenwagen Masters (DTM) vier Jahre lang, zwischen 2000 und 2003, mit Silhouette Cars auf Basis zweitüriger Coupés gestartet war, kehrte man für die Saison 2004 wieder zu viertürigen Karosserien laufender Serienmodelle zurück. Für AMG-Mercedes bedeutete dies den Einsatz von Renntourenwagen, die zwar optisch nach C-Klasse aussahen, sich in ihrem Aufbau aber wie zuvor eher an der Technik eines Formel-1-Rennwagens orientierten und sich von den Serienfahrzeugen grundsätzlich unterschieden. Unter der technischen Leitung Gerhard Ungars von HWA entstanden für das Jahr 2004 wiederum neue DTM-Fahrzeuge – insgesamt der 15. AMG-Mercedes, den Ungar verantwortete.

Tragendes Element der Karosserie war ein Gitterrohrrahmen mit einem Stahldach und Seitenwänden aus Stahl. In dieses Gebilde war die Fahrersicherheitszelle integriert mit definierten Front-, Heck- und Seitencrashstrukturen. Motorhaube, Kotflügel, Heckdeckel sowie die weiteren Anbauteile waren aus extrem leichtem Kohlefaser-Kunststoff (CFK) gefertigt. Die Radaufhängungen waren an Vorder- und Hinterachse Doppelquerlenkerkonstruktionen mit über Druckstangen betätigten Feder-/Dämpferelementen.

Alle Teams mussten eine Einheitsbremsanlage einsetzen, die aus Carbon-Bremsscheiben mit einem Durchmesser von 380 mm vorne und 340 mm hinten sowie aus Sechskolben-Aluminium-Bremssätteln vorne und Vierkolben-Aluminium-Bremssätteln hinten bestand. Der Einsatz von ABS-Systemen war reglementbedingt verboten. Wie im Serienbau des W 203 wurde auf eine Zahnstangen-Servolenkung zurückgegriffen.

An Rad- und Reifen-Kombinationen kamen vorne 11 x 18 Zoll messende Felgen mit Reifen der Dimension 265/660-R 18 und hinten 12 x 18 Zoll-Felgen mit 280/660-R 18-Reifen zum Einsatz. Die Einheitsreifen hatten einen Durchmesser von 660 mm für Vorder- und Hinterachse.

Motorseitig waren die bereits seit dem Jahr 2000 verwendeten 90°-V8-Triebwerke mit 4 Litern Hubraum weiterhin am Start. Deren Brennräume verfügten über je zwei Ein- und Auslassventile. Die Ansaugluftmenge wurde durch zwei Air Restrictors mit einem Durchmesser von 28 mm limitiert. Offiziell wurde die Leistung dieser Motoren mit > 470 PS bei 7500/min angegeben.

Die Kraftübertragung erfolgte auf die Hinterräder über ein in Transaxle-Bauweise angeordnetes Einheits-Sechsganggetriebe mit sequenzieller Schaltung und mechanischer Differenzialsperre. Die Kupplung war eine Dreischeiben-Carbonfaserkupplung, die Gelenkwelle bestand ebenfalls aus Carbonfasermaterial.

Vizemeister: Obwohl gleich viele Siege wie der spätere Meister Ekström auf Audi, reichte es für Gary Paffett in der Saison 2004 nur für Platz 2 – sein erster DTM-Titel kam erst im darauffolgenden Jahr.

Basisdaten AMG-Mercedes C-Klasse:

○ Länge	4765 mm
○ Breite	1845 mm
○ Höhe	1255 mm
○ Radstand	2790 mm
○ Tank	65 l
○ Gewicht	1080 kg mit Fahrer

Mercedes-Benz war in der Saison 2004 durch die Teams HWA, Persson Motorsport und das Team Rosberg vertreten, die wiederum die Fahrer Christijan Albers, Jean Alesi, Jarek Janis, Stefan Mücke, Gary Paffett, Bernd Schneider und Markus Winkelhock einsetzten.

DTM-Meisterschaft, Fahrerwertung 2004
Endstand nach Punkten:

Mattias Ekström	(Audi Abt)	**74**
Gary Paffett	(AMG-Mercedes)	**57**
Christijan Albers	(DC Bank AMG-Mercedes)	**50**
Tom Kristensen	(Audi Abt)	**43**
Martin Tomczyk	(Audi Abt)	**39**
Bernd Schneider	(Vodafone AMG-Mercedes)	**36**

2005

Für die Saison 2005 sah das Reglement einige Änderungen vor. So wurden Markenplatzierungsgewichte vorgeschrieben. Die beim ersten Rennen siegreiche Marke startete beim darauffolgenden Rennen mit 10 kg Zusatzgewicht. Die zweitplatzierte Marke durfte ihr Gewicht behalten und die auf dem dritten Platz gewertete Marke durfte ihr Gewicht um 10 kg reduzieren. Das Gesamtgewicht der Fahrzeuge wurde um 30 kg auf 1050 kg reduziert. Die mit Vorjahresfahrzeugen antretenden Fahrer Alexandros Margaritis, Stefan Mücke und Bruno Spengler durften das Gewicht ihres Einsatzfahrzeuges auf 1035 kg verringern.

Die Motorleistung wurde für das Jahr offiziell mit 475 PS angegeben. Beim AMG-Mercedes wurde eine 8-in-1-Abgasanlage eingesetzt. Die Karosserielänge nahm auf 4870 mm und der Radstand auf 2795 mm zu. In Sachen Aerodynamik wurde für alle Fahrzeuge im Bereich des Heckflügels eine Abrisskante, der „Gurney Flap“ obligatorisch.

Mercedes-Benz wurde in dieser Saison durch die Teams HWA, Mücke Motorsport und Persson vertreten, die folgende Fahrer einsetzten: Jean Alesi, Jamie Green, Mika Häkkinen, Alexandros Margaritis, Stefan Mücke, Gary Paffett, Bernd Schneider und Bruno Spengler.

DTM-Meisterschaft, Fahrerwertung 2005
Endstand nach Punkten:

1. Gary Paffett (DaimlerChrysler Bank AMG-Mercedes)	**84**
2. Mattias Ekström (Audi Abt)	**71**
3. Tom Kristensen (Audi Abt)	**56**
4. Bernd Schneider (Vodafone AMG-Mercedes)	**32**
5. Mika Häkkinen (Sport Edition AMG-Mercedes)	**30**
6. Jamie Green (Salzgitter AMG-Mercedes)	**29**

2006

Das Entscheidende an der Saison 2006 war, dass wesentliche Änderungen an den Fahrzeugen nicht gestattet waren. Es blieb nur Raum für Detailarbeit. Speziell die Gewichtsreduzierung stand im Vordergrund. Ziel war es, in einem möglichst leichten Fahrzeug soviel zusätzliches Gewicht unterzubringen, dass das vom Reglement vorgeschriebene Mindestgewicht erreicht und zugleich die Fahrdynamik optimal unterstützt wurde.

Eine Änderung erfuhr das DTM-Gewichtsmanagement: Fahrzeuge aus der laufenden Saison durften 1070 kg wiegen, solche aus dem Jahr 2005 1060 kg und die des Jahres 2004 nur 1020 kg – ein deutlicher Bonus. Die Handicap-Formel im Fall eines Sieges wurde auf 5 Kilogramm pro Hersteller und Sieg ab dem folgenden Rennen festgelegt, wobei als maximale Zuladungsgrenze 20 kg fixiert wurden. Jeder nicht siegreiche Hersteller durfte in 5-Kilogramm-Schritten bis zu maximal 10 kg reduzieren. Diese Regelung sorgte immer wieder für ausgeglichene Startfelder und es gelang auch so genannten „Jahreswagen“, sich auf vorderen Rängen zu platzieren. Mercedes-Benz wurde 2006 durch die Teams HWA, Mücke Motorsport und Persson vertreten. Sie setzten folgende Fahrer ein: Jean Alesi, Jamie Green, Mika Häkkinen, Mathias Lauda, Alexandros Margaritis, Stefan Mücke, Daniel la Rosa, Bruno Spengler und Susie Stoddart.

DTM-Meisterschaft, Fahrerwertung 2006
Endstand nach Punkten:

1. Bernd Schneider (Vodafone AMG-Mercedes)	**71**
2. Bruno Spengler (DC Bank AMG-Mercedes)	**63**
3. Tom Christensen (Abt Sportsline)	**56**
4. Martin Tomczyk (Abt Sportsline)	**42**
5. Jamie Green (Salzgitter AMG-Mercedes)	**31**
6. Mika Häkkinen (AMG-Mercedes)	**25**

Bernd Schneider errang 2006 den letzten seiner fünf Meistertitel in der DTM respektive in der Nachfolgeserie Deutsche Tourenwagen Masters – alle auf Mercedes-Benz. Damit ist der Saarländer, der zwischen 1986 und 2008 bei über 200 Rennen am Start stand, der Rekordhalter.

Nutzfahrzeug der Haute Couture.

T-Modell S 203

Die Präsentation des T-Modells im Januar 2001 auf der Internationalen Autoshow in Detroit war keine eigentliche Überraschung mehr. Man hatte es erwartet. Außergewöhnlich war da schon eher der Premierenort. Aber auch das hatte Methode, da die Palette der T-Modelle ab Herbst 2001 auch in den USA angeboten wurde.

Von Beginn an war das T-Modell in die Produktentscheidung mit eingebunden. Dadurch war ein homogener Entwicklungsprozess auf allen Ebenen zwischen Limousine und dem T-Modell gewährleistet. Dies umso mehr, als bereits bei den Überlegungen, die zwischen Mitte und Ende des Jahres 1995 angestellt wurden, klar erkennbar war, dass sich der Trend bei einem C-Klasse Kombi noch stärker weg vom Nutzfahrzeug hin zu einem Lifestyle-Modell entwickeln würde. Dafür sprach auch die Designentscheidung, den Dachverlauf im Bereich der Heckscheibe in der Schräge harmonisch dem der Frontscheibe anzupassen und so einen eleganten Dachbogen zu schaffen – selbst auf Kosten des Nutzraumvolumens. Schon das Vorgängermodell war dem Trend zum Lifestyle-Kombi gefolgt und war mit seinen über 243.000 verkauften Exemplaren ein Erfolg geworden. Bei aller gestalterischer Harmonie blieb natürlich die Frage des praktischen Nutzwerts nicht außen vor. Mit intelligenten Lösungen wurde zum Teil eine bessere Raumausnutzung gefunden als beim Vorgänger. Dazu gehörten eine weiter öffnende Heckklappe oder die tief gesetzte Ladekante.

Der homogene Entwicklungsprozess brachte auch Kosteneinsparungen mit sich, entspricht doch das T-Modell bis zur B-Säule der Limousine. Mit der Limousine synchron liefen auch die drei Ausstattungsvarianten Classic, Elegance und Avantgarde, die Option Sportfahrwerk, die Getriebeauswahl und die Motorenbestückung bis hin zu den leistungsstarken Versionen C 30 CDI AMG und C 55 AMG T-Modell.

Zu den für einen Kombi relevanten Ausstattungsmerkmalen zählten die im Verhältnis 2:1 umklappbare Rücksitzbank sowie ein ebener Ladeboden bei umgeklappter Bank – egal in welcher Konfiguration. Eine besondere Erleichterung sind beim S 203 die bei umgeklappter hinterer Bank in ihrer Position verbleibenden hinteren Kopfstützen, oder die als Option lieferbare Durchladeöffnung mit einem Schutzsack in der Rückbank für lange Gegenstände, über die sich Skifahrer besonders freuen.

Im Sicherheitsbereich der Karosserie muss das Ladungsschutznetz erwähnt werden, das im Doppelrollo integriert ist. Im Laderraum selbst dienen vier Verzurrösen der sicheren Fixierung der Ladung. In den Seitenwänden des Laderraums sind ebenfalls mit Netzen gesicherte Ablagefächer integriert. Darüber hinaus wurden weitere nützliche Zubehörteile mit entwickelt wie z.B. das Laderaumtrenngitter, eine niedrige und eine hohe Laderaumwanne, eine Antirutschmatte, eine variable Laderaumteilung sowie Sonnenschutzrollos für die Heckscheiben. Eine Besonderheit gegenüber der Limousine war übrigens die Niveauregulierung an der Hinterachse.

Eine Ausstattungsoptimierung gegenüber dem Vorgängermodell bedeutete das Multifunktionslenkrad samt Multifunktionsdisplay in der Instrumententafel. Integriert ist hier ein Reiserechner für Strecke, Fahrzeit, Durchschnittsgeschwindigkeit, Durchschnittsverbrauch und ermittelte Restreichweite. Analog zur Limousine kommt auch im T-Modell das Sechsganggetriebe mit Speedtronic zum Einsatz. Mit der Einführung des T-Modells stand neben dem 6-Gang-Schaltgetriebe und der Automatik eine Sequentronic genannte automatisierte Schaltgetriebeversion mit sechs Gängen als dritte Variante zur Auswahl. Diese Ausführung wurde zeitgleich sowohl im Coupé als auch in der Limousine angeboten. Die Ausstattungsumfänge und die technischen und ausstattungsbezogenen Weiterentwicklungen anlässlich der Modellpflegemaßnahmen 2003 und 2004 entsprechen deckungsgleich denen der Limousine und sind dort beschrieben.

Projektleiter Jürgen Bollmann und Designchef Peter Pfeiffer (v.r.) begutachten die Schokoladenseite des S 203.

Im Windkanal kommt das T-Modell nicht ganz auf die optimalen Werte der Limousine, die Messwerte zeigen dies deutlich. Das liegt vornehmlich an der Gestaltung des Heckbereichs. In der Stirnfläche liegt der S 203 aber günstiger als sein Vorgänger.

Um die gerade bei Kombifahrzeugen schnell verschmutzenden Heckscheiben zu vermeiden wurden erhebliche Anstrengungen bei der Schmutzwasserführung über das Dach zur Heckscheibe unternommen. Das Wasser wird zwischen Dach, der Hinterkante und dem Heckklappenspoiler gesammelt und über seitliche Kanäle links und rechts der Heckklappe nach unten geleitet.

Modell	c_w	C_{AV}	C_{AH}	F m^2
C 220 Kompressor T-Modell	0,31	-0,01	0	2,09
C 240 T-Modell	0,31	-0,01	-0,01	2,09
C 320 T-Modell	0,31	0,02	-0,02	2,09

Oben: Je nach Bedarf ein Lastesel – ein Kombi eben.

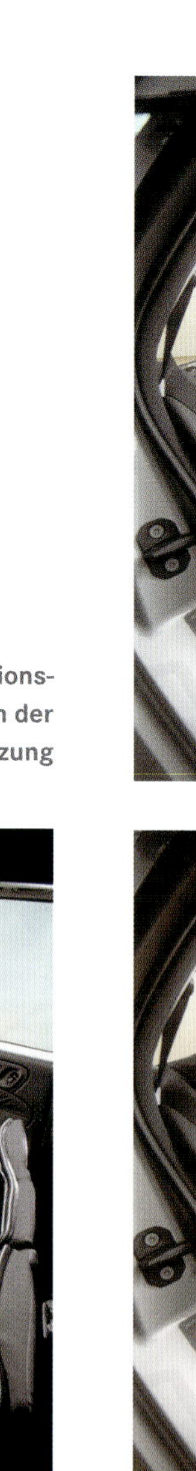

Drei Kombinationsmöglichkeiten der Laderaumnutzung

Links: Zur Serienausstattung gehören Sicherheitsnetz und Laderaumabdeckung.

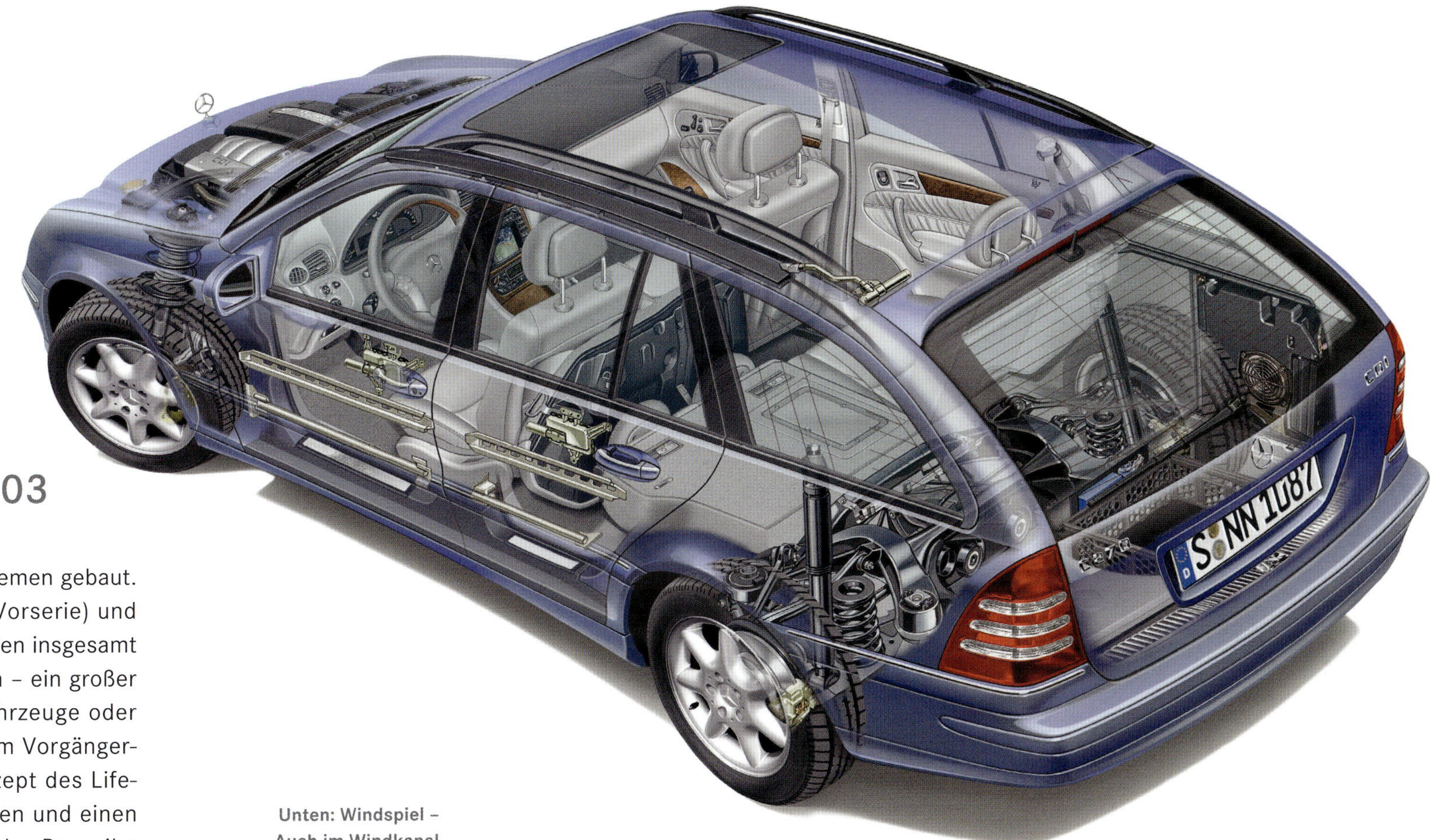

Die Produktionsstückzahlen des S 203

Das T-Modell wurde nur im Werk Bremen gebaut. Zwischen April 2000 (Beginn der Vorserie) und Mai 2007 (Produktionsende) verließen insgesamt 373.874 T-Modelle die Werkshallen – ein großer Erfolg, da vom S 203 130.003 Fahrzeuge oder 53,3 % mehr gebaut wurden als vom Vorgängermodell. Somit hatte sich das Konzept des Lifestyle-Kombis als Volltreffer erwiesen und einen wesentlichen Beitrag zum Erfolg der Baureihe geleistet.

Unten: Windspiel – Auch im Windkanal gibt der S 203 eine hervorragende Figur ab.

Das Sportcoupé CL 203

Das Sportcoupé, intern CL 203 genannt, stellt die dreitürige, 2+2-sitzige Ausführung der C-Klasse dar. Die Coupés und Cabriolets der CLK-Klasse, Baureihe 208, haben dagegen trotz mancher Gemeinsamkeiten das Kundenspektrum der ehemaligen Mittelklasse-Coupés und -Cabriolets der Baureihe 124 im Visier und gelten insofern als deren Nachfolger.

Design und Ausstattung

Der Entwicklungszyklus des Sportcoupés verlief parallel zu dem des T-Modells. Auch bei ihm stand die Erweiterung der Produktpalette im Vordergrund, um breitere Käuferschichten zu gewinnen und so die Stückzahlen der Baureihe zu erhöhen. Allerdings besitzt das Sportcoupé eine wesentlich größere formale Eigenständigkeit als das T-Modell im Vergleich zur Limousine.

Erste Entwurfsskizzen des Designs erfolgten schon im Herbst 1992. In der Frühphase des Gestaltungsprozesses, in der die Grenzen kreativer Rahmenbedingungen noch weiter gefasst sind, wurde im Design – sozusagen zum Freiblasen der Köpfe, wie es ein alter Designer einmal treffend formulierte – nicht nur mit dem Gedanken an einen Zweitürer oder ein flippiges Funcar für Mountainbiker und Surfer gespielt, es wurde auch mit einer kompakten viertürigen Version operiert. Maßkonzepte aus dem Mai 1994 zeigen dann bereits Strukturen, die sich später auch beim Serienfahrzeug wiederfinden. Im dem Lastenheft vorausgehenden Rahmenheft wurden im Mai 1994 erste Überlegungen zum Sportcoupé unter dem Arbeitstitel „junger Mercedes" angestellt.

Tonmodelle aus dem Jahr 1994 zeigen erste dreidimensionale Versuche, sich dem Thema Sportcoupé zu nähern, was auch unter dem Aspekt der Abgrenzung zu den anlaufenden Designaktivitäten in Sachen A-Klasse zu sehen ist. Im Frühjahr 1995 demonstrieren bereits drei Tonmodelle im Maßstab 1:1, wie unterschiedlich sich die Designstudios in Sindelfingen, Kalifornien und Tokio dieses Themas annahmen. Viertürer aus Tokio und Sindelfingen, ein Zweitürer aus Kalifornien.

Sowohl im erarbeiteten Rahmen- als auch Lastenheft lag der Fokus eindeutig auf einer zweitürigen Version mit kurzem hinteren Überhang. Im Laufe des Jahres 1996 war dann relativ schnell der Schritt zur späteren Serienversion gefunden. Noch nicht endgültig entschieden war damals die Frage der Kühlergrill-Optik. Sämtliche Entwürfe gingen von einer modifizierten Version des Mercedes-Benz Grills aus. Als das Sportcoupé um die Jahreswende 2000 schließlich der Öffentlichkeit vorgestellt wird, ziert es ein Plakettengrill, der eine Mischung aus CL-, SL-, CLK- und A-Klasse-Gesicht ist und so zu einer eindeutigen Markenidentifikation beiträgt.

Das Sportcoupé besitzt den gleichen Radstand wie Limousine und T-Modell, ist aber kürzer und niedriger als der Viertürer. Entscheidende Prägung und Eigenständigkeit erhält die Form durch die unterschiedlichen Überhänge. Während sie vorne größer sind als bei der Limousine, fallen sie hinten deutlich kürzer aus. Durch die nach vorne abfallende Motorhaube in Verbindung mit der ansteigenden Gürtellinie, dem kurzen flachen Dach und dem kurzen Stummelheck mit der hoch liegenden Abrisskante erhält das Ganze eine ausgeprägt dynamische Keilform.

Eine Besonderheit ist das dreiteilige Panoramaschiebedach, bei dessen Einbau zum einen der Dachrahmen mit den Knotenverbindungen im Säulenbereich verstärkt und zum zweiten die B-Säulen durch eine zusätzliche Querstrebe stabilisiert werden müssen. Teil eins des Dachs besteht aus dem sich automatisch beim Öffnen aufstellenden Windabweiser, Teil zwei bildet das dahinter liegende Glasschiebedach, das beim Öffnen leicht angehoben und über den hinteren Teil des Glasdachs geschoben wird, wobei eine um ein Drittel größere Dachöffnung als bei einem konventionellen Schiebedach entsteht. Teil drei schließlich besteht aus dem hinteren, fest eingebauten Teil des Glasdachs. Das getönte Glasdach absorbiert 2,2 % der UVA- und 100 % der schädlichen UVB- und UVC-Strahlen. Innen können die Dächer durch im Mittelsteg des Dachs untergebrachte elektrische Rollos abgedeckt werden.

Kombiinstrument und Mittelkonsole entsprechen denen der Limousine. Der sportliche Anspruch wird durch eine dreifache Wölbung des Instrumenten-Blendschutzes sowie Kursivschrift auf den Zifferblättern unterstrichen.

Die bei Limousine und T-Modell eingeführten drei Ausstattungslinien gab es beim Sportcoupé nicht. Stattdessen wurden optional die Sportpakete Evolution und Evolution AMG angeboten. Im Innenraum

Feinarbeit am CL 203 1:4-Modell; im Hintergrund hängen Entwürfe unterschiedlicher Designer an der Wand.

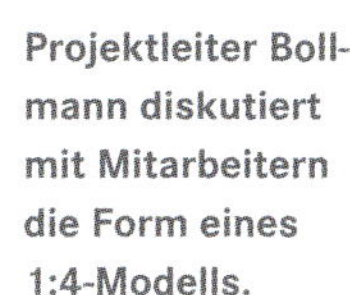

Projektleiter Bollmann diskutiert mit Mitarbeitern die Form eines 1:4-Modells.

Oben: Brainstorming mit Designchef Prof. Peter Pfeiffer an unterschiedlichen CL 203 Modellen.

Rechts: Das Panoramaschiebedach in Kippstellung ...

... und in Schiebeposition.

wiesen Lederlenkrad, -schaltknauf und Stahlpedale mit Gumminoppen auf das Sportpaket hin. Die Bereifung für die beiden Pakete wird im Abschnitt Fahrwerk weiter hinten behandelt. Zum Umfang des Evolution AMG-Pakets gehörten ferner eine Frontschürze mit integrierten Nebelscheinwerfern, eine Heckschürze sowie die Mischbereifung.

Die nicht von allen geliebte Konstruktion der Schwingsitze – die aus dem SLK stammten – verfügt über eine Easy-Entry-Funktion mit besserem Zugang zur hinteren Sitzbank. Bei offener Türe wird über einen Entriegelungsknopf am türseitigen Lehnenkopf die Lehne nach vorne geklappt und dadurch der Sitz 129 mm nach vorne und 80 mm nach oben bewegt. Durch das Zurückklappen der Sitzlehne wird der Sitz wieder in seine Ausgangsposition gebracht.

Karosserie

Obwohl das Sportcoupé 183 Millimeter kürzer und 20 Millimeter niedriger baut als die Limousine, fallen die Überhänge vorne um 33 und hinten um 216 Millimeter kürzer aus. Trotzdem gehen die drei Karosserievarianten der Baureihe 203 von der gleichen Plattform mit 2715 mm Radstand aus. Das schließt auch für das Sportcoupé – trotz unterschiedlicher Karosseriebauteile – dieselbe Sicherheitsarchitektur wie bei der Limousine mit ein. Um das hohe Sicherheitsniveau des W 203 zu halten, wurden die Strukturen im Heck, bei der Hecktür, den Querversteifungen im Bereich der Fondsitzlehne und der Dachrahmenstruktur im Hinblick auf Abmessungen, Geometrie, Materialstärke, Verbindungstechnik und Werkstoffqualität modifiziert.

Die untere äußere Gurtbefestigung ist im Unterschied zum W 203 über eine am Schweller befestigte Schiene geführt, ebenfalls um einen besseren Einstieg in den Fond zu ermöglichen.

Die hintere Sitzbank ist im Verhältnis 1:2 umklappbar, die Lenksäule ist mechanisch längs- und höhenverstellbar. Vom Multifunktionslenkrad aus werden der Reiserechner sowie das Multifunktionsdisplay bedient.

Durch die Verstärkungswirkung der zusätzlichen Querträger im Bereich der B-Säulen wurde bei Fahrzeugen mit Panorama-Schiebedach nahezu eine Karosseriesteifigkeit erreicht, wie sie bei solchen mit Blechdach vorliegt. Das Glasdach aus Einscheibensicherheitsglas ist zusätzlich mit Polyurethan umspritzt, um bei Glasbruch die Verletzungsgefahr zu minimieren.

Der Fahrgastraum ist beim Sportcoupé durch eine umfangreiche Ausstattung mit Airbagsystemen gesichert: Fahrer- und Beifahrerairbag mit zweistufiger Auslösung, Windowbags, Sidebags vorn, optionale Sidebags hinten.

ante ein Chrompaket offeriert. Es zeichnete sich durch Chromleisten am vorderen und hinteren Stoßfänger sowie an den seitlichen Rammschutzleisten aus. Das Sportpaket Evolution bekam zur Differenzierung im Kühlergrill gelochte Lamellen, wie sie schon vom SLK her bekannt waren. Die Benzin-Modelle erhielten eine Auspuffanlage mit sonorerem Ton. Auch im Evolution Paket war nun Mischbereifung vorgesehen. Hinten wurden Felgen der Größe 8,5J x 17 ET 34 mit 245/40 R 17-Reifen verwendet.

Größere Spurweiten, ein größerer Lufteinlass unter dem Stoßfänger und flacher gestellte Lamellen zeichnen äußerlich die modellgepflegte Version von 2004 aus.

Motoren und Getriebe

Die Ouvertüre für das kleine Coupé barg keine Überraschungen. Man begnügte sich zunächst mit dem 2,2-Liter-Vierzylinder-Dieselmotor der Baureihe OM 611 und bei den Benzinern mit den beiden Vierzylinder-Kompressortriebwerken mit 2 bzw. 2,3 Litern Hubraum der Baureihe M 111.

Getriebeseitig bestand die Standardausrüstung aus dem 6-Gang-Schaltgetriebe SG-S 270 für die Benziner bzw. SG-S 370 für die Dieselfahrzeuge. Eine Neuheit war die mit dem Sportcoupé eingeführte automatisierte Variante des Schaltgetriebes, die bei Mercedes-Benz den Namen Sequentronic erhielt, aber bereits mit der Modellpflege 2004 zugunsten einer verbesserten Betätigung des mechanischen 6-Gang-Getriebes aufgegeben wurde.

DIESELMOTOREN

Mit dem CL 203 begab sich Mercedes-Benz zum ersten Mal mit einem Dieselmotor in das bis dahin ausschließlich Ottomotoren vorbehaltene Umfeld sportlich orientierter Coupés. Den Auftakt machte das C 220 CDI Sportcoupé.

C 200 CDI Sportcoupé

Mit der Ankunft des OM 646 mit Common-Rail-Einspritzung der zweiten Generation und 1600 bar Einspritzdruck im Mai 2003 wurde auch die Dieselmotor-Palette beim Sportcoupé nach unten erweitert. Wie auch bei der Limousine und dem T-Modell war dieses 122-PS-Triebwerk kein Zweiliter, sondern ein in der Leistung reduzierter 2,2-Liter-Motor. Analog zur Limousine schuf man hiermit ein preiswerteres Einstiegsmodell.

C 220 CDI Sportcoupé

Diese Typenbezeichnung verkörperte von Beginn an den Dieselpart im sportlich positionierten Coupé der C-Klasse. Während seiner Bauzeit wurde der Motor zum erfolgreichsten Stückzahlbringer. Das hoch moderne Triebwerk verhalf dem Wagen zu Fahrleistungen, die meilenweit entfernt waren von den beschaulich-betulichen Dieselmodellen zurückliegender Jahrzehnte. In den Elastizitätswerten musste es sich nur dem C 230 Kompressor geschlagen geben. Zunächst kam im C 220 CDI Sportcoupé der Vierzylinder-Dieselmotor OM 611 mit zwei obenliegenden Nockenwellen und Common-Rail-Direkteinspritzung mit 143 PS und 315 Nm Drehmoment zum Einsatz. Ab Mai 2003 wurde dieser durch den Motor OM 646 abgelöst. Markantester Unterschied war der Einsatz der Common-Rail-Einspritzung der zweiten Generation mit 1600 bar Einspritzdruck. Die Motorleistung blieb bis März 2004 bei 143 PS und wurde ab April 2004 auf 150 PS angehoben. Das Drehmoment war schon von Anfang an von 315 Nm auf 340 Nm angehoben worden.

C 30 CDI AMG Sportcoupé

Mit diesem Triebwerk wandten sich die Affalterbacher Motorenbauer zum ersten Mal der Veredelung von Selbstzündern zu und schufen den ersten Mercedes-Benz Diesel in Turnschuhen. Ausgehend von dem bisherigen 2,7-Liter-Diesel

Das Diesel-Sportcoupé von AMG war der C 30 CDI.

Der Fünfzylinder-Dieselmotor mit drei Litern Hubraum war mit 231 PS und einem Drehmoment von 540 Nm ein ausgesprochen kräftiger Geselle.

OM 612 wurde das Dreiliter-Aggregat grundlegend überarbeitet. Eine neue Kurbelwelle mit 97 Millimetern Hub sorgte für die Hubraumvergrößerung auf drei Liter. Das Luft-/Wasser-Kühlsystem verfügte über eine neu gestaltete Führung und Kühlung der Ladeluft mittels einer geregelten Wasserpumpe. Das Gehäuse des Abgas-Turboladers war im „kalten" Bereich der Ladeluftzufuhr aus Aluminium und mit temperaturresistenten Silikonschläuchen ausgekleidet. Die Einspritzpumpe besaß eine gesteuerte Zumesseinheit (ZME). Um die sprichwörtliche Zuverlässigkeit der Dieselmotoren durch die drastisch erhöhte Motorleistung nicht zu gefährden, wurden Ölpumpe und Ölspritzdüsen auf ein größeres Fördervolumen hin ausgelegt. Die Antriebswellen wurden ebenfalls der gestiegenen Motorleistung angepasst.

Ende September auf dem Pariser Autosalon präsentiert, begann die Produktion im Februar 2003. Bis zum Ende der Produktionszeit im November 2004 wurden nur 691 dieser schnellen Dieselcoupés gebaut.

OTTOMOTOREN

C 160 Sportcoupé

Dieses Modell ist eines derjenigen, das bei einer Quizumfrage auch unter Kennern die wohl größte Fehlerquote zu verzeichnen hätte. Es kennen nur wenige. Selbst in den akribisch geführten Datenverzeichnissen der DaimlerChrysler Presseabteilung ist dieses Modell nicht zu finden. Um nach der Modellpflege im Jahr 2004 eine preiswerte Einstiegsversion anbieten zu können, entschloss sich der Vertrieb dieses Modell im Frühjahr 2005 auf den Markt zu bringen. Es entsprach bis auf die von 143 PS auf 122 PS reduzierte Motorleistung dem C 180 Kompressor Sportcoupé, war aber 1740,- € billiger. Von diesem Modell wurden von April 2005 bis Dezember 2006 4946 Fahrzeuge gebaut.

C 180 Sportcoupé

Ursprüngliches Einstiegsmodell in die neue Coupébaureihe der C-Klasse war bei der Präsentation das C 180 Sportcoupé. Schon im September 2000 erhielt der Vertrieb Preislisten mit detaillierten Angaben, obwohl die Produktion erst im Dezember 2000 einsetzte. Als Motor wurde noch der Zweiliter-Vierzylinder aus der Baureihe M 111 mit 129 PS Leistung und 190 Nm Drehmoment eingebaut. In den anderthalb Jahren seiner Bauzeit liefen 18.437 C 180 Coupés vom Band.

C 200 Kompressor Sportcoupé

In der nächst höheren Leistungsstufe wurde der Zweilitermotor der Baureihe M 111 mit einem Eaton-Kompressor ausgerüstet, kam so auf eine Leistung von 163 PS und stellte ein Drehmoment von 230 Nm bereit. Dadurch stiegen die Fahrleistungen erheblich und mit einer Höchstgeschwindigkeit von 230 km/h gehörte man damals durchaus zu den Schnellen im Lande – zumal die Fahrfreude auch auf der Landstraße vom harmonisch abgestuften Sechsgang-Getriebe unterstützt wurde. Auf die Kunden hatte diese Version eine beachtliche Strahlkraft, wie die Produktionszahl von 25.833 Fahrzeugen beweist, die deutlich über der des schwächer motorisierten Bruders lag.

C 230 Kompressor Sportcoupé

Wer zu Beginn der Karriere der Sportcoupés betont zügig unterwegs sein wollte, kam um diese Version, die für die ersten anderthalb Jahre die Spitzenmotorisierung darstellte, nicht herum. Ausgerüstet mit dem schon aus dem SLK bekannten 2,3-Liter-Kompressormotor mit 197 PS kam man damals mit einer Höchstgeschwindigkeit von 240 km/h dem von Mercedes-Benz sich selbst auferlegten Topspeed-Limit von 250 km/h sehr nahe. Aber auch jenseits der Schnellstraßen war dieses Modell stets in der Lage, echte Fahrfreude aufkommen zu lassen. So urteilte Tester Wolfgang König in *auto motor und sport* im Jahr 2001: „Den Begriff Sport führt diese Variante des Sportcoupés nicht zu Unrecht im Namen. Selbst auf schwierigen Strecken lässt sich der fahrwerksseitig aufgewertete Mercedes handhaben wie ein Sportwagen. Das Auto gehorcht mit bislang nicht gewohnter Präzision den Direktiven des Lenkers. Auch auf die Bremsen ist immer Verlass: Die gemessenen Verzögerungswerte sind beispielhaft und bleiben es auch bei extremer Beanspruchung." Nach 30.957 C 230 Kompressor Sportcoupés nahte, wie auch bei den anderen Coupés mit Vierzylinder-Benzinmotor, der Nachfolger in Gestalt der Vierzylinder-Motorenbaureihe M 271.

C 180, C 200, C 230 und C 200 CGI Kompressor Sportcoupé

Parallel zu Limousine und T-Modell wurde auch im Sportcoupé die neue Generation von Vierzylindermotoren der Baureihe 271 eingeführt. Deren Produktion setzte im Mai 2002 ein. Mit dem 1,8-Liter-Kompressormotor waren für das Sportcoupé von Beginn an die drei über die Software gesteuerten Leistungsstufen 143 PS (C 180 K), 163 PS (C 200 K) und 192 PS (C 230 K) lieferbar. Das Modell mit Direkteinspritzung C 200 CGI mit 170 PS wurde als vierte Version mit vorgestellt, seine Produktion lief allerdings erst im August 2003 an und wurde im Juni 2005 nach nur 141 gebauten Fahrzeugen wieder eingestellt. Das gleiche Schicksal ereilte zur selben Zeit auch die Version C 230 Kompressor, die vom C 230 Sportcoupé mit neuem V6-Motor abgelöst wurde.

Das fraglos reizvollste Fahrzeug unter dem Aspekt „Sport" war das C 350 Sportcoupé mit dem 3,5-Liter-Triebwerk M 272 mit 272 PS und 350 Nm Drehmoment; Letzteres hatte mit diesem kleinen handlichen Fahrzeug leichtes Spiel und vermittelt jede Menge Fahrspaß.

C 230 Sportcoupé

Mit dem C 230 Sportcoupé vollzog sich in dieser Typengruppe ein Paradigmenwechsel vom relativ kleinvolumigen Vierzylinder-Kompressortriebwerk mit 1,8 Litern Hubraum hin zum 2,5-Liter-Sechszylinder-Saugmotor. Waren die Fahrleistungen gegenüber dem Vorgängermodell auch etwas geringer, so hatte der Fahrkomfort auf Grund der größeren Laufkultur des kurzhubigen V6-Motors doch deutlich gewonnen. Der 2,5-Liter-V6 der Baureihe M 272 mit vier Ventilen, verstellbaren Nockenwellen und verstellbarem Saugrohr war der kleinste Spross der seinerzeit modernsten Benzinmotoren-Familie bei Mercedes-Benz. Außerdem wurde in Verbindung mit dem V6-Motor als Automatikgetriebe ausschließlich das neue Siebengang-Getriebe angeboten, das mit seiner feinen Abstufung eine bessere Anpassung an die jeweiligen Fahrsituationen erlaubte als das Fünfgang-Getriebe.

C 320 Sportcoupé

Mit diesem Modell wurde die stets reizvolle Kombination eines kompakten Fahrzeugs mit relativ großvolumigem Motor geschaffen. Wenn auch die Gewichtsdifferenz zu der entsprechenden Limousine nur 40 kg betrug, so waren doch die kompakten Abmessungen gegenüber dem Viertürer nicht von der Hand zu weisen. So war und blieb gerade dieser Typ ein Fahrzeug für Kenner – was im Übrigen noch in verstärktem Maße für seinen Nachfolger galt. Für entspanntes Reisen empfahl sich das Siebengang-Automatikgetriebe. 4269 Kunden gönnten sich den Sechszylinder-Luxus zwischen September 2002 und Mai 2005.

C 32 AMG Sportcoupé

In der Riege der Sportcoupés ist dieses Modell die größte Rarität. Lange stand die Frage im Raum, ob es dieses Fahrzeug überhaupt je gegeben hat, oder ob es nicht eher nur ein Versuchsballon findiger Marketingleute gewesen ist. Aber dieses Automobil gab es tatsächlich – wenn auch in homöopathischer Dosis: Ganze fünf Fahrzeuge entstanden zwischen Mai 2002 und März 2004 in Affalterbach. Zwei Fahrzeuge blieben im Besitz der Mercedes-AMG GmbH. Hier wurden, ausgehend von den Erfahrungen mit dem C 32 AMG, dessen Komponenten in die nochmals kompaktere Hülle des Sportcoupés implantiert und damit ein äußerst reizvolles Kraftpaket geschaffen. Der Kauf eines solchen Coupés wich allerdings von üblichen Gepflogenheiten ab: Der Kunde musste ein C 180 Sportcoupé ordern und dieses Fahrzeug dann bei AMG in ein C 32 Sportcoupé umbauen lassen. Deshalb gab es in den AMG-Unterlagen auch keinen einheitlichen Verkaufspreis, sondern zwei Preise. Jenen für den Kauf des Basisfahrzeugs und den zusätzlichen Umbaupreis bei AMG.

C 350 Sportcoupé

Mit 272 PS aus 3,5 Litern Hubraum wurde das Topmodell der Baureihe am ehesten den Vorstellungen von einem Hochleistungs-Sportcoupé gerecht: Kurz und wendig, dabei überhaupt nicht von den vielen Dieselbrüdern zu unterscheiden, die das Straßenbild und das Image des Sportcoupés bestimmen. Dabei war es mit jener Portion beruhigender, nicht fordernder Leistungsüberlegenheit ausgestattet, die weite Strecken abseits verstopfter Autobahnen zum reinen Spaß werden lassen. Dieses C-Klasse Coupé mit dem großen Motor war ein Fahrzeug für fahraktive Kenner und jene stillen Genießer, denen der große Auftritt eines eleganten CLS 350 oder eines S 350 nicht behagte.

Da das Sportcoupé das leichteste Fahrzeug der Modellpalette war, das mit dem 3,5-Liter-Triebwerk geliefert wurde, hatte der Motor, der sein maximales Drehmoment schon ab 2400/min zur Verfügung stellt, stets leichtes Spiel mit dem kompakten Dreitürer. Das im Sportcoupé auf kurze Schaltwege optimierte, leicht schaltbare Sechsganggetriebe bietet zum einen die Möglichkeit, die schiere Drehmomentstärke des Motors zu genießen oder zum anderen die perfekt passenden Anschlüsse der nächsten Gänge auszukosten. Wem beides nicht behagte, der wählte die Option des 7 G-Tronic genannten Automatikgetriebes mit sieben Gängen.

Interludium: Der CLC

Nach der Premiere der neuen C-Klasse-Limousine W 204 auf dem Internationalen Automobilsalon 2007 in Genf blieb das zweitürige Sportcoupé der Baureihe 203 – wie das T-Modell – zunächst weiter im Verkaufsprogramm. Im Frühjahr 2008 löste dann der Mercedes-Benz CLC das Sportcoupé der C-Klasse ab. Basis blieb der CL 203, doch der CLC kam mit komplett überarbeitetem Design und rund 1100 neuen oder weiterentwickelten Bauteilen. Zudem war der Kraftstoffverbrauch verringert, und es gab allerhand Neues in Form einer Direktlenkung zugunsten agileren Handlings und Infotainment-Geräten inklusive interaktiver Schnittstelle für iPod & Co. Drei Jahre lang gab es den CLC, bis 2011 der völlig neue C 204 frisches Coupé-Gefühl in die C-Klasse brachte.

Sechs Motoren standen für den CLC zur Auswahl: Die Leistung der vier Vierzylinder und zwei Sechszylinder, vier Benziner und zwei Turbodiesel variierte von 90 kW/122 PS bis 200 kW/272 PS, die Drehmomentskala reichte von 230 bis 350 Newtonmeter. Im Kraftstoffverbrauch blieben die neuen Zweitürer mit 5,8 und 9,5 Litern je 100 Kilometer genügsam – um bis zu 10,8 Prozent sparsamer jedenfalls als die Vorgängermodelle.

So gelang es etwa beim CLC 200 Kompressor, gleichzeitig mehr Leistung und weniger Verbrauch zu erzielen. Dank dynamischeren Laders, optimierter Kolben und modifizierter Motorsteuerung leistete der Motor 135 kW/184 PS statt wie bisher 120 kW/164 PS und entwickelte ab 2800/min mit 250 Newtonmetern zehn mehr als bisher. Das neue Coupé begnügte sich im NEFZ-Zyklus mit 7,8 bis 8,2 Litern Superbenzin je 100 Kilometer und war somit um 0,6 bis 0,7 Liter (rund acht Prozent) sparsamer als der Vorgänger.

Weitgehend unverändert blieben die drehmomentstarken Sechszylinder-Triebwerke aus der Vorgängerserie. Im Angebot waren zwei V6-Motoren mit variabler Nockenwellenverstellung, schaltbarem Saugmodul und Einlasskanälen mit sogenannten Tumble-Klappen. Die Technik diente sowohl der besseren Leistungs- und Drehmomentausbeute als auch der Verringerung des Kraftstoffverbrauchs.

Serienmäßig kamen die CLC mit Sechsgang-Schaltgetriebe. Auf Wunsch gab es für die Vierzylinder eine Fünfgang-Automatik und für die V6-Modelle das Siebengang-Automatikgetriebe 7G-TRONIC. In Kombination mit dem Sport-Paket ließ sich das Automatikgetriebe via Schaltpaddles am Lenkrad bedienen.

Links: In der Coupé-Familie 2008 bildeten CLS, CL und CLC ein veritables Traumwagen-Trio.

Rechts: Vor der Präsentation des Coupés der Baureihe 204 hatte die CLC-Klasse ihren großen Auftritt, hier als 220 CDI und als 200 Kompressor.

S OU 9572

S OP 2350

KAPITEL 5 - BAUREIHE 204

Im September 2002 - der W 203 war gerade erst zwei Jahre auf dem Markt - machte man sich bereits ernsthafte Gedanken über das Konzept des Nachfolgers. Sie führten im Mai 2004 zu einem Lastenheft mit schon recht konkreten Aussagen über die neue C-Klasse. Für das Design ergab sich dabei insofern ein gewisser Zwiespalt, als die ECE-Märkte und der US-Markt unterschiedliche Anforderungsprofile aufweisen. Während in den umsatzstarken Märkten des europäischen Kontinents die stilistische Nähe einer C-Klasse zur S-Klasse nicht nur als keineswegs störend, sondern sogar begrüßt und als Ausdruck formaler Geschlossenheit der Markenfamilie empfunden wird, sehen das die prestigebewussten Käufer einer S-Klasse in den USA eher als Abwertung jenes Premiumanspruchs, der an das Spitzenprodukt gestellt wird. So waren auch frühe Anforderungen an das Design zu verstehen, stilistische Nähe zur S-Klasse zu vermeiden. Dass es dann im Laufe der Entwicklung doch anders kam, ist im Hinblick auf ein geschlossenes Erscheinungsbild der Marke (im Fachjargon horizontale Homogenität genannt) zu begrüßen.

Eine große Rolle spielte von vorneherein der Anspruch, den schon sehr hohen Sicherheitsstandard des Vorgängers noch zu übertreffen. Klar war aber ebenso, dass notwendige Verbrauchssenkungen nicht durch weitere Reduzierungen des c_w-Wertes zu erreichen waren - hier hatte der W 203 eindeutige Zeichen gesetzt, die unter den Prämissen Komfort (Raumgefühl, Innenraumaufheizung) und Design kaum zu unterbieten waren. Vielmehr wurden und werden besonders auf dem Antriebssektor und beim Karosseriebau (Gewichtsreduzierung ohne Vernachlässigung des Sicherheitsaspektes) neue Impulse benötigt.

Zunehmend ausgeprägt und verfestigt hat sich die Tendenz, dass das C-Klasse-Segment durch eine äußerst heterogene Zielgruppe gekennzeichnet ist und somit - etwa im Vergleich zur E- und S-Klasse - eine besonders große Bandbreite von Interessengruppen im Hinblick auf Alter, Beruf und Lebensstil abdecken muss. Weitere Herausforderungen bestanden in dem Ruf nach moderater Vergrößerung des Innenraums. Hier galt es den Spagat zwischen den Wettbewerbern mit Frontantriebskonzepten und quer stehenden Frontmotoren einerseits und allzu großer Nähe zur E-Klasse andererseits zu bewältigen. Die Gestalter und Ingenieure hatten schlicht die Aufgabe, mit der C-Klasse Baureihe 204 ein besonders souveränes und agiles Fahrzeug zu schaffen.

Design

Finale Designentscheidungen sind immer Gratwanderungen mit einer inzwischen fast auf ein halbes Jahrhundert angewachsenen Halbwertzeit von den ersten Federstrichen der Entwurfszeichnungen bis zum Eintritt eines Fahrzeuges in den Kreis der Oldtimer, wo die Gültigkeit einer Form nur noch akademischen Status genießt - man erfreut sich dann einfach an einem schönen alten Auto. Designer leben in anderen Zeitfenstern als normale Autofahrer. Was heute noch als schön und aktuell empfunden wird, ist im Empfindungsbereich der Designer oft bereits ein „alter Hut".

Beim W 204 war die Entscheidung für eine neue Linienführung besonders schwierig. Der Neue sollte Profil zeigen, sollte sich von seinem Vorgänger deutlich unterscheiden, sollte nicht zuletzt auch sportlicher daher kommen, um jüngere Kundenkreise anzusprechen. Er sollte sich auch deutlicher von der S-Klasse unterscheiden, aber als Mercedes-Benz erkennbar bleiben. Dies alles war angesichts des erfolgreichen und auch in Sachen Design nicht gerade verstaubten Vorgängers W 203 kein leichtes Unterfangen, an dem sich die Designer um Projektleiter Jürgen Bollmann unter Designchef Prof. Peter Pfeiffer nur allzu leicht die Finger verbrennen konnten. Der Entwurfsbeginn für das Projekt W 204 lag im September 2002, das Designfreeze, so wird heute die endgültige Formentscheidung für ein Automobil bezeichnet, erfolgte im März 2004.

Das mittlerweile zu betrachtende Ergebnis hat die im Bereich Geschmack nie mathematisch genau zu fixierenden Erwartungen nicht nur getroffen, sondern übertroffen. Der W 204 wird seiner Rolle als markantes, unverwechselbares Automobil bar jeder Beliebigkeit gerecht und mit beiden Kühlergrillvarianten eindeutig als Mercedes-Benz Produkt

Zeichnungsentwürfe aus der frühen W 204 Entwicklung.

identifiziert. Gewisse Anklänge an die S-Klasse – anfangs nicht gewollt – werten die kleinste Stufenhecklimousine von Mercedes-Benz auf, sofern sie die traditionelle Kühlermaske trägt. Mit dem SL-Gesicht der Avantgarde-Ausführung fällt dem Betrachter sofort ein optisches Signal sportlicher Dynamik ins Auge, das es bisher nicht gab. Neue Anforderungen an den Fußgängerschutz im Fall eines Aufpralls auf die Motorhaube werden in Zukunft generell zu veränderten Frontgestaltungen der Fahrzeuge mit höheren Motorhauben führen. Bei den Varianten Classic und Elegance ist der im Gegensatz zum Vorgänger steiler stehende Grill jetzt dreidimensional gehalten. Zum ersten Mal seit dem Typ 180 von 1953 klappt er nicht mehr mit der Motorhaube nach oben, sondern ist bündig in den Stoßfänger eingelassen. Er steht für die Eigenschaften Solidität, Komfort und Luxus und signalisiert mit seinem Erscheinungsbild auch Nähe zu den Werten der S-Klasse. Die Ausstattungslinie Elegance unterscheidet sich in der Frontansicht durch die Chromumrandung der Nebelscheinwerfer, die Chromleiste an der Frontschürze unterhalb der Nebelscheinwerfer und die atlasgrau hochglänzend lackierten Lamellen. Die Leuchteinheiten mit ihren transluzenten „Augenlidern“ und den mit detaillierten Chromtuben versehenen Scheinwerfern ergänzen das Gesicht der C-Klasse, das durch die breitere Spur der die Radhäuser nahezu bündig füllenden Räder kraftvoll unterstrichen wird.

Eine Besonderheit stellt das Gesicht der Linie Avantgarde dar. Das exklusiv dieser Linie vorbehaltene SL-artige Gesicht samt dominantem Mercedes-Benz Stern ist ein markantes Differenzierungsmerkmal, das auf eine Anregung des Vorstandsvorsitzenden der Daimler AG, Dr. Dieter Zetsche, zurückgeht. Zetsche griff damit nicht nur die seit über einem halben Jahrhundert bestehende Tradition des dynamischen SL-Gesichts auf, er hatte auch den Mut, dieses klare Designstatement auch bei Limousinen einzusetzen. Wie sehr Zetsche mit dieser Anregung ins Schwarze getroffen hat, zeigte die von Beginn an überproportional große Nachfrage nach der Ausstattungslinie Avantgarde, die – alle bisherigen Erwartungen übertreffend – in der Anfangsphase sogar zu partiellen Lieferengpässen führte. Niemand in der Verkaufs- und Produktionsplanung hatte mit einem solch überwältigenden Nachfrageboom für die Line Avantgarde gerechnet, der weit über den Erfahrungswerten der Vorgängerbaureihe oder denen der E-Klasse lag.

Seit dem Ende der neunziger Jahre wird das Design von Mercedes-Benz Fahrzeugen in der Seitenansicht durch zwei Dialogströme bestimmt. Da ist zum einen der Dialog zwischen gezogenen Linien und ruhigen Flächen und zum anderen der zwischen konkav und konvex gewölbten Flächen, der Letztere strukturiert.

Im konkreten Fall der C-Klasse wird der Eindruck von Leichtigkeit und Sportlichkeit zunächst durch die coupéhafte Dachlinie geprägt, die in der C-Säule auslaufend sich in der Silhouette des Heckdeckels verliert. Vorne geht die Dachlinie in die filigran wirkende A-Säule über und stützt sich auf der Bordkante ab, die aufgrund ihrer starken Außenwölbung das Attribut einer Schulter erhielt. Eine gelungene Designlösung ist die Fortführung der Bordkantenlinie nach vorne in die Abschlusslinie der Motorhaube, die trotz der

W204
NG 608
ADNA
Mercedes-Benz

Entwurf der I-Tafel für das W 204 Projekt.

Designchef Pfeiffer begutachtet den Linienverlauf der Charakterlinie über das Rücklicht in die Abrisskante des Kofferraumdeckels.

starken Auswölbung der vorderen Radhäuser eine gestreckt-elegante Verbindung zwischen Vorderwagen und dem restlichen Karosseriekorpus herstellt und somit die Segmentierung in einzelne, optisch nicht zusammenhängende Karosseriesegmente vermeidet. Seit einigen Jahren gilt die sehnenförmig vom vorderen Radausschnitt nach hinten verlaufende Linie unterhalb der Schulterlinie als typisches Designelement an Mercedes-Benz Personenwagen.

In den Ausstattungslinien Elegance und Avantgarde sind die Bordkantenzierstäbe aus poliertem Aluminium gefertigt, an den unteren Türenden beim Übergang von der konkaven in die senkrechte Türfallung ist ebenfalls ein Zierstab angebracht, der jeweils im vorderen Kotflügel endet. Elegance und Avantgarde besitzen auf den vorderen Kotflügeln vor den Türen eine Plakette mit dem Schriftzug der jeweiligen Line. Bei der Line Classic entfallen diese Plakette und der untere Zierstab an den Türen und dem vorderen Kotflügel; die Bordkantenzierstäbe und die B-Säulenverkleidungen sind hier mattschwarz gehalten.

Die möglichen Radbestückungen – für die Seitenansicht nicht ganz unwichtig – erreichen auch beim W 204 einen beträchtlichen Umfang. Die Standardbereifung der Basismodelle C 180 Kompressor und C 200 CDI besteht in der Line Classic aus 16-Zoll-Stahlrädern mit Radzierblenden. Alle anderen Typen – eine Ausnahme bilden die Typen C 350 und C 320 CDI, die nicht in der Classic Ausstattung geliefert werden – sind mit 16-Zoll-Leichtmetallrädern im Siebenspeichendesign ausgerüstet. Bei der Line Elegance erhalten alle Typen 16-Zoll-Leichtmetallräder im Zwölfspeichendesign mit Ausnahme der Topmodelle C 350 und C 320 CDI, die 17-Zoll-Felgen im Zwölfspeichendesign erhalten. In der Avantgarde-Ausstattung sind alle Typen mit 17-Zoll-Leichtmetallrädern im Fünf-Doppelspeichendesign ausgestattet. Im Sportpaket AMG ist Mischbereifung obligatorisch: 17-Zoll-AMG Leichtmetallräder im

Das 1:1-Modell B mit seitlich tief unterhalb der Türgriffe angesetzter, gerade verlaufender Lichtkante, die, unterbrochen durch den hinteren ausgestellten Radausschnitt, in der herumgezogenen Spitze des Rücklichtglases ausläuft.

Das 1:1-Modell C wird in zwei Designvorschlägen, die sich durch unterschiedliche Gestaltung der Lichtkanten unterscheiden, präsentiert. Der Vorschlag zeigt zwei versetzt laufende Lichtkanten.

Sechs-Doppelspeichendesign in 7,5 Zoll Breite vorn und in 8,5 Zoll Breite hinten.

In der Heckansicht sind die unterschiedlichen Ausstattungslinien nur an der Griffleiste des Kofferraumdeckels zu unterscheiden. Während die Leiste bei der Line Classic mattschwarz ist, fällt sie bei den Lines Elegance und Avantgarde verchromt aus. Bei den Heckleuchtengläsern sind die Leisten im Fall der Projektionsleuchten bei Classic und Elegance hell, bei Avantgarde dunkel; im Fall von Bi-Xenon-Scheinwerfern sind die Heckleuchten über alle Ausstattungslinien mit LED-Technik für die Blinker ausgerüstet. Die mittlere Abdeckung ist dann immer in Klarglas ausgeführt.

Dieses 1:1-Modell C zeigt die Alternative mit einer von vorne nach hinten durchgehend verlaufenden Lichtkante.

Das 1:1-Modell 3 zeigt eine frühe Avantgarde-Ausführung noch vor der Entscheidung für den SL-Grill.

Das 1:1-Modell 1 demonstriert alle wesentlichen Designmerkmale des W 204.

Rechts: Die Kühlermaske klappt zum ersten Mal seit dem Typ 180 von 1953 nicht mehr mit der Motorhaube nach oben.

Die Ausstattungslinie Elegance mit der aufgewerteten Ausstattung in der Dreiseiten-Ansicht.

Die Dreiseitenansicht des W 204 mit Sportpaket AMG, dem die Design- und Ausstattungslinie Avantgarde zugrunde liegt.

Gegenüberstellung von traditioneller und SL-Kühlermaske.

Ganz links: Die coupéhafte Dachlinie unterstreicht den sportlichen Auftritt des W 204.

Links: Die sehnenförmige Charakterlinie ist seit Jahren ein markantes und unverwechselbares Mercedes-Benz Designelement.

Die typischen Merkmale des AMG-Sportpakets mit AMG Fünf-Doppelspeichenrädern und den AMG-typisch gestalteten Front- und Heckschürzen sowie den Seitenschwellerverkleidungen

Interieurdesign

Im Innenraum wurde mehr Platz für Beine und Schultern, besonders bei den Fondpassagieren geschaffen. Die drei Lines unterscheiden sich auch in der Innenraumgestaltung durch folgende Schwerpunkte:

Classic:
Zierblenden in Klavierlackoptik, Vierspeichen-Multifunktionslenkrad mit PUR-Schaum ummantelt, Kombiinstrument mit schwarzer Tubenplatte, Schaltplatte in Klavierlack-Optik, Schaltbalg in PUR, Einfassung in schwarzem Kunststoff, Sitzrücklehnen mit großflächiger Unterteilung und Querabnähern, Polsterung: Stoff Brighton in Schwarz und Riffgrau.

Elegance:
Warme Ton-in-Ton-Farben im Innenbereich, Vierspeichen-Multifunktionslenkrad mit Leder ummantelt, 4,5-Zoll-Display im Kombiinstrument, dieses mit schwarzer Tubenplatte, Schaltplatte in Eukalyptus-Holz, Schaltbalg in Leder, Einfassung in Chrom, Sitzdessin mit schlanken vertikalen Abnähern, Polsterung: Edinburgh in Schwarz und Riffgrau.

Avantgarde:
Kontrastreiche Farben im Innenbereich, Vierspeichen-Multifunktionslenkrad mit Leder ummantelt, 4,5-Zoll-Display im Kombiinstrument, dieses mit Tubenplatte in Titansilber, Schaltplatte in Aluminium, Schaltbalg in Leder, Einfassung Chrom, Sitzdessin mit horizontalen Abnähern, Polsterung: Ledernachbildung ARTICO/Stoff Liverpool in Schwarz und Riffgrau.

AMG Sportpaket:
Dreispeichen-Multifunktionslenkrad in Schwarz mit Schaltpaddeln (bei Automatikgetriebe), schwarzer Dachhimmel, Schalthebel und Schaltplatte in Aluminiumoptik, Pedale aus gebürstetem Edelstahl mit schwarzen Gumminoppen, schwarze Fußmatten mit AMG-Schriftzug, Sportsitze mit stärkerer Konturierung in Stoff/Ledernachbildung ARTICO in Schwarz oder Riffgrau.

Optional sind für Fahrer und Beifahrer Multikontursitze lieferbar, die über fünf verstellbare Luftkammern für die Seitenführung am Sitzkissen und an der Rückenlehne (Lordosenstütze) verfügen. Die Regulierung des Luftdrucks erfolgt über Ventile, die eine Nachregulierung überflüssig machen. Die Bedienung erfolgt am Sitz.

Blick auf das Classic-Armaturenbrett.

Ganz links: Blick auf das Elegance-Armaturenbrett.

Links: Blick auf das AMG-Sportpaket-Armaturenbrett mit dem Dreispeichen-Sportlenkrad.

Links: Anatomie des Multikontursitzes mit seitlicher Bedieneinheit.

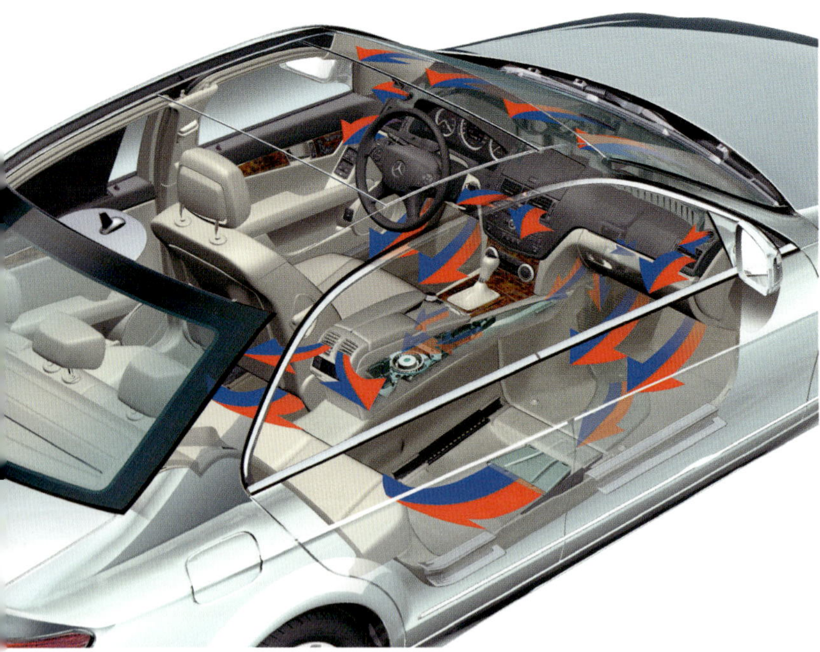

Oben: Luftverteilung im Innenraum.

Rechts: Bediengerät der Dreizonenklimaanlage.

Rechts: 5-Zoll-Display der Systeme AUDIO 20 CD und AUDIO 50 APS.

Ganz rechts: 7-Zoll-Display des Command APS.

Klimatisierung

Für die C-Klasse sind zwei Klimaanlagen lieferbar. Serienmäßig ist eine Zwei-Zonen-Klimatisierungsautomatik eingebaut. Sie ist für links und rechts getrennt über Rändelräder einstellbar und mit einer Automatikfunktion versehen. Für den Fondraum ist ein Gebläse mit zwei schwenkbaren Ausströmern vorhanden. Die Einstellung der Luftverteilung erfolgt über eine Mode-Taste.

Die Drei-Zonen-Klimaautomatik ist optional erhältlich und unterscheidet sich von der serienmäßigen Anlage durch drei Klimatisierungszonen. Als dritte Zone kommt die hintere Zone dazu. Dementsprechend verfügt sie auch über ein separates Fondbediengerät. Ein weiterer Pluspunkt ist der Aktivkohlefilter mit Bypassklappe sowie die Einbeziehung der Signale von Solarsensor, Schadstoff- und Taupunktsensor.

Audio- und Telematiksysteme

Für die Fahrzeuge der Baureihe 204 stehen auf Wunsch drei Systeme zur Auswahl. Allen gemeinsam ist das höher und damit besser im Blickwinkel des Fahrers platzierte Display.

Zunächst das System AUDIO 20 CD. Es besitzt ein 5-Zoll-Farbdisplay mit mechanischer Abdeckung, ein Radio mit Doppeltuner, ist CD-Player- und MP3-fähig und besitzt eine Bluetooth-Schnittstelle mit Freisprechfunktion, einen AUX-IN-Anschluss im Handschuhfach, Telefontastatur und sechs Lautsprecher. Optional ergänzen lässt es sich durch:

- einen integrierten 6-fach CD-Wechsler
- ein Surround-Soundsystem harman/kardon LOGIC®
- Komfort-Telefonie
- digitalen Radioempfang DAB

Das System AUDIO 50 APS unterscheidet sich durch folgende Mehrausstattung vom Ersteren:

- DVD-Navigation für die digitalisierten Gebiete Europas mit Pfeildarstellung und automatischer Stauansage
- DVD-Audio

Auf Wunsch lässt es sich ergänzen durch:

- einen integrierten 6-fach DVD-Wechsler, ein optimiertes Sprachbediensystem LINGUATRONIC für Audio, Telefon und Navigation sowie Text-to-Speech
- ein Surround-Soundsystem harman/kardon LOGIC7®
- Komfort-Telefonie
- digitalen Radioempfang DAB

Command APS ist das aufwändigste und teuerste angebotene System, das vor allem auch durch sein aufklappbares Display für Aufsehen sorgt. Es unterscheidet sich von den vorangegangenen Systemen wie folgt:

- ein aufklappbares 7-Zoll-Display
- hochauflösende Kartendarstellung
- schnelle Festplattennavigation mit hochauflösender Kartennavigation für die digitalisierten Gebiete Europas

- PCMA-Adapter-Steckplatz für Speicherkarten, DVD-Videos, Sprachsystem LINGUATRONIC für Audio, Telefon und Navigation
- Music Register; es ermöglicht Kopieren und Speichern von Musikdateien, MP3 Audiodateien auf einer 4 GB-Festplatte

Optional ergänzen lässt sich dieses System durch:

- einen integriertem 6-fach DVD-Wechsler
- ein Surround-Soundsystem harman/kardon LOGIC7®
- Komfort-Telefonie
- digitalen Radioempfang DAB

Die Aerodynamik

Angesichts ungünstiger Rahmenbedingungen war es für die Ingenieure des Bereichs Aerodynamik eine große Herausforderung, dem W 204 zu günstigen c_w-Werten zu verhelfen. Erschwerend wirkte sich die spezielle Buggestaltung zum besseren Fußgängerschutz aus, die eine höhere und steilere Front mit sich brachte. Des Weiteren waren neue gesetzliche Bestimmungen zu berücksichtigen, die zu deutlich größeren Außenspiegeln als bisher führten. Eine zusätzliche Komplizierung brachte die geforderte Verwendung von Gleichteilen mit anderen Baureihen. So kommen jetzt z.B. Einheitskühler zum Einbau, die nicht mehr unbedingt auf den Kühlluftanteil eines jeden Motors jeder Baureihe abgestimmt sind, sondern nur noch auf übergreifende Baureihen und dort auf den Kühlluftbedarf im größten und schwersten Fahrzeug mit dem größten Stückzahlanteil. Dies führt zu günstigeren Herstellungs- und später auch Ersatzteillagerkosten.

Während die absoluten c_w-Werte über denen des Vorgängers liegen – das trifft übrigens auch auf die Werte für den Vorderachsauftrieb zu -, konn-

Windkanalmessungen erstrecken sich heute nicht mehr nur auf die fahrdynamischen Parameter, sondern auch auf das Geräuschverhalten unter verschiedenen Anströmwinkeln.

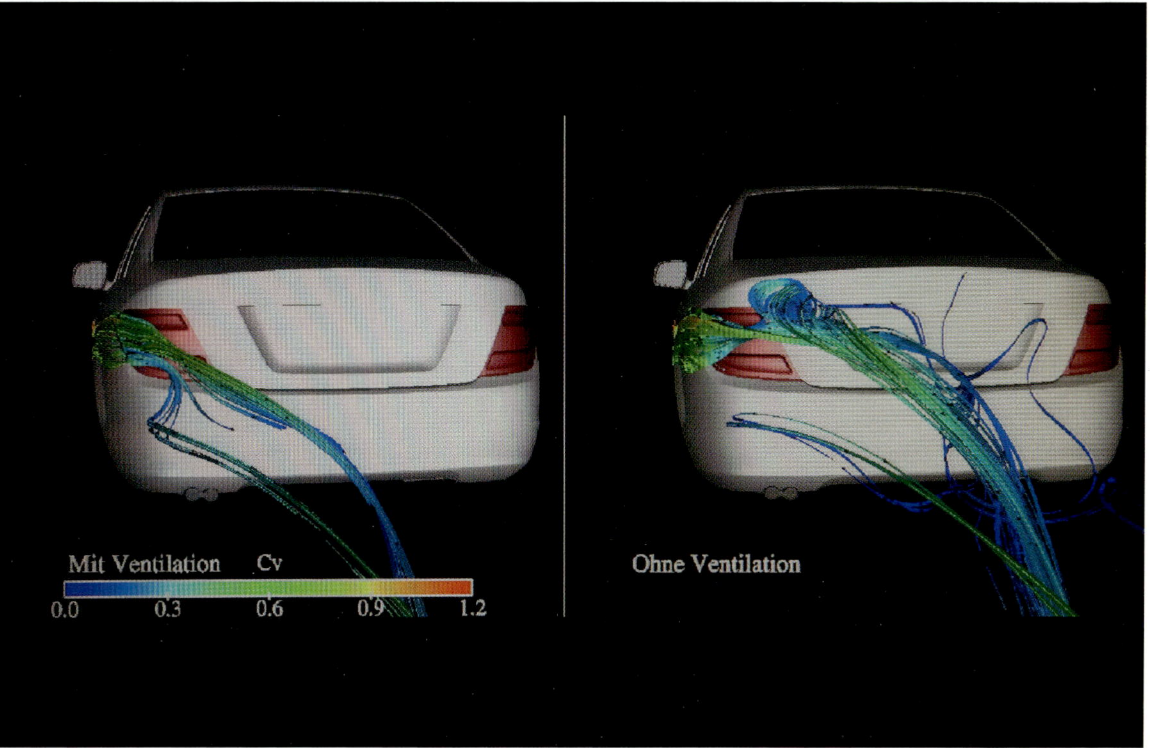

Auswirkung der ventilierenden Rückleuchten.

Untersuchungen über den Verlauf anströmenden Schmutzwassers zur Vermeidung von verschmutzten Seitenscheiben und Außenspiegeln.

ten die Auftriebswerte an der Hinterachse gesenkt werden. Mit daran beteiligt sind auch neuartige ventilierende Rückleuchten, die die integrierte Spoilerkante auf dem Heckdeckel überflüssig machen.

Aerodynamik-Beiwerte der Baureihe 204

Modell	c_w	C_{AV}	C_{AH}	F m^2
C 200 CDI	0,273	0,120	0,080	2,173
C 200	0,288	0,110	0,070	2,173
C 350	0,295	0,130	0,060	2,180

Aus Gründen der Sicherheit legte man – wie schon bei früheren Modellen – ganz besonderen Wert auf die Freihaltung der Spiegel, Seiten- und Heckscheiben von Schmutzwasser. Die A-Säulen verfügen deshalb über eine besondere zweikanalige Wasserführung. Hier wird das auf die Windschutzscheibe auftreffende Wasser gesammelt und vom Fahrtwind über das Dach nach hinten abgeleitet oder nach unten geführt. Die Gehäuse der Außenspiegel verfügen über eine schmale umlaufende Rinne, in der das Wasser nach außen geleitet wird und dort abtropft. Damit die Heckscheibe von Spritzwasser frei gehalten wird, wurde für dort eine neue zweiteilige Gummilippe entwickelt, die eine offene Rinne und einen teilweise geschlossenen Kanal aufweist. Das Spritzwasser läuft aufgrund der Druckverhältnisse an der Hinterkannte des Dachs in der Rinne zur Mitte und wird von dort nach außen gesaugt.

Rechts: Ableitung des Schmutzwassers an der Heckscheibe.

Die Karosserie

Im Karosseriebau hat Mercedes-Benz seit Jahrzehnten den Ruf als Trendsetter in Sachen aktive wie passive Sicherheit. Dieses Renommee galt es auch beim neuesten C-Klasse Modell zu verteidigen. Eine Aufgabe, um welche die Sindelfinger Karosseriekonstrukteure nicht zu beneiden waren. Galt es hier doch so Widersprüchliches wie gestiegene Anforderungen an Crashsicherheit und Gewichtsreduzierung bei gleichzeitig größeren Karosserieabmessungen unter einen Hut zu bringen. Ebenfalls sollte sich der c_w-Wert der Karosserie aus Gründen der CO_2-Emissionsreduzierung trotz gestiegener Anforderungen an den Fußgängerschutz mit seinen den Luftwiderstand beeinflussenden Maßnahmen im Bereich der Frontgestaltung möglichst nicht verschlechtern. Um die Komplexität der Aufgabe zu verdeutlichen, seien hier einmal Basisdaten der beiden Karosserien der Baureihen W 203 und 204 gegenüber gestellt:

Baureihe	W 204	W 203	Differenz
Radstand mm	2760	2715	+ 45
Länge mm	4581	4526	+ 55
Breite mm	1770	1728	+ 42
Höhe mm	1447	1426	+ 21

Trotz der gewachsenen Abmessungen des W 204 wiegt dessen Rohkarosse 8 Kilogramm weniger als die des Vorgängers W 203. Wie war dies möglich? Mercedes-Benz setzt bei der Karosserie der Baureihe 204 zum ersten Mal fünf unterschiedliche Stahlsorten gezielt nach Beanspruchungsschwerpunkten ein. Es sind dies:

- weiche Stähle
- hochfeste Stähle
- modern hochfeste Stähle
- ultrahochfeste Stähle
- ultrahochfeste Stähle warm umgeformt

Der Gewichtsanteil an hochfesten Stählen, modern hochfesten Stählen und ultrahochfesten Stählen erhöhte sich beim W 204 um 70 %. Die Verwindungssteifigkeit der Rohkarosserie nahm um 13 % zu.

Folgende Karosserieteile bestehen aus Aluminium:

- vordere Kotflügel
- „Frontend" mit Biegeträger und Crash-Boxen
- Blech der Hutablage
- Türmodule

Die Reserveradmulde besteht aus Gewichts- und Korrosionsgründen übrigens aus glasmattenverstärktem Thermoplast.

Folgende Komponenten im Vorbaubereich sind gegenüber dem Vorgänger geändert:
Das Frontmodul des Vorgängers wird durch ein sogenanntes „Frontend" ersetzt. Dieses Teil ist mit der Vorbaustruktur ebenso verschraubt wie die einzelnen Teile des Frontends untereinander. Dies macht im Schadenfall einen kostengünstigen Austausch ohne Schweißarbeiten möglich. Ein solches Frontend besteht aus:

- einem Aluminium-Strangpressprofil
- einer in die vorderen Längsträger eingesteckten Crashbox
- einem dreiteiligen Gerippe aus Aluminiumblech zur Aufnahme der Scheinwerfer, des Stoßfängers, des Wischwasserbehälters und der Motorhaubenschlösser

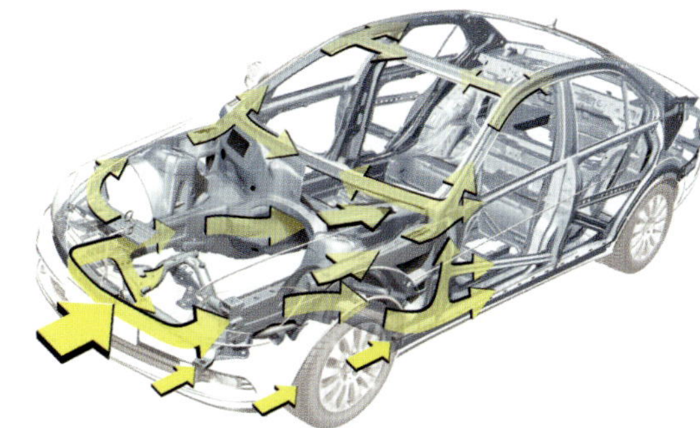

Links: Krafteinleitung und gezielte Verteilung der Kraftströme beim Aufprall innerhalb der Karosserie.

Zur Erhöhung des Formwiderstands sind auch die Radläufe verstärkt worden. Eine zusätzliche Strebe aus hochfestem Stahl auf der Fahrerseite zwischen Dämpferdom und Windschutzquerträger dient zur besseren Lastverteilung einwirkender Kräfte und zur Reduzierung von Lenkungs- und Pedalrückverschiebungen beim Aufprall. Ein Pedalbodenquerträger dient auf der Fahrer- wie der Beifahrerseite zum Schutz vor Intrusionen in den Fußraum. Als tragendes Element ist ein Aluminium- Vierkantprofil-Querträger mit den beiden A-Säulen verschraubt. Sämtliche im Bereich der Instrumententafel angeordneten Aggregate sind mit Haltern daran befestigt. Am Heck unterscheidet sich der W 204 von seinem Vorgänger durch

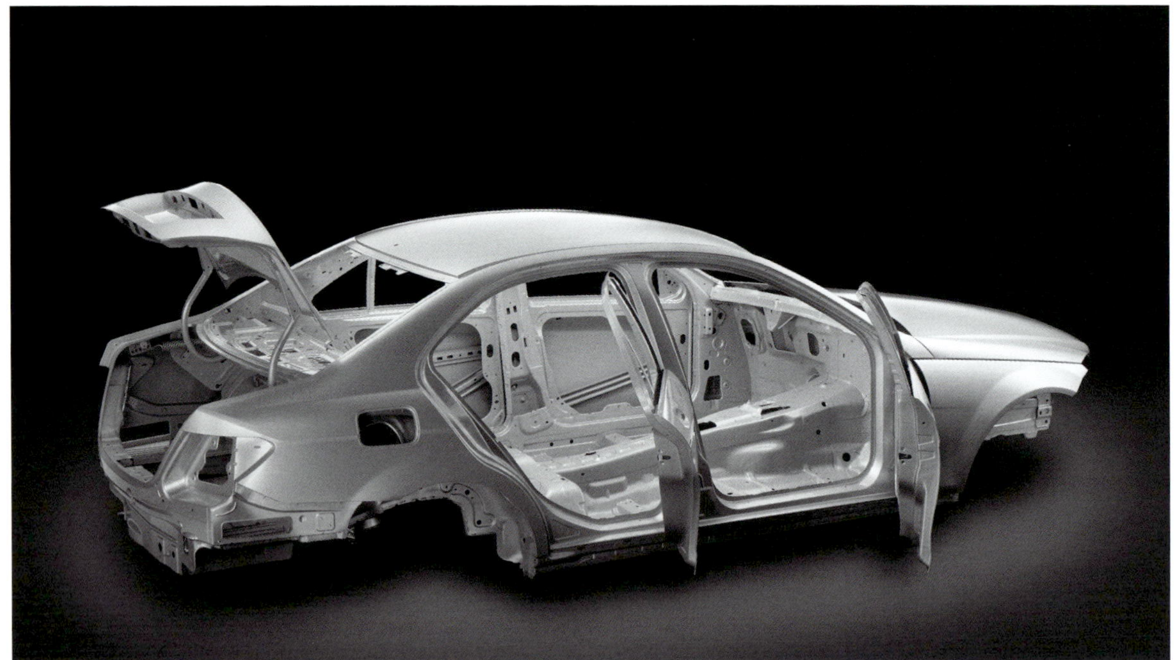

Die Sicherheitskarosserie im Rohzustand

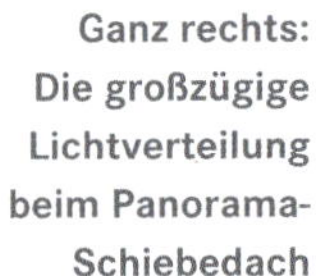

Ganz rechts: Die großzügige Lichtverteilung beim Panorama-Schiebedach

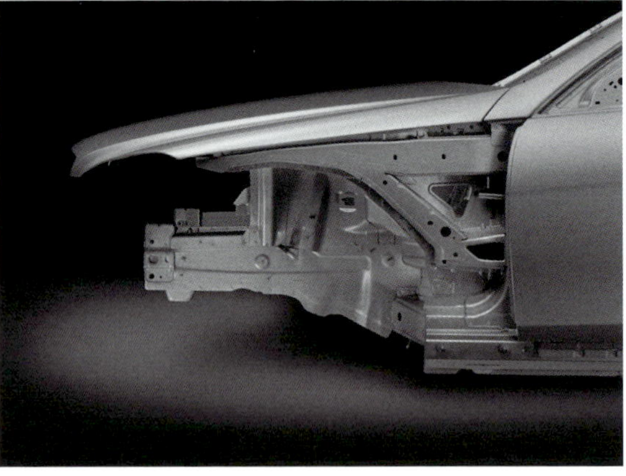

Aufbau des Vorbaufachwerks der Rohkarosserie

die Gestaltung der Strukturen im Bereich der Durchladeöffnung an der Rückwand der Fahrgastzelle, der hinteren Längsträger der Reserveradmulde und des „Heckends“. Die Durchladeöffnung ist ungeachtet ihres Status als Ausstattungsoption von vorneherein im Rohbau berücksichtigt, da das Tragwerk für die Befestigungselemente der Lehne und der Scharniere eine zusätzliche Verbesserung der Verwindungssteifigkeit mit sich bringt. Dieses Tragwerk ist seitlich mit der Innenschale der Seitenwand sowie unten mit dem Bodenblech punktverschweißt. Oben ist es mit der Hutablage im Durchsetzfüge-Verfahren verbunden.

Die hinteren Längsträger aus hochfestem Stahl haben zur Erhöhung der Festigkeit und des Formänderungswiderstands einen geschlossenen Querschnitt und abgestufte Blechstärken. Das mit der Heckstruktur verschraubte Heckend besteht aus einem Stahlbiegeträger mit zwei fest verbundenen Crashboxen, die mit dem Träger verlötet sind.

Schiebedächer

Neben dem normalen Glas-Schiebe-/Hebedach ist auch ein Panorama-Schiebedach aus wärmedämmendem Glas lieferbar. Der Vorteil dieser Neuentwicklung besteht in einer doppelt so großen Glasfläche, die sich von der Windschutzscheibe bis zur Heckscheibe erstreckt. Der vordere Teil des Dachs kann wie bei einem herkömmlichen Schiebe-/Hebedach hinten angehoben oder zur Öffnung ganz nach hinten gefahren werden. In diesem Fall fährt der vordere Teil über das feststehende Glaselement nach hinten. Eine automatische Schließung erfolgt bei den optionalen Ausstattungen mit dem PRE-SAFE® System oder einem Regensensor. Um die bei geöffnetem Dach störenden Wummer-Geräusche zu eliminieren wurde ein Netzwindabweiser entwickelt, der sich beim Öffnen des Panoramadachs aufstellt.

Strangpressprofile aus Aluminium bilden als stabile Basis des Panorama-Schiebedachs eine Einheit mit dem Dach. Sie sind mit dem Dachrahmen zu einem organischen Bauteil verklebt, das sämtlichen Beanspruchungen wie Offsetcrashs, Dachfalltests, Crabbed-Barrier-Tests oder Seitencrashs widersteht.

Sicherheit

Unter dem Dach des Generalthemas Sicherheit hält beim W 204 die neue Mercedes-Benz Philosophie PRO-SAFE™ Einzug in die Produktgestaltung. Dieses Thema gliedert sich in folgende vier Unterthemen:

- Sicher fahren: Gefahr vermeiden, rechtzeitig warnen und assistieren
- Bei Gefahr: präventiv agieren mit PRE-SAFE®
- Beim Unfall: bedarfsgerecht schützen
- Nach dem Unfall: bestmögliche Schadensvermeidung, schnelle Hilfe

Weich gelandet: Vom Kniebag über den Airbag bis hin zu den vorderen Side- und Windowbags werden Fahrer und Passagiere optimal geschützt.

Unten: Die Crash-aktive Kopfstütze NECK-PRO verhindert das gefürchtete Schleudertrauma.

Passive Sicherheit

Soweit nicht schon im Abschnitt Karosserie abgehandelt, sind folgende für die Baureihen W bzw. S 204 neue oder weiterentwickelte Elemente dem Thema passive Sicherheit zuzuordnen:

- Fahrer- und Beifahrerairbag mit zweistufiger, situationsabhängiger Auslösung
- Sitzbelegungserkennung im Beifahrersitz
- Automatische Kindersitzerkennung
- Knie-Airbag auf der Fahrerseite bei ECE-Fahrzeugen
- Sidebags vorne in den Sitzlehnen
- Sidebags hinten optional
- Windowbags zwischen A- und C-Säulen
- Aktives Kopfstützensystem NECK-PRO vorne
- ISOFIX Kindersitzverankerung hinten
- Vorbeugender Insassenschutz PRE-SAFE®
- Crash-aktive Notbeleuchtung
- Pyrosicherung in der Vorsicherungsdose, die im Notfall Starter- und Generatorleitung von der Batterie abkoppelt

Die Kopfstütze NECK-PRO ist in Fahrer- wie Beifahrersitz serienmäßig eingebaut und wird bei einem Heckaufprall über das Steuergerät „Sicherheits-Rückhaltesystem“ aktiviert. Eine vorgespannte Feder schiebt die Kopfstütze um 43 mm nach oben und um 24 mm nach vorne und hilft so, das gefürchtete Schleudertrauma zu vermeiden. Die Kopfstützen können nach dem Auslösen von Hand wieder in ihre Ausgangsposition zurückgeführt werden.

Links: Die Mutter aller Crashs: Der Offsetcrash mit 40 % Überdeckung gegen eine deformierbare Barriere.

Auch der Seitenaufpralltest gehörte zum umfangreichen Crashtest-Programm in der Entwicklung des W 204.

Schematische Darstellung der Wirkung der ESP-Anhängerstabilisierung.

Mercedes-Benz Trailer Stability Assist (TSA)

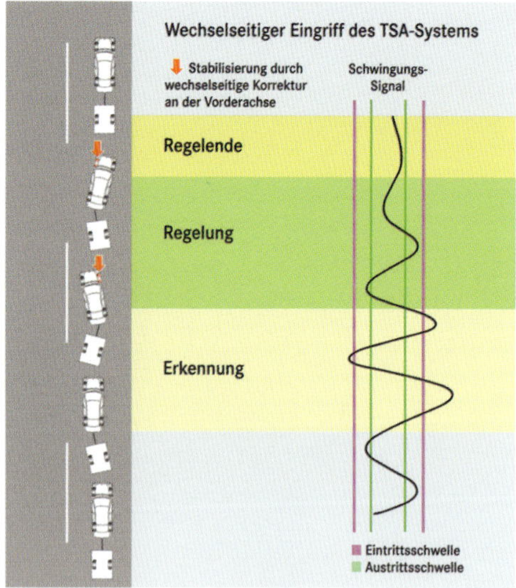

Mercedes-Benz Trailer Stability Assist (TSA)

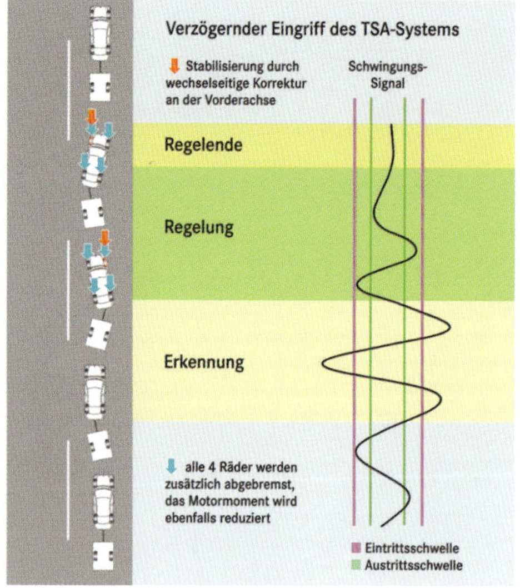

Wirkungsweise des Adaptiven Bremslichts.

Aktive Sicherheit

In der C-Klasse der Baureihe 204 sind einige Systeme installiert worden, die bisher in dieser Klasse nicht verfügbar waren. Dazu zählen das System ADAPTIVE BRAKE und die ESP®-Anhängerstabilisierung. In das System ADAPTIVE BRAKE – bisher nur in der S-Klasse und in der E-Klasse seit der Modellpflege eingebaut – sind die Funktionen Trockenbremsen, Vorfüllen, ABS, ASR, BAS und Berganfahrhilfe integriert.

Die ESP®-Anhängerstabilisierung ist serienmäßig bei der werkseitigen Ausrüstung mit einer Anhängerkupplung eingebaut und beendet durch selektiven Bremseneingriff am Zugfahrzeug Gespannschwingungen, ausgelöst durch falsche Beladung, Seitenwind oder Bodenwellen. Solche Störeinflüsse werden durch das Drehratensignal des Zugfahrzeugs erkannt. In der ersten Stufe greift das System ohne wesentliche Geschwindigkeitsreduktion durch wechselseitige Bremsimpulse an den Vorderrädern ein. Sollte dies nicht ausreichen, kommt die zweite Stufe mit der Zurücknahme der Motorleistung und Bremseinsatz an allen vier Rädern so lange zum Zuge, bis sich das Gespann stabilisiert hat.

Das adaptive Bremslicht warnt bei Notbremsungen nachfolgende Verkehrsteilnehmer durch schnelles Blinken der Bremsleuchten vor der Gefahrensituation. Das optionale Intelligent Light System vereinigt in sich fünf verschiedene Lichtfunktionen, die auf unterschiedliche Anforderungsprofile abgestimmt sind:

- Variable Lichtverteilung für Landstraße, Autobahn und starken Nebel. Das Landstraßenlicht ersetzt das bisherige Abblendlicht, das den Fahrbahnrand besser ausleuchtet. Ab 90 km/h schaltet sich automatisch das Autobahnlicht in zwei Stufen zu. In der ersten Stufe wird die Leistung der Bi-Xenon-Lampen von 35 Watt auf 38 Watt angehoben. Ab 110 km/h wird der Scheinwerfer auf der Fahrerseite leicht angehoben und die Reichweite auf > 120 Meter erweitert.

- Aktive Kurvenlichtfunktion in den Hauptscheinwerfern
- Abbiegelichtfunktion in den Nebelscheinwerfern
- Dynamische Leuchtweitenregulierung
- Scheinwerferreinigungsanlage

PRE-SAFE® ist ein optionales Sicherheitssystem, das das Erkennen unfallträchtiger Verkehrssituationen mit dem Einleiten von Präventivmaßnahmen zum Insassenschutz miteinander verbindet. Lieferbar ist es bei der Ausstattung mit elektrisch verstellbarem Vordersitz links in Verbindung mit elektrisch einstellbarer Lenksäule und Außenspiegel mit Memory Funktion sowie elektrisch verstellbarem Sitz rechts mit Memoryfunktion. Auslösemechanismen des PRE-SAFE® Systems sind:

- Starkes Übersteuern
- Starkes Untersteuern
- Extrem schnelle Lenkbewegungen bei Geschwindigkeiten von über 140 km/h
- Notbremsungen
- Paniknachbremsungen, bei denen der Verzögerungswunsch des Fahrers höher ist, als die physikalisch erreichbare Verzögerungsleistung. Beispiele dafür sind Glatteis, Schnee oder Aquaplaning.

Die durch PRE-SAFE® eingeleiteten Schutzmaßnahmen sind:

- Gurtvorspannung durch Gurtstraffung für Fahrer und Beifahrer
- Positionierung des Beifahrersitzes in eine im Crashfall günstige Position
- Automatisches Schließen der Seitenscheiben vorne und hinten sowie des Schiebedachs bis auf einen Restspalt.

In den letzten Jahren hat sich auf Grund immer komplexer werdender Anforderungen die Bedienung moderner Automobile als ein wichtiges Thema aktiver Sicherheit herauskristallisiert. Schnelle und zielsichere Bedienung unterschiedlicher Audio- und Navigationsfunktionen bei geringster Ablenkung vom Verkehrsgeschehen sind hier die Systemanforderungen. Deshalb sind alle C-Klasse Fahrzeuge – sofern sie mit einem Autoradio oder Navigationssystem bestellt wurden – mit einem auf der Tunnelverkleidung platzierten Controller ausgestattet. Der aus Aluminium gefertigte Dreh-/Drücksteller kann in alle Richtungen bewegt und so die Haupt- und Untermenüs ausgewählt werden. Durch die redundante Auslegung lassen sich Radio, CD/DVD-Wechsler, Telefon und Navigation auch durch Knopfdruck auf die Funktionstasten in der Mittelkonsole aktivieren.

Durch Tasten am Multifunktionslenkrad lassen sich Lautstärke, Stummschaltung und Autotelefon bedienen. Ebenfalls kann der Fahrer über eine separate Taste die bei Command APS und Audio 50 APS serienmäßige Sprachbedienung Linguatronic aktivieren. In Tests überzeugte die Linguatronic durch die Akzeptanz undeutlicher Aussprache oder unterschiedlicher Dialekte.

In einem Vergleich von acht Fahrzeugen, den das Fachblatt *auto motor und sport* im März 2007 durchführte, schnitt die C-Klasse mit Abstand am

Variable Lichtverteilung für die Autobahn ...

... die Landstraße ...

... bei Nebel ...

als Kurvenlicht ...

... als Abbiegelicht.

PRE-SAFE® in der C-Klasse: Vorsorglicher Insassenschutz bei Unfallgefahr
PRE-SAFE® in the C-Class: precautionary occupant protection when an accident threatens

Das Schiebedach schließt sich bei Gefahr eines Schleuderunfalls
The sunroof closes if a potentially dangerous skid appears imminent

Die vorderen und hinteren Seitenscheiben schließen sich bei Gefahr eines Schleuderunfalls
The front and rear side windows close if a potentially dangerous skid appears imminent

Die Gurte von Fahrer und Beifahrer werden gestrafft
The front seat belts are pretensioned

Längs- und Höheneinstellung sowie Kissen- und Lehnenneigung des Beifahrersitzes werden bei Bedarf in günstige Positionen gebracht*
*The longitudinal and the height adjustment and the seat cushion and backrest angles of the front passenger seat are altered towards safer position**

*Bei Ausstattung mit elektrisch einstellbaren Sitzen und Memory-Funktion
**If the car is fitted with electrically adjustable seats incl. memory function*

Mercedes-Benz

Ganz rechts: Dämpferbein des serienmäßigen AGILITY CONTROL-Fahrwerks.

Der Dreh-Drücksteller zum Betätigen der Haupt- und Untermenüs.

Das Multifunktionslenkrad mit den verschiedenen Bedienmöglichkeiten.

Besten ab. Kommentar einer Versuchsperson: „So einfach und schnell bedienbar wie die C-Klasse sollten alle sein“ und der Berichterstatter zog das Resümee: „Es darf dabei ruhig bei Mercedes-Benz kopiert werden, denn im stark von Gewöhnung abhängigen Bedienbereich ist das Kopieren eine Tugend und keine Schande.“

Das Fahrwerk

AGILITY CONTROL

Beim Fahrwerk der Baureihe 204 wird zum ersten Mal ein neuartiges Dämpfungssystem eingesetzt, das eine selektive Stoßdämpfung erlaubt und den Namen AGILITY CONTROL erhielt. Dahinter verbirgt sich ein schwingungsabhängiges Dämpfungssystem zur Ergänzung der komfortablen Feder-/Dämpferabstimmung. Ein Bypass leitet bei geringer Anregung von zwischen +/- 10 mm den Ölstrom im Dämpfer an der Dämpferbeplattung vorbei und reduziert somit die Dämpferwirkung stark. Dies führt zu einem besonders hohen Abroll- und Federungskomfort bei geringen Anregungen des Feder-/Dämpfersystems. Bei Fahrbahnunebenheiten, die über die Anregungskurve von +/- 10 mm hinausgehen, ist natürlich die volle Dämpferfunktion gewährleistet.

Sportfahrwerk

In Verbindung mit dem AMG-Sportpaket oder dem ADVANCED AGILITY Paket kommen beim Sportfahrwerk härtere und (um 15 mm) kürzere Federn, straffer abgestimmte Stoßdämpfer und voluminösere Drehstabstabilisatoren zum Einbau.

ADVANCED AGILITY Paket

Mit dem ADVANCED AGILITY Paket ist eine ganze Fülle von Beeinflussungsmöglichkeiten der Handlingcharakteristik gegeben, die weit über das ein-

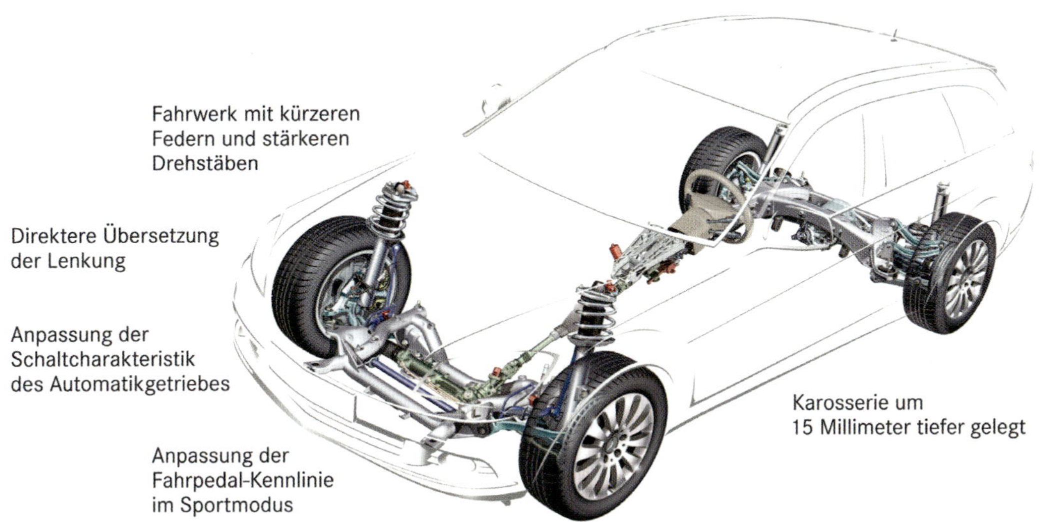

Ganz links: Anordnung der Komponenten des ADVANCED AGILITY-Pakets.

Links: Vorderachse mit der Auflösung des unteren Dreieckslenkers in zwei einzelne Lenker und der Anbindung der Achse an den Integralträger.

Ganz links: Dämpferbein des ADVANCED AGILITY-Fahrwerks.

fache Ändern von Stoßdämpferkennlinien hinausgehen. Dazu gehört ein Dämpfungssystem, das elektronisch geregelt, kontinuierlich und vollautomatisch arbeitet. Die Dämpfung wird je nach Fahrsituation von der Elektronik härter oder weicher eingestellt. Über den Schalter SPORT in der Mittelkonsole kann das Dämpfungssystem in seiner Charakteristik noch sportlicher gestaltet werden.

Mit dem Betätigen der SPORT-Taste wird darüber hinaus das Ansprechverhalten des Motors spontaner und die Servolenkung ab einer Geschwindigkeit von 80 km/h durch die Zurücknahme der Servowirkung mit Blick auf ein direkteres Lenkgefühl fahraktiver ausgelegt. Außerdem ist die Lenkung mit 13,5:1 gegenüber der Normalversion mit 14,5:1 direkter übersetzt.

Vorderachse

Die Vorderachse besitzt als wesentliches Merkmal zwei einzelne Lenker, die in der unteren Lenkerebene als Zug- und Querstrebe fungieren. Die Aufteilung des unteren Dreieckslenkers in zwei einzelne Lenker führt zu günstigeren Verhältnissen für die Achskinematik. Federung und Dämpfung erfolgen über ein McPherson-Federbein. Aus Gründen der Fertigungseffizienz sind Vorderachse, Lenkgetriebe sowie Motor samt Getriebe auf einem Integralträger vormontiert.

Hinterachse

Das Prinzip der Raumlenkerachse – seit dem W 201 des Jahres 1982 Serienstandard – ist immer noch so genial, dass an dieser Konstruktion nichts geändert werden musste. Trotzdem erfolgten Detailoptimierungen. So wurde die Konstruktion im Hinblick auf noch höheren Komfort und Leichtbau optimiert. Außerdem bewirkt die zusätzliche Abstützung für die vordere Fahrschemellagerung an der Karosserie eine deutliche Erhöhung der Steifigkeit und des Komforts. Der gewichtsreduzierte Fahrschemel aus hochfestem Stahl wurde an die neue Maßkonzeption angepasst. Die kastenförmigen Profile der beiden Seitenteile und die hintere Querbrücke sind zweischalig, während die vordere Querbrücke einschalig ausgebildet ist.

Die Raumlenkerachse, ein seit 1983 schlichtweg geniales Konzept.

Das neue 4MATIC-Konzept mit in das Automatikgetriebe integriertem Verteilergetriebe samt Zentraldifferenzial

4MATIC

Das Allradsystem von Mercedes-Benz wurde gleichfalls weiterentwickelt und zeichnet sich durch einen höheren Wirkungsgrad aus. Die 4MATIC neuester Generation ist ein Verteilergetriebe mit Zentraldifferenzial, das in die Siebengang-Automatik integriert wurde. Die Verteilung der Antriebsmomente auf Vorder- und Hinterachse wurde von bisher 40:60 in das Verhältnis 45:55 zu Gunsten einer besseren Längstraktion geändert. Durch eine neu entwickelte Zweischeiben-Lamellenkupplung am Zentraldifferenzial wird die Motorkraft mit einer Grundsperrung von 50 Newtonmetern zwischen Vorder- und Hinterachse auf alle Räder übertragen. Dies führt zu einer höheren Anfahrleistung auf rutschigem Untergrund als bei den bisherigen 4MATIC-Versionen. Verknüpft mit dem ESP®-Programm und dem Traktionssystem 4ETS, das durchdrehende Räder abbremst, wird die komplette Wirkung von Differenzialsperren erreicht.

Motoren

DIESELMOTOREN

C 200 CDI

Die Vierzylinder-Dieselmotoren der Baureihe OM 646 wurden für den Einsatz in der Baureihe W bzw. S 204 überarbeitet, um den gestiegenen Anforderungen an Leistung, geringeren Verbrauch und größeren Fahrkomfort in den größeren und ausstattungsbereinigt auch schwereren Fahrzeugen gerecht zu werden. Folgerichtig erhielten sie die Bezeichnung OM 646 EVO. Dabei wurde die Motorleistung für den C 200 CDI um 14 auf nunmehr 136 PS angehoben. Das Drehmomentmaximum von 270 Nm erhielt einen um 200/min erweiterten Drehzahlbereich und steht jetzt zwischen 1600 und 3000/min zur Verfügung. Ein wesentlicher Faktor, der das 2,2-Liter-Triebwerk im C 200 CDI näher an den stärkeren Bruder im C 220 CDI heranrückt, ist der Einsatz des Lanchester-Ausgleichs auch im schwächsten Motor. Dieser Ausgleich besteht aus zwei gegenläufig mit doppelter Kurbelwellendrehzahl rotierenden Wellen, die die Massenkräfte und Momente zweiter Ordnung ausschalten und so zu einem besonders schwingungsarmen Lauf der Vierzylinder-Aggregate beitragen, der dem von Sechszylindermotoren in nichts nachsteht.

Um die hohe Leistung dauerhaft und zuverlässig über Hunderttausende von Kilometern zu garantieren, war eindeutig mehr als simples Chiptuning angesagt. Zu den leistungssteigernden Maßnahmen gehören:

- Reduzierung der Verdichtung bei den Vierzylindermotoren von ε 18 auf ε 17,5
- Optimierung der Luftführung der Motoren im Hinblick auf Druckverlust und Geräuschverhalten
- Modifizierte Ladeluftkühler und Turbolader für besseres Ansprechverhalten im unteren Drehzahlbereich und geringere NO_x-Emissionen
- Zylinderköpfe mit effektiverem Kühlkonzept zur Vermeidung von Einschränkungen der Lebensdauer aufgrund der gestiegenen Motorleistung
- Überarbeitetes Einspritzsystem durch den Einsatz von Köperschallsensoren zur bedarfsgerechten Dosierung des Kraftstoffs für geringeren Verbrauch und niedrigere Verbrennungsgeräusche
- Keramik-Glühkerzen als Ersatz für die bisherigen Glühkerzen aus Metall zur Verbesserung des Kaltstart- und Kaltlaufverhaltens

Die Abgasreinigung erfolgt in der durchgehend einflutigen Auspuffanlage durch einen Oxidations-

Katalysator, dem ein wartungsfreier Partikelfilter nachgeschaltet ist. So werden die EU-4-Grenzwerte deutlich unterschritten. Der zusätzliche Einsatz eines NO_x-Speicherkatalysators und eines SCR-Katalysators in der Abgasanlage ist konzeptionell bereits vorbereitet.

Der C 200 CDI wird serienmäßig mit dem bekannten Sechsgang-Schaltgetriebe geliefert, optional steht die Fünfgang-Automatik zur Verfügung. Das manuelle Getriebe ist mit der Zielsetzung kürzerer Schaltwege und präziserer Führung überarbeitet worden und erhielt die Bezeichnung AGILITY CONTROL Schaltung.

Serienmäßig ist das Diesel-Basismodell mit Stahlrädern der Größe 6J x 16 ET 39 sowie Reifen der Größe 195/60 R 16 bestückt. Optional sind Leichtmetallräder unterschiedlichen Designs in den Größen 16 bis 18 Zoll mit entsprechenden Reifendimensionen lieferbar.

Die Höchstgeschwindigkeit des C 200 CDI erhöhte sich gegenüber dem Vorgänger von 208 km/h auf 215 km/h bei einem von 6,3 l auf 6,1 l reduzierten Kraftstoffverbrauch im kombinierten Zyklus. Die Beschleunigungszeit von 0-100 km/h sank von 11,7 auf 10,4 s.

Der Vierzylinder-Dieselmotor OM 646 als Standardtriebwerk der Typen C 200 CDI und C 220 CDI.

C 220 CDI

Der Motor des C 220 CDI kam in den Genuss der selben Optimierungsmaßnahmen wie sein schwächerer Bruder – mit Ausnahme des Lanchester-Ausgleichs, über den die leistungsstärkere Variante ohnehin von Anfang an verfügte. Mit einer Leistungssteigerung von 20 PS kommt das Triebwerk nun auf satte 170 PS. Den bedeutenderen Zuwachs verzeichnet jedoch der Drehmomentbestwert, der von 340 auf 400Nm stieg.

Getriebeseitig ist der C 220 CDI exakt gleich wie sein schwächerer Bruder C 200 CDI konfiguriert. Der C 220 CDI ist in der Classic Line serienmäßig mit Leichtmetallrädern im Siebenspeichen-Design ausgestattet; in der Elegance Line kommt das Zwölf-Speichen-Design und in der Line Avantgarde das Fünf-Doppelspeichen-Design zum Einsatz. Alle Felgen besitzen das Format 7J x 16 ET 43 und Reifen der Dimension 205/55 R 16. Darüber hinaus sind optional vier weitere Leichtmetallräder in verschiedenen Designmustern verfügbar. Die AMG-Leichtmetallräder gibt es optional für Mischbereifung als Sechs-Doppelspeichenräder der Dimension 7,5J x 17 ET 47 vorn und 8,5J x 17 ET 58 hinten mit der Bereifung 225/45 R 17 bzw. 245/40 R 17 sowie alternativ als Fünf-Doppelspeichenräder der Dimension 8J x 18 ET 50 vorn und 8,5J x 18 ET 54 hinten mit der Bereifung 225/40 R 18 bzw. 255/35 R 18.

Deutlich verbesserten sich die Fahrleistungs- und Verbrauchswerte gegenüber dem Vorgängermo-dell. Die Höchstgeschwindigkeit stieg von 224 km/h auf 229 km/h bei einem von 6,4 l auf 6,1 l reduzierten Kraftstoffverbrauch im kombinierten Zyklus. Die Beschleunigungszeit von 0-100 km/h sank von 10,1 auf 8,5 s.

C 320 CDI und C 320 CDI 4MATIC

Beim stärksten Dieselmodell mit dem Dreiliter-V6-Triebwerk erfolgten auf der Motorenseite keine gravierenden Änderungen. Es entfiel gegenüber dem Vorgänger lediglich die im Drehmoment um 95 Nm reduzierte Ausführung bei der Verwendung des Sechsgang-Schaltgetriebes. Es ist also in der Baureihe 204 unabhängig von der gewählten Getriebevariante neben den 224 PS Motorleistung die beachtliche Zugkraft von 510 Nm Drehmoment verfügbar.

Erreicht wird das gewaltige Drehmoment durch den Einsatz neuer Piezo-Injektoren, die schneller

Der Dreiliter-V6-Motor OM 642 ist das stärkste lieferbare Dieseltriebwerk in der C-Klasse.

und präziser als die bisher verwendeten Magnetventile arbeiten. Pro Arbeitstakt sind bis zu fünf Einspritzungen mit einem Druck von bis zu 1600 bar möglich. Eine elektrisch gesteuerte Einlasskanalabschaltung verändert die Drallbewegung der in die Zylinder einströmenden Luft und trägt zur Optimierung des Verbrennungsprozesses bei.

In die zunächst einflutige Auspuffanlage sind zwei Katalysatoren, der motornah installierte Oxidationskatalysator und der Oxidationskatalysator im Stirnwandbereich integriert. Die Abgasanlage ist dann bis zum Dieselpartikelfilter luftspaltisoliert ausgeführt. Der sich daran anschließende Teil der Abgasanlage besteht aus Edelstahl und ist zweiflutig ausgeführt.

Das neue Sechsgang-Schaltgetriebe SG-S510/6.3, Baumuster 711.670, ist auf das übertragbare Drehmoment von 510 Nm ausgelegt. Diese Schaltbox ist im Gegensatz zu den bisherigen Sechsgang-Getrieben in folgenden Punkten verändert:

- Verbreiterung der Zahnräder
- Verlängerung des Getriebes von 550,6 auf 628,3 mm
- Zusätzliche Zwischenwand mit dritter Lagerebene für Vorgelege- und Hauptwelle
- Vergrößerung der Kupplung von ø 240 mm auf ø 260 mm

Gleichzeitig sind bei diesem Getriebe die Übersetzungen der einzelnen Gänge geändert worden.

Das Automatikgetriebe mit sieben Gängen, die 7G-Tronic, ist auf Wunsch lieferbar. Geliefert wird der C 320 CDI nur in den Ausstattungsvarianten Elegance und Avantgarde. Die 4MATIC ist nur in Verbindung mit dem Auto-matikgetriebe 7G-Tronic erhältlich und nur beim C 320 CDI lieferbar.

Die Fahrleistungen des Top-Diesels verändern sich gegenüber dem Vorgänger nur marginal und betreffen vor allem die Version mit dem Schaltgetriebe. Hier steigt die Höchstgeschwindigkeit von 246 km/h auf 250 km/h und die Beschleunigung von 0-100 km/h verbessert sich von 8,1 auf 7,7 s. Der Verbrauch erfuhr bei diesem Modell keine Reduzierung, was angesichts des durch den höheren Ausstattungsumfang bedingten Mehrgewichts von 70 kg und des erhöhten c_w-Werts nicht überrascht.

Serienmäßig steht der C 320 CDI in der Line Elegance auf 17-Zoll-Leichtmetallrädern im Zwölfspeichen-Design der Größe 7,5J x 17 ET 47 und Reifen der Größe 225/45 R 17. In der Line Avantgarde werden im Unterschied dazu Leichtmetallräder im Fünf-Doppelspeichen-Design – allerdings der selben Größe – verwendet. Dasselbe trifft auf die Bereifung zu.
Optional stehen die beim C 220 CDI aufgeführten Wahlmöglichkeiten zur Verfügung.
Im Unterschied zu den Fahrzeugen mit Benzinmotor ist bei allen Diesel-Modellen die Batterie im Kofferraum rechts angeordnet und die Heizung mit einem PTC-Zuheizer versehen, die nach dem Kaltstart dafür sorgt, dass sich der Innenraum schneller erwärmt und davon unabhängig der Motor seine Betriebstemperatur schneller erreicht.

OTTOMOTOREN

C 180 Kompressor

Für den Einsatz in der Baureihe W bzw. S 204 wurden die Vierzylinder-Ottomotoren mit dem Ziel höherer Leistung bei geringerem Verbrauch und niedrigerem Schadstoffausstoß überarbeitet. Bei dem im C 180 Kompressor eingebauten Triebwerk M 271 KE18ML red. ist die Verdichtung gegenüber dem Vorgängermotor von ε 10,2 auf ε 9,3 zurückgenommen worden, bei gleichzeitiger Erhöhung des Ladervolumens. Als Ergebnis erzielten die Motoreningenieure bei der schwächsten Motorisierung eine Steigerung der Motorleistung von 143 auf 156 PS bei einer Erhöhung des Drehmoments um 10 auf 230 Nm. Der Verbrauch sank um 0,3 l auf 7,6 l/100 km. Die Beschleunigungszeit von 0-100 km/h wurde um 0,1 auf 9,6 s verkürzt, die Höchstgeschwindigkeit stieg von 223 auf 228 km/h.

Für dieses Modell besteht die Standard-Kraftübertragung aus dem Sechsgang-Schaltgetriebe mit AGILITY CONTROL Schaltung, optional ist das Fünfgang-Automatikgetriebe lieferbar.

Ganz rechts: Der Vierzylinder-Kompressormotor M 271 wird über die Software gesteuert in zwei Leistungsklassen angeboten.

Der C 180 Kompressor ist serienmäßig mit Stahlrädern der Größe 6J x16 ET 39 sowie den dazugehörenden Reifen der Größe 195/60 R 16 bestückt. Auf Wunsch sind Leichtmetallräder unterschiedlichen Designs in den Größen 16 bis 18 Zoll mit der entsprechenden Bereifung lieferbar.

C 200 Kompressor

Für dieses Modell wurde die Leistung des 1,8-Liter-Kompressormotors M 271 KE18ML von 163 PS auf 184 PS erhöht, das Drehmoment stieg gleichzeitig von 230 auf 240 Nm. Dafür wurde die Verdichtung von ε 9,3 auf ε 8,5 reduziert und die Förderleistung des Kompressors erhöht. Die Überarbeitung brachte eine um 5 km/h auf 239 km/h angehobene Höchstgeschwindigkeit und einen um 0,5 auf 7,9 Liter gesunkenen Verbrauch. Die Beschleunigung von 0-100 km/h sank um 0,6 auf 8,5 s. Standardausrüstung ist hier ebenfalls das Sechsgang-Schaltgetriebe mit AGILITY CONTROL Schaltung, wahlweise kann die Fünfgang-Automatik geordert werden.

Der C 200 Kompressor ist in der Classic Line serienmäßig mit Leichtmetallrädern im Siebenspeichen-Design ausgestattet, in der Elegance Line sind Felgen im Zwölfspeichen-Design verbaut und bei der Avantgarde Line sind Räder im Fünf-Doppelspeichen-Design im Einsatz – sämtlich in der Größe 7J x 16 ET 43 mit Reifen der Dimension 205/55 R 16. Darüber hinaus sind optional vier weitere Leichtmetallrad-Ausstattungen in verschiedenen Designmustern verfügbar. Die AMG-Leichtmetallräder gibt es optional für Mischbereifung als Sechs-Doppelspeichenräder der Dimension 7,5J x 17 ET 47 für vorn und 8,5J x 17 ET 58 für hinten mit der Bereifung 225/45 R 17 bzw. 245/40 R 17 sowie als Fünf-Doppelspeichenräder in der Dimension 8J x 18 ET 50 für vorn und 8,5J x 18 ET 54 für mit 225/40 R 18- bzw. 255/35 R 18-Reifen.

Ganz links: Das V6-Triebwerk M 272 wird in den Hubraumgrößen 2,5, 3,0 und 3,5 Liter in der C-Klasse eingebaut.

Links: Der V6 zeigt als technisches Anschauungsobjekt Verborgenes.

C 230, C 280 und C 280 4MATIC, C 350 und C 350 4MATIC

Allen drei Modellversionen gemeinsam ist das Motorenkonzept. Es handelt sich um den V6-Motor der Baureihe M 272 mit vier Ventilen, zwei oben liegenden, verstellbaren Nockenwellen pro Zylinderreihe sowie einem verstellbaren Saugrohr mit Tumbleklappen zur besseren Zylinderfüllung bei niedrigen Drehzahlen. Die beiden kleineren Motoren mit 2,5 (M 272 E 25) und 3 Litern Hubraum (M 272 E 30) besitzen das selbe Bohrungsmaß und unterscheiden sich nur durch Kurbelwellen mit unterschiedlichem Hub von 68,4 mm für den 2,5 Liter und 82,1 mm für den 3-Liter. Die Leistungsdaten sehen wie folgt aus: 204 PS stellt der 2,5 Liter und 231 PS der 3-Liter bereit.

Spätestens hier ist nun wieder Aufklärung über die Motoren-Typenzuordnung nötig. Das 2,5-Liter-Triebwerk wird in den C 230, der 3-Liter in den C 280 eingebaut. Lediglich bei dem 272 PS starken 3,5-Liter-Motor M 272 E 35 stimmen Hubraumgröße und Typenbezeichnung so überein wie es früher gute Sitte war. In den USA und Japan wird der C 280, genau wie es seinem Hubraum entspricht, als C 300 verkauft. Dasselbe gilt für den C 230, der in Japan als C 250 angeboten wird.

Gegenüber der Vorgängerbaureihe 203 hat sich in den Leistungswerten bei den V6-Motoren keine Änderung ergeben. Diese Motorenpalette wird in unveränderter Form auch im T-Modell eingesetzt, auf das noch eingegangen wird.

Während die kleineren Modelle C 230 und C 280 serienmäßig mit dem Sechsgang-Schaltgetriebe und auf Wunsch mit der 7G-Tronic Automatik geliefert werden, kommt im C 350 ausschließlich Letzteres zum Einsatz. C 280 und C 350 werden auch mit Vierradantrieb als C 280 4MATIC bzw. C 350 4MATIC angeboten und sind dann ebenfalls ausschließlich mit dem Siebengang-Automatikgetriebe 7G-Tronic ausgerüstet.

Bei allen Modellen mit Ottomotor befindet sich die Batterie im Motorraum rechts an der Stirnwand.

C 63 AMG

Der C 63 AMG markiert, wie kein zweites Topmodell vor ihm, Glanz- und Höhepunkt der C-Klasse – mit einem besonderen Anspruch an umfassende Sportlichkeit. Und das aus jenen zwei Gründen, die so kurz, knapp und aussagekräftig sind wie das Label AMG: Motor und Fahrwerk. Diese beiden tragenden Säulen eines sportlichen

C 63 AMG ist der ultimative „Kraft-Wagen“ in der C-Klasse.

Automobils kennzeichnen den C 63 als legitimen Vertreter einer Ahnenreihe von Hochleistungsfahrzeugen der Marke Mercedes-Benz, die ehemals den Ruf der Vorkriegs-Silberpfeile begründete und die 300 SL und 300 SLR der fünfziger Jahre bis heute weitertrugen. Der in seinem Anspruch puristische und klar profilierte C 63 AMG ist ein Quantensprung in der Geschichte von AMG – und seit dem 300 SL W 198 auch von Mercedes-Benz, auch wenn es dort immer wieder einmal Annäherungsversuche – etwa in Form der Typen 190 E EVO I und 190 E EVO II – gegeben hatte.

Der C 63 AMG hat einen klar zu benennenden Vater, obwohl es naturgemäß einige gibt, die mit zum faszinierenden Ergebnis beitrugen. Er ist eindeutig das Baby von Tobias Moers, dem Leiter der Gesamtfahrzeug-Entwicklung bei AMG. Moers, ein in der Wolle gefärbter Autophiler und nicht minder begabter Lenkraddreher im fahrphysikalischen Grenzbereich, hatte glasklare Vorstellungen von der Auslegung eines würdigen Spitzensportlers im C-Klasse Kleid und setzte diese Vorstellungen auch durch. Diese erfolgreiche Arbeit schärft das Profil der Marken Mercedes-Benz und AMG; vor allem auch gegenüber den seit Jahren klar positionierten Wettbewerbern Audi und BMW.

Als im Mai 2004 das Lastenheft zum W 204 vorgelegt wurde, war der C 63 als Topversion mit dem 6,2-Liter-V8-Motor M 156 darin bereits vorgesehen. Um Zeitverluste angesichts des bereits für drei Jahre später terminierten Anlaufdatums auszuschließen, wurde in der Konzeptphase ein digitales Modell als Machbarkeitsstudie für die Platzierung von Motor, Kühlung, Antriebsstrang und Achsen erstellt. Dabei konnten bereits die Vorstellungen von Entwicklungschef Moers berücksichtigt werden, der im Hinblick auf die Achskonfiguration der Vorderachse besondere Anforderungen stellte. Moers oberstes Ziel war das Erreichen größerer Querdynamik, um hier gegenüber den Mitbewerbern nicht mehr wie früher ins Hintertreffen zu geraten. Bei dieser Gelegenheit war aber auch klar, dass man wieder, wie beim Vorgänger C 55 AMG, auf den längeren Vorbau der jeweiligen CLK-Baureihe zugreifen muss. Im Frühjahr 2005 entstanden dann die ersten Erprobungsträger für Motor und Achsen unter dem unverfänglichen Kleid des C 55 AMG. Auf der Nordschleife des Nürburgrings wurden erste Erfahrungs- und Vergleichswerte im Hinblick auf verschiedene Achskonfigurationen sowie Fahrwerkskomponenten wie der Bremsanlagen gesammelt. Aber auch die Temperaturen von Kühlflüssigkeit und Motor- und Getriebeöl verdien-ten angesichts der kompakten Einbauverhältnisse besondere Aufmerksamkeit.

Trotz der vorhandenen Basiskarosserien der beiden Varianten Limousine und T-Modell wurden von AMG separate aerodynamische Untersuchungen angestellt, die auf die besonderen Anforderungen des gestiegenen Kühlluftbedarfs und der breiteren Spurweiten der Achsen mit größeren Rädern abgestimmt waren. Das finale Design wurde nach dem Abschluss dieser Untersuchungen festgelegt.

Als im Herbst 2005 die Konzeptfreigabe erfolgt war, wurden im Laufe der Zeit 20 Versuchswagen für Erprobungszwecke in Affalterbach gefertigt, die dann in aller Herren Länder und Klimazonen aufs Härteste getestet wurden – offiziell wird dafür das eher unverfängliche Wort Erprobung benutzt.

Motor, Getriebe und Antriebsstrang erfuhren im wahrsten Sinne des Wortes ihre Höhenerprobung auf dem 4000 m hohen Pikes Peak im US-Bundesstaat Colorado, dem 3392 m hohen Pico de Veleta in der Sierra Nevada in Andalusien, dem 1909 m hohen Mont Ventoux in der Provence sowie in Lesotho in Südafrika. Ein Muss für sämtliche Automobilhersteller der Welt ist die Hitzeerprobung im kalifornischen Death Valley. Mercedes-Benz führt diese Tests schon seit den siebziger Jahren des vergangenen Jahrhunderts dort durch, ergänzt durch Versuche auf den Testgeländen in Phoenix (Arizona), Idaida (Spanien) sowie in Upington (Südafrika). Besondere Fahrtests fanden im Stadtverkehr von Los Angeles und in Kalifornien statt.

Die Kälteerprobung fand im nordschwedischen Arctic Falls jenseits des Polarkreises statt, wo sich jedes Jahr von Januar bis März die Autohersteller der Welt mit ihren Prototypen ein Stelldichein geben. Die Fahrerprobung der Fahrdynamikregelsysteme wurde in Arjeplog im schwedischen Teil Lapplands absolviert.

Der Lackmustest für die Tauglichkeit der Kraftstoff- und Kühlungssysteme wurde auf den Hochgeschwindigkeitsstrecken in Nardò und Papenburg vorgenommen. Ebenfalls in Nardò musste die Bremsanlage ihre Standfestigkeit in Sachen Hochgeschwindigkeits-Bremsmanöver und am Großglockner in Sachen Dauerbremsfestigkeit unter Beweis stellen.

Die Dauerlauferprobung hatte vier Schwerpunkte:

1. Die Erprobung auf der Nürburgring-Nordschleife: Sie umfasste die Abstimmung des besonders entwickelten und abgestimmten Fahrwerks und des deutlich von der Serienauslegung abweichenden ESP des C 63. Maßstab sind hier 10.000 störungslos absolvierte Kilometer. Auf dem 22,8 km langen Rundkurs wurden insgesamt über 1000 Runden zurückgelegt.

2. Gemischter Straßendauerlauf: Dabei wurden alle Komponenten und Systeme in ihrem Zusammenspiel im Alltagsgebrauch erprobt. Hierzu wurden die Fahrzeuge bis zu ihrem zulässigen Gesamtgewicht beladen und fuhren ein definiertes Programm auf Landstraßen, Autobahnen sowie im Stadtverkehr.

3. Der „Schwäbische-Alb-Dauerlauf“: Hier wurden Getriebe und Antriebsstrang auf Herz und Nieren geprüft. Die Besonderheit dieser Prüfung lag im Streckenprofil aus extremen Steigungen und Gefällstrecken am Rande der Schwäbischen Alb. Auch hier waren die Fahrzeuge bis zu ihrem zulässigen Gesamtgewicht beladen.

4. Der „Heide-Dauerlauf“: Eine seit über fünfzig Jahren bei Mercedes-Benz praktizierte Karosserie- und Fahrwerkserprobung, die sämtliche Komponenten über 2000 Kilometer auf der Schlechtwegstrecke und auf Prüfständen extremen Belastungen aussetzt.

Die Kiemen in der Bugschürze dienen zur Abführung der heißen Luft der hinter der Bugschürze montierten Kühler. Hinter den Rädern lauern 360 mm große Bremsscheiben mit Sechskolben-Bremssätteln auf Verzögerungsaufgaben.

Ganz rechts: Blick in das Cockpit des C 63 AMG mit seinem unten abgeflachten 365 mm großen Lenkrad

Das speziell auf den C 63 zugeschnittene Armaturenbrett

Wer in den Multikontursitzen von Lear Platz genommen hat, kann sich der nächsten Kurvenfolge bedenkenlos hingeben.

Design und Ausstattung

Das unter der Leitung von Claus Hieke entwickelte Design des C 63 AMG lässt natürlich die große Nähe zum Ausgangsprodukt C-Klasse erkennen. Und doch ist er anders, bei all seiner markanten Sportoptik in gewisser Hinsicht harmonischer geraten. Zunächst fallen die weit ausgestellten vorderen Radhäuser ins Auge, die ihren Ursprung in der Technik der völlig veränderten Vorderachskonstruktion mit einer größeren Spurweite haben. Dasselbe trifft auch auf die großen Lufteinlässe in der Bugschürze zu, hinter denen sich die Kühler für Motor und Getriebe verbergen. In den seitlichen Schlitzen des Bugspoilers wird die erwärmte Luft aus der Unterdruckzone wieder abgeführt. Also auch hier das Motto „form follows function“ und nicht Gag um des Gags willen. Ein harmonisches Designzitat sind die beiden Powerdomes auf der Motorhaube, die, ganz im Stile des alten 300 SL, auf die darunter schlummernden Kräfte hinweisen.

Dass der C 63 AMG aufgrund des eingebauten V8-Motors im Vorderwagen immerhin um 86 Millimeter länger ist als die Normalmodelle, ist von den Designern so geschickt verpackt worden, dass es dem Betrachter nicht auffällt. In der Seitenansicht bilden die 18- oder optional 19-Zoll-Leichtmetallräder im AMG-Design und die AMG-Seitenschweller einen neuen optischen Schwerpunkt. Die Heckansicht wird zunächst von den serienmäßigen LED-Heckleuchten, der AMG-Heckschürze mit ihrem markanten Diffusoreinsatz sowie den drei Diffusorfinnen und den zwei Doppelendrohren der Auspuffanlage geprägt. Die Abrisskante auf dem Kofferraumdeckel sorgt für eine Reduktion des Heckauftriebs und kommt der Fahrsicherheit im Hochgeschwindigkeitsbereich zugute.

Im Interieur fallen zunächst das unten abgeflachte, 365 mm kleine Dreispeichen-Lenkrad mit Schaltpaddeln und der bis 320 km/h reichende Tachometer ins Auge. Der Drehzahlmesser weist durch das „6.3 V8“-Logo auf das ungewöhnliche Triebwerk hin. Im Zentraldisplay können über die Multifunktionstasten im Lenkrad die Einstellungen „Warm Up“, „Set Up“ und „RACE“ abgerufen werden. Unter „Warm Up“ werden Kühlmittel- und Öltemperatur angezeigt, „Set Up” zeigt den momentanen ESP®-Modus und das Getriebe-Schaltprogramm „S“, „C“ oder „M“ an. Im „RACE“-

Modus können über den RACETIMER Rundenzeiten auf Rennstrecken ermittelt werden.

Wer bis dahin noch Zweifel hegte, in welcher Art von Automobil er sich befindet, wird spätestens beim Platznehmen von den speziell für AMG gefertigten Lear Sitzen mit verstellbaren Seitenwangen in den Rückenlehnen, Lordosenstützen und integrierten Kopfstützen Klarheit erlangen. Eine im Sitz integrierte Pumpe schafft den Spagat zwischen einem kompromisslos körpernahen Schalensitz und dem für mäßige Querbeschleunigung ausgelegten Komfortsitz. Man muss in diesem Sitz gesessen haben und gefahren sein, um zu erkennen, was Sitzmöbel in einem Automobil tatsächlich leisten können.

Das Triebwerk M 156

Mit dem 6,3 Liter großen V8 stellte AMG 2006 seinen neuen Standardmotor vor. Der M 156 ist der stärkste PKW-V8-Saugmotor, der, je nach Einsatzzweck, in unterschiedlichen Leistungsvarianten angeboten wird. Im C 63 AMG wird die Leistungsvariante mit 457 PS und 600 Nm Drehmoment eingebaut, im CLK 63 AMG in der Black Series Version erreicht das Triebwerk 507 PS und im E 63 bzw. CLS 63 AMG sogar 514 PS. Die 457 PS des C 63 sind in diesem Produktsegment Spitzenwerte, die bei Markteinführung von keinem Konkurrenzprodukt überboten werden.

Das Besondere an dem über sechs Liter großen V8-Motor ist die Kombination aus großem Hubraum und hohen Drehzahlen von bis zu 7200/min. Um die hohen Kolbengeschwindigkeiten, die sich bei einem Hub von 94,6 mm und den genannten Drehzahlen ergeben, ohne Einschränkung der Lebensdauer zu realisieren, waren das Betreten von technologischem Neuland sowie die Anwendung klassischer konstruktiver Kunstgriffe des Hochleistungsmotorenbaus unabdingbar.

Das Kurbelgehäuse besteht im Gegensatz zu einem normalen V8-Pkw-Motor aus einem Ober- und einem Unterteil. Das im Sandguss-Verfahren hergestellte Oberteil mit einem Zylinderabstand von 109 Millimetern ist eine Closed-Deck-Konstruktion und enthält den Zylinderblock, der aus der Aluminium-Silizium-Legierung AlSi7Mg0,3 besteht. Als erster Serienmotor weltweit sind die Zylinderlaufbahnen zur Reibungsverminderung mit einer LDS-Beschichtung versehen. Das Lichtbogen-Draht-Spritzen Verfahren (LDS) ist eine Beschichtungstechnik, bei der zwei metallische Drähte und ein Zerstäubergas zusammengeführt werden. Durch eine hohe Spannung zwischen den Drahtspitzen zersetzen sich Gasmoleküle zu einem Plasma und die Drahtspitzen beginnen zu schmelzen. Das Zerstäubergas reißt das flüssige Metall mit hoher Geschwindigkeit von den Drahtspitzen und schleudert diese als Spritzpartikel auf die zu beschichtenden Zylinderlaufbahnen. Nach dem Beschichtungsvorgang werden die Laufbahnen gehont, um eine perfekte Lauffläche für die Kolben zu bilden.

Das Unterteil, das den Kurbelraum nach unten zur Ölwanne abschließt, wird im Niederdruck-Kokillenverfahren aus der Legierung AlSiCu3 gegossen. Hier wird die besondere Steifigkeit garantierende Bedplate-Technologie angewandt.

Die Kurbelwelle aus geschmiedetem Stahl (42CrMo4) ist fünffach gelagert und hat sechs Gegengewichte, die Dank der auch im Rennmotorenbau verwendeten Schwermetallstopfen zierlicher gehalten werden können. Die auf geringe Massenträgheit ausgelegte Kurbelwelle trägt mit zur Drehfreude und dem spontanen Ansprechverhalten des Motors bei. Die als Crack-Pleuel ausgeführten Leichtbaupleuel sitzen je zu zweit auf einem Hubzapfen der Kurbelwelle.

Die Kolbenböden der aus einer hochwarmfesten Aluminium-Legierung gegossenen Kolben werden durch Ölspritzdüsen von unten angespritzt und gekühlt. Der Zylinderkopf besteht aus derselben Legierung wie das Oberteil des Kurbelgehäuses. Im Brennraum sitzen die beiden Einlassventile (Ø 40 mm) in einem Winkel von 10,5° zu den beiden natriumgefüllten Auslassventilen (Ø 33 mm). Die Einlasskanäle garantieren mit ihrer senkrechten Führung eine optimale Füllung der Brennräume. Die Zündkerze ist zentral zwischen den vier Ventilen platziert. Die Verdichtung des Hochleistungstriebwerks beträgt ε 11,3.

Der Nockenwellenantrieb erfolgt nicht direkt, sondern über ein Zwischenrad, das durch eine Doppelrollenkette angetrieben wird – eine AMG Konstruktion aus dem Rennmotorenbau. Die vier

Ein Motorraum, in dem man den Motor noch als solchen erkennt

Unten: Die stufenlose und variable, im Bereich von 42,5° verstellbare Nockenwellenverstellung am linken Zylinderkopf

obenliegenden Nockenwellen (je zwei pro Zylinderbank) werden last- und drehzahlabhängig in einem Bereich von 42,5° Kurbelwinkel verstellt und betätigen die Ventile über Tassenstößel. Die Nockenwellen-Verstellung erfolgt elektrohydraulisch und wird von Hall-Sensoren überwacht.

Eine Neuheit des M 156 ist das patentierte Zweilängen-Schaltsaugrohr, das sich durch folgende Merkmale auszeichnet:

- elektropneumatisch angesteuerte Längenverstellung des Saugrohrs
- zwei innen liegende Drosselklappen
- große Saugrohrquerschnitte
- steile Einlasskanäle

Eine technische Besonderheit ist auch die durch einen beheizbaren Zweitellerthermostaten steuerbare Temperatur des Kühlmittels. Im Teillastbereich kann sie zur Senkung der Reibleistung auf 100° C angehoben werden. Das erhöht nebenbei auch die Lebensdauer des Motors durch einen geringeren Anteil von Kraftstoffkondensat an den Zylinderlaufbahnen.

Im Volllastbereich wird der Thermostat durch Beheizen schneller geöffnet mit dem Ziel einer Kühlmittel-Temperatur von 85° C.

Eine besondere Herausforderung bestand in der Sicherstellung eines gesunden und belastbaren Temperaturhaushalts für Motor und Automatikgetriebe. Nicht umsonst waren hier umfangreiche Erprobungen durchgeführt worden. Der M 156 gibt nicht nur eine immense Heizleistung von 50 bis 60 kW an das Motoröl ab, die räumlich beengten Verhältnisse im Motorraum des C 63 komplizierten diese Aufgabe zusätzlich. Für die Kühlung des Motoröls sind deshalb zwei Ölkühler in Reihe geschaltet. Einer ist in der Bugschürze platziert, der zweite, im rechten Radlauf montierte Zusatzölkühler, wird zusätzlich noch durch einen Sauglüfter unterstützt. Bei Bedarf steuert das Motorsteuergerät den Drucklüfter des Zusatzölkühlers an, um die Öltemperatur zu senken.

Das Getriebe

Als Basisaggregat fungiert hier das bekannte 7G-Tronic Automatikgetriebe. Jedoch haben es die AMG Ingenieure in seiner Schaltcharakteristik so verändert, dass es mit jedem sequenziellen oder Handschaltgetriebe mithalten kann. Über einen Knopf auf der Mittelkonsole kann die Schaltcharakteristik des Getriebes unterschiedlichen Anforderungsprofilen angepasst werden. In der Stellung „C" für Komfort herrscht der bekannte Modus einer Wandlerautomatik, in der Stellung „S" für Sport dagegen werden die Schaltzeiten um

Ganz rechts: Der V8-Motor M 156 „glüht" auf dem Prüfstand.

Links: Die AMG Devise „Ein Mann, ein Motor". Jeweils ein Mitarbeiter ist für die komplette Montage „seines" M 156 verantwortlich.

30 % verkürzt. Beim Anbremsen einer Kurve wird dabei mit einer wohldosierten Portion Zwischengas zurückgeschaltet, wobei dies nicht nur der sportlichen Akustik zugute kommt, sondern auch unerwünschte Schleppmomente an der Hinterachse gerade im Hochdrehzahlbereich verhindert. In der Stellung „M" schließlich kann der Fahrer die Gänge der Siebengang-Automatik wie bei einem Handschaltgetriebe selbst schalten. Dabei ist unerwünschtes Rauf- oder Runterschalten ausgeschlossen, allein der Fahrer bestimmt den Schaltvorgang.

Das Fahrwerk

Oberstes Ziel bei der Entwicklung des C 63 war für Entwicklungschef Moers das Erreichen höherer Querdynamik. Zwar wurden auch mit dem Vorgängermodell C 55 auf der Nürburgring-Nordschleife Zeiten von 8:22 Minuten gefahren, aber die waren doch eher dem bärenstarken Motor zu verdanken. Auf winkligeren Strecken wie dem kleinen Kurs in Hockenheim hatte der C 55 dann gegenüber den Wettbewerbern das Nachsehen. Moers strebte bei der Entwicklung eine Abstimmung an, die ein Maximum an Fahragilität erlaubt, ohne dabei den Komfort völlig außer Acht zu lassen. Dennoch: Sportlichkeit und Fahrdynamik genießen bei diesem Fahrzeug eine eindeutig höhere Priorität als samtiger Reisekomfort.

Erschwert wurde diese Aufgabenstellung durch den Einbau des für sich betrachtet relativ leichten V8-Triebwerks, das aber im Vergleich zu den sonst eingebauten Motoren natürlich deutlich schwerer ausfällt. Auch der um 86 Millimeter längere Vorbau des zukünftigen CLK der Baureihe 207 war einer betont fahraktiven Auslegung nicht gerade zuträglich.

Die schließlich realisierte Vorderachskonstruktion hat gegenüber den normalen C-Klasse Modellen eine um 35 Millimeter größere Spurweite. Um dennoch eine um 100 % steifere Vorderachse zu erreichen waren umfangreiche Änderungen notwendig. So werden neue Radlager und eine steifere Radlageranbindung verwendet. Auch die Bremssattelanbindung ist dem Einsatzzweck entsprechend stabiler ausgelegt. Die Lenkübersetzung ist mit 13,5:1 zwar dieselbe wie bei der Sportlenkung der C-Klasse, ist aber im Hinblick auf ein direkteres Ansprechverhalten neu abge-stimmt. Dazu tragen ein dickerer Drehstabstabilisator, neue McPherson-Federbeine mit Zuganschlagfedern samt geänderten Kopflagern, eine straffere Hardyscheibe in der Lenksäule sowie eine geänderte Lenkungskennlinie bei.

Die Hinterachse weist eine um 12 Millimeter breitere Spurweite auf und verfügt außerdem über negativen Sturz. Die Antriebswellen und -gelenke wurden der höheren Motorleistung angepasst.

Die Bremsanlage weist an der Vorderachse 360 x 26 Millimeter große innenbelüftete und gelochte Bremsscheiben in Verbindung mit Sechskolben-Festbremssätteln auf. An der Hinterachse tun 330 x 26 Millimeter große innenbelüftete Bremsscheiben mit Vierkolben-Bremssätteln ihren Dienst.

Als Rad-/Reifenkombination stehen 18- und 19-Zoll-Räder zur Wahl. Der C 63 AMG ist dabei grundsätz-lich mit einer Mischbereifung ausgerüstet: Hinten werden breitere Räder und Reifen verwendet als vorne. Als Serienausstattung kommen 18-Zoll-Felgen im AMG-typischen Fünf-Doppelspeichen-Design zum Einsatz. Die Rad-/Reifenbestückung sieht vorne die Größen 8 x 18 bzw. 235/40 R 18 und hinten 9 x 18 bzw. 255/35 R 18 vor. Auf Wunsch können auch 19-Zoll-Felgen im Sechzehnspeichendesign bestellt werden. Die Rad-/Reifenbestückung lautet hier 8 x 19 bzw. 235/35 R 19 vorne bzw. 9 x 19 und 255/30 R 19 hinten.

Ebenso wie das Getriebe wurde auch das ESP® für den C 63 AMG speziell modifiziert und weist drei Wahlmöglichkeiten auf. Das 3-Stufen-ESP® wird über den ESP®-Taster auf der Mittelkonsole aktiviert, der jeweils aktivierte Zustand wird im Zentraldisplay des Kombiinstruments angezeigt. In der Stufe „ESP ON" erfolgt wie bei jedem anderen Mercedes-Benz Fahrzeug bei einem beginnenden instabilen Fahrzustand der Bremseneingriff und die Rücknahme der Motorleistung. Bei kurzem Drücken der ESP®-Taste wird der Modus „ESP SPORT" aktiviert, der dem Fahrer größere Freiräume im Hinblick auf entsprechende Fahrmanöver lässt. Beim Betätigen des Bremspedals wird das ESP® sofort wieder aktiviert.

„ESP OFF" wird durch einen langen Druck auf die Taste aktiviert. In diesem Programm erfolgen keinerlei fahrdynamischen Eingriffe mehr. Lediglich beim Betätigen des Bremspedals wird auch in diesem Modus die Funktion des ESP®

wieder hergestellt. In allen drei ESP-Stufen werden durchdrehende Antriebsräder durch gezielten Bremseneingriff abgebremst. Durch diesen Eingriff wird annähernd die Wirkung eines Sperrdifferenzials erreicht.

Das AMG Performance Package

Für die ambitionierten Sportfahrer unter den C 63 AMG Interessenten wurden noch weitergehende Maßnahmen ergriffen, die ausschließlich dem unverfälschten Fahrerlebnis zugute kommen. Auch dies eine Neuerung in der Produktpositionierung bei AMG, die klare Zeichen setzt. Das Performance Package besteht aus folgenden Elementen:

- AMG Perfomance Fahrwerk mit neuen Federn mit 10 % höherer Federrate an der Vorderachse sowie Federbeinen bzw. Dämpfern mit neuer Dämpferkennung für reduzierte Wank- und Seitenneigung.
- Verbund-Bremsscheiben an der Vorderachse mit innenbelüfteten und gelochten Bremsscheiben der Größe 360 x 36 mm.
- Sperrdifferenzial mit mechanisch asymmetrischer Lamellensperre, die mit einem Sperrfaktor von 30 % auf Zug und 10 % auf Schub konfiguriert ist.
- Performance Lenkrad in Leder Nappa/Alcantara-Ausführung.

Optional sind außer den 19-Zoll-Rädern noch Carbon-Zierteile als Ersatz für die serienmäßigen aus Aluminium sowie spezielle AMG-Velours-Fußmatten in schwarz lieferbar.
Vom Standpunkt des engagierten Sportfahrers betrachtet, stellt der C 63 AMG mit dem Performance Paket ein konsequent auf die Bedürfnisse dieser Klientel zugeschnittenes Automobil dar, das mit dem unmittelbaren Wettbewerb mehr als nur gleichgezogen hat.

Produziert wird der C 63 AMG ausschließlich im Werk Bremen. Dorthin liefern auch die in den Lieferverbund eingebundenen Hersteller die von den normalen Serientypen abweichenden Sonderteile wie Vorderkotflügel, Motorhaube, Kühlermaske und Spezialsitze direkt ans Montageband. Auch die nach dem AMG-Manufakturprinzip immer von einem Spezialisten montierten Motoren werden von Affalterbach nach Bremen geliefert, um dort am Montageband in die vorher bestimmten Fahrzeuge eingebaut zu werden.

Das T-Modell S 204

Auch beim S 204 verlief der Entwicklungsprozess fast parallel zu dem der Limousine. Klar war von Anfang an eine Akzentverschiebung in der Zielgruppenorientierung im Vergleich zum Vorgänger. Es wurde wieder größerer Wert auf Laderaumvolumen gelegt, ohne dabei den Premiumanspruch aus den Augen zu verlieren. Da als zentrale Kaufgründe für die T-Modelle der C-Klasse Status, Prestige, Bedienkomfort, Transportkapazität sowie Variabilität feststanden, kristallisierten sich als favorisierte Zielgruppen aufstrebende Familienväter, erfolgreiche Unternehmer und ambitionierte „Dinks“ heraus. Bemerkenswert bei dieser Analyse der Marktbeobachter ist, dass Frauen in der Zielgruppen-Klassifizierung keine Rolle spielen. Immerhin tritt diese Baureihe nach 373.874 produzierten Fahrzeugen des Vorgängers S 203 ein würdiges Erbe in einem aktiver gewordenen Wettbewerbsumfeld an.

Bei seinem Erscheinen zur IAA 2007 weist der S 204 das größte Ladevolumen aller Premium-Kombiwagen in diesem Marktsegment auf. Durch das weiter nach hinten gezogene Dach und der daraus resultierenden steileren Heckklappe ergibt sich nicht nur eine größere Kopffreiheit für die hinten Sitzenden gegenüber der Limousine, sondern auch ein größeres Ladevolumen gegenüber dem Vorgänger. Das mit 450 Litern kleinste Ladevolumen resultiert aus der Beladung bis zur Oberkante der Fondsitzlehne mit dem optionalen Notrad. Ohne Letzteres erhöht sich dieses Ladevolumen auf 485 Liter (+15 Liter gegenüber Vorgängermodell). Erweitert man die Beladung hinter den Fondsitzen bis zum Dach, erhöht sich das Ladevolumen auf 690 Liter (+60 Liter).

Bei einer Beladung bis zur Oberkante der Vordersitzlehnen bei umgeklappter Fondsitzlehne beträgt das Ladevolumen 910 Liter (+35 Liter). Nutzt man den Raum bis zum Dach aus, ergeben sich 1500 Liter (+146 Liter). Sind die Litermaße nach standardisiertem VDA-Messverfahren eher theoretischer Natur, so ist das größte unterzubringende Quadermaß realitätsbezogener. Es beträgt 1465 x 943 x 599 mm und entspricht einem Ladevolumen nach VDA-Norm von 827 Litern (+66 Liter). Das längste Brettmaß beträgt dank der im Verhältnis 2/3 : 1/3 umklappbaren Rücksitzlehnen 2820 x 300 x 30 mm. Trotz der größeren Ladekapazität steigt die Nutzlast der S 204 Modelle gegenüber der Vorgänger-Baureihe typenübergreifend um eher bescheidene fünf Kilogramm. Dafür ist der Anstieg der Anhängelast gegenüber dem Vorgänger um 300 kg auf 1800 kg um so beachtlicher. Für den sicheren Transport ist das T-Modell serienmäßig mit folgenden Ausstattungsfeatures ausgestattet:

- Doppelrollo mit Laderaumabdeckung und Sicherheitsnetz
- Vier Verzurrösen im Laderaumboden zur Ladungssicherung, belastbar bis zu 350 kg
- Zwei Taschenhaken
- Kleiderhaken an der Innenseite der Heckklappe
- Zwei Staufächer mit Netzabdeckung im Laderaum
- Klappbare Einkaufsbox

Darüber hinaus sind unter dem Sammelbegriff EASY-PACK folgende Ausstattungsfeatures lieferbar:

Die EASY-PACK Heckklappe:
Sie zeichnet sich dadurch aus, dass durch einen Tastendruck am elektronischen Zündschlüssel die Heckklappe geöffnet wird. Der Schließvorgang wird durch das Betätigen eines roten Tasters an der Innenverkleidung oder des Schalters in der Fahrertür ausgelöst. Die Heckklappe schwingt so weit nach oben, dass ein erwachsener Mensch darunter stehen kann. Um eine Kollision mit niedrigen Begrenzungen, wie sie etwa Garagendächer darstellen können, zu vermeiden, ist der Öffnungswinkel begrenzbar.

Das EASY-PACK Fixkit:
Es besteht aus je einer Aluminiumschiene an beiden Seiten des Laderaumbodens. Diese sind die Basis für die Fixierung einer Reihe von Befestigungseinrichtungen:

- vier verschiebbare Verzurrösen;
- einer Teleskopstange, die den Laderaum in Quer- und Diagonalrichtung abtrennen kann;
- ein Gurtabroller, der den Laderaum quer und diagonal abteilen kann, aber auch einzelne Gefäße wie Dosen oder große Flaschen so umschließt, dass ein Verrutschen unmöglich wird.

Wie so oft bei Mercedes-Benz Kombis überzeugt auch der S 204 durch besonders ausgewogene Proportionen und stellt in den Augen mancher Betrachter sogar das schönere Fahrzeug als die Limousine dar. Wenn man über Geschmack auch trefflich streiten kann, so bleibt doch festzuhalten, dass die Silhouette dieses T-Modells mit der steiler stehenden Kühlermaske und dem gleichfalls steiler stehenden Heck einen harmonischen Eindruck macht und kaum formale Anklänge an den Vorgänger hat. Die Lösung des Problems, mehr Laderaum zu schaffen, ohne den Eindruck eines banalen Transport-Fahrzeugs zu vermitteln, ist ausgezeichnet gelungen.

Wie schon bei der Limousine wurde auch bei der Konstruktion der T-Rohkarosserie – trotz größerer Abmessungen – besonderer Wert auf gekonnten Leichtbau gelegt. Das bedeutet: leichter, aber nicht weniger stabil. Durch den Einsatz ultrahochfester Stahlsorten ließ sich das Gewicht des Rohbaus gegenüber dem Vorgängermodell um vier Kilogramm senken, bei gleichzeitiger Verbesserung der statischen Torsion um 12 %.

Die wichtigsten Elemente der Heckstruktur des T-Modells sind die mehrteiligen Längsträger aus hochfestem Stahl und der stabile Biegequerträger, der die höchsten Belastungen beim Crash aufzunehmen hat. Die hinteren Längsträger verfügen wie bei der Limousine über ein durchgehendes geschlossenes Kastenprofil mit abgestufter Materialstärke. Der Biegeträger wird nach einem flexiblen Walzverfahren hergestellt. Das bedeutet, dass der ultrahochfeste Stahl so verarbeitet wird, dass innerhalb des Trägers Zonen mit unterschiedlichen, genau definierten Blechstärken entstehen. So ist die Materialstärke außen, in der Zone größter Belastung, größer als innen. Zur hervorragenden Verwindungssteifig-

Oben links und rechts: Die Kunden haben die Qual der Wahl zwischen dem traditionellen Mercedes-Benz Kühlergesicht und dem aus dem SL-Design abgeleiteten Gesicht der Ausstattungslinie Avantgarde.

Ganz links: Das Heck zeigt mit seinem steileren Heckabschluss die Tendenz zu größerem Laderaumvolumen ohne, dabei die Eleganz zu verlieren.

Rechts: Das C 63 AMG T-Modell ist der sportlichste Kombi dieses Segments, dem keiner so schnell das Wasser reichen kann.

Ganz rechts: Platz ohne Ende – auch wenn das Weitwinkelfoto etwas verzerrt, das T-Modell der Baureihe 204 ist in seiner Klasse bei seinem Debüt das Fahrzeug mit dem größten Raumangebot.

Eine sehenswerte Erscheinung: Auch vor imposanter Naturkulisse kommt das gelungene Design des T-Modells sehr gut zur Geltung.

keit der Rohbaukarosserie des T-Modells trägt auch das die Scharniere und Schlösser der umklappbaren Rücksitzlehnen aufnehmende umlaufende Tragwerk bei, das mit den Seitenwänden und dem Bodenblech verschweißt ist.

Wie schon die T-Modelle der Vorgänger-Baureihe erreicht auch der S 204 nicht die günstigen Luftwiderstandswerte der Limousine. Trotzdem gelang es den Sindelfinger Ingenieuren beim S 204 eine Verbesserung gegenüber dem S 203 zu erreichen, wie der nachfolgende Vergleich zeigt:

Die Ausstattungsumfänge, konstruktiven Konzepte und Motorisierungsdifferenzierungen der T-Modelle entsprechen denen der Limousine und sind dort beschrieben. Einzige Ausnahme ist die Ausstattung mit dem Allradantrieb 4MATIC, der beim T-Modell nur für den C 320 CDI lieferbar ist. Die größere Typenbreite der Limousine im 4MATIC-Segment ist auf den Export in die USA zurückzuführen: In dem größten Markt für Allrad-Personenwagen wird das T-Modell der C-Klasse nicht angeboten.

Modell	c_w	C_{AV}	C_{AH}	F m^2
S 203	0,31	-0,01	0	2,09
S 204	0,304	0,05	-0,13	2,188

Links: Formel 1 meets DTM. Nach dreijähriger Pause feierte Mika Häkkinen 2005 als Fahrer in der DTM ein Comeback, bevor er Ende 2007 endgültig in den Ruhestand ging. Mit Siegen auf dem Lausitzring (Bild) und in Mugello reichte es am Schluss für Platz 8 in der Meisterschaftstabelle.

DTM-Einsätze 2007

Auf dem Genfer Automobilsalon am 6. März 2007 erlebte auf dem Stand von Mercedes-Benz nicht nur die neue C-Klasse der Baureihe 204 ihre Weltpremiere, sondern gleich auch noch das dazugehörige Spezialmodell für die DTM der Saison 2007, das optisch seine Nähe zur neuen Modellgeneration nicht verleugnen konnte. Genau ein Jahr zuvor, im März 2006, begannen bei HWA in Affalterbach unter der bewährten Federführung des Technischen Leiters Gerhard Ungar die Arbeiten an dem neuen Projekt. Trotz gegenüber der Vorsaison unverändertem Reglement waren die Anforderungen an die Konstrukteure des neuen Fahrzeugs beträchtlich. Die Karosserie wurde neu gestaltet, da sie an die Form des optisch völlig anderen W 204 angepasst werden musste. So entstanden entsprechend der veränderten Silhouette neue Türen, Frontscheibe und Motorhaube mit besonderen Anforderungen an die aerodynamische Auslegung der Karosserie. Den größten Spielraum hatten die Techniker bei der Gestaltung der Radaufhängungen. Hier wurden Lösungen angestrebt, die auf möglichst allen Rennstrecken erfolgreich funktionieren sollten. Im Idealfall sollten lediglich zwei bis drei Werte der Basiseinstellung je nach Rennstrecke geändert werden, um das Fahrzeug den sich ändernden Gegebenheiten anzupassen.

Für den Vierliter-V8-Motor, der durch zwei Luftmengenbegrenzer mit 28 Millimetern Durchmesser in seiner Leistung offiziell auf 470 PS bei 7500/min und ein maximales Drehmoment von 500 Nm begrenzt war, bestand das Entwicklungsziel in einer besseren Fahrbarkeit in allen Drehzahlbereichen. Zuverlässigkeit und damit Kostenersparnis sind die beiden sich ergänzenden Hauptfaktoren für die Leistungslimits der DTM-Motoren. Am 24. Januar 2006 fanden die ersten Testfahrten auf dem Kurs von Estoril in Portugal statt. Sie wurden von den beiden Leadern der DTM des Jahres 2006, Bernd Schneider und Bruno Spengler, durchgeführt.

Mercedes-Benz setzte 2007 in der DTM u.a. vier Fahrzeuge mit der Silhouette des W 204 ein. Sie wurden von Bernd Schneider (Original-Teile AMG Mercedes), Bruno Spengler (DaimlerChrysler Bank AMG Mercedes), Jamie Green (Salzgitter AMG Mercedes) und Mika Häkkinen (AMG Mercedes) gefahren. Darüber hinaus starteten in der DTM-Saison 2007 auch noch Fahrzeuge der Jahre 2005 und 2006 in der Silhouette der Baureihe 203, die in der Platzierungsliste separat gekennzeichnet sind. Ein bemerkenswerter Erfolg ist neben dem erneuten zweiten Platz in der DTM Fahrerwertung für Bruno Spengler der fünfte Platz für Paul di Resta, den er auf einem Fahrzeug aus dem Jahre 2005 nach Hause fuhr.

DTM-Meisterschaft Fahrerwertung 2007
Endstand nach Punkten:

1. Mattias Ekström	(Audi Abt)	50
2. Bruno Spengler	(AMG Mercedes)	47
3. Martin Tomczyk	(Audi Abt)	40
4. Jamie Green	(AMG Mercedes)	34,5
5. Paul di Resta	(AMG Mercedes)	32

Der Brite Jamie Green war 2007 Teamkollege des zweifachen Ex-Formel-1-Weltmeisters. In dieser Saison errang er auf dem Circuit de Catalunya den ersten DTM-Sieg seiner Karriere.

Im Rahmen der Modellpflege erhalten die C-Klasse Modelle eine stärker gepfeilte Motorhaube, die nun aus Aluminium gefertigt ist.

Modellpflege 2011

Im Januar 2011 wird auf dem Automobilsalon in Detroit/USA nach vier Jahren Bauzeit die Modellpflege der Baureihe 204 vorgestellt. Sie ist äußerlich durchaus sichtbar, lässt im Innenraum einen deutlichen Fortschritt erkennen und weist im technischen Bereich einige bemerkenswerte Änderungen bis zum Anlauf der Nachfolgerserie 205 drei Jahre später auf. Etwa 2000 Teile sind geändert.

Die jetzt aus Aluminium gefertigte Motorhaube erhält eine stärkere Pfeilung, die sich auch beim vorderen Stoßfänger mit v-förmigem Lufteinlass fortsetzt. Die Scheinwerfer sind den Änderungen angepasst worden. Die Seitenansicht wird von neun neuen Leichtmetallrädern belebt, die auf unterschiedliche Ausstattungsformen verteilt sind.

Am Heck erhalten die Leuchten durchgehend überspannte Deckgläser und mit der Nummernschildbeleuchtung serienmäßig LED-Technik. Der Kofferraumdeckel bekommt zur Reduzierung des Auftriebs eine Abrisskante. Zwischen den rechts und links angeordneten Abgasrohren ist das untere Ende der Heckschürze hochgezogen und nimmt ihm optische Massigkeit. Nichts geändert hat sich mit der Modellpflege an dem hervorragenden c_w-Wert von 0,26 bis 0,27, je nach Motorisierung.

Eine besonders intensive Überarbeitung wurde dem Innenraum zuteil, sowohl in optischer wie in haptischer Hinsicht. Dominierend wirkt die sicht- und fühlbare Neugestaltung des Armaturenträgers mit neuer Narbung der Oberfläche und der das Kombiinstrument sowie den integrierten Multimedia-Bildschirm überspannenden Hutze. Hochwertige Oberflächen, attraktive Zierteile und Bedienelemente sowie das lederbezogene Multifunktionslenkrad schaffen das hochwertige und wohnliche Ambiente. Dazu tragen auch die Rundinstrumente in Tubenoptik mit einer Abdeckung aus Glas bei.

In Materialwahl und Optik deutlich aufgewertet präsentiert sich das Interieur der überarbeiteten C-Klasse. Besonders profitiert der neugestaltete Armaturenträger von den Modifikationen.

Die aufgefrischten Rundinstrumente in Tubenoptik mit gläserner Abdeckung sind klar strukturiert und bieten beste Ablesbarkeit.

Eine Wissenschaft für sich ist das Thema der Lines in Verbindung mit der Ausstattung. Die Serienausstattung bietet ein Vierspeichen-Multifunktionslenkrad mit vier Tasten in Leder Nappa. Die Rundinstrumente haben eine schwarze Tubenplatte (Untergrund). Das Sitzdesign besteht aus großflächigen Patches mit Querabnähern und dem Stoff Brighton in Schwarz/Blau.

Die Ausstattung ELEGANCE bietet ein Vierspeichen-Multifunktionslenkrad mit zwölf Tasten in Leder Nappa mit galvanisierten Zierelementen. Die Rundinstrumente haben eine Tubenplatte (Untergrund) in Cremeweiß und ein hochauflösendes 11,4-cm-Farbdisplay. Das Sitzdesign besteht aus schlanken vertikalen Abnähern und Stoff Newcastle. Die Zierelemente sind aus Eschenholz braun matt. Die Ausstattung AVANTGARDE bietet ein Dreispeichen-Multifunktionslenkrad mit zwölf Tasten in Leder Nappa mit perforiertem Leder im Griffbereich. Die Rundinstrumente haben eine Tubenplatte (Untergrund) in silber und ebenfalls ein hochauflösendes 11,4-cm-Farbdisplay. Das Sitzdesign ist durch horizontale Abnäher gekennzeichnet, optional ist die Lederpolsterung Cappuccino verfügbar.

Sportliches Wohlfühlambiente für vier Coupé-Passagiere: Für den besonderen Geschmack stehen die stilistisch markanten Ausstattungselemente des designo Programms bereit.

Auch die T-Modelle gewinnen durch das optional erhältliche Sport-Paket AMG an visueller Prägnanz.

Das designo Programm erweitert ab der Modellpflege das Angebot für die C-Klasse in designo Leder classicrot/schwarz, ergänzend zu bestehenden Polsterungen in designo Leder sand/schwarz und designo Leder porzellan/schwarz.

Das Style-Paket enthält folgende Elemente: Die Polsterung in Ledernachbildung ARTICO schwarz mit Kontrastnähten in porzellan. Das Dreispeichen-Multifunktionslenkrad mit zwölf Tasten, Kontrastleder mit Ziernaht in Schwarz und perforiertem Griffbereich. Die Zierelemente sind in Klavierlackoptik porzellan und schwarz. Armauflage, Mittelkonsole, Türinnenverkleidung sowie Schalt- oder Wählhebelhebelmanschette mit Kontrastnähten in porzellan. Die Fußmatten weisen eine farblich abgesetzte Kettelung in porzellan auf.

Das Sport-Paket AMG bietet in der modellgepflegten C-Klasse innen das Dreispeichen-Multifunktions-Sportlenkrad in Nappa mit perforiertem Leder im Griffbereich, das unten abgeflacht ist. Die schwarzen Fußmatten haben einen neuen AMG-Schriftzug. Außen gehören zum Sport-Paket neue Front- und Heckschürzen, letztere in Diffusoroptik, sowie Seitenschweller und 17-Zoll-Leichtmetallräder im 5-Doppelspeichen-Design oder auf Wunsch 18-Zoll-Leichtmetallräder im 7-Speichen-Design.

Assistenzsysteme

Der Aktive Totwinkel-Assistent kann durch Warnungen und gezielten Bremseneingriff seitliche Kollisionen mit Fahrzeugen im „toten Winkel" vermeiden. Der Aktive Spurhalte-Assistent warnt den Fahrer mithilfe einer Kamera, die das Überfahren seitlicher Fahrbahnmarkierungen registriert, durch Vibrationen im Lenkrad vor dem ungewollten Verlassen der Fahrbahn. Ohne Reaktion des Fahrers wird durch gezielten Bremseneingriff versucht, das Fahrzeug auf die Fahrbahn zurückzuführen.

DISTRONIC PLUS im Ausstattungspaket AVANTGARDE ist ein Abstandsregelautomat, der die Funktion des Tempomats mit variablem Geschwindigkeitsbegrenzer um die automatische Abstandsregelung erweitert. Er regelt im Bereich zwischen 0 und 200 km/h und verzögert mit maximal 4 m/s. Im Bereich des Stop-and-go-Modus erfolgt die Bremsung bis zum Stillstand des Fahrzeugs.

Die PRE-SAFE® Bremse ist ein präventives Schutzsystem, das die Radarsensorik des Abstandsregeltempomaten DISTRONIC PLUS nutzt, um Unfälle zu vermeiden oder deren Folgen zu vermindern. Die Aufprallgeschwindigkeit wird reduziert, indem das System zunächst optisch und akustisch den Fahrer auf die erkannte Gefahr hinweist. Bei ausbleibender Reaktion wird eine autonome Vollbremsung eingeleitet.

Das optionale PRE-SAFE® System erkennt Gefahrensituationen im Ansatz und leitet vorsorglich folgende Maßnahmen ein: Straffung der vorderen Sicherheitsgurte, Schließung der Seitenscheiben und des Schiebedachs. Bei den optionalen Multikontursitzen werden die Luftpolster zur Fixierung der Insassen aktiviert.

Die serienmäßigen NECK-PRO Kopfstützen verschieben sich beim Heckaufprall nach vorn und oben, stützen die Köpfe früher ab und verringern damit die Gefahr von Schleudertraumata. Der optionale Adaptive Fernlicht-Assistent passt die Leuchtweite der Fahrsituation an, aktiviert das Fernlicht bei Situationen ohne Gegenverkehr und ergänzt das optionale Intelligent Light System.

Multimedia

Das COMAND Online Multimedia-System ist mit einem Festplatten-Navigationssystem mit dreidimensionaler Kartendarstellung und einem Farbdisplay mit 17,8 cm Diagonale ausgerüstet. Es ist das zentrale Bedienelement aller Telematik-Komponenten. Die Spracherkennungssoftware LINGUATRONIC dient zur Steuerung von Audio- und Navigationsfunktionen. Der Becker® MAP PILOT ist eine Erweiterung des Audio 20 CD zu einem vollwertigen Navigationsgerät. Er bietet einfache Möglichkeiten des Updates des Kartenmaterials über das Internet und den PC. Die Anzeigen erfolgen in Kombiinstrument und Display des Audio 20.

Eine dezente Abrisskante auf dem Heckdeckel verringert die Auftriebswerte. Die Leuchteinheiten sind komplett in LED-Technik ausgeführt. Zahlreiche Assistenzsysteme sorgen für Sicherheit im Straßenverkehr.

Motoren

Der Dieselmotor OM 651 ist ein 2,1 Liter großer Vierzylinder mit Turbolader und Ladeluftkühlung. Bei den Typen C 220 CDI und C 250 CDI werden der VTG-Lader mit variabler Turbinengeometrie sowie die Common-Rail-Direkteinspritzung mit einem Einspritzdruck von bis zu 2000 bar eingesetzt. Bei den Typen C 180 CDI und C 200 CDI wird ein einstufiger Abgasturbolader verwendet, der Einspritzdruck beträgt bis zu 1800 bar. Für einen schwingungsarmen Lauf und die Unterdrückung freier Massenkräfte zweiter Ordnung sorgt der Lanchester-Ausgleich. Er besteht aus zwei reibungsreduzierten Ausgleichswellen, die sich gegenläufig mit doppelter Drehzahl zur Kurbelwelle drehen. Zusätzlich kommt ein Zweimassen-

Erstklassige Oberflächen-Haptik, neue Zierelemente, die auch den Multimedia-Bildschirm überspannende Hutze sowie das lederbezogene Multifunktionslenkrad sind einige der Highlights im neuen C-Klasse Cockpit.

Selbstzünder sind längst auch in Coupés zuhause: Der 250 CDI bietet Leistung und Geschmeidigkeit.

Schwungrad zum Einsatz. Die niedrige Bauart des Motors resultiert aus dem hinten liegenden Nockenwellenantrieb. Öl- und Wasserpumpe werden jeweils bedarfsgerecht geschaltet.

Der OM 651 wird in vier Leistungsstufen in folgende Typen der Limousinen, T-Modelle und Coupés (nur C 220 CDI und C 250 CDI) eingebaut: C 180 CDI BlueEFFICIENCY mit 88 kW/120 PS und 300 Nm bei 1400-2800/min, C 200 CDI BlueEFFICIENCY mit 100 kW/136 PS und 360 Nm bei 1600-2600/min, C 220 CDI BlueEFFICIENCY mit 125 kW/170 PS und 400 Nm bei 1400-2800/min, C 250 CDI Blue EFFICIENCY sowie C 250 CDI 4MATIC BlueEFFICIENCY mit 150 kW/204 PS und 500 Nm bei 1600-1800/min.

Der Diesel-Vierzylinder OM 651, der dann in der Baureihe 205 seine letzte Evolutionsstufe erlebt, verfügt über rollengelagerte ECO-Lanchesterwellen, die 85-prozentigen Massenausgleich und somit komfortables Laufverhalten des Triebwerks sicherstellen.

Der Dieselmotor OM 642 ist ein 3 Liter großer V6-Vierventilmotor mit je zwei obenliegenden Nockenwellen und einem V-Winkel von 72°. Er ist mit einem VTG-Abgasturbolader mit elektrischer Verstelleinrichtung sowie Ladeluftkühlung ausgestattet. Die Verstelleinrichtung des VTG-Abgasturboladers sorgt für eine schnelle Ladedruckregelung, hohe Leistung und hohes Drehmoment bei niedrigen Drehzahlen. Die Ausgleichwelle für den Ausgleich von Massenmomenten erster Ordnung garantiert vibrationsarmen Lauf, der dem eines Reihensechszylinders gleichkommt. Der Motor wird in zwei Leistungsstufen in folgende Typen der Limousine und des T-Modells eingebaut: C 300 CDI BlueEFFICIENCY 4MATIC mit 170 kW/231 PS und 540 Nm bei 1600-2400/min. Bei den hinterradangetriebenen Modellen 350 CDI BlueEFFICIENCY werden Leistung und Drehmoment auf 195 kW/265 PS respektive 620 Nm bei 1600-2400/min angehoben.

Im Bereich der Ottomotoren stehen die drei Basistriebwerke M 271, M 276 und M 156 für die unterschiedlichen Typen der Limousine, des T-Modells und des Coupés zur Verfügung. Sie werden für die verschiedenen Leistungsklassen abgestimmt. Mit der Modellpflege haben alle Benziner, mit Ausnahme des C 63 AMG, Benzin-Direkteinspritzung.

Der Ottomotor M 271 DELA1 ist ein 1,8-Liter-dohc-Vierzylinder mit variabel verstellbaren Nockenwellen für je zwei Ein- und Auslassventile sowie Abgasturboaufladung mit Ladeluftkühlung. Diese Auslegung resultiert in einem gleichmäßigen Drehmomentverlauf über den gesamten Drehzahlbereich. Die homogene Direkteinspritzung sorgt in Verbindung mit dem Zwei-Schalen-Saugrohr für geringe Rohemissionen sowie geringen spezifischen Verbrauch bei hoher spezifischer Leistung. Zum besseren Anspringen nach dem Kaltstart sind die Katalysatoren nahe am Auslasskrümmer angeordnet. Zur Senkung des Kraftstoffverbrauchs ist die Ölpumpe nach Mengenbedarf geregelt.

Für schwingungsarmen Lauf und die Vermeidung freier Massenkräfte zweiter Ordnung sorgt auch hier der seit den 1950er-Jahren bei den Ottomotoren M 121 und später M 102 immer wieder in Erwägung gezogene, aber aus Kostengründen nie realisierte Lanchester-Ausgleich.

Der Motor M 271 DELA wird in drei Leistungsstufen in folgende Typen der Limousinen, T-Modelle und Coupés eingebaut: als C 180 mit 115 kW/156 PS und 250 Nm bei 1600/min, als C 200 mit 135 kW/184 PS und 270 Nm bei 1800/min sowie

Im serienmäßig allradgetriebenen C 300 CDI BlueEFFICIENCY 4MATIC stellt der V6-Diesel OM 642 souveräne 170 kW/231 PS bereit. Eindrucksvoll ist das Drehmomentmaximum von 540 Nm bei 1600-2400/min.

Im C 180 BlueEFFICIENCY arbeitet bis Frühjahr 2012 der Schadstoff-optimierte Vierzylinder-Ottomotor M 271 DELA mit 115 kW/156 PS.

Im C 350 Coupé steckt mit dem Sechszylinder M 276 ein neuer V-Motor mit einem Bankwinkel von nur noch 60°. Die Spitzenleistung von 225 kW/306 PS resultiert in Fahrleistungen, die dem sportlichen Anspruch des Coupés vollauf genügen.

Der 6,2-Liter-V8-Vierventilmotor M 156 kann jetzt auf Wunsch mit einem sogenannten Performance Package ausgestattet werden. In dieser Form leistet das Hochdrehzahl-Triebwerk 358 kW/487 PS bei 6800/min. Als Drehmomentbestwert stehen 600 Nm bei 6000/min zu Buche.

Das mit wesentlichen Bauteilen des im SLS AMG eingesetzten V8 versehene Triebwerk des „Black Series"-Coupés liefert 380 kW/517 PS.

als C 250 mit 150 kW/204 PS und 310 Nm bei 2000/min.

Der Ottomotor M 276 löst den M 272 ab. Es handelt sich um einen 3,5 Liter großen V6-Vierventilmotor mit je zwei obenliegenden Nockenwellen und einem V-Winkel von 60°, weshalb er im Gegensatz zum Vorgänger M 272 mit einem V-Winkel von 90° auch keine Ausgleichwelle benötigt. Ein- und Auslassnockenwellen sind über je zwei Nockenwellenversteller entsprechend dem jeweiligen Lastzustand verstellbar. Eine Besonderheit ist die Gemischaufbereitung zur Schadstoffreduzierung, die über die Direkteinspritzung der dritten Generation mit 200 bar Einspritzdruck, Piezo-Einspritzdüsen, magere Schichtladeverbrennung, strahlgeführte Mehrfacheinspritzung mit erweitertem Magerbereich und bis zu fünf Einspritzungen pro Zyklus erfolgt. Es sind die drei Betriebsmodi Homogenbetrieb, Homogen-Schichtbetrieb und Homogen-Splitbetrieb möglich.

Ergänzt wird die Verbrennung durch das schaltbare Resonanzsaugrohr und die schnelle Multifunken-Mehrfachzündung. Die Abgasanlage hat je Zylinderbank einen motornahen Dreiwege-Katalysator und im Unterboden je einen NOx-Speicher-Kat. Eine neu entwickelte Flügelzellen-Ölpumpe mit Mengenregelung steuert den Volumenstrom je nach niedriger und hoher Druckstufe. Der Motor M 276 wird in die Limousinen, T-Modelle und Coupés C 350 und C 350 4MATIC mit einer Leistung von 225 kW/306 PS und einem Drehmomentmaximum von 370 Nm bei 3500/min eingebaut.

Der Ottomotor M 156 ist ein 6,2-Liter-V8-Vierventilmotor mit 2 x 2 obenliegenden Nockenwellen und einem V-Winkel von 90°. Die vier Ventile pro Zylinder werden über Tassenstößel gesteuert. Die Steuerzeiten der Nockenwellen werden von der kontinuierlichen Nockenwellenverstellung last- und drehzahlabhängig angepasst. Weitere Merkmale dieses bei AMG konstruierten Motors sind der Motorblock in Aluminium-Silizium-Legierung und Closed-Deck-Ausführung zur besseren Steifigkeit, die als Weltneuheit eingeführte LDS-Beschichtung der Zylinderlaufbahnen für geringeren Verschleiß und reduzierte innere Reibung sowie Kurbelwellenlager in Bedplate-Ausführung. Die Gemischaufbereitung erfolgt über die elektronisch gesteuerte Kanaleinspritzung KE und das strömungsoptimierte zweistufige Schaltsaugrohr. Die Stahl-Kurbelwelle ist geschmiedet und fünffach gelagert.

Der Motor wird in vier Leistungsstufen in einer Reihe von Modellen eingebaut: Ab März 2011 in C 63 AMG Limousine, T-Modell und Coupé mit 336 kW/457 PS bei 6800/min und 600 Nm bei 5000/min. Gegen einen Mehrpreis von rund € 7700,- erhöht sich die Leistung im Performance Package auf 358 kW/487 kW bei 6800/min und 600 Nm bei 6000/min. Die leistungsgesteigerte

Ausführung verfügt über die Schmiedekolben, Crack-Pleuel und Leichtbaukurbelwelle der im Mercedes-Benz SLS AMG eingebauten Ausführung des Motors M 156. Ab September 2011 erfolgt der Einbau in das C 63 AMG Coupé „Black Series" mit 380 kW/517 PS bei 6800/min und 620 Nm bei 5200/min sowie ab März 2013 in die C 63 AMG „Edition 507" als Limousine, T-Modell und Coupé mit 373 kW/507 PS bei 6800/min und 610 Nm bei 5200/min.

Getriebe

Bei den manuell zu schaltenden und in den Typen C 180 CDI BlueEFFICIENCY bis C 250 CDI BlueEFFICIENCY sowie C 180 BlueEFFICIENCY bis C 200 BlueEFFICIENCY eingebauten Sechsgang-Getrieben kommt es zu keinen Änderungen.

Bei den Schaltautomaten wird bis Mai 2011 das bisherige Getriebe 7G-TRONIC verwendet. Ab Juni kommt das weiterentwickelte Getriebe 7G-TRONIC PLUS zum Einsatz. Diese neue Generation verfügt über ein dynamischeres Ansprechverhalten durch extreme Schlupfreduzierung des Wandlers. In Verbindung mit dem geänderten Schaltprogramm im ECO-Modus führt dies zu einer signifikanten Reduzierung des Kraftstoffverbrauchs. Die größere mechanische Dämpferisolation macht sich in gesteigertem Komfort bemerkbar.

T-Modell

Das T-Modell setzt die 1978 begonnene Tradition einer anspruchsvolleren Vielzwecklimousine, die über die Jahrzehnte zu einem Lifestyle-Kombi mutiert ist, erfolgreich fort und wird mit der Limousine am 9. Januar 2011 in Detroit vorgestellt. Die Unterschiede zur Limousine bestehen im um 50

Oben: Klassisches Duo: Zugleich mit der Limousine wird auch das in der C-Klasse längst obligatorische und enorm beliebte T-Modell präsentiert.

Links: Das als Sonderausstattung lieferbare gläserne Panoramadach sorgt für ein besonders luftiges Raumgefühl im Interieur.

Die im Umfang der Modellpflege enthaltenen, neu gezeichneten Scheinwerfer kennzeichnen auch die Coupés der Baureihe 204. Ein nettes Detail ist das links und rechts in Richtung Kühlergrill weisende Tagfahrlicht in „C"-Form.

Ab Frühsommer 2012 ist das C-Klasse Coupé Sport lieferbar. Es setzt in seiner äußeren Erscheinung besondere sportlich-elegante Akzente.

bis 60 kg höheren Eigengewicht, dem variabler nutzbaren Innenraum und einem Verkaufsanteil bei gewerblichen Kunden in Deutschland von etwa 60 Prozent. Die Volumina nutzbaren Laderaums belaufen sich beim T-Modell auf 465 Liter bei nicht abgeklappter Rückenlehne und ausgezogenem Rollo, bei Beladung bis zum Dach auf 690 Liter, bei Beladung bis zur Bordkantenhöhe und umgeklappten Lehnen der Rücksitzbank auf 910 Liter und bei einer Beladung bis zum Dach bei umgeklappten Rücksitzlehnen auf 1500 Liter. Das Motoren- und Ausstattungsangebot entspricht dem der Limousine.

Das Coupé C 204

„Das C-Klasse Coupé ist ein neues Mitglied im Mercedes-Benz Produkt Portfolio", so wird das Coupé Mitarbeitern des Hauses vor seiner Präsentation am 1. März 2011 auf dem 79. Genfer Autosalon vorgestellt. Aufbauend auf der Modellpflege 2011 gelingt der Spagat zwischen der Nähe zur Basis der C-Klasse Limousine und einer eigenständigen Erscheinung. Während Front und Heck die enge Verwandtschaft zur Limousine erkennen lassen, wird in der Seitenansicht mit ihren gestreckten Proportionen eigenes Profil erkennbar. Die 40 Millimeter niedrigere Höhe gegenüber der Limousine und die ansteigende Bordkante, die in einem Hofmeister-Knick-ähnlichen Verlauf in der C-Säule ausläuft, sind maßgebende Elemente des Coupé-Designs. Ergänzt werden sie um breite Türen und einen Dachaufbau mit bis hinter die Hinterachse reichender Heckscheibe sowie ein markant kurzes Heck.

Die Karosserie zeichnet sich durch die bei Mercedes-Benz schon traditionelle Verformbarkeit von Front- und Heckstruktur bei steifer Fahrgastzelle aus. Reparaturfreundlichkeit gewährleisten demontierbare Front- und Heckelemente. Die Rohbaukarosserie besteht überwiegend aus Stahlblech, während Motorhaube und vordere Kotflügel aus Aluminiumblech gefertigt sind. Der c_w-Wert liegt bei 0,26.

Im Innenraum muss sich der mit der Limousine vertraute Fahrer nicht umstellen, da sich ihm ein gewohntes Umfeld darbietet. In den Türen sind das großzügige Zierelement sowie die integrierten Funktionselemente dominierende Gestaltungsfaktoren. Herausragend sind die beiden körpergerecht geformten Einzelsitze im Fond. Für zusätzlichen Stauraum lassen sich die Rückenlehnen – außer beim C 180 BlueEFFICIENCY – im Verhältnis 1/3 zu 2/3 abklappen.

Nur im C 350 4MATIC ist der Vierradantrieb beim Coupé lieferbar. Das Motorenangebot besteht aus zwei Ausführungen des Dieseltriebwerks OM 651 mit 125 kW/170 PS und 150 kW/204 PS sowie drei Benzinern, zwei davon Versionen des M 271 mit 115 kW/156 PS und 150 kW/204 PS, und dem V6-Motor M 276 mit 225 kW/306 PS.

Im Innenraum verbreitet die „Sport"-Version des C-Klasse Coupés eine eher klassisch-nüchterne Atmosphäre.

Körpergerecht ausgeformt sind die beiden Einzelsitze im Fond des neuen Coupés. Bei fast allen Modellen sind die Rückenlehnen umklappbar ausgeführt, was den verfügbaren Stauraum deutlich vergrößert.

Auch für den Zweitürer ist das Panorama-Schiebedach mit Komfort- und automatischer Regenschließung optional erhältlich. Ein elektrisches Rollo schützt vor allzu intensiver Sonneneinstrahlung.

Die auch am C 63 AMG sportlich geschärfte Frontgestaltung lässt die Hochleistungslimousine noch etwas selbstbewusster auftreten.

Erkennungsmerkmal mit hohem Prestigewert: die vierflutige Abgasanlage der AMG Version in der neu modellierten Heckschürze in Diffusoroptik.

C 63 AMG Limousine und T-Modell

Wie das Coupé wird auch der C 63 AMG am 1. März 2011 auf dem Genfer Salon als Limousine und T-Modell vorgestellt. Für den Einbau des 6,2 Liter großen V8 der Motorenbaureihe M 156 müssen Änderungen am W und S 204 vorgenommen werden. In Limousine und T-Modell wird das Hochleistungs-Aggregat sowohl mit einer Leistung von 336 kW/457 PS als auch mit dem optionalen Performance-Paket mit 358 kW/487 PS angeboten.

AMG baut ausschließlich das AMG SPEEDSHIFT MCT 7-Gang Sportgetriebe ein. Es unterscheidet sich vom herkömmlichen Wandlergetriebe durch eine nasse Anfahrkupplung mit um 60 Prozent geringerer Massenträgheit und trägt mit seinem spontaneren Umsetzen in Vortrieb zur ausgeprägten Agilität bei. Zudem verfügt es über die vier Fahrprogramme C, S, S+, M sowie zusätzlich über eine Race-Start-Funktion.

Das Design hebt sich von dem normaler C-Klassen in allen drei Karosserieausführungen durch mehrere Besonderheiten ab. Von vorn fällt die Motorhaube mit den beiden Powerdomes ebenso auf wie der AMG Kühlergrill mit Chromlamelle und Chromeinrahmung. Ergänzung erfährt die Frontgestaltung durch die AMG Frontschürze mit den größeren, markanten Lufteinlässen. Die Heckansicht ist von der Heckschürze in Diffusoroptik und den vier ovalen Endrohren der Abgasanlage geprägt. An Rädern stehen ein 18-Zoll-Leichtmetallrad im 5-Doppelspeichen-Design und ein 19-Zoll-Vielspeichenrad zur Auswahl.

Im Interieur präsentiert sich das in Leder Nappa gehaltene Lenkrad oben und unten abgeflacht. Das Design der Mittelkonsole ist geändert in Klavierlack schwarz und weist nun den Getriebedrehschalter auf. Bei der Polsterung ersetzt die Ledernachbildung ARTICO/DINAMICA schwarz die Ledernachbildung ARTICO/Stoff AMG. Optional stehen vier neue unifarbene designo Leder Polsterungen und drei neue zweifarbige designo Polsterungen zur Wahl. Ein weiteres Merkmal optionaler Individualisierung besteht in der weiß in LED-Technik beleuchteten Einstiegsschiene.

C 63 AMG Coupé

Am 20. April 2011 erfolgt in New York die Präsentation des C 63 AMG Coupé. Vom normalen C-Klasse Coupé hebt sich das C 63 AMG Coupé deutlicher ab als es auf den ersten Blick erscheint. Optisch auffällig sind die Aluminium-Motorhaube mit den beiden Powerdomes sowie der Kühlergrill mit einer Chromquerspange und Chromumrahmung. Nicht sofort sichtbar wird der um 80 Millimeter verlängerte Vorbau. Bedingt durch die verstärkte Dreilenker-Vorderachse mit größerer Spurweite sind die Kotflügel weiter ausgestellt, was zu einer um 25 Millimeter gewachsenen Gesamtbreite führt. Ergänzt wird die Frontgestaltung um die AMG Frontschürze mit größeren Lufteinlässen, AMG spezifischen Tagfahrlichtern und den Abschluss des mittleren Lufteinlasses mit einer Hochglanz schwarz lackierten Querstrebe.

Die Seitenansicht ist geprägt vom AMG Seitenschweller, dem „6.3 AMG"-Schriftzug an den vorderen Kotflügeln hinter dem Radausschnitt und den serienmäßigen 18-Zoll-Leichtmetallrädern im 5-Doppelspeichen-Design. Die Heckschürze hat Diffusoroptik und die AMG Sport-Abgasanlage zwei Doppelendrohre. Weniger auffällig, aber wirksam ist die harmonisch auf dem Kofferraumdeckel angebrachte Abrisskante zur Reduzierung des Auftriebs an der Hinterachse. Hinten werden steifere Elastokinematik-Elemente an der verstärkten Raumlenkerachse mit negativem Sturz eingebaut. An Vorder- und Hinterachse kommen darüber hinaus dickere Stabilisatoren sowie speziell abgestimmte Federn mit angepassten Dämpferraten zum Einsatz.

Interieurdesign

Die Merkmale im Innenraum sind nicht prinzipiell anders als bei den normalen Modellen, aber sie unterscheiden sich und runden den sportlichen Charakter der AMG Fahrzeuge ab.

Den Fahrerplatz dominiert das auf 365 Millimeter verkleinerte Dreispeichenlenkrad, das oben und unten abgeflacht ist. Der Lenkradkranz ist in Leder

Performance-Insignien am C 63 AMG Coupé: Abrisskante am Heckdeckel, vierflutige Abgasanlage mit AMG-spezifischer Heckschürze und die Radhäuser füllende Felgen-/Reifen-Kombination.

Am Wagenbug signalisieren die AMG Frontschürze mit größeren Lufteinlässen, AMG spezifische Tagfahrlichter sowie die in Hochglanz schwarz gehaltene Querspange am unteren Ende des mittleren Lufteinlasses die Sonderstellung des Modells.

Im C 63 AMG Coupé sind Sportsitze mit stärker konturierten Seitenwangen und integrierten Kopfstützen eingebaut.

Ausschließlich den Performance-Modellen aus Affalterbach vorbehalten ist das AMG-spezifische Tacho-Zifferblatt, das bis 320 km/h reicht.

Nappa mit seitlich perforiertem Griffbereich ausgeführt. Im Kombiinstrument dominiert der in seiner Anzeigeskala auf 320 km/h erweiterte Tachometer mit RACETIMER, an dem, um alle Zweifel auszuschließen, in Zifferblattmitte der AMG Schriftzug und das Logo „6.3 V8“ angebracht sind. Auf dem Mitteltunnel ist der neue Getriebedrehschalter mit den vier Fahrprogrammen C, S, S+, M samt Race-Start-Funktion platziert.

Eine Neuheit ist das 3-Stufen ESP®, das Sicherheit und Driftwinkel gleichermaßen ermöglicht. In der Stellung ESP® ON ist das Sicherheitssystem angepasst an eine sportliche Fahrweise. In der Stellung ESP® SPORT lässt das System größere Driftwinkel zu. In der Stellung ESP® OFF ist das System abgeschaltet und eignet sich für den Einsatz auf Renn- oder abgesperrten Strecken.

Im C 63 AMG Coupé sind eigene Sportsitze eingebaut, die sich optisch durch das Querpfeifen-Design und funktionell, dem Sportanspruch entsprechend, durch stärker konturierte Seitenwangen und integrierte Kopfstützen auszeichnen. Entsprechend sind die Zierelemente in Carbon ausgeführt. Serienmäßig wird als Bezugsmaterial die Ledernachbildung ARTICO/DINAMICA schwarz eingesetzt, optional stehen designo Lederausstattungen in porzellan, schwarz und classic rot sowie zweifarbig in classicrot/schwarz zur Wahl.

Die AMG Sport-Parameterlenkung ist mit einer Übersetzung von 13,5:1 direkter abgestimmt und bietet dank geänderter Kinematik der Vorderachse in Verbindung mit einer Anpassung der Lenkungskennlinie größere Lenkpräzision. Die Hochleistungs-Bremsanlage verfügt vorn über 360 x 36 mm große innenbelüftete und perforierte Bremsscheiben mit Sechskolben-Festsätteln und hinten über 330 x 26 mm messende, ebenfalls perforierte und innenbelüftete Bremsscheiben mit Vierkolben-Monoblock-Festsätteln.

AMG Performance Package

In das Coupé des C 63 AMG wird, wie bei Limousine und T-Modell, auf Wunsch der 6,2-Liter-V8 der Motorenbaureihe M 156 mit dem optionalen Performance Package eingebaut. Schwerpunkte dieses Pakets sind:

- eine Leistungssteigerung um 22 kW/30 PS auf 358 kW/487 PS durch den Einsatz von Schmiedekolben, neu entwickelten Pleueln und einer überarbeiteten Kurbelwelle, was zu einer Gewichtsreduktion von 3 kg führt,
- ein titangrau lackiertes Schaltsaugrohr als optischer Hinweis auf diese Motorenstufe,
- AMG-Verbundbremsscheiben an der Vorderachse,
- rot lackierte Bremssättel vorne und hinten,
- eine Carbon-Abrisskante auf dem Heckdeckel sowie
- ein AMG-Performance Lenkrad in Leder/Alcantara®.

Mit der dem Coupé vorbehaltenen Black Series-Version des C 63 AMG setzen die Affalterbacher ein absolutes Highlight.

Sonderausstattungen

Unter anderem sind optional erhältlich:

- AMG Drivers Package mit der Anhebung des Höchstgeschwindigkeitslimits von 250 km/h auf 280 km/h
- AMG Sperrdifferenzial mit einer Sperrwirkung von 40 Prozent zur Verbesserung der Traktion
- Auswahl zwischen einem 18-Zoll-Leichtmetallrad im 5-Doppelspeichen-Design und einem 19-Zoll-Vielspeichenrad
- weiß in LED-Technik beleuchtete Einstiegsschienen

Im Bereich der designo Sonderausstattungen werden in der einfarbigen designo Lederausrüstung die vier Farben sand, schwarz, classicrot und porzellan angeboten. Im Bereich der zweifarbigen Lederausrüstung bestehen die drei Farbkombinationen aus den designo Leder Kombinationen sand/schwarz, classicrot/schwarz und porzellan/schwarz.

C 63 AMG Coupé Black Series

Es ist schon eine Überraschung, als zur IAA am 13. September 2011 zu den bereits bestehenden zwei Versionen des C 63 AMG Coupés eine dritte, noch dynamischere Leistungsvariante tritt. Das C 63 AMG Coupé Black Series verkörpert auf der Basis des nicht unbedingt rennsportverdächtigen C-Klasse Coupés ein Fahrzeug der Superlative, das den Kontakt mit Rennstrecken nicht zu scheuen braucht.

Apropos Rennstrecke: Schon das Äußere lässt eine gewisse Nähe zu den Racetracks dieser Welt erahnen. Vorn macht die Motorhaube mit ihren beiden Entlüftungsöffnungen im Unterdruckbereich auf die gestiegene Motorleistung ebenso aufmerksam wie die noch weiter ausgestellten Kotflügel, die das Fahrzeug um satte 56 Millimeter verbreitern. Ergänzend dazu lassen auch das im Verborgenen arbeitende serienmäßige Sperrdifferenzial und breitere Reifen nochmals höhere Kurvengeschwindigkeiten erwarten.

Sehr dezent weist der Schriftzug am AMG Signet auf dem Heckdeckel auf die noch einmal nachhaltig geschärfte Black Series-Version hin.

Das Cockpit der Black Series-Version unterscheidet sich bis auf wenige Details nicht von dem des normalen C 63 AMG Coupés.

Die voluminös ausgestellten vorderen Kotflügel verbreitern das Coupé um 56 Millimeter.

An der Wagenflanke zeugen die zusätzlichen Luftauslässe, in den vorderen und hinteren Kotflügeln für die Wärmeabführung der vergrößerten Bremsen zuständig, vom erhöhten Fahrdynamikpotenzial des C 63 AMG Coupé Black Series. Dazu kommen serienmäßige 19-Zoll-Schmiederäder im 10-Speichen-Design.

Durch die weiter ausgestellten Kotflügel, die wegen der gegenüber dem normalen Coupé um 79 Millimeter verbreiterten Hinterachse erforderlich sind, gewinnt das Heck der Black Series Ausführung um insgesamt 84 Millimeter an Breite. Auch die Heckschürze im Diffusor-Look mit Kühlauslässen und den vier Doppelendrohren in neuem rechteckigem Design sind der Black Series Ausführung vorbehalten. Geliefert wird das Fahrzeug in den Lackfarben feueropal, iridiumsilber und obsidianschwarz. Als Sonderlacke gelten solarbeam, diamantweiß, metallic BRIGHT, designo magno nachtschwarz sowie designo magno alanitgrau.

Der Innenraum ist durch die serienmäßig rein zweisitzige Ausführung mit AMG Sportschalensitzen in der Ledernachbildung ARTICO/DINAMICA schwarz mit roten Ziernähten und designo Sicherheitsgurten in rot gekennzeichnet. Eine rückwärtige Sitzanlage ist optional über das AMG Performance Studio lieferbar, dann allerdings nur mit den normalen AMG Sportsitzen.

Motor und Fahrwerk

Dem extrem sportlichen Anspruch sind Fahrwerk und Antrieb angepasst worden. Dies hat zu messbaren Veränderungen gegenüber dem C 63 AMG Coupé mit Performance Package geführt. Um für den anspruchsvollen und betont dynamischen Einsatz auf und abseits der Rennstrecke noch besser gerüstet zu sein, bietet das AMG Performance Studio folgende Sonderpakete an:

- Das AMG Aerodynamik-Paket: Es besteht aus Frontsplittern und Flics sowie am Heck aus dem auf dem Kofferraumdeckel montierten verstellbaren Heckflügel aus Carbon.
- Das AMG Track Package enthält die aktive Hinterachsgetriebe-Kühlung und Dunlop Cup Reifen.

- Das AMG Carbon-Paket Exterieur: Es umfasst Frontsplitter, Einsätze der Frontschürze, Seitenschwellerverkleidungen, Außenspiegelgehäuse sowie eine Abrisskante aus Carbonmaterial.

Der Motor M 156 ist aus dem im SLS AMG verbauten Motor M 159 entwickelt worden. Von diesem unterscheidet er sich durch die Nasssumpfschmierung, das zweistufige Schaltsaugrohr mit zwei innenliegenden Drosselklappen und optimierter Sekundärlufteinblasung in den Auslasskanälen. Übernommen wurden die Leichtbau-Kurbelwelle sowie die acht geschmiedeten Kolben und geschmiedeten Crack-Pleuel. Im Black Series ist er mit seinen 380 kW/517 PS das zweitstärkste Aggregat dieser Motorenbaureihe, übertroffen nur von der im Mercedes-Benz SL 63 AMG zum Einsatz kommenden Version mit 386 kW/525 PS.

Um ein besseres Ansprechverhalten zu erreichen und die für ein so voluminöses Triebwerk äußerst beachtliche Drehfähigkeit bis 7200/min weiter zu befördern, wird die Massenträgheit des 380 kW/517 PS starken Aggregats durch Feinarbeit weiter reduziert. Ein Motorsteuergerät mit angepassten Werten resultiert in höherer Motorleistung, während eine um 50 Prozent optimierte Ölkühlung für größere Standfestigkeit im Wettbewerbseinsatz sorgt. Die Begrenzung der Höchstgeschwindigkeit wird um 20 km/h auf 300 km/h angehoben. Eine ideale Ergänzung des Antriebsstrangs ist das AMG SPEEDSHIFT MCT 7-Gang Sportgetriebe, das unter Volllast in 100 Millisekunden die Gänge ohne fühlbare Zugkraftunterbrechung wechselt.

Das C 63 AMG Coupé Black Series weist mit Aerodynamik- und Track-Paket einen c_w-Wert von 0,35 gegenüber 0,29 beim normalen Coupé auf. Dieser Verschlechterung des Luftwiderstandbeiwerts steht eine signifikante Verbesserung der Auf- respektive Abtriebswerte gegenüber, die auf Kurvenverhalten und Fahrbarkeit entscheidenden Einfluss

Konsequent in Richtung Hochleistungs-Sportwagen weiterentwickelt zeigt sich das Black Series-Interieur: Vorne prägen leichtgewichtige AMG Sportschalensitze das Bild, eine Sitzanlage im Fond ist nur auf Wunsch zu haben.

haben. So reduziert sich bei 200 km/h der Auftrieb an der Vorderachse von 34 kg beim Seriencoupé auf 25 kg beim Black Series. Der Auftrieb an der Hinterachse von 27 kg beim Seriencoupé verwandelt sich beim Black Series in 13 kg Abtrieb.

Entsprechend deutlich fällt bei etwa gleichen Beschleunigungswerten, aber einer auf 300 km/h begrenzten Höchstgeschwindigkeit, die Zeitenverbesserung auf dem kleinen Kurs in Hockenheim und auf der Nordschleife des Nürburgrings zu Gunsten der Black Series Version aus. Sie beträgt 1:10,6 min zu 1:13,6 min auf dem Hockenheimring und 7:46 min zu 8:01 min auf der Nordschleife. Auf dem kleinen Kurs in Hockenheim ist das nachgeschärfte C 63 AMG Coupé sogar schneller als der SLS AMG.

Auf der Gesamtfahrzeugseite haben zahlreiche Maßnahmen ihren Anteil an der eklatanten Verbesserung. Dazu zählen zunächst neben einer Gewichtsreduzierung um 22 Kilogramm das höheneinstellbare Gewindefahrwerk, die in Zug- und Druckstufe einstellbaren Stoßdämpfer, die breiteren Spurweiten sowie geänderte Stabilisatoren. Die eigens entwickelten optionalen Dunlop Sport Max Race MO-Cupreifen der Räder-/Reifen-Kombination 9 J x 19 mit 255/35 ZR 19 vorn sowie 9,5 J x 19 mit 285/30 ZR 19 hinten sind ebenfalls für das agile und dennoch stabile Fahrverhalten gerade bei trockenen Verhältnissen mitverantwortlich.

Nicht zu vergessen ist auf der Fahrwerksseite die der höheren Fahrleistung angepasste AMG Hochleistungs-Verbundbremsanlage, die vorn nun auf innenbelüftete und gelochte, 390 Millimeter große Verbundbremsscheiben und hinten auf 360 Millimeter große Integralbremsscheiben zurückgreift. Einher geht damit das neu und präzise auf die geänderten Reifenverhältnisse abgestimmte ABS. Die weiter verbesserte Lenkpräzision ist dem ebenfalls neu abgestimmten Kennfeld der Servounterstützung geschuldet. Und so kommt Horst von Saurma als Fazit des Supertests in der Fachzeitschrift *Sport auto* zu dem Schluss, dass „es den AMG Mannen gelungen ist, einen Überraschungscoup aus dem Hut zu zaubern, der das Zeug hat, eine ganze Branche zu elektrisieren – eine von Leidenschaft und Hingabe geprägte Sportskanone, die es locker mit den etablierten Kräften aufnehmen kann."

Äußerlich unterscheiden sich die Fahrzeuge der Edition 507 nur in wenigen Details von den regulären C 63 AMG. Das Editionsmodell ist in allen Karosserievarianten lieferbar.

C 63 AMG Edition 507 Limousine, T-Modell und Coupé

Zum Genfer Salon wird am 5. März 2013 mit dem C 63 AMG Edition 507 die vierte Variante des C 63 AMG vorgestellt. Es ist dies die leistungsstärkste Typenreihe, die für alle drei Karosserieausführungen lieferbar ist, da der 380 kW/517 PS starke V8 ausschließlich dem Black Series Coupé vorbehalten bleibt. Aus dem Motoren-Baukasten namens M 156/159 lässt sich ohne großen Aufwand eine weitere Leistungsstufe zaubern – eben der Motor der Edition 507, die ihren Namen aus der PS-Zahl des neuen Familienmitglieds bezieht. Von seinen nahen Verwandten mit und ohne Performance

Oben. Ein Erkennungsmerkmal aller C 63 AMG Edition 507 sind neue AMG Leichtmetallfelgen im Kreuzspeichendesign, die in zwei unterschiedlichen Ausführungen geordert werden können.

Rechts: Anders als die Black Series-Coupés bleiben die Edition 507 Modelle am Heck ohne besondere Kennzeichnung.

Oben Mitte: Die stets in Schwarz gehaltene schmale Abrisskante sorgt für mehr Abtrieb an der Hinterachse.

Oben: Die Plakette rechts auf der Armaturentafel verrät, dass es sich um eine besonders exklusive Version des C 63 AMG handelt.

Package unterscheidet das Triebwerk die am Basismodell gemessenen 37 kW/50 PS und die an der Performance Package Version gemessenen 22 kW/30 PS höhere Spitzenleistung.

Äußerlich fallen dem Betrachter auf den ersten Blick die AMG Motorhaube mit den beiden schwarz lackierten Luftauslässen auf, wie sie auch die Black Series Edition aufweist, sowie die im 19-Zoll-Format gehaltenen AMG Schmiederäder im Kreuzspeichendesign. Als Volant kommt erstmalig das AMG Performance Lenkrad in Alcantara® mit hellen Kontrastnähten und 12-Uhr-Markierung zum Einsatz. Eine Differenzialsperre wird erstaunlicherweise nicht angeboten. Das serienmäßige Drivers Package ermöglicht eine Höchstgeschwindigkeit von 280 km/h.

Seit der Markteinführung der Baureihe 204 im Jahr 2007 wurden über 2,4 Millionen Fahrzeuge verkauft.

Links: Im Interieur gehört unter anderem das AMG Performance Lenkrad in Alcantara® zum Ausstattungsumfang der Edition 507 Modelle.

Die neue Formensprache der sinnlichen Klarheit verbindet Mercedes-Benz typische Praxistauglichkeit mit hoher Emotionalität.

KAPITEL 6 – BAUREIHE 205

Mit der Pressevorstellung der C-Klasse Limousine (W 205) am 16. Dezember 2013 und der öffentlichen Präsentation auf der North American International Auto Show in Detroit/USA im Januar 2014 startet eine über zweijährige Kaskade von Neuerscheinungen der volumenstärksten Baureihe von Mercedes-Benz. Ein halbes Jahr später, am 21. Mai, kommt das T-Modell (S 205), dem am 24. September auf dem Pariser Salon die Power-Versionen C 63/C 63 S von AMG folgen. Am 12. Januar 2015 wird, wieder in Detroit, mit dem C 450 AMG 4MATIC die Reihe ausgeprägt sportlicher AMG Varianten nach unten erweitert. Ab 2016 wird dieses Modell in C 43 AMG 4MATIC umgetauft. 2014 beginnt in China auch die Produktion des V 205, der verlängerten Limousine speziell für den asiatischen Raum. Am 14. August 2015 wiederum setzen die neuen eleganten Coupés (C 205) ein Ausrufezeichen des guten Geschmacks in der C-Klasse, und mit der Präsentation am 29. Februar des darauffolgenden Jahres werden mit dem ersten C-Klasse Cabriolet (A 205) auch die Wünsche der Frischluftfreunde erfüllt.

Generell stehen im Lastenheft der neuen Baureihe zahlreiche einander eigentlich ausschließende Verbesserungen im Vordergrund. Dazu zählen einerseits Gewichtsreduzierung und Effizienzsteigerung zur Schadstoffreduzierung, andererseits die Erhöhung von Fahr- und Raumkomfort sowie des Ausstattungsniveaus, eine Geräuschreduzierung sowie eine Steigerung der Fahragilität und eine weitere Optimierung der Sicherheitsausstattung. Dies gilt in gleichem Maße für alle Karosserieformen,

Im Gegensatz zu den eher kantigen Fahrzeugen der Vorgängerbaureihe 204 weist die Außenhaut der neuen 205er C-Klasse überwiegend weiche Konturen auf.

Ausstattungs- und Antriebspakete. Betrachten wir also zunächst innerhalb der Baureihe die Basics, die alle Karosserie- und Motorvarianten betreffen: Design und Karosseriekonstruktion.

Design

Das Design entspricht der vom Designchef, Gorden Wagener, vorgegebenen Maxime der sinnlichen Klarheit und weckt Emotionen. So prägen in der Seitenansicht eine lange Motorhaube und eine weit hinten sitzende Kabine mit kurzen Überhängen die insgesamt ausgewogenen Proportionen der C-Klasse. Große Räder mit 17 und 18 Zoll Durchmesser setzen wie gewohnt Akzente. Für die Limousine und das mit ihr eng verbundene T-Modell existieren bei Mercedes-Benz vier Ausstattungslinien: Serienausstattung, AVANTGARDE, EXCLUSIVE und AMG Line. Bei Mercedes-AMG kommen die Typen C 450/C 43 und C 63 hinzu. Bei Coupé und Cabriolet sind es im Mercedes-Benz Bereich drei Varianten sowie zur Markteinführung die limitierte Sonderserie Edition 1, während sich bei Mercedes-AMG wiederum die Modelle C 450/C 43 und C 63 dazugesellen.

Im Innenbereich kombinieren die Designer die Architektur der Sportwagen mit einer sportlich fließenden Mittelkonsole. Bei Automatikfahrzeugen verläuft ein großes einteiliges Zierelement von

Fast noch harmonischer als bei den Limousinen wirkt die Linienführung der T-Modelle, die unter dem internen Baureihencode S 205 laufen.

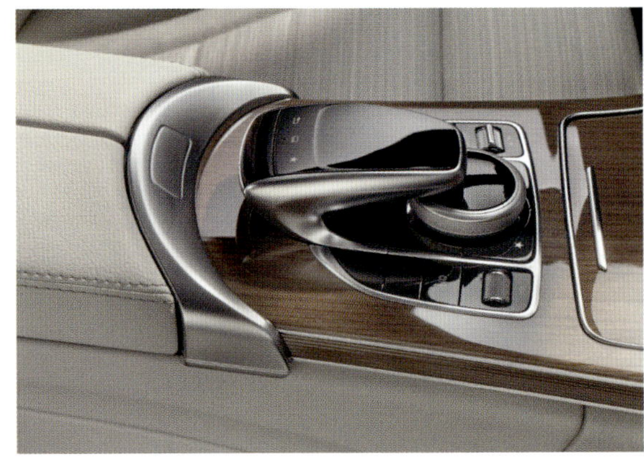

Der Controller auf dem Mitteltunnel verfügt über ein neu entwickeltes Touchpad, das auch Fingergesten erkennt.

Hoch attraktive Optik, weiter perfektionierte Ergonomie: das Cockpit der neuen C-Klasse Modelle

den Mitteldüsen bis zur Armauflage. Diese klare Linienführung führt zu einem großzügigen Raumgefühl von puristischer Modernität. Bei Fahrzeugen mit Schaltgetriebe steht die Mittelkonsole steiler und besteht aus zwei voneinander getrennten Zierteilen, um genügend Raum für den Schalthebel zu schaffen. Über der Mittelkonsole steht frei in der Mitte das Zentraldisplay mit einer Bildschirmdiagonalen von 17,78 cm (7 Zoll); in der COMAND Ausstattung beträgt dieses Maß 21,33 cm (8,4 Zoll).

Neu ist das von Mercedes-Benz entwickelte Touchpad auf dem Controller am Mitteltunnel. Es ermöglicht die Eingabe von Buchstaben, Zahlen und Sonderzeichen in jeder Sprache, außerdem können sämtliche Funktionen der Head Unit per Fingergeste angewählt werden. Ebenfalls neu in der C-Klasse ist das in der Höhe verstellbare Head-up-Display, auf dem wichtige Informationen wie Geschwindigkeit, Tempolimits, Navigationshinweise und Hinweise der DISTRONIC direkt ins Blickfeld des Fahrers eingeblendet werden.

Karosseriekonstruktion

Grundsätzlich gelten für die vier Karosserievarianten Limousine, T-Modell, Coupé und Cabriolet dieselben Grundsätze im Sicherheitsbereich. Dazu zählt unter anderem geringeres Gewicht bei – der Mercedes-Benz Tradition folgend – beispielhafter Crashsicherheit, die nicht nur alle aktuellen nationalen Gesetze, sondern auch sämtliche Ratinganforderungen erfüllt. Und selbstverständlich finden auch alle darüber hinausgehenden von Mercedes-Benz selbst definierten Sicherheitsanforderungen, die durch das reale Unfallgeschehen ausgelöst wurden, Berücksichtigung. Es werden gezielt Deformationszonen entwickelt, um optimale Ergebnisse bei Crashtests einerseits und andererseits optimalen Insassenschutz zu gewährleisten. Zudem ist die Motorhaube erstmals in Rahmenbauweise ausgeführt, um die hohen Anforderungen der Phase 3 des Euro NCAP-Fußgängerschutzes zu erreichen.

Front- und Heckende sind aus Gründen der Reparaturfreundlichkeit demontierbar. Die Gewichtsreduktion der Querträger wird vorn durch den Einsatz eines Aluminium-Strangpressprofils und hinten durch ultrahochfesten Stahl erreicht. Die im Vergleich zur reinen Stahlbauweise um 50 kg leichtere Rohkarosserie der neuen C-Klasse Generation und deren überragende Gesamtsteifigkeit sorgen für hervorragendes Fahrverhalten bei gleichzeitig optimalem Geräusch- und Schwingungskomfort. Erreicht wird dies durch die umfangreiche Verwendung von Aluminium, dessen Anteil, verglichen mit dem Vorgänger, von 10 auf fast 50 Prozent gewachsen ist. Die hochstabile Fahrgastzelle ist eingerahmt von in der Praxis erprobten Deformationszonen. Optimierte Kraftpfade und eine intelligente Werkstoff-Kombination gewährleisten bestmögliche Insassensicherheit. Eine vorwiegend aus Aluminium bestehende Karosserie-Außenhaut bildet die schützende Hülle.

Der c_w-Wert von 0,24 in der günstigsten Ausführung BlueEFFICIENCY stellt einen neuen Bestwert in dieser Fahrzeugklasse dar. Unabhängig von dieser Ausstattung gilt für alle anderen Modelle die strömungsgünstige Gestaltung von Bug- und Heckschürze mit Radspoilern vorn und hinten sowie Zusatzspoiler auf der vorderen Motorraumverkleidung.

Die aero-akustische Entwicklung hat sich besonders auf die Minimierung der Windgeräusche fokussiert, die durch die Umströmung der Karosserie hervorgerufen werden. Maßnahmen sind Verbesserungen am Hauptboden des Rohbaus, an den neuen Aluminiumtüren zur besseren Vermeidung niederfrequenter Windgeräusche sowie neu entwickelte Außenspiegel in Verbindung mit darauf abgestimmten, auf optimale Umströmung ausgelegten A-Säulen. Das Geräuschverhalten wird außerdem positiv beeinflusst durch die hohe Steifigkeit der Karosserie sowie durch ein verbessertes Entkopplungselement der Abgasanlage.

Fahrwerk

Um den Anforderungen nach hohem Fahrkomfort und gleichzeitig exzellenten Fahreigenschaften gerecht zu werden, wird ein neues Fahrwerk entwickelt. Herausragender Punkt des Agilitätspakets ist zunächst das optionale und in dieser Klasse bisher einmalige Luftfederfahrwerk AIRMATIC an Vorder- und Hinterachse, das mit einer verstellbaren Dämpfung ausgerüstet ist. Per Fingertipp sind die vier verschiedenen Fahrprogramme „komfortabel“, „sportlich“, „sehr sportlich“ und „effizient“ über den AGILITY SELECT Schalter abrufbar. Über diesen werden auch die Anpassung von Motor, Getriebe, Lenkung, Klimaanlage und ECO Start-

Oben: Der AMG Frontsplitter aus dem AMG Zubehörprogramm liefert einen Schuss Motorsport-Optik und bringt nebenbei noch leichte Aerodynamikeffekte.

Unten: Auch beim C 63 Coupé kann die Charakteristik des serienmäßigen AMG RIDE CONTROL Fahrwerks mit Verstelldämpfung per Tastendruck in drei Stufen moduliert werden.

Optische und akustische Warnung bei einem drohenden Auffahrunfall

Situationsgerechte Bremskraftunterstützung und PRE-SAFE® Aktivierung bei drohendem Auffahrunfall, wenn der Fahrer die Bremse betätigt.

Bei ausbleibender Fahrerreaktion – autonome Bremsung.

Das in der neuen C-Klasse zum Serienumfang gehörende Assistenzsystem COLLISION PREVENTION ASSIST PLUS führt bei fortgesetzter Kollisionsgefahr im Geschwindigkeitsbereich von 7 km/h bis 200 km/h notfalls eine autonome Bremsung durch.

„Intelligent Drive“: Neue und leistungsstärkere Assistenzsysteme helfen beim Bremsen, Fahren und Parken.

Stopp-Funktion geregelt. Die Anzeige erfolgt im Kombiinstrument und in der Head Unit.

Die Vorderachse ist eine neue Vierlenker-Konstruktion aus Aluminium, während hinten eine überarbeitete Raumlenker-Hinterachse mit je fünf Lenkern zum Einsatz kommt. Für die erweiterten Fahrdynamikfunktionen ETS/ESP®, ABS und BAS werden komfort- und fahrdynamikoptimierte Fahrwerkslager verwendet. Serienmäßig sind alle Modelle mit einer elektromechanischen „Direktlenkung“ ausgerüstet. Unter diesem Begriff sind eine geschwindigkeitsabhängige Servounterstützung und eine über den gesamten Lenkeinschlag variable Übersetzung zusammengefasst. Wie erfolgreich diese Überarbeitungen sind, zeigen die Schlussfolgerungen von Vergleichstests: „Nun agiler, aber ein echter Mercedes“, oder „Mercedes hat beim Handling ordentlich zugelegt, ohne den Komfort zu vernachlässigen.“

Serienmäßige Assistenzsysteme

ATTENTION ASSIST warnt vor Unaufmerksamkeit und Müdigkeit und gibt bei entsprechender Navigationsausstattung auf Autobahnen Hinweise auf nahe Rastmöglichkeiten.

COLLISION PREVENTION ASSIST PLUS führt zur Reduzierung der Unfallschwere mit langsam vorausfahrenden Fahrzeugen im Geschwindigkeitsbereich von 7 km/h bis 200 km/h im Fall anhaltender Kollisionsgefahr und ausbleibender Fahrerreaktion eine autonome Bremsung durch. Bis 50 km/h bremst das System auch, wenn man sich stehenden Fahrzeugen gefährlich nähert.

Optionale Assistenzsysteme

In der Baureihe 205 werden zusätzlich erweiterte Assistenzsysteme aus S- und E-Klasse angeboten, die im Sinne des Intelligent Drive Konzepts verschiedene Sensortechnologien zusammenführen.

DISTRONIC PLUS mit Lenk-Assistent und integriertem Stop&Go Pilot orientiert sich als teilautonomer Stau-Assistent bei Geschwindigkeiten unter 60 km/h auch bei fehlenden oder uneindeutigen Spurmarkierungen am vorausfahrenden Fahrzeug und erlaubt ein Mitschwimmen in der Kolonne.

BAS PLUS erfasst jetzt auch den Querverkehr und verstärkt zu schwache Fahrerbremsungen.

Die PRE-SAFE® Bremse erkennt außer stehenden Fahrzeugen auch Fußgänger und bremst bei ausbleibender Fahrerreaktion autonom. Das System kann auf diese Weise Unfälle bis zu einer Geschwindigkeit von 50 km/h vermeiden, und die Schwere eines Aufpralls bis 72 km/h reduzieren. Im fließenden Verkehr unterstützt PRE-SAFE® den Fahrer mit analoger Funktion im gesamten Geschwindigkeitsbereich zwischen 7 km/h und 200 km/h.

Der erweiterte Aktive Spurhalte-Assistent kann jetzt auch in der C-Klasse bei unterbrochener Spurmarkierung und Kollisionsgefahr durch Parallel- oder Gegenverkehr unbeabsichtigtes Spurverlassen mithilfe radselektiver Bremsimpulse verhindern.

Außerdem stehen noch der Aktive Park-Assistent, eine 360°-Kamera, ein Verkehrszeichen-Assistent mit Falschfahr-Warnfunktion und der Adaptive Fernlicht-Assistent PLUS, der Dauerfernlicht durch gezieltes Ausblenden anderer Fahrzeuge möglich macht, zur Verfügung.

Airbags

Neben den bekannten Airbags erhält die Baureihe 205 Pelvisbags (seitlich aus den Türen austretende Bags zum Schutz der Becken), einen neu entwickelten Windowbag, Sidebags für die äußeren Fondsitze und einen Kneebag für den Fahrer. Der Beifahrersitz kann optional mit einer Kindersitzerkennung ausgerüstet werden, die mit einer Gewichtsmatte anstelle des bisher verwendeten Transponders arbeitet, folglich mit jedem Kindersitz kompatibel ist und den Airbag deaktiviert und beim Ausbau wieder aktiviert.

Klimatisierung

Die Tunnelerkennung über Satellitennavigation nutzt die Karteninformationen des Navigationssystems und die Standortdaten des GPS, um bei der Einfahrt in einen Tunnel automatisch die Umluftklappen zu schließen und bei der Ausfahrt wieder zu öffnen. Das AIR-BALANCE Paket mit aktiver Beduftung, Ionisierung der Luft sowie einem leistungsfähigeren Filter ist ein weiterer Baustein zur Schaffung eines entspannenden Innenraumklimas.

Motoren

Beim Dieselmotor OM 626 DE 16 handelt es sich im Prinzip um das 1,6-Liter-Triebwerk R9M des Kooperationspartners Renault, das gemeinsam mit dem französischen Partner zum OM 626 weiterentwickelt wurde, um die für die C-Klasse gültigen hohen Standards zu erfüllen.

Über ein Zwischengehäuse wird die Adaption zwischen dem Kurbelgehäuseflansch und den Mercedes-Benz Getriebevarianten geschaffen. Peripheriebauteile und grundmotorische Schnittstellen wurden aufgrund des längs eingebauten Triebstrangs den Randbedingungen angepasst.

Zum ersten Mal in einem Pkw-Dieselmotor kommen Stahlkolben mit spannungsreduzierten Kolbenringen zum Einsatz. Der reibleistungsoptimierte Riementrieb wurde mit effizienten Nebenaggregaten aus dem Mercedes-Benz Modulbaukasten bestückt. Für die Motorsteuerung sorgt eine komplett neu entwickelte Software, die aus Modulen des Kooperationspartners Renault, des Steuergerätelieferanten Bosch und der Inhouse-Software von Daimler besteht. Diese Software wurde in ein bereits im Einsatz befindliches Motorsteuergerät integriert.

Der Dieselmotor OM 651 DE 22 LA ist ein 2,1-Liter-Vierzylinder mit Turbolader und Ladeluftkühlung und steht in vier Leistungsstufen zur Verfügung, wobei die letzte eine Diesel-Hybrid-Lösung ist. Bei den Typen C 200 d und C 200 CDI wird ein einstufiger Abgasturbolader eingesetzt, der Einspritzdruck beträgt bis zu 1800 bar. Für einen schwingungsarmen Lauf und die Vermeidung freier Massenkräfte 2. Ordnung sorgt der Lanchester-Ausgleich, der aus zwei reibungsreduzierten Ausgleichswellen besteht, die sich gegenläufig mit doppelter Drehzahl zur Kurbelwelle drehen. Zusätzlich kommt ein Zweimassen-Schwungrad zum Einsatz.

Die niedrige Bauart des Motors resultiert aus dem hinten liegenden Nockenwellenantrieb. Öl- sowie Wasserpumpe werden bedarfsgerecht geschaltet. In allen Motorausführungen kommt in der Baureihe 205 erstmals das ECO Paket zum Einsatz. Es umfasst Kolben mit optimiertem Laufspiel in Verbindung mit angepassten Kolbenringen, den Einsatz von rollengelagerten, sogenannten ECO-Lanchesterwellen mit einem Ausgleichsgrad von 85 Prozent, den Einsatz von Wälzlagern an den Nockenwellenlagern 5 und 10 sowie eine reibleistungsoptimierte Vakuumpumpe. Mit diesem

Auch für das neue C-Klasse Cabriolet ist zum Serienstart die Kombination aus Dieseltriebwerk und Allradantrieb verfügbar.

Paket wird eine Verbesserung der Reibleistung im Bereich von 5 bis 7 Prozent gegenüber dem OM 651-Vorgänger erzielt. Wie beim S 300 BlueTEC HYBRID wird auch die Ladeluftkühlung am Motor integriert. Das Dieseltriebwerk wird in vier Leistungsstufen in folgende Typen der Limousine und des T-Modells eingebaut: als C 200 d mit 100 kW/136 PS bei 2800-4600/min und 350 Nm bei 1200-2700/min, als C 220 d und C 220 d 4MATIC mit 125 kW/170 PS bei 3000-4200/min und 400 Nm bei 1400-4200, als C 250 d und C 250 d 4MATIC mit 150 kW/204 PS bei 3800/min und 500 Nm bei 1600-1800 /min, sowie als C 300 h mit 150 kW/204 PS + 20 kW/27 PS.

Der Ottomotor M 274 bildet mit dem M 270 eine Einheit, da beide Triebwerke weitgehend baugleich sind. Nur ist der M 270 für den Quereinbau und der hier adressierte M 274 für den Längseinbau vorgesehen. Diese Motorenbaureihe deckt zwischen 2013 und 2018 mit einer Leistungsspanne von 95 kW/129 PS in 1,6-Liter-Version bis zu 180 kW/245 PS als 2,0-Liter im Wesentlichen den Motorenbedarf der C-Klasse ab. Die beiden obenliegenden Nockenwellen sind in einer Weise verstellbar, dass sich die Öffnung von Ein- und Auslassventilen so überschneidet, dass die durch den Turbolader in den Zylinder hineingepresste Frischluft die noch im Zylinder vorhandenen heißen Abgase herausdrückt. Dadurch wird die Zylinderfüllung verbessert. Auch springt der Turbolader durch die höhere Geschwindigkeit des Abgasstroms schneller an.

Bei der C-Klasse der Baureihe 205 wird die 1,6-Liter-Ausführung des Motors M 274 DE 16 AL mit 95 kW/129 PS bei 5000/min und 210 Nm bei 1200-4000/min in den C 160 und mit 115 kW/156 PS bei 5300/min und 250 Nm bei 1250-4000/min in den C 180 eingebaut. Mit Bohrung-/Hub-Maßen von 83 x 73,7 Millimeter handelt es sich um einen Kurzhubmotor. Die 2,0-Liter-Version M 274 DE 20 AL kommt in folgenden drei Leistungsstufen in der Baureihe 205 zum Einsatz: mit 135 kW/184 PS bei 5500/min und 300 Nm bei 1200-4000/min im C 200, mit 155 kW/211 PS bei 5500/min und 350 Nm bei 1250-4000/min im C 250 und C 350 e sowie mit 180 kW/245 PS bei 5500/min und 1300-4000/min im C 300. Dieses Triebwerk ist mit Bohrung-/Hub-Maßen von 83 x 92 Millimeter als Langhubmotor ausgelegt.

Der Ottomotor M 276 DE 30 LA ist ein 3,0-Liter-V6-Vierventilmotor mit 2 x 2 obenliegenden Nockenwellen und einem V-Winkel von 60°, weshalb er im Gegensatz zum Vorgänger M 272 mit einem V-Winkel von 90° auch keine Ausgleichswelle benötigt. Ein- und Auslassnockenwellen sind über je zwei Nockenwellenversteller in Abhängigkeit vom Lastzustand verstellbar. Die Gemischaufbereitung erfolgt über zwei Turbolader. Die Temperatur der Ladeluft wird durch einen Wasser-Luft-Ladeluftkühler reduziert. Anschließend gelangt sie über einen gemeinsamen Ladeluftverteiler in die Zylinderbänke.

Die Direkteinspritzung der dritten Generation verfügt über 200 bar Einspritzdruck, Piezo-Einspritzdüsen, magere Schichtladeverbrennung sowie eine strahlgeführte Mehrfacheinspritzung mit erweitertem Magerbereich und bis zu fünf Einspritzungen pro Zyklus. Ergänzt wird die Verbrennung durch die schnelle Multifunken-Mehrfachzündung. Die Abgasanlage hat je Zylinderbank einen motornahen Dreiwege-Katalysator und im Unterboden je einen NOx-Speicher-Kat. Eine neu entwickelte

Als neuer Zwischentyp ergänzt ab Frühjahr 2015 der Mercedes-Benz C 450 AMG 4MATIC das Programm. Er ist unterhalb des Mercedes-AMG C 63 positioniert und trägt auch nicht dessen Markennamen.

Flügelzellen-Ölpumpe mit Mengenregelung steuert den Volumenstrom je nach niedriger und hoher Druckstufe.

Der M 276 wird in die Limousinen, T-Modelle und Coupés des C 400 4MATIC mit einer Leistung von 225 kW/333 PS und 480 Nm bei 1600 bis 4000/min eingebaut. Im C 450 AMG 4MATIC bzw. ab 2016 C 43 AMG 4MATIC stellt der V6 270 kW/367 PS bei 5500-6000/min und 520 Nm bei 2000-4200/min bereit. Nach dem Facelift im März 2018 wird die Motorleistung für den C 43 AMG 4MATIC auf 287 kW/390 PS bei unveränderten Drehmomentwerten angehoben.

Der Ottomotor M 177 DE 40 AL ist ein 4,0-Liter-V8 mit den gleichen Zylinderabmessungen wie die

Die für den Längseinbau vorgesehene Vierzylinder-Motorenbaureihe M 274 deckt zwischen 2013 und 2018 einen Großteil des Ottomotorenbedarfs der C-Klasse ab. Die Leistungsspanne der Triebwerke erstreckt sich von 95 kW/129 PS in der 1,6-Liter-Version bis zu 180 kW/245 PS als 2,0-Liter.

Im C 400 4MATIC Cabriolet sorgt der 245 kW/333 PS starke 3,0-Liter-V6 aus der Motorenfamilie M 276 für energischen Vortrieb.

Vierzylinder M 274 und M 133 und eng mit dem Antriebsaggregat des Mercedes-AMG GT verwandt. Die Laufbahnen des aus Stabilitätsgründen in Closed-Deck Bauweise gefertigten Kurbelgehäuses aus Aluminium-Kokillen-Sandguss sind mit einer NANOSLIDE®-Beschichtung versehen. Diese aus Eisen und Kohlenstoff bestehende Beschichtung wird durch Lichtbogenspritzen aufgebracht. Die so optimierten Laufbahnen sorgen für höchste Dauerhaltbarkeit, da sie über die doppelte Härte im Vergleich zu konventionellen Grauguss-Laufbuchsen verfügen; eine zusätzliche Brillenhonung sorgt für geringen Ölverbrauch und unterbindet Zylinderverzug.

Je Zylinderbank betätigen zwei obenliegende, von einer Antriebskette gesteuerte Nockenwellen per Rollenschlepphebel vier Ventile pro Zylinder. Die beiden Abgasturbolader sind aus Gründen der besseren Wärmeabfuhr, des noch spontaneren Ansprechens und des günstigeren Einbaus erstmals an einem Mercedes-Benz Motor im V-Winkel des Motorblocks zwischen den beiden Zylinderbänken untergebracht. Der M 177 wird in der Mercedes-AMG C-Klasse in den beiden Leistungsstufen mit 350 kW/476 PS bei 5500/min und 650 Nm bei 1750-4500/min sowie mit 375 kW/510 PS bei 5500-6250/min und 700 Nm bei 1750-4500/min für sämtliche vier Karosserieausführungen verwendet.

Getriebe

Die manuell zu schaltenden Sechsgang-Getriebe sind in den Typen C 180 d bis C 220 d sowie C 160 und C 180 eingebaut. Sie wurden für die C-Klasse neu entwickelt und werden in zwei Ausführungen eingesetzt. Die kleinere Variante ist auf Lastgrößen von 300 Nm ausgelegt und wiegt 41 kg, während die auf Lastgrößen von 440 Nm ausgelegte größere 45 kg auf die Waage bringt. Der Schaltweg beträgt am Schalthebel 55 mm. Die Triebstrangauslegung um das Schaltgetriebe ist stärker komfortorientiert ausgelegt worden.

Das Automatikgetriebe 7G-TRONIC PLUS wird – teils auf Wunsch, teils serienmäßig – zunächst in folgende Typen eingebaut: C 200 d, C 250 d, C 200 d 4MATIC, C 250, C 300, C 300 h und C 200 4MATIC bis C 350 e. Bei den Typen C 250 d 4MATIC, C 400 4MATIC und C 43 4MATIC kommt dagegen das Neungang-Getriebe 9G-TRONIC zum Einsatz. Diese neue Generation verfügt über ein dynamischeres Ansprechverhalten durch extreme Schlupfreduzierung des Wandlers. In Verbindung mit dem geänderten Schaltprogramm im ECO-Modus führt dies zu einer signifikanten Reduzierung des Kraftstoffverbrauchs. Die größere mechanische Dämpferisolation macht sich in gesteigertem Komfort bemerkbar. Ab Oktober 2016 wird die 9G-TRONIC für die meisten Typen übernommen, lediglich C 180 d, C 300 h und C 350 e bleiben bei der alten 7G-TRONIC.

Limousinen-Typen

Der C 180 d mit dem 1,6-Liter-Vierzylinder-Dieselmotor OM 626 DE 16 LA red. mit 85 kW/116 PS wird serienmäßig mit Sechsgang-Schaltgetriebe (optional: Siebengang-Automatikgetriebe 7G-TRONIC PLUS) von September 2014 bis Juli 2018 gebaut.

Der C 200 d mit dem 1,6-Liter-Vierzylinder-Dieselmotor OM 626 DE 16 LA mit 100 kW/136 PS wird serienmäßig mit Sechsgang-Schaltgetriebe (optional: Siebengang-Automatikgetriebe 7G-TRONIC PLUS und ab Anfang 2017 Neungang-Automatikgetriebe 9G-TRONIC) von September 2014 bis Juli 2018 gebaut.

Der C 200 d mit dem 2,1-Liter-Vierzylinder-Dieselmotor OM 651 DE 22 LA red. mit 100 kW/136 PS wird bis Anfang 2017 mit dem Siebengang-Automatikgetriebe 7G-TRONIC PLUS und danach mit dem Neungang-Automatikgetriebe 9G-TRONIC ausgestattet. Insgesamt wird das Fahrzeug von September 2014 bis Juli 2018 gebaut.

Der C 220 d BlueEFFICIENCY Edition mit dem 2,1-Liter-Vierzylinder-Dieselmotor OM 651 DE 22 LA mit 120 kW/163 PS wird ausschließlich mit dem Siebengang-Automatikgetriebe 7G-TRONIC PLUS von Juni 2014 bis September 2016 gebaut.

Der C 220 d mit dem 2,1-Liter-Vierzylinder-Dieselmotor OM 651 DE 22 LA mit 125 kW/170 PS wird serienmäßig mit dem Sechsgang-Schaltgetriebe (optional: Siebengang-Automatikgetriebe 7G-TRONIC PLUS und ab Mitte 2016 Neungang-Automatikgetriebe 9G-TRONIC) ausgestattet. Das Fahrzeug wird von Februar 2014 bis Juli 2018 gebaut.

Der C 220 d 4MATIC mit dem 2,1-Liter-Vierzylinder-Dieselmotor OM 651 DE 22 LA mit 125 kW/170 PS wird ausschließlich mit dem Siebengang-Automatikgetriebe 7G-TRONIC PLUS und von Mitte 2016 mit dem Neungang-Automatikgetriebe 9G-TRONIC ausgestattet. Das Fahrzeug wird von Mai 2015 bis Juli 2018 gebaut.

Der C 250 d und der C 250 d 4MATIC mit dem 2,1-Liter-Vierzylinder-Dieselmotor OM 651 DE 22 LA mit 150 kW/204 PS werden ausschließlich mit dem Siebengang-Automatikgetriebe 7G-TRONIC PLUS und ab Mitte 2016 mit dem Neungang-Automatikgetriebe 9G-TRONIC ausgestattet. Die Fahrzeuge werden von Juni 2014 bis Juli 2018 gebaut.

Der C 300 h mit dem 2,1-Liter-Vierzylinder-Dieselmotor OM 651 DE 22 LA und einem Elektromotor mit einer Leistung von 150 kW/204 PS + 20 kW/27 PS wird ausschließlich mit dem Siebengang-Automatikgetriebe 7G-TRONIC von September 2014 bis Juli 2018 gebaut.

Der C 160 mit dem 1,6-Liter-Vierzylinder-Ottomotor M 274 DE 16 AL mit 95 KW/129 PS und mechanischem Sechsgang-Schaltgetriebe (optional: Neungang-Automatikgetriebe 9G-TRONIC) ist ab dem Modelljahr 2016 das neue Einstiegsmodell in die C-Klasse der Baureihe 205 und rollt seit Mai 2015 vom Band.

Der C 180 hat den gleichen Motor wie der C 160, ist jedoch mit einer Motorleistung von 115 kW/156 PS und dem mechanischen Sechsgang-Schaltgetriebe (optional: Siebengang-Automatikgetriebe 7G-TRONIC PLUS, ab Mitte 2016 Neungang-Automatikgetriebe 9G-TRONIC) spezifiziert und wird seit Februar 2014 gebaut.

Der C 200 besitzt den 2,0-Liter-Vierzylinder-Ottomotor M 274 DE 20 AL mit 135 kW/184 PS sowie das mechanische Sechsgang-Schaltgetriebe (optional: Siebengang-Automatikgetriebe 7G-TRONIC PLUS, ab Mitte 2016 Neungang-Automatikgetriebe 9G-TRONIC) und wird von Februar 2014 bis April 2018 gebaut.

Der C 200 4MATIC hat den 2,0-Liter-Vierzylinder-Ottomotor M 274 DE 20 AL mit 135 kW/184 PS und das Siebengang-Automatikgetriebe 7G-TRONIC PLUS, ab Mitte 2016 das Neungang-Automatikgetriebe 9G-TRONIC und wird von April 2015 bis Mai 2018 gebaut.

Der C 250 ist mit dem 2,0-Liter-Vierzylinder-Ottomotor M 274 DE 20 AL mit 155 kW/211 PS und dem Siebengang-Automatikgetriebe 7G-TRONIC

Das Leistungsspektrum des 4,0-Liter-V8-Biturbomotors reicht von 350 kW/476 PS im C 63 bis zu 375 kW/510 PS im C 63 S.

Dank weit öffnender Heckklappe und hoher Laderaumvariabilität bewältigen auch die 205er T-Modelle anspruchsvolle Transportaufgaben.

Es vergeht immerhin ein halbes Jahr, bis den Limousinen der neuen C-Klasse Baureihe die T-Modelle folgen.

PLUS, ab Mitte 2016 dem Neungang-Automatikgetriebe 9G-TRONIC ausgestattet und wird von April 2016 bis Mai 2018 gebaut.

Der C 300 hat den 2,0-Liter-Vierzylinder Ottomotor M 274 DE 20 AL mit 180 kW/245 PS und das Siebengang-Automatikgetriebe 7G-TRONIC PLUS, ab Mitte 2016 das Neungang-Automatikgetriebe 9G-TRONIC und wird von Januar 2015 bis April 2018 gebaut.

Der C 350 e ist mit dem 2,0-Liter-Vierzylinder-Ottomotor M 274 DE 20 AL und einem Elektromotor mit einer Leistung von 155 kW/211 PS + 60 kW/82 PS sowie dem Siebengang-Automatikgetriebe 7G-TRONIC PLUS, ab Mitte 2016 dem Neungang-Automatikgetriebe 9G-TRONIC ausgestattet und wird von März 2015 bis April 2018 gebaut.

Der C 400 4MATIC hat den 3,0-Liter-V6-Ottomotor M 276 DE 30 LA mit 225 kW/333 PS und das Siebengang-Automatikgetriebe 7G-TRONIC PLUS, ab Mitte 2016 das Neungang-Automatikgetriebe 9G-TRONIC und wird seit Oktober 2014 gebaut.

Der C 450 AMG 4MATIC bzw. ab Juli 2016 AMG C 43 4MATIC hat den 3,0-Liter-V6-Ottomotor M 276 DE 30 LA mit 270 kW/367 PS und das Siebengang-Automatikgetriebe 7G-TRONIC PLUS als C 450 AMG 4MATIC bzw. als C 43 AMG 4MATIC das Neungang-Automatikgetriebe 9G-TRONIC. Der C 450 AMG 4MATIC läuft von April 2015 bis Juni 2016 vom Band, der C 43 AMG 4MATIC von Juli 2016 bis April 2018.

Der AMG C 63 und der AMG C 63 S sind in allen vier Karosserievarianten mit dem Motor M 177 DE 40 AL in zwei Leistungsstufen ausgestattet. Der V8 ist im C 63 mit 350 kW/476 PS und im C 63 S mit 375 kW/510 PS spezifiziert und jeweils an das MCT 7-Gang Sportgetriebe gekoppelt. Beide Versionen werden von Februar 2015 bis April 2018 gebaut.

T-Modell S 205

Ein halbes Jahr nach der Limousine erlebt das intern als S 205 bezeichnete T-Modell am 21. Mai 2014 seine Pressepremiere. Es ist bis auf das größere Ladevolumen von 490-1510 Liter und das um 50 kg höhere Leergewicht mit der Limousine in puncto Motorisierung und Ausstattungsumfang identisch. Im Verhältnis zum Vorgänger zeichnet sich der Laderaum durch größere Variabilität aus. Wichtigstes Merkmal dort ist die im Verhältnis 40:20:40 umklappbare Rücksitzlehne. Dabei kann die mittlere Lehne, in der sich auch Armlehne, Cupholder und Ablagefach befinden, allein oder gemeinsam mit der linken Lehne umgeklappt werden. Ebenfalls neu ist das bordkantenfeste Laderollo. Laderaumvolumen und Zuladung haben sich gegenüber dem Vorgänger leicht erhöht.

Wie bei der Limousine stehen die vier Ausstattungslinien Serienausstattung, AVANTGARDE, EXCLUSIVE und AMG Line zur Verfügung. Für das T-Modell nützlich ist die Sonderausstattung HANDS-FREE ACCESS, mit der sich die Heckklappe berührungslos über eine Kickbewegung unter dem hinteren Stoßfänger öffnen und schließen lässt. Für den Transport von Skiern oder Snowboards durch die mittlere hintere Armlehne eignet sich eine spezielle Tasche, die bis zu vier Paar Skier oder zwei Snowboards aufnehmen kann. Die Tasche ist herausnehmbar ausgeführt und für einen Einsatz außerhalb des Fahrzeugs sogar mit einem aus zwei Rollen bestehenden Radsatz ausgestattet.

Coupé C 205

Am 14. August 2015 wird mit dem intern als C 205 bezeichneten Coupé die dritte und vorerst eleganteste, aber auch 60 kg schwerere Karosserievariante der Baureihe 205 der Presse vorgestellt. Aufbauend auf der einheitlichen Plattform ergeben sich hier doch deutliche Unterschiede zur Limousine. Zur größeren Eleganz tragen die um 37 mm geringere Höhe sowie die Zweitürigkeit mit einer früher abfallenden Dachkontur bei.

Dieses Coupé trägt stilistische Gene des früheren W 111 Coupés in sich und verbindet klare, ruhige Formen und ausgewogene Proportionen mit der dynamischen Eleganz heutiger Tage. Im Exterieurbereich fällt an der Front der Diamantgrill mit einer Lamelle und schwarz hochglänzenden Pins ins Auge. Die optionale AMG Line Exterieur besteht aus der AMG Frontschürze mit größeren Lufteinlässen und der AMG Heckschürze in Diffusoroptik mit in Wagenfarbe gehaltenem Einsatz.

Das Interieur baut auf den Designmerkmalen der Line AVANTGARDE der Limousine und des T-Modells auf und ist mit Sportsitzen in Integraloptik ausgestattet. Serienmäßig vorhanden sind die aus den Coupés der Baureihe 126 seit 1981 bekannten automatischen Gurtbringer.

Neu ist bei den Coupés das Angebot von fünf mit dem Allradantrieb 4MATIC versehenen Typen. Bei den Diesel-motorisierten sind das der C 220 d 4MATIC und der C 250 d 4MATIC und bei den Ottomotoren die Modelle C 200 4MATIC, C 400 4MATIC und Mercedes-AMG C43 4MATIC. Mit Heckantrieb kommen zunächst die Typen C 220 d, C 250 d, C 180, C 200, C 250, C 300, Mercedes-AMG C 63 und Mercedes-AMG C 63 S. Das Coupé verfügt über das AGILITY CONTROL Fahrwerk mit selektivem Dämpfungssystem und Tieferlegung, auf Wunsch ist das Luftfederungssystem AIRMATIC mit stufenloser Dämpfungsregelung lieferbar sowie in Verbindung mit der AMG Line ein Sportfahrwerk mit Sport-Direktlenkung. Das optionale System DYNAMIC SELECT passt per Fingertipp die Charakteristik von Motor, Fahrwerk und Lenkung ans gewählte Fahrprogramm an.

Der um 37 Millimeter niedrigere Dachaufbau verleiht dem Erscheinungsbild des neuen Coupés mehr Eleganz und zugleich mehr Dynamik - hier verstärkt durch das als Sonderausstattung verfügbare gläserne Panoramadach.

Oben: Sportsitze in Integraloptik sind Teil der Serienausstattung des neuen C-Klasse Coupés. Auch die legendären Gurtbringer feiern Wiederauferstehung.

Rechts: Radikaler Wandel: Das C-Klasse Coupé der Baureihe 205 bricht grundlegend mit der Gestaltungsästhetik seines relativ kurzlebigen Vorgängers.

Cabriolet A 205

Das Cabriolet erlebt als letzte Karosserievariante der Baureihe 205 seine Premiere am 29. Februar 2016 und sorgt in seinem Segment sofort für ein Alleinstellungsmerkmal: Es kann auch mit Luftfederung und Allradantrieb geordert werden. Das Cabriolet ist technisch und stilistisch eng verwandt mit dem Coupé. Das vollautomatische, waschstraßenfeste Verdeck ist bis zu einer Fahrgeschwindigkeit von 50 km/h zu öffnen und zu schließen, wobei dieser Vorgang selbst 20 Sekunden dauert. Optional ist ein mehrlagiges Stoff-Akustikverdeck lieferbar, das für ein besonders niedriges Geräuschniveau und eine außergewöhnlich gute Wärmeisolierung sorgt. Während das normale Verdeck in der Farbe schwarz geliefert wird, ist das Akustikverdeck auch in dunkelblau, dunkelrot und dunkelbraun verfügbar.

Mit einer Höhe von 1409 Millimetern ist das Cabriolet um 33 Millimeter niedriger und mit einem Leergewicht von 1665 kg um 120 kg schwerer als eine vergleichbare Limousine der Baureihe. Der Gewichtsunterschied ist den zahlreichen Verstärkungsmaßnahmen geschuldet, die an der offenen Karosserie notwendig sind, um jene Stabilität und Unfallsicherheit zu gewährleisten, die auch den geschlossenen Fahrzeugen zu eigen ist. Dazu gehört auch die Kassettenlösung der im Falle eines Überschlags ausfahrenden Bügel hinter den hinteren Kopfstützen. Während beim Coupé die Palette lieferbarer Typen aus vier Diesel- und neun Benziner-Versionen besteht, gibt es beim Cabriolet nur drei Diesel-motorisierte Typen – ein offener C 250 d 4MATIC wird nicht angeboten.

Oben: Premiere nach 23 Jahren: Die Baureihe 205 ist die erste C-Klasse Modellfamilie, die durch eine offene Version komplettiert wird.

Rechts: Um den Cabriolet-Passagieren in jeder Beziehung Mercedes-typischen Unfallschutz zu bieten, gehören auch die bewährten, im Fall eines Überschlags ausfahrenden Bügel hinter den hinteren Kopfstützen zum Sicherheitskonzept.

C-Class Sedan

Modellpflege 2018

Nach vier erfolgreichen Jahren wird die C-Klasse 2018 äußerlich dezent überarbeitet. An der Auswahl der vier Karosserievarianten Limousine, T-Modell, Coupé und Cabriolet ändert sich nichts. Die entscheidenden Änderungen bleiben jedoch unsichtbar. Sie betreffen vor allem die beiden neuen Vierzylinder-Triebwerke M 264 und OM 654, die den Löwenanteil an der Motorenpalette ausmachen.

Der Vierzylinder-Dieselmotor OM 654 ist Teil eines neuen Motorenbaukastens von Vier- und Sechszylinder-Dieselmotoren mit gleichem Zylinderinhalt von rund 500 cm^3 und gleichem Zylinderabstand (90 mm) sowie einer großen Anzahl von Gleichteilen. Er wird nach seiner Premiere 2016 zunächst in der E-Klasse (W 213) und dann auch in der C-Klasse als 2,0-Liter-Motor (OM 654 DE 20 G SCR) eingesetzt.

Der erste Vollaluminium-Vierzylinder-Diesel von Mercedes-Benz ist im Hinblick auf kommende, weiter verschärfte Emissionsvorschriften des Real Driving Emissions Tests (RDE) und der Worldwide harmonized Light vehicles Test Procedure (WLTP) entwickelt worden. Er ist im Vergleich zu seinem Vorgänger mit 125 kW/170 PS in der 143 kW/195 PS leistenden Version um 35,4 kg leichter. Die Stahlkolben mit Stufenmulden-Brennverfahren zur geringeren Partikelemission bewegen sich auf einer Zylinderlaufbahn mit NANOSLIDE®-Beschichtung, die für eine bessere Schmierung der Lauffläche im Aluminium-Kurbelgehäuse sorgt.

Die Steuerung der vier Ventile erfolgt durch zwei obenliegende Nockenwellen, die am hinteren Motorende von einer Kette angetrieben werden. Diese Kette übernimmt auch den Antrieb der Hochdruckpumpe der Common-Rail Dieseleinspritzung. Für einen schwingungsarmen Lauf des 2,0-Liter-Motors sorgen zwei gegenläufige Lanchester-Ausgleichswellen. Der Abgasturbolader mit variabler Turbinengeometrie (VTG) ist wassergekühlt.

Das Abgas wird zunächst in einen Diesel-Oxidations-Katalysator geleitet, bevor die AdBlue®-Flüssigkeit beigemischt wird. Danach wird die Flüssigkeit im Abgasstrom verdampft und verteilt sich gleichmäßig auf der Oberfläche des Partikelfilters, dem noch ein SCR-Katalysator zur Verringerung der Stickoxide (NOx) nachgeschaltet ist. Das so gereinigte Abgas gelangt dann in die Auspuffanlage.

Eingebaut wird der OM 654 DE 20 G SCR in die Typen C 200 d mit 110 kW/150 PS, C 220 d und C 220 d 4MATIC mit 143 kW/194 PS und C 300 d sowie C 300 d 4MATIC mit 180 kW/245 PS. Der OM 654 DE 16 G SCR ist die von der 2,0-Liter-Ausführung abgeleitete, quasi baugleiche 1,6-Liter-Version. Er hat im Gegensatz zum größeren Triebwerk aufgrund seines kürzeren Hubs einen besseren Massenausgleich und benötigt deshalb keine Lanchester-Ausgleichswellen. Eingebaut wird der 1,6-Liter in den C 180 d mit 90 kW/122 PS und den C 200 d mit 118 kW/160 PS.

Der Vierzylinder-Ottomotor M 264 ist, analog zum Diesel OM 654, Teil eines modularen Motorenbaukastens, der ebenfalls Vier- und Sechszylinder-Triebwerke mit gleichem Zylinderinhalt von 500 cm^3, gleichem Zylinderabstand (90 mm) sowie einer großen Anzahl von Gleichteilen umfasst.

Der M 264 E 15 DEH LA ist die ladeluftgekühlte 1,5-Liter-Version der Vierzylinder-Motorenbaureihe. Der Vierventiler verfügt über zwei obenliegende Nockenwellen, wobei die Einlassventile mit der variablen Ventilsteuerung CAMTRONIC ausgestattet sind. Das Triebwerk besitzt einen Twinscroll Abgasturbolader, der einen vorgeschalteten elektrischen Zusatzverdichter aufweist: In 300 Millisekunden beschleunigt dieser den Lader auf 70.000/min und sorgt für spontane Reaktionen des Motors auf Gaspedalimpulse. Beim Twinscroll Abgasturbolader sind die Abgaskanäle von jeweils zwei Zylindern zusammengefasst. Im Abgasstrang ist dem Dreiwege-Katalysator ein Partikelfilter nachgeschaltet. Damit ist der M 264 einer der ersten Benzinmotoren mit einem solchen Filter.

Der OM 654 gehört zu einem 2016 eingeführten Motorenbaukasten hochmodern konzipierter Vier- und Sechszylinder-Dieseltriebwerke.

Im Hinblick auf erneut verschärfte Emissionsvorschriften kommen Stahlkolben mit Stufenmulden-Brennverfahren zum Einsatz, die weiter reduzierte Partikelemissionen verursachen.

Der Gaswechsel im OM 654 erfolgt - ganz wie bei einem höher drehenden Ottomotor - mithilfe von zwei obenliegenden Nockenwellen, die vier Ventile pro Zylinder steuern.

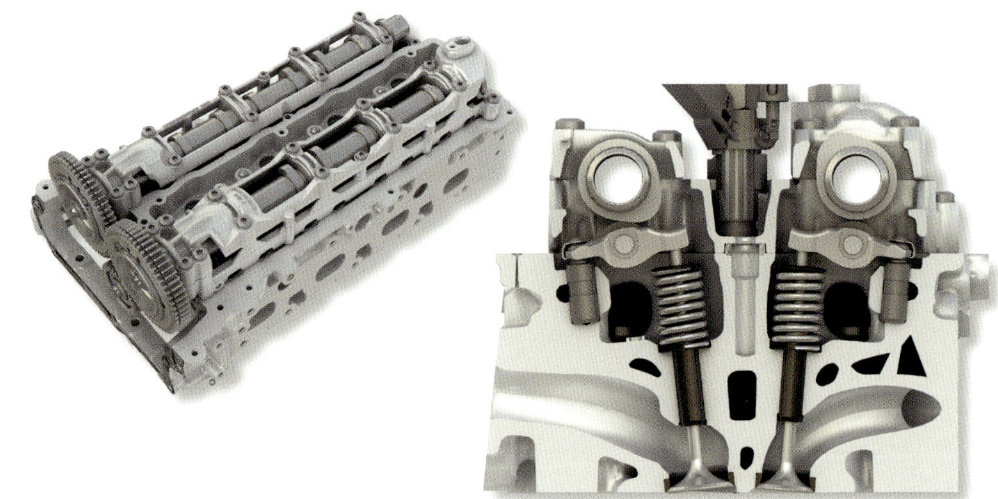

Unverändert kombiniert das T-Modell markentypische Kultiviertheit mit hoher Transportkapazität.

Das stilistisch modifizierte Unterteil der Heckschürze gehört zu den wenigen äußeren Charakteristika der 2018 überarbeiteten C-Klasse.

Eine zukunftsorientierte Besonderheit ist das zusätzlich zum 12-V-Bordnetz eingesetzte 48-V-Bordnetz. Es ermöglicht den Einsatz eines riemengetriebenen Startergenerators, der Lichtmaschine und Anlasser ersetzt. Zudem unterstützt der kurz RSG genannte Generator den Verbrennungsmotor kurzzeitig mit bis zu 10 kW/14 PS. Diese bis 2500/min verfügbare sogenannte Boost-Funktion ermöglicht beim Bremsen zum Teil die Rekuperation mit 12 kW. Eingebaut wird dieser Motor in den C 200.

Der M 264 E 20 DEH LA ist die 2,0-Liter-Version des oben beschriebenen Motors mit 190 kW/258 PS, allerdings ohne 48-V-Bordnetz und Startergenerator.

Der M 276 DE 30 LA des Mercedes-AMG C 43 4MATIC wird 2018 leistungsmäßig auf 287 kW/390 PS bei unveränderten Drehmomentwerten angehoben.

Ausstattung Exterieur

Optional sind jetzt auch in der C-Klasse die neu gezeichneten Scheinwerfer als Multibeam LED-Lampen mit Ultra Range-Fernlicht lieferbar, das bis zu 650 Meter weit strahlt. Bei Fahrten mit Dauerfernlicht blendet es den Gegenverkehr aus dem Lichtkegel aus. Das ebenfalls auf Wunsch erhältliche Intelligent Light System leuchtet außerdem Kreuzungen, Kreisverkehre und Kurven aus und stellt den Lichtkegel auf Stadt- und Autobahnfahrten ein. Diese Technik gab es bisher nur bei der S-Klasse und im CLS. Serienmäßig wird die C-Klasse mit Halogen-Scheinwerfern und LED-Tagfahrlicht ausgerüstet.

An der Front ändert sich außer dem Design der Scheinwerfer die Gestaltung der Lufteinlässe in der Bugschürze. Sie ähneln nun der Frontschürze der vorherigen Ausstattungslinie AMG Line Exterieur. Die mittlere Öffnung ist gegenüber der AMG Schürze breiter und in der Vertikalen weiter nach unten gezogen worden. Die AMG Line erhält serienmäßig den Diamantgrill. Den S-Klasse Kühlergrill mit dem Stern auf der Haube trägt wie bisher die Exclusive Line. Am Heck ist das Unterteil der Heckschürze modifiziert. Dasselbe gilt für die Grafik der Heckleuchten.

Das DYNAMIC BODY CONTROL Fahrwerk ist mit einer kontinuierlichen Verstelldämpfung für Vorder- und Hinterachse ausgestattet. Das stufenlose System steuert die Dämpfungscharakteristik im Zusammenspiel mit Motor-, Getriebe- und Lenkungseigenschaften für jedes Rad individuell – passend zu Fahrsituation, Fahrgeschwindigkeit und Fahrbahnzustand. Das individuelle Fahrwerkssetup lässt sich über den DYNAMIC SELECT Schalter in den drei Stufen „Sport“, „Sport+“ und „Comfort“ modulieren.

Wenige Wochen nach Limousine und T-Modell kommen – nach nur zweijähriger Marktpräsenz – auch die zweitürigen Versionen der C-Klasse in aktualisierter Form auf den Markt.

Allen Modellen und Versionen der modellgepflegten C-Klasse gemeinsam sind die neu gezeichneten Scheinwerfer, die auf Wunsch als Multibeam LED-Lampen mit Ultra Range-Fernlicht lieferbar sind.

Als Erkennungsmerkmal der nun modifizierten AMG Line hält am Wagenbug der serienmäßige Diamantgrill Einzug.

Oben: Unter der Blendschutzhaube des Cockpits zeigt das abgebildete Fahrzeug statt der beiden klassischen Rundinstrumente das nun auch in der C-Klasse optional verfügbare volldigitale Anzeigedisplay.

Unten: Ausdrucksstark präsentiert sich im Interieur der erstmals modellgepflegten C-Klasse Limousine W 205 die Farbkombination Leder platinweiß pearl/schwarz.

Ausstattung Interieur

Serienmäßig weist das Cockpit zwei klassische Rundinstrumente auf. Zwischen den beiden Tuben von Tacho und Drehzahlmesser befindet sich ein 5,5-Zoll-Display. Smartphones können in der Ablage in der Mittelkonsole kabellos per Qi-Standard geladen werden.

Auf Wunsch ist ein volldigitales Instrumenten-Display erhältlich, das aus einem 12,3 Zoll großen, hochauflösenden Kombiinstrument besteht und die frei wählbaren Anzeigestile „Classic“, „Sport“ und „Progressive“ bietet.

Der serienmäßige Aktive Brems-Assistent hilft, situationsabhängig Auffahrunfälle mit langsam vorausfahrenden, anhaltenden und stehenden Fahrzeugen sowie sogar Unfälle mit querenden Fußgängern und Fahrradfahrern in ihrer Schwere zu mindern oder ganz zu vermeiden.

COMAND Online der neuesten Generation bietet unter anderem schnelle 3D-Festplatten-Navigation mit topografischer Kartendarstellung, fotorealistischen 3D-Gebäuden und 3D-Kartenrotationen. Auf der Navigationskarte werden umfangreiche Informationen angezeigt: neben dem Verkehrsaufkommen nahezu in Echtzeit beispielsweise auch Car-to-X Warnmeldungen, das Wetter, Tankstellen inklusive aktueller Kraftstoffpreise und freie Parkplätze.

Die DISTRONIC nutzt in der C-Klasse Karten- und Navigationsdaten für Assistenz-Funktionen und unterstützt als Teil des Fahrassistenz-Pakets den Fahrer jeweils streckenbasiert in einer Vielzahl von Situationen. Mit Radar und Kamera schaut die C-Klasse bis zu 500 Meter nach vorn, 40 Meter zur Seite und 80 Meter nach hinten. So passt sie beispielsweise vorausschauend die Geschwindigkeit vor Kurven, Kreuzungen oder Kreisverkehren an.

Als neue Systeme kommen der Aktive Lenk-Assistent, ein intuitiv verständlicher Aktiver Spurwechsel-Assistent, der über die Betätigung des Blinkerhebels ausgelöst wird, und der Aktive Nothalt-Assistent hinzu. Der serienmäßige Bremsassistent soll Fußgänger und Fahrradfahrer besser erkennen und Unfälle vermeiden helfen. Beim Lenken und Ausweichen helfen ebenfalls Assistenzsysteme, auch ein Notfall-Assistent ist neu an Bord.

Die ebenfalls aus ranghöheren Mercedes-Benz Baureihen bekannte ENERGIZING Komfortsteuerung vernetzt verschiedene Komfortsysteme im Fahrzeug. Sie nutzt gezielt Funktionen der Klimaanlage (einschließlich Beduftung), der Sitze (Heizung, Belüftung) sowie Licht- und Musikstimmungen und ermöglicht, je nach Wunsch des Kunden, ein spezielles Wellness-Setup.

Neu unter den Sonderausstattungen ist ein zusätzliches Soundsystem. Mit neun Lautsprechern und einer Leistung von 225 Watt (2 x Frontbass mit 50 W, restliche fünf Kanäle jeweils 25 W) positioniert es sich zwischen dem Standard-Soundsystem und dem Highend-Angebot des Burmester® Surround-Soundsystems.

Mercedes-AMG C 63 und C 63 S erhalten als wichtigste Neuerung das AMG SPEEDSHIFT MCT 9-Gang-Getriebe.

Links. Auf Wunsch für die Modelle der C-Klasse erhältlich ist das Multimediasystem COMAND Online. Es verfügt in der neuesten Generation etwa über schnelle 3D-Festplatten-Navigation.

Oben: Im – überschaubaren – Wettbewerbsumfeld überzeugt der offene Viersitzer durch sein gutes Raumangebot und die Detailperfektion.

BOSCH
BOSCH
BOSCH
BOSCH
BOSCH
Di Resta
Tomczyk
DEKRA
4
ADAC
AMG
DUNLOP
Deutsche Post
DUNLOP

KAPITEL 7 – DTM-EINSÄTZE VON 2008 BIS 2018

2008

2008 erlässt der DMSB neue Regeln für die DTM-Fahrzeuge.

- Basisgewichte einschließlich Fahrer gelten für folgende Jahrgänge:

2008	1050 kg
2007	1040 kg
2006	1030 kg

- Stallregie der Fahrer durch den Boxenfunk wird verboten.
- In einer Safety-Car-Phase dürfen die Fahrer wieder sofort die Boxen aufsuchen.
- Die zwei Pflichtboxenstopps müssen im letzten Drittel des Rennens absolviert werden.

2008 steht die Optimierung der Aerodynamik im Vordergrund, da eine Weiterentwicklung der Fahrzeuge aus Kostengründen untersagt ist. Probleme bereiten allen Teams die vorgeschriebenen Einheitsreifen von Dunlop, da es schwierig ist, sie auf den optimalen Luftdruck einzustellen und sie richtig aufzuheizen. Das hängt wiederum von den richtigen Einstellwerten der Achsen ab. Selbst bei identischen Fahrzeugen ergeben sich da unterschiedliche Werte.

2008: Der spätere Sieger, Jamie Green auf Salzgitter AMG Mercedes C-Klasse, übernimmt beim Start in Mugello die Führung; Markenkollege Paul Di Resta (rechts) verbessert sich vom fünften auf den zweiten Platz.

DTM-Meisterschaft, Fahrerwertung 2008
Endstand nach Punkten:

Timo Scheider	(Audi Abt)	75
Paul Di Resta	(AMG Mercedes)	71
Mattias Ekström	(Audi Abt)	56
Jamie Green	(AMG Mercedes)	52
Bruno Spengler	(AMG Mercedes)	38
Bernd Schneider	(AMG Mercedes)	34

2009

Seit dem Mai 2008 quälen sich die Ingenieure wieder damit, wie die Fahrzeuge für das darauffolgende Jahr zu optimieren sind. Es gelten immer noch die vom Reglement vorgeschriebenen engen Grenzen der Weiterentwicklung. Dies führt dazu, dass sich die Wagen des Jahrgangs 2009 nur unwesentlich von denen der Vorsaison unterscheiden. Auch HWA Vorstand Hans-Jürgen Matheis meint, man sähe nicht viel an den Wagen des neuen Jahrgangs. So endet die Mündung der Abgasanlage ins Freie in einer Acht-in-eins-Anlage auf der rechten Fahrzeugseite. Im Juli 2009 wird sie durch eine Acht-in-zwei-Anlage ersetzt, die je ein Endrohr auf jeder Fahrzeugseite aufweist. Ein Element aerodynamischer Optimierung besteht darin, einen Teil des anströmenden Fahrtwindes

2009: Am Norisring gelingt Jamie Green in der AMG-Mercedes des C-Klasse der erste Saisonsieg.

mithilfe großer Kanäle von quadratischem Querschnitt durch das Cockpit zu leiten, um sie dann zur Steigerung des Abtriebs einem Doppeldiffusor zuzuleiten.

DTM-Meisterschaft, Fahrerwertung 2009
Endstand nach Punkten:

Timo Scheider	(Audi Abt)	64
Gary Paffett	(AMG Mercedes)	59
Paul Di Resta	(AMG Mercedes)	45
Mattias Ekström	(Audi Abt)	41
Bruno Spengler	(AMG Mercedes)	41

2010

Aus Kostengründen wird die Entwicklung der Fahrzeuge für das Jahr 2010 eingefroren. Das betrifft schwerpunktmäßig die Komponenten Motor, Lenkungssystem, Radträger, Stoßdämpfer, Sicherheitszelle sowie Sicherheitskäfig und führt dazu, dass für die Saison 2010 keine neuen Fahrzeuge gebaut werden. Dunlop setzt einen neuen Einheitsreifen ein, der zwar im Aufbau gleich bleibt, sich aber in der Gummimischung von den bisherigen Reifen unterscheidet. Besonders empfindlich reagiert er auf Änderungen des Radsturzes und des Luftdrucks.

DTM-Meisterschaft, Fahrerwertung 2010
Endstand nach Punkten:

Paul Di Resta	(AMG Mercedes)	71
Gary Paffett	(AMG Mercedes)	67
Bruno Spengler	(AMG Mercedes)	66
Timo Scheider	(Audi Abt)	53
Mattias Ekström	(Audi Abt)	35
Jamie Green	(AMG Mercedes)	32

2010: Gary Paffett bei der Qualifikation auf dem Adria International Raceway. Im Rennen wird er Zweiter.

2011:Der Brite Jamie Green erzielt beim Finallauf auf dem Hockenheimring seinen einzigen Saisonsieg und platziert sich im Schlussklassement der Fahrerwertung als zweitbester AMG Mercedes Pilot auf Rang fünf.

2011

Die einzige Änderung im Fahrzeugbereich ist für die neue Saison die Ablösung Dunlops als alleiniger Reifenlieferant durch den südkoreanischen Hersteller Hankook, der neben den Slicks Ventus F200 den Regenreifen Ventus Z207 zur Verfügung stellt.

DTM-Meisterschaft, Fahrerwertung 2011
Endstand nach Punkten:

Martin Tomczyk	(Audi Abt)	72
Mattias Ekström	(Audi Abt)	52
Bruno Spengler	(AMG Mercedes)	51
Timo Scheider	(Audi Abt)	36
Jamie Green	(AMG Mercedes)	35

2012

Die neue Saison ist das Jahr mit den größten Änderungen seit 2006. Außerdem steigt BMW jetzt als dritter Hersteller in die DTM ein. Optisch unterscheiden sich die neuen Fahrzeuge durch die zweitürigen Silhouette-Karosserien, die sich optisch an Coupé-Karosserien der teilnehmenden Marken orientieren. 40 Prozent Kostenersparnis soll durch den Einsatz von Gleichteilen erreicht werden. Gestrichen wird die Durchströmung der Karosserie, dafür wird ein einheitlicher Heckflügel vorgesehen, ohne zusätzliche Aeroflügel am Heck. Zur Erhöhung der Fahrersicherheit wird ein einheitliches CFK-Monocoque entwickelt.

Einheitlich ist auch das sequenzielle Sechsgang-Transaxlegetriebe, das über Schaltwippen am Lenkrad geschaltet wird. Weil die gesamte Renndistanz ohne Nachtanken absolviert werden muss – auch das eine Neuheit –, werden 120-Liter-Tanks eingebaut. Die Reifengrößen ändern sich vorn von 260 x 660 mm auf 300 x 680 mm und hinten von 280 x 660 mm auf 310 x 710 mm. Das Fahrzeuggewicht beträgt 1050 kg. Auf der Motorenseite bleibt es beim bekannten Vierliter-V8-Saugmotor, dessen Leistung von Mercedes-Benz mit 500 PS/368 kW bei einem Drehmoment von 500 Nm angegeben wird. Neu ist auch, dass Flaggensignale von der Rennleitung gesteuert als Signale am Lenkrad angezeigt werden.

DTM-Meisterschaft, Fahrerwertung 2012
Endstand nach Punkten:

Bruno Spengler	(BMW Schnitzer)	149
Gary Paffett	(AMG Mercedes)	145
Jamie Green	(AMG Mercedes)	121
Mike Rockenfeller	(Audi Phoenix)	85
Edorado Mortara	(Audi Rosberg)	82

2013

Mercedes-Benz verkleinert die Zahl seiner teilnehmenden Fahrzeuge von acht auf sechs. Im Zuge dieser Reduzierung scheidet das Persson Team aus. In der neuen Saison entspricht die technische Basis der Fahrzeuge der des Vorjahres, lediglich die Breite der Hinterreifen wird von 310 auf 320 mm erhöht. Als bedeutende Änderung respektive Erweiterung der Möglichkeiten wird das aus der Formel 1 bekannte Drag Reduction System (DRS) – ein System zum Flachstellen des Heckflügels – eingeführt. Im Gegensatz zur Formel 1 ist das Überhol-Hilfsmittel in der DTM bei einem Abstand von maximal zwei Sekunden, gemessen an der Start-Ziel-Linie in derselben Runde, an beliebiger Stelle des jeweiligen Kurses einsetzbar.

Ausnahmen sind die ersten und letzten drei Runden eines Rennens sowie die drei Runden nach einer Safety-Car-Phase. Verwendet wird das DRS auf allen Rennstrecken mit Ausnahme von Zandvoort. Grund sind Sicherheitsbedenken wegen starker Sandverwehungen der in Strandnähe liegenden Rennstrecke. Neu ist auch der obligatorische Einsatz einer weicheren Reifenmischung während eines Rennens.

DTM-Meisterschaft, Fahrerwertung 2013
Endstand nach Punkten:

Mike Rockenfeller	(Audi Phoenix)	142
Augusto Farfus	(BMW RBM)	116
Bruno Spengler	(BMW Schnitzer)	82
Christian Vietoris	(AMG Mercedes)	77
Robert Wickens	(AMG Mercedes)	70
Gary Paffett	(AMG Mercedes)	69

2012: Am Nürnberger Dutzendteich holt sich Jamie Green auf dem Mercedes AMG C-Coupé seinen ersten Saisonsieg.

2014

Beim DRS entfällt die Deaktivierung in den letzten drei Runden ebenso wie das Verbot im Rennen in Zandvoort. Pro Hersteller dürfen nur noch zwei Ersatzmotoren verwendet werden. Je nach erzielten Rennresultaten müssen alle Fahrzeuge einer Marke mit Zusatzgewichten von maximal 10 kg versehen werden. Der Qualifying-Modus wird dem der Formel 1 angeglichen.

DTM-Meisterschaft, Fahrerwertung 2014
Endstand nach Punkten:

Marco Wittmann	(BMW RMG)	156
Mattias Ekström	(Audi Abt)	106
Mike Rockenfeller	(Audi Phoenix)	72
Christian Vietoris	(AMG Mercedes)	69
Edoardo Mortara	(Audi Abt)	68

2014: Beim fünften Saisonlauf in Moskau gibt der Formel-1-Rückkehrer Paul Di Resta sein Comeback in der DTM. Im Rennen kommt er nicht ins Ziel.

2015: Im zweiten Rennen auf dem Red Bull Ring fährt Paul Di Resta auf Rang 3, während es Champion Pascal Wehrlein bei Platz 21 belässt.

2015

Ab dieser Saison werden an einem Wochenende zwei Rennen an zwei Tagen durchgeführt. Das Zeitlimit für das Rennen am Samstag beträgt 40 Minuten, für das Sonntags-Rennen 60 Minuten. Mercedes ändert die Bezeichnung der eingesetzten Fahrzeuge von „DTM AMG Mercedes C-Coupé“ in „Mercedes-AMG C 63 DTM“ und vergrößert sein Aufgebot von sieben auf acht Fahrzeuge. HWA reduziert die Zahl der Einsatzfahrzeuge von fünf auf vier, dafür steigt das Team ART mit zwei Fahrzeugen in die Serie ein. Neuerungen gibt es beim DRS-Einsatz: Das System darf drei Mal in einer Runde eingesetzt werden, und der Abstand zum Vorausfahrenden wird von zwei auf eine Sekunde reduziert.

Da den Teams für beide Qualifyings und beide Rennen nur vier Reifensätze zur Verfügung stehen und im zweiten Rennen zwei Sätze verwendet werden müssen, wird ein Reifensatz zweimal eingesetzt. Analog zur Formel 1 herrscht von Samstag auf Sonntag Arbeitsverbot an den Fahrzeugen. Einmal je Saison gibt es pro Fahrer eine Ausnahme, wo durchgearbeitet werden darf. Der Einsatz von

Oben: Felix Rosenqvist gelingt 2016 bei seinem erst dritten DTM-Wochenende mit Rang acht im ersten Lauf auf dem kurvenreichen Hungaroring ein echter Überraschungscoup.

Rechts: In einer allmählich von Audi dominierten Saison 2017 mag Platz fünf von Paffett in Lauf 2 in Zandvoort schon als Erfolg gelten.

zwei Ersatzmotoren pro Saison und Hersteller wird auf ein Triebwerk beschränkt.

DTM-Meisterschaft, Fahrerwertung 2015
Endstand nach Punkten:

Pascal Wehrlein	(AMG Mercedes)	169
Jamie Green	(Audi Rosberg)	150
Mattias Ekström	(Audi Abt)	147
Edoardo Mortara	(Audi Abt)	143
Bruno Spengler	(BMW MTEK)	123

2016

Für die Saison tritt eine neue Vergaberichtlinie für Zusatzgewichte, auch Performance-Gewichte genannt, in Kraft, für die nach der Qualifikation die schnellste Rundenzeit des schnellsten Piloten eines Herstellers anhand der drei schnellsten Sektorenzeiten maßgebend ist. Ist der schnellste Fahrer eines anderen Herstellers mehr als 0,1 Sekunden langsamer, muss der schnellere 2,5 kg Zusatzgewicht in jedes Fahrzeug platzieren. Der langsamere Hersteller darf 2,5 kg Zusatzgewicht entfernen. Bei einer Zeitdifferenz von mehr als 0,2 Sekunden beläuft sich das Zusatzgewicht auf 5 kg.

DTM-Meisterschaft, Fahrerwertung 2016
Endstand nach Punkten:

Marco Wittmann	(BMW RMG)	206
Edoardo Mortara	(Audi Abt)	202
Jamie Green	(Audi Rosberg)	145
Robert Wickens	(AMG Mercedes)	124
Paul Di Resta	(AMG Mercedes)	116

2017

Im Zuge von Kosteneinsparungen verringern die drei Hersteller Audi, BMW und Mercedes-Benz die Zahl ihrer Fahrzeuge von acht auf sechs. Außerdem trennt sich Mercedes von Mücke Motorsport und ART Grand Prix, sodass alle Fahrzeuge von der HWA AG betreut werden. Zum ersten Mal sind wieder Fahrzeugänderungen vorgesehen. Am Motor

Keine Spur von Wehmut: Nach dreißig spannenden und erfolgreichen Jahren verabschiedet sich Mercedes am Sonntagabend auf der Zielgeraden des Hockenheimer Motodroms von der DTM-Bühne und bricht zu neuen Ufern auf.

wird der Durchmesser des Luftmengenbegrenzers von 28 auf 29 Millimeter vergrößert. Zudem dürfen genau spezifizierte Bereiche des Ansaugsystems weiterentwickelt werden.

Zur Verringerung des Anpressdrucks – um auf diese Weise langsamere Rundenzeiten und erschwerte Fahrbarkeit zu erreichen – werden aerodynamische Änderungen vorgenommen, die aus folgenden Maßnahmen bestehen: Erhöhung der Bodenfreiheit, Änderungen an Frontspoiler, Unterboden und Diffusor sowie Änderungen am Heckspoiler, der beim Einsatz des DRS nur noch mit dem oberen Heckflügelelement abklappt, anstelle wie zuvor mit dem gesamten Heckflügel. Für alle Fahrzeuge sind nun Einheitsfelgen der Marke ATS obligatorisch, Heizdecken zum Vorwärmen der Reifen werden untersagt.

Die unterschiedlich langen Rennen am Samstag und Sonntag werden vereinheitlicht. Das Samstagsrennen wird von 40 auf 55 Minuten verlängert und das Rennen am Sonntag von 60 auf 55 Minuten verkürzt. Die Zahl der beim Boxenstopp am Fahrzeug arbeitenden Mechaniker wird von 15 auf 8 reduziert. Für den Reifenwechsel ist nur noch ein Schlagschrauber erlaubt. Das Punktesystem wird dahingehend verändert, dass die drei schnellsten Fahrer des Qualifyings Punkte erhalten. Der Erste drei, der Zweite zwei und der Dritte einen Punkt. Änderungen auch im Laufe der Saison beim Thema Performance-Gewichte: Bei einem Basisgewicht von 1125 kg werden bis zum Rennen auf dem Nürburgring Gewichte ein- und ausgeladen. Ab dem Rennen auf dem Red Bull Ring entfällt dieses Prozedere. Alle Fahrzeuge fahren mit dem zu Saisonbeginn festgelegten Einheitsgewicht.

DTM-Meisterschaft, Fahrerwertung 2017
Endstand nach Punkten:

René Rast	(Audi Rosberg)	179
Mattias Ekström	(Audi Abt)	176
Jamie Green	(Audi Rosberg)	173
Mike Rockenfeller	(Audi Phoenix)	167
Marco Wittmann	(BMW RMG)	160
Lucas Auer	(AMG Mercedes)	136

2018

In der 32. DTM-Saison (der 19. seit Neugründung der Serie) gab es keine Reglement-Änderungen.

DTM-Meisterschaft, Fahrerwertung 2018
Endstand nach Punkten:

Gary Paffett	(AMG Mercedes)	255
René Rast	(Audi Rosberg)	251
Paul Di Resta	(AMG Mercedes)	233
Marco Wittmann	(BMW RMG)	164
Timo Glock	(BMW RMR)	144
Edoardo Mortara	(AMG Mercedes)	140
Lucas Auer	(AMG Mercedes)	121
Pascal Wehrlein	(AMG Mercedes)	108

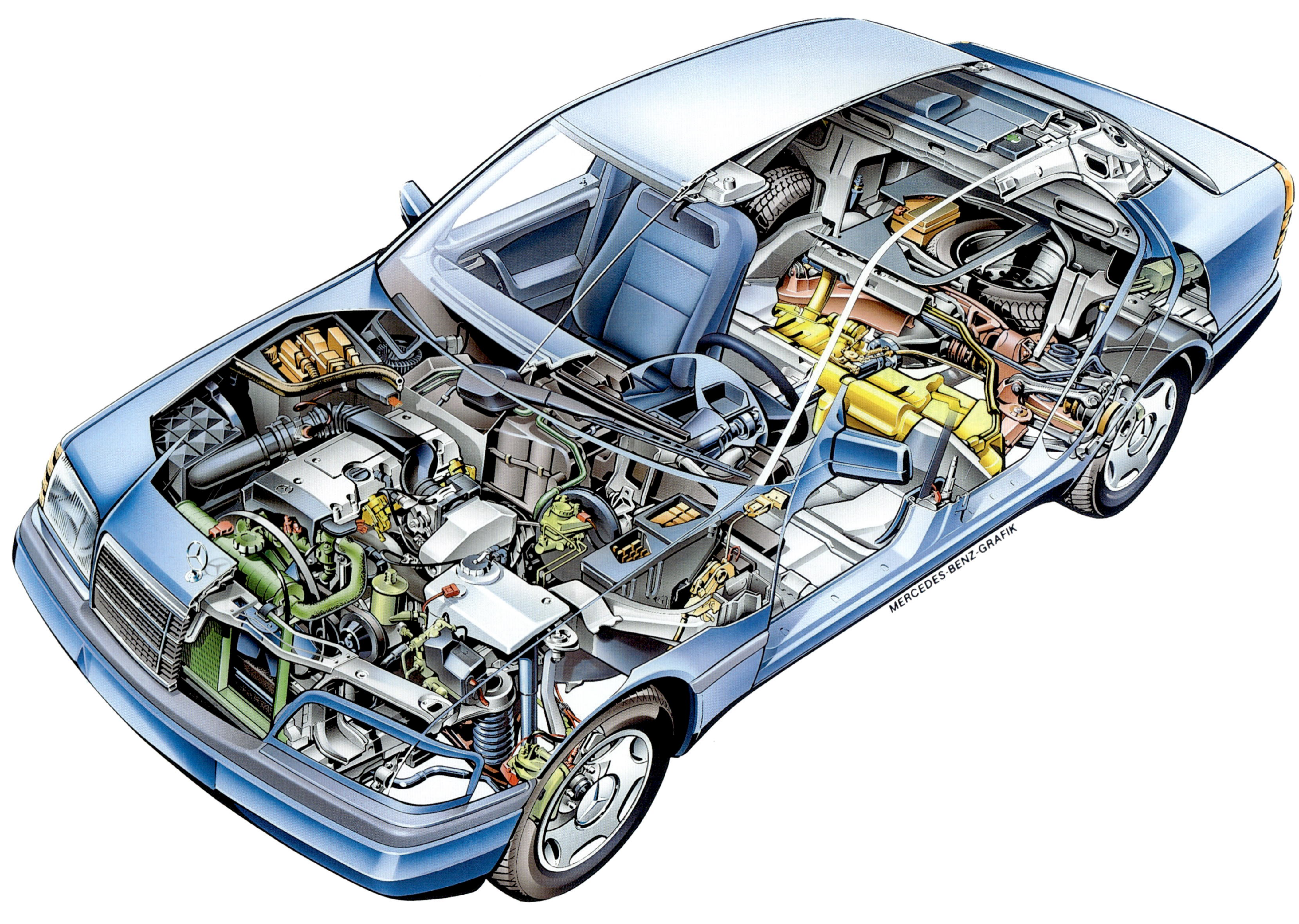
MERCEDES-BENZ-GRAFIK

Kompaktklasse-Limousinen der Baureihe 201, 1982 - 1988

Typ	190 D	190 D 2.2	190 D 2.5	190 D 2.5 Turbo	190	190
Konstruktionsbezeichnung	W 201 D 20	W 201 D 22	W 201 D 25	W 201 D 25 A	W 201 V 20	W 201 V 20/1
Baumuster	201.122	201.122 (Exportmodell für Nordamerika)	201.126	201.128 (vor 09.1987 nur Export nach Nordamerika)	201.022	201.023
Produktionszeitraum	08.1982/11.1983 - 08.1988 [1]	02.1983/11.1983 - 08.1985 [1]	08.1984/06.1985 - 08.1988	02.1986 - 08.1988	02.1982/10.1982 - 09.1984[1]	08.1984/10.1984 - 08.1988[1]
Motor	Viertakt-Diesel (mit Vorkammereinspritzung)	Viertakt-Diesel (mit Vorkammereinspritzung)	Viertakt-Diesel (mit Vorkammereinspritzung)	Viertakt-Diesel (mit Vorkammereinspritz. und Abgas-Turbolader)	Viertakt-Otto	Viertakt-Otto (ab 09.1986: Abgasreinigung mit geregeltem 3-Wege-Katalysator)
Motor-Typ/-Baumuster	OM 601 D 20/601.911	OM 601 D 22/601.921	OM 602 D 25/602.911	OM 602 D 25 A/602.961	M 102 V 20/102.921	M 102 V 20/102.924
Zylinderzahl/-anordnung	4/Reihe; 15° nach rechts geneigt	4/Reihe; 15° nach rechts geneigt	5/Reihe; 15° nach rechts geneigt	5/Reihe; 15° nach rechts geneigt	4/Reihe; 15° nach rechts geneigt	4/Reihe; 15° nach rechts geneigt
Bohrung x Hub	87,0 x 84,0 mm	87,0 x 92,4 mm	87,0 x 84,0 mm	87,0 x 84,0 mm	89,0 x 80,25 mm	89,0 x 80,25 mm
Gesamthubraum	1997 ccm (nach Steuerformel 1983 ccm)	2197 ccm	2497 ccm (nach Steuerformel 2479 ccm)	2497 ccm (nach Steuerformel 2479 ccm)	1997 ccm (nach Steuerformel 1977 ccm)	1997 ccm (nach Steuerformel 1977 ccm)
Verdichtungsverhältnis	22	22	22	22	9	9,1
Leistung	72 PS/53 kW bei 4600/min	73 PS/54 kW bei 4200/min	90 PS/66 kW bei 4600/min	122 PS/90 kW bei 4600/min	90 PS/66 kW bei 5000/min	105 PS/77 kW bei 5200/min (ECE-Version); ab 09.1986: 105 PS/77 kW (mit Katalysator 102 PS/75 kW) bei 5500/min
Drehmoment	123 Nm bei 2800/min	130 Nm bei 2800/min	154 Nm bei 2800/min	225 Nm bei 2400/min	165 Nm bei 2500/min	170 Nm bei 2500/min (ECE-Version); ab 09.1986: 165 Nm (mit Katalysator 160 Nm) bei 3000/min
Ventilanzahl/-anordnung	1 Einlass, 1 Auslass/hängend	1 Einlass, 1 Auslass/hängend	1 Einlass, 1 Auslass/hängend	1 Einlass, 1 Auslass/hängend	1 Einlass, 1 Auslass/V-förmig hängend	1 Einlass, 1 Auslass/V-förmig hängend
Ventilsteuerung	obenliegende Nockenwelle	obenliegende Nockenwelle	obenliegende Nockenwelle	obenliegende Nockenwelle	obenliegende Nockenwelle	obenliegende Nockenwelle
Gemischbildung	Vorkammereinspritzung, mechanisch geregelt; Bosch 4-Stempel-Einspritzpumpe	Vorkammereinspritzung, mechanisch geregelt; Bosch 4-Stempel-Einspritzpumpe	Vorkammereinspritzung, mechanisch geregelt; Bosch 5-Stempel-Einspritzpumpe	Vorkammereinspritzung, mechanisch geregelt; Bosch 5-Stempel-Einspritzpumpe/Abgas-Turbolader	1 Flachstromvergaser Stromberg 175 CDT	1 Flachstromvergaser Stromberg 175 CDT (ECE-Version); ab 09.1986: 1 Fallstrom-Registervergaser Pierburg 2 E-E
Kühlung	Wasserkühlung/Pumpe; 8,5 l Wasser	Wasserkühlung/Pumpe; 8,5 l Wasser	Wasserkühlung/Pumpe; 8,5 l Wasser	Wasserkühlung/Pumpe; 8,5 l Wasser	Wasserkühlung/Pumpe; 8,5 l Wasser	Wasserkühlung/Pumpe; 8,5 l Wasser
Schmierung	Druckumlauf-Schmierung/6 l Öl	Druckumlauf-Schmierung/6 l Öl	Druckumlauf-Schmierung/7 l Öl	Druckumlauf-Schmierung/7 l Öl	Druckumlauf-Schmierung/4,3 l Öl	Druckumlauf-Schmierung/5 l Öl
Batterie	72 Ah/im Motorraum	92 Ah/im Motorraum	72 Ah/im Motorraum	72 Ah/im Motorraum	55 Ah; ab 1985: 62 Ah/im Motorraum	55 Ah; ab 1985: 62 Ah/im Motorraum
Kraftstofftank: Anordnung/Fassungsvermögen	über der Hinterachse/55 l	über der Hinterachse/55 l	über der Hinterachse/55 l	über der Hinterachse/55 l	über der Hinterachse/55 l	über der Hinterachse/55 l
Radaufhängung, vorne	Dreiecks-Querlenker/Dämpferbein	Dreiecks-Querlenker/Dämpferbein	Dreiecks-Querlenker/Dämpferbein	Dreiecks-Querlenker/Dämpferbein	Dreiecks-Querlenker/Dämpferbein	Dreiecks-Querlenker/Dämpferbein
Radaufhängung, hinten	Raumlenkerachse, auf Wunsch mit hydropneumatischer Niveau-Regulierung	Raumlenkerachse, auf Wunsch mit hydropneumatischer Niveau-Regulierung	Raumlenkerachse, auf Wunsch mit hydropneumatischer Niveau-Regulierung	Raumlenkerachse, auf Wunsch mit hydropneumatischer Niveau-Regulierung	Raumlenkerachse, ab 09.1983 auf Wunsch mit hydropneumatischer Niveau-Regulierung	Raumlenkerachse, auf Wunsch mit hydropneumatischer Niveau-Regulierung
Federung, vorne	Schraubenfedern, Drehstab-Stabilisator	Schraubenfedern, Drehstab-Stabilisator	Schraubenfedern, Drehstab-Stabilisator	Schraubenfedern, Drehstab-Stabilisator	Schraubenfedern, Drehstab-Stabilisator	Schraubenfedern, Drehstab-Stabilisator
Federung, hinten	Schraubenfedern, Drehstab-Stabilisator	Schraubenfedern, Drehstab-Stabilisator	Schraubenfedern, Drehstab-Stabilisator	Schraubenfedern, Drehstab-Stabilisator	Schraubenfedern, Drehstab-Stabilisator	Schraubenfedern, Drehstab-Stabilisator
Stoßdämpfer, vorne/hinten	Gasdruck-Dämpferbeine/Gasdruck-Stoßdämpfer	Gasdruck-Dämpferbeine/Gasdruck-Stoßdämpfer	Gasdruck-Dämpferbeine/Gasdruck-Stoßdämpfer	Gasdruck-Dämpferbeine/Gasdruck-Stoßdämpfer	Gasdruck-Dämpferbeine/Gasdruck-Stoßdämpfer	Gasdruck-Dämpferbeine/Gasdruck-Stoßdämpfer
Lenkung	Kugelumlauflenkung; auf Wunsch Servolenkung (ab 09.1985 Serie)	Kugelumlauflenkung; auf Wunsch Kugelumlauf-Servolenkung	Kugelumlauf-Servolenkung	Kugelumlauf-Servolenkung	Kugelumlauflenkung; auf Wunsch Kugelumlauf-Servolenkung	Kugelumlauflenkung; auf Wunsch Servolenkung (ab 09.1985 Serie)
Bremsanlage	hydraulische Zweikreis-Bremsanlage mit Unterdruck-Bremskraftverstärker, auf Wunsch mit Anti-Blockier-System; Scheibenbremsen vorn und hinten	hydraulische Zweikreis-Bremsanlage mit Unterdruck-Bremskraftverstärker, auf Wunsch mit Anti-Blockier-System; Scheibenbremsen vorn und hinten	hydraulische Zweikreis-Bremsanlage mit Unterdruck-Bremskraftverstärker, auf Wunsch mit Anti-Blockier-System; Scheibenbremsen vorn und hinten	hydraulische Zweikreis-Bremsanlage mit Unterdruck-Bremskraftverstärker, auf Wunsch mit Anti-Blockier-System; Scheibenbremsen vorn (innenbelüftet) und hinten	hydraulische Zweikreis-Bremsanlage mit Unterdruck-Bremskraftverstärker, auf Wunsch mit Anti-Blockier-System; Scheibenbremsen vorn und hinten	hydraulische Zweikreis-Bremsanlage mit Unterdruck-Bremskraftverstärker, auf Wunsch mit Anti-Blockier-System; Scheibenbremsen vorn und hinten
Feststellbremse	mechanisch (handbetätigt), auf Hinterräder wirkend	mechanisch (handbetätigt), auf Hinterräder wirkend	mechanisch (handbetätigt), auf Hinterräder wirkend	mechanisch (handbetätigt), auf Hinterräder wirkend	mechanisch (handbetätigt), auf Hinterräder wirkend	mechanisch (handbetätigt), auf Hinterräder wirkend
Bremsscheibendurchmesser vorne/hinten	262/258 mm	262/258 mm	262/258 mm	262/258 mm	262/258 mm	262/258 mm
Räder	Stahlblechräder, auf Wunsch Leichtmetallräder	Stahlblechräder, auf Wunsch Leichtmetallräder	Stahlblechräder, auf Wunsch Leichtmetallräder	Stahlblechräder, auf Wunsch Leichtmetallräder	Stahlblechräder, auf Wunsch Leichtmetallräder	Stahlblechräder, auf Wunsch Leichtmetallräder
Felgen	5 J x 14 H 2; ab 01.1985: 6 J x 15 H 2	5 J x 14 H 2; ab 01.1985: 6 J x 15 H 2	6 J x 15 H 2	6 J x 15 H 2	5 J x 14 H 2	5 J x 14 H 2; ab 01.1985: 6 J x 15 H 2
Reifen	175/70 R 14 82 S; ab 01.1985: 185/65 R 15 87 S	175/70 R 14 82 T; ab 01.1985: 185/65 R 15 87 T	185/65 R 15 87 T	185/65 R 15 87 H	175/70 R 14 82 T	175/70 R 14 82 T; ab 01.1985: 185/65 R 15 87 H
Getriebe [1]	4-Gang-Schaltgetriebe	5-Gang-Schaltgetriebe	5-Gang-Schaltgetriebe	4-Gang-Automatikgetriebe	4-Gang-Schaltgetriebe	4-Gang-Schaltgetriebe
Verfügbarkeit	Serie	Serie	Serie	Serie	Serie (bis 08.1983)	Serie
Kupplung	Einscheiben-Trockenkupplung	Einscheiben-Trockenkupplung	Einscheiben-Trockenkupplung	hydraulischer Drehmomentwandler im Automatikgetriebe	Einscheiben-Trockenkupplung	Einscheiben-Trockenkupplung
Getriebeart	Zahnrad-Wechselgetriebe	Zahnrad-Wechselgetriebe	Zahnrad-Wechselgetriebe	Planetengetriebe	Zahnrad-Wechselgetriebe	Zahnrad-Wechselgetriebe
Getriebe-Übersetzung	I. 4,23; II. 2,36; III. 1,49; IV. 1,0; R. 4,10	I. 4,23; II. 2,36; III. 1,49; IV. 1,0; V. 0,84; R. 4,63	I. 3,91; II. 2,17; III. 1,37; IV. 1,0; V. 0,78; R. 4,27	I. 4,25; II. 2,41; III. 1,49; IV. 1,0; R. 5,67	I. 3,91; II. 2,32; III. 1,42; IV. 1,0; R. 3,78	I. 3,91; II. 2,17; III. 1,37; IV. 1,0; R. 3,78
Achsantriebsübersetzung	3,23	3,42	3,64	2,65	3,23	3,23
Höchstgeschwindigkeit	160 km/h	160 km/h	174 km/h	192 km/h	175 km/h	185 km/h (mit Katalysator 183 km/h)
Beschleunigung[2] 0-100 km/h	18,1 s	18,4 s	14,8 s	11,5 s	13,2 s	12,4 s (mit Katalysator 12,8 s)
Kraftstoffverbrauch[3]	5,3/6,9/7,5 l		5,5/7,1/8,6 s	6,0/7,9/8,5 l	6,5/8,4/10,7 l	6,5/8,3/10,4 l (mit Katalysator 6,8/8,7/10,8 l)
Getriebe [2]	5-Gang-Schaltgetriebe	4-Gang-Automatikgetriebe	4-Gang-Automatikgetriebe		4-Gang-Schaltgetriebe	5-Gang-Schaltgetriebe
Verfügbarkeit	auf Wunsch (bis 10.1985)	auf Wunsch	auf Wunsch		Serie (ab 09.1983)	auf Wunsch
Kupplung	Einscheiben-Trockenkupplung	hydraulischer Drehmomentwandler im Automatikgetriebe	hydraulischer Drehmomentwandler im Automatikgetriebe		Einscheiben-Trockenkupplung	Einscheiben-Trockenkupplung
Getriebeart	Zahnrad-Wechselgetriebe	Planetengetriebe	Planetengetriebe		Zahnrad-Wechselgetriebe	Zahnrad-Wechselgetriebe
Getriebe-Übersetzung	I. 4,23; II. 2,36; III. 1,49; IV. 1,0; V. 0,84; R. 4,63	I. 4,25; II. 2,41; III. 1,49; IV. 1,0; R. 5,67	I. 4,25; II. 2,41; III. 1,49; IV. 1,0; R. 5,67		I. 3,91; II. 2,17; III. 1,37; IV. 1,0; R. 3,78	I. 3,91; II. 2,17; III. 1,37; IV. 1,0; V. 0,78; R. 4,27
Achsantriebsübersetzung	3,23	3,42	3,07		3,23	3,23
Höchstgeschwindigkeit	160 km/h	150 km/h	170 km/h		175 km/h	185 km/h (mit Katalysator 183 km/h)
Beschleunigung[2] 0-100 km/h	18,1 s	19,1 s	16,0 s		13,2 s	12,4 s (mit Katalysator 12,8 s)
Kraftstoffverbrauch[3]	5,3/6,9/7,9 l		6,0/7,7/8,3 s		6,5/8,4/10,7 l	5,9/7,7/10,4 l (mit Katalysator 6,2/8,1/10,8 l)
Getriebe [3]	5-Gang-Schaltgetriebe				5-Gang-Schaltgetriebe	4-Gang-Automatikgetriebe
Verfügbarkeit	auf Wunsch (ab 11.1985)				auf Wunsch	auf Wunsch
Kupplung	Einscheiben-Trockenkupplung				Einscheiben-Trockenkupplung	hydraulischer Drehmomentwandler im Automatikgetriebe
Getriebeart	Zahnrad-Wechselgetriebe				Zahnrad-Wechselgetriebe	Planetengetriebe
Getriebe-Übersetzung	I. 3,91; II. 2,17; III. 1,37; IV. 1,0; V. 0,78; R. 4,27				I. 3,91; II. 2,17; III. 1,37; IV. 1,0; V. 0,78; R. 4,27	I. 4,25; II. 2,41; III. 1,49; IV. 1,0; R. 5,67
Achsantriebsübersetzung	3,91				3,23	3,23
Höchstgeschwindigkeit	160 km/h				175 km/h	180 km/h (mit Katalysator 178 km/h)
Beschleunigung[2] 0-100 km/h	18,1 s				13,2 s	12,7 s (mit Katalysator 13,1 s)
Kraftstoffverbrauch[3]	5,3/6,9/7,9 l				5,8/7,8/10,7 l	6,9/8,7/10,2 l (mit Katalysator 7,2/9,1/10,6 l)
Getriebe [4]	4-Gang-Automatikgetriebe				4-Gang-Automatikgetriebe	
Verfügbarkeit	auf Wunsch				auf Wunsch	
Kupplung	hydraulischer Drehmomentwandler im Automatikgetriebe				hydraulischer Drehmomentwandler im Automatikgetriebe	
Getriebeart	Planetengetriebe				Planetengetriebe	
Getriebe-Übersetzung	I. 4,25; II. 2,41; III. 1,49; IV. 1,0; R. 5,67				I. 4,25; II. 2,41; III. 1,49; IV. 1,0; R. 5,67	
Achsantriebsübersetzung	3,23				3,23	
Höchstgeschwindigkeit	156 km/h				170 km/h	
Beschleunigung[2] 0-100 km/h	18,6 s				13,8 s	
Kraftstoffverbrauch[3]	5,6/7,3/7,6 l				7,0/8,0/10,5 l	
Radstand	2665 mm	2665 mm	2665 mm	2665 mm	2665 mm	2665 mm
Spur vorne/hinten	1428/1415 mm; ab 01.1985: 1437/1418 mm	1430/1415 mm; ab 01.1985: 1437/1418 mm	1437/1418 mm	1437/1418 mm	1428/1415 mm	1428/1415 mm; ab 01.1985: 1437/1418 mm
Länge	4420 mm	4445 mm	4420 mm	4420 mm	4420 mm	4420 mm
Breite	1678 mm	1678 mm	1678 mm	1678 mm	1678 mm	1678 mm
Höhe	1383 mm; ab 01.1985: 1390 mm	1383 mm; ab 01.1985: 1390 mm	1390 mm	1390 mm	1383 mm	1383 mm; ab 01.1985: 1390 mm
Kleinster Wendekreis	10,6 m	10,7 m	10,6 m	10,6 m	10,6 m	10,6 m
Leergewicht[4]	1110 kg; ab 01.1985: 1130 kg; ab 09.1985: 1140 kg	1200 kg; ab 10.1984: 1225 kg; ab 01.1985: 1235 kg	1175 kg; ab 10.1986: 1200 kg	1250 kg	1180 kg	1080 kg; ab 01.1985: 1110 kg; ab 09.1985: 1130 kg
Zul. Gesamtgewicht	1610 kg; ab 01.1985: 1630 kg; ab 09.1985: 1640 kg	1680 kg; ab 10.1984: 1725 kg; ab 01.1985: 1735 kg	1675 kg; ab 10.1986: 1700 kg	1750 kg	1580 kg	1580 kg; ab 01.1985: 1610 kg; ab 09.1985: 1630 kg
Zuladung	500 kg	480 kg; ab 10.1984: 500 kg	500 kg	500 kg	500 kg	500 kg
Stückzahl	insgesamt 452.806 (bis 08.1993)[7]	10.560	insgesamt 147.502 (bis 08.1993)[7]	insgesamt 20.915 (bis 08.1993)[7]	35.021	insgesamt 83.540 (bis 01.1991)[7]
Preise[9]	09.1983: DM 26.938,20 01.1984: DM 27.496,80 09.1984: DM 28.306,20 04.1985: DM 29.127,00 09.1985: DM 30.039,00 12.1985: DM 30.586,20 09.1986: DM 31.293,00 06.1987: DM 32.148,00 02.1988: DM 32.547,00	im Inland nicht erhältlich	04.1985: DM 33.915,00 12.1985: DM 34.542,00 09.1986: DM 35.397,00 06.1987: DM 36.423,00 02.1988: DM 36.936,00	vor 09.1987 im Inland nicht erhältlich 09.1987: DM 43.719,00 02.1988: DM 44.346,00	12.1982: DM 25.538,00 07.1983: DM 25.764,00 08.1983: DM 26.026,20 01.1984: DM 26.470,80	09.1984: DM 27.417,00 04.1985: DM 28.158,00 09.1985: DM 29.070,00 12.1985: DM 29.605,80 09.1986: DM 31.692,00 06.1987: DM 32.547,00 02.1988: DM 32.946,00

Kompaktklasse-Limousinen der Baureihe 201, 1982 - 1988					Kompaktklasse-Limousinen der Baureihe 201, 1988 - 1993	
Typ	**190 E**	**190 E 2.3**	**190 E 2.6**	**190 E 2.3-16**	**190 D**	**190 D 2.5**
Konstruktionsbezeichnung	W 201 E 20	W 201 E 23	W 201 E 26	W 201 E 23/2	W 201 D 20	W 201 D 25
Baumuster	201.024	201.024; ab 09.1984: 201.028 (vor 09.1986 nur Exp. n. N.-Amerika)	201.029	201.034	201.122	201.126
Produktionszeitraum	02.1982/10.1982 - 08.1988[1]	03.1983/09.1983 - 08.1988[1]	04.1986 - 08.1988	09.1983/09.1984 - 06.1988[1]	09.1988 - 08.1993	09.1988 - 08.1993
Motor	Viertakt-Otto (mit Saugrohreinspritzung; Abgasreinigung mit geregeltem 3-Wege-Kat ab 09.1985 auf Wunsch, ab 09.1986 Serie)	Viertakt-Otto (mit Saugrohreinspritzung; Abgasreinigung mit geregeltem 3-Wege-Kat auf Wunsch, ab 09.1986 Serie)	Viertakt-Otto (mit Saugrohreinspritzung; Abgasreinigung mit geregeltem 3-Wege-Kat auf Wunsch, ab 09.1986 Serie)	Viertakt-Otto (mit Saugrohreinspritzung; Abgasreinigung mit geregeltem 3-Wege-Kat ab 09.1985 auf Wunsch, ab 09.1986 Serie)	Viertakt-Diesel (mit Vorkammereinspritzung; Abgasreinigungsanlage mit Oxidationskatalysator ab 10.1990 auf Wunsch)	Viertakt-Diesel (mit Vorkammereinspritzung; Abgasreinigungsanlage mit Oxidationskatalysator ab 10.1990 auf Wunsch)
Motor-Typ/-Baumuster	M 102 E 20/102.962	M 102 E 23/102.961; ab 09.1985: 102.985	M 103 E 26/103.942	M 102 E 23/2/102.983	OM 601 D 20/601.911	OM 602 D 25/602.911
Zylinderzahl/-anordnung	4/Reihe; 15° nach rechts geneigt	4/Reihe; 15° nach rechts geneigt	6/Reihe; 15° nach rechts geneigt	4/Reihe; 15° nach rechts geneigt	4/Reihe; 15° nach rechts geneigt	5/Reihe; 15° nach rechts geneigt
Bohrung x Hub	89,0 x 80,25 mm	95,5 x 80,25 mm	82,9 x 80,25 mm	95,5 x 80,25 mm	87,0 x 84,0 mm	87,0 x 84,0 mm
Gesamthubraum	1997 ccm (nach Steuerformel 1977 ccm)	2299 ccm (nach Steuerformel 2276 ccm)	2599 ccm (nach Steuerformel 2548 ccm)	2299 ccm (nach Steuerformel 2276 ccm)	1997 ccm	2497 ccm
Verdichtungsverhältnis	9,1	9	9,2	10,5 (ECE-Version); ab 09,1985: 9,7	22	22
Leistung	122 PS/90 kW (mit Katalysator 118 PS/87 kW) bei 5100/min	136 PS/100 kW (mit Katalysator 132 PS/97 kW) bei 5100/min	166 PS/122 kW (mit Katalysator 160 PS/118 kW) bei 5800/min	185 PS/136 kW bei 6200/min (ECE-Version, bis 01.1987); ab 09.1985: 177 PS/130 kW (m. Kat 170 PS/125 kW) bei 5800/min	72 PS/53 kW bei 4600/min; ab 03.1989: 75 PS/55 kW bei 4600/min	90 PS/66 kW bei 4600/min; ab 03.1989: 94 PS/69 kW bei 4600/min (mit Katalysator 90 PS/66 kW bei 4600/min)
Drehmoment	178 Nm (mit Katalysator 172 Nm) bei 3500/min	205 Nm (mit Katalysator 198 Nm) bei 3500/min	228 Nm (mit Katalysator 220 Nm) bei 4600/min	235 Nm bei 4500/min (ECE-Version, bis 01.1987); ab 09.1985: 230 Nm (mit Kat. 220 Nm) bei 4750/min	123 Nm bei 2800/min; ab 03.1989: 126 Nm bei 2700 - 3550/min	154 Nm bei 2800/min; ab 03.1989: 158 Nm bei 2600 - 3100/min
Ventilanzahl/-anordnung	1 Einlass, 1 Auslass/V-förmig hängend	1 Einlass, 1 Auslass/V-förmig hängend	1 Einlass, 1 Auslass/V-förmig hängend	2 Einlass, 2 Auslass/V-förmig hängend	1 Einlass, 1 Auslass/hängend	1 Einlass, 1 Auslass/hängend
Ventilsteuerung	obenliegende Nockenwelle	obenliegende Nockenwelle	obenliegende Nockenwelle	2 obenliegende Nockenwellen	obenliegende Nockenwelle	obenliegende Nockenwelle
Gemischbildung	Saugrohreinspritzung, mechanisch-elektronisch geregelt (Bosch KE-Jetronic)	Saugrohreinspritzung, mechanisch-elektronisch geregelt (Bosch KE-Jetronic)	Saugrohreinspritzung, mechanisch-elektronisch geregelt (Bosch KE-Jetronic)	Saugrohreinspritzung, mechanisch-elektronisch geregelt (Bosch KE-Jetronic)	Vorkammereinspritzung, mechanisch geregelt; Bosch 4-Stempel-Einspritzpumpe	Vorkammereinspritzung, mechanisch geregelt; Bosch 5-Stempel-Einspritzpumpe
Kühlung	Wasserkühlung/Pumpe; 8,5 l Wasser	Wasserkühlung/Pumpe; 8,5 l Wasser	Wasserkühlung/Pumpe; 8,5 l Wasser	Wasserkühlung/Pumpe; 8,5 l Wasser	Wasserkühlung/Pumpe; 8,5 l Wasser	Wasserkühlung/Pumpe; 8,5 l Wasser
Schmierung	Druckumlauf-Schmierung/5 l Öl	Druckumlauf-Schmierung/5 l Öl	Druckumlauf-Schmierung/6 l Öl	Druckumlauf-Schmierung/5 l Öl	Druckumlauf-Schmierung/6 l Öl	Druckumlauf-Schmierung/7 l Öl
Batterie	55 Ah; ab 1985: 62 Ah/im Motorraum	62 Ah/im Motorraum	62 Ah/im Motorraum	55 Ah; ab 1985: 62 Ah/im Motorraum	72 Ah; ab 08.1991: 74 Ah/im Motorraum	72 Ah; ab 08.1991: 74 Ah/im Motorraum
Kraftstofftank: Anordnung/Fassungsvermögen	über der Hinterachse/55 l	über der Hinterachse/55 l	über der Hinterachse/55 l	über der Hinterachse/70 l	über der Hinterachse/55 l	über der Hinterachse/55 l
Radaufhängung, vorne	Dreiecks-Querlenker/Dämpferbein	Dreiecks-Querlenker/Dämpferbein	Dreiecks-Querlenker/Dämpferbein	Dreiecks-Querlenker/Dämpferbein, a. W. m. Niveaureg.	Dreiecks-Querlenker/Dämpferbein	Dreiecks-Querlenker/Dämpferbein
Radaufhängung, hinten	Raumlenkerachse, ab 09.1983 auf Wunsch mit hydropneumatischer Niveau-Regulierung	Raumlenkerachse, auf Wunsch mit hydropneumatischer Niveau-Regulierung	Raumlenkerachse, auf Wunsch mit hydropneumatischer Niveau-Regulierung	Raumlenkerachse mit hydropneumatischer Niveau-Regulierung	Raumlenkerachse, auf Wunsch mit hydropneumatischer Niveau-Regulierung	Raumlenkerachse, auf Wunsch mit hydropneumatischer Niveau-Regulierung
Federung, vorne	Schraubenfedern, Drehstab-Stabilisator	Schraubenfedern, Drehstab-Stabilisator	Schraubenfedern, Drehstab-Stabilisator	Schraubenfedern, Drehstab-Stabilisator	Schraubenfedern, Drehstab-Stabilisator	Schraubenfedern, Drehstab-Stabilisator
Federung, hinten	Schraubenfedern, Drehstab-Stabilisator	Schraubenfedern, Drehstab-Stabilisator	Schraubenfedern, Drehstab-Stabilisator	Schraubenfedern, hydropneumatische Federbeine, Drehstab-Stabilisator	Schraubenfedern, Drehstab-Stabilisator	Schraubenfedern, Drehstab-Stabilisator
Stoßdämpfer, vorne/hinten	Gasdruck-Dämpferbeine/Gasdruck-Stoßdämpfer	Gasdruck-Dämpferbeine/Gasdruck-Stoßdämpfer	Gasdruck-Dämpferbeine/Gasdruck-Stoßdämpfer	Gasdruck-Dämpferbeine/hydropneumatische Federbeine	Gasdruck-Dämpferbeine/Gasdruck-Stoßdämpfer	Gasdruck-Dämpferbeine/Gasdruck-Stoßdämpfer
Lenkung	Kugelumlauflenkung; a. W. Servol.(ab 09.1985 Serie)	Kugelumlauf-Servolenkung	Kugelumlauf-Servolenkung	Kugelumlauf-Servolenkung	Kugelumlauf-Servolenkung	Kugelumlauf-Servolenkung
Bremsanlage	hydraulische Zweikreis-Anlage mit Unterdruck-Bremskraftverstärker, a. W. mit ABS; Scheibenbremsen	hydraulische Zweikreis-Bremsanlage mit Unterdruck-Bremskraftverstärker, auf Wunsch mit ABS; Scheibenbremsen vorn (innenbelüftet) und hinten	hydraulische Zweikreis-Anlage mit Unterdruck-Bremskraftverstärker, auf Wunsch mit ABS (ab 09.1986 Serie); Scheibenbremsen vorn (innenbelüftet) und hinten	hydraulische Zweikreis-Anlage mit Unterdruck-Bremskraftverstärker, auf Wunsch mit ABS (ab 12.1984 Serie); Scheibenbremsen vorn (innenbelüftet) und hinten	hydraulische Zweikreis-Anlage mit Unterdruck-Bremskraftverstärker, auf Wunsch mit ABS (ab 10.1992 Serie); Scheibenbremsen vorn und hinten	hydraulische Zweikreis-Anlage mit Unterdruck-Bremskraftverstärker, auf Wunsch mit ABS (ab 01.1991 Serie); Scheibenbremsen vorn und hinten
Feststellbremse	mechanisch (handbetätigt), auf Hinterräder wirkend	mechanisch (handbetätigt), auf Hinterräder wirkend	mechanisch (handbetätigt), auf Hinterräder wirkend	mechanisch (handbetätigt), auf Hinterräder wirkend	mechanisch (handbetätigt), auf Hinterräder wirkend	mechanisch (handbetätigt), auf Hinterräder wirkend
Bremsscheibendurchmesser vorne/hinten	262/258 mm	262/258 mm	262/258 mm	284/258 mm	262/258 mm	262/258 mm
Räder	Stahlblechräder, auf Wunsch Leichtmetallräder	Stahlblechräder, auf Wunsch Leichtmetallräder	Stahlblechräder, auf Wunsch Leichtmetallräder	Leichtmetallräder	Stahlblechräder, auf Wunsch Leichtmetallräder	Stahlblechräder, auf Wunsch Leichtmetallräder
Felgen	5 J x 14 H 2; ab 01.1985: 6 J x 15 H 2	6 J x 15 H 2	6 J x 15 H 2	7 J x 15 H 2	6 J x 15 H 2; bei Sportfahrwerk: 7 J x 15 H 2	6 J x 15 H 2; bei Sportfahrwerk: 7 J x 15 H 2
Reifen	175/70 R 14 82 H; ab 01.1985: 185/65 R 15 87 H	185/65 R 15 87 H	185/65 VR 15	205/55 VR 15	185/65 R 15 87 T; bei Sportfahrwerk: 205/55 R 15 87 H	185/65 R 15 87 T; bei Sportfahrwerk: 205/55 R 15 87 H
Kraftübertragung	geteilte Kardanwelle	geteilte Kardanwelle	geteilte Kardanwelle	geteilte Kardanwelle	geteilte Kardanwelle	geteilte Kardanwelle
Getriebe [1]	4-Gang-Schaltgetriebe	5-Gang-Schaltgetriebe	5-Gang-Schaltgetriebe	5-Gang-Schaltgetriebe	4-Gang-Schaltgetriebe	5-Gang-Schaltgetriebe
Verfügbarkeit	Serie (bis 08.1983)	Serie	Serie	Serie	Serie	Serie (bis 08.1989)
Kupplung	Einscheiben-Trockenkupplung	Einscheiben-Trockenkupplung	Einscheiben-Trockenkupplung	Einscheiben-Trockenkupplung	Einscheiben-Trockenkupplung	Einscheiben-Trockenkupplung
Getriebeart	Zahnrad-Wechselgetriebe	Zahnrad-Wechselgetriebe	Zahnrad-Wechselgetriebe	Zahnrad-Wechselgetriebe	Zahnrad-Wechselgetriebe	Zahnrad-Wechselgetriebe
Getriebe-Übersetzung	I. 3,91; II. 2,32; III. 1,42; IV. 1,0; R. 3,78	I. 3,91; II. 2,17; III. 1,37; IV. 1,0; V. 0,78; R. 4,27	I. 3,86; II. 2,18; III. 1,38; IV. 1,0; V. 0,80; R. 4,22	I. 4,08; II. 2,52; III. 1,77; IV. 1,26; V. 1,0; R. 4,16	I. 4,23; II. 2,36; III. 1,49; IV. 1,0; R. 4,10	I. 3,91; II. 2,17; III. 1,37; IV. 1,0; V. 0,78; R. 4,27
Achsantriebsübersetzung	3,23	3,27	3,27	3,07 (ECE-Version, bis 01,1987); ab 09,1985: 3,27	3,23	3,64
Höchstgeschwindigkeit	195 km/h (mit Katalysator 190 km/h)	200 km/h (mit Katalysator 197 km/h)	215 km/h (mit Katalysator 212 km/h)	230 km/h (ECE-Vers.); ab 09.1985: 225, m. Kat. 220	160 km/h	174 km/h
Beschleunigung[2] 0-100 km/h	10,5 s (mit Katalysator 11,0 s)	10,3 s (mit Katalysator 10,6 s)	8,2 s (mit Katalysator 8,5 s)	7,5 s (ECE-Version); ab 09.85: 8,2 s (m. Kat. 8,5 s)	18,1 s	15,1 s
Kraftstoffverbrauch[3]	6,4/8,3/10,3 l	6,3/7,7/11,0 l (mit Katalysator 6,5/8,2/11,0 l)	6,7/8,5/12,5 l (mit Katalysator 7,0/8,9/13,0 l)	6,2/7,9/11,6 l (ECE-Version); ab 09.1985: 6,6/8,2/12,1 l (mit Katalysator 7,0/8,7/12,5 l)	5,3/6,9/7,7 l	5,5/7,1/8,6 l
Getriebe [2]	4-Gang-Schaltgetriebe	4-Gang-Automatikgetriebe	4-Gang-Automatikgetriebe	4-Gang-Automatikgetriebe	5-Gang-Schaltgetriebe	5-Gang-Schaltgetriebe
Verfügbarkeit	Serie (ab 08.1983)	auf Wunsch	auf Wunsch	auf Wunsch (ab 03.1986)	auf Wunsch (bis 08.1989)	Serie (ab 09.1989)
Kupplung	Einscheiben-Trockenkupplung	hydraulischer Drehmomentwandler im Automatikgetr.	hydraulischer Drehmomentwandler im Automatikgetr.	hydraulischer Drehmomentwandler im Automatikgetr.	Einscheiben-Trockenkupplung	Einscheiben-Trockenkupplung
Getriebeart	Zahnrad-Wechselgetriebe	Planetengetriebe	Planetengetriebe	Planetengetriebe	Zahnrad-Wechselgetriebe	Zahnrad-Wechselgetriebe
Getriebe-Übersetzung	I. 3,91; II. 2,17; III. 1,37; IV. 1,0; R. 3,78	I. 4,25; II. 2,41; III. 1,49; IV. 1,0; R. 5,67	I. 4,25; II. 2,41; III. 1,49; IV. 1,0; R. 5,67	I. 4,25; II. 2,41; III. 1,49; IV. 1,0; R. 5,67	I. 3,91; II. 2,17; III. 1,37; IV. 1,0; V. 0,78; R. 4,27	I. 3,91; II. 2,17; III. 1,37; IV. 1,0; V. 0,81; R. 4,27
Achsantriebsübersetzung	3,23	3,27	3,07	3,07 (ECE-Version, bis 01,1987); ab 09,1985: 3,27	3,91	3,64
Höchstgeschwindigkeit	195 km/h (mit Katalysator 190 km/h)	195 km/h (mit Katalysator 192 km/h)	210 km/h (mit Katalysator 207 km/h)	225 km/h (ECE-Version); ab 09.1985: 220 km/h (mit Katalysator 215 km/h)	160 km/h	174 km/h
Beschleunigung[2] 0-100 km/h	10,5 s (mit Katalysator 11,0 s)	10,3 s (mit Katalysator 10,7 s)	8,9 s (mit Katalysator 9,2 s)	7,8 s (ECE-Version); ab 09.85: 8,2 s (mit Kat. 8,5 s)	17,9 s	15,1 s
Kraftstoffverbrauch[3]	6,4/8,3/10,3 l (mit Katalysator 6,8/8,7/10,7 l)	7,3/8,9/10,9 l (mit Katalysator 7,8/9,3/11,3 l)	7,8/9,7/11,9 l (mit Katalysator 8,2/10,2/12,4 l)	6,8/8,2/11,5 l (ECE-Version); ab 09.1985: 7,0/8,6/12,0 l (mit Katalysator 7,5/9,2/12,4 l)	5,3/6,9/8,2 l	5,5/7,1/8,6 l
Getriebe [3]	5-Gang-Schaltgetriebe				5-Gang-Schaltgetriebe	4-Gang-Automatikgetriebe
Verfügbarkeit	auf Wunsch				auf Wunsch (ab 09.1989)	auf Wunsch
Kupplung	Einscheiben-Trockenkupplung				Einscheiben-Trockenkupplung	hydraulischer Drehmomentwandler
Getriebeart	Zahnrad-Wechselgetriebe				Zahnrad-Wechselgetriebe	Planetengetriebe
Getriebe-Übersetzung	I. 3,91; II. 2,17; III. 1,37; IV. 1,0; V. 0,78; R. 4,27				I. 3,91; II. 2,17; III. 1,37; IV. 1,0; V. 0,81; R. 4,27	I. 4,25; II. 2,41; III. 1,49; IV. 1,0; R. 5,67
Achsantriebsübersetzung	3,23				3,91	3,07
Höchstgeschwindigkeit	195 km/h (mit Katalysator 190 km/h)				160 km/h	170 km/h
Beschleunigung[2] 0-100 km/h	10,5 s (mit Katalysator 11,0 s)				17,9 s	16,1 s
Kraftstoffverbrauch[3]	5,8/7,8/10,3 l (mit Katalysator 6,2/8,0/10,7 l)				5,3/6,9/8,2 l	6,0/7,7/8,3 l
Getriebe [4]	4-Gang-Automatikgetriebe				4-Gang-Automatikgetriebe	
Verfügbarkeit	auf Wunsch				auf Wunsch	
Kupplung	hydraulischer Drehmomentwandler im Automatikgetr.				hydraulischer Drehmomentwandler	
Getriebeart	Planetengetriebe				Planetengetriebe	
Getriebe-Übersetzung	I. 4,25; II. 2,41; III. 1,49; IV. 1,0; R. 5,67				I. 4,25; II. 2,41; III. 1,49; IV. 1,0; R. 5,67	
Achsantriebsübersetzung	3,23				3,23	
Höchstgeschwindigkeit	190 km/h (mit Katalysator 185 km/h)				156 km/h	
Beschleunigung[2] 0-100 km/h	11,0 s (mit Katalysator 11,2 s)				18,6 s	
Kraftstoffverbrauch[3]	6,9/8,7/10,6 l (mit Katalysator 7,3/9,1/10,9 l)				5,6/7,3/7,6 l	
Radstand	2665 mm	2665 mm	2665 mm	2665 mm	2665 mm	2665 mm
Spur vorne/hinten	1428/1415 mm; ab 01.1985: 1437/1418 mm	1437/1418 mm	1437/1418 mm	1445/1429 mm	1441/1421 mm („Sportline": 1452/1432 mm)	1441/1421 mm („Sportline": 1452/1432 mm)
Länge	4420 mm	4420 mm	4428 mm	4430 mm	4448 mm	4448 mm
Breite	1678 mm	1678 mm	1678 mm	1706 mm	1690 mm	1690 mm
Höhe	1383 mm; ab 01.1985: 1390 mm	1390 mm	1390 mm	1361 mm	1375 mm („Sportline": 1353 mm)	1375 mm („Sportline": 1353 mm)
Kleinster Wendekreis	10,6 m	10,6 m	10,6 m	10,6 m	10,56 m	10,56 m
Leergewicht[4]	1100 kg; ab 01.1985: 1130 kg; ab 09.1985: 1140 kg	1190 kg	1220 kg	1260 kg	1180 kg	1230 kg; ab 01.1991: 1250 kg
Zul. Gesamtgewicht	1600 kg; ab 01.1985: 1630 kg; ab 09.1985: 1640 kg	1690 kg	1720 kg	1760 kg; ab 10.1986: 1770 kg	1680 kg; ab 01.1992: 1730 kg	1730 kg; ab 01.1991: 1750 kg; ab 01.1992: 1800 kg
Zuladung	500 kg	500 kg	500 kg	500 kg	500 kg; ab 01.1992: 550 kg	500 kg; ab 01.1992: 550 kg
Stückzahl	insgesamt 638.180 (bis 08.1993)[7]	insgesamt 186.610 (bis 08.1993)[7]	insgesamt 104.907 (bis 08.1993)[7]	19.487	insgesamt 452.806 (seit 08.1982)[7]	insgesamt 147.502 (seit 08.1984)[7]
Preise[9]	12.1982: DM 27.741,50 08.1983: DM 28.785,00 09.1984: DM 30.244,20 09.1985: DM 32.034,00 09.1986: DM 34.656,00 02.1988: DM 36.081,00 07.1983: DM 27.987,00 01.1984: DM 29.377,80 04.1985: DM 31.122,00 12.1985: DM 32.626,80 06.1987: DM 35.625,00	vor 09.1986 im Inland nicht erhältlich 12.1985: DM 34.770,00 09.1986: DM 36.993,00 06.1987: DM 38.076,00 02.1988: DM 38.589,00	09.1985: DM 39.102,00 09.1986: DM 44.289,00 06.1987: DM 45.543,00 02.1988: DM 46.170,00	09.1984: DM 52.212,00 12.1984: DM 55.158,90 04.1985: DM 57.114,00 12.1985: DM 58.140,00 09.1986: DM 60.990,00 06.1987: DM 62.700,00 02.1988: DM 63.612,00	09.1988: DM 33.573,00 02.1989: DM 34.143,00 01.1990: DM 34.770,00 10.1990: DM 35.796,00 06.1991: DM 36.822,00 02.1992: DM 37.563,00 10.1992: DM 40.527,00 01.1993: DM 42.090,00	09.1988: DM 37.962,00 02.1989: DM 38.646,00 01.1990: DM 39.387,00 10.1990: DM 40.584,00 01.1991: DM 41.610,00 06.1991: DM 42.807,00 02.1992: DM 44.118,00 10.1992: DM 45.600,00 01.1993: DM 47.380,00

Kompaktklasse-Limousinen der Baureihe 201, 1988 - 1993

Typ	190 D 2.5 Turbo	190	190 E, ab 01.1991: 190 E 2.0	190 E 2.3	190 E 2.6	190 E 1.8
Konstruktionsbezeichnung	W 201 D 25 A	W 201 V 20/1	W 201 E 20	W 201 E 23	W 201 E 26	W 201 E 18
Baumuster	201.128	201.023	201.024	201.028	201.029	201.018
Produktionszeitraum	09.1988 - 08.1993	09.1988 - 01.1991	09.1988 - 08.1993	09.1988 - 08.1993	09.1988 - 08.1993	01.1990/03.1990 - 08.1993[1]
Motor	Viertakt-Diesel (mit Vorkammereinspritzung und Abgas-Turbolader; Abgasreinigungsanlage mit Oxidationskatalysator ab 04.1991 auf Wunsch)	Viertakt-Otto (Abgasreinigungsanlage mit geregeltem 3-Wege-Katalysator)	Viertakt-Otto (mit Saugrohreinspritzung und Abgasreinigungsanlage mit geregeltem 3-Wege-Katalysator)	Viertakt-Otto (mit Saugrohreinspritzung und Abgasreinigungsanlage mit geregeltem 3-Wege-Katalysator)	Viertakt-Otto (mit Saugrohreinspritzung und Abgasreinigungsanlage mit geregeltem 3-Wege-Katalysator)	Viertakt-Otto (mit Saugrohreinspritzung und Abgasreinigungsanlage mit geregeltem 3-Wege-Katalysator)
Motor-Typ/-Baumuster	OM 602 D 25 A/602.961	M 102 V 20/102.924	M 102 E 20/102.962	M 102 E 23/102.985	M 103 E 26/103.942	M 102 E 18/102.910
Zylinderzahl/-anordnung	5/Reihe; 15° nach rechts geneigt	4/Reihe; 15° nach rechts geneigt	4/Reihe; 15° nach rechts geneigt	4/Reihe; 15° nach rechts geneigt	6/Reihe; 15° nach rechts geneigt	4/Reihe; 15° nach rechts geneigt
Bohrung x Hub	87,0 x 84,0 mm	89,0 x 80,2 mm	89,0 x 80,2 mm	95,5 x 80,2 mm	82,9 x 80,2 mm	89,0 x 72,2 mm
Gesamthubraum	2497 ccm	1996 ccm	1996 ccm	2298 ccm	2597 ccm	1797 ccm
Verdichtungsverhältnis	22	9,1	9,1	9	9,2	9
Leistung	122 PS/90 kW bei 4600/min; ab 09.1988: 126 PS/93 kW bei 4600/min	102 PS/75 kW (RÜF-Version: 105 PS/77 kW) bei 5500/min; ab 09.1989: 105 PS/77 kW bei 5700/min	118 PS/87 kW (RÜF-Version: 122 PS/90 kW) bei 5100/min; ab 01.1991: 122 PS/90 kW bei 5300/min	132 PS/97 kW (RÜF-Version: 136 PS/100 kW) bei 5100/min; ab 01.1991: 136 PS/100 kW bei 5200/min	160 PS/118 kW (RÜF-Version: 166 PS/122 kW) bei 5800/min	109 PS/80 kW bei 5500/min
Drehmoment	225 Nm bei 2400/min; ab 09.1988: 231 Nm bei 2400/min	160 Nm (RÜF-Version: 165 Nm) bei 3000/min; ab 09.1989: 158 Nm bei 3500/min	172 Nm (RÜF-Version: 178 Nm) bei 3500/min; ab 01.1991: 175 Nm bei 3500/min	198 Nm (RÜF-Version: 205 Nm) bei 3500/min; ab 01.1991: 200 Nm bei 3500/min	220 Nm (RÜF-Version: 228 Nm) bei 4600/min	150 Nm bei 3700/min
Ventilanzahl/-anordnung	1 Einlass, 1 Auslass/hängend	1 Einlass, 1 Auslass/V-förmig hängend	1 Einlass, 1 Auslass/V-förmig hängend	1 Einlass, 1 Auslass/V-förmig hängend	1 Einlass, 1 Auslass/V-förmig hängend	1 Einlass, 1 Auslass/V-förmig hängend
Ventilsteuerung	obenliegende Nockenwelle	obenliegende Nockenwelle	obenliegende Nockenwelle	obenliegende Nockenwelle	obenliegende Nockenwelle	obenliegende Nockenwelle
Gemischbildung	Vorkammereinspritzung, mechanisch geregelt; Bosch 5-Stempel-Einspritzpumpe/Abgas-Turbolader	1 Fallstrom-Registervergaser Pierburg 2 E-E	Saugrohreinspritzung, mechanisch-elektronisch geregelt (Bosch KE-Jetronic)	Saugrohreinspritzung, mechanisch-elektronisch geregelt (Bosch KE-Jetronic)	Saugrohreinspritzung, mechanisch-elektronisch geregelt (Bosch KE-Jetronic)	Saugrohreinspritzung, mechanisch-elektronisch geregelt (Bosch KE-Jetronic)
Kühlung	Wasserkühlung/Pumpe; 8,5 l Wasser	Wasserkühlung/Pumpe; 8,5 l Wasser	Wasserkühlung/Pumpe; 8,5 l Wasser	Wasserkühlung/Pumpe; 8,5 l Wasser	Wasserkühlung/Pumpe; 8,5 l Wasser	Wasserkühlung/Pumpe; 8,5 l Wasser
Schmierung	Druckumlauf-Schmierung/7 l Öl	Druckumlauf-Schmierung/5 l Öl	Druckumlauf-Schmierung/5 l Öl	Druckumlauf-Schmierung/5 l Öl	Druckumlauf-Schmierung/6 l Öl	Druckumlauf-Schmierung/5 l Öl
Batterie	72 Ah; ab 08.1991: 74 Ah/im Motorraum	62 Ah/im Motorraum	62 Ah/im Motorraum	62 Ah/im Motorraum	62 Ah/im Motorraum	46 Ah/im Motorraum
Kraftstofftank: Anordnung/Fassungsvermögen	über der Hinterachse/55 l	über der Hinterachse/55 l	über der Hinterachse/55 l	über der Hinterachse/55 l	über der Hinterachse/55 l	über der Hinterachse/55 l
Radaufhängung, vorne	Dreiecks-Querlenker/Dämpferbein	Dreiecks-Querlenker/Dämpferbein	Dreiecks-Querlenker/Dämpferbein	Dreiecks-Querlenker/Dämpferbein	Dreiecks-Querlenker/Dämpferbein	Dreiecks-Querlenker/Dämpferbein
Radaufhängung, hinten	Raumlenkerachse, auf Wunsch mit hydropneumatischer Niveau-Regulierung	Raumlenkerachse, auf Wunsch mit hydropneumatischer Niveau-Regulierung	Raumlenkerachse, auf Wunsch mit hydropneumatischer Niveau-Regulierung	Raumlenkerachse, auf Wunsch mit hydropneumatischer Niveau-Regulierung	Raumlenkerachse, auf Wunsch mit hydropneumatischer Niveau-Regulierung	Raumlenkerachse, auf Wunsch mit hydropneumatischer Niveau-Regulierung
Federung, vorne	Schraubenfedern, Drehstab-Stabilisator	Schraubenfedern, Drehstab-Stabilisator	Schraubenfedern, Drehstab-Stabilisator	Schraubenfedern, Drehstab-Stabilisator	Schraubenfedern, Drehstab-Stabilisator	Schraubenfedern, Drehstab-Stabilisator
Federung, hinten	Schraubenfedern, Drehstab-Stabilisator	Schraubenfedern, Drehstab-Stabilisator	Schraubenfedern, Drehstab-Stabilisator	Schraubenfedern, Drehstab-Stabilisator	Schraubenfedern, Drehstab-Stabilisator	Schraubenfedern, Drehstab-Stabilisator
Stoßdämpfer, vorne/hinten	Gasdruck-Dämpferbeine/Gasdruck-Stoßdämpfer	Gasdruck-Dämpferbeine/Gasdruck-Stoßdämpfer	Gasdruck-Dämpferbeine/Gasdruck-Stoßdämpfer	Gasdruck-Dämpferbeine/Gasdruck-Stoßdämpfer	Gasdruck-Dämpferbeine/Gasdruck-Stoßdämpfer	Gasdruck-Dämpferbeine/Gasdruck-Stoßdämpfer
Lenkung	Kugelumlauf-Servolenkung	Kugelumlauf-Servolenkung	Kugelumlauf-Servolenkung	Kugelumlauf-Servolenkung	Kugelumlauf-Servolenkung	Kugelumlauf-Servolenkung
Bremsanlage	hydraulische Zweikreis-Bremsanlage mit Unterdruck-Bremskraftverstärker, auf Wunsch mit Anti-Blockier-System (ab 01.1991 Serie); Scheibenbremsen vorn (innenbelüftet) und hinten	hydraulische Zweikreis-Bremsanlage mit Unterdruck-Bremskraftverstärker, auf Wunsch mit Anti-Blockier-System; Scheibenbremsen vorn und hinten	hydraulische Zweikreis-Bremsanlage mit Unterdruck-Bremskraftverstärker, auf Wunsch mit Anti-Blockier-System (ab 01.1991 Serie); Scheibenbremsen vorn und hinten	hydraulische Zweikreis-Bremsanlage mit Unterdruck-Bremskraftverstärker, auf Wunsch mit Anti-Blockier-System (ab 01.1991 Serie); Scheibenbremsen vorn (innenbelüftet) und hinten	hydraulische Zweikreis-Bremsanlage mit Unterdruck-Bremskraftverstärker und Anti-Blockier-System; Scheibenbremsen vorn (innenbelüftet) und hinten	hydraulische Zweikreis-Bremsanlage mit Unterdruck-Bremskraftverstärker, auf Wunsch mit Anti-Blockier-System (ab 10.1992 Serie); Scheibenbremsen vorn und hinten
Feststellbremse	mechanisch (handbetätigt), auf Hinterräder wirkend	mechanisch (handbetätigt), auf Hinterräder wirkend	mechanisch (handbetätigt), auf Hinterräder wirkend	mechanisch (handbetätigt), auf Hinterräder wirkend	mechanisch (handbetätigt), auf Hinterräder wirkend	mechanisch (handbetätigt), auf Hinterräder wirkend
Bremsscheibendurchmesser vorne/hinten	262/258 mm	262/258 mm	262/258 mm	262/258 mm	262/258 mm	262/258 mm
Räder	Stahlblechräder, auf Wunsch Leichtmetallräder	Stahlblechräder, auf Wunsch Leichtmetallräder	Stahlblechräder, auf Wunsch Leichtmetallräder	Stahlblechräder, auf Wunsch Leichtmetallräder	Stahlblechräder, auf Wunsch Leichtmetallräder	Stahlblechräder, auf Wunsch Leichtmetallräder
Felgen	6 J x 15 H 2; bei Sportfahrwerk: 7 J x 15 H 2	6 J x 15 H 2; bei Sportfahrwerk: 7 J x 15 H 2	6 J x 15 H 2; bei Sportfahrwerk: 7 J x 15 H 2	6 J x 15 H 2; bei Sportfahrwerk: 7 J x 15 H 2	6 J x 15 H 2; bei Sportfahrwerk: 7 J x 15 H 2	6 J x 15 H 2; bei Sportfahrwerk: 7 J x 15 H 2
Reifen	185/65 R 15 87 H; bei Sportfahrwerk: 205/55 R 15 87 H	185/65 R 15 87 H; bei Sportfahrwerk: 205/55 R 15 87 H	185/65 R 15 87 H; bei Sportfahrwerk: 205/55 R 15 87 H	185/65 R 15 87 H; bei Sportfahrwerk: 205/55 R 15 87 H	185/65 R 15 V; bei Sportfahrwerk: 205/55 ZR 15	185/65 R 15 87 H; bei Sportfahrwerk: 205/55 R 15 87 H
Kraftübertragung	geteilte Kardanwelle	geteilte Kardanwelle	geteilte Kardanwelle	geteilte Kardanwelle	geteilte Kardanwelle	geteilte Kardanwelle
Getriebe [1]	4-Gang-Automatikgetriebe	4-Gang-Schaltgetriebe	4-Gang-Schaltgetriebe	5-Gang-Schaltgetriebe	5-Gang-Schaltgetriebe	4-Gang-Schaltgetriebe
Verfügbarkeit	Serie (ab 09.1989 auf Wunsch)	Serie	Serie	Serie (bis 08.1989)	Serie	Serie
Kupplung	hydraulischer Drehmomentwandler	Einscheiben-Trockenkupplung	Einscheiben-Trockenkupplung	Einscheiben-Trockenkupplung	Einscheiben-Trockenkupplung	Einscheiben-Trockenkupplung
Getriebeart	Planetengetriebe	Zahnrad-Wechselgetriebe	Zahnrad-Wechselgetriebe	Zahnrad-Wechselgetriebe	Zahnrad-Wechselgetriebe	Zahnrad-Wechselgetriebe
Getriebe-Übersetzung	I. 4,25; II. 2,41; III. 1,49; IV. 1,0; R. 5,67	I. 3,91; II. 2,17; III. 1,37; IV. 1,0; R. 3,78	I. 3,91; II. 2,17; III. 1,37; IV. 1,0; R. 3,78	I. 3,91; II. 2,17; III. 1,37; IV. 1,0; V. 0,78; R. 4,27	I. 3,86; II. 2,18; III. 1,38; IV. 1,0; V. 0,80; R. 4,22	I. 3,91; II. 2,17; III. 1,37; IV. 1,0; R. 3,78
Achsantriebsübersetzung	2,65	3,46	3,23	3,27	3,27; ab 09,1989: 3,92	3,46
Höchstgeschwindigkeit	192 km/h	185 km/h (mit Katalysator 183 km/h)	195 km/h (mit Katalysator 190 km/h); ab 01.1991: 197 km/h (mit Katalysator 195 km/h)	200 km/h (mit Katalysator 197 km/h)	215 km/h (mit Katalysator 212 km/h)	185 km/h (mit Katalysator)
Beschleunigung[2] 0-100 km/h	11,5 s	12,4 s (mit Katalysator 12,8 s)	10,5 s (mit Katalysator 10,9 s)	10,3 s (mit Katalysator 10,6 s)	8,9 s (mit Katalysator 9,2 s)	12,3 s (mit Katalysator)
Kraftstoffverbrauch[3]	6,0/7,9/8,5 l	6,8/8,6/11,5 l (mit Katalysator 7,0/8,9/11,5 l)	6,4/8,3/10,9 l (mit Katalysator 6,8/8,7/11,1 l)	6,7/8,1/11,3 l (mit Katalysator 6,9/8,6/11,7 l)	7,7/9,7/14,1 l (mit Katalysator 8,0/10,0/14,6 l)	7,0/8,8/11,0 l (mit Katalysator)
Getriebe [2]	5-Gang-Schaltgetriebe	5-Gang-Schaltgetriebe	5-Gang-Schaltgetriebe	5-Gang-Schaltgetriebe	4-Gang-Automatikgetriebe	5-Gang-Schaltgetriebe
Verfügbarkeit	Serie (ab 09.1989)	auf Wunsch (bis 08.1989)	auf Wunsch (bis 08.1989)	Serie (ab 09.1989)	auf Wunsch	auf Wunsch
Kupplung	Einscheiben-Trockenkupplung	Einscheiben-Trockenkupplung	Einscheiben-Trockenkupplung	Einscheiben-Trockenkupplung	hydraulischer Drehmomentwandler im Automatikgetr.	Einscheiben-Trockenkupplung
Getriebeart	Zahnrad-Wechselgetriebe	Zahnrad-Wechselgetriebe	Zahnrad-Wechselgetriebe	Zahnrad-Wechselgetriebe	Planetengetriebe	Zahnrad-Wechselgetriebe
Getriebe-Übersetzung	I. 3,86; II. 2,18; III. 1,38; IV. 1,0; V. 0,75; R. 4,22	I. 3,91; II. 2,17; III. 1,37; IV. 1,0; V. 0,78; R. 4,27	I. 3,91; II. 2,17; III. 1,37; IV. 1,0; V. 0,78; R. 4,27	I. 3,91; II. 2,17; III. 1,37; IV. 1,0; V. 0,81; R. 4,27	I. 4,25; II. 2,41; III. 1,49; IV. 1,0; R. 5,67	I. 3,91; II. 2,17; III. 1,37; IV. 1,0; V. 0,81; R. 4,27
Achsantriebsübersetzung	3,46	3,46	3,46	3,46	3,07	3,64
Höchstgeschwindigkeit	195 km/h	185 km/h (mit Katalysator 183 km/h)	193 km/h (mit Katalysator 188 km/h)	200 km/h (mit Katalysator 197 km/h, ab 01.1991: 200 km/h)	210 km/h (mit Katalysator 207 km/h)	185 km/h (mit Katalysator)
Beschleunigung[2] 0-100 km/h	11,5 s	12,4 s (mit Katalysator 12,8 s)	10,5 s (mit Katalysator 10,9 s)	10,3 s (mit Katalysator 10,6 s)	9,0 s (mit Katalysator 9,5 s)	12,3 s (mit Katalysator)
Kraftstoffverbrauch[3]	5,6/7,6/9,3 l	6,2/8,0/11,5 l (mit Katalysator 6,4/8,3/11,5 l)	6,2/8,1/11,2 l (mit Katalysator 6,6/8,3/11,4 l)	6,7/8,1/11,3 l (mit Katalysator 6,9/8,6/11,7 l)	7,8/9,7/11,9 l (mit Katalysator 8,2/10,2/12,4 l)	6,7/8,7/11,3 l (mit Katalysator)
Getriebe [3]		5-Gang-Schaltgetriebe	5-Gang-Schaltgetriebe	4-Gang-Automatikgetriebe		4-Gang-Automatikgetriebe
Verfügbarkeit		auf Wunsch (ab 09.1989)	auf Wunsch (ab 09.1989)	auf Wunsch		auf Wunsch
Kupplung		Einscheiben-Trockenkupplung	Einscheiben-Trockenkupplung	hydraulischer Drehmomentwandler		hydraulischer Drehmomentwandler im Automatikgetriebe
Getriebeart		Zahnrad-Wechselgetriebe	Zahnrad-Wechselgetriebe	Planetengetriebe		Planetengetriebe
Getriebe-Übersetzung		I. 3,91; II. 2,17; III. 1,37; IV. 1,0; V. 0,81; R. 4,27	I. 3,91; II. 2,17; III. 1,37; IV. 1,0; V. 0,81; R. 4,27	I. 4,25; II. 2,41; III. 1,49; IV. 1,0; R. 5,67		I. 4,25; II. 2,41; III. 1,49; IV. 1,0; R. 5,67
Achsantriebsübersetzung		3,46	3,46	3,27		3,46
Höchstgeschwindigkeit		185 km/h (mit Katalysator 183 km/h)	193 km/h (mit Katalysator 188 km/h); ab 01.1991: 195 km/h (mit Katalysator 193 km/h)	195 km/h (mit Katalysator 192 km/h, ab 01.1991: 195 km/h)		180 km/h (mit Katalysator)
Beschleunigung[2] 0-100 km/h		12,4 s (mit Katalysator 12,8 s)	10,5 s (mit Katalysator 10,9 s)	10,3 s (mit Katalysator 10,7 s)		13,0 s (mit Katalysator)
Kraftstoffverbrauch[3]		6,2/8,0/11,5 l (mit Katalysator 6,4/8,3/11,5 l)	6,2/8,1/11,2 l (mit Katalysator 6,6/8,3/11,4 l)	7,3/8,9/10,9 l (mit Katalysator 7,8/9,3/11,3 l)		7,5/9,3/11,0 l (mit Katalysator)
Getriebe [4]		4-Gang-Automatikgetriebe	4-Gang-Automatikgetriebe			
Verfügbarkeit		auf Wunsch	auf Wunsch			
Kupplung		hydraulischer Drehmomentwandler	hydraulischer Drehmomentwandler			
Getriebeart		Planetengetriebe	Planetengetriebe			
Getriebe-Übersetzung		I. 4,25; II. 2,41; III. 1,49; IV. 1,0; R. 5,67	I. 4,25; II. 2,41; III. 1,49; IV. 1,0; R. 5,67			
Achsantriebsübersetzung		3,46	3,23			
Höchstgeschwindigkeit		180 km/h (mit Katalysator 178 km/h)	190 km/h (m. Kat 185 km/h); ab 01.1991: 192 km/h (mit Katalysator 190 km/h)			
Beschleunigung[2] 0-100 km/h		12,7 s (mit Katalysator 13,1 s)	11,0 s (mit Katalysator 11,5 s)			
Kraftstoffverbrauch[3]		7,1/9,0/11,3 l (mit Katalysator 7,4/9,3/11,3 l)	6,9/8,7/10,6 l (mit Katalysator 7,3/9,1/10,9 l)			
Radstand	2665 mm	2665 mm	2665 mm	2665 mm	2665 mm	2665 mm
Spur vorne/hinten	1441/1421 mm („Sportline": 1452/1432 mm)	1441/1421 mm („Sportline": 1452/1432 mm)	1441/1421 mm („Sportline": 1452/1432 mm)	1441/1421 mm („Sportline": 1452/1432 mm)	1441/1421 mm („Sportline": 1452/1432 mm)	1441/1421 mm („Sportline": 1452/1432 mm)
Länge	4448 mm	4448 mm	4448 mm	4448 mm	4448 mm	4448 mm
Breite	1690 mm	1690 mm	1690 mm	1690 mm	1690 mm	1690 mm
Höhe	1375 mm („Sportline": 1353 mm)	1375 mm („Sportline": 1353 mm)	1375 mm („Sportline": 1353 mm)	1375 mm („Sportline": 1353 mm)	1375 mm („Sportline": 1353 mm)	1375 mm („Sportline": 1353 mm)
Kleinster Wendekreis	10,56 m	10,56 m	10,56 m	10,56 m	10,56 m	10,56 m
Leergewicht[4]	1300 kg	1160 kg	1170 kg; ab 01.1991: 1180 kg	1220 kg; ab 01.1991: 1240 kg	1220 kg; ab 01.1991: 1290 kg	1160 kg; ab 01.1991: 1170 kg
Zul. Gesamtgewicht	1800 kg; ab 01.1992: 1820 kg	1660 kg	1670 kg; ab 01.1991: 1680 kg; ab 01.1992: 1730 kg	1720 kg; ab 01.1991: 1740 kg; ab 01.1992: 1790 kg	1720 kg; ab 01.1991: 1790 kg; ab 01.1992: 1830 kg	1660 kg; ab 01.1991: 1670 kg; ab 01.1992: 1720 kg
Zuladung	500 kg; ab 01.1992: 520 kg	500 kg	500 kg; ab 01.1992: 550 kg	500 kg; ab 01.1992: 550 kg	500 kg; ab 01.1992: 540 kg	500 kg; ab 01.1992: 550 kg
Stückzahl	insgesamt 20.915 (seit 02.1986)[7]	insgesamt 83.540 (seit 08.1984)[7]	insgesamt 638.180 (seit 02.1982)[7]	insgesamt 186.610 (seit 03.1983)[7]	insgesamt 104.907 (seit 04.1986)[7]	173.355
Preise[9]	09.1988: DM 45.372,00[10] 02.1989: DM 46.170,00[10] 09.1989: DM 43.548,00[11] 01.1990: DM 44.403,00[11] 10.1990: DM 45.771,00[11] 01.1991: DM 46.797,00[11] 06.1991: DM 48.165,00[11] 02.1992: DM 49.590,00[11] 10.1992: DM 51.072,00[11] 01.1993: DM 53.072,50[11]	09.1988: DM 33.972,00 02.1989: DM 34.542,00 01.1990: DM 35.226,00	09.1988: DM 37.107,00 02.1989: DM 37.734,00 01.1990: DM 38.475,00 10.1990: DM 39.273,00 01.1991: DM 40.299,00 06.1991: DM 41.496,00 02.1992: DM 42.579,00 10.1992: DM 44.061,00 01.1993: DM 45.770,00	09.1988: DM 39.615,00 02.1989: DM 40.299,00 01.1990: DM 41.040,00 10.1990: DM 42.294,00 01.1991: DM 43.320,00 06.1991: DM 44.574,00 02.1992: DM 45.885,00 10.1992: DM 47.367,00 01.1993: DM 49.220,00	09.1988: DM 47.196,00 01.1990: DM 48.906,00 06.1991: DM 51.870,00 10.1992: DM 54.207,00 02.1989: DM 47.994,00 10.1990: DM 50.388,00 02.1992: DM 53.409,00 01.1993: DM 56.350,00	02.1990: DM 33.117,00 10.1990: DM 34.143,00 06.1991: DM 35.169,00 02.1992: DM 35.910,00 10.1992: DM 38.874,00 01.1993: DM 40.365,00

Kompaktklasse-Limousinen der Baureihe 201, 1988 - 1993				C-Klasse-Limousinen der Baureihe 202, 1993 - 1997		
Typ	**190 E 2.5-16**	**190 E 2.5-16 Evolution**	**190 E 2.5-16 Evolution II**	**C 200 Diesel**	**C 200 Diesel**	**C 220 Diesel**
Konstruktionsbezeichnung	W 201 E 25/2	W 201 E 25/2	W 201 E 25/2	W 202 D 20	W 202 D 20/2	W 202 D 22
Baumuster	201.035	201.036	201.036	202.120	202.122 (Exportmodell für Portugal)	202.121
Produktionszeitraum	07.1988 - 06.1993	02.1989/03.1989 - 05.1989[1]	01.1990/05.1990 - 07.1990[1]	08.1992/02.1993 - 10.1995[1]	04.1996 - 06.1997	10.1992/08.1993 - 06.1997[1]
Motor	Viertakt-Otto (mit Saugrohreinspritzung und Abgasreinigungsanlage mit geregeltem 3-Wege-Katalysator)	Viertakt-Otto (mit Saugrohreinspritzung und Abgasreinigungsanlage mit geregeltem 3-Wege-Katalysator)	Viertakt-Otto (mit Saugrohreinspritzung und Abgasreinigungsanlage mit geregeltem 3-Wege-Katalysator)	Viertakt-Diesel (mit Vorkammereinspritzung und Abgasreinigungsanlage mit Oxidationskatalysator)	Viertakt-Diesel (mit Vorkammereinspritzung und Abgasreinigungsanlage mit Oxidationskatalysator)	Viertakt-Diesel (mit Vorkammereinspritzung und Abgasreinigungsanlage mit Oxidationskatalysator)
Motor-Typ/-Baumuster	M 102 E 25/2/102.990	M 102 E 25/2/102.991	M 102 E 25/2/102.992	OM 601 D 20/601.913	OM 604 D 20/604.915	OM 604 D 22/604.910
Zylinderzahl/-anordnung	4/Reihe; 15° nach rechts geneigt	4/Reihe; 15° nach rechts geneigt	4/Reihe; 15° nach rechts geneigt	4/Reihe; 15° nach rechts geneigt	4/Reihe; 15° nach rechts geneigt	4/Reihe; 15° nach rechts geneigt
Bohrung x Hub	95,5 x 87,2 mm	97,3 x 82,8 mm	97,3 x 82,8 mm	87,0 x 84,0 mm	87,0 x 84,0 mm	89,0 x 86,6 mm
Gesamthubraum	2498 ccm	2463 ccm	2463 ccm	1997 ccm	1997 ccm	2155 ccm
Verdichtungsverhältnis	9,7	9,7	9,7	22	22	22
Leistung	195 PS/143 kW (RÜF-Version: 204 PS/150 kW) bei 6750/min	195 PS/143 kW bei 6800/min (ohne Katalysator 204 PS/150 kW bei 6750/min)	235 PS/173 kW bei 7200/min	55 kW/75 PS bei 5500/min	65 kW/88 PS bei 5000/min	70 kW/95 PS bei 5000/min
Drehmoment	235 Nm (RÜF-Version: 240 Nm) bei 5000 - 5500/min	235 Nm (ohne Katalysator 240 Nm) bei 5000 - 5500/min	245 Nm bei 5000 - 6000/min	130 Nm bei 2000 - 3600/min	135 Nm bei 2000 - 4650/min	150 Nm bei 3100 - 4500/min
Ventilanzahl/-anordnung	2 Einlass, 2 Auslass/V-förmig hängend	2 Einlass, 2 Auslass/V-förmig hängend	2 Einlass, 2 Auslass/V-förmig hängend	1 Einlass, 1 Auslass/hängend	2 Einlass, 2 Auslass/hängend	2 Einlass, 2 Auslass/hängend
Ventilsteuerung	2 obenliegende Nockenwellen	2 obenliegende Nockenwellen	2 obenliegende Nockenwellen	obenliegende Nockenwelle	2 obenliegende Nockenwellen	2 obenliegende Nockenwellen
Gemischbildung	Saugrohreinspritzung, mechanisch-elektronisch geregelt (Bosch KE-Jetronic)	Saugrohreinspritzung, mechanisch-elektronisch geregelt (Bosch KE-Jetronic)	Saugrohreinspritzung, mechanisch-elektronisch geregelt (Bosch KE-Jetronic)	Vorkammereinspritzung, mechanisch geregelt; Bosch 4-Stempel-Einspritzpumpe	Vorkammereinspritzung, elektronisch geregelt (Lucas EPIC); Lucas Verteiler-Einspritzpumpe	Vorkammereinspritzung, elektronisch geregelt (Lucas EPIC); Lucas Verteiler-Einspritzpumpe
Kühlung	Wasserkühlung/Pumpe; 8 l Wasser	Wasserkühlung/Pumpe; 8 l Wasser	Wasserkühlung/Pumpe; 8 l Wasser	Wasserkühlung/Pumpe; 8,0 l Wasser	Wasserkühlung/Pumpe; 8,3 l Wasser	Wasserkühlung/Pumpe; 8,3 l Wasser
Schmierung	Druckumlauf-Schmierung/5 l Öl	Druckumlauf-Schmierung/5 l Öl	Druckumlauf-Schmierung/5 l Öl	Druckumlauf-Schmierung/6,0 l Öl	Druckumlauf-Schmierung/6,5 l Öl	Druckumlauf-Schmierung/6,5 l Öl
Batterie	62 Ah/im Motorraum	62 Ah/im Motorraum	2 x 30 Ah; bei Klimaanlage: 1 x 62 Ah/im Motorraum	74 Ah/im Kofferraum	74 Ah/im Kofferraum	74 Ah/im Kofferraum
Kraftstofftank: Anordnung/Fassungsvermögen	über der Hinterachse/70 l	über der Hinterachse/70 l	über der Hinterachse/70 l	vor der Hinterachse/62 l	vor der Hinterachse/62 l	vor der Hinterachse/62 l
Radaufhängung, vorne	Dreiecks-Querlenker/Dämpferbein, auf Wunsch mit Niveau-Regulierung	Dreiecks-Querlenker/Federbein mit hydropneumat. Niveau-Regulierung	Dreiecks-Querlenker/Federbein mit hydropneumat. Niveau-Regulierung	Doppel-Querlenker	Doppel-Querlenker	Doppel-Querlenker
Radaufhängung, hinten	Raumlenkerachse mit hydropneumatischer Niveau-Regulierung	Raumlenkerachse mit hydropneumatischer Niveau-Regulierung	Raumlenkerachse mit hydropneumatischer Niveau-Regulierung	Raumlenkerachse, auf Wunsch mit hydropneumatischer Niveau-Regulierung	Raumlenkerachse, auf Wunsch mit hydropneumatischer Niveau-Regulierung	Raumlenkerachse, auf Wunsch mit hydropneumatischer Niveau-Regulierung
Federung, vorne	Schraubenfedern, Drehstab-Stabilisator	Schraubenfedern, hydropneumatische Federbeine, Drehstab-Stabilisator	Schraubenfedern, hydropneumatische Federbeine, Drehstab-Stabilisator	Schraubenfedern, Drehstab-Stabilisator	Schraubenfedern, Drehstab-Stabilisator	Schraubenfedern, Drehstab-Stabilisator
Federung, hinten	Schraubenfedern, hydropneumatische Federbeine, Drehstab-Stabilisator	Schraubenfedern, hydropneumatische Federbeine, Drehstab-Stabilisator	Schraubenfedern, hydropneumatische Federbeine, Drehstab-Stabilisator	Schraubenfedern, Drehstab-Stabilisator	Schraubenfedern, Drehstab-Stabilisator	Schraubenfedern, Drehstab-Stabilisator
Stoßdämpfer, vorne/hinten	Gasdruck-Dämpferbeine/hydropneumatische Federbeine	hydropneumatische Federbeine	hydropneumatische Federbeine	Gasdruck-Stoßdämpfer	Gasdruck-Stoßdämpfer	Gasdruck-Stoßdämpfer
Lenkung	Kugelumlauf-Servolenkung	Kugelumlauf-Servolenkung	Kugelumlauf-Servolenkung	Kugelumlauf-Servolenkung	Kugelumlauf-Servolenkung	Kugelumlauf-Servolenkung
Bremsanlage	hydraulische Zweikreis-Bremsanlage mit Unterdruck-Bremskraftverstärker und Anti-Blockier-System; Scheibenbremsen vorn (innenbelüftet) und hinten	hydraulische Zweikreis-Bremsanlage mit Unterdruck-Bremskraftverstärker und Anti-Blockier-System; Scheibenbremsen vorn (innenbelüftet) und hinten	hydraulische Zweikreis-Bremsanlage mit Unterdruck-Bremskraftverstärker und Anti-Blockier-System; Scheibenbremsen vorn (innenbelüftet) und hinten	hydraulische Zweikreis-Bremsanlage mit Unterdruck-Bremskraftverstärker und Anti-Blockier-System; Scheibenbremsen vorn und hinten	hydraulische Zweikreis-Bremsanlage mit Unterdruck-Bremskraftverstärker und Anti-Blockier-System; Scheibenbremsen vorn und hinten	hydraulische Zweikreis-Bremsanlage mit Unterdruck-Bremskraftverstärker und Anti-Blockier-System; Scheibenbremsen vorn und hinten
Feststellbremse	mechanisch (handbetätigt), auf Hinterräder wirkend	mechanisch (handbetätigt), auf Hinterräder wirkend	mechanisch (handbetätigt), auf Hinterräder wirkend	mechanisch (fußbetätigt), auf Hinterräder wirkend	mechanisch (fußbetätigt), auf Hinterräder wirkend	mechanisch (fußbetätigt), auf Hinterräder wirkend
Bremsscheibendurchmesser vorne/hinten	284/258 mm	300/278 mm	300/278 mm	284/258 mm	284/258 mm	284/258 mm
Räder	Leichtmetallräder	Leichtmetallräder	Leichtmetallräder	Stahlblechräder, auf Wunsch Leichtmetallräder	Stahlblechräder, auf Wunsch Leichtmetallräder	Stahlblechräder, auf Wunsch Leichtmetallräder
Felgen	7 J x 15 H 2	8 J x 16 H 2	8 1/4 J x 17 H 2	6 J x 15 H 2; bei Sportfahrwerk: 7 J x 15 H 2	6 1/2 J x 15 H 2; bei Sportfahrwerk: 7 J x 15 H 2	6 J (ab 09.1995: 6 1/2 J) x 15 H 2; bei Sportfahrwerk: 7 J x 15 H 2
Reifen	205/55 ZR 15	225/50 ZR 16	245/40 ZR 17	185/65 R 15 88 T; bei Sportfahrwerk: 205/60 R 15 91 H	195/65 R 15 91 T; bei Sportfahrwerk: 205/60 R 15 91 H	185/65 (ab 09.1995: 195/65) R 15 88 T; bei Sportfahrw.: 205/60 R 15 91 H
Kraftübertragung	geteilte Kardanwelle	geteilte Kardanwelle	geteilte Kardanwelle	geteilte Kardanwelle	geteilte Kardanwelle	geteilte Kardanwelle
Getriebe [1]	5-Gang-Schaltgetriebe	5-Gang-Schaltgetriebe	5-Gang-Schaltgetriebe	5-Gang-Schaltgetriebe	5-Gang-Schaltgetriebe	5-Gang-Schaltgetriebe
Verfügbarkeit	Serie	Serie	Serie	Serie	Serie	Serie
Kupplung	Einscheiben-Trockenkupplung	Einscheiben-Trockenkupplung	Einscheiben-Trockenkupplung	Einscheiben-Trockenkupplung	Einscheiben-Trockenkupplung	Einscheiben-Trockenkupplung
Getriebeart	Zahnrad-Wechselgetriebe	Zahnrad-Wechselgetriebe	Zahnrad-Wechselgetriebe	Zahnrad-Wechselgetriebe	Zahnrad-Wechselgetriebe	Zahnrad-Wechselgetriebe
Getriebe-Übersetzung	I. 4,08; II. 2,52; III. 1,77; IV. 1,26; V. 1,0; R. 4,16	I. 4,08; II. 2,52; III. 1,77; IV. 1,26; V. 1,0; R. 4,16	I. 4,08; II. 2,52; III. 1,77; IV. 1,26; V. 1,0; R. 4,16	I. 3,91; II. 2,17; III. 1,37; IV. 1,0; V. 0,81; R. 4,27	I. 3,91; II. 2,17; III. 1,37; IV. 1,0; V. 0,81; R. 4,27	I. 3,91; II. 2,17; III. 1,37; IV. 1,0; V. 0,81; R. 4,27
Achsantriebsübersetzung	3,07	3,27	3,46	3,91	3,91	3,91
Höchstgeschwindigkeit	235 km/h (mit Katalysator 230 km/h)	230 km/h (ohne Katalysator 235 km/h)	250 km/h (mit Katalysator)	160 km/h	172 km/h	175 km/h
Beschleunigung[2] 0-100 km/h	7,5 s (mit Katalysator 7,7 s)	7,7 s (ohne Katalysator 7,5 s)	7,1 s (mit Katalysator)	19,6 s		16,3 s
Kraftstoffverbrauch[3]	7,0/8,6/12,9 l (mit Katalysator 7,3/9,0/13,3 l)	7,3/9,0/13,3 l (mit Katalysator 7,0/8,6/12,9 l)	7,3/9,0/13,3 l (mit Katalysator)	5,0/6,8/8,1 l	10,2/5,8/7,4 l[6]	5,3/6,9/8,5 l
Getriebe [2]	4-Gang-Automatikgetriebe			4-Gang-Automatikgetriebe	5-Gang-Automatikgetriebe mit elektronischer Steuerung	4-Gang-Automatikgetriebe
Verfügbarkeit	auf Wunsch			auf Wunsch	auf Wunsch	auf Wunsch (bis 07.1996)
Kupplung	hydraulischer Drehmomentwandler im Automatikgetriebe			hydraulischer Drehmomentwandler im Automatikgetriebe	hydr. Drehmomentwandler mit schlupfgesteuerter Überbrückungskupplung	hydraulischer Drehmomentwandler im Automatikgetriebe
Getriebeart	Planetengetriebe			Planetengetriebe	Planetengetriebe	Planetengetriebe
Getriebe-Übersetzung	I. 4,25; II. 2,41; III. 1,49; IV. 1,0; R. 5,67			I. 4,25; II. 2,41; III. 1,49; IV. 1,0; R. 5,67	I. 3,93; II. 2,41; III. 1,49; IV. 1,0; V. 0,83; R. 3,10	I. 4,25; II. 2,41; III. 1,49; IV. 1,0; R. 5,67
Achsantriebsübersetzung	3,07			3,23	3,64	3,23
Höchstgeschwindigkeit	230 km/h (mit Katalysator 225 km/h)			157 km/h	168 km/h	172 km/h
Beschleunigung[2] 0-100 km/h	7,8 s (mit Katalysator 8,1 s)			21,1 s		17,4 s
Kraftstoffverbrauch[3]	7,4/9,0/12,6 l (mit Katalysator 7,8/9,4/13,0 l)			5,6/7,3/7,6 l	10,6/6,0/7,7 l[6]	5,8/7,5/8,2 l
Getriebe [3]						5-Gang-Automatikgetriebe mit elektronischer Steuerung
Verfügbarkeit						auf Wunsch (ab 08.1996)
Kupplung						hydr. Drehmomentwandler mit schlupfgesteuerter Überbrückungskupplung
Getriebeart						Planetengetriebe
Getriebe-Übersetzung						I. 3,93; II. 2,41; III. 1,49; IV. 1,0; V. 0,83; R. 3,10
Achsantriebsübersetzung						3,64
Höchstgeschwindigkeit						172 km/h
Beschleunigung[2] 0-100 km/h						17,4 s
Kraftstoffverbrauch[3]						5,4/7,1/8,2 l
Radstand	2665 mm	2665 mm	2665 mm	2690 mm	2690 mm	2690 mm
Spur vorne/hinten	1446/1431 mm	1478/1453 mm	1474/1453 mm	1505/1476 mm („Esprit“, „Sport“: 1499/1469 mm)	1499/1464 mm („Esprit“, „Sport“: 1505/1469 mm)	1499/1464 mm („Esprit“, „Sport“: 1505/1469 mm)
Länge	4430 mm	4430 mm	4543 mm	4487 mm	4487 mm	4487 mm
Breite	1706 mm	1720 mm	1720 mm	1720 mm	1720 mm	1720 mm
Höhe	1361 mm	1342 mm	1342 mm	1414 mm („Esprit“, „Sport“: 1395 mm)	1427 mm („Esprit“, „Sport“: 1395 mm)	1418 mm; ab 09.1995: 1427 mm („Esprit“, „Sport“: 1395 mm)
Kleinster Wendekreis	10,57 m	11,56 m	11,56 m	10,74 m	10,74 m	10,74 m
Leergewicht[4]	1300 kg	1320 kg	1340 kg	1380 kg	1390 kg	1400 kg
Zul. Gesamtgewicht	1800 kg	1820 kg	1840 kg	1860 kg	1870 kg	1880 kg
Zuladung	500 kg	500 kg	500 kg	480 kg	480 kg	480 kg
Stückzahl	5743	502	502	39.207	insgesamt 1.063 (bis 07.1998)[7]	insgesamt 146.193 (bis 05.1999)[7]
Preise[9]	09.1988: DM 67.944,00; 02.1989: DM 69.084,00; 01.1990: DM 70.395,00; 10.1990: DM 72.504,00; 06.1991: DM 74.613,00; 02.1992: DM 76.836,00; 10.1992: DM 77.634,00; 01.1993: DM 80.672,50	03.1989: DM 87.204,30	03.1990: DM 115.259,70 (mit Klimaanlage DM 119.717,10)	05.1993: DM 42.435,00; 12.1994: DM 44.275,00	im Inland nicht erhältlich	05.1993: DM 44.275,00; 12.1994: DM 46.115,00; 02.1996: DM 46.460,00; 03.1997: DM 47.265,00

C-Klasse-Limousinen der Baureihe 202, 1993 - 1997

Typ	C 250 Diesel	C 250 Turbodiesel	C 180	C 200	C 200 Kompressor	C 220
Konstruktionsbezeichnung	W 202 D 25	W 202 D 25 LA	W 202 E 18	W 202 E 20	W 202 E 20 ML	W 202 E 22
Baumuster	202.125	202.128	202.018	202.020	202.025 (Exportmodell für Italien, Griechenland, Portugal)	202.022
Produktionszeitraum	09.1992/06.1993 - 07.1996[1]	09.1995 - 06.1997	09.1992/03.1993 - 06.1997[1]	03.1993/01.1994 - 06.1997[1]	09.1995 - 06.1997	09.1992/03.1993 - 08.1996[1]
Motor	Viertakt-Diesel (mit Vorkammereinspritzung und Abgasreinigungsanlage mit Oxidationskatalysator)	Viertakt-Diesel (mit Vorkammereinspritzung, Abgas-Turbolader mit Ladeluftkühlung und Abgasreinigungsanlage mit Oxidationskatalysator)	Viertakt-Otto (mit Saugrohreinspritzung und Abgasreinigungsanlage mit geregeltem 3-Wege-Katalysator)	Viertakt-Otto (mit Saugrohreinspritzung und Abgasreinigungsanlage mit geregeltem 3-Wege-Katalysator)	Viertakt-Otto (mit Saugrohreinspritzung und Kompressor mit Ladeluftkühlung; Abgasreinigungsanlage mit geregeltem 3-Wege-Katalysator)	Viertakt-Otto (mit Saugrohreinspritzung und Abgasreinigungsanlage mit geregeltem 3-Wege-Katalysator)
Motor-Typ/-Baumuster	OM 605 D 25/605.910	OM 605 D 25 LA/605.960	M 111 E 18/111.920; ab 08.1996: 111.921	M 111 E 20/111.941; ab 08.1996: 111.945	M 111 E 20 ML/111.944	M 111 E 22/111.961
Zylinderzahl/-anordnung	5/Reihe; 15° nach rechts geneigt	5/Reihe; 15° nach rechts geneigt	4/Reihe; 15° nach rechts geneigt	4/Reihe; 15° nach rechts geneigt	4/Reihe; 15° nach rechts geneigt	4/Reihe; 15° nach rechts geneigt
Bohrung x Hub	87,0 x 84,0 mm	87,0 x 84,0 mm	85,3 x 78,7 mm	89,9 x 78,7 mm	89,9 x 78,7 mm	89,9 x 86,6 mm
Gesamthubraum	2497 ccm	2497 ccm	1799 ccm	1998 ccm	1998 ccm	2199 ccm
Verdichtungsverhältnis	22	22	9,8	9,6; ab 08,1996: 10,4	8,5	10
Leistung	83 kW/113 PS bei 5000/min	110 kW/150 PS bei 4400/min	90 kW/122 PS bei 5500/min	100 kW/136 PS bei 5500/min	132 kW/180 PS bei 5300/min; ab 08.1996: 141 kW/192 PS bei 5300/min	110 kW/150 PS bei 5500/min
Drehmoment	170 Nm bei 2800 - 4600/min	280 Nm bei 1800 - 3600/min	170 Nm bei 4200/min; ab 08.1996: 170 Nm bei 3700 - 4500/min	190 Nm bei 4000/min; ab 08.1996: 190 Nm bei 3700 - 4500/min	260 Nm bei 2500 - 4800/min; ab 08.1996: 270 Nm bei 2500 - 4800/min	210 Nm bei 4000/min
Ventilanzahl/-anordnung	2 Einlass, 2 Auslass/hängend	2 Einlass, 2 Auslass/hängend	2 Einlass, 2 Auslass/V-förmig hängend	2 Einlass, 2 Auslass/V-förmig hängend	2 Einlass, 2 Auslass/V-förmig hängend	2 Einlass, 2 Auslass/V-förmig hängend
Ventilsteuerung	2 obenliegende Nockenwellen	2 obenliegende Nockenwellen	2 obenliegende Nockenwellen (ab 08.1996 Einlass-Nockenwelle verstellbar)	2 obenliegende Nockenwellen (ab 08.1996 Einlass-Nockenwelle verstellbar)	2 obenliegende Nockenwellen (ab 08.1996 Einlass-Nockenwelle verstellbar)	2 obenliegende Nockenwellen (Einlass-Nockenwelle verstellbar)
Gemischbildung	Vorkammereinspritzung, mechanisch-elektronisch geregelt (Bosch MR/E); Bosch 5-Stempel-Einspritzpumpe	Vorkammereinspritzung, mechanisch-elektronisch geregelt; Bosch 5-Stempel-Einspritzpumpe/Abgas-Turbolader mit Ladeluftkühlung	mikroprozessorgesteuerte Einspritzanlage mit Drucksensor (P-Motorsteuerung), ab 08.1996 mit Heißfilm-Luftmassenmessung (HFM)	mikroprozessorgesteuerte Einspritzanlage mit Drucksensor (P-Motorsteuerung), ab 08.1996 mit Heißfilm-Luftmassenmessung (HFM)	mikroprozessorgesteuerte Einspritzanlage mit Heißfilm-Luftmassenmessung (HFM)/Kompressor-Aufladung mit Ladeluftkühlung	mikroprozessorgesteuerte Einspritzanlage mit Heißfilm-Luftmassenmessung (HFM)
Kühlung	Wasserkühlung/Pumpe; 9,6 l Wasser	Wasserkühlung/Pumpe; 7,5 l Wasser	Wasserkühlung/Pumpe; 8,3 l Wasser	Wasserkühlung/Pumpe; 8,3 l Wasser	Wasserkühlung/Pumpe; 8,3 l Wasser	Wasserkühlung/Pumpe; 8,3 l Wasser
Schmierung	Druckumlauf-Schmierung/7,0 l Öl	Druckumlauf-Schmierung/7,0 l Öl	Druckumlauf-Schmierung/5,8 l Öl	Druckumlauf-Schmierung/5,8 l Öl	Druckumlauf-Schmierung/5,6 l Öl	Druckumlauf-Schmierung/5,8 l Öl
Batterie	74 Ah/im Kofferraum	74 Ah/im Kofferraum	62 Ah/im Kofferraum	62 Ah/im Kofferraum	62 Ah/im Kofferraum	62 Ah/im Kofferraum
Kraftstofftank: Anordnung/Fassungsvermögen	vor der Hinterachse/62 l	vor der Hinterachse/62 l	vor der Hinterachse/62 l	vor der Hinterachse/62 l	vor der Hinterachse/62 l	vor der Hinterachse/62 l
Radaufhängung, vorne	Doppel-Querlenker	Doppel-Querlenker	Doppel-Querlenker	Doppel-Querlenker	Doppel-Querlenker	Doppel-Querlenker
Radaufhängung, hinten	Raumlenkerachse, auf Wunsch mit hydropneumatischer Niveau-Regulierung	Raumlenkerachse, auf Wunsch mit hydropneumatischer Niveau-Regulierung	Raumlenkerachse, auf Wunsch mit hydropneumatischer Niveau-Regulierung	Raumlenkerachse, auf Wunsch mit hydropneumatischer Niveau-Regulierung	Raumlenkerachse, auf Wunsch mit hydropneumatischer Niveau-Regulierung	Raumlenkerachse, auf Wunsch mit hydropneumatischer Niveau-Regulierung
Federung, vorne	Schraubenfedern, Drehstab-Stabilisator	Schraubenfedern, Drehstab-Stabilisator	Schraubenfedern, Drehstab-Stabilisator	Schraubenfedern, Drehstab-Stabilisator	Schraubenfedern, Drehstab-Stabilisator	Schraubenfedern, Drehstab-Stabilisator
Federung, hinten	Schraubenfedern, Drehstab-Stabilisator	Schraubenfedern, Drehstab-Stabilisator	Schraubenfedern, Drehstab-Stabilisator	Schraubenfedern, Drehstab-Stabilisator	Schraubenfedern, Drehstab-Stabilisator	Schraubenfedern, Drehstab-Stabilisator
Stoßdämpfer, vorne/hinten	Gasdruck-Stoßdämpfer	Gasdruck-Stoßdämpfer	Gasdruck-Stoßdämpfer	Gasdruck-Stoßdämpfer	Gasdruck-Stoßdämpfer	Gasdruck-Stoßdämpfer
Lenkung	Kugelumlauf-Servolenkung	Kugelumlauf-Servolenkung	Kugelumlauf-Servolenkung	Kugelumlauf-Servolenkung	Kugelumlauf-Servolenkung	Kugelumlauf-Servolenkung
Bremsanlage	hydraulische Zweikreis-Bremsanlage mit Unterdruck-Bremskraftverstärker und Anti-Blockier-System; Scheibenbremsen vorn und hinten	hydraulische Zweikreis-Bremsanlage mit Unterdruck-Bremskraftverstärker und Anti-Blockier-System; Scheibenbremsen vorn (innenbelüftet) und hinten	hydraulische Zweikreis-Bremsanlage mit Unterdruck-Bremskraftverstärker und Anti-Blockier-System; Scheibenbremsen vorn und hinten	hydraulische Zweikreis-Bremsanlage mit Unterdruck-Bremskraftverstärker und Anti-Blockier-System; Scheibenbremsen vorn und hinten	hydraulische Zweikreis-Bremsanlage mit Unterdruck-Bremskraftverstärker und Anti-Blockier-System; Scheibenbremsen vorn (innenbelüftet) und hinten	hydraulische Zweikreis-Bremsanlage mit Unterdruck-Bremskraftverstärker und Anti-Blockier-System; Scheibenbremsen vorn (innenbelüftet) und hinten
Feststellbremse	mechanisch (fußbetätigt), auf Hinterräder wirkend	mechanisch (fußbetätigt), auf Hinterräder wirkend	mechanisch (fußbetätigt), auf Hinterräder wirkend	mechanisch (fußbetätigt), auf Hinterräder wirkend	mechanisch (fußbetätigt), auf Hinterräder wirkend	mechanisch (fußbetätigt), auf Hinterräder wirkend
Bremsscheibendurchmesser vorne/hinten	284/258 mm	288/278 mm	284/258 mm	284/258 mm	288/278 mm	284/258 mm
Räder	Stahlblechräder, auf Wunsch Leichtmetallräder	Stahlblechräder, auf Wunsch Leichtmetallräder	Stahlblechräder, auf Wunsch Leichtmetallräder	Stahlblechräder, auf Wunsch Leichtmetallräder	Stahlblechräder, auf Wunsch Leichtmetallräder	Stahlblechräder, auf Wunsch Leichtmetallräder
Felgen	6 J x 15 H 2; bei Sportfahrwerk: 7 J x 15 H 2	6 1/2 J x 15 H 2; bei Sportfahrwerk: 7 J x 15 H 2	6 J (ab 09.1995: 6 1/2 J) x 15 H 2; bei Sportfahrwerk: 7 J x 15 H 2	6 J (ab 09.1995: 6 1/2 J) x 15 H 2; bei Sportfahrwerk: 7 J x 15 H 2	6 1/2 J x 15 H 2; bei Sportfahrwerk: 7 J x 15 H 2	6 1/2 J x 15 H 2; bei Sportfahrwerk: 7 J x 15 H 2
Reifen	185/65 R 15 88 H; bei Sportfahrwerk: 205/60 R 15 91 H	195/65 R 15 91 H; bei Sportfahrwerk: 205/60 R 15 91 V	185/65 (ab 09.1995: 195/65) R 15 88 H; bei Sportfahrw.: 205/60 R 15 91 H	185/65 (ab 09.1995: 195/65) R 15 88 H; bei Sportfahrw.: 205/60 R 15 91 V	195/65 R 15 91 V; bei Sportfahrwerk: 205/60 R 15 91 V	195/65 R 15 91 V; bei Sportfahrwerk: 205/60 R 15 91 V
Kraftübertragung	geteilte Kardanwelle	geteilte Kardanwelle	geteilte Kardanwelle	geteilte Kardanwelle	geteilte Kardanwelle	geteilte Kardanwelle
Getriebe [1]	5-Gang-Schaltgetriebe	5-Gang-Schaltgetriebe	5-Gang-Schaltgetriebe	5-Gang-Schaltgetriebe	5-Gang-Schaltgetriebe	5-Gang-Schaltgetriebe
Verfügbarkeit	Serie	Serie	Serie	Serie	Serie	Serie
Kupplung	Einscheiben-Trockenkupplung	Einscheiben-Trockenkupplung	Einscheiben-Trockenkupplung	Einscheiben-Trockenkupplung	Einscheiben-Trockenkupplung	Einscheiben-Trockenkupplung
Getriebeart	Zahnrad-Wechselgetriebe	Zahnrad-Wechselgetriebe	Zahnrad-Wechselgetriebe	Zahnrad-Wechselgetriebe	Zahnrad-Wechselgetriebe	Zahnrad-Wechselgetriebe
Getriebe-Übersetzung	I. 3,91; II. 2,17; III. 1,37; IV. 1,0; V. 0,81; R. 4,27	I. 3,86; II. 2,18; III. 1,38; IV. 1,0; V. 0,80; R. 4,22	I. 3,91; II. 2,17; III. 1,37; IV. 1,0; V. 0,81; R. 4,27	I. 3,91; II. 2,17; III. 1,37; IV. 1,0; V. 0,81; R. 4,27	I. 3,86; II. 2,18; III. 1,38; IV. 1,0; V. 0,80; R. 4,22	I. 3,91; II. 2,17; III. 1,37; IV. 1,0; V. 0,81; R. 4,27
Achsantriebsübersetzung	3,64	3,46	3,91	3,92	3,46	3,67
Höchstgeschwindigkeit	190 km/h	203 km/h	193 km/h	203 km/h	225 km/h; ab 08.1996: 227 km/h	210 km/h
Beschleunigung[2] 0-100 km/h	15,0 s	10,2 s	12,0 s	11,0 s	8,8 s; ab 08.96: 8,4 s	10,5 s
Kraftstoffverbrauch[3]	5,4/6,9/8,7 l	5,3/7,2/9,4 l	6,4/8,1/11,0 l; ab 08.1996: 6,2/7,9/10,8 l	6,5/8,0/11,3 l; ab 08.1996: 6,3/7,9/11,1 l	6,0/7,7/10,6 l	6,5/8,1/11,5 l
Getriebe [2]	4-Gang-Automatikgetriebe	4-Gang-Automatikgetriebe	4-Gang-Automatikgetriebe	4-Gang-Automatikgetriebe		4-Gang-Automatikgetriebe
Verfügbarkeit	auf Wunsch	auf Wunsch (bis 07.1996)	auf Wunsch (bis 07.1996)	auf Wunsch (bis 07.1996)		auf Wunsch
Kupplung	hydraulischer Drehmomentwandler im Automatikgetr.	hydraulischer Drehmomentwandler im Automatikgetr.	hydraulischer Drehmomentwandler im Automatikgetr.	hydraulischer Drehmomentwandler im Automatikgetr.		hydraulischer Drehmomentwandler im Automatikgetr.
Getriebeart	Planetengetriebe	Planetengetriebe	Planetengetriebe	Planetengetriebe		Planetengetriebe
Getriebe-Übersetzung	I. 4,25; II. 2,41; III. 1,49; IV. 1,0; R. 5,67	I. 4,25; II. 2,41; III. 1,49; IV. 1,0; R. 5,67	I. 4,25; II. 2,41; III. 1,49; IV. 1,0; R. 5,67	I. 4,25; II. 2,41; III. 1,49; IV. 1,0; R. 5,67		I. 4,25; II. 2,41; III. 1,49; IV. 1,0; R. 5,67
Achsantriebsübersetzung	3,07	2,65	3,23	3,07		3,07
Höchstgeschwindigkeit	187 km/h	200 km/h	190 km/h	200 km/h		207 km/h
Beschleunigung[2] 0-100 km/h	15,3 s	10,0 s	13,0 s	11,5 s		10,6 s
Kraftstoffverbrauch[3]	5,8/7,5/8,4 l	5,5/7,3/8,8 l	6,8/8,5/10,6 l	6,8/8,5/10,8 l		6,9/8,5/11,0 l
Getriebe [3]		5-Gang-Automatikget. mit elektronischer Steuerung	5-Gang-Automatikgetr. mit elektronischer Steuerung	5-Gang-Automatikgetr. mit elektronischer Steuerung		
Verfügbarkeit		auf Wunsch (ab 08.1996)	auf Wunsch (ab 08.1996)	auf Wunsch (ab 08.1996)		
Kupplung		hydr. Drehmomentwandler mit schlupfgesteuerter Überbrückungskupplung	hydr. Drehmomentwandler mit schlupfgesteuerter Überbrückungskupplung	hydr. Drehmomentwandler mit schlupfgesteuerter Überbrückungskupplung		
Getriebeart		Planetengetriebe	Planetengetriebe	Planetengetriebe		
Getriebe-Übersetzung		I. 3,93; II. 2,41; III. 1,49; IV. 1,0; V. 0,83; R. 3,10	I. 3,93; II. 2,41; III. 1,49; IV. 1,0; V. 0,83; R. 3,10	I. 3,93; II. 2,41; III. 1,49; IV. 1,0; V. 0,83; R. 3,10		
Achsantriebsübersetzung		3,07	3,64	3,46		
Höchstgeschwindigkeit		200 km/h	190 km/h	200 km/h		
Beschleunigung[2] 0-100 km/h		9,9 s	13,0 s	11,5 s		
Kraftstoffverbrauch[3]		5,2/6,9/8,8 l	6,3/8,0/10,6 l	6,4/8,0/11,0 l		
Radstand	2690 mm	2690 mm	2690 mm	2690 mm	2690 mm	2690 mm
Spur vorne/hinten	1499/1464 mm („Esprit", „Sport": 1505/1469 mm)	1499/1464 mm („Esprit", „Sport": 1505/1469 mm)	1499/1464 mm („Esprit", „Sport": 1505/1469 mm)	1499/1464 mm („Esprit", „Sport": 1505/1469 mm)	1499/1464 mm („Esprit", „Sport": 1505/1469 mm)	1493/1464 mm („Esprit", „Sport": 1499/1469 mm); ab 09.1995: 1499/1464 mm („Esprit", „Sport": 1505/1469 mm)
Länge	4487 mm	4487 mm	4487 mm	4487 mm	4487 mm	4487 mm
Breite	1720 mm	1720 mm	1720 mm	1720 mm	1720 mm	1720 mm
Höhe	1418 mm („Esprit", „Sport": 1395 mm)	1427 mm („Esprit", „Sport": 1395 mm)	1414 mm; ab 09.1995: 1427 mm („Esprit", „Sport": 1395 mm)	1418 mm; ab 09.1995: 1427 mm („Esprit", „Sport": 1395 mm)	1427 mm („Esprit", „Sport": 1395 mm)	1424 mm; ab 09.1995: 1427 mm („Esprit", „Sport": 1395 mm)
Kleinster Wendekreis	10,74 m	10,74 m	10,74 m	10,74 m	10,74 m	10,74 m
Leergewicht[5]	1450 kg	1480 kg	1350 kg	1365 kg	1410 kg	1410 kg
Zul. Gesamtgewicht	1930 kg	1960 kg	1830 kg	1845 kg	1890 kg	1890 kg
Zuladung	480 kg	480 kg	480 kg	480 kg	480 kg	480 kg
Stückzahl	44.801	insgesamt 59.772 (bis 05.2000)[7]	insgesamt 583.514 (bis 05.2000)[7]	insgesamt 193.514 (bis 05.2000)[7]	insgesamt 12.344 (bis 05.2000)[7]	140.915
Preise[9]	05.1993: DM 49.565,00 12.1994: DM 51.405,00	09.1995: DM 52.785,00 02.1996: DM 53.475,00 03.1997: DM 54.625,00	05.1993: DM 40.825,00 08.1994: DM 42.895,00 05.1995: DM 43.930,00 02.1996: DM 44.620,00 03.1997: DM 45.540,00	09.1993: DM 46.460,00 08.1994: DM 47.495,00 05.1995: DM 48.415,00 02.1996: DM 49.105,00 03.1997: DM 50.255,00	im Inland nicht erhältlich	05.1993: DM 50.225,00 08.1994: DM 52.095,00 05.1995: DM 52.440,00 02.1996: DM 53.130,00

C-Klasse-Limousinen der Baureihe 202, 1993 - 1997					C-Klasse-Limousinen der Baureihe 202, 1997 - 2000	
Typ	C 230	C 230 Kompressor	C 280	C 36 AMG	C 200 Diesel	C 200 CDI
Konstruktionsbezeichnung	W 202 E 23	W 202 E 23 ML	W 202 E 28	W 202 E 36	W 202 D 20/2	W 202 DE 22 LA LR
Baumuster	202.023	202.024	202.028	202.028	202.122 (Exportmodell für Portugal)	202.134
Produktionszeitraum	10.1995/05.1996 - 06.1997[1]	06.1995/09.1995 - 06.1997[1]	09.1992/05.1993 - 07.1997[1]	09.1993 - 06.1997	06.1997 - 07.1998	05.1998 - 05.2000
Motor	Viertakt-Otto (mit Saugrohreinspritzung und Abgasreinigungsanlage mit geregeltem 3-Wege-Katalysator)	Viertakt-Otto (mit Saugrohreinspritzung und Kompressor mit Ladeluftkühlung; Abgasreinigungsanlage mit geregeltem 3-Wege-Katalysator)	Viertakt-Otto (mit Saugrohreinspritzung und Abgasreinigungsanlage mit geregeltem 3-Wege-Katalysator)	Viertakt-Otto (mit Saugrohreinspritzung und Abgasreinigungsanlage mit geregeltem 3-Wege-Katalysator)	Viertakt-Diesel (mit Vorkammereinspritzung und Abgasreinigungsanlage mit Oxidationskatalysator)	Viertakt-Diesel (mit Direkteinspritzung, Abgas-Turbolader mit Ladeluftkühlung und Abgasreinigungsanlage mit Oxidationskatalysator)
Motor-Typ/-Baumuster	M 111 E 23/111.974	M 111 E 23 ML/111.975	M 104 E 28/104.941	M 104 E 36 AMG/104.9936	OM 604 D 20/604.915	OM 611 DE 22 LA LR/611.960
Zylinderzahl/-anordnung	4/Reihe; 15° nach rechts geneigt	4/Reihe; 15° nach rechts geneigt	6/Reihe; 15° nach rechts geneigt	6/Reihe; 15° nach rechts geneigt	4/Reihe; 15° nach rechts geneigt	4/Reihe; 15° nach rechts geneigt
Bohrung x Hub	90,9 x 88,4 mm	90,9 x 88,4 mm	89,9 x 73,5 mm	91,0 x 92,4 mm	87,0 x 84,0 mm	88,0 x 88,4 mm; seit 08.1999: 88,0 x 88,3 mm
Gesamthubraum	2295 ccm	2295 ccm	2799 ccm	3606 ccm	1997 ccm	2151 ccm; seit 08.1999: 2148 ccm
Verdichtungsverhältnis	10,4	8,8	10	10,5	22	19
Leistung	110 kW/150 PS bei 5400/min	142 kW/193 PS bei 5300/min	142 kW/193 PS bei 5500/min	206 kW/280 PS bei 5750/min	65 kW/88 PS bei 5000/min	75 kW/102 PS bei 4200/min
Drehmoment	210 Nm bei 3700 - 4500/min	280 Nm bei 2500 - 4800/min	270 Nm bei 3750/min	385 Nm bei 4000 - 4750/min	135 Nm bei 2000 - 4650/min	235 Nm bei 1500 - 2600/min
Ventilanzahl/-anordnung	2 Einlass, 2 Auslass/V-förmig hängend	2 Einlass, 2 Auslass/V-förmig hängend	2 Einlass, 2 Auslass/V-förmig hängend	2 Einlass, 2 Auslass/V-förmig hängend	2 Einlass, 2 Auslass/hängend	2 Einlass, 2 Auslass/hängend
Ventilsteuerung	2 obenliegende Nockenwellen (Einlass-Nockenwelle verstellbar)	2 obenliegende Nockenwellen (ab 08.1996 Einlass-Nockenwelle verstellbar)	2 obenliegende Nockenwellen (Einlass-Nockenwelle verstellbar)	2 obenliegende Nockenwellen (Einlass-Nockenwelle verstellbar)	2 obenliegende Nockenwellen	2 obenliegende Nockenwellen
Gemischbildung	mikroprozessorgesteuerte Einspritzanlage mit Heißfilm-Luftmassenmessung (HFM)	mikroprozessorgesteuerte Einspritzanlage mit Heißfilm-Luftmassenmessung (HFM)/Kompressor-Aufladung mit Ladeluftkühlung	mikroprozessorgesteuerte Einspritzanlage mit Heißfilm-Luftmassenmessung (HFM)	mikroprozessorgesteuerte Einspritzanlage mit Heißfilm-Luftmassenmessung (HFM)	Vorkammereinspritzung, elektronisch geregelt (Lucas EPIC); Lucas Verteiler-Einspritzpumpe	Common-Rail-Direkteinspritzung, elektronisch geregelt; Bosch 3-Stempel-Hochdruckpumpe/Abgas-Turbolader mit Ladeluftkühlung
Kühlung	Wasserkühlung/Pumpe; 8,3 l Wasser	Wasserkühlung/Pumpe; 8,3 l Wasser	Wasserkühlung/Pumpe; 10,0 l Wasser	Wasserkühlung/Pumpe; 10,0 l Wasser	Wasserkühlung/Pumpe; 8,3 l Wasser	Wasserkühlung/Pumpe; 8,3 l Wasser
Schmierung	Druckumlauf-Schmierung/5,8 l Öl	Druckumlauf-Schmierung/5,6 l Öl	Druckumlauf-Schmierung/7,5 l Öl	Druckumlauf-Schmierung/7,5 l Öl	Druckumlauf-Schmierung/6,5 l Öl	Druckumlauf-Schmierung/6,5 l Öl
Batterie	62 Ah/im Kofferraum	62 Ah/im Kofferraum	62 Ah/im Kofferraum	62 Ah/im Kofferraum	74 Ah/im Kofferraum	74 Ah/im Kofferraum
Kraftstofftank: Anordnung/Fassungsvermögen	vor der Hinterachse/62 l	vor der Hinterachse/62 l	vor der Hinterachse/62 l	vor der Hinterachse/62 l	vor der Hinterachse/62 l	vor der Hinterachse/62 l
Radaufhängung, vorne	Doppel-Querlenker	Doppel-Querlenker	Doppel-Querlenker	Doppel-Querlenker	Doppel-Querlenker	Doppel-Querlenker
Radaufhängung, hinten	Raumlenkerachse, auf Wunsch mit hydropneumatischer Niveau-Regulierung	Raumlenkerachse, auf Wunsch mit hydropneumatischer Niveau-Regulierung	Raumlenkerachse, auf Wunsch mit hydropneumatischer Niveau-Regulierung	Raumlenkerachse	Raumlenkerachse, auf Wunsch mit hydropneumatischer Niveau-Regulierung	Raumlenkerachse, auf Wunsch mit hydropneumatischer Niveau-Regulierung
Federung, vorne	Schraubenfedern, Drehstab-Stabilisator	Schraubenfedern, Drehstab-Stabilisator	Schraubenfedern, Drehstab-Stabilisator	Schraubenfedern, Drehstab-Stabilisator	Schraubenfedern, Drehstab-Stabilisator	Schraubenfedern, Drehstab-Stabilisator
Federung, hinten	Schraubenfedern, Drehstab-Stabilisator	Schraubenfedern, Drehstab-Stabilisator	Schraubenfedern, Drehstab-Stabilisator	Schraubenfedern, Drehstab-Stabilisator	Schraubenfedern, Drehstab-Stabilisator	Schraubenfedern, Drehstab-Stabilisator
Stoßdämpfer, vorne/hinten	Gasdruck-Stoßdämpfer	Gasdruck-Stoßdämpfer	Gasdruck-Stoßdämpfer	Gasdruck-Stoßdämpfer	Gasdruck-Stoßdämpfer	Gasdruck-Stoßdämpfer
Lenkung	Kugelumlauf-Servolenkung	Kugelumlauf-Servolenkung	Kugelumlauf-Servolenkung	Kugelumlauf-Servolenkung	Kugelumlauf-Servolenkung	Kugelumlauf-Servolenkung
Bremsanlage	hydraulische Zweikreis-Bremsanlage mit Unterdruck-Bremskraftverstärker und Anti-Blockier-System; Scheibenbremsen vorn (innenbelüftet) und hinten	hydraulische Zweikreis-Bremsanlage mit Unterdruck-Bremskraftverstärker und Anti-Blockier-System; Scheibenbremsen vorn (innenbelüftet) und hinten	hydraulische Zweikreis-Bremsanlage mit Unterdruck-Bremskraftverstärker und Anti-Blockier-System; Scheibenbremsen vorn (innenbelüftet) und hinten	hydraulische Zweikreis-Bremsanlage mit Unterdruck-Bremskraftverstärker und Anti-Blockier-System; innenbelüftete Scheibenbremsen vorn und hinten	hydraulische Zweikreis-Bremsanlage mit Unterdruck-Bremskraftverstärker, Anti-Blockier-System und Bremsassistent; Scheibenbremsen vorn (innenbelüftet) und hinten	hydraulische Zweikreis-Bremsanlage mit Unterdruck-Bremskraftverstärker, ABS und Bremsassistent; Scheibenbremsen vorn (innenbelüftet) und hinten
Feststellbremse	mechanisch (fußbetätigt), auf Hinterräder wirkend	mechanisch (fußbetätigt), auf Hinterräder wirkend	mechanisch (fußbetätigt), auf Hinterräder wirkend	mechanisch (fußbetätigt), auf Hinterräder wirkend	mechanisch (fußbetätigt), auf Hinterräder wirkend	mechanisch (fußbetätigt), auf Hinterräder wirkend
Bremsscheibendurchmesser vorne/hinten	288/278 mm	288/278 mm	284/258 mm; ab 09.1995: 288/278 mm	288/278 mm	284/258 mm	288/278 mm
Räder	Stahlblechräder, auf Wunsch Leichtmetallräder	Stahlblechräder, auf Wunsch Leichtmetallräder	Stahlblechräder, auf Wunsch Leichtmetallräder	Leichtmetallräder	Stahlblechräder, auf Wunsch Leichtmetallräder	Stahlblechräder, auf Wunsch Leichtmetallräder
Felgen	6 1/2 J x 15 H 2; bei Sportfahrwerk: 7 J x 15 H 2	6 1/2 J x 15 H 2; bei Sportfahrwerk: 7 J x 15 H 2	6 1/2 J x 15 H 2; bei Sportfahrwerk: 7 J x 15 H 2	vorn 7 1/2 J x 17 H 2, hinten 8 1/2 J x 17 H 2	6 1/2 J x 15 H 2; bei Sportfahrwerk: 7 J x 15 H 2	6 1/2 J x 15 H 2; bei Sportfahrwerk: 7 J x 15 H 2
Reifen	195/65 R 15 91 V; bei Sportfahrwerk: 205/60 R 15 91 V	195/65 R 15 91 V; bei Sportfahrwerk: 205/60 R 15 91 V	195/65 R 15 91 V; bei Sportfahrwerk: 205/60 R 15 91 V	vorn 225/45 ZR 17, hinten 245/40 ZR 17	195/65 R 15 91 T; bei Sportfahrwerk: 205/60 R 15 91 H	195/65 R 15 91 H; bei Sportfahrwerk: 205/60 R 15 91 V
Kraftübertragung	geteilte Kardanwelle	geteilte Kardanwelle	geteilte Kardanwelle	geteilte Kardanwelle	geteilte Kardanwelle	geteilte Kardanwelle
Getriebe [1]	5-Gang-Schaltgetriebe	5-Gang-Schaltgetriebe	5-Gang-Schaltgetriebe	4-Gang-Automatikgetriebe	5-Gang-Schaltgetriebe	5-Gang-Schaltgetriebe
Verfügbarkeit	Serie	Serie	Serie	Serie (bis 07.1996)	Serie	Serie
Kupplung	Einscheiben-Trockenkupplung	Einscheiben-Trockenkupplung	Einscheiben-Trockenkupplung	hydraulischer Drehmomentwandler im Automatikgetriebe	Einscheiben-Trockenkupplung	Einscheiben-Trockenkupplung
Getriebeart	Zahnrad-Wechselgetriebe	Zahnrad-Wechselgetriebe	Zahnrad-Wechselgetriebe	Planetengetriebe	Zahnrad-Wechselgetriebe	Zahnrad-Wechselgetriebe
Getriebe-Übersetzung	I. 3,91; II. 2,17; III. 1,37; IV. 1,0; V. 0,81; R. 4,27	I. 3,86; II. 2,18; III. 1,38; IV. 1,0; V. 0,80; R. 4,22	I. 3,86; II. 2,18; III. 1,38; IV. 1,0; V. 0,80; R. 4,22	I. 3,87; II. 2,25; III. 1,44; IV. 1,0; R. 5,59	I. 3,91; II. 2,17; III. 1,37; IV. 1,0; V. 0,81; R. 4,27	I. 4,10; II. 2,18; III. 1,38; IV. 1,0; V. 0,80; R. 4,46
Achsantriebsübersetzung	3,67	3,46	3,67	2,85	3,91	3,07
Höchstgeschwindigkeit	210 km/h	230 km/h	230 km/h	250 km/h (abgeregelt)	172 km/h	185 km/h
Beschleunigung[2] 0-100 km/h	10,5 s	8,4 s	9,0 s	6,7 s		13,1 s
Kraftstoffverbrauch[3]	6,5/8,1/11,5 l	6,1/7,8/10,9 l	7,8/9,5/14,4 l	8,5/10,1/13,6 l	10,2/5,8/7,4 l [6]	8,2/5,0/6,1 l [6]
Getriebe [2]	5-Gang-Automatikgetriebe mit elektronischer Steuerung	5-Gang-Automatikgetriebe mit elektronischer Steuerung	4-Gang-Automatikgetriebe	5-Gang-Automatikgetriebe mit elektronischer Steuerung	5-Gang-Automatikgetriebe mit elektronischer Steuerung	5-Gang-Automatikgetriebe mit elektronischer Steuerung
Verfügbarkeit	auf Wunsch	auf Wunsch (ab 08.1996)	auf Wunsch (bis 07.1996)	Serie (ab 08.1996)	auf Wunsch	auf Wunsch
Kupplung	hydr. Drehmomentwandler mit schlupfgesteuerter Überbrückungskupplung	hydr. Drehmomentwandler mit schlupfgesteuerter Überbrückungskupplung	hydraulischer Drehmomentwandler im Automatikgetriebe	hydr. Drehmomentwandler mit schlupfgesteuerter Überbrückungskupplung	hydr. Drehmomentwandler mit schlupfgesteuerter Überbrückungskupplung	hydr. Drehmomentwandler mit schlupfgesteuerter Überbrückungskupplung
Getriebeart	Planetengetriebe	Planetengetriebe	Planetengetriebe	Planetengetriebe	Planetengetriebe	Planetengetriebe
Getriebe-Übersetzung	I. 3,93; II. 2,41; III. 1,49; IV. 1,0; V. 0,83; R. 3,10	I. 3,93; II. 2,41; III. 1,49; IV. 1,0; V. 0,83; R. 3,10	I. 4,25; II. 2,41; III. 1,49; IV. 1,0; R. 5,67	I. 3,59; II. 2,19; III. 1,41; IV. 1,0; V. 0,83; R. 3,16	I. 3,93; II. 2,41; III. 1,49; IV. 1,0; V. 0,83; R. 3,10	I. 3,93; II. 2,41; III. 1,49; IV. 1,0; V. 0,83; R. 3,10
Achsantriebsübersetzung	3,27	3,27	2,87	2,87	3,64	3,07
Höchstgeschwindigkeit	207 km/h	227 km/h	227 km/h	250 km/h (abgeregelt)	168 km/h	181 km/h
Beschleunigung[2] 0-100 km/h	10,6 s		8,5 s	6,7 s		13,4 s
Kraftstoffverbrauch[3]	6,4/8,0/11,0 l	6,2/8,0/10,7 l	8,1/9,8/12,9 l		10,6/6,0/7,7 l [6]	9,2/5,3/6,7 l [6]
Getriebe [3]			5-Gang-Automatikgetriebe mit elektronischer Steuerung			
Verfügbarkeit			auf Wunsch (ab 08.1996)			
Kupplung			hydr. Drehmomentwandler mit schlupfgesteuerter Überbrückungskupplung			
Getriebeart			Planetengetriebe			
Getriebe-Übersetzung			I. 3,93; II. 2,41; III. 1,49; IV. 1,0; V. 0,83; R. 3,10			
Achsantriebsübersetzung			3,07			
Höchstgeschwindigkeit			227 km/h			
Beschleunigung[2] 0-100 km/h			8,5 s			
Kraftstoffverbrauch[3]						
Radstand	2690 mm	2690 mm	2690 mm	2690 mm	2690 mm	2690 mm
Spur vorne/hinten	1499/1464 mm („Esprit", „Sport": 1505/1469 mm)	1499/1464 mm („Esprit", „Sport": 1505/1469 mm)	1493/1464 mm („Esprit", „Sport": 1499/1469 mm); ab 09.1995: 1499/1464 mm („Esprit", „Sport": 1505/1469 mm)	1497/1478 mm	1499/1464 mm („Esprit", „Sport": 1505/1469 mm)	1499/1464 mm („Esprit", „Sport": 1505/1469 mm)
Länge	4487 mm	4487 mm	4487 mm	4487 mm	4516 mm	4516 mm
Breite	1720 mm	1720 mm	1720 mm	1720 mm	1723 mm	1723 mm
Höhe	1427 mm („Esprit", „Sport": 1395 mm)	1427 mm („Esprit", „Sport": 1395 mm)	1424 mm; ab 09.1995: 1427 mm („Esprit", „Sport": 1395 mm)	1385 mm	1427 mm („Esprit", „Sport": 1395 mm)	1427 mm („Esprit", „Sport": 1395 mm)
Kleinster Wendekreis	10,74 m	10,74 m	10,74 m	10,74 m	10,74 m	10,74 m
Leergewicht[5]	1410 kg	1420 kg	1490 kg	1560 kg	1390 kg	1410 kg
Zul. Gesamtgewicht	1890 kg	1890 kg	1970 kg	1970 kg	1870 kg	1890 kg
Zuladung	480 kg	470 kg	480 kg	410 kg	480 kg	480 kg
Stückzahl	insgesamt 59.706 (bis 06.1998)[7]	insgesamt 63.595 (bis 05.2000)[7]	108.595	5221	insgesamt 1063 (seit 04.1996)[7]	29.811
Preise[9]	06.1996: DM 53.130,00 03.1997: DM 54.280,00	09.1995: DM 55.890,00 02.1996: DM 56.580,00	05.1993: DM 57.845,00 08.1994: DM 58.995,00 05.1995: DM 59.225,00 02.1996: DM 59.570,00	05.1993: DM 95.450,00 08.1994: DM 97.347,50 05.1995: DM 97.865,00 02.1996: DM 98.440,00	im Inland nicht erhältlich	04.1998: DM 48.024,00 02.1999: DM 48.604,00 08.1999: DM 49.184,00 01.2000: DM 49.996,00

C-Klasse-Limousinen der Baureihe 202, 1997 - 2000

Typ	C 220 Diesel	C 220 CDI	C 250 Turbodiesel	C 180	C 200	C 200 Kompressor
Konstruktionsbezeichnung	W 202 D 22	W 202 DE 22 LA	W 202 D 25 LA	W 202 E 18	W 202 E 20	W 202 E 20 ML
Baumuster	202.121 (seit 06.1998 nur noch als leistungsreduzierte Variante in Pflanzenölmethylesther-Ausführung)	202.133	202.128	202.018	202.020	202.025 (Exportmodell für Italien, Griechenland, Portugal)
Produktionszeitraum	06.1997 - 05.1999	03.1997/01.1998 - 05.2000 [1]	06.1997 - 05.2000	06.1997 - 05.2000	06.1997 - 05.2000	06.1997 - 05.2000
Motor	Viertakt-Diesel (mit Vorkammereinspritzung und Abgasreinigungsanlage mit Oxidationskatalysator)	Viertakt-Diesel (mit Direkteinspritzung, Abgas-Turbolader mit Ladeluftkühlung und Abgasreinigungsanlage mit Oxidationskatalysator)	Viertakt-Diesel (mit Vorkammereinspritzung, Abgas-Turbolader mit Ladeluftkühlung und Abgasreinigungsanlage mit Oxidationskatalysator)	Viertakt-Otto (mit Saugrohreinspritzung und Abgasreinigungsanlage mit geregeltem 3-Wege-Katalysator)	Viertakt-Otto (mit Saugrohreinspritzung und Abgasreinigungsanlage mit geregeltem 3-Wege-Katalysator)	Viertakt-Otto (mit Saugrohreinspritzung und Kompressor mit Ladeluftkühlung; Abgasreinigungsanlage mit geregeltem 3-Wege-Katalysator)
Motor-Typ/-Baumuster	OM 604 D 22/604.910	OM 611 DE 22 LA/611.960	OM 605 D 25 LA/605.960	M 111 E 18/111.921	M 111 E 20/111.945	M 111 E 20 ML/111.944
Zylinderzahl/-anordnung	4/Reihe; 15° nach rechts geneigt	4/Reihe; 15° nach rechts geneigt	5/Reihe; 15° nach rechts geneigt	4/Reihe; 15° nach rechts geneigt	4/Reihe; 15° nach rechts geneigt	4/Reihe; 15° nach rechts geneigt
Bohrung x Hub	89,0 x 86,6 mm	88,0 x 88,4 mm; seit 08.1999: 88,0 x 88,3 mm	87,0 x 84,0 mm	85,3 x 78,7 mm	89,9 x 78,7 mm	89,9 x 78,7 mm
Gesamthubraum	2155 ccm	2151 ccm; seit 08.1999: 2148 ccm	2497 ccm	1799 ccm	1998 ccm	1998 ccm
Verdichtungsverhältnis	22	19	22	9,8	10,4	8,5
Leistung	70 kW/95 PS bei 5000/min	92 kW/125 PS bei 4200/min	110 kW/150 PS bei 4400/min	90 kW/122 PS bei 5500/min	100 kW/136 PS bei 5500/min	141 kW/192 PS bei 5300/min
Drehmoment	150 Nm bei 3100 - 4500/min	300 Nm bei 1800 - 2600/min	280 Nm bei 1800 - 3600/min	170 Nm bei 3700 - 4500/min	190 Nm bei 3700 - 4500/min	270 Nm bei 2500 - 4800/min
Ventilanzahl/-anordnung	2 Einlass, 2 Auslass/hängend	2 Einlass, 2 Auslass/hängend	2 Einlass, 2 Auslass/hängend	2 Einlass, 2 Auslass/V-förmig hängend	2 Einlass, 2 Auslass/V-förmig hängend	2 Einlass, 2 Auslass/V-förmig hängend
Ventilsteuerung	2 obenliegende Nockenwellen	2 obenliegende Nockenwellen	2 obenliegende Nockenwellen	2 obenliegende Nockenwellen (Einlass-Nockenwelle verstellbar)	2 obenliegende Nockenwellen (Einlass-Nockenwelle verstellbar)	2 obenliegende Nockenwellen (Einlass-Nockenwelle verstellbar)
Gemischbildung	Vorkammereinspritzung, elektronisch geregelt (Lucas EPIC); Lucas Verteiler-Einspritzpumpe	Common-Rail-Direkteinspritzung, elektronisch geregelt; Bosch 3-Stempel-Hochdruckpumpe/Abgas-Turbolader mit Ladeluftkühlung	Vorkammereinspritzung, mechanisch-elektronisch geregelt; Bosch 5-Stempel-Einspritzpumpe/Abgas-Turbolader mit Ladeluftkühlung	mikroprozessorgesteuerte Einspritzanlage mit Heißfilm-Luftmassenmessung (HFM)	mikroprozessorgesteuerte Einspritzanlage mit Heißfilm-Luftmassenmessung (HFM)	mikroprozessorgesteuerte Einspritzanlage mit Heißfilm-Luftmassenmessung (HFM)/Kompressor-Aufladung mit Ladeluftkühlung
Kühlung	Wasserkühlung/Pumpe; 8,3 l Wasser	Wasserkühlung/Pumpe; 8,3 l Wasser	Wasserkühlung/Pumpe; 7,5 l Wasser	Wasserkühlung/Pumpe; 8,3 l Wasser	Wasserkühlung/Pumpe; 8,5 l Wasser	Wasserkühlung/Pumpe; 8,3 l Wasser
Schmierung	Druckumlauf-Schmierung/6,5 l Öl	Druckumlauf-Schmierung/6,5 l Öl	Druckumlauf-Schmierung/7,0 l Öl	Druckumlauf-Schmierung/5,8 l Öl	Druckumlauf-Schmierung/5,8 l Öl	Druckumlauf-Schmierung/5,6 l Öl
Batterie	74 Ah/im Kofferraum	74 Ah/im Kofferraum	74 Ah/im Kofferraum	62 Ah/im Kofferraum	62 Ah/im Kofferraum	62 Ah/im Kofferraum
Kraftstofftank: Anordnung/Fassungsvermögen	vor der Hinterachse/62 l	vor der Hinterachse/62 l	vor der Hinterachse/62 l	vor der Hinterachse/62 l	vor der Hinterachse/62 l	vor der Hinterachse/62 l
Radaufhängung, vorne	Doppel-Querlenker	Doppel-Querlenker	Doppel-Querlenker	Doppel-Querlenker	Doppel-Querlenker	Doppel-Querlenker
Radaufhängung, hinten	Raumlenkerachse, auf Wunsch mit hydropneumatischer Niveau-Regulierung	Raumlenkerachse, auf Wunsch mit hydropneumatischer Niveau-Regulierung	Raumlenkerachse, auf Wunsch mit hydropneumatischer Niveau-Regulierung	Raumlenkerachse, auf Wunsch mit hydropneumatischer Niveau-Regulierung	Raumlenkerachse, auf Wunsch mit hydropneumatischer Niveau-Regulierung	Raumlenkerachse, auf Wunsch mit hydropneumatischer Niveau-Regulierung
Federung, vorne	Schraubenfedern, Drehstab-Stabilisator	Schraubenfedern, Drehstab-Stabilisator	Schraubenfedern, Drehstab-Stabilisator	Schraubenfedern, Drehstab-Stabilisator	Schraubenfedern, Drehstab-Stabilisator	Schraubenfedern, Drehstab-Stabilisator
Federung, hinten	Schraubenfedern, Drehstab-Stabilisator	Schraubenfedern, Drehstab-Stabilisator	Schraubenfedern, Drehstab-Stabilisator	Schraubenfedern, Drehstab-Stabilisator	Schraubenfedern, Drehstab-Stabilisator	Schraubenfedern, Drehstab-Stabilisator
Stoßdämpfer, vorne/hinten	Gasdruck-Stoßdämpfer	Gasdruck-Stoßdämpfer	Gasdruck-Stoßdämpfer	Gasdruck-Stoßdämpfer	Gasdruck-Stoßdämpfer	Gasdruck-Stoßdämpfer
Lenkung	Kugelumlauf-Servolenkung	Kugelumlauf-Servolenkung	Kugelumlauf-Servolenkung	Kugelumlauf-Servolenkung	Kugelumlauf-Servolenkung	Kugelumlauf-Servolenkung
Bremsanlage	hydraulische Zweikreis-Bremsanlage mit Unterdruck-Bremskraftverstärker, Anti-Blockier-System und Bremsassistent; Scheibenbremsen vorn und hinten	hydraulische Zweikreis-Bremsanlage mit Unterdruck-Bremskraftverstärker, Anti-Blockier-System und Bremsassistent; Scheibenbremsen vorn (innenbelüftet) und hinten	hydraulische Zweikreis-Bremsanlage mit Unterdruck-Bremskraftverstärker, Anti-Blockier-System und Bremsassistent; Scheibenbremsen vorn (innenbelüftet) und hinten	hydraulische Zweikreis-Bremsanlage mit Unterdruck-Bremskraftverstärker, Anti-Blockier-System und Bremsassistent; Scheibenbremsen vorn und hinten	hydraulische Zweikreis-Bremsanlage mit Unterdruck-Bremskraftverstärker, Anti-Blockier-System und Bremsassistent; Scheibenbremsen vorn und hinten	hydraulische Zweikreis-Bremsanlage mit Unterdruck-Bremskraftverstärker, Anti-Blockier-System und Bremsassistent; Scheibenbremsen vorn (innenbelüftet) und hinten
Feststellbremse	mechanisch (fußbetätigt), auf Hinterräder wirkend	mechanisch (fußbetätigt), auf Hinterräder wirkend	mechanisch (fußbetätigt), auf Hinterräder wirkend	mechanisch (fußbetätigt), auf Hinterräder wirkend	mechanisch (fußbetätigt), auf Hinterräder wirkend	mechanisch (fußbetätigt), auf Hinterräder wirkend
Bremsscheibendurchmesser vorne/hinten	284/258 mm	288/278 mm	288/278 mm	284/258 mm	284/258 mm	288/278 mm
Räder	Stahlblechräder, auf Wunsch Leichtmetallräder	Stahlblechräder, auf Wunsch Leichtmetallräder	Stahlblechräder, auf Wunsch Leichtmetallräder	Stahlblechräder, auf Wunsch Leichtmetallräder	Stahlblechräder, auf Wunsch Leichtmetallräder	Stahlblechräder, auf Wunsch Leichtmetallräder
Felgen	6 1/2 J x 15 H 2; bei Sportfahrwerk: 7 J x 15 H 2	6 1/2 J x 15 H 2; bei Sportfahrwerk: 7 J x 15 H 2	6 1/2 J x 15 H 2; bei Sportfahrwerk: 7 J x 15 H 2	6 1/2 J x 15 H 2; bei Sportfahrwerk: 7 J x 15 H 2	6 1/2 J x 15 H 2; bei Sportfahrwerk: 7 J x 15 H 2	6 1/2 J x 15 H 2; bei Sportfahrwerk: 7 J x 15 H 2
Reifen	195/65 R 15 91 T; bei Sportfahrwerk: 205/60 R 15 91 H	195/65 R 15 91 H; bei Sportfahrwerk: 205/60 R 15 91 V	195/65 R 15 91 H; bei Sportfahrwerk: 205/60 R 15 91 V	195/65 R 15 91 H; bei Sportfahrwerk: 205/60 R 15 91 H	195/65 R 15 91 H; bei Sportfahrwerk: 205/60 R 15 91 V	195/65 R 15 91 V; bei Sportfahrwerk: 205/60 R 15 91 V
Kraftübertragung	geteilte Kardanwelle	geteilte Kardanwelle	geteilte Kardanwelle	geteilte Kardanwelle	geteilte Kardanwelle	geteilte Kardanwelle
Getriebe [1]	5-Gang-Schaltgetriebe	5-Gang-Schaltgetriebe	5-Gang-Schaltgetriebe	5-Gang-Schaltgetriebe	5-Gang-Schaltgetriebe	5-Gang-Schaltgetriebe
Verfügbarkeit	Serie	Serie	Serie	Serie	Serie	Serie
Kupplung	Einscheiben-Trockenkupplung	Einscheiben-Trockenkupplung	Einscheiben-Trockenkupplung	Einscheiben-Trockenkupplung	Einscheiben-Trockenkupplung	Einscheiben-Trockenkupplung
Getriebeart	Zahnrad-Wechselgetriebe	Zahnrad-Wechselgetriebe	Zahnrad-Wechselgetriebe	Zahnrad-Wechselgetriebe	Zahnrad-Wechselgetriebe	Zahnrad-Wechselgetriebe
Getriebe-Übersetzung	I. 3,91; II. 2,17; III. 1,37; IV. 1,0; V. 0,81; R. 4,27	I. 4,10; II. 2,18; III. 1,38; IV. 1,0; V. 0,80; R. 4,46	I. 3,86; II. 2,18; III. 1,38; IV. 1,0; V. 0,80; R. 4,22	I. 3,91; II. 2,17; III. 1,37; IV. 1,0; V. 0,81; R. 4,27	I. 3,91; II. 2,17; III. 1,37; IV. 1,0; V. 0,81; R. 4,27	I. 3,86; II. 2,18; III. 1,38; IV. 1,0; V. 0,80; R. 4,22
Achsantriebsübersetzung	3,91	3,07	3,46	3,91	3,92	3,67
Höchstgeschwindigkeit	175 km/h	198 km/h	203 km/h	193 km/h	203 km/h	230 km/h
Beschleunigung[2] 0-100 km/h	16,3 s	10,5 s	10,2 s	12,0 s	11,0 s	8,4 s
Kraftstoffverbrauch	5,3/6,9/8,5 l [3]	8,2/5,0/6,1 l [6]	5,3/7,2/9,4 l [3]	6,4/8,1/11,0 l; ab 08.1996: 6,2/7,9/10,8 l [3]	6,3/7,9/11,1 l [3]	13,6/7,5/9,8 l [6]
Getriebe [2]	5-Gang-Automatikgetriebe mit elektronischer Steuerung	5-Gang-Automatikgetriebe mit elektronischer Steuerung	5-Gang-Automatikgetriebe mit elektronischer Steuerung	5-Gang-Automatikgetriebe mit elektronischer Steuerung	5-Gang-Automatikgetriebe mit elektronischer Steuerung	5-Gang-Automatikgetriebe mit elektronischer Steuerung
Verfügbarkeit	auf Wunsch	auf Wunsch	auf Wunsch	auf Wunsch	auf Wunsch	auf Wunsch
Kupplung	hydr. Drehmomentwandler mit schlupfgesteuerter Überbrückungskupplung	hydr. Drehmomentwandler mit schlupfgesteuerter Überbrückungskupplung	hydr. Drehmomentwandler mit schlupfgesteuerter Überbrückungskupplung	hydr. Drehmomentwandler mit schlupfgesteuerter Überbrückungskupplung	hydr. Drehmomentwandler mit schlupfgesteuerter Überbrückungskupplung	hydr. Drehmomentwandler mit schlupfgesteuerter Überbrückungskupplung
Getriebeart	Planetengetriebe	Planetengetriebe	Planetengetriebe	Planetengetriebe	Planetengetriebe	Planetengetriebe
Getriebe-Übersetzung	I. 3,93; II. 2,41; III. 1,49; IV. 1,0; V. 0,83; R. 3,10	I. 3,93; II. 2,41; III. 1,49; IV. 1,0; V. 0,83; R. 3,10	I. 3,93; II. 2,41; III. 1,49; IV. 1,0; V. 0,83; R. 3,10	I. 3,93; II. 2,41; III. 1,49; IV. 1,0; V. 0,83; R. 3,10	I. 3,93; II. 2,41; III. 1,49; IV. 1,0; V. 0,83; R. 3,10	I. 3,93; II. 2,41; III. 1,49; IV. 1,0; V. 0,83; R. 3,10
Achsantriebsübersetzung	3,64	3,07	3,07	3,64	3,46	3,27
Höchstgeschwindigkeit	172 km/h	194 km/h	200 km/h	190 km/h	200 km/h	227 km/h
Beschleunigung[2] 0-100 km/h	17,4 s	10,8 s	9,9 s	13,0 s	11,5 s	8,4 s
Kraftstoffverbrauch	5,4/7,1/8,2 l [3]	9,2/5,3/6,7 l [6]	5,2/6,9/8,8 l [3]	6,3/8,0/10,6 l [3]	6,4/8,0/11,0 l [3]	7,4/9,8/13,9 l [6]
Radstand	2690 mm	2690 mm	2690 mm	2690 mm	2690 mm	2690 mm
Spur vorne/hinten	1499/1464 mm („Esprit", „Sport": 1505/1469 mm)	1499/1464 mm („Esprit", „Sport": 1505/1469 mm)	1499/1464 mm („Esprit", „Sport": 1505/1469 mm)	1499/1464 mm („Esprit", „Sport": 1505/1469 mm)	1499/1464 mm („Esprit", „Sport": 1505/1469 mm)	1499/1464 mm („Esprit", „Sport": 1505/1469 mm)
Länge	4516 mm	4516 mm	4516 mm	4516 mm	4516 mm	4516 mm
Breite	1723 mm	1723 mm	1723 mm	1723 mm	1723 mm	1723 mm
Höhe	1427 mm („Esprit", „Sport": 1395 mm)	1427 mm („Esprit", „Sport": 1395 mm)	1427 mm („Esprit", „Sport": 1395 mm)	1427 mm („Esprit", „Sport": 1395 mm)	1427 mm („Esprit", „Sport": 1395 mm)	1427 mm („Esprit", „Sport": 1395 mm)
Kleinster Wendekreis	10,74 m	10,74 m	10,74 m	10,74 m	10,74 m	10,74 m
Leergewicht[5]	1400 kg	1410 kg	1480 kg	1350 kg	1365 kg	1410 kg
Zul. Gesamtgewicht	1880 kg	1890 kg	1960 kg	1830 kg	1845 kg	1890 kg
Zuladung	480 kg	480 kg	480 kg	480 kg	480 kg	480 kg
Stückzahl	insgesamt 146.193 (seit 06.1997)[7]	59.244	insgesamt 59.772 (seit 09.1995)[7]	insgesamt 583.514 (seit 09.1992)[7]	insgesamt 193.514 (seit 03.1993)[7]	insgesamt 12.344 (seit 09.1995)[7]
Preise[9]	06.1997: DM 47.265,00	09.1997: DM 51.175,00 04.1998: DM 51.620,00 02.1999: DM 52.200,00 08.1999: DM 52.780,00 01.2000: DM 53.592,00	06.1997: DM 54.625,00 04.1998: DM 55.100,00 02.1999: DM 55.680,00 08.1999: DM 56.260,00 01.2000: DM 56.956,00	06.1997: DM 45.540,00 04.1998: DM 46.864,00 02.1999: DM 47.444,00 08.1999: DM 48.024,00 01.2000: DM 48.720,00	06.1997: DM 50.255,00 04.1998: DM 51.272,00 02.1999: DM 51.504,00 08.1999: DM 52.084,00	im Inland nicht erhältlich

C-Klasse-Limousinen der Baureihe 202, 1997 - 2000

Typ	C 230	C 230 Kompressor	C 240	C 280 (V6-Motor)	C 43 AMG	C 55 AMG
Baumuster	202.023 (seit 07.1997 nur für Export oder als ckd-Montagesatz)	202.024	202.026	202.029	202.033	202.033
Motor	Viertakt-Otto (mit Saugrohreinspritzung und Abgasreinigungsanlage mit geregeltem 3-Wege-Katalysator)	Viertakt-Otto (mit Saugrohreinspritzung und Kompressor mit Ladeluftkühlung; Abgasreinigungsanlage mit geregeltem 3-Wege-Katalysator)	Viertakt-Otto (mit Saugrohreinspritzung und Abgasreinigungsanlage mit geregeltem 3-Wege-Katalysator)	Viertakt-Otto (mit Saugrohreinspritzung und Abgasreinigungsanlage mit geregeltem 3-Wege-Katalysator)	Viertakt-Otto (mit Saugrohreinspritzung und Abgasreinigungsanlage mit geregeltem 3-Wege-Katalysator)	Viertakt-Otto (mit Saugrohreinspritzung und Abgasreinigungsanlage mit geregeltem 3-Wege-Katalysator)
Motor-Typ/-Baumuster	M 111 E 23/111.974	M 111 E 23 ML/111.975	M 112 E 24/112.910	M 112 E 28/112.920	M 113 E 43/113.944	M 113 E 55/113.983
Zylinderzahl/-anordnung	4/Reihe; 15° nach rechts geneigt	4/Reihe; 15° nach rechts geneigt	6/90°-V-Form; Leichtmetallblock	6/90°-V-Form; Leichtmetallblock	8/90°-V-Form; Leichtmetallblock	8/90°-V-Form; Leichtmetallblock
Bohrung x Hub	90,9 x 88,4 mm	90,9 x 88,4 mm	83,2 x 73,5 mm	89,9 x 73,5 mm	89,9 x 84,0 mm	97,0 x 92,0 mm
Gesamthubraum	2295 ccm	2295 ccm	2398 ccm	2799 ccm	4266 ccm	5439 ccm
Verdichtungsverhältnis	10,4	8,8	10	10	10	10,5
Leistung	110 kW/150 PS bei 5400/min	142 kW/193 PS bei 5300/min	125 kW/170 PS bei 5900/min	145 kW/197 PS bei 5800/min	225 kW/306 PS bei 5850/min	255 kW/347 PS bei 5500/min
Drehmoment	210 Nm bei 3700 - 4500/min	280 Nm bei 2500 - 4800/min	225 Nm bei 3000 - 5000/min	265 Nm bei 3000 - 4800/min	410 Nm bei 3250 - 5000/min	510 Nm bei 3000 - 4300/min
Ventilanzahl/-anordnung	2 Einlass, 2 Auslass/V-förmig hängend	2 Einlass, 2 Auslass/V-förmig hängend	2 Einlass, 1 Auslass/V-förmig hängend	2 Einlass, 1 Auslass/V-förmig hängend	2 Einlass, 1 Auslass/V-förmig hängend	2 Einlass, 1 Auslass/V-förmig hängend
Ventilsteuerung	2 obenliegende Nockenwellen (Einlass-Nockenwelle verstellbar)	2 obenliegende Nockenwellen (Einlass-Nockenwelle verstellbar)	je Zylinderreihe 1 obenliegende Nockenwelle	je Zylinderreihe 1 obenliegende Nockenwelle	je Zylinderreihe 1 obenliegende Nockenwelle	je Zylinderreihe 1 obenliegende Nockenwelle
Gemischbildung	mikroprozessorgesteuerte Einspritzanlage mit Heißfilm-Luftmassenmessung (HFM)	mikroprozessorgesteuerte Einspritzanlage mit Heißfilm-Luftmassenmessung (HFM)/Kompressor-Aufladung mit Ladeluftkühlung	mikroprozessorgesteuerte Einspritzanlage mit Heißfilm-Luftmassenmessung (Motorsteuerung Bosch ME)	mikroprozessorgesteuerte Einspritzanlage mit Heißfilm-Luftmassenmessung (Motorsteuerung Bosch ME)	mikroprozessorgesteuerte Einspritzanlage mit Heißfilm-Luftmassenmessung (Motorsteuerung Bosch ME)	mikroprozessorgesteuerte Einspritzanlage mit Heißfilm-Luftmassenmessung (Motorsteuerung Bosch ME)
Kühlung	Wasserkühlung/Pumpe; 8,3 l Wasser	Wasserkühlung/Pumpe; 8,3 l Wasser	Wasserkühlung/Pumpe; 9,6 l Wasser	Wasserkühlung/Pumpe; 9,6 l Wasser	Wasserkühlung/Pumpe; 10,0 l Wasser	Wasserkühlung/Pumpe; 10,0 l Wasser
Schmierung	Druckumlauf-Schmierung/5,8 l Öl	Druckumlauf-Schmierung/5,6 l Öl	Druckumlauf-Schmierung/8,0 l Öl	Druckumlauf-Schmierung/8,0 l Öl	Druckumlauf-Schmierung/8,0 l Öl	Druckumlauf-Schmierung/8,0 l Öl
Batterie	62 Ah/im Kofferraum	62 Ah/im Kofferraum	62 Ah/im Kofferraum	62 Ah/im Kofferraum	100 Ah/im Kofferraum	100 Ah/im Kofferraum
Kraftstofftank: Anordnung/Fassungsvermögen	vor der Hinterachse/62 l	vor der Hinterachse/62 l	vor der Hinterachse/62 l	vor der Hinterachse/62 l	vor der Hinterachse/62 l	vor der Hinterachse/62 l
Radaufhängung, vorne	Doppel-Querlenker	Doppel-Querlenker	Doppel-Querlenker	Doppel-Querlenker	Doppel-Querlenker	Doppel-Querlenker
Radaufhängung, hinten	Raumlenkerachse, auf Wunsch mit hydropneumatischer Niveau-Regulierung	Raumlenkerachse, auf Wunsch mit hydropneumatischer Niveau-Regulierung	Raumlenkerachse, auf Wunsch mit hydropneumatischer Niveau-Regulierung	Raumlenkerachse, auf Wunsch mit hydropneumatischer Niveau-Regulierung	Raumlenkerachse	Raumlenkerachse
Federung, vorne	Schraubenfedern, Drehstab-Stabilisator	Schraubenfedern, Drehstab-Stabilisator	Schraubenfedern, Drehstab-Stabilisator	Schraubenfedern, Drehstab-Stabilisator	Schraubenfedern, Drehstab-Stabilisator	Schraubenfedern, Drehstab-Stabilisator
Federung, hinten	Schraubenfedern, Drehstab-Stabilisator	Schraubenfedern, Drehstab-Stabilisator	Schraubenfedern, Drehstab-Stabilisator	Schraubenfedern, Drehstab-Stabilisator	Schraubenfedern, Drehstab-Stabilisator	Schraubenfedern, Drehstab-Stabilisator
Stoßdämpfer, vorne/hinten	Gasdruck-Stoßdämpfer	Gasdruck-Stoßdämpfer	Gasdruck-Stoßdämpfer	Gasdruck-Stoßdämpfer	Gasdruck-Stoßdämpfer	Gasdruck-Stoßdämpfer
Lenkung	Kugelumlauf-Servolenkung	Kugelumlauf-Servolenkung	Kugelumlauf-Servolenkung	Kugelumlauf-Servolenkung	Kugelumlauf-Servolenkung	Kugelumlauf-Servolenkung
Bremsanlage	hydraulische Zweikreis-Bremsanlage mit Unterdruck-Bremskraftverstärker und Anti-Blockier-System; Scheibenbremsen vorn (innenbelüftet) und hinten	hydraulische Zweikreis-Bremsanlage mit Unterdruck-Bremskraftverstärker, Anti-Blockier-System und Bremsassistent; Scheibenbremsen vorn (innenbelüftet) und hinten	hydraulische Zweikreis-Bremsanlage mit Unterdruck-Bremskraftverstärker, Anti-Blockier-System und Bremsassistent; Scheibenbremsen vorn (innenbelüftet) und hinten	hydraulische Zweikreis-Bremsanlage mit Unterdruck-Bremskraftverstärker, Anti-Blockier-System und Bremsassistent; Scheibenbremsen vorn (innenbelüftet) und hinten	hydraulische Zweikreis-Bremsanlage mit Unterdruck-Bremskraftverstärker, Anti-Blockier-System und Bremsassistent; innenbelüftete Scheibenbremsen vorn und hinten	hydraulische Zweikreis-Bremsanlage mit Unterdruck-Bremskraftverstärker, Anti-Blockier-System und Bremsassistent; innenbelüftete Scheibenbremsen vorn und hinten
Feststellbremse	mechanisch (fußbetätigt), auf Hinterräder wirkend	mechanisch (fußbetätigt), auf Hinterräder wirkend	mechanisch (fußbetätigt), auf Hinterräder wirkend	mechanisch (fußbetätigt), auf Hinterräder wirkend	mechanisch (fußbetätigt), auf Hinterräder wirkend	mechanisch (fußbetätigt), auf Hinterräder wirkend
Bremsscheibendurchmesser vorne/hinten	288/278 mm	288/278 mm	288/278 mm	288/278 mm	334/300 mm	334/300 mm
Räder	Stahlblechräder, auf Wunsch Leichtmetallräder	Stahlblechräder, auf Wunsch Leichtmetallräder	Stahlblechräder, auf Wunsch Leichtmetallräder	Stahlblechräder, auf Wunsch Leichtmetallräder	Leichtmetallräder	Leichtmetallräder
Felgen	6 1/2 J x 15 H 2; bei Sportfahrwerk: 7 J x 15 H 2	6 1/2 J x 15 H 2; bei Sportfahrwerk: 7 J x 15 H 2	6 1/2 J x 15 H 2; bei Sportfahrwerk: 7 J x 15 H 2	6 1/2 J x 15 H 2; bei Sportfahrwerk: 7 J x 15 H 2	vorn 7 1/2 J x 17 H 2, hinten 8 1/2 J x 17 H 2	vorn 7 1/2 J x 17 H 2, hinten 8 1/2 J x 17 H 2
Reifen	195/65 R 15 91 V; bei Sportfahrwerk: 205/60 R 15 91 V	195/65 R 15 91 V; bei Sportfahrwerk: 205/60 R 15 91 V	195/65 R 15 91 V; bei Sportfahrwerk: 205/60 R 15 91 V	195/65 R 15 91 V; bei Sportfahrwerk: 205/60 R 15 91 V	vorn 225/45 ZR 17, hinten 245/40 ZR 17	vorn 225/45 ZR 17, hinten 245/40 ZR 17
Kraftübertragung	geteilte Kardanwelle	geteilte Kardanwelle	geteilte Kardanwelle	geteilte Kardanwelle	geteilte Kardanwelle	geteilte Kardanwelle
Getriebe [1]	5-Gang-Schaltgetriebe	5-Gang-Schaltgetriebe	5-Gang-Schaltgetriebe	5-Gang-Schaltgetriebe	5-Gang-Automatikgetriebe mit elektronischer Steuerung	5-Gang-Automatikgetriebe mit elektronischer Steuerung
Verfügbarkeit	Serie	Serie	Serie	Serie	Serie	Serie
Kupplung	Einscheiben-Trockenkupplung	Einscheiben-Trockenkupplung	Einscheiben-Trockenkupplung	Einscheiben-Trockenkupplung	hydr. Drehmomentwandler mit schlupfgesteuerter Überbrückungskupplung	hydr. Drehmomentwandler mit schlupfgesteuerter Überbrückungskupplung
Getriebeart	Zahnrad-Wechselgetriebe	Zahnrad-Wechselgetriebe	Zahnrad-Wechselgetriebe	Zahnrad-Wechselgetriebe	Planetengetriebe	Planetengetriebe
Getriebe-Übersetzung	I. 3,91; II. 2,17; III. 1,37; IV. 1,0; V. 0,81; R. 4,27	I. 3,86; II. 2,18; III. 1,38; IV. 1,0; V. 0,80; R. 4,22	I. 3,86; II. 2,18; III. 1,38; IV. 1,0; V. 0,80; R. 4,22	I. 3,86; II. 2,18; III. 1,38; IV. 1,0; V. 0,80; R. 4,22	I. 3,59; II. 2,19; III. 1,41; IV. 1,0; V. 0,83; R. 3,16	I. 3,59; II. 2,19; III. 1,41; IV. 1,0; V. 0,83; R. 3,16
Achsantriebsübersetzung	3,67	3,46	3,67	3,67	3,07	2,82
Höchstgeschwindigkeit	210 km/h	230 km/h	218 km/h	232 km/h	250 km/h (abgeregelt)	250 km/h (abgeregelt)
Beschleunigung[2] 0-100 km/h	10,5 s	8,4 s	9,3 s	8,3 s	6,5 s	5,5 s
Kraftstoffverbrauch	6,5/8,1/11,5 l [3]	6,1/7,8/10,9 l [3)]	6,9/8,6/12,1 l [3)]	6,9/8,6/12,5 l [3]	7,6/9,2/13,1 l [3]	17,1/8,5/11,7 l [6]
Getriebe [1]	5-Gang-Automatikgetriebe mit elektronischer Steuerung	5-Gang-Automatikgetriebe mit elektronischer Steuerung	5-Gang-Automatikgetriebe mit elektronischer Steuerung	5-Gang-Automatikgetriebe mit elektronischer Steuerung		
Verfügbarkeit	auf Wunsch	auf Wunsch	auf Wunsch	auf Wunsch		
Kupplung	hydr. Drehmomentwandler mit schlupfgesteuerter Überbrückungskupplung	hydr. Drehmomentwandler mit schlupfgesteuerter Überbrückungskupplung	hydr. Drehmomentwandler mit schlupfgesteuerter Überbrückungskupplung	hydr. Drehmomentwandler mit schlupfgesteuerter Überbrückungskupplung		
Getriebeart	Planetengetriebe	Planetengetriebe	Planetengetriebe	Planetengetriebe		
Getriebe-Übersetzung	I. 3,93; II. 2,41; III. 1,49; IV. 1,0; V. 0,83; R. 3,10	I. 3,93; II. 2,41; III. 1,49; IV. 1,0; V. 0,83; R. 3,10	I. 3,93; II. 2,41; III. 1,49; IV. 1,0; V. 0,83; R. 3,10	I. 3,93; II. 2,41; III. 1,49; IV. 1,0; V. 0,83; R. 3,10		
Achsantriebsübersetzung	3,27	3,27	3,27; seit 08,1999: 3,67	3,07		
Höchstgeschwindigkeit	207 km/h	227 km/h	214 km/h	228 km/h		
Beschleunigung[2] 0-100 km/h	10,6 s		9,9 s	8,5 s		
Kraftstoffverbrauch	6,4/8,0/11,0 l [3]	6,2/8,0/10,7 l [3]	6,8/8,4/11,4 l [3]	6,7/8,3/11,4 l [3]		
Radstand	2690 mm	2690 mm	2690 mm	2690 mm	2690 mm	2690 mm
Spur vorne/hinten	1499/1464 mm („Esprit“, „Sport“: 1505/1469 mm)	1499/1464 mm („Esprit“, „Sport“: 1505/1469 mm)	1499/1464 mm („Esprit“, „Sport“: 1505/1469 mm)	1499/1464 mm („Esprit“, „Sport“: 1505/1469 mm)	1509/1483 mm	1509/1483 mm
Länge	4487 mm	4516 mm	4516 mm	4516 mm	4516 mm	4516 mm
Breite	1720 mm	1723 mm	1723 mm	1723 mm	1723 mm	1723 mm
Höhe	1427 mm („Esprit“, „Sport“: 1395 mm)	1427 mm („Esprit“, „Sport“: 1395 mm)	1427 mm („Esprit“, „Sport“: 1395 mm)	1427 mm („Esprit“, „Sport“: 1395 mm)	1387 mm	1387 mm
Kleinster Wendekreis	10,74 m	10,74 m	10,74 m	10,74 m	10,74 m	10,74 m
Leergewicht[5]	1410 kg	1420 kg	1420 kg	1430 kg	1570 kg	1570 kg
Zul. Gesamtgewicht	1890 kg	1890 kg	1900 kg	1910 kg	1970 kg	1970 kg
Zul. Achslast vorne	900 kg	900 kg	910 kg	910 kg	970 kg	970 kg
Zul. Achslast hinten	1020 kg	1020 kg	1020 kg	1030 kg	1030 kg	1030 kg
Zuladung	480 kg	470 kg	480 kg	480 kg	400 kg	400 kg
Stückzahl	insgesamt 59.706 (seit 10.1995)[7]	insgesamt 63.595 (seit 06.1995) [7]	40.878	40.146	3085	nicht separat dokumentiert
Preise[9]	seit 07.1997 im Inland nicht mehr erhältlich	06.1997: DM 56.580,00 04.1998: DM 57.072,00 08.1999: DM 57.536,00	06.1997: DM 55.085,00 04.1998: DM 58.812,00 02.1999: DM 59.392,00 08.1999: DM 59.972,00 01.2000: DM 60.668,00	06.1997: DM 59.570,00 04.1998: DM 63.336,00 02.1999: DM 63.916,00 08.1999: DM 64.696,00 01.2000: DM 65.192,00	09.1997: DM 114.425,00 04.1998: DM 115.420,00	Umbaupreis auf Basis C 43 AMG: 04.1999: DM 57.420,00

C-Klasse-T-Modelle der Baureihe 202, 1996 - 1997

Typ	C 200 Diesel T-Modell	C 220 Diesel T-Modell	C 250 Turbodiesel T-Modell	C 180 T-Modell	C 200 T-Modell	C 200 Kompressor T-Modell	C 230 T-Modell
Konstruktionsbezeichnung	S 202 D 20/2	S 202 D 22	S 202 D 25 LA	S 202 E 18	S 202 E 20	S 202 E 20 ML	S 202 E 23
Baumuster	202.180 (Exportmodell für Portugal)	202.182	202.188	202.078	202.080	202.082 (Exportmodell für Italien, Griechenland, Portugal)	202.083
Produktionszeitraum	06.1996 - 06.1997	04.1995/02.1996 - 06.1997[1]	06.1995/02.1996 - 06.1997[1]	06.1995/02.1996 - 06.1997[1]	03.1995/02.1996 - 06.1997[1]	09.1996 - 06.1997	10.1995/04.1996 - 06.1997[1]
Motor	Viertakt-Diesel (mit Vorkammereinspritzung und Abgasreinigungsanlage mit Oxidations-katalysator)	Viertakt-Diesel (mit Vorkammereinspritzung und Abgasreinigungsanlage mit Oxidations-katalysator)	Viertakt-Diesel (mit Vorkammereinspritzung, Abgas-Turbolader mit Ladeluftkühlung und Abgasreinigungsanlage mit Oxidationskatalysator)	Viertakt-Otto (mit Saugrohreinspritzung und Abgasreinigungsanlage mit geregeltem 3-Wege-Katalysator)	Viertakt-Otto (mit Saugrohreinspritzung und Abgasreinigungsanlage mit geregeltem 3-Wege-Katalysator)	Viertakt-Otto (mit Saugrohreinspritzung und Kompressor mit Ladeluftkühlung; Abgasreinigungsanlage mit geregeltem 3-Wege-Katalysator)	Viertakt-Otto (mit Saugrohreinspritzung und Abgasreinigungsanlage mit geregeltem 3-Wege-Katalysator)
Motor-Typ/-Baumuster	OM 604 D 20/604.915	OM 604 D 22/604.910	OM 605 D 25 LA/605.960	M 111 E 18/111.921	M 111 E 20/111.945	M 111 E 20 ML/111.944	M 111 E 23/111.974
Zylinderzahl/-anordnung	4/Reihe; 15° nach rechts geneigt	4/Reihe; 15° nach rechts geneigt	5/Reihe; 15° nach rechts geneigt	4/Reihe; 15° nach rechts geneigt	4/Reihe; 15° nach rechts geneigt	4/Reihe; 15° nach rechts geneigt	4/Reihe; 15° nach rechts geneigt
Bohrung x Hub	84,0 x 87,0 mm	89,0 x 86,6 mm	87,0 x 84,0 mm	85,3 x 78,7 mm	89,9 x 78,7 mm	89,9 x 78,7 mm	90,9 x 88,4 mm
Gesamthubraum	1997 ccm	2155 ccm	2497 ccm	1799 ccm	1998 ccm	1998 ccm	2295 ccm
Verdichtungsverhältnis	22	22	22	9,8	9,6	8,5	10,4
Leistung	65 kW/88 PS bei 5000/min	70 kW/95 PS bei 5000/min	110 kW/150 PS bei 4400/min	90 kW/122 PS bei 5500/min	100 kW/136 PS bei 5500/min	141 kW/192 PS bei 5300/min	110 kW/150 PS bei 5400/min
Drehmoment	135 Nm bei 2000 - 4650/min	150 Nm bei 3100 - 4500/min	280 Nm bei 1800 - 3600/min	170 Nm bei 3700 - 4500/min	190 Nm bei 4000/min	270 Nm bei 2500 - 4800/min	210 Nm bei 3700 - 4500/min
Ventilanzahl/-anordnung	2 Einlass, 2 Auslass/hängend	2 Einlass, 2 Auslass/hängend	2 Einlass, 2 Auslass/hängend	2 Einlass, 2 Auslass/V-förmig hängend	2 Einlass, 2 Auslass/V-förmig hängend	2 Einlass, 2 Auslass/V-förmig hängend	2 Einlass, 2 Auslass/V-förmig hängend
Ventilsteuerung	2 obenliegende Nockenwellen	2 obenliegende Nockenwellen	2 obenliegende Nockenwellen	2 obenliegende Nockenwellen (Einlass-Nockenwelle verstellbar)	2 obenliegende Nockenwellen (Einlass-Nockenwelle verstellbar)	2 obenliegende Nockenwellen (Einlass-Nockenwelle verstellbar)	2 obenliegende Nockenwellen (Einlass-Nockenwelle verstellbar)
Gemischbildung	Vorkammereinspritzung, elektronisch geregelt (Lucas EPIC); Lucas Verteiler-Einspritzpumpe	Vorkammereinspritzung, elektronisch geregelt (Lucas EPIC); Lucas Verteiler-Einspritzpumpe	Vorkammereinspritzung, mechanisch-elektronisch geregelt; Bosch 5-Stempel-Einspritzpumpe/Abgas-Turbolader mit Ladeluftkühlung	mikroprozessorgesteuerte Einspritzanlage mit Heißfilm-Luftmassenmessung (HFM)	mikroprozessorgesteuerte Einspritzanlage mit Heißfilm-Luftmassenmessung (HFM)	mikroprozessorgesteuerte Einspritzanlage mit Heißfilm-Luftmassenmessung (HFM)/Kompressor-Aufladung mit Ladeluftkühlung	mikroprozessorgesteuerte Einspritzanlage mit Heißfilm-Luftmassenmessung (HFM)
Kühlung	Wasserkühlung/Pumpe; 8,3 l Wasser	Wasserkühlung/Pumpe; 8,3 l Wasser	Wasserkühlung/Pumpe; 7,5 l Wasser	Wasserkühlung/Pumpe; 8,3 l Wasser	Wasserkühlung/Pumpe; 8,3 l Wasser	Wasserkühlung/Pumpe; 8,3 l Wasser	Wasserkühlung/Pumpe; 8,3 l Wasser
Schmierung	Druckumlauf-Schmierung/6,5 l Öl	Druckumlauf-Schmierung/6,5 l Öl	Druckumlauf-Schmierung/7,0 l Öl	Druckumlauf-Schmierung/5,6 l Öl	Druckumlauf-Schmierung/5,6 l Öl	Druckumlauf-Schmierung/5,6 l Öl	Druckumlauf-Schmierung/5,6 l Öl
Batterie	74 Ah/unter Laderaumboden	74 Ah/unter Laderaumboden	74 Ah/unter Laderaumboden	62 Ah/unter Laderaumboden	62 Ah/unter Laderaumboden	62 Ah/unter Laderaumboden	62 Ah/unter Laderaumboden
Kraftstofftank: Anordnung/ Fassungsvermögen	vor der Hinterachse/62 l	vor der Hinterachse/62 l	vor der Hinterachse/62 l	vor der Hinterachse/62 l	vor der Hinterachse/62 l	vor der Hinterachse/62 l	vor der Hinterachse/62 l
Radaufhängung, vorne	Doppel-Querlenker	Doppel-Querlenker	Doppel-Querlenker	Doppel-Querlenker	Doppel-Querlenker	Doppel-Querlenker	Doppel-Querlenker
Radaufhängung, hinten	Raumlenkerachse, auf Wunsch mit hydropneumatischer Niveau-Regulierung	Raumlenkerachse, auf Wunsch mit hydropneumatischer Niveau-Regulierung	Raumlenkerachse, auf Wunsch mit hydropneumatischer Niveau-Regulierung	Raumlenkerachse, auf Wunsch mit hydropneumatischer Niveau-Regulierung	Raumlenkerachse, auf Wunsch mit hydropneumatischer Niveau-Regulierung	Raumlenkerachse, auf Wunsch mit hydropneumatischer Niveau-Regulierung	Raumlenkerachse, auf Wunsch mit hydropneumatischer Niveau-Regulierung
Federung, vorne	Schraubenfedern, Drehstab-Stabilisator	Schraubenfedern, Drehstab-Stabilisator	Schraubenfedern, Drehstab-Stabilisator	Schraubenfedern, Drehstab-Stabilisator	Schraubenfedern, Drehstab-Stabilisator	Schraubenfedern, Drehstab-Stabilisator	Schraubenfedern, Drehstab-Stabilisator
Federung, hinten	Schraubenfedern, Drehstab-Stabilisator	Schraubenfedern, Drehstab-Stabilisator	Schraubenfedern, Drehstab-Stabilisator	Schraubenfedern, Drehstab-Stabilisator	Schraubenfedern, Drehstab-Stabilisator	Schraubenfedern, Drehstab-Stabilisator	Schraubenfedern, Drehstab-Stabilisator
Stoßdämpfer, vorne/hinten	Gasdruck-Stoßdämpfer	Gasdruck-Stoßdämpfer	Gasdruck-Stoßdämpfer	Gasdruck-Stoßdämpfer	Gasdruck-Stoßdämpfer	Gasdruck-Stoßdämpfer	Gasdruck-Stoßdämpfer
Lenkung	Kugelumlauf-Servolenkung	Kugelumlauf-Servolenkung	Kugelumlauf-Servolenkung	Kugelumlauf-Servolenkung	Kugelumlauf-Servolenkung	Kugelumlauf-Servolenkung	Kugelumlauf-Servolenkung
Bremsanlage	hydraulische Zweikreis-Bremsanlage mit Unterdruck-Bremskraftverstärker und Anti-Blockier-System; Scheibenbremsen vorn und hinten	hydraulische Zweikreis-Bremsanlage mit Unterdruck-Bremskraftverstärker und Anti-Blockier-System; Scheibenbremsen vorn und hinten	hydraulische Zweikreis-Bremsanlage mit Unterdruck-Bremskraftverstärker und Anti-Blockier-System; Scheibenbremsen vorn (innenbelüftet) und hinten	hydraulische Zweikreis-Bremsanlage mit Unterdruck-Bremskraftverstärker und Anti-Blockier-System; Scheibenbremsen vorn und hinten	hydraulische Zweikreis-Bremsanlage mit Unterdruck-Bremskraftverstärker und Anti-Blockier-System; Scheibenbremsen vorn (innenbelüftet) und hinten	hydraulische Zweikreis-Bremsanlage mit Unterdruck-Bremskraftverstärker und Anti-Blockier-System; Scheibenbremsen vorn (innenbelüftet) und hinten	hydraulische Zweikreis-Bremsanlage mit Unterdruck-Bremskraftverstärker und Anti-Blockier-System; Scheibenbremsen vorn (innenbelüftet) und hinten
Feststellbremse	mechanisch (fußbetätigt), auf Hinterräder wirkend	mechanisch (fußbetätigt), auf Hinterräder wirkend	mechanisch (fußbetätigt), auf Hinterräder wirkend	mechanisch (fußbetätigt), auf Hinterräder wirkend	mechanisch (fußbetätigt), auf Hinterräder wirkend	mechanisch (fußbetätigt), auf Hinterräder wirkend	mechanisch (fußbetätigt), auf Hinterräder wirkend
Bremsscheibendurchmesser vorne/hinten	284/258 mm	288/278 mm	288/278 mm	288/278 mm	288/278 mm	288/278 mm	288/278 mm
Räder	Stahlblechräder, auf Wunsch Leichtmetallräder	Stahlblechräder, auf Wunsch Leichtmetallräder	Stahlblechräder, auf Wunsch Leichtmetallräder	Stahlblechräder, auf Wunsch Leichtmetallräder	Stahlblechräder, auf Wunsch Leichtmetallräder	Stahlblechräder, auf Wunsch Leichtmetallräder	Stahlblechräder, auf Wunsch Leichtmetallräder
Felgen	6 1/2 J x 15 H 2; bei Sportfahrwerk: 7 J x 15 H 2	6 1/2 J x 15 H 2; bei Sportfahrwerk: 7 J x 15 H 2	6 1/2 J x 15 H 2; bei Sportfahrwerk: 7 J x 15 H 2	6 1/2 J x 15 H 2; bei Sportfahrwerk: 7 J x 15 H 2	6 1/2 J x 15 H 2; bei Sportfahrwerk: 7 J x 15 H 2	6 1/2 J x 15 H 2; bei Sportfahrwerk: 7 J x 15 H 2	6 1/2 J x 15 H 2; bei Sportfahrwerk: 7 J x 15 H 2
Reifen	195/65 R 15 91 T; bei Sportfahrwerk: 205/60 R 15 91 H	195/65 R 15 91 T; bei Sportfahrwerk: 205/60 R 15 91 H	195/65 R 15 91 H; bei Sportfahrwerk: 205/60 R 15 91 V	195/65 R 15 91 H; bei Sportfahrwerk: 205/60 R 15 91 H	195/65 R 15 91 H; bei Sportfahrwerk: 205/60 R 15 91 V	195/65 R 15 91 V; bei Sportfahrwerk: 205/60 R 15 91 V	195/65 R 15 91 H; bei Sportfahrwerk: 205/60 R 15 91 V
Kraftübertragung	geteilte Kardanwelle	geteilte Kardanwelle	geteilte Kardanwelle	geteilte Kardanwelle	geteilte Kardanwelle	geteilte Kardanwelle	geteilte Kardanwelle
Getriebe [1]	5-Gang-Schaltgetriebe	5-Gang-Schaltgetriebe	5-Gang-Schaltgetriebe	5-Gang-Schaltgetriebe	5-Gang-Schaltgetriebe	5-Gang-Schaltgetriebe	5-Gang-Schaltgetriebe
Verfügbarkeit	Serie	Serie	Serie	Serie	Serie	Serie	Serie
Kupplung	Einscheiben-Trockenkupplung	Einscheiben-Trockenkupplung	Einscheiben-Trockenkupplung	Einscheiben-Trockenkupplung	Einscheiben-Trockenkupplung	Einscheiben-Trockenkupplung	Einscheiben-Trockenkupplung
Getriebeart	Zahnrad-Wechselgetriebe	Zahnrad-Wechselgetriebe	Zahnrad-Wechselgetriebe	Zahnrad-Wechselgetriebe	Zahnrad-Wechselgetriebe	Zahnrad-Wechselgetriebe	Zahnrad-Wechselgetriebe
Getriebe-Übersetzung	I. 3,91; II. 2,17; III. 1,37; IV. 1,0; V. 0,81; R. 4,27	I. 3,91; II. 2,17; III. 1,37; IV. 1,0; V. 0,81; R. 4,27	I. 3,86; II. 2,18; III. 1,38; IV. 1,0; V. 0,80; R. 4,22	I. 3,91; II. 2,17; III. 1,37; IV. 1,0; V. 0,81; R. 4,27	I. 3,91; II. 2,17; III. 1,37; IV. 1,0; V. 0,81; R. 4,27	I. 3,86; II. 2,18; III. 1,38; IV. 1,0; V. 0,80; R. 4,22	I. 3,91; II. 2,17; III. 1,37; IV. 1,0; V. 0,81; R. 4,27
Achsantriebsübersetzung	3,91	3,91	3,46	3,91	3,92	3,46	3,67
Höchstgeschwindigkeit	170 km/h	173 km/h	200 km/h	190 km/h	200 km/h	223 km/h	207 km/h
Beschleunigung[2] 0-100 km/h		16,6 s	10,5 s	12,5 s	11,3 s	8,4 s	10,7 s
Kraftstoffverbrauch	10,2/5,8/7,4 l[6]	5,3/6,9/8,8 l[3]	5,3/7,2/9,4 l[3]	6,2/7,9/10,8 l[3]	6,3/7,9/11,1 l[3]	6,0/7,7/10,6 l[3]	6,5/8,1/11,5 l[3]
Getriebe [2]	5-Gang-Automatikgetriebe mit elektronischer Steuerung	5-Gang-Automatikgetriebe mit elektronischer Steuerung	5-Gang-Automatikgetriebe mit elektronischer Steuerung	5-Gang-Automatikgetriebe mit elektronischer Steuerung	5-Gang-Automatikgetriebe mit elektronischer Steuerung		5-Gang-Automatikgetriebe mit elektronischer Steuerung
Verfügbarkeit	auf Wunsch	auf Wunsch (ab 08.1996)	auf Wunsch (ab 08.1996)	auf Wunsch (ab 08.1996)	auf Wunsch (ab 08.1996)		auf Wunsch (ab 08.1996)
Kupplung	hydr. Drehmomentwandler mit schlupfgesteuerter Überbrückungskupplung	hydr. Drehmomentwandler mit schlupfgesteuerter Überbrückungskupplung	hydr. Drehmomentwandler mit schlupfgesteuerter Überbrückungskupplung	hydr. Drehmomentwandler mit schlupfgesteuerter Überbrückungskupplung	hydr. Drehmomentwandler mit schlupfgesteuerter Überbrückungskupplung		hydr. Drehmomentwandler mit schlupfgesteuerter Überbrückungskupplung
Getriebeart	Planetengetriebe	Planetengetriebe	Planetengetriebe	Planetengetriebe	Planetengetriebe		Planetengetriebe
Getriebe-Übersetzung	I. 3,93; II. 2,41; III. 1,49; IV. 1,0; V. 0,83; R. 3,10	I. 3,93; II. 2,41; III. 1,49; IV. 1,0; V. 0,83; R. 3,10	I. 3,93; II. 2,41; III. 1,49; IV. 1,0; V. 0,83; R. 3,10	I. 3,93; II. 2,41; III. 1,49; IV. 1,0; V. 0,83; R. 3,10	I. 3,93; II. 2,41; III. 1,49; IV. 1,0; V. 0,83; R. 3,10		I. 3,93; II. 2,41; III. 1,49; IV. 1,0; V. 0,83; R. 3,10
Achsantriebsübersetzung	3,64	3,64	2,87	3,64	3,46		3,27
Höchstgeschwindigkeit	166 km/h	170 km/h	200 km/h	187 km/h	197 km/h		204 km/h
Beschleunigung[2] 0-100 km/h		17,0 s	10,5 s	13,3 s	12,1 s		11,3 s
Kraftstoffverbrauch	10,6/6,0/7,7 l[6]	5,5/7,1/8,4 l[3]	5,2/6,9/8,8 l[3]	6,3/8,0/10,6 l[3]	6,4/8,0/11,0 l[3]		6,4/8,0/11,0 l[3]
Radstand	2690 mm	2690 mm	2690 mm	2690 mm	2690 mm	2690 mm	2690 mm
Spur vorne/hinten	1499/1464 mm („Esprit", „Sport": 1505/1469 mm)	1499/1464 mm („Esprit", „Sport": 1505/1469 mm)	1499/1464 mm („Esprit", „Sport": 1505/1469 mm)	1499/1464 mm („Esprit", „Sport": 1505/1469 mm)	1499/1464 mm („Esprit", „Sport": 1505/1469 mm)	1499/1464 mm („Esprit", „Sport": 1505/1469 mm)	1499/1464 mm („Esprit", „Sport": 1505/1469 mm)
Länge	4487 mm	4487 mm	4487 mm	4487 mm	4487 mm	4487 mm	4487 mm
Breite	1720 mm	1720 mm	1720 mm	1720 mm	1720 mm	1720 mm	1720 mm
Höhe	1460 mm („Esprit", „Sport": 1431 mm)	1460 mm („Esprit", „Sport": 1431 mm)	1460 mm („Esprit", „Sport": 1431 mm)	1460 mm („Esprit", „Sport": 1431 mm)	1460 mm („Esprit", „Sport": 1431 mm)	1460 mm („Esprit", „Sport": 1431 mm)	1460 mm („Esprit", „Sport": 1431 mm)
Kleinster Wendekreis	10,74 m	10,74 m	10,74 m	10,74 m	10,74 m	10,74 m	10,74 m
Leergewicht[5]	1440 kg	1450 kg	1520 kg	1410 kg	1420 kg	1465 kg	1450 kg
Zul. Gesamtgewicht	1950 kg	1960 kg	2000 kg	1920 kg	1930 kg	1945 kg	1950 kg
Zul. Achslast vorne	910 kg	920 kg	960 kg	880 kg	890 kg	905 kg	910 kg
Zul. Achslast hinten	1070 kg	1070 kg	1070 kg	1070 kg	1070 kg	1070 kg	1070 kg
Zuladung	510 kg	510 kg	480 kg	510 kg	510 kg	480 kg	500 kg
Stückzahl	insgesamt 174 (bis 06.1998)[7]	insgesamt 17.988 (bis 05.1999)[7]	insgesamt 23.245 (bis 11.2000)[7]	insgesamt 69.242 (bis 06.2000)[7]	insgesamt 24.634 (bis 06.2000)[7]	insgesamt 4636 (bis 06.2000)[7]	insgesamt 6299 (bis 02.1998)[7]
Preise[9]	im Inland nicht erhältlich	03.1996: DM 49.680,00 03.1997:DM 50.485,00	03.1996: DM 56.695,00 03.1997: DM 57.845,00	03.1996: DM 47.840,00 03.1997: DM 48.760,00	03.1996: DM 52.325,00 03.1997: DM 53.475,00	im Inland nicht erhältlich	03.1996: DM 56.350,00 03.1997: DM 57.500,00

C-Klasse-T-Modelle der Baureihe 202, 1997 - 2001

Typ	C 200 Diesel T-Modell	C 200 CDI T-Modell	C 220 Diesel T-Modell	C 220 CDI T-Modell	C 250 Turbodiesel T-Modell	C 180 T-Modell
Konstruktionsbezeichnung	S 202 D 20/2	S 202 DE 22 LA LR	S 202 D 22	S 202 DE 22 LA	S 202 D 25 LA	S 202 E 18
Baumuster	202.180 (Exportmodell für Portugal)	202.194	202.182 (seit 06.1998 nur noch als leistungsreduzierte Variante in Pflanzenölmethylesther-Ausführung)	202.193	202.188	202.078
Produktionszeitraum	06.1997 - 06.1998	06.1998 - 01.2001	06.1997 - 05.1999	05.1997/01.1998 - 01.2001[1]	06.1997 - 11.2000	06.1997 - 06.2000
Motor	Viertakt-Diesel (mit Vorkammereinspritzung und Abgasreinigungsanlage mit Oxidationskatalysator)	Viertakt-Diesel (mit Direkteinspritzung, Abgas-Turbolader mit Ladeluftkühlung und Abgasreinigungsanlage mit Oxidationskatalysator)	Viertakt-Diesel (mit Vorkammereinspritzung und Abgasreinigungsanlage mit Oxidationskatalysator)	Viertakt-Diesel (mit Direkteinspritzung, Abgas-Turbolader mit Ladeluftkühlung und Abgasreinigungsanlage mit Oxidationskatalysator)	Viertakt-Diesel (mit Vorkammereinspritzung, Abgas-Turbolader mit Ladeluftkühlung und Abgasreinigungsanlage mit Oxidationskatalysator)	Viertakt-Otto (mit Saugrohreinspritzung und Abgasreinigungsanlage mit geregeltem 3-Wege-Katalysator)
Motor-Typ/-Baumuster	OM 604 D 20/604.915	OM 611 DE 22 LA LR/611.960	OM 604 D 22/604.910	OM 611 DE 22 LA/611.960	OM 605 D 25 LA/605.960	M 111 E 18/111.921
Zylinderzahl/-anordnung	4/Reihe; 15° nach rechts geneigt	4/Reihe; 15° nach rechts geneigt	4/Reihe; 15° nach rechts geneigt	4/Reihe; 15° nach rechts geneigt	5/Reihe; 15° nach rechts geneigt	4/Reihe; 15° nach rechts geneigt
Bohrung x Hub	84,0 x 87,0 mm	88,0 x 88,4 mm; seit 08.1999: 88,0 x 88,3 mm	89,0 x 86,6 mm	88,0 x 88,4 mm; seit 08.1999: 88,0 x 88,3 mm	87,0 x 84,0 mm	85,3 x 78,7 mm
Gesamthubraum	1997 ccm	2151 ccm; seit 08.1999: 2148 ccm	2155 ccm	2151 ccm; seit 08.1999: 2148 ccm	2497 ccm	1799 ccm
Verdichtungsverhältnis	22	19	22	19	22	9,8
Leistung	65 kW/88 PS bei 5000/min	75 kW/102 PS bei 4200/min	70 kW/95 PS bei 5000/min	92 kW/125 PS bei 4200/min	110 kW/150 PS bei 4400/min	90 kW/122 PS bei 5500/min
Drehmoment	135 Nm bei 2000 - 4650/min	235 Nm bei 1500 - 2600/min	150 Nm bei 3100 - 4500/min	300 Nm bei 1800 - 2600/min	280 Nm bei 1800 - 3600/min	170 Nm bei 3700 - 4500/min
Ventilanzahl/-anordnung	2 Einlass, 2 Auslass/hängend	2 Einlass, 2 Auslass/hängend	2 Einlass, 2 Auslass/hängend	2 Einlass, 2 Auslass/hängend	2 Einlass, 2 Auslass/hängend	2 Einlass, 2 Auslass/V-förmig hängend
Ventilsteuerung	2 obenliegende Nockenwellen	2 obenliegende Nockenwellen	2 obenliegende Nockenwellen	2 obenliegende Nockenwellen	2 obenliegende Nockenwellen	2 obenliegende Nockenwellen (Einlass-Nockenwelle verstellbar)
Gemischbildung	Vorkammereinspritzung, elektronisch geregelt (Lucas EPIC); Lucas Verteiler-Einspritzpumpe	Common-Rail-Direkteinspritzung, elektronisch geregelt; Bosch 3-Stempel-Hochdruckpumpe/Abgas-Turbolader mit Ladeluftkühlung	Vorkammereinspritzung, elektronisch geregelt (Lucas EPIC); Lucas Verteiler-Einspritzpumpe	Common-Rail-Direkteinspritzung, elektronisch geregelt; Bosch 3-Stempel-Hochdruckpumpe/Abgas-Turbolader mit Ladeluftkühlung	Vorkammereinspritzung, mechanisch-elektronisch geregelt; Bosch 5-Stempel-Einspritzpumpe/Abgas-Turbolader mit Ladeluftkühlung	mikroprozessorgesteuerte Einspritzanlage mit Heißfilm-Luftmassenmessung (HFM)
Kühlung	Wasserkühlung/Pumpe; 8,3 l Wasser	Wasserkühlung/Pumpe; 8,3 l Wasser	Wasserkühlung/Pumpe; 8,3 l Wasser	Wasserkühlung/Pumpe; 8,3 l Wasser	Wasserkühlung/Pumpe; 7,5 l Wasser	Wasserkühlung/Pumpe; 8,3 l Wasser
Schmierung	Druckumlauf-Schmierung/6,5 l Öl	Druckumlauf-Schmierung/6,5 l Öl	Druckumlauf-Schmierung/6,5 l Öl	Druckumlauf-Schmierung/6,5 l Öl	Druckumlauf-Schmierung/7,0 l Öl	Druckumlauf-Schmierung/5,6 l Öl
Batterie	74 Ah/unter Laderaumboden	74 Ah/unter Laderaumboden	74 Ah/unter Laderaumboden	74 Ah/unter Laderaumboden	74 Ah/unter Laderaumboden	62 Ah/unter Laderaumboden
Kraftstofftank: Anordnung/ Fassungsvermögen	vor der Hinterachse/62 l	vor der Hinterachse/62 l	vor der Hinterachse/62 l	vor der Hinterachse/62 l	vor der Hinterachse/62 l	vor der Hinterachse/62 l
Radaufhängung, vorne	Doppel-Querlenker	Doppel-Querlenker	Doppel-Querlenker	Doppel-Querlenker	Doppel-Querlenker	Doppel-Querlenker
Radaufhängung, hinten	Raumlenkerachse, auf Wunsch mit hydropneumatischer Niveau-Regulierung	Raumlenkerachse, auf Wunsch mit hydropneumatischer Niveau-Regulierung	Raumlenkerachse, auf Wunsch mit hydropneumatischer Niveau-Regulierung	Raumlenkerachse, auf Wunsch mit hydropneumatischer Niveau-Regulierung	Raumlenkerachse, auf Wunsch mit hydropneumatischer Niveau-Regulierung	Raumlenkerachse, auf Wunsch mit hydropneumatischer Niveau-Regulierung
Federung, vorne	Schraubenfedern, Drehstab-Stabilisator	Schraubenfedern, Drehstab-Stabilisator	Schraubenfedern, Drehstab-Stabilisator	Schraubenfedern, Drehstab-Stabilisator	Schraubenfedern, Drehstab-Stabilisator	Schraubenfedern, Drehstab-Stabilisator
Federung, hinten	Schraubenfedern, Drehstab-Stabilisator	Schraubenfedern, Drehstab-Stabilisator	Schraubenfedern, Drehstab-Stabilisator	Schraubenfedern, Drehstab-Stabilisator	Schraubenfedern, Drehstab-Stabilisator	Schraubenfedern, Drehstab-Stabilisator
Stoßdämpfer, vorne/hinten	Gasdruck-Stoßdämpfer	Gasdruck-Stoßdämpfer	Gasdruck-Stoßdämpfer	Gasdruck-Stoßdämpfer	Gasdruck-Stoßdämpfer	Gasdruck-Stoßdämpfer
Lenkung	Kugelumlauf-Servolenkung	Kugelumlauf-Servolenkung	Kugelumlauf-Servolenkung	Kugelumlauf-Servolenkung	Kugelumlauf-Servolenkung	Kugelumlauf-Servolenkung
Bremsanlage	hydraulische Zweikreis-Bremsanlage mit Unterdruck-Bremskraftverstärker, Anti-Blockier-System und Bremsassistent; Scheibenbremsen vorn und hinten	hydraulische Zweikreis-Bremsanlage mit Unterdruck-Bremskraftverstärker, Anti-Blockier-System und Bremsassistent; Scheibenbremsen vorn (innenbelüftet) und hinten	hydraulische Zweikreis-Bremsanlage mit Unterdruck-Bremskraftverstärker, Anti-Blockier-System und Bremsassistent; Scheibenbremsen vorn und hinten	hydraulische Zweikreis-Bremsanlage mit Unterdruck-Bremskraftverstärker, Anti-Blockier-System und Bremsassistent; Scheibenbremsen vorn (innenbelüftet) und hinten	hydraulische Zweikreis-Bremsanlage mit Unterdruck-Bremskraftverstärker, Anti-Blockier-System und Bremsassistent; Scheibenbremsen vorn (innenbelüftet) und hinten	hydraulische Zweikreis-Bremsanlage mit Unterdruck-Bremskraftverstärker, Anti-Blockier-System und Bremsassistent; Scheibenbremsen vorn und hinten
Feststellbremse	mechanisch (fußbetätigt), auf Hinterräder wirkend	mechanisch (fußbetätigt), auf Hinterräder wirkend	mechanisch (fußbetätigt), auf Hinterräder wirkend	mechanisch (fußbetätigt), auf Hinterräder wirkend	mechanisch (fußbetätigt), auf Hinterräder wirkend	mechanisch (fußbetätigt), auf Hinterräder wirkend
Bremsscheibendurchmesser vorne/hinten	284/258 mm	288/278 mm	288/278 mm	288/278 mm	288/278 mm	288/278 mm
Räder	Stahlblechräder, auf Wunsch Leichtmetallräder	Stahlblechräder, auf Wunsch Leichtmetallräder	Stahlblechräder, auf Wunsch Leichtmetallräder	Stahlblechräder, auf Wunsch Leichtmetallräder	Stahlblechräder, auf Wunsch Leichtmetallräder	Stahlblechräder, auf Wunsch Leichtmetallräder
Felgen	6 1/2 J x 15 H 2; bei Sportfahrwerk: 7 J x 15 H 2	6 1/2 J x 15 H 2; bei Sportfahrwerk: 7 J x 15 H 2	6 1/2 J x 15 H 2; bei Sportfahrwerk: 7 J x 15 H 2	6 1/2 J x 15 H 2; bei Sportfahrwerk: 7 J x 15 H 2	6 1/2 J x 15 H 2; bei Sportfahrwerk: 7 J x 15 H 2	6 1/2 J x 15 H 2; bei Sportfahrwerk: 7 J x 15 H 2
Reifen	195/65 R 15 91 T; bei Sportfahrwerk: 205/60 R 15 91 H	195/65 R 15 91 H; bei Sportfahrwerk: 205/60 R 15 91 V	195/65 R 15 91 T; bei Sportfahrwerk: 205/60 R 15 91 H	195/65 R 15 91 H; bei Sportfahrwerk: 205/60 R 15 91 V	195/65 R 15 91 H; bei Sportfahrwerk: 205/60 R 15 91 V	195/65 R 15 91 H; bei Sportfahrwerk: 205/60 R 15 91 H
Angetriebene Räder	Hinterräder	Hinterräder	Hinterräder	Hinterräder	Hinterräder	Hinterräder
Kraftübertragung	geteilte Kardanwelle	geteilte Kardanwelle	geteilte Kardanwelle	geteilte Kardanwelle	geteilte Kardanwelle	geteilte Kardanwelle
Getriebe [1]	5-Gang-Schaltgetriebe	5-Gang-Schaltgetriebe	5-Gang-Schaltgetriebe	5-Gang-Schaltgetriebe	5-Gang-Schaltgetriebe	5-Gang-Schaltgetriebe
Verfügbarkeit	Serie	Serie	Serie	Serie	Serie	Serie
Kupplung	Einscheiben-Trockenkupplung	Einscheiben-Trockenkupplung	Einscheiben-Trockenkupplung	Einscheiben-Trockenkupplung	Einscheiben-Trockenkupplung	Einscheiben-Trockenkupplung
Getriebeart	Zahnrad-Wechselgetriebe	Zahnrad-Wechselgetriebe	Zahnrad-Wechselgetriebe	Zahnrad-Wechselgetriebe	Zahnrad-Wechselgetriebe	Zahnrad-Wechselgetriebe
Getriebe-Übersetzung	I. 3,91; II. 2,17; III. 1,37; IV. 1,0; V. 0,81; R. 4,27	I. 4,10; II. 2,18; III. 1,38; IV. 1,0; V. 0,80; R. 4,46	I. 3,91; II. 2,17; III. 1,37; IV. 1,0; V. 0,81; R. 4,27	I. 4,10; II. 2,18; III. 1,38; IV. 1,0; V. 0,80; R. 4,46	I. 3,86; II. 2,18; III. 1,38; IV. 1,0; V. 0,80; R. 4,22	I. 3,91; II. 2,17; III. 1,37; IV. 1,0; V. 0,81; R. 4,27
Achsantriebsübersetzung	3,91	3,07	3,91	3,07	3,46	3,91
Höchstgeschwindigkeit	170 km/h	182 km/h	173 km/h	195 km/h	200 km/h	190 km/h
Beschleunigung[2] 0-100 km/h		13,6 s	16,6 s	11,0 s	10,5 s	12,5 s
Kraftstoffverbrauch	10,2/5,8/7,4 l [6]	8,2/5,1/6,2 l [6]	5,3/6,9/8,8 l [3]	8,2/5,1/6,2 l [6]	5,3/7,2/9,4 l [3]	6,2/7,9/10,8 l [3]
Getriebe [2]	5-Gang-Automatikgetriebe mit elektronischer Steuerung	5-Gang-Automatikgetriebe mit elektronischer Steuerung	5-Gang-Automatikgetriebe mit elektronischer Steuerung	5-Gang-Automatikgetriebe mit elektronischer Steuerung	5-Gang-Automatikgetriebe mit elektronischer Steuerung	5-Gang-Automatikgetriebe mit elektronischer Steuerung
Verfügbarkeit	auf Wunsch	auf Wunsch	auf Wunsch	auf Wunsch	auf Wunsch	auf Wunsch
Kupplung	hydr. Drehmomentwandler mit schlupfgesteuerter Überbrückungskupplung	hydr. Drehmomentwandler mit schlupfgesteuerter Überbrückungskupplung	hydr. Drehmomentwandler mit schlupfgesteuerter Überbrückungskupplung	hydr. Drehmomentwandler mit schlupfgesteuerter Überbrückungskupplung	hydr. Drehmomentwandler mit schlupfgesteuerter Überbrückungskupplung	hydr. Drehmomentwandler mit schlupfgesteuerter Überbrückungskupplung
Getriebeart	Planetengetriebe	Planetengetriebe	Planetengetriebe	Planetengetriebe	Planetengetriebe	Planetengetriebe
Getriebe-Übersetzung	I. 3,93; II. 2,41; III. 1,49; IV. 1,0; V. 0,83; R. 3,10	I. 3,93; II. 2,41; III. 1,49; IV. 1,0; V. 0,83; R. 3,10	I. 3,93; II. 2,41; III. 1,49; IV. 1,0; V. 0,83; R. 3,10	I. 3,93; II. 2,41; III. 1,49; IV. 1,0; V. 0,83; R. 3,10	I. 3,93; II. 2,41; III. 1,49; IV. 1,0; V. 0,83; R. 3,10	I. 3,93; II. 2,41; III. 1,49; IV. 1,0; V. 0,83; R. 3,10
Achsantriebsübersetzung	3,64	3,07	3,64	3,07	2,87	3,64
Höchstgeschwindigkeit	166 km/h	179 km/h	170 km/h	192 km/h	200 km/h	187 km/h
Beschleunigung[2] 0-100 km/h		13,9 s	17,0 s	11,3 s	10,5 s	13,3 s
Kraftstoffverbrauch	10,6/6,0/7,7 l [6]	9,4/5,3/6,8 l [6]	5,5/7,1/8,4 l [3]	9,4/5,3/6,8 l [6]	5,2/6,9/8,8 l [3]	6,3/8,0/10,6 l [3]
Radstand	2690 mm	2690 mm	2690 mm	2690 mm	2690 mm	2690 mm
Spur vorne/hinten	1499/1464 mm („Esprit", „Sport": 1505/1469 mm)	1499/1464 mm („Esprit", „Sport": 1505/1469 mm)	1499/1464 mm („Esprit", „Sport": 1505/1469 mm)	1499/1464 mm („Esprit", „Sport": 1505/1469 mm)	1499/1464 mm („Esprit", „Sport": 1505/1469 mm)	1499/1464 mm („Esprit", „Sport": 1505/1469 mm)
Länge	4516 mm	4516 mm	4516 mm	4516 mm	4516 mm	4516 mm
Breite	1723 mm	1723 mm	1723 mm	1723 mm	1723 mm	1723 mm
Höhe	1460 mm („Esprit", „Sport": 1431 mm)	1460 mm („Esprit", „Sport": 1431 mm)	1460 mm („Esprit", „Sport": 1431 mm)	1460 mm („Esprit", „Sport": 1431 mm)	1460 mm („Esprit", „Sport": 1431 mm)	1460 mm („Esprit", „Sport": 1431 mm)
Kleinster Wendekreis	10,74 m	10,74 m	10,74 m	10,74 m	10,74 m	10,74 m
Leergewicht[5]	1440 kg	1460 kg	1450 kg	1460 kg	1520 kg	1410 kg
Zul. Gesamtgewicht	1950 kg	1970 kg	1960 kg	1970 kg	2000 kg	1920 kg
Zul. Achslast vorne	910 kg	930 kg	920 kg	930 kg	960 kg	880 kg
Zul. Achslast hinten	1070 kg	1070 kg	1070 kg	1070 kg	1070 kg	1070 kg
Zuladung	510 kg	510 kg	510 kg	510 kg	480 kg	510 kg
Stückzahl	insgesamt 174 (seit 06.1996)[7]	18.117	insgesamt 17.988 (seit 06.1997)[7]	50.104	insgesamt 23.245 (seit 06.1995)[7]	insgesamt 69.242 (seit 06.1995)[7]
Preise[9]	im Inland nicht erhältlich	04.1998: DM 51.272,00 02.1999: DM 51.852,00 08.1999: DM 52.432,00 01.2000: DM 53.244,00	06.1997: DM 50.485,00	09.1997: DM 54.395,00 04.1998: DM 54.868,00 02.1999: DM 55.448,00 08.1999: DM 56.028,00 01.2000: DM 56.840,00	06.1997: DM 57.845,00 04.1998: DM 58.348,00 02.1999: DM 58.928,00 08.1999: DM 59.508,00 01.2000: DM 60.204,00	06.1997: DM 48.760,00 04.1998: DM 50.112,00 02.1999: DM 50.692,00 08.1999: DM 51.272,00 01.2000: DM 51.968,00

C-Klasse-T-Modelle der Baureihe 202, 1997 - 2001

Typ	C 180 T-Modell (2,0-l-Motor)	C 200 T-Modell	C 200 Kompressor T-Modell	C 200 Kompressor T-Modell	C 230 T-Modell	C 230 Kompressor T-Modell
Konstruktionsbezeichnung	S 202 E 20 EVO	S 202 E 20	S 202 E 20 ML	S 202 E 20 ML EVO	S 202 E 23	S 202 E 23 ML
Baumuster	202.081	202.080	202.082 (Exportmodell für Italien, Griechenland, Portugal)	202.087	202.083 (seit 07.1997 nur für Export oder als ckd-Montagesatz)	202.085
Produktionszeitraum	06.2000/08.2000 - 01.2001[1]	06.1997 - 06.2000	06.1997 - 06.2000	03.2000/05.2000 - 01.2001[1]	07.1997 - 02.1998	06.1997 - 06.2000
Motor	Viertakt-Otto (mit Saugrohreinspritzung und Abgasreinigungsanlage mit geregeltem 3-Wege-Katalysator)	Viertakt-Otto (mit Saugrohreinspritzung und Abgasreinigungsanlage mit geregeltem 3-Wege-Katalysator)	Viertakt-Otto (mit Saugrohreinspritzung und Kompressor mit Ladeluftkühlung; Abgasreinigungsanlage mit geregeltem 3-Wege-Katalysator)	Viertakt Otto (mit Saugrohreinspritzung und Kompressor mit Ladeluftkühlung; Abgasreinigungsanlage mit geregeltem 3-Wege-Katalysator)	Viertakt Otto (mit Saugrohreinspritzung und Abgasreinigungsanlage mit geregeltem 3-Wege-Katalysator)	Viertakt Otto (mit Saugrohreinspritzung und Kompressor mit Ladeluftkühlung; Abgasreinigungsanlage mit geregeltem 3-Wege-Katalysator)
Motor-Typ/-Baumuster	M 111 E 20 EVO/111.952	M 111 E 20/111.945	M 111 E 20 ML/111.944	M 111 E 20 ML EVO/111.956	M 111 E 23/111.974	M 111 E 23 ML/111.973
Zylinderzahl/-anordnung	4/Reihe; 15° nach rechts geneigt	4/Reihe; 15° nach rechts geneigt	4/Reihe; 15° nach rechts geneigt	4/Reihe; 15° nach rechts geneigt	4/Reihe; 15° nach rechts geneigt	4/Reihe; 15° nach rechts geneigt
Bohrung x Hub	89,9 x 78,7 mm	89,9 x 78,7 mm	89,9 x 78,7 mm	89,9 x 78,7 mm	90,9 x 88,4 mm	90,9 x 88,4 mm
Gesamthubraum	1998 ccm	1998 ccm	1998 ccm	1998 ccm	2295 ccm	2295 ccm
Verdichtungsverhältnis	10,6	9,6	8,5	9,5	10,4	8,8
Leistung	95 kW/129 PS bei 5300/min	100 kW/136 PS bei 5500/min	141 kW/192 PS bei 5300/min	120 kW/163 PS bei 5300/min	110 kW/150 PS bei 5400/min	142 kW/193 PS bei 5300/min
Drehmoment	190 Nm bei 4000/min	190 Nm bei 4000/min	270 Nm bei 2500 - 4800/min	230 Nm bei 2500 - 4800/min	210 Nm bei 3700 - 4500/min	280 Nm bei 2500 - 4800/min
Ventilanzahl/-anordnung	2 Einlass, 2 Auslass/V-förmig hängend	2 Einlass, 2 Auslass/V-förmig hängend	2 Einlass, 2 Auslass/V-förmig hängend	2 Einlass, 2 Auslass/V-förmig hängend	2 Einlass, 2 Auslass/V-förmig hängend	2 Einlass, 2 Auslass/V-förmig hängend
Ventilsteuerung	2 obenliegende Nockenwellen (Einlass-Nockenwelle verstellbar)	2 obenliegende Nockenwellen (Einlass-Nockenwelle verstellbar)	2 obenliegende Nockenwellen (Einlass-Nockenwelle verstellbar)	2 obenliegende Nockenwellen (Einlass-Nockenwelle verstellbar)	2 obenliegende Nockenwellen (Einlass-Nockenwelle verstellbar)	2 obenliegende Nockenwellen (Einlass-Nockenwelle verstellbar)
Gemischbildung	mikroprozessorgesteuerte Einspritzanlage mit Heißfilm-Luftmassenmessung (Motorsteuerung Siemens SIM 4 LE)	mikroprozessorgesteuerte Einspritzanlage mit Heißfilm-Luftmassenmessung (HFM)	mikroprozessorgesteuerte Einspritzanlage mit Heißfilm-Luftmassenmessung (HFM)/Kompressor-Aufladung mit Ladeluftkühlung	mikroprozessorgesteuerte Einspritzanlage mit HFM (Motorsteuerung Siemens SIM 4 LE)/Kompressor-Aufladung mit Ladeluftkühlung	mikroprozessorgesteuerte Einspritzanlage mit Heißfilm-Luftmassenmessung (HFM)	mikroprozessorgesteuerte Einspritzanlage mit Heißfilm-Luftmassenmessung (HFM)/Kompressor-Aufladung mit Ladeluftkühlung
Kühlung	Wasserkühlung/Pumpe; 8,3 l Wasser	Wasserkühlung/Pumpe; 8,3 l Wasser	Wasserkühlung/Pumpe; 8,3 l Wasser	Wasserkühlung/Pumpe; 8,3 l Wasser	Wasserkühlung/Pumpe; 8,3 l Wasser	Wasserkühlung/Pumpe; 8,3 l Wasser
Schmierung	Druckumlauf-Schmierung/5,6 l Öl	Druckumlauf-Schmierung/5,6 l Öl	Druckumlauf-Schmierung/5,6 l Öl	Druckumlauf-Schmierung/5,6 l Öl	Druckumlauf-Schmierung/5,6 l Öl	Druckumlauf-Schmierung/5,6 l Öl
Batterie	62 Ah/unter Laderaumboden	62 Ah/unter Laderaumboden	62 Ah/unter Laderaumboden	62 Ah/unter Laderaumboden	62 Ah/unter Laderaumboden	62 Ah/unter Laderaumboden
Kraftstofftank: Anordnung/Fassungsvermögen	vor der Hinterachse/62 l	vor der Hinterachse/62 l	vor der Hinterachse/62 l	vor der Hinterachse/62 l	vor der Hinterachse/62 l	vor der Hinterachse/62 l
Radaufhängung, vorne	Doppel-Querlenker	Doppel-Querlenker	Doppel-Querlenker	Doppel-Querlenker	Doppel-Querlenker	Doppel-Querlenker
Radaufhängung, hinten	Raumlenkerachse, auf Wunsch mit hydropneumatischer Niveau-Regulierung	Raumlenkerachse, auf Wunsch mit hydropneumatischer Niveau-Regulierung	Raumlenkerachse, auf Wunsch mit hydropneumatischer Niveau-Regulierung	Raumlenkerachse, auf Wunsch mit hydropneumatischer Niveau-Regulierung	Raumlenkerachse, auf Wunsch mit hydropneumatischer Niveau-Regulierung	Raumlenkerachse, auf Wunsch mit hydropneumatischer Niveau-Regulierung
Federung, vorne	Schraubenfedern, Drehstab-Stabilisator	Schraubenfedern, Drehstab-Stabilisator	Schraubenfedern, Drehstab-Stabilisator	Schraubenfedern, Drehstab-Stabilisator	Schraubenfedern, Drehstab-Stabilisator	Schraubenfedern, Drehstab-Stabilisator
Federung, hinten	Schraubenfedern, Drehstab-Stabilisator	Schraubenfedern, Drehstab-Stabilisator	Schraubenfedern, Drehstab-Stabilisator	Schraubenfedern, Drehstab-Stabilisator	Schraubenfedern, Drehstab-Stabilisator	Schraubenfedern, Drehstab-Stabilisator
Stoßdämpfer, vorne/hinten	Gasdruck-Stoßdämpfer	Gasdruck-Stoßdämpfer	Gasdruck-Stoßdämpfer	Gasdruck-Stoßdämpfer	Gasdruck-Stoßdämpfer	Gasdruck-Stoßdämpfer
Lenkung	Kugelumlauf-Servolenkung	Kugelumlauf-Servolenkung	Kugelumlauf-Servolenkung	Kugelumlauf-Servolenkung	Kugelumlauf-Servolenkung	Kugelumlauf-Servolenkung
Bremsanlage	hydraulische Zweikreis-Bremsanlage mit Unterdruck-Bremskraftverstärker, Anti-Blockier-System und Bremsassistent; Scheibenbremsen vorn und hinten	hydraulische Zweikreis-Bremsanlage mit Unterdruck-Bremskraftverstärker, Anti-Blockier-System und Bremsassistent; Scheibenbremsen vorn (innenbelüftet) und hinten	hydraulische Zweikreis-Bremsanlage mit Unterdruck-Bremskraftverstärker, Anti-Blockier-System und Bremsassistent; Scheibenbremsen vorn (innenbelüftet) und hinten	hydraulische Zweikreis-Bremsanlage mit Unterdruck-Bremskraftverstärker, Anti-Blockier-System und Bremsassistent; Scheibenbremsen vorn (innenbelüftet) und hinten	hydraulische Zweikreis-Bremsanlage mit Unterdruck-Bremskraftverstärker und Anti-Blockier-System; Scheibenbremsen vorn (innenbelüftet) und hinten	hydraulische Zweikreis-Bremsanlage mit Unterdruck-Bremskraftverstärker, Anti-Blockier-System und Bremsassistent; Scheibenbremsen vorn (innenbelüftet) und hinten
Feststellbremse	mechanisch (fußbetätigt), auf Hinterräder wirkend	mechanisch (fußbetätigt), auf Hinterräder wirkend	mechanisch (fußbetätigt), auf Hinterräder wirkend	mechanisch (fußbetätigt), auf Hinterräder wirkend	mechanisch (fußbetätigt), auf Hinterräder wirkend	mechanisch (fußbetätigt), auf Hinterräder wirkend
Bremsscheibendurchmesser vorne/hinten	288/278 mm	288/278 mm	288/278 mm	288/278 mm	288/278 mm	288/278 mm
Räder	Stahlblechräder, auf Wunsch Leichtmetallräder	Stahlblechräder, auf Wunsch Leichtmetallräder	Stahlblechräder, auf Wunsch Leichtmetallräder	Stahlblechräder, auf Wunsch Leichtmetallräder	Stahlblechräder, auf Wunsch Leichtmetallräder	Stahlblechräder, auf Wunsch Leichtmetallräder
Felgen	6 1/2 J x 15 H 2; bei Sportfahrwerk: 7 J x 15 H 2	6 1/2 J x 15 H 2; bei Sportfahrwerk: 7 J x 15 H 2	6 1/2 J x 15 H 2; bei Sportfahrwerk: 7 J x 15 H 2	6 1/2 J x 15 H 2; bei Sportfahrwerk: 7 J x 15 H 2	6 1/2 J x 15 H 2; bei Sportfahrwerk: 7 J x 15 H 2	6 1/2 J x 15 H 2; bei Sportfahrwerk: 7 J x 15 H 2
Reifen	195/65 R 15 91 H; bei Sportfahrwerk: 205/60 R 15 91 H	195/65 R 15 91 H; bei Sportfahrwerk: 205/60 R 15 91 V	195/65 R 15 91 V; bei Sportfahrwerk: 205/60 R 15 91 V	195/65 R 15 91 V; bei Sportfahrwerk: 205/60 R 15 91 V	195/65 R 15 91 H; bei Sportfahrwerk: 205/60 R 15 91 V	195/65 R 15 91 V; bei Sportfahrwerk: 205/60 R 15 91 V
Angetriebene Räder	Hinterräder	Hinterräder	Hinterräder	Hinterräder	Hinterräder	Hinterräder
Kraftübertragung	geteilte Kardanwelle	geteilte Kardanwelle	geteilte Kardanwelle	geteilte Kardanwelle	geteilte Kardanwelle	geteilte Kardanwelle
Getriebe [1]	6-Gang-Schaltgetriebe	5-Gang-Schaltgetriebe	5-Gang-Schaltgetriebe	6-Gang-Schaltgetriebe	5-Gang-Schaltgetriebe	5-Gang-Schaltgetriebe
Verfügbarkeit	Serie	Serie	Serie	Serie	Serie	Serie
Kupplung	Einscheiben-Trockenkupplung	Einscheiben-Trockenkupplung	Einscheiben-Trockenkupplung	Einscheiben-Trockenkupplung	Einscheiben-Trockenkupplung	Einscheiben-Trockenkupplung
Getriebeart	Zahnrad-Wechselgetriebe	Zahnrad-Wechselgetriebe	Zahnrad-Wechselgetriebe	Zahnrad-Wechselgetriebe	Zahnrad-Wechselgetriebe	Zahnrad-Wechselgetriebe
Getriebe-Übersetzung	I. 4,46; II. 2,61; III. 1,72; IV. 1,25; V. 1,0; VI. 0,84; R. 4,06	I. 3,91; II. 2,17; III. 1,37; IV. 1,0; V. 0,81; R. 4,27	I. 3,86; II. 2,18; III. 1,38; IV. 1,0; V. 0,80; R. 4,22	I. 4,46; II. 2,61; III. 1,72; IV. 1,25; V. 1,0; VI. 0,84; R. 4,06	I. 3,91; II. 2,17; III. 1,37; IV. 1,0; V. 0,81; R. 4,27	I. 3,86; II. 2,18; III. 1,38; IV. 1,0; V. 0,80; R. 4,22
Achsantriebsübersetzung	3,46	3,92	3,67	3,46	3,67	3,46
Höchstgeschwindigkeit	203 km/h	200 km/h	226 km/h	215 km/h	207 km/h	226 km/h
Beschleunigung[2] 0-100 km/h	11,2 s	11,3 s	8,4 s	9,3 s	10,7 s	8,5 s
Kraftstoffverbrauch	13,5/7,0/9,4 l [6]	6,3/7,9/11,1 l [3]	13,6/7,5/9,8 l [6]	13,2/7,2/9,4 l [6]	6,5/8,1/11,5 l [3]	6,1/8,0/11,2 l [3]
Getriebe [2]	5-Gang-Automatikgetriebe mit elektronischer Steuerung	5-Gang-Automatikgetriebe mit elektronischer Steuerung	5-Gang-Automatikgetriebe mit elektronischer Steuerung	5-Gang-Automatikgetriebe mit elektronischer Steuerung	5-Gang-Automatikgetriebe mit elektronischer Steuerung	5-Gang-Automatikgetriebe mit elektronischer Steuerung
Verfügbarkeit	auf Wunsch	auf Wunsch	auf Wunsch	auf Wunsch	auf Wunsch	auf Wunsch
Kupplung	hydr. Drehmomentwandler mit schlupfgesteuerter Überbrückungskupplung	hydr. Drehmomentwandler mit schlupfgesteuerter Überbrückungskupplung	hydr. Drehmomentwandler mit schlupfgesteuerter Überbrückungskupplung	hydr. Drehmomentwandler mit schlupfgesteuerter Überbrückungskupplung	hydr. Drehmomentwandler mit schlupfgesteuerter Überbrückungskupplung	hydr. Drehmomentwandler mit schlupfgesteuerter Überbrückungskupplung
Getriebeart	Planetengetriebe	Planetengetriebe	Planetengetriebe	Planetengetriebe	Planetengetriebe	Planetengetriebe
Getriebe-Übersetzung	I. 3,93; II. 2,41; III. 1,49; IV. 1,0; V. 0,83; R. 3,10	I. 3,93; II. 2,41; III. 1,49; IV. 1,0; V. 0,83; R. 3,10	I. 3,93; II. 2,41; III. 1,49; IV. 1,0; V. 0,83; R. 3,10	I. 3,93; II. 2,41; III. 1,49; IV. 1,0; V. 0,83; R. 3,10	I. 3,93; II. 2,41; III. 1,49; IV. 1,0; V. 0,83; R. 3,10	I. 3,93; II. 2,41; III. 1,49; IV. 1,0; V. 0,83; R. 3,10
Achsantriebsübersetzung	3,67	3,46	3,27	3,27	3,27	3,27
Höchstgeschwindigkeit	198 km/h	197 km/h	223 km/h	212 km/h	204 km/h	223 km/h
Beschleunigung[2] 0-100 km/h	12,3 s	12,1 s	8,5 s	9,8 s	11,3 s	8,5 s
Kraftstoffverbrauch	13,2/7,2/9,4 l [6]	6,4/8,0/11,0 l [3]	13,9/7,4/9,8 l [6]	13,7/7,2/9,5 l [6]	6,4/8,0/11,0 l [3]	6,2/8,2/11,0 l [3]
Radstand	2690 mm	2690 mm	2690 mm	2690 mm	2690 mm	2690 mm
Spur vorne/hinten	1499/1464 mm („Esprit", „Sport": 1505/1469 mm)	1499/1464 mm („Esprit", „Sport": 1505/1469 mm)	1499/1464 mm („Esprit", „Sport": 1505/1469 mm)	1499/1464 mm („Esprit", „Sport": 1505/1469 mm)	1499/1464 mm („Esprit", „Sport": 1505/1469 mm)	1499/1464 mm („Esprit", „Sport": 1505/1469 mm)
Länge	4516 mm	4516 mm	4516 mm	4516 mm	4487 mm	4516 mm
Breite	1723 mm	1723 mm	1723 mm	1723 mm	1720 mm	1723 mm
Höhe	1460 mm („Esprit", „Sport": 1431 mm)	1460 mm („Esprit", „Sport": 1431 mm)	1460 mm („Esprit", „Sport": 1431 mm)	1460 mm („Esprit", „Sport": 1431 mm)	1460 mm („Esprit", „Sport": 1431 mm)	1460 mm („Esprit", „Sport": 1431 mm)
Kleinster Wendekreis	10,74 m	10,74 m	10,74 m	10,74 m	10,74 m	10,74 m
Leergewicht[5]	1440 kg	1420 kg	1465 kg	1475 kg	1450 kg	1500 kg
Zul. Gesamtgewicht	1950 kg	1930 kg	1945 kg	1955 kg	1950 kg	1980 kg
Zul. Achslast vorne	910 kg	890 kg	905 kg	915 kg	910 kg	935 kg
Zul. Achslast hinten	1070 kg	1070 kg	1070 kg	1070 kg	1070 kg	1070 kg
Zuladung	510 kg	510 kg	480 kg	480 kg	500 kg	480 kg
Stückzahl	2295	insgesamt 24.634 (seit 03.1995)[7]	insgesamt 4636 (seit 09.1996)[7]	4605	insgesamt 6299 (seit 10.1995)[7]	2483
Preise[9]	04.2000: DM 51.968,00	06.1997: DM 53.475,00 04.1998: DM 54.520,00 02.1999: DM 54.752,00 08.1999: DM 55.332,00	im Inland nicht erhältlich	04.2000: DM 55.332,00	seit 07.1997 im Inland nicht mehr erhältlich	06.1997: DM 59.800,00 04.1998: DM 60.320,00 08.1999: DM 60.784,00

C-Klasse-T-Modelle der Baureihe 202, 1997 - 2001

Typ	C 240 T-Modell	C 240 T-Modell (2,6-l-Motor)	C 280 T-Modell	C 43 AMG T-Modell	C 55 AMG T-Modell
Konstruktionsbezeichnung	S 202 E 24	S 202 E 26	S 202 E 28	S 202 E 43	S 202 E 55
Baumuster	202.086	202.088	202.089	202.093	202.093
Produktionszeitraum	11.1996/06.1997 - 06.2000[1]	03.2000/05.2000 - 01.2001[1]	11.1996/06.1997 - 11.2000[1]	09.1997 - 07.2000	07.1998 - 2000
Motor	Viertakt-Otto (mit Saugrohreinspritzung und Abgasreinigungsanlage mit geregeltem 3-Wege-Katalysator)	Viertakt-Otto (mit Saugrohreinspritzung und Abgasreinigungsanlage mit geregeltem 3-Wege-Katalysator)	Viertakt-Otto (mit Saugrohreinspritzung und Abgasreinigungsanlage mit geregeltem 3-Wege-Katalysator)	Viertakt-Otto (mit Saugrohreinspritzung und Abgasreinigungsanlage mit geregeltem 3-Wege-Katalysator)	Viertakt-Otto (mit Saugrohreinspritzung und Abgasreinigungsanlage mit geregeltem 3-Wege-Katalysator)
Motor-Typ/-Baumuster	M 112 E 24/112.910	M 112 E 26/112.915	M 112 E 28/112.920	M 113 E 43/113.944	M 113 E 55/113.983
Zylinderzahl/-anordnung	6/90°-V-Form; Leichtmetallblock	6/90°-V-Form; Leichtmetallblock	6/90°-V-Form; Leichtmetallblock	8/90°-V-Form; Leichtmetallblock	8/90°-V-Form; Leichtmetallblock
Bohrung x Hub	83,2 x 73,5 mm	89,9 x 68,2 mm	89,9 x 73,5 mm	89,9 x 84,0 mm	97,0 x 92,0 mm
Gesamthubraum	2398 ccm	2597 ccm	2799 ccm	4266 ccm	5439 ccm
Verdichtungsverhältnis	10	10,5	10	10	10,5
Leistung	125 kW/170 PS bei 5900/min	125 kW/170 PS bei 5500/min	145 kW/197 PS bei 5800/min	225 kW/306 PS bei 5850/min	255 kW/347 PS bei 5500/min
Drehmoment	225 Nm bei 3000 - 5000/min	240 Nm bei 4500/min	265 Nm bei 3000 - 4800/min	410 Nm bei 3250 - 5000/min	510 Nm bei 3000 - 4300/min
Ventilanzahl/-anordnung	2 Einlass, 1 Auslass/V-förmig hängend	2 Einlass, 1 Auslass/V-förmig hängend	2 Einlass, 1 Auslass/V-förmig hängend	2 Einlass, 1 Auslass/V-förmig hängend	2 Einlass, 1 Auslass/V-förmig hängend
Ventilsteuerung	je Zylinderreihe 1 obenliegende Nockenwelle	je Zylinderreihe 1 obenliegende Nockenwelle	je Zylinderreihe 1 obenliegende Nockenwelle	je Zylinderreihe 1 obenliegende Nockenwelle	je Zylinderreihe 1 obenliegende Nockenwelle
Gemischbildung	mikroprozessorgesteuerte Einspritzanlage mit Heißfilm-Luftmassenmessung (Motorsteuerung Bosch ME)	mikroprozessorgesteuerte Einspritzanlage mit Heißfilm-Luftmassenmessung (Motorsteuerung Bosch ME)	mikroprozessorgesteuerte Einspritzanlage mit Heißfilm-Luftmassenmessung (Motorsteuerung Bosch ME)	mikroprozessorgesteuerte Einspritzanlage mit Heißfilm-Luftmassenmessung (Motorsteuerung Bosch ME)	mikroprozessorgesteuerte Einspritzanlage mit Heißfilm-Luftmassenmessung (Motorsteuerung Bosch ME)
Kühlung	Wasserkühlung/Pumpe; 9,6 l Wasser	Wasserkühlung/Pumpe; 9,6 l Wasser	Wasserkühlung/Pumpe; 9,6 l Wasser	Wasserkühlung/Pumpe; 10,0 l Wasser	Wasserkühlung/Pumpe; 10,0 l Wasser
Schmierung	Druckumlauf-Schmierung/8,0 l Öl	Druckumlauf-Schmierung/8,0 l Öl	Druckumlauf-Schmierung/8,0 l Öl	Druckumlauf-Schmierung/8,0 l Öl	Druckumlauf-Schmierung/8,0 l Öl
Batterie	62 Ah/unter Laderaumboden	62 Ah/unter Laderaumboden	62 Ah/unter Laderaumboden	100 Ah/unter Laderaumboden	100 Ah/unter Laderaumboden
Kraftstofftank: Anordnung/Fassungsvermögen	vor der Hinterachse/62 l	vor der Hinterachse/62 l	vor der Hinterachse/62 l	vor der Hinterachse/62 l	vor der Hinterachse/62 l
Radaufhängung, vorne	Doppel-Querlenker	Doppel-Querlenker	Doppel-Querlenker	Doppel-Querlenker	Doppel-Querlenker
Radaufhängung, hinten	Raumlenkerachse, auf Wunsch mit hydropneumatischer Niveau-Regulierung	Raumlenkerachse, auf Wunsch mit hydropneumatischer Niveau-Regulierung	Raumlenkerachse, auf Wunsch mit hydropneumatischer Niveau-Regulierung	Raumlenkerachse	Raumlenkerachse
Federung, vorne	Schraubenfedern, Drehstab-Stabilisator	Schraubenfedern, Drehstab-Stabilisator	Schraubenfedern, Drehstab-Stabilisator	Schraubenfedern, Drehstab-Stabilisator	Schraubenfedern, Drehstab-Stabilisator
Federung, hinten	Schraubenfedern, Drehstab-Stabilisator	Schraubenfedern, Drehstab-Stabilisator	Schraubenfedern, Drehstab-Stabilisator	Schraubenfedern, Drehstab-Stabilisator	Schraubenfedern, Drehstab-Stabilisator
Stoßdämpfer, vorne/hinten	Gasdruck-Stoßdämpfer	Gasdruck-Stoßdämpfer	Gasdruck-Stoßdämpfer	Gasdruck-Stoßdämpfer	Gasdruck-Stoßdämpfer
Lenkung	Kugelumlauf-Servolenkung	Kugelumlauf-Servolenkung	Kugelumlauf-Servolenkung	Kugelumlauf-Servolenkung	Kugelumlauf-Servolenkung
Bremsanlage	hydraulische Zweikreis-Bremsanlage mit Unterdruck-Bremskraftverstärker, Anti-Blockier-System und Bremsassistent;Scheibenbremsen vorn (innenbelüftet) und hinten	hydraulische Zweikreis-Bremsanlage mit Unterdruck-Bremskraftverstärker, Anti-Blockier-System und Bremsassistent; Scheibenbremsen vorn (innenbelüftet) und hinten	hydraulische Zweikreis-Bremsanlage mit Unterdruck-Bremskraftverstärker, Anti-Blockier-System und Bremsassistent; Scheibenbremsen vorn (innenbelüftet) und hinten	hydraulische Zweikreis-Bremsanlage mit Unterdruck-Bremskraftverstärker, Anti-Blockier-System und Bremsassistent; innenbelüftete Scheibenbremsen vorn und hinten	hydraulische Zweikreis-Bremsanlage mit Unterdruck-Bremskraftverstärker, Anti-Blockier-System und Bremsassistent; innenbelüftete Scheibenbremsen vorn und hinten
Feststellbremse	mechanisch (fußbetätigt), auf Hinterräder wirkend	mechanisch (fußbetätigt), auf Hinterräder wirkend	mechanisch (fußbetätigt), auf Hinterräder wirkend	mechanisch (fußbetätigt), auf Hinterräder wirkend	mechanisch (fußbetätigt), auf Hinterräder wirkend
Bremsscheibendurchmesser vorne/hinten	288/278 mm	288/278 mm	288/278 mm	334/300 mm	334/300 mm
Räder	Stahlblechräder, auf Wunsch Leichtmetallräder	Stahlblechräder, auf Wunsch Leichtmetallräder	Stahlblechräder, auf Wunsch Leichtmetallräder	Leichtmetallräder	Leichtmetallräder
Felgen	6 1/2 J x 15 H 2; bei Sportfahrwerk: 7 J x 15 H 2	6 1/2 J x 15 H 2; bei Sportfahrwerk: 7 J x 15 H 2	6 1/2 J x 15 H 2; bei Sportfahrwerk: 7 J x 15 H 2	vorn 7 1/2 J x 17 H 2, hinten 8 1/2 J x 17 H 2	vorn 7 1/2 J x 17 H 2, hinten 8 1/2 J x 17 H 2
Reifen	195/65 R 15 91 V; bei Sportfahrwerk: 205/60 R 15 91 V	195/65 R 15 91 V; bei Sportfahrwerk: 205/60 R 15 91 V	195/65 R 15 91 V; bei Sportfahrwerk: 205/60 R 15 91 V	vorn 225/45 ZR 17, hinten 245/40 ZR 17	vorn 225/45 ZR 17, hinten 245/40 ZR 17
Angetriebene Räder	Hinterräder	Hinterräder	Hinterräder	Hinterräder	Hinterräder
Kraftübertragung	geteilte Kardanwelle	geteilte Kardanwelle	geteilte Kardanwelle	geteilte Kardanwelle	geteilte Kardanwelle
Getriebe [1]	5-Gang-Schaltgetriebe	6-Gang-Schaltgetriebe	5-Gang-Schaltgetriebe	5-Gang-Automatikgetriebe mit elektronischer Steuerung	5-Gang-Automatikgetriebe mit elektronischer Steuerung
Verfügbarkeit	Serie	Serie	Serie (bis 06.2000)	Serie	Serie
Kupplung	Einscheiben-Trockenkupplung	Einscheiben-Trockenkupplung	Einscheiben-Trockenkupplung	hydr. Drehmomentwandler mit schlupfgesteuerter Überbrückungskupplung	hydr. Drehmomentwandler mit schlupfgesteuerter Überbrückungskupplung
Getriebeart	Zahnrad-Wechselgetriebe	Zahnrad-Wechselgetriebe	Zahnrad-Wechselgetriebe	Planetengetriebe	Planetengetriebe
Getriebe-Übersetzung	I. 3,86; II. 2,18; III. 1,38; IV. 1,0; V. 0,80; R. 4,22	I. 4,46; II. 2,61; III. 1,72; IV. 1,25; V. 1,0; VI. 0,84; R. 4,06	I. 3,86; II. 2,18; III. 1,38; IV. 1,0; V. 0,80; R. 4,22	I. 3,59; II. 2,19; III. 1,41; IV. 1,0; V. 0,83; R. 3,16	I. 3,59; II. 2,19; III. 1,41; IV. 1,0; V. 0,83; R. 3,16
Achsantriebsübersetzung	3,67	3,46	3,67	3,07	2,82
Höchstgeschwindigkeit	216 km/h	218 km/h	230 km/h	250 km/h (abgeregelt)	250 km/h (abgeregelt)
Beschleunigung[2] 0-100 km/h	9,5 s	9,0 s	8,5 s	6,7 s	5,7 s
Kraftstoffverbrauch	6,9/8,6/12,1 l	15,8/8,1/ 10,9 l [6]	8,6/11,2/12,5 l [3]	7,7/9,4/13,1 l [3]	17,1/8,5/11,7 l [6]
Getriebe [2]	5-Gang-Automatikgetriebe mit elektronischer Steuerung	5-Gang-Automatikgetriebe mit elektronischer Steuerung	6-Gang-Schaltgetriebe		
Verfügbarkeit	auf Wunsch	auf Wunsch	Serie (ab 06.2000)		
Kupplung	hydr. Drehmomentwandler mit schlupfgesteuerter Überbrückungskupplung	hydr. Drehmomentwandler mit schlupfgesteuerter Überbrückungskupplung	Einscheiben-Trockenkupplung		
Getriebeart	Planetengetriebe	Planetengetriebe	Zahnrad-Wechselgetriebe		
Getriebe-Übersetzung	I. 3,93; II. 2,41; III. 1,49; IV. 1,0; V. 0,83; R. 3,10	I. 3,93; II. 2,41; III. 1,49; IV. 1,0; V. 0,83; R. 3,10	I. 4,46; II. 2,61; III. 1,72; IV. 1,25; V. 1,0; VI. 0,84; R. 4,06		
Achsantriebsübersetzung	3,27; seit 08,1999: 3,67	3,27	3,46		
Höchstgeschwindigkeit	212 km/h	215 km/h	228 km/h		
Beschleunigung[2] 0-100 km/h	10,1 s	9,6 s	8,2 s		
Kraftstoffverbrauch	6,8/8,4/11,4 l	14,4/7,8/10,2 l [6]	15,9/9,0/11,0 l [6]		
Getriebe [3]			5-Gang-Automatikgetriebe mit elektronischer Steuerung		
Verfügbarkeit			auf Wunsch		
Kupplung			hydr. Drehmomentwandler mit schlupfgesteuerter Überbrückungskupplung		
Getriebeart			Planetengetriebe		
Getriebe-Übersetzung			I. 3,93; II. 2,41; III. 1,49; IV. 1,0; V. 0,83; R. 3,10		
Achsantriebsübersetzung			3,07		
Höchstgeschwindigkeit			226 km/h		
Beschleunigung[2] 0-100 km/h			8,7 s		
Kraftstoffverbrauch			6,7/8,3/11,4 l [3]		
Radstand	2690 mm	2690 mm	2690 mm	2690 mm	2690 mm
Spur vorne/hinten	1499/1464 mm („Esprit", „Sport": 1505/1469 mm)	1499/1464 mm („Esprit", „Sport": 1505/1469 mm)	1499/1464 mm („Esprit", „Sport": 1505/1469 mm)	1509/1483 mm	1509/1483 mm
Länge	4516 mm	4516 mm	4516 mm	4516 mm	4516 mm
Breite	1723 mm	1723 mm	1723 mm	1723 mm	1723 mm
Höhe	1460 mm („Esprit", „Sport": 1431 mm)	1460 mm („Esprit", „Sport": 1431 mm)	1460 mm („Esprit", „Sport": 1431 mm)	1431 mm	1431 mm
Kleinster Wendekreis	10,74 m	10,74 m	10,74 m	10,74 m	10,74 m
Leergewicht[5]	1470 kg	1480 kg	1480 kg	1610 kg	1610 kg
Zul. Gesamtgewicht	1970 kg	1980 kg	1970 kg	2010 kg	2010 kg
Zul. Achslast vorne	920 kg	930 kg	930 kg	970 kg	970 kg
Zul. Achslast hinten	1070 kg	1070 kg	1070 kg	1070 kg	1070 kg
Zuladung	500 kg	500 kg	490 kg	400 kg	400 kg
Stückzahl	14.803	1651	2823	772	nicht separat dokumentiert
Preise[9]	06.1997: DM 58.305,00 04.1998: DM 62.060,00 02.1999: DM 62.640,00 08.1999: DM 63.220,00 01.2000: DM 63.916,00	04.2000: DM 63.916,00	06.1997: DM 62.790,00 04.1998: DM 66.584,00 02.1999: DM 67.164,00 08.1999: DM 67.744,00 01.2000: DM 68.440,00	09.1997: DM 117.127,50 04.1998: DM 118.146,00	Umbaupreis auf Basis C 43 AMG T-Modell: 04.1999: DM 57.420,00

C-Klasse-Limousinen der Baureihe 203, 2000 - 2004

Typ	C 200 CDI	C 200 CDI	C 220 CDI	C 220 CDI	C 270 CDI	C 30 CDI AMG
Konstruktionsbezeichnung	W 203 DE 22 LA LR	W 203 DE 22 LA LR	W 203 DE 22 LA	W 203 DE 22 LA	W 203 DE 27 LA	W 203 DE 30 LA
Baumuster	203.004	203.007	203.006	203.008	203.016	203.018
Produktionszeitraum	06.1999/07.2000 - 06.2003[1]	03.2003/05.2003 - 03.2004[1]	03.1999/03.2000 - 06.2003[1]	12.2002/05.2003 - 03.2004[1]	06.1999/11.2000 - 03.2004[1]	08.2002/02.2003 - 03.2004[1]
Motor	Viertakt-Diesel (mit Direkteinspritzung, Abgas-Turbolader mit Ladeluftkühlung und Abgasreinigungsanlage mit Oxidationskatalysator)	Viertakt-Diesel (mit Direkteinspritzung, Abgas-Turbolader mit Ladeluftkühlung und Abgasreinigungsanlage mit Oxidationskatalysator)	Viertakt-Diesel (mit Direkteinspritzung, Abgas-Turbolader mit Ladeluftkühlung und Abgasreinigungsanlage mit Oxidationskatalysator)	Viertakt-Diesel (mit Direkteinspritzung, Abgas-Turbolader mit Ladeluftkühlung und Abgasreinigungsanlage mit Oxidationskatalysator)	Viertakt-Diesel (mit Direkteinspritzung, Abgas-Turbolader mit Ladeluftkühlung und Abgasreinigungsanlage mit Oxidationskatalysator)	Viertakt-Diesel (mit Direkteinspritzung, Abgas-Turbolader mit Ladeluftkühlung und Abgasreinigungsanlage mit Oxidationskatalysator)
Motor-Typ/-Baumuster	OM 611 DE 22 LA LR/611.962	OM 646 DE 22 LA LR/646.962	OM 611 DE 22 LA/611.962	OM 646 DE 22 LA/646.963	OM 612 DE 27 LA/612.962	OM 612 DE 30 LA/612.990
Zylinderzahl/-anordnung	4/Reihe; 15° nach rechts geneigt	4/Reihe; 15° nach rechts geneigt	4/Reihe; 15° nach rechts geneigt	4/Reihe; 15° nach rechts geneigt	5/Reihe; 15° nach rechts geneigt	5/Reihe; 15° nach rechts geneigt
Bohrung x Hub	88,0 x 88,3 mm	88,0 x 88,3 mm	88,0 x 88,3 mm	88,0 x 88,3 mm	88,0 x 88,3 mm	88,0 x 97,0 mm
Gesamthubraum	2148 ccm	2148 ccm	2148 ccm	2148 ccm	2685 ccm	2950 ccm
Verdichtungsverhältnis	18	18	18	18	18	16,5
Leistung	85 kW/116 PS bei 4200/min	90 kW/122 PS bei 4200/min	105 kW/143 PS bei 4200/min	105 kW/143 PS bei 4200/min	125 kW/170 PS bei 4200/min	170 kW/231 PS bei 3800/min
Drehmoment	250 Nm bei 1400 - 2600/min	270 Nm bei 1600 - 2800/min	315 Nm bei 1800 - 2600/min	340 Nm bei 2000/min	370 Nm bei 1600 - 2800/min (Schaltgetriebe), ab 06.2002: 400 Nm bei 1600 - 2800/min bzw. 400 Nm bei 1800 - 2600/min (Automatikgetriebe)	540 Nm bei 2000/min (Automatikgetriebe)
Ventilanzahl/-anordnung	2 Einlass, 2 Auslass/hängend	2 Einlass, 2 Auslass/hängend	2 Einlass, 2 Auslass/hängend	2 Einlass, 2 Auslass/hängend	2 Einlass, 2 Auslass/hängend	2 Einlass, 2 Auslass/hängend
Gemischbildung	Common-Rail-Direkteinspritzung, elektronisch geregelt; Bosch 3-Stempel-Hochdruckpumpe/Abgas-Turbolader mit Ladeluftkühlung	Common-Rail-Direkteinspritzung, elektronisch geregelt; Bosch 3-Stempel-Hochdruckpumpe/Abgas-Turbolader mit Ladeluftkühlung	Common-Rail-Direkteinspritzung, elektronisch geregelt; Bosch 3-Stempel-Hochdruckpumpe/Abgas-Turbolader mit Ladeluftkühlung	Common-Rail-Direkteinspritzung, elektronisch geregelt; Bosch 3-Stempel-Hochdruckpumpe/Abgas-Turbolader mit Ladeluftkühlung	Common-Rail-Direkteinspritzung, elektronisch geregelt; Bosch 3-Stempel-Hochdruckpumpe/Abgas-Turbolader mit Ladeluftkühlung	Common-Rail-Direkteinspritzung, elektronisch geregelt; Bosch 3-Stempel-Hochdruckpumpe/Abgas-Turbolader mit Ladeluftkühlung
Kühlung	Wasserkühlung/Pumpe; 8,6 l Wasser	Wasserkühlung/Pumpe; 7,5 l Wasser	Wasserkühlung/Pumpe; 8,6 l Wasser	Wasserkühlung/Pumpe; 7,5 l Wasser	Wasserkühlung/Pumpe; 8,6 l Wasser	Wasserkühlung/Pumpe; 11,2 l Wasser
Schmierung	Druckumlauf-Schmierung/6,5 l Öl	Druckumlauf-Schmierung/6,5 l Öl	Druckumlauf-Schmierung/6,5 l Öl	Druckumlauf-Schmierung/6,5 l Öl	Druckumlauf-Schmierung/7,5 l Öl	Druckumlauf-Schmierung/6,5 l Öl
Batterie	74 Ah/im Motorraum	74 Ah/im Motorraum	74 Ah/im Motorraum	74 Ah/im Motorraum	74 Ah/im Motorraum	74 Ah/im Motorraum
Kraftstofftank: Anordnung/ Fassungsvermögen	vor der Hinterachse/62 l	vor der Hinterachse/62 l	vor der Hinterachse/62 l	vor der Hinterachse/62 l	vor der Hinterachse/62 l	vor der Hinterachse/62 l
Radaufhängung, vorne	Dreilenkerachse/McPherson-Federbein	Dreilenkerachse/McPherson-Federbein	Dreilenkerachse/McPherson-Federbein	Dreilenkerachse/McPherson-Federbein	Dreilenkerachse/McPherson-Federbein	Dreilenkerachse/McPherson-Federbein
Radaufhängung, hinten	Raumlenkerachse	Raumlenkerachse	Raumlenkerachse	Raumlenkerachse	Raumlenkerachse	Raumlenkerachse
Federung, vorne	Schraubenfedern, Drehstab-Stabilisator	Schraubenfedern, Drehstab-Stabilisator	Schraubenfedern, Drehstab-Stabilisator	Schraubenfedern, Drehstab-Stabilisator	Schraubenfedern, Drehstab-Stabilisator	Schraubenfedern, Drehstab-Stabilisator
Federung, hinten	Schraubenfedern, Drehstab-Stabilisator	Schraubenfedern, Drehstab-Stabilisator	Schraubenfedern, Drehstab-Stabilisator	Schraubenfedern, Drehstab-Stabilisator	Schraubenfedern, Drehstab-Stabilisator	Schraubenfedern, Drehstab-Stabilisator
Stoßdämpfer, vorne/hinten	Zweirohr-/Einrohr-Gasdruck-Stoßdämpfer	Zweirohr-/Einrohr-Gasdruck-Stoßdämpfer	Zweirohr-/Einrohr-Gasdruck-Stoßdämpfer	Zweirohr-/Einrohr-Gasdruck-Stoßdämpfer	Zweirohr-/Einrohr-Gasdruck-Stoßdämpfer	Zweirohr-/Einrohr-Gasdruck-Stoßdämpfer
Lenkung	Zahnstangen-Servolenkung	Zahnstangen-Servolenkung	Zahnstangen-Servolenkung	Zahnstangen-Servolenkung	Zahnstangen-Servolenkung	Zahnstangen-Servolenkung
Bremsanlage	hydraulische Zweikreis-Bremsanlage mit Unterdruck-Bremskraftverstärker, Anti-Blockier-System und Bremsassistent; Scheibenbremsen vorn (innenbelüftet) und hinten	hydraulische Zweikreis-Bremsanlage mit Unterdruck-Bremskraftverstärker, Anti-Blockier-System und Bremsassistent; Scheibenbremsen vorn (innenbelüftet) und hinten	hydraulische Zweikreis-Bremsanlage mit Unterdruck-Bremskraftverstärker, Anti-Blockier-System und Bremsassistent; Scheibenbremsen vorn (innenbelüftet) und hinten	hydraulische Zweikreis-Bremsanlage mit Unterdruck-Bremskraftverstärker, Anti-Blockier-System und Bremsassistent; Scheibenbremsen vorn (innenbelüftet) und hinten	hydraulische Zweikreis-Bremsanlage mit Unterdruck-Bremskraftverstärker, Anti-Blockier-System und Bremsassistent; Scheibenbremsen vorn (innenbelüftet) und hinten	hydraulische Zweikreis-Bremsanlage mit Unterdruck-Bremskraftverstärker, Anti-Blockier-System und Bremsassistent; Scheibenbremsen vorn (innenbelüftet) und hinten
Feststellbremse	mechanisch (fußbetätigt), auf Hinterräder wirkend	mechanisch (fußbetätigt), auf Hinterräder wirkend	mechanisch (fußbetätigt), auf Hinterräder wirkend	mechanisch (fußbetätigt), auf Hinterräder wirkend	mechanisch (fußbetätigt), auf Hinterräder wirkend	mechanisch (fußbetätigt), auf Hinterräder wirkend
Bremsscheibendurchmesser vorne/hinten	288/278 mm	288/278 mm	288/278 mm	288/278 mm	300/290 mm	345/300 mm
Räder	Stahlblechräder, auf Wunsch Leichtmetallräder	Stahlblechräder, auf Wunsch Leichtmetallräder	Stahlblechräder, auf Wunsch Leichtmetallräder	Stahlblechräder, auf Wunsch Leichtmetallräder	Stahlblechräder, auf Wunsch Leichtmetallräder	Leichtmetallräder
Felgen	6 J x 15 H 2; bei Sportfahrwerk: 7 J x 16 H 2	6 J x 15 H 2; bei Sportfahrwerk: 7 J x 16 H 2	6 J x 15 H 2; bei Sportfahrwerk: 7 J x 16 H 2	6 J x 15 H 2; bei Sportfahrwerk: 7 J x 16 H 2	7 J x 16 H 2	vorn 7 J x 17 H 2, hinten 8 1/2 J x 17 H 2
Reifen	195/65 R 15 91 H; bei Sportfahrwerk: 225/50 R 16	195/65 R 15 91 H; bei Sportfahrwerk: 225/50 R 16	195/65 R 15 91 V; bei Sportfahrwerk: 225/50 R 16	195/65 R 15 91 V; bei Sportfahrwerk: 225/50 R 16	205/55 R 16 91 V; bei Sportfahrwerk: 225/50 R 16	vorn 225/45 ZR 17 91 Y, hinten 245/40 ZR 17 91 Y
Kraftübertragung	geteilte Kardanwelle	geteilte Kardanwelle	geteilte Kardanwelle	geteilte Kardanwelle	geteilte Kardanwelle	geteilte Kardanwelle
Getriebe [1]	6-Gang-Schaltgetriebe	6-Gang-Schaltgetriebe	6-Gang-Schaltgetriebe	6-Gang-Schaltgetriebe	6-Gang-Schaltgetriebe	5-Gang-Automatikgetriebe mit elektronischer Steuerung
Verfügbarkeit	Serie	Serie	Serie	Serie	Serie	Serie
Kupplung	Einscheiben-Trockenkupplung	Einscheiben-Trockenkupplung	Einscheiben-Trockenkupplung	Einscheiben-Trockenkupplung	Einscheiben-Trockenkupplung	hydraulischer Drehmomentwandler mit schlupfgesteuerter Überbrückungskupplung
Getriebeart	Zahnrad-Wechselgetriebe	Zahnrad-Wechselgetriebe	Zahnrad-Wechselgetriebe	Zahnrad-Wechselgetriebe	Zahnrad-Wechselgetriebe	Planetengetriebe
Getriebe-Übersetzung	I. 4,99; II. 2,82; III. 1,78; IV. 1,25; V. 1,0; VI. 0,82; R. 4,54	I. 4,99; II. 2,82; III. 1,78; IV. 1,25; V. 1,0; VI. 0,82; R. 4,54	I. 5,01; II. 2,83; III. 1,79; IV. 1,26; V. 1,0; VI. 0,83; R. 4,57	I. 5,01; II. 2,83; III. 1,79; IV. 1,26; V. 1,0; VI. 0,83; R. 4,57	I. 5,01; II. 2,83; III. 1,79; IV. 1,26; V. 1,0; VI. 0,83; R. 4,57	I. 3,60; II. 2,19; III. 1,41; IV. 1,0; V. 0,83; R. 3,17
Achsantriebsübersetzung	2,65	2,65	2,65	2,65	2,47	2,24
Höchstgeschwindigkeit	203 km/h	208 km/h	220 km/h	220 km/h	230 km/h	250 km/h (abgeregelt)
Beschleunigung[2] 0-100 km/h	12,1 s	11,7 s	10,3 s	10,3 s	8,9 s	6,8 s
Kraftstoffverbrauch[6]	8,7/4,6/6,1 l	8,3/4,5/5,9 l	8,8/4,7/6,2 l	8,3/4,5/5,9 l	9,7/5,1/6,8 l	10,2/5,9/7,6 l
Getriebe [2]	6-Gang-Schaltgetriebe mit sequenzieller Schaltung	5-Gang-Automatikgetriebe mit elektronischer Steuerung	6-Gang-Schaltgetriebe mit sequenzieller Schaltung	5-Gang-Automatikgetriebe mit elektronischer Steuerung	6-Gang-Schaltgetriebe mit sequenzieller Schaltung	
Verfügbarkeit	auf Wunsch (ab 12.2001)	auf Wunsch	auf Wunsch (ab 09.2001)	auf Wunsch	auf Wunsch (ab 06.2002 bis 08.2003)	
Kupplung	Einscheiben-Trockenkupplung mit automatischer Betätigung	hydraulischer Drehmomentwandler mit schlupfgesteuerter Überbrückungskupplung	Einscheiben-Trockenkupplung mit automatischer Betätigung	hydraulischer Drehmomentwandler mit schlupfgesteuerter Überbrückungskupplung	Einscheiben-Trockenkupplung mit automatischer Betätigung	
Getriebeart	Zahnrad-Wechselgetriebe mit automatischem Schaltmodus	Planetengetriebe	Zahnrad-Wechselgetriebe mit automatischem Schaltmodus	Planetengetriebe	Zahnrad-Wechselgetriebe mit automatischem Schaltmodus	
Getriebe-Übersetzung	I. 4,99; II. 2,82; III. 1,78; IV. 1,25; V. 1,0; VI. 0,82; R. 4,54	I. 3,95; II. 2,42; III. 1,49; IV. 1,0; V. 0,83; R. 3,15	I. 5,01; II. 2,83; III. 1,79; IV. 1,26; V. 1,0; VI. 0,83; R. 4,57	I. 3,95; II. 2,42; III. 1,49; IV. 1,0; V. 0,83; R. 3,15	I. 5,01; II. 2,83; III. 1,79; IV. 1,26; V. 1,0; VI. 0,83; R. 4,57	
Achsantriebsübersetzung	2,65	2,87	2,65	2,87	2,47	
Höchstgeschwindigkeit	203 km/h	203 km/h	220 km/h	215 km/h	230 km/h	
Beschleunigung[2] 0-100 km/h	12,1 s	11,9 s	10,3 s	10,5 s	8,9 s	
Kraftstoffverbrauch[6]	8,7/4,6/6,1 l	8,7/4,9/6,3 l	8,8/4,7/6,2 l	8,7/4,9/6,3 l	9,7/5,1/6,8 l	
Getriebe [3]	5-Gang-Automatikgetriebe mit elektronischer Steuerung		5-Gang-Automatikgetriebe mit elektronischer Steuerung		5-Gang-Automatikgetriebe mit elektronischer Steuerung	
Verfügbarkeit	auf Wunsch		auf Wunsch		auf Wunsch	
Kupplung	hydraulischer Drehmomentwandler mit schlupfgesteuerter Überbrückungskupplung		hydraulischer Drehmomentwandler mit schlupfgesteuerter Überbrückungskupplung		hydraulischer Drehmomentwandler mit schlupfgesteuerter Überbrückungskupplung	
Getriebeart	Planetengetriebe		Planetengetriebe		Planetengetriebe	
Getriebe-Übersetzung	I. 3,95; II. 2,42; III. 1,49; IV. 1,0; V. 0,83; R. 3,15		I. 3,95; II. 2,42; III. 1,49; IV. 1,0; V. 0,83; R. 3,15		I. 3,60; II. 2,19; III. 1,41; IV. 1,0; V. 0,83; R. 3,17	
Achsantriebsübersetzung	2,87		2,87		2,65	
Höchstgeschwindigkeit	198 km/h		215 km/h		225 km/h	
Beschleunigung[2] 0-100 km/h	12,1 s		10,5 s		9,1 s	
Kraftstoffverbrauch[6]	9,4/5,1/6,7 l		9,4/5,1/6,7 l		9,8/5,6/7,1 l	
Radstand	2715 mm	2715 mm	2715 mm	2715 mm	2715 mm	2715 mm
Spur vorne/hinten	1505/1476 mm (bei Sportfahrwerk: 1494/1468 mm)	1505/1476 mm (bei Sportfahrwerk: 1494/1468 mm)	1505/1476 mm (bei Sportfahrwerk: 1494/1468 mm)	1505/1476 mm (bei Sportfahrwerk: 1494/1468 mm)	1493/1464 mm (bei Sportfahrwerk: 1494/1468 mm)	1494/1468 mm
Länge	4526 mm	4526 mm	4526 mm	4526 mm	4526 mm	4526 mm
Breite	1728 mm	1728 mm	1728 mm	1728 mm	1728 mm	1728 mm
Höhe	1426 mm (bei Sportfahrwerk: 1412 mm)	1426 mm (bei Sportfahrwerk: 1412 mm)	1426 mm (bei Sportfahrwerk: 1412 mm)	1426 mm (bei Sportfahrwerk: 1412 mm)	1427 mm (bei Sportfahrwerk: 1412 mm)	1412 mm
Kleinster Wendekreis	10,76 m	10,76 m	10,76 m	10,76 m	10,76 m	10,76 m
Leergewicht[5]	1505 kg	1505 kg	1520 kg	1520 kg	1600 kg	1655 kg
Zul. Gesamtgewicht	1985 kg	1985 kg	2000 kg	2000 kg	2080 kg	2135 kg
Zul. Achslast vorne	975 kg	980 kg	990 kg	1000 kg	1060 kg	1095 kg
Zul. Achslast hinten	1040 kg	1045 kg	1040 kg	1050 kg	1050 kg	1070 kg
Zuladung	480 kg	480 kg	480 kg	480 kg	480 kg	480 kg
Stückzahl	77.875	insgesamt 77.458 (bis 03.2007)[7]	163.898	insgesamt 133.601 (bis 03.2007)[7]	insgesamt 49.343 (bis 06.2005)[7]	insgesamt 774 (bis 11.2004)[7]
Preise[9]	03.2000: DM 51.388,00 01.2001: EUR 26.796,00 (DM 52.408,42) 01.2002: EUR 27.376,00	02.2003: EUR 27.608,00	03.2000: DM 55.680,00 01.2001: EUR 29.000,00 (DM 56.719,07) 01.2002: EUR 29.580,00	02.2003: EUR 29.696,00	08.2000: DM 64.264,00 01.2001: EUR 32.828,00 (DM 64.205,99) 01.2002: EUR 33.408,00 02.2003: EUR 33.640,00	09.2002: EUR 49.590,00

C-Klasse-Limousinen der Baureihe 203, 2000 - 2004

Typ	C 180	C 180 Kompressor	C 200 Kompressor	C 200 Kompressor	C 200 CGI	C 230 Kompressor
Konstruktionsbezeichnung	W 203 E 20	W 203 E 18 ML LR	W 203 E 20 ML	W 203 E 18 ML	W 203 E 18 DE ML	W 203 E 18 ML/1
Baumuster	203.035	203.046	203.045	203.042	203.043	203.040
Produktionszeitraum	06.1999/08.2000 - 08.2002[1]	01.2002/05.2002 - 03.2004[1]	03.1999/02.2000 - 08.2002[1]	12.2001/05.2002 - 03.2004[1]	07.2002/08.2003 - 03.2004[1]	08.2002/11.2002 - 03.2004[1]
Motor	Viertakt-Otto (mit Saugrohreinspritzung und Abgasreinigungsanlage mit geregeltem 3-Wege-Katalysator)	Viertakt-Otto (mit Saugrohreinspritzung und Kompressor mit Ladeluftkühlung; Abgasreinigungsanlage mit geregeltem 3-Wege-Katalysator)	Viertakt-Otto (mit Saugrohreinspritzung und Kompressor mit Ladeluftkühlung; Abgasreinigungsanlage mit geregeltem 3-Wege-Katalysator)	Viertakt-Otto (mit Saugrohreinspritzung und Kompressor mit Ladeluftkühlung; Abgasreinigungsanlage mit geregeltem 3-Wege-Katalysator)	Viertakt-Otto (mit Direkteinspritzung und Kompressor mit Ladeluftkühlung; Abgasreinigungsanlage mit geregeltem 3-Wege-Katalysator)	Viertakt-Otto (mit Saugrohreinspritzung und Kompressor mit Ladeluftkühlung; Abgasreinigungsanlage mit geregeltem 3-Wege-Katalysator)
Motor-Typ/-Baumuster	M 111 E 20 EVO/111.951	M 271 E 18 ML LR/271.946	M 111 E 20 ML EVO/111.955	M 271 E 18 ML/271.940	M 271 E 18 DE ML/271.942	M 111 E 20 ML EVO/111.955
Zylinderzahl/-anordnung	4/Reihe; 15° nach rechts geneigt	4/Reihe; 15° nach rechts geneigt	4/Reihe; 15° nach rechts geneigt	4/Reihe; 15° nach rechts geneigt	4/Reihe; 15° nach rechts geneigt	4/Reihe; 15° nach rechts geneigt
Bohrung x Hub	89,9 x 78,7 mm	82,0 x 85,0 mm	89,9 x 78,7 mm	82,0 x 85,0 mm	82,0 x 85,0 mm	89,9 x 78,7 mm
Gesamthubraum	1998 ccm	1796 ccm	1998 ccm	1796 ccm	1796 ccm	1998 ccm
Verdichtungsverhältnis	10,6	10,2	9,5	9,5	10,5	9,5
Leistung	95 kW/129 PS bei 5300/min	105 kW/143 PS bei 5200/min	120 kW/163 PS bei 5300/min	120 kW/163 PS bei 5500/min	125 kW/170 PS bei 5300/min	120 kW/163 PS bei 5300/min
Drehmoment	190 Nm bei 4000/min	220 Nm bei 2500 - 4200/min	230 Nm bei 2500 - 4800/min	240 Nm bei 3000 - 4000/min	250 Nm bei 3000/min	230 Nm bei 2500 - 4800/min
Ventilanzahl/-anordnung	2 Einlass, 2 Auslass/V-förmig hängend	2 Einlass, 2 Auslass/hängend	2 Einlass, 2 Auslass/V-förmig hängend	2 Einlass, 2 Auslass/hängend	2 Einlass, 2 Auslass/hängend	2 Einlass, 2 Auslass/V-förmig hängend
Gemischbildung	mikroprozessorgesteuerte Einspritzanlage mit Heißfilm-Luftmassenmessung (Motorsteuerung Siemens SIM 4 LE)	mikroprozessorgesteuerte Einspritzanlage mit HFM (Motorsteuerung Siemens SIM 4 LE)/Kompressor-Aufladung mit Ladeluftkühlung	mikroprozessorgesteuerte Einspritzanlage mit HFM (Motorsteuerung Siemens SIM 4 LE)/Kompressor-Aufladung mit Ladeluftkühlung	mikroprozessorgesteuerte Einspritzanlage mit HFM (Motorsteuerung Siemens SIM 4 LE)/Kompressor-Aufladung mit Ladeluftkühlung	mikroprozessorgesteuerte Einspritzanlage mit HFM (Motorsteuerung Siemens SIM 4 LE)/Kompressor-Aufladung mit Ladeluftkühlung	mikroprozessorgesteuerte Einspritzanlage mit HFM (Motorsteuerung Siemens SIM 4 LE)/Kompressor-Aufladung mit Ladeluftkühlung
Kühlung	Wasserkühlung/Pumpe; 6,0 l Wasser	Wasserkühlung/Pumpe; 5,6 l Wasser	Wasserkühlung/Pumpe; 6,0 l Wasser	Wasserkühlung/Pumpe; 5,6 l Wasser	Wasserkühlung/Pumpe; 5,6 l Wasser	Wasserkühlung/Pumpe; 6,0 l Wasser
Schmierung	Druckumlauf-Schmierung/7,0 l Öl	Druckumlauf-Schmierung/5,5 l Öl	Druckumlauf-Schmierung/7,0 l Öl	Druckumlauf-Schmierung/5,5 l Öl	Druckumlauf-Schmierung/5,5 l Öl	Druckumlauf-Schmierung/7,0 l Öl
Batterie	46 Ah/im Motorraum	46 Ah/im Motorraum	46 Ah/im Motorraum	46 Ah/im Motorraum	46 Ah/im Motorraum	46 Ah/im Motorraum
Kraftstofftank: Anordnung/Fassungsvermögen	vor der Hinterachse/62 l	vor der Hinterachse/62 l	vor der Hinterachse/62 l	vor der Hinterachse/62 l	vor der Hinterachse/62 l	vor der Hinterachse/62 l
Radaufhängung, vorne	Dreilenkerachse/McPherson-Federbein	Dreilenkerachse/McPherson-Federbein	Dreilenkerachse/McPherson-Federbein	Dreilenkerachse/McPherson-Federbein	Dreilenkerachse/McPherson-Federbein	Dreilenkerachse/McPherson-Federbein
Radaufhängung, hinten	Raumlenkerachse	Raumlenkerachse	Raumlenkerachse	Raumlenkerachse	Raumlenkerachse	Raumlenkerachse
Federung, vorne	Schraubenfedern, Drehstab-Stabilisator	Schraubenfedern, Drehstab-Stabilisator	Schraubenfedern, Drehstab-Stabilisator	Schraubenfedern, Drehstab-Stabilisator	Schraubenfedern, Drehstab-Stabilisator	Schraubenfedern, Drehstab-Stabilisator
Federung, hinten	Schraubenfedern, Drehstab-Stabilisator	Schraubenfedern	Schraubenfedern, Drehstab-Stabilisator	Schraubenfedern, Drehstab-Stabilisator	Schraubenfedern, Drehstab-Stabilisator	Schraubenfedern, Drehstab-Stabilisator
Stoßdämpfer, vorne/hinten	Zweirohr-/Einrohr-Gasdruck-Stoßdämpfer	Zweirohr-/Einrohr-Gasdruck-Stoßdämpfer	Zweirohr-/Einrohr-Gasdruck-Stoßdämpfer	Zweirohr-/Einrohr-Gasdruck-Stoßdämpfer	Zweirohr-/Einrohr-Gasdruck-Stoßdämpfer	Zweirohr-/Einrohr-Gasdruck-Stoßdämpfer
Lenkung	Zahnstangen-Servolenkung	Zahnstangen-Servolenkung	Zahnstangen-Servolenkung	Zahnstangen-Servolenkung	Zahnstangen-Servolenkung	Zahnstangen-Servolenkung
Bremsanlage	hydraulische Zweikreis-Bremsanlage mit Unterdruck-Bremskraftverstärker, Anti-Blockier-System und Bremsassistent; Scheibenbremsen vorn (innenbelüftet) und hinten	hydraulische Zweikreis-Bremsanlage mit Unterdruck-Bremskraftverstärker, Anti-Blockier-System und Bremsassistent; Scheibenbremsen vorn (innenbelüftet) und hinten	hydraulische Zweikreis-Bremsanlage mit Unterdruck-Bremskraftverstärker, Anti-Blockier-System und Bremsassistent; Scheibenbremsen vorn (innenbelüftet) und hinten	hydraulische Zweikreis-Bremsanlage mit Unterdruck-Bremskraftverstärker, Anti-Blockier-System und Bremsassistent; Scheibenbremsen vorn (innenbelüftet) und hinten	hydraulische Zweikreis-Bremsanlage mit Unterdruck-Bremskraftverstärker, Anti-Blockier-System und Bremsassistent; Scheibenbremsen vorn (innenbelüftet) und hinten	hydraulische Zweikreis-Bremsanlage mit Unterdruck-Bremskraftverstärker, Anti-Blockier-System und Bremsassistent; Scheibenbremsen vorn (innenbelüftet) und hinten
Feststellbremse	mechanisch (fußbetätigt), auf Hinterräder wirkend	mechanisch (fußbetätigt), auf Hinterräder wirkend	mechanisch (fußbetätigt), auf Hinterräder wirkend	mechanisch (fußbetätigt), auf Hinterräder wirkend	mechanisch (fußbetätigt), auf Hinterräder wirkend	mechanisch (fußbetätigt), auf Hinterräder wirkend
Bremsscheibendurchmesser vorne/hinten	288/278 mm	288/278 mm	288/278 mm	288/278 mm	288/278 mm	288/278 mm
Räder	Stahlblechräder, auf Wunsch Leichtmetallräder	Stahlblechräder, auf Wunsch Leichtmetallräder	Stahlblechräder, auf Wunsch Leichtmetallräder	Stahlblechräder, auf Wunsch Leichtmetallräder	Stahlblechräder, auf Wunsch Leichtmetallräder	Stahlblechräder, auf Wunsch Leichtmetallräder
Felgen	6 J x 15 H 2; bei Sportfahrwerk: 7 J x 16 H 2	6 J x 15 H 2; bei Sportfahrwerk: 7 J x 16 H 2	6 J x 15 H 2; bei Sportfahrwerk: 7 J x 16 H 2	6 J x 15 H 2; bei Sportfahrwerk: 7 J x 16 H 2	6 J x 15 H 2; bei Sportfahrwerk: 7 J x 16 H 2	6 J x 15 H 2; bei Sportfahrwerk: 7 J x 16 H 2
Reifen	195/65 R 15 91 H; bei Sportfahrwerk: 225/50 R 16	195/65 R 15 91 V; bei Sportfahrwerk: 225/50 R 16	195/65 R 15 91 V; bei Sportfahrwerk: 225/50 R 16	195/65 R 15 91 V; bei Sportfahrwerk: 225/50 R 16	195/65 R 15 91 V; bei Sportfahrwerk: 225/50 R 16	195/65 R 15 91 V; bei Sportfahrwerk: 225/50 R 16
Kraftübertragung	geteilte Kardanwelle	geteilte Kardanwelle	geteilte Kardanwelle	geteilte Kardanwelle	geteilte Kardanwelle	geteilte Kardanwelle
Getriebe [1]	6-Gang-Schaltgetriebe	6-Gang-Schaltgetriebe	6-Gang-Schaltgetriebe	6-Gang-Schaltgetriebe	6-Gang-Schaltgetriebe	6-Gang-Schaltgetriebe
Verfügbarkeit	Serie	Serie	Serie	Serie	Serie	Serie
Kupplung	Einscheiben-Trockenkupplung	Einscheiben-Trockenkupplung	Einscheiben-Trockenkupplung	Einscheiben-Trockenkupplung	Einscheiben-Trockenkupplung	Einscheiben-Trockenkupplung
Getriebeart	Zahnrad-Wechselgetriebe	Zahnrad-Wechselgetriebe	Zahnrad-Wechselgetriebe	Zahnrad-Wechselgetriebe	Zahnrad-Wechselgetriebe	Zahnrad-Wechselgetriebe
Getriebe-Übersetzung	I. 4,46; II. 2,61; III. 1,72; IV. 1,25; V. 1,0; VI. 0,84; R. 4,06	I. 4,46; II. 2,61; III. 1,72; IV. 1,25; V. 1,0; VI. 0,84; R. 4,06	I. 4,46; II. 2,61; III. 1,72; IV. 1,25; V. 1,0; VI. 0,84; R. 4,06	I. 4,46; II. 2,61; III. 1,72; IV. 1,25; V. 1,0; VI. 0,84; R. 4,06	I. 4,46; II. 2,61; III. 1,72; IV. 1,25; V. 1,0; VI. 0,84; R. 4,06	I. 4,46; II. 2,61; III. 1,72; IV. 1,25; V. 1,0; VI. 0,84; R. 4,06
Achsantriebsübersetzung	3,46	3,07	3,46	3,27	3,07	3,46
Höchstgeschwindigkeit	210 km/h	222 km/h	230 km/h	234 km/h	235 km/h	230 km/h
Beschleunigung[2] 0-100 km/h	11,0 s	9,7 s	9,3 s	9,1 s	9,0 s	9,3 s
Kraftstoffverbrauch[6]	13,9/6,8/9,4 l	11,4/5,9/7,9 l	14,3/7,0/9,7 l	12,1/6,2/8,3 l	11,1/5,8/7,7 l	14,3/7,0/9,7 l
Getriebe [2]	6-Gang-Schaltgetriebe mit sequenzieller Schaltung	6-Gang-Schaltgetriebe mit sequenzieller Schaltung	6-Gang-Schaltgetriebe mit sequenzieller Schaltung	6-Gang-Schaltgetriebe mit sequenzieller Schaltung		5-Gang-Automatikgetriebe mit elektronischer Steuerung
Verfügbarkeit	auf Wunsch (ab 12.2001)	auf Wunsch	auf Wunsch (ab 06.2001)	auf Wunsch		auf Wunsch
Kupplung	Einscheiben-Trockenkupplung mit automatischer Betätigung	Einscheiben-Trockenkupplung mit automatischer Betätigung	Einscheiben-Trockenkupplung mit automatischer Betätigung	Einscheiben-Trockenkupplung mit automatischer Betätigung		hydraulischer Drehmomentwandler mit schlupfgesteuerter Überbrückungskupplung
Getriebeart	Zahnrad-Wechselgetriebe mit automatischem Schaltmodus	Zahnrad-Wechselgetriebe mit automatischem Schaltmodus	Zahnrad-Wechselgetriebe mit automatischem Schaltmodus	Zahnrad-Wechselgetriebe mit automatischem Schaltmodus		Planetengetriebe
Getriebe-Übersetzung	I. 4,46; II. 2,61; III. 1,72; IV. 1,25; V. 1,0; VI. 0,84; R. 4,06	I. 4,46; II. 2,61; III. 1,72; IV. 1,25; V. 1,0; VI. 0,84; R. 4,06	I. 4,46; II. 2,61; III. 1,72; IV. 1,25; V. 1,0; VI. 0,84; R. 4,06	I. 4,46; II. 2,61; III. 1,72; IV. 1,25; V. 1,0; VI. 0,84; R. 4,06		I. 3,95; II. 2,42; III. 1,49; IV. 1,0; V. 0,83; R. 3,15
Achsantriebsübersetzung	3,46	3,07	3,46	3,27		3,27
Höchstgeschwindigkeit	210 km/h	222 km/h	230 km/h	234 km/h		227 km/h
Beschleunigung[2] 0-100 km/h	11,0 s	9,7 s	9,3 s	9,1 s		9,7 s
Kraftstoffverbrauch[6]	13,9/6,8/9,4 l	11,4/5,9/7,9 l	14,3/7,0/9,7 l	12,1/6,2/8,3 l		13,8/7,0/9,5 l
Getriebe [3]	5-Gang-Automatikgetriebe mit elektronischer Steuerung	5-Gang-Automatikgetriebe mit elektronischer Steuerung	5-Gang-Automatikgetriebe mit elektronischer Steuerung	5-Gang-Automatikgetriebe mit elektronischer Steuerung		
Verfügbarkeit	auf Wunsch	auf Wunsch	auf Wunsch	auf Wunsch		
Kupplung	hydraulischer Drehmomentwandler mit schlupfgesteuerter Überbrückungskupplung	hydraulischer Drehmomentwandler mit schlupfgesteuerter Überbrückungskupplung	hydraulischer Drehmomentwandler mit schlupfgesteuerter Überbrückungskupplung	hydraulischer Drehmomentwandler mit schlupfgesteuerter Überbrückungskupplung		
Getriebeart	Planetengetriebe	Planetengetriebe	Planetengetriebe	Planetengetriebe		
Getriebe-Übersetzung	I. 3,95; II. 2,42; III. 1,49; IV. 1,0; V. 0,83; R. 3,15	I. 3,95; II. 2,42; III. 1,49; IV. 1,0; V. 0,83; R. 3,15	I. 3,95; II. 2,42; III. 1,49; IV. 1,0; V. 0,83; R. 3,15	I. 3,95; II. 2,42; III. 1,49; IV. 1,0; V. 0,83; R. 3,15		
Achsantriebsübersetzung	3,67	3,07	3,27	3,27		
Höchstgeschwindigkeit	207 km/h	220 km/h	227 km/h	231 km/h		
Beschleunigung[2] 0-100 km/h	11,6 s	9,9 s	9,7 s	9,4 s		
Kraftstoffverbrauch[6]	13,7/7,1/9,5 l	11,8/5,9/7,9 l	13,8/7,0/9,5 l	12,5/6,2/8,3 l		
Radstand	2715 mm	2715 mm	2715 mm	2715 mm	2715 mm	2715 mm
Spur vorne/hinten	1505/1476 mm (bei Sportfahrwerk: 1494/1468 mm)	1505/1476 mm (bei Sportfahrwerk: 1494/1468 mm)	1505/1476 mm (bei Sportfahrwerk: 1494/1468 mm)	1505/1476 mm (bei Sportfahrwerk: 1494/1468 mm)	1505/1476 mm (bei Sportfahrwerk: 1494/1468 mm)	1505/1476 mm (bei Sportfahrwerk: 1494/1468 mm)
Länge	4526 mm	4526 mm	4526 mm	4526 mm	4526 mm	4526 mm
Breite	1728 mm	1728 mm	1728 mm	1728 mm	1728 mm	1728 mm
Höhe	1426 mm (bei Sportfahrwerk: 1412 mm)	1426 mm (bei Sportfahrwerk: 1412 mm)	1426 mm (bei Sportfahrwerk: 1412 mm)	1426 mm (bei Sportfahrwerk: 1412 mm)	1426 mm (bei Sportfahrwerk: 1412 mm)	1426 mm (bei Sportfahrwerk: 1412 mm)
Kleinster Wendekreis	10,76 m	10,76 m	10,76 m	10,76 m	10,76 m	10,76 m
Leergewicht[5]	1455 kg	1475 kg	1490 kg	1475 kg	1485 kg	1490 kg
Zul. Gesamtgewicht	1935 kg	1955 kg	1970 kg	1955 kg	1965 kg	1970 kg
Zul. Achslast vorne	945 kg	965 kg	970 kg	965 kg	970 kg	970 kg
Zul. Achslast hinten	1020 kg	1030 kg	1030 kg	1030 kg	1035 kg	1030 kg
Zuladung	480 kg	480 kg	480 kg	480 kg	480 kg	480 kg
Stückzahl	89.892	insgesamt 202.557 (bis 03.2007)[7]	121.298	insgesamt 101.912 (bis 03.2007)[(7)]	insgesamt 253 (bis 04.2005)[(7)]	insgesamt 86.390 (bis 06.2005)[(7)]
Preise[9]	03.2000: DM 49.880,00 01.2001: EUR 25.984,00 (DM 50.820,28) 01.2002: EUR 26.448,00	03.2002: EUR 26.738,00 02.2003: EUR 26.970,00	03.2000: DM 53.360,00 01.2001: EUR 27.724,00 (DM 54.223,43) 01.2002: EUR 28.304,00	03.2002: EUR 28.304,00 02.2003: EUR 28.536,00	09.2002: EUR 29.464,00 02.2003: EUR 29.696,00	im Inland nicht erhältlich

C-Klasse-Limousinen der Baureihe 203, 2000 - 2007

Typ	C 240	C 240 4MATIC	C 320	C 320 4MATIC	C 32 AMG
Konstruktionsbezeichnung	W 203 E 26	W 203 E 26 4-M	W 203 E 32	W 203 E 32 4-M	W 203 E 32 ML
Baumuster	203.061	203.081	203.064	203.084	203.065
Produktionszeitraum	04.1999/02.2000 - 03.2004[1]	02.2002/07.2002 - 03.2004[1]	08.1999/03.2000 - 03.2004[1]	02.2002/08.2002 - 03.2004[1]	10.2000/04.2001 - 03.2004[1]
Motor	Viertakt-Otto (mit Saugrohreinspritzung und Abgasreinigungsanlage mit geregeltem 3-Wege-Katalysator)	Viertakt-Otto (mit Saugrohreinspritzung und Abgasreinigungsanlage mit geregeltem 3-Wege-Katalysator)	Viertakt-Otto (mit Saugrohreinspritzung und Abgasreinigungsanlage mit geregeltem 3-Wege-Katalysator)	Viertakt-Otto (mit Saugrohreinspritzung und Abgasreinigungsanlage mit geregeltem 3-Wege-Katalysator)	Viertakt-Otto (mit Saugrohreinspritzung und Kompressor mit Ladeluftkühlung; Abgasreinigungsanlage mit geregeltem 3-Wege-Katalysator)
Motor-Typ/-Baumuster	M 112 E 26/112.912	M 112 E 26/112.916	M 112 E 32/112.946	M 112 E 32/112.953	M 112 E 32 ML AMG/112.961
Zylinderzahl/-anordnung	6/90°-V-Form; Leichtmetallblock	6/90°-V-Form; Leichtmetallblock	6/90°-V-Form; Leichtmetallblock	6/90°-V-Form; Leichtmetallblock	6/90°-V-Form; Leichtmetallblock
Bohrung x Hub	89,9 x 68,2 mm	89,9 x 68,2 mm	89,9 x 84,0 mm	89,9 x 84,0 mm	89,9 x 84,0 mm
Gesamthubraum	2597 ccm	2597 ccm	3199 ccm	3199 ccm	3199 ccm
Verdichtungsverhältnis	10,5	10,5	10	10	9
Leistung	125 kW/170 PS bei 5500/min	125 kW/170 PS bei 5500/min	160 kW/218 PS bei 5700/min	160 kW/218 PS bei 5700/min	260 kW/354 PS bei 6100/min
Drehmoment	240 Nm bei 4500/min	240 Nm bei 4500/min	310 Nm bei 3000 - 4600/min	310 Nm bei 3000 - 4600/min	450 Nm bei 4400/min
Ventilanzahl/-anordnung	2 Einlass, 1 Auslass/V-förmig hängend	2 Einlass, 1 Auslass/V-förmig hängend	2 Einlass, 1 Auslass/V-förmig hängend	2 Einlass, 1 Auslass/V-förmig hängend	2 Einlass, 1 Auslass/V-förmig hängend
Gemischbildung	mikroprozessorgesteuerte Einspritzanlage mit Heißfilm-Luftmassenmessung (Motorsteuerung Bosch ME)	mikroprozessorgesteuerte Einspritzanlage mit Heißfilm-Luftmassenmessung (Motorsteuerung Bosch ME)	mikroprozessorgesteuerte Einspritzanlage mit Heißfilm-Luftmassenmessung (Motorsteuerung Bosch ME)	mikroprozessorgesteuerte Einspritzanlage mit Heißfilm-Luftmassenmessung (Motorsteuerung Bosch ME)	mikroprozessorgesteuerte Einspritzanlage mit HFM (Motorsteuerung Bosch ME)/Kompressor-Aufladung mit Ladeluftkühlung
Kühlung	Wasserkühlung/Pumpe; 6,4 l Wasser	Wasserkühlung/Pumpe; 6,7 l Wasser	Wasserkühlung/Pumpe; 6,4 l Wasser	Wasserkühlung/Pumpe; 6,7 l Wasser	Wasserkühlung/Pumpe; 6,4 l Wasser
Schmierung	Druckumlauf-Schmierung/8,0 l Öl	Druckumlauf-Schmierung/8,0 l Öl	Druckumlauf-Schmierung/8,0 l Öl	Druckumlauf-Schmierung/8,0 l Öl	Druckumlauf-Schmierung/8,0 l Öl
Batterie	62 Ah/im Motorraum	62 Ah/im Motorraum	62 Ah/im Motorraum	62 Ah/im Motorraum	62 Ah/im Motorraum
Kraftstofftank: Anordnung/Fassungsvermögen	vor der Hinterachse/62 l	vor der Hinterachse/62 l	vor der Hinterachse/62 l	vor der Hinterachse/62 l	vor der Hinterachse/62 l
Radaufhängung, vorne	Dreilenkerachse/McPherson-Federbein	Dreilenkerachse/McPherson-Federbein	Dreilenkerachse/McPherson-Federbein	Dreilenkerachse/McPherson-Federbein	Dreilenkerachse/McPherson-Federbein
Radaufhängung, hinten	Raumlenkerachse	Raumlenkerachse	Raumlenkerachse	Raumlenkerachse	Raumlenkerachse
Federung, vorne	Schraubenfedern, Drehstab-Stabilisator	Schraubenfedern, Drehstab-Stabilisator	Schraubenfedern, Drehstab-Stabilisator	Schraubenfedern, Drehstab-Stabilisator	Schraubenfedern, Drehstab-Stabilisator
Federung, hinten	Schraubenfedern, Drehstab-Stabilisator	Schraubenfedern, Drehstab-Stabilisator	Schraubenfedern, Drehstab-Stabilisator	Schraubenfedern, Drehstab-Stabilisator	Schraubenfedern, Drehstab-Stabilisator
Stoßdämpfer, vorne/hinten	Zweirohr-/Einrohr-Gasdruck-Stoßdämpfer	Zweirohr-/Einrohr-Gasdruck-Stoßdämpfer	Zweirohr-/Einrohr-Gasdruck-Stoßdämpfer	Zweirohr-/Einrohr-Gasdruck-Stoßdämpfer	Zweirohr-/Einrohr-Gasdruck-Stoßdämpfer
Lenkung	Zahnstangen-Servolenkung	Zahnstangen-Servolenkung	Zahnstangen-Servolenkung	Zahnstangen-Servolenkung	Zahnstangen-Servolenkung
Bremsanlage	hydraulische Zweikreis-Bremsanlage mit Unterdruck-Bremskraftverstärker, Anti-Blockier-System und Bremsassistent; Scheibenbremsen vorn (innenbelüftet) und hinten	hydraulische Zweikreis-Bremsanlage mit Unterdruck-Bremskraftverstärker, Anti-Blockier-System und Bremsassistent; Scheibenbremsen vorn (innenbelüftet) und hinten	hydraulische Zweikreis-Bremsanlage mit Unterdruck-Bremskraftverstärker, Anti-Blockier-System und Bremsassistent; Scheibenbremsen vorn (innenbelüftet) und hinten	hydraulische Zweikreis-Bremsanlage mit Unterdruck-Bremskraftverstärker, Anti-Blockier-System und Bremsassistent; Scheibenbremsen vorn (innenbelüftet) und hinten	hydraulische Zweikreis-Bremsanlage mit Unterdruck-Bremskraftverstärker, Anti-Blockier-System und Bremsassistent; innenbelüftete Scheibenbremsen vorn (perforiert) und hinten
Feststellbremse	mechanisch (fußbetätigt), auf Hinterräder wirkend	mechanisch (fußbetätigt), auf Hinterräder wirkend	mechanisch (fußbetätigt), auf Hinterräder wirkend	mechanisch (fußbetätigt), auf Hinterräder wirkend	mechanisch (fußbetätigt), auf Hinterräder wirkend
Bremsscheibendurchmesser vorne/hinten	300/290 mm	300/290 mm	300/290 mm	300/290 mm	345/300 mm
Räder	Stahlblechräder, auf Wunsch Leichtmetallräder	Stahlblechräder, auf Wunsch Leichtmetallräder	Stahlblechräder, auf Wunsch Leichtmetallräder	Stahlblechräder, auf Wunsch Leichtmetallräder	Leichtmetallräder
Felgen	7 J x 16 H 2	7 J x 16 H 2	7 J x 16 H 2	7 J x 16 H 2	vorn 7 1/2 J x 17 H 2, hinten 8 1/2 J x 17 H 2
Reifen	205/55 R 16 91 V; bei Sportfahrwerk: 225/50 R 16	205/55 R 16 91 V; bei Sportfahrwerk: 225/50 R 16	205/55 R 16 91 W; bei Sportfahrwerk: 225/50 R 16	205/55 R 16 91 W; bei Sportfahrwerk: 225/50 R 16	vorn 225/45 ZR 17, hinten 245/40 ZR 17
Kraftübertragung	geteilte Kardanwelle	vom Verteilergetriebe über einteilige Gelenkwelle auf Vorderachs-Differenzial und über zweiteilige Gelenkwelle auf Hinterachs-Differenzial (Kraftverteilung 40% vorn, 60% hinten)	geteilte Kardanwelle	vom Verteilergetriebe über einteilige Gelenkwelle auf Vorderachs-Differenzial und über zweiteilige Gelenkwelle auf Hinterachs-Differenzial (Kraftverteilung 40% vorn, 60% hinten)	geteilte Kardanwelle
Getriebe [1]	6-Gang-Schaltgetriebe	5-Gang-Automatikgetriebe mit elektronischer Steuerung	5-Gang-Automatikgetriebe mit elektronischer Steuerung	5-Gang-Automatikgetriebe mit elektronischer Steuerung	5-Gang-Automatikgetriebe mit elektronischer Steuerung
Verfügbarkeit	Serie	Serie	Serie, ab 12.2002 auf Wunsch	Serie	Serie
Kupplung	Einscheiben-Trockenkupplung	hydraulischer Drehmomentwandler mit schlupfgesteuerter Überbrückungskupplung	hydraulischer Drehmomentwandler mit schlupfgesteuerter Überbrückungskupplung	hydraulischer Drehmomentwandler mit schlupfgesteuerter Überbrückungskupplung	hydraulischer Drehmomentwandler mit schlupfgesteuerter Überbrückungskupplung
Getriebeart	Zahnrad-Wechselgetriebe	Planetengetriebe	Planetengetriebe	Planetengetriebe	Planetengetriebe
Getriebe-Übersetzung	I. 4,46; II. 2,61; III. 1,72; IV. 1,25; V. 1,0; VI. 0,84; R. 4,06	I. 3,95; II. 2,42; III. 1,49; IV. 1,0; V. 0,83; R. 3,15	I. 3,95; II. 2,42; III. 1,49; IV. 1,0; V. 0,83; R. 3,15	I. 3,95; II. 2,42; III. 1,49; IV. 1,0; V. 0,83; R. 3,15	I. 3,59; II. 2,19; III. 1,41; IV. 1,0; V. 0,83; R. 3,16
Achsantriebsübersetzung	3,46	3,46	3,27	3,27	3,06
Höchstgeschwindigkeit	235 km/h	228 km/h	245 km/h	245 km/h	250 km/h (abgeregelt)
Beschleunigung[2] 0-100 km/h	9,2 s	10,0 s	7,8 s	8,0 s	5,2 s
Kraftstoffverbrauch[6]	16,6/7,9/11,0 l	16,0/8,2/11,2 l	16,1/7,8/10,8 l	16,1/8,3/11,3 l	16,7/8,6/11,5 l
Getriebe [2]	6-Gang-Schaltgetriebe mit sequenzieller Schaltung		6-Gang-Schaltgetriebe		
Verfügbarkeit	auf Wunsch (ab 06.2002 bis 08.2003)		Serie (ab 12.2002)		
Kupplung	Einscheiben-Trockenkupplung mit automatischer Betätigung		Einscheiben-Trockenkupplung		
Getriebeart	Zahnrad-Wechselgetriebe mit automatischem Schaltmodus		Zahnrad-Wechselgetriebe		
Getriebe-Übersetzung	I. 4,46; II. 2,61; III. 1,72; IV. 1,25; V. 1,0; VI. 0,84; R. 4,06		I. 4,46; II. 2,61; III. 1,72; IV. 1,25; V. 1,0; VI. 0,84; R. 4,06		
Achsantriebsübersetzung	3,46		3,27		
Höchstgeschwindigkeit	235 km/h		248 km/h		
Beschleunigung[2] 0-100 km/h	9,2 s		7,7 s		
Kraftstoffverbrauch[6]	16,6/7,9/11,0 l		16,6/7,8/10,9 l		
Getriebe [3]	5-Gang-Automatikgetriebe mit elektronischer Steuerung				
Verfügbarkeit	auf Wunsch				
Kupplung	hydraulischer Drehmomentwandler mit schlupfgesteuerter Überbrückungskupplung				
Getriebeart	Planetengetriebe				
Getriebe-Übersetzung	I. 3,95; II. 2,42; III. 1,49; IV. 1,0; V. 0,83; R. 3,15				
Achsantriebsübersetzung	3,46				
Höchstgeschwindigkeit	232 km/h				
Beschleunigung[2] 0-100 km/h	9,5 s				
Kraftstoffverbrauch[6]	15,7/7,9/10,7 l				
Radstand	2715 mm	2715 mm	2715 mm	2715 mm	2715 mm
Spur vorne/hinten	1493/1464 mm (bei Sportfahrwerk: 1494/1468 mm)	1493/1464 mm	1493/1464 mm (bei Sportfahrwerk: 1494/1468 mm)	1493/1464 mm	1493/1478 mm
Länge	4526 mm	4541 mm	4526 mm	4541 mm	4528 mm
Breite	1728 mm	1728 mm	1728 mm	1728 mm	1728 mm
Höhe	1427 mm (bei Sportfahrwerk: 1412 mm)	1422 mm	1427 mm (bei Sportfahrwerk: 1412 mm)	1422 mm	1415 mm
Kleinster Wendekreis	10,76 m	10,76 m	10,76 m	10,76 m	10,76 m
Leergewicht[5]	1535 kg	1640 kg	1565 kg	1650 kg	1635 kg
Zul. Gesamtgewicht	1935 kg	2120 kg	2045 kg	2130 kg	2115 kg
Zul. Achslast vorne	1000 kg	1075 kg	1020 kg	1085 kg	1060 kg
Zul. Achslast hinten	1045 kg	1075 kg	1045 kg	1075 kg	1055 kg
Zuladung	480 kg	480 kg	480 kg	480 kg	480 kg
Stückzahl	insgesamt 160.286 (bis 06.2005)[7]	insgesamt 29.410 (bis 06.2005)[7]	insgesamt 73.085 (bis 06.2005)[7]	insgesamt 9.673 (bis 06.2005)[7]	6695
Preise[9]	03.2000: DM 62.060,00 01.2001: EUR 32.132,00 (DM 62.844,73) 01.2002: EUR 32.712,00 02.2003: EUR 32.944,00	07.2002: EUR 36.830,00 02.2003: EUR 37.062,00	03.2000: DM 73.660,00 01.2001: EUR 38.084,00 (DM 74.415,42) 01.2002: EUR 38.628,00 02.2003: EUR 36.888,00	07.2002: EUR 40.774,00 02.2003: EUR 41.006,00	01.2001: EUR 56.376,00 (DM 110.261,87) 01.2002: EUR 57.130,00 02.2003: EUR 57.536,00

C-Klasse-Limousinen der Baureihe 203, 2004 - 2007

Typ	C 200 CDI	C 220 CDI	C 270 CDI	C 320 CDI	C 30 CDI AMG
Konstruktionsbezeichnung	W 203 DE 22 LA LR	W 203 DE 22 LA	W 203 DE 27 LA	W 203 DE 30 LA	W 203 DE 30 LA
Baumuster	203.007	203.008	203.016	203.020	203.018
Produktionszeitraum	04.2004 - 03.2007	04.2004 - 03.2007	04.2004 - 06.2005	07.2004/03.2005 - 02.2007 [1]	04.2004 - 11.2004
Motor	Viertakt-Diesel (mit Direkteinspritzung, Abgas-Turbolader mit Ladeluftkühlung und Abgasreinigungsanlage mit Oxidationskatalysator)	Viertakt-Diesel (mit Direkteinspritzung, Abgas-Turbolader mit Ladeluftkühlung und Abgasreinigungsanlage mit Oxidationskatalysator)	Viertakt-Diesel (mit Direkteinspritzung, Abgas-Turbolader mit Ladeluftkühlung und Abgasreinigungsanlage mit Oxidationskatalysator)	Viertakt-Diesel (mit Direkteinspritzung, Abgas-Turbolader mit Ladeluftkühlung und Abgasreinigungsanlage mit Oxidationskatalysator)	Viertakt-Diesel (mit Direkteinspritzung, Abgas-Turbolader mit Ladeluftkühlung und Abgasreinigungsanlage mit Oxidationskatalysator)
Motor-Typ/-Baumuster	OM 646 DE 22 LA LR/646.962	OM 646 DE 22 LA/646.963	OM 612 DE 27 LA/612.962	OM 642 DE 30 LA/642.910	OM 612 DE 30 LA/612.990
Zylinderzahl/-anordnung	4/Reihe; 15° nach rechts geneigt	4/Reihe; 15° nach rechts geneigt	5/Reihe; 15° nach rechts geneigt	6/72°-V-Form; Leichtmetallblock	5/Reihe; 15° nach rechts geneigt
Bohrung x Hub	88,0 x 88,3 mm	88,0 x 88,3 mm	88,0 x 88,3 mm	83,0 x 92,0 mm	88,0 x 97,0 mm
Gesamthubraum	2148 ccm	2148 ccm	2685 ccm	2987 ccm	2950 ccm
Verdichtungsverhältnis	18	18	18	17,7	16,5
Leistung	90 kW/122 PS bei 4200/min	110 kW/150 PS bei 4200/min	125 kW/170 PS bei 4200/min	165 kW/224 PS bei 3800/min	170 kW/231 PS bei 3800/min
Drehmoment	270 Nm bei 1600 - 2800/min	340 Nm bei 2000/min	400 Nm bei 1600 - 2800/min	510 Nm bei 1600 - 2800/min (mit Schaltgetriebe: 415 Nm bei 1400 - 3800/min)	540 Nm bei 2000 - 2500/min (Automatikgetriebe)
Ventilanzahl/-anordnung	2 Einlass, 2 Auslass/hängend	2 Einlass, 2 Auslass/hängend	2 Einlass, 2 Auslass/hängend	2 Einlass, 2 Auslass/hängend	2 Einlass, 2 Auslass/hängend
Ventilsteuerung	2 obenliegende Nockenwellen	2 obenliegende Nockenwellen	2 obenliegende Nockenwellen	je Zylinderreihe 2 obenliegende Nockenwellen	2 obenliegende Nockenwellen
Gemischbildung	Common-Rail-Direkteinspritzung, elektronisch geregelt; Bosch 3-Stempel-Hochdruckpumpe/Abgas-Turbolader mit Ladeluftkühlung	Common-Rail-Direkteinspritzung, elektronisch geregelt; Bosch 3-Stempel-Hochdruckpumpe/Abgas-Turbolader mit Ladeluftkühlung	Common-Rail-Direkteinspritzung, elektronisch geregelt; Bosch 3-Stempel-Hochdruckpumpe/Abgas-Turbolader mit Ladeluftkühlung	Common-Rail-Direkteinspritzung, elektronisch geregelt; Bosch 3-Stempel-Hochdruckpumpe/Abgas-Turbolader mit Ladeluftkühlung	Common-Rail-Direkteinspritzung, elektronisch geregelt; Bosch 3-Stempel-Hochdruckpumpe/Abgas-Turbolader mit Ladeluftkühlung
Kühlung	Wasserkühlung/Pumpe; 7,5 l Wasser	Wasserkühlung/Pumpe; 7,5 l Wasser	Wasserkühlung/Pumpe; 8,6 l Wasser	Wasserkühlung/Pumpe; 7,6 l Wasser	Wasserkühlung/Pumpe; 11,2 l Wasser
Schmierung	Druckumlauf-Schmierung/6,5 l Öl	Druckumlauf-Schmierung/6,5 l Öl	Druckumlauf-Schmierung/7,5 l Öl	Druckumlauf-Schmierung; 8,5 l Öl	Druckumlauf-Schmierung/6,5 l Öl
Batterie	74 Ah/im Motorraum	74 Ah/im Motorraum	74 Ah/im Motorraum	74 Ah/im Motorraum	74 Ah/im Motorraum
Kraftstofftank: Anordnung/Fassungsvermögen	vor der Hinterachse/62 l	vor der Hinterachse/62 l	vor der Hinterachse/62 l	vor der Hinterachse/62 l	vor der Hinterachse/62 l
Radaufhängung, vorne	Dreilenkerachse/McPherson-Federbein	Dreilenkerachse/McPherson-Federbein	Dreilenkerachse/McPherson-Federbein	Dreilenkerachse/McPherson-Federbein	Dreilenkerachse/McPherson-Federbein
Radaufhängung, hinten	Raumlenkerachse	Raumlenkerachse	Raumlenkerachse	Raumlenkerachse	Raumlenkerachse
Federung, vorne	Schraubenfedern, Drehstab-Stabilisator	Schraubenfedern, Drehstab-Stabilisator	Schraubenfedern, Drehstab-Stabilisator	Schraubenfedern, Drehstab-Stabilisator	Schraubenfedern, Drehstab-Stabilisator
Federung, hinten	Schraubenfedern, Drehstab-Stabilisator	Schraubenfedern, Drehstab-Stabilisator	Schraubenfedern, Drehstab-Stabilisator	Schraubenfedern, Drehstab-Stabilisator	Schraubenfedern, Drehstab-Stabilisator
Stoßdämpfer, vorne/hinten	Zweirohr-/Einrohr-Gasdruck-Stoßdämpfer	Zweirohr-/Einrohr-Gasdruck-Stoßdämpfer	Zweirohr-/Einrohr-Gasdruck-Stoßdämpfer	Zweirohr-/Einrohr-Gasdruck-Stoßdämpfer	Zweirohr-/Einrohr-Gasdruck-Stoßdämpfer
Lenkung	Zahnstangen-Servolenkung	Zahnstangen-Servolenkung	Zahnstangen-Servolenkung	Zahnstangen-Servolenkung	Zahnstangen-Servolenkung
Bremsanlage	hydraulische Zweikreis-Bremsanlage mit Unterdruck-Bremskraftverstärker, Anti-Blockier-System und Bremsassistent; Scheibenbremsen vorn (innenbelüftet) und hinten	hydraulische Zweikreis-Bremsanlage mit Unterdruck-Bremskraftverstärker, Anti-Blockier-System und Bremsassistent; Scheibenbremsen vorn (innenbelüftet) und hinten	hydraulische Zweikreis-Bremsanlage mit Unterdruck-Bremskraftverstärker, Anti-Blockier-System und Bremsassistent; Scheibenbremsen vorn (innenbelüftet) und hinten	hydraulische Zweikreis-Bremsanlage mit Unterdruck-Bremskraftverstärker, Anti-Blockier-System und Bremsassistent; Scheibenbremsen vorn (innenbelüftet) und hinten	hydraulische Zweikreis-Bremsanlage mit Unterdruck-Bremskraftverstärker, Anti-Blockier-System und Bremsassistent; Scheibenbremsen vorn (innenbelüftet) und hinten
Feststellbremse	mechanisch (fußbetätigt), auf Hinterräder wirkend	mechanisch (fußbetätigt), auf Hinterräder wirkend	mechanisch (fußbetätigt), auf Hinterräder wirkend	mechanisch (fußbetätigt), auf Hinterräder wirkend	mechanisch (fußbetätigt), auf Hinterräder wirkend
Bremsscheibendurchmesser vorne/hinten	288/278 mm	288/278 mm	300/290 mm	330/290 mm	345/300 mm
Räder	Stahlblechräder, auf Wunsch Leichtmetallräder	Stahlblechräder, auf Wunsch Leichtmetallräder	Stahlblechräder, auf Wunsch Leichtmetallräder	Leichtmetallräder	Leichtmetallräder
Felgen	7 J x 16 H 2	7 J x 16 H 2	7 J x 16 H 2	7 1/2 J x 17 H 2	vorn 7 1/2 J x 17 H 2, hinten 8 1/2 J x 17 H 2
Reifen	205/55 R 16; bei Sportfahrwerk: 225/50 R 16	205/55 R 16; bei Sportfahrwerk: 225/50 R 16	205/55 R 16; bei Sportfahrwerk: 225/50 R 16	225/45 R 17	vorn 225/45 R 17, hinten 245/40 R 17
Kraftübertragung	geteilte Kardanwelle	geteilte Kardanwelle	geteilte Kardanwelle	geteilte Kardanwelle	geteilte Kardanwelle
Getriebe [1]	6-Gang-Schaltgetriebe	6-Gang-Schaltgetriebe	6-Gang-Schaltgetriebe	6-Gang-Schaltgetriebe	5-Gang-Automatikgetriebe mit elektronischer Steuerung
Verfügbarkeit	Serie	Serie	Serie	Serie	Serie
Kupplung	Einscheiben-Trockenkupplung	Einscheiben-Trockenkupplung	Einscheiben-Trockenkupplung	Einscheiben-Trockenkupplung	hydraulischer Drehmomentwandler mit schlupfgesteuerter Überbrückungskupplung
Getriebeart	Zahnrad-Wechselgetriebe	Zahnrad-Wechselgetriebe	Zahnrad-Wechselgetriebe	Zahnrad-Wechselgetriebe	Planetengetriebe
Getriebe-Übersetzung	I. 4,99; II. 2,82; III. 1,78; IV. 1,25; V. 1,0; VI. 0,82; R. 4,54	I. 5,01; II. 2,83; III. 1,79; IV. 1,26; V. 1,0; VI. 0,83; R. 4,57	I. 5,01; II. 2,83; III. 1,79; IV. 1,26; V. 1,0; VI. 0,83; R. 4,57	I. 5,01; II. 2,83; III. 1,79; IV. 1,26; V. 1,0; VI. 0,83; R. 4,57	I. 3,59; II. 2,19; III. 1,41; IV. 1,0; V. 0,83; R. 3,16
Achsantriebsübersetzung	2,65	2,65	2,47	2,47	2,24
Höchstgeschwindigkeit	208 km/h	224 km/h	230 km/h	246 km/h	250 km/h (abgeregelt)
Beschleunigung[2] 0-100 km/h	11,7 s	10,1 s	8,9 s	8,1 s	6,8 s
Kraftstoffverbrauch[6]	8,5/5,1/6,3 l	8,6/5,1/6,4 l	9,7/5,1/6,8 l	9,8-10,1/5,3-5,5/6,9-7,2 l	10,2/5,9/7,6 l
Getriebe [2]	5-Gang-Automatikgetriebe mit elektronischer Steuerung	5-Gang-Automatikgetriebe mit elektronischer Steuerung	5-Gang-Automatikgetriebe mit elektronischer Steuerung	7-Gang-Automatikgetriebe mit elektronischer Steuerung	
Verfügbarkeit	auf Wunsch	auf Wunsch	auf Wunsch	auf Wunsch	
Kupplung	hydraulischer Drehmomentwandler mit schlupfgesteuerter Überbrückungskupplung	hydraulischer Drehmomentwandler mit schlupfgesteuerter Überbrückungskupplung	hydraulischer Drehmomentwandler mit schlupfgesteuerter Überbrückungskupplung	hydraulischer Drehmomentwandler mit schlupfgesteuerter Überbrückungskupplung	
Getriebeart	Planetengetriebe	Planetengetriebe	Planetengetriebe	Planetengetriebe	
Getriebe-Übersetzung	I. 3,95; II. 2,42; III. 1,49; IV. 1,0; V. 0,83; R. 3,15	I. 3,95; II. 2,42; III. 1,49; IV. 1,0; V. 0,83; R. 3,15	I. 3,60; II. 2,19; III. 1,41; IV. 1,0; V. 0,83; R. 3,17	I. 4,38; II. 2,86; I; III. 1,92; IV. 1,37; V. 1,00; VI. 0,82; VII. 0,73; R. 3,42	
Achsantriebsübersetzung	2,87	2,87	2,65	2,47	
Höchstgeschwindigkeit	203 km/h	218 km/h	225 km/h	250 km/h (abgeregelt)	
Beschleunigung[2] 0-100 km/h	11,9 s	10,3 s	9,1 s	7,2 s	
Kraftstoffverbrauch[6]	8,9/5,6/6,8 l	9,2/5,6/6,9 l	9,8/5,6/7,1 l	10,1-10,5/5,7-5,9/7,3-7,6 l	
Radstand	2715 mm	2715 mm	2715 mm	2715 mm	2715 mm
Spur vorne/hinten	1493/1464 mm (bei Sportfahrwerk: 1494/1468 mm)	1505/1476 mm (bei Sportfahrwerk: 1494/1468 mm)	1493/1464 mm (bei Sportfahrwerk: 1494/1468 mm)	1493/1464 mm	1493/1478 mm
Länge	4526 mm	4526 mm	4526 mm	4526 mm	4526 mm
Breite	1728 mm	1728 mm	1728 mm	1728 mm	1728 mm
Höhe	1426 mm (bei Sportfahrwerk: 1412 mm)	1426 mm (bei Sportfahrwerk: 1412 mm)	1426 mm (bei Sportfahrwerk: 1412 mm)	1426 mm	1412 mm
Kleinster Wendekreis	10,76 m	10,76 m	10,76 m	10,76 m	10,76 m
Leergewicht[5]	1535 kg	1540 kg	1585 kg	1630 kg	1655 kg
Zul. Gesamtgewicht	1995 kg	2020 kg	2065 kg	2110 kg	2135 kg
Zul. Achslast vorne	980 kg	1000 kg	1060 kg	1080 kg	1095 kg
Zul. Achslast hinten	1045 kg	1050 kg	1050 kg	1060 kg	1070 kg
Zuladung	460 kg	480 kg	480 kg	480 kg	480 kg
Stückzahl	insgesamt 77.458 (seit 03.2003)[7]	insgesamt 133.601 (seit 12.2002)[7]	insgesamt 49.343 (seit 06.1999)[7]	6469	insgesamt 774 (seit 08.2002)[7]
Preise[9]	02.2004: EUR 28.536,00 01.2005: EUR 29.290,00 04.2005: EUR 30.218,00 02.2006: EUR 30.450,00 08.2006: EUR 30.682,00 01.2007: EUR 31.475,50	02.2004: EUR 30.682,00 01.2005: EUR 31.436,00 04.2005: EUR 32.364,00 02.2006: EUR 32.596,00 08.2006: EUR 32.828,00 01.2007: EUR 33.677,00	02.2004: EUR 33.872,00	01.2005: EUR 38.338,00 04.2005: EUR 38.686,00 02.2006: EUR 38.976,00 08.2006: EUR 39.208,00 01.2007: EUR 40.222,00	02.2004: EUR 49.938,00

C-Klasse-Limousinen der Baureihe 203, 2004 - 2007

Typ	C 180 Kompressor	C 200 Kompressor	C 200 CGI	C 230 Kompressor	C 230	C 240
Konstruktionsbezeichnung	W 203 E 18 ML LR	W 203 E 18 ML	W 203 E 18 DE ML	W 203 E 18 ML/1	W 203 E 25	W 203 E 26
Baumuster	203.046	203.042	203.043	203.040	203.052	203.061
Produktionszeitraum	04.2004 - 03.2007	04.2004 - 03.2007	04.2004 - 04.2005	04.2004 - 06.2005	12.2004/06.2005 - 03.2007	04.2004 - 06.2005
Motor	Viertakt-Otto (mit Saugrohreinspritzung und Kompressor mit Ladeluftkühlung; Abgasreinigungsanlage mit geregeltem 3-Wege-Katalysator)	Viertakt-Otto (mit Saugrohreinspritzung und Kompressor mit Ladeluftkühlung; Abgasreinigungsanlage mit geregeltem 3-Wege-Katalysator)	Viertakt-Otto (mit Direkteinspritzung und Kompressor mit Ladeluftkühlung; Abgasreinigungsanlage mit geregeltem 3-Wege-Katalysator)	Viertakt-Otto (mit Saugrohreinspritzung und Kompressor mit Ladeluftkühlung; Abgasreinigungsanlage mit geregeltem 3-Wege-Katalysator)	Viertakt-Otto (mit Saugrohreinspritzung und Abgasreinigungsanlage mit geregeltem 3-Wege-Katalysator)	Viertakt-Otto (mit Saugrohreinspritzung und Abgasreinigungsanlage mit geregeltem 3-Wege-Katalysator)
Motor-Typ/-Baumuster	M 271 E 18 ML LR/271.946	M 271 E 18 ML/271.940	M 271 E 18 DE ML/271.942	M 111 E 20 ML EVO/111.955	M 272 E 25/272.920	M 112 E 26/112.912
Zylinderzahl/-anordnung	4/Reihe; 15° nach rechts geneigt	4/Reihe; 15° nach rechts geneigt	4/Reihe; 15° nach rechts geneigt	4/Reihe; 15° nach rechts geneigt	6/90°-V-Form; Leichtmetallblock	6/90°-V-Form; Leichtmetallblock
Bohrung x Hub	82,0 x 85,0 mm	82,0 x 85,0 mm	82,0 x 85,0 mm	89,9 x 78,7 mm	88,0 x 68,4 mm	89,9 x 68,2 mm
Gesamthubraum	1796 ccm	1796 ccm	1796 ccm	1998 ccm	2496 ccm	2597 ccm
Verdichtungsverhältnis	10,2	9,5	10,5	9,5	11,2	10,5
Leistung	105 kW/143 PS bei 5200/min	120 kW/163 PS bei 5500/min	125 kW/170 PS bei 5300/min	120 kW/163 PS bei 5300/min	150 kW/204 PS bei 6100/min	125 kW/170 PS bei 5500/min
Drehmoment	220 Nm bei 2500 - 4200/min	240 Nm bei 3000 - 4000/min	250 Nm bei 3000 - 4500/min	230 Nm bei 2500 - 4800/min	245 Nm bei 2900 - 5500/min	240 Nm bei 4500/min
Ventilanzahl/-anordnung	2 Einlass, 2 Auslass/hängend	2 Einlass, 2 Auslass/hängend	2 Einlass, 2 Auslass/hängend	2 Einlass, 2 Auslass/V-förmig hängend	2 Einlass, 2 Auslass/hängend	2 Einlass, 1 Auslass/V-förmig hängend
Ventilsteuerung	2 obenliegende Nockenwellen (variabel verstellbar)	2 obenliegende Nockenwellen (variabel verstellbar)	2 obenliegende Nockenwellen (variabel verstellbar)	2 obenliegende Nockenwellen (Einlass-Nockenwelle verstellbar)	je Zylinderreihe 2 obenliegende Nockenwellen (variabel verstellbar)	je Zylinderreihe 1 obenliegende Nockenwelle
Gemischbildung	mikroprozessorgesteuerte Einspritzanlage mit HFM (Motorsteuerung Siemens SIM 4 LE)/Kompressor-Aufladung mit Ladeluftkühlung	mikroprozessorgesteuerte Einspritzanlage mit HFM (Motorsteuerung Siemens SIM 4 LE)/Kompressor-Aufladung mit Ladeluftkühlung	mikroprozessorgesteuerte Einspritzanlage mit HFM (Motorsteuerung Siemens SIM 4 LE)/Kompressor-Aufladung mit Ladeluftkühlung	mikroprozessorgesteuerte Einspritzanlage mit HFM (Motorsteuerung Siemens SIM 4 LE)/Kompressor-Aufladung mit Ladeluftkühlung	mikroprozessorgesteuerte Einspritzanlage mit Heißfilm-Luftmassenmessung	mikroprozessorgesteuerte Einspritzanlage mit Heißfilm-Luftmassenmessung (Motorsteuerung Bosch ME)
Kühlung	Wasserkühlung/Pumpe; 5,6 l Wasser	Wasserkühlung/Pumpe; 5,6 l Wasser	Wasserkühlung/Pumpe; 5,6 l Wasser	Wasserkühlung/Pumpe; 6,0 l Wasser	Wasserkühlung/Pumpe; 7,1 l Wasser	Wasserkühlung/Pumpe; 6,4 l Wasser
Schmierung	Druckumlauf-Schmierung/5,5 l Öl	Druckumlauf-Schmierung/5,5 l Öl	Druckumlauf-Schmierung/5,5 l Öl	Druckumlauf-Schmierung/7,0 l Öl	Druckumlauf-Schmierung/8,0 l Öl	Druckumlauf-Schmierung/8,0 l Öl
Batterie	46 Ah/im Motorraum	46 Ah/im Motorraum	46 Ah/im Motorraum	46 Ah/im Motorraum	62 Ah/im Motorraum	62 Ah/im Motorraum
Kraftstofftank: Anordnung/Fassungsvermögen	vor der Hinterachse/62 l	vor der Hinterachse/62 l	vor der Hinterachse/62 l	vor der Hinterachse/62 l	vor der Hinterachse/62 l	vor der Hinterachse/62 l
Radaufhängung, vorne	Dreilenkerachse/McPherson-Federbein	Dreilenkerachse/McPherson-Federbein	Dreilenkerachse/McPherson-Federbein	Dreilenkerachse/McPherson-Federbein	Dreilenkerachse/McPherson-Federbein	Dreilenkerachse/McPherson-Federbein
Radaufhängung, hinten	Raumlenkerachse	Raumlenkerachse	Raumlenkerachse	Raumlenkerachse	Raumlenkerachse	Raumlenkerachse
Federung, vorne	Schraubenfedern, Drehstab-Stabilisator	Schraubenfedern, Drehstab-Stabilisator	Schraubenfedern, Drehstab-Stabilisator	Schraubenfedern, Drehstab-Stabilisator	Schraubenfedern, Drehstab-Stabilisator	Schraubenfedern, Drehstab-Stabilisator
Federung, hinten	Schraubenfedern, Drehstab-Stabilisator	Schraubenfedern, Drehstab-Stabilisator	Schraubenfedern, Drehstab-Stabilisator	Schraubenfedern, Drehstab-Stabilisator	Schraubenfedern, Drehstab-Stabilisator	Schraubenfedern, Drehstab-Stabilisator
Stoßdämpfer, vorne/hinten	Zweirohr-/Einrohr-Gasdruck-Stoßdämpfer	Zweirohr-/Einrohr-Gasdruck-Stoßdämpfer	Zweirohr-/Einrohr-Gasdruck-Stoßdämpfer	Zweirohr-/Einrohr-Gasdruck-Stoßdämpfer	Zweirohr-/Einrohr-Gasdruck-Stoßdämpfer	Zweirohr-/Einrohr-Gasdruck-Stoßdämpfer
Lenkung	Zahnstangen-Servolenkung	Zahnstangen-Servolenkung	Zahnstangen-Servolenkung	Zahnstangen-Servolenkung	Zahnstangen-Servolenkung	Zahnstangen-Servolenkung
Bremsanlage	hydraulische Zweikreis-Bremsanlage mit Unterdruck-Bremskraft-verstärker, Anti-Blockier-System und Bremsassistent; Scheibenbremsen vorn (innenbelüftet) und hinten	hydraulische Zweikreis-Bremsanlage mit Unterdruck-Bremskraft-verstärker, Anti-Blockier-System und Bremsassistent; Scheibenbremsen vorn (innenbelüftet) und hinten	hydraulische Zweikreis-Bremsanlage mit Unterdruck-Bremskraft-verstärker, Anti-Blockier-System und Bremsassistent; Scheibenbremsen vorn (innenbelüftet) und hinten	hydraulische Zweikreis-Bremsanlage mit Unterdruck-Bremskraft-verstärker, Anti-Blockier-System und Bremsassistent; Scheibenbremsen vorn (innenbelüftet) und hinten	hydraulische Zweikreis-Bremsanlage mit Unterdruck-Bremskraft-verstärker, Anti-Blockier-System und Bremsassistent; Scheibenbremsen vorn (innenbelüftet) und hinten	hydraulische Zweikreis-Bremsanlage mit Unterdruck-Bremskraft-verstärker, Anti-Blockier-System und Bremsassistent; Scheibenbremsen vorn (innenbelüftet) und hinten
Feststellbremse	mechanisch (fußbetätigt), auf Hinterräder wirkend	mechanisch (fußbetätigt), auf Hinterräder wirkend	mechanisch (fußbetätigt), auf Hinterräder wirkend	mechanisch (fußbetätigt), auf Hinterräder wirkend	mechanisch (fußbetätigt), auf Hinterräder wirkend	mechanisch (fußbetätigt), auf Hinterräder wirkend
Bremsscheibendurchmesser vorne/hinten	288/278 mm	288/278 mm	288/278 mm	288/278 mm	300/290 mm	300/290 mm
Räder	Stahlblechräder, auf Wunsch Leichtmetallräder	Stahlblechräder, auf Wunsch Leichtmetallräder	Stahlblechräder, auf Wunsch Leichtmetallräder	Stahlblechräder, auf Wunsch Leichtmetallräder	Stahlblechräder, auf Wunsch Leichtmetallräder	Stahlblechräder, auf Wunsch Leichtmetallräder
Felgen	7 J x 16 H 2	7 J x 16 H 2	7 J x 16 H 2	6 J x 15 H 2; bei Sportfahrwerk: 7 J x 16 H 2	7 J x 16 H 2	7 J x 16 H 2
Reifen	205/55 R 16; bei Sportfahrwerk: 225/50 R 16	205/55 R 16; bei Sportfahrwerk: 225/50 R 16	205/55 R 16; bei Sportfahrwerk: 225/50 R 16	195/65 R 15 91 V; bei Sportfahrwerk: 225/50 R 16	205/55 R 16	205/55 R 16; bei Sportfahrwerk: 225/50 R 16
Kraftübertragung	geteilte Kardanwelle	geteilte Kardanwelle	geteilte Kardanwelle	geteilte Kardanwelle	geteilte Kardanwelle	geteilte Kardanwelle
Getriebe [1]	6-Gang-Schaltgetriebe	6-Gang-Schaltgetriebe	6-Gang-Schaltgetriebe	6-Gang-Schaltgetriebe	6-Gang-Schaltgetriebe	6-Gang-Schaltgetriebe
Verfügbarkeit	Serie	Serie	Serie	Serie	Serie	Serie
Kupplung	Einscheiben-Trockenkupplung	Einscheiben-Trockenkupplung	Einscheiben-Trockenkupplung	Einscheiben-Trockenkupplung	Einscheiben-Trockenkupplung	Einscheiben-Trockenkupplung
Getriebeart	Zahnrad-Wechselgetriebe	Zahnrad-Wechselgetriebe	Zahnrad-Wechselgetriebe	Zahnrad-Wechselgetriebe	Zahnrad-Wechselgetriebe	Zahnrad-Wechselgetriebe
Getriebe-Übersetzung	I. 4,46; II. 2,61; III. 1,72; IV. 1,24; V. 1,0; VI. 0,84; R. 4,06	I. 4,46; II. 2,61; III. 1,72; IV. 1,24; V. 1,0; VI. 0,84; R. 4,06	I. 4,46; II. 2,61; III. 1,72; IV. 1,25; V. 1,0; VI. 0,84; R. 4,06	I. 4,46; II. 2,61; III. 1,72; IV. 1,25; V. 1,0; VI. 0,84; R. 4,06	I. 4,46; II. 2,61; III. 1,72; IV. 1,24; V. 1,0; VI. 0,84; R. 4,06	I. 4,46; II. 2,61; III. 1,72; IV. 1,25; V. 1,0; VI. 0,84; R. 4,06
Achsantriebsübersetzung	3,27	3,27	3,07	3,46	3,27	3,46
Höchstgeschwindigkeit	223 km/h	234 km/h	235 km/h	230 km/h	245 km/h	235 km/h
Beschleunigung[2] 0-100 km/h	9,7 s	9,1 s	9,0 s	9,3 s	8,4 s	9,2 s
Kraftstoffverbrauch[6]	11,4/5,9/7,9 l	12,3/6,4/8,6 l	11,2/5,8/7,8 l	14,3/7,0/9,7 l	13,5-13,8/6,8-7,1/9,3-9,6 l	16,0/7,6/10,7 l
Getriebe [2]	5-Gang-Automatikgetriebe mit elektronischer Steuerung	5-Gang-Automatikgetriebe mit elektronischer Steuerung		5-Gang-Automatikgetriebe mit elektronischer Steuerung	7-Gang-Automatikgetriebe mit elektronischer Steuerung	5-Gang-Automatikgetriebe mit elektronischer Steuerung
Verfügbarkeit	auf Wunsch	auf Wunsch		auf Wunsch	auf Wunsch	auf Wunsch
Kupplung	hydraulischer Drehmomentwandler mit schlupfgesteuerter Überbrückungskupplung	hydraulischer Drehmomentwandler mit schlupfgesteuerter Überbrückungskupplung		hydraulischer Drehmomentwandler mit schlupfgesteuerter Überbrückungskupplung	hydraulischer Drehmomentwandler mit schlupfgesteuerter Überbrückungskupplung	hydraulischer Drehmomentwandler mit schlupfgesteuerter Überbrückungskupplung
Getriebeart	Planetengetriebe	Planetengetriebe		Planetengetriebe	Planetengetriebe	Planetengetriebe
Getriebe-Übersetzung	I. 3,95; II. 2,42; III. 1,49; IV. 1,0; V. 0,83; R. 3,15	I. 3,95; II. 2,42; III. 1,49; IV. 1,0; V. 0,83; R. 3,15		I. 3,95; II. 2,42; III. 1,49; IV. 1,0; V. 0,83; R. 3,15	I. 4,38; II. 2,86; III. 1,92; IV. 1,37; V. 1,00; VI. 0,82; VII. 0,73; R. 3,42	I. 3,95; II. 2,42; III. 1,49; IV. 1,0; V. 0,83; R. 3,15
Achsantriebsübersetzung	3,07	3,27		3,27	3,27	3,46
Höchstgeschwindigkeit	220 km/h	231 km/h		227 km/h	238 km/h	232 km/h
Beschleunigung[2] 0-100 km/h	9,9 s	9,4 s		9,7 s	8,9 s	9,5 s
Kraftstoffverbrauch[6]	11,8/5,9/7,9 l	12,8/6,5/8,8 l		13,8/7,0/9,5 l	13,2-13,5/7,1-7,4/9,3-9,6 l	14,2/7,6/10,1 l
Radstand	2715 mm	2715 mm	2715 mm	2715 mm	2715 mm	2715 mm
Spur vorne/hinten	1505/1476 mm (bei Sportfahrwerk: 1494/1468 mm)	1505/1476 mm (bei Sportfahrwerk: 1494/1468 mm)	1505/1476 mm (bei Sportfahrwerk: 1494/1468 mm)	1505/1476 mm (bei Sportfahrwerk: 1494/1468 mm)	1505/1476 mm (bei Sportfahrwerk: 1494/1468 mm)	1493/1464 mm (bei Sportfahrwerk: 1494/1468 mm)
Länge	4526 mm	4526 mm	4526 mm	4526 mm	4526 mm	4526 mm
Breite	1728 mm	1728 mm	1728 mm	1728 mm	1728 mm	1728 mm
Höhe	1426 mm (bei Sportfahrwerk: 1412 mm)	1426 mm (bei Sportfahrwerk: 1412 mm)	1426 mm (bei Sportfahrwerk: 1412 mm)	1426 mm (bei Sportfahrwerk: 1412 mm)	1426 mm (bei Sportfahrwerk: 1412 mm)	1427 mm (bei Sportfahrwerk: 1412 mm)
Kleinster Wendekreis	10,76 m	10,76 m	10,76 m	10,76 m	10,76 m	10,76 m
Leergewicht[5]	1485 kg	1485 kg	1495 kg	1490 kg	1530 kg	1535 kg
Zul. Gesamtgewicht	1965 kg	1965 kg	1975 kg	1970 kg	2010 kg	2015 kg
Zul. Achslast vorne	965 kg	965 kg	970 kg	970 kg	1000 kg	1000 kg
Zul. Achslast hinten	1030 kg	1030 kg	1035 kg	1030 kg	1040 kg	1045 kg
Zuladung	480 kg	480 kg	480 kg	480 kg	480 kg	480 kg
Stückzahl	insgesamt 202.557 (seit 01.2002)[(7)]	insgesamt 101.912 (seit 12.2001)[(7)]	insgesamt 253 (seit 07.2002)[(7)]	insgesamt 86.390 (seit 08.2002)[(7)]	84.344	insgesamt 160.286 (seit 04.1999)[(7)]
Preise[9]	02.2004: EUR 27.898,00 01.2005: EUR 28.362,00 04.2005: EUR 28.710,00 02.2006: EUR 28.942,00 08.2006: EUR 29.116,00 01.2007: EUR 29.869,00	02.2004: EUR 29.464,00 01.2005: EUR 29.928,00 04.2005: EUR 30.276,00 02.2006: EUR 30.508,00 08.2006: EUR 30.740,00 01.2007: EUR 31.535,00	02.2004: EUR 30.624,00 01.2005: EUR 31.088,00	02.2004: EUR 31.784,00 01.2005: EUR 32.248,00	04.2005: EUR 32.248,00 02.2006: EUR 32.480,00 08.2006: EUR 32.712,00 01.2007: EUR 33.558,00	02.2004: EUR 32.944,00 01.2005: EUR 33.408,00

C-Klasse-Limousinen der Baureihe 203, 2004 - 2007

Typ	C 240 4MATIC	C 280	C 280 4MATIC	C 320	C 320 4MATIC	C 350
Konstruktionsbezeichnung	W 203 E 26 4-M	W 203 E 30	W 203 E 30 4-M	W 203 E 32	W 203 E 32 4-M	W 203 E 35
Baumuster	203.081	203.054	203.092	203.064	203.084	203.056
Produktionszeitraum	04.2004 - 06.2005	12.2004/06.2005 - 03.2007	12.2004/06.2005 - 03.2007	04.2004 - 06.2005	04.2004 - 06.2005	12.2004/06.2005 - 01.2007
Motor	Viertakt-Otto (mit Saugrohreinspritzung und Abgasreinigungsanlage mit geregeltem 3-Wege-Katalysator)	Viertakt-Otto (mit Saugrohreinspritzung und Abgasreinigungsanlage mit geregeltem 3-Wege-Katalysator)	Viertakt-Otto (mit Saugrohreinspritzung und Abgasreinigungsanlage mit geregeltem 3-Wege-Katalysator)	Viertakt-Otto (mit Saugrohreinspritzung und Abgasreinigungsanlage mit geregeltem 3-Wege-Katalysator)	Viertakt-Otto (mit Saugrohreinspritzung und Abgasreinigungsanlage mit geregeltem 3-Wege-Katalysator)	Viertakt-Otto (mit Saugrohreinspritzung und Abgasreinigungsanlage mit geregeltem 3-Wege-Katalysator)
Motor-Typ/-Baumuster	M 112 E 26/112.916	M 272 E 30/272.940	M 272 E 30/272.941	M 112 E 32/112.946	M 112 E 32/112.953	M 272 E 35/272.960
Zylinderzahl/-anordnung	6/90°-V-Form; Leichtmetallblock	6/90°-V-Form; Leichtmetallblock	6/90°-V-Form; Leichtmetallblock	6/90°-V-Form; Leichtmetallblock	6/90°-V-Form; Leichtmetallblock	6/90°-V-Form; Leichtmetallblock
Bohrung x Hub	89,9 x 68,2 mm	88,0 x 82,1 mm	88,0 x 82,1 mm	89,9 x 84,0 mm	89,9 x 84,0 mm	92,9 x 86,0 mm
Gesamthubraum	2597 ccm	2996 ccm	2996 ccm	3199 ccm	3199 ccm	2996 ccm
Verdichtungsverhältnis	10,5	11,3	11,3	10	10	10,7
Leistung	125 kW/170 PS bei 5500/min	170 kW/231 PS bei 6000/min	170 kW/231 PS bei 6000/min	160 kW/218 PS bei 5700/min	160 kW/218 PS bei 5700/min	200 kW/272 PS bei 6000/min
Drehmoment	240 Nm bei 4500/min	300 Nm bei 2500 - 5000/min	300 Nm bei 2500 - 5000/min	310 Nm bei 3000 - 4600/min	310 Nm bei 3000 - 4600/min	350 Nm bei 2400 - 5000/min
Ventilanzahl/-anordnung	2 Einlass, 1 Auslass/V-förmig hängend	2 Einlass, 2 Auslass/hängend	2 Einlass, 2 Auslass/hängend	2 Einlass, 1 Auslass/V-förmig hängend	2 Einlass, 1 Auslass/V-förmig hängend	2 Einlass, 2 Auslass/hängend
Ventilsteuerung	je Zylinderreihe 1 obenliegende Nockenwelle	je Zylinderreihe 2 obenliegende Nockenwellen (variabel verstellbar)	je Zylinderreihe 2 obenliegende Nockenwellen (variabel verstellbar)	je Zylinderreihe 1 obenliegende Nockenwelle	je Zylinderreihe 1 obenliegende Nockenwelle	je Zylinderreihe 2 obenliegende Nockenwellen (variabel verstellbar)
Gemischbildung	mikroprozessorgesteuerte Einspritzanlage mit Heißfilm-Luftmassenmessung (Motorsteuerung Bosch ME)	mikroprozessorgesteuerte Einspritzanlage mit Heißfilm-Luftmassenmessung	mikroprozessorgesteuerte Einspritzanlage mit Heißfilm-Luftmassenmessung	mikroprozessorgesteuerte Einspritzanlage mit Heißfilm-Luftmassenmessung (Motorsteuerung Bosch ME)	mikroprozessorgesteuerte Einspritzanlage mit Heißfilm-Luftmassenmessung (Motorsteuerung Bosch ME)	mikroprozessorgesteuerte Einspritzanlage mit Heißfilm-Luftmassenmessung
Kühlung	Wasserkühlung/Pumpe; 6,7 l Wasser	Wasserkühlung/Pumpe; 7,1 l Wasser	Wasserkühlung/Pumpe; 7,1 l Wasser	Wasserkühlung/Pumpe; 6,4 l Wasser	Wasserkühlung/Pumpe; 6,7 l Wasser	Wasserkühlung/Pumpe; 7,1 l Wasser
Schmierung	Druckumlauf-Schmierung/8,0 l Öl	Druckumlauf-Schmierung/8,0 l Öl	Druckumlauf-Schmierung/8,5 l Öl	Druckumlauf-Schmierung/8,0 l Öl	Druckumlauf-Schmierung/8,0 l Öl	Druckumlauf-Schmierung/8,0 l Öl
Batterie	62 Ah/im Motorraum	62 Ah/im Motorraum	62 Ah/im Motorraum	62 Ah/im Motorraum	62 Ah/im Motorraum	62 Ah/im Motorraum
Kraftstofftank: Anordnung/Fassungsvermögen	vor der Hinterachse/62 l	vor der Hinterachse/62 l	vor der Hinterachse/62 l	vor der Hinterachse/62 l	vor der Hinterachse/62 l	vor der Hinterachse/62 l
Radaufhängung, vorne	Dreilenkerachse/McPherson-Federbein	Dreilenkerachse/McPherson-Federbein	Dreilenkerachse/McPherson-Federbein	Dreilenkerachse/McPherson-Federbein	Dreilenkerachse/McPherson-Federbein	Dreilenkerachse/McPherson-Federbein
Radaufhängung, hinten	Raumlenkerachse	Raumlenkerachse	Raumlenkerachse	Raumlenkerachse	Raumlenkerachse	Raumlenkerachse
Federung, vorne	Schraubenfedern, Drehstab-Stabilisator	Schraubenfedern, Drehstab-Stabilisator	Schraubenfedern, Drehstab-Stabilisator	Schraubenfedern, Drehstab-Stabilisator	Schraubenfedern, Drehstab-Stabilisator	Schraubenfedern, Drehstab-Stabilisator
Federung, hinten	Schraubenfedern, Drehstab-Stabilisator	Schraubenfedern, Drehstab-Stabilisator	Schraubenfedern, Drehstab-Stabilisator	Schraubenfedern, Drehstab-Stabilisator	Schraubenfedern, Drehstab-Stabilisator	Schraubenfedern, Drehstab-Stabilisator
Stoßdämpfer, vorne/hinten	Zweirohr-/Einrohr-Gasdruck-Stoßdämpfer	Zweirohr-/Einrohr-Gasdruck-Stoßdämpfer	Zweirohr-/Einrohr-Gasdruck-Stoßdämpfer	Zweirohr-/Einrohr-Gasdruck-Stoßdämpfer	Zweirohr-/Einrohr-Gasdruck-Stoßdämpfer	Zweirohr-/Einrohr-Gasdruck-Stoßdämpfer
Lenkung	Zahnstangen-Servolenkung	Zahnstangen-Servolenkung	Zahnstangen-Servolenkung	Zahnstangen-Servolenkung	Zahnstangen-Servolenkung	Zahnstangen-Servolenkung
Bremsanlage	hydraulische Zweikreis-Bremsanlage mit Unterdruck-Bremskraft-verstärker, Anti-Blockier-System und Bremsassistent; Scheibenbremsen vorn (innenbelüftet) und hinten	hydraulische Zweikreis-Bremsanlage mit Unterdruck-Bremskraft-verstärker, Anti-Blockier-System und Bremsassistent; Scheibenbremsen vorn (innenbelüftet) und hinten	hydraulische Zweikreis-Bremsanlage mit Unterdruck-Bremskraft-verstärker, Anti-Blockier-System und Bremsassistent; Scheibenbremsen vorn (innenbelüftet) und hinten	hydraulische Zweikreis-Bremsanlage mit Unterdruck-Bremskraft-verstärker, Anti-Blockier-System und Bremsassistent; Scheibenbremsen vorn (innenbelüftet) und hinten	hydraulische Zweikreis-Bremsanlage mit Unterdruck-Bremskraft- verstärker, Anti-Blockier-System und Bremsassistent; Scheibenbremsen vorn (innenbelüftet) und hinten	hydraulische Zweikreis-Bremsanlage mit Unterdruck-Bremskraft- verstärker, Anti-Blockier-System und Bremsassistent; Scheibenbremsen vorn (innenbelüftet) und hinten
Feststellbremse	mechanisch (fußbetätigt), auf Hinterräder wirkend	mechanisch (fußbetätigt), auf Hinterräder wirkend	mechanisch (fußbetätigt), auf Hinterräder wirkend	mechanisch (fußbetätigt), auf Hinterräder wirkend	mechanisch (fußbetätigt), auf Hinterräder wirkend	mechanisch (fußbetätigt), auf Hinterräder wirkend
Bremsscheibendurchmesser vorne/hinten	300/290 mm	300/290 mm	300/290 mm	300/290 mm	300/290 mm	330/290 mm
Räder	Stahlblechräder, auf Wunsch Leichtmetallräder	Stahlblechräder, auf Wunsch Leichtmetallräder	Stahlblechräder, auf Wunsch Leichtmetallräder	Stahlblechräder, auf Wunsch Leichtmetallräder	Stahlblechräder, auf Wunsch Leichtmetallräder	Leichtmetallräder
Felgen	7 J x 16 H 2	7 J x 16 H 2	7 J x 16 H 2	7 J x 16 H 2	7 J x 16 H 2	7 1/2 J x 17 H 2
Reifen	205/55 R 16 91 V	205/55 R 16	205/55 R 16	205/55 R 16; bei Sportfahrwerk: 225/50 R 16	205/55 R 16; bei Sportfahrwerk: 225/50 R 16	225/45 R 17
Kraftübertragung	vom Verteilergetriebe über einteilige Gelenkwelle auf Vorderachs-Differenzial und über zweiteilige Gelenkwelle auf Hinterachs-Differenzial (Kraftverteilung 40% vorn, 60% hinten)	geteilte Kardanwelle	vom Verteilergetriebe über einteilige Gelenkwelle auf Vorderachs-Differenzial und über zweiteilige Gelenkwelle auf Hinterachs-Differenzial (Kraftverteilung 40% vorn, 60% hinten)	geteilte Kardanwelle	vom Verteilergetriebe über einteilige Gelenkwelle auf Vorderachs-Differenzial und über zweiteilige Gelenkwelle auf Hinterachs-Differenzial (Kraftverteilung 40% vorn, 60% hinten)	geteilte Kardanwelle
Getriebe [1]	5-Gang-Automatikgetriebe mit elektronischer Steuerung	6-Gang-Schaltgetriebe	5-Gang-Automatikgetriebe mit elektronischer Steuerung	6-Gang-Schaltgetriebe	5-Gang-Automatikgetriebe mit elektronischer Steuerung	6-Gang-Schaltgetriebe
Verfügbarkeit	Serie	Serie	Serie	Serie	Serie	Serie
Kupplung	hydraulischer Drehmomentwandler mit schlupfgesteuerter Überbrückungskupplung	Einscheiben-Trockenkupplung	hydraulischer Drehmomentwandler mit schlupfgesteuerter Überbrückungskupplung	Einscheiben-Trockenkupplung	hydraulischer Drehmomentwandler mit schlupfgesteuerter Überbrückungskupplung	Einscheiben-Trockenkupplung
Getriebeart	Planetengetriebe	Zahnrad-Wechselgetriebe	Planetengetriebe	Zahnrad-Wechselgetriebe	Planetengetriebe	Zahnrad-Wechselgetriebe
Getriebe-Übersetzung	I. 3,95; II. 2,42; III. 1,49; IV. 1,0; V. 0,83; R. 3,15	I. 4,46; II. 2,61; III. 1,72; IV. 1,24; V. 1,0; VI. 0,84; R. 4,06	I. 3,95; II. 2,42; III. 1,49; IV. 1,0; V. 0,83; R. 3,15	I. 4,46; II. 2,61; III. 1,72; IV. 1,25; V. 1,0; VI. 0,84; R. 4,06	I. 3,95; II. 2,42; III. 1,49; IV. 1,0; V. 0,83; R. 3,15	I. 4,46; II. 2,61; III. 1,72; IV. 1,24; V. 1,0; VI. 0,84; R. 4,06
Achsantriebsübersetzung	3,46	3,07	3,27	3,27	3,27	2,82
Höchstgeschwindigkeit	228 km/h	250 km/h (abgeregelt)	247 km/h	248 km/h	245 km/h	250 km/h (abgeregelt)
Beschleunigung[2] 0-100 km/h	10,0 s	7,3 s	7,6 s	7,7 s	8,0 s	6,4 s
Kraftstoffverbrauch[6]	16,0/8,2/11,2 l	13,7-14,0/6,9-7,2/9,4-9,7 l	13,7-13,9/7,5-7,8/9,8-10,1 l	16,6/7,8/10,9 l	16,1/8,3/11,2 l	13,7-14,0/7,0-7,3/9,5-9,8 l
Getriebe [2]		7-Gang-Automatikgetriebe mit elektronischer Steuerung		5-Gang-Automatikgetriebe mit elektronischer Steuerung		7-Gang-Automatikgetriebe mit elektronischer Steuerung
Verfügbarkeit		auf Wunsch		auf Wunsch		auf Wunsch
Kupplung		hydraulischer Drehmomentwandler mit schlupfgesteuerter Überbrückungskupplung		hydraulischer Drehmomentwandler mit schlupfgesteuerter Überbrückungskupplung		hydraulischer Drehmomentwandler mit schlupfgesteuerter Überbrückungskupplung
Getriebeart		Planetengetriebe		Planetengetriebe		Planetengetriebe
Getriebe-Übersetzung		I. 4,38; II. 2,86; III. 1,92; IV. 1,37; V. 1,00; VI. 0,82; VII. 0,73; R. 3,42		I. 3,95; II. 2,42; III. 1,49; IV. 1,0; V. 0,83; R. 3,15		I. 4,38; II. 2,86; III. 1,92; IV. 1,37; V. 1,00; VI. 0,82; VII. 0,73; R. 3,42
Achsantriebsübersetzung		3,07		3,27		2,82
Höchstgeschwindigkeit		250 km/h (abgeregelt)		245 km/h		250 km/h (abgeregelt)
Beschleunigung[2] 0-100 km/h		7,2 s		7,8 s		6,4 s
Kraftstoffverbrauch[6]		13,3-13,6/7,2-7,5/9,4-9,7 l		14,9/7,7/10,2 l		13,9-14,2/7,3-7,6/9,7-10,0 l
Radstand	2715 mm	2715 mm	2715 mm	2715 mm	2715 mm	2715 mm
Spur vorne/hinten	1493/1464 mm	1505/1476 mm (bei Sportfahrwerk: 1494/1468 mm)	1505/1476 mm	1493/1464 mm (bei Sportfahrwerk: 1494/1468 mm)	1493/1464 mm	1493/1464 mm
Länge	4526 mm	4526 mm	4526 mm	4526 mm	4526 mm	4526 mm
Breite	1728 mm	1728 mm	1728 mm	1728 mm	1728 mm	1728 mm
Höhe	1432 mm	1426 mm (bei Sportfahrwerk: 1412 mm)	1426 mm	1427 mm (bei Sportfahrwerk: 1412 mm)	1432 mm	1430 mm
Kleinster Wendekreis	10,76 m	10,76 m	10,76 m	10,76 m	10,76 m	10,76 m
Leergewicht[5]	1640 kg	1535 kg	1640 kg	1565 kg	1650 kg	1550 kg
Zul. Gesamtgewicht	2120 kg	2015 kg	2120 kg	2035 kg	2130 kg	2030 kg
Zul. Achslast vorne	1075 kg	1005 kg	1080 kg	1020 kg	1085 kg	1015 kg
Zul. Achslast hinten	1075 kg	1040 kg	1070 kg	1045 kg	1075 kg	1045 kg
Zuladung	480 kg	480 kg	480 kg	470 kg	480 kg	480 kg
Stückzahl	insgesamt 29.410 (seit 02.2002)[7]	15.271	28.086	insgesamt 73.085 (seit 08.1999)[7]	insgesamt 9673 (seit 02.2002)[7]	4695
Preise[9]	02.2004: EUR 37.062,00 01.2005: EUR 37.584,00	04.2005: EUR 33.408,00 02.2006: EUR 33.640,00 08.2006: EUR 33.872,00 01.2007: EUR 34.748,00	04.2005: EUR 37.584,00 02.2006: EUR 37.816,00 08.2006: EUR 38.048,00 01.2007: EUR 39.032,00	02.2004: EUR 37.120,00 01.2005: EUR 37.642,00	02.2004: EUR 41.238,00 01.2005: EUR 41.818,00	04.2005: EUR 39.498,00 02.2006: EUR 39.788,00 08.2006: EUR 40.020,00 01.2007: EUR 41.055,00

C-Klasse-Limousinen der Baureihe 203, 2004 - 2007			C-Klasse-T-Modelle der Baureihe 203, 2001 - 2004			
Typ	**C 350 4MATIC**	**C 55 AMG**	**C 200 CDI T-Modell**	**C 200 CDI T-Modell**	**C 220 CDI T-Modell**	**C 220 CDI T-Modell**
Konstruktionsbezeichnung	W 203 E 35 4-M	W 203 E 55	S 203 DE 22 LA LR	S 203 DE 22 LA LR	S 203 DE 22 LA	S 203 DE 22 LA
Produktionszeitraum	12.2004/07.2005 - 01.2007	10.2003/05.2004 - 02.2007	05.2000/02.2001 - 06.2003[1]	02.2003/05.2003 - 03.2004[1]	08.2000/01.2001 - 06.2003[1]	02.2003/05.2003 - 03.2004[1]
Motor	Viertakt-Otto (mit Saugrohreinspritzung und Abgasreinigungsanlage mit geregeltem 3-Wege-Katalysator)	Viertakt-Otto (mit Saugrohreinspritzung und Abgasreinigungsanlage mit geregeltem 3-Wege-Katalysator)	Viertakt-Diesel (mit Direkteinspritzung, Abgas-Turbolader mit Ladeluftkühlung und Abgasreinigungsanlage mit Oxidationskatalysator)	Viertakt-Diesel (mit Direkteinspritzung, Abgas-Turbolader mit Ladeluftkühlung und Abgasreinigungsanlage mit Oxidationskatalysator)	Viertakt-Diesel (mit Direkteinspritzung, Abgas-Turbolader mit Ladeluftkühlung und Abgasreinigungsanlage mit Oxidationskatalysator)	Viertakt-Diesel (mit Direkteinspritzung, Abgas-Turbolader mit Ladeluftkühlung und Abgasreinigungsanlage mit Oxidationskatalysator)
Motor-Typ/-Baumuster	M 272 E 35/272.970	M 113 E 55 AMG/113.988	OM 611 DE 22 LA LR/611.962	OM 646 DE 22 LA LR/646.962	OM 611 DE 22 LA/611.961	OM 646 DE 22 LA/646.963
Zylinderzahl/Anordung	6/90°-V-Form; Leichtmetallblock	8/90°-V-Form; Leichtmetallblock	4/Reihe; 15° nach rechts geneigt	4/Reihe; 15° nach rechts geneigt	4/Reihe; 15° nach rechts geneigt	4/Reihe; 15° nach rechts geneigt
Bohrung x Hub	92,9 x 86,0 mm	97,0 x 92,0 mm	88,0 x 88,3 mm	88,0 x 88,3 mm	88,0 x 88,3 mm	88,0 x 88,3 mm
Gesamthubraum	2996 ccm	5439 ccm	2148 ccm	2148 ccm	2148 ccm	2148 ccm
Verdichtungsverhältnis	10,7	11	18	18	18	18
Leistung	200 kW/272 PS bei 6000/min	270 kW/367 PS bei 5750/min	85 kW/116 PS bei 4200 /min	90 kW/122 PS bei 4200 /min	105 kW/143 PS bei 4200 /min	105 kW/143 PS bei 4200 /min
Drehmoment	350 Nm bei 2400 - 5000/min	510 Nm bei 4000/min	250 Nm bei 1400 - 2600 /min	270 Nm bei 1600 - 2800 /min	315 Nm bei 1800 - 2600 /min	340 Nm bei 2000 /min
Ventilanzahl/-anordnung	2 Einlass, 2 Auslass/hängend	2 Einlass, 1 Auslass/V-förmig hängend	2 Einlass, 2 Auslass/hängend	2 Einlass, 2 Auslass/hängend	2 Einlass, 2 Auslass/hängend	2 Einlass, 2 Auslass/hängend
Ventilsteuerung	je Zylinderreihe 2 obenliegende Nockenwellen (variabel verstellbar)	je Zylinderreihe 1 obenliegende Nockenwelle	2 obenliegende Nockenwellen	2 obenliegende Nockenwellen	2 obenliegende Nockenwellen	2 obenliegende Nockenwellen
Gemischbildung	mikroprozessorgesteuerte Einspritzanlage mit Heißfilm-Luftmassenmessung	mikroprozessorgesteuerte Einspritzanlage mit Heißfilm-Luftmassenmessung (Motorsteuerung Bosch ME)	Common-Rail-Direkteinspritzung, elektronisch geregelt; Bosch 3-Stempel-Hochdruckpumpe/Abgas-Turbolader mit Ladeluftkühlung	Common-Rail-Direkteinspritzung, elektronisch geregelt; Bosch 3-Stempel-Hochdruckpumpe/Abgas-Turbolader mit Ladeluftkühlung	Common-Rail-Direkteinspritzung, elektronisch geregelt; Bosch 3-Stempel-Hochdruckpumpe/Abgas-Turbolader mit Ladeluftkühlung	Common-Rail-Direkteinspritzung, elektronisch geregelt; Bosch 3-Stempel-Hochdruckpumpe/Abgas-Turbolader mit Ladeluftkühlung
Kühlung	Wasserkühlung/Pumpe; 7,1 l Wasser	Wasserkühlung/Pumpe; 12,0 l Wasser	Wasserkühlung/Pumpe; 8,6 l Wasser	Wasserkühlung/Pumpe; 8,6 l Wasser	Wasserkühlung/Pumpe; 8,6 l Wasser	Wasserkühlung/Pumpe; 7,5 l Wasser
Schmierung	Druckumlauf-Schmierung/8,5 l Öl	Druckumlauf-Schmierung/8,5 l Öl	Druckumlauf-Schmierung/6,5 l Öl	Druckumlauf-Schmierung/6,5 l Öl	Druckumlauf-Schmierung/6,5 l Öl	Druckumlauf-Schmierung/6,5 l Öl
Batterie	62 Ah/im Motorraum	62 Ah/im Motorraum	74 Ah/im Motorraum	74 Ah/im Motorraum	74 Ah/im Motorraum	74 Ah/im Motorraum
Kraftstofftank: Anordnung, Fassungsvermögen	vor der Hinterachse/62 l	vor der Hinterachse/62 l	vor der Hinterachse/62 l	vor der Hinterachse/62 l	vor der Hinterachse/62 l	vor der Hinterachse/62 l
Radaufhängung vorne	Dreilenkerachse/McPherson-Federbein	Dreilenkerachse/McPherson-Federbein	Dreilenkerachse/McPherson-Federbein	Dreilenkerachse/McPherson-Federbein	Dreilenkerachse/McPherson-Federbein	Dreilenkerachse/McPherson-Federbein
Radaufhängung hinten	Raumlenkerachse	Raumlenkerachse	Raumlenkerachse, ab 06.2001 auf Wunsch mit hydropneumatischer Niveau-Regulierung	Raumlenkerachse, auf Wunsch mit hydropneumatischer Niveau-Regulierung	Raumlenkerachse, ab 06.2001 auf Wunsch mit hydropneumatischer Niveau-Regulierung	Raumlenkerachse, auf Wunsch mit hydropneumatischer Niveau-Regulierung
Federung vorne	Schraubenfedern, Drehstab-Stabilisator	Schraubenfedern, Drehstab-Stabilisator	Schraubenfedern, Drehstab-Stabilisator	Schraubenfedern, Drehstab-Stabilisator	Schraubenfedern, Drehstab-Stabilisator	Schraubenfedern, Drehstab-Stabilisator
Federung hinten	Schraubenfedern, Drehstab-Stabilisator	Schraubenfedern, Drehstab-Stabilisator	Schraubenfedern, Drehstab-Stabilisator	Schraubenfedern, Drehstab-Stabilisator	Schraubenfedern, Drehstab-Stabilisator	Schraubenfedern, Drehstab-Stabilisator
Stoßdämpfer vorne/hinten	Zweirohr-/Einrohr-Gasdruck-Stoßdämpfer	Zweirohr-/Einrohr-Gasdruck-Stoßdämpfer	Zweirohr-/Einrohr-Gasdruck-Stoßdämpfer	Zweirohr-/Einrohr-Gasdruck-Stoßdämpfer	Zweirohr-/Einrohr-Gasdruck-Stoßdämpfer	Zweirohr-/Einrohr-Gasdruck-Stoßdämpfer
Lenkung	Zahnstangen-Servolenkung	Zahnstangen-Servolenkung	Zahnstangen-Servolenkung	Zahnstangen-Servolenkung	Zahnstangen-Servolenkung	Zahnstangen-Servolenkung
Bremsanlage	hydraulische Zweikreis-Bremsanlage mit Unterdruck-Bremskraftverstärker, Anti-Blockier-System und Bremsassistent; Scheibenbremsen vorn (innenbelüftet) und hinten	hydraulische Zweikreis-Bremsanlage mit Unterdruck-Bremskraftverstärker, Anti-Blockier-System und Bremsassistent; innenbelüftete Scheibenbremsen vorn (perforiert) und hinten	hydraulische Zweikreis-Bremsanlage mit Unterdruck-Bremskraftverstärker, Anti-Blockier-System und Bremsassistent; Scheibenbremsen vorn (innenbelüftet) und hinten	hydraulische Zweikreis-Bremsanlage mit Unterdruck-Bremskraftverstärker, Anti-Blockier-System und Bremsassistent; Scheibenbremsen vorn (innenbelüftet) und hinten	hydraulische Zweikreis-Bremsanlage mit Unterdruck-Bremskraftverstärker, Anti-Blockier-System und Bremsassistent; Scheibenbremsen vorn (innenbelüftet) und hinten	hydraulische Zweikreis-Bremsanlage mit Unterdruck-Bremskraftverstärker, Anti-Blockier-System und Bremsassistent; Scheibenbremsen vorn (innenbelüftet) und hinten
Feststellbremse	mechanisch (fußbetätigt), auf Hinterräder wirkend	mechanisch (fußbetätigt), auf Hinterräder wirkend	mechanisch (fußbetätigt), auf Hinterräder wirkend	mechanisch (fußbetätigt), auf Hinterräder wirkend	mechanisch (fußbetätigt), auf Hinterräder wirkend	mechanisch (fußbetätigt), auf Hinterräder wirkend
Bremsscheibendurchmesser vorne/hinten	345/290 mm	345/300 mm	288/290 mm	288/290 mm	288/290 mm	288/290 mm
Räder	Leichtmetallräder	Leichtmetallräder	Stahlblechräder, auf Wunsch Leichtmetallräder	Stahlblechräder, auf Wunsch Leichtmetallräder	Stahlblechräder, auf Wunsch Leichtmetallräder	Stahlblechräder, auf Wunsch Leichtmetallräder
Reifen	225/45 R 17	vorn 225/40 R 18, hinten 245/35 R 18	195/65 R 15 91 H; bei Sportfahrwerk: 225/50 R 16	195/65 R 15 91 H; bei Sportfahrwerk: 225/50 R 16	195/65 R 15 91 V; bei Sportfahrwerk: 225/50 R 16	195/65 R 15 91 V; bei Sportfahrwerk: 225/50 R 16
Kraftübertragung	vom Verteilergetriebe über einteilige Gelenkwelle auf Vorderachs-Differenzial und über zweiteilige Gelenkwelle auf Hinterachs-Differenzial (Kraftverteilung 40% vorn, 60% hinten)	geteilte Kardanwelle	geteilte Kardanwelle	geteilte Kardanwelle	geteilte Kardanwelle	geteilte Kardanwelle
Getriebe [1]	5-Gang-Automatikgetriebe mit elektronischer Steuerung	5-Gang-Automatikgetriebe mit elektronischer Steuerung	6-Gang-Schaltgetriebe	6-Gang-Schaltgetriebe	6-Gang-Schaltgetriebe	6-Gang-Schaltgetriebe
Verfügbarkeit	Serie	Serie	Serie	Serie	Serie	Serie
Kupplung	hydraulischer Drehmomentwandler mit schlupfgesteuerter Überbrückungskupplung	hydraulischer Drehmomentwandler mit schlupfgesteuerter Überbrückungskupplung	Einscheiben-Trockenkupplung	Einscheiben-Trockenkupplung	Einscheiben-Trockenkupplung	Einscheiben-Trockenkupplung
Getriebebezeichnung	Planetengetriebe	Planetengetriebe	Zahnrad-Wechselgetriebe	Zahnrad-Wechselgetriebe	Zahnrad-Wechselgetriebe	Zahnrad-Wechselgetriebe
Getriebe-Übersetzung	I. 3,95; II. 2,42; III. 1,49; IV. 1,0; V. 0,83; R. 3,15	I. 3,59; II. 2,19; III. 1,41; IV. 1,0; V. 0,83; R. 3,15	I. 4,99; II. 2,82; III. 1,78; IV. 1,25; V. 1,0; VI. 0,82; R. 4,54	I. 4,99; II. 2,82; III. 1,78; IV. 1,25; V. 1,0; VI. 0,82; R. 4,54	I. 5,01; II. 2,83; III. 1,79; IV. 1,26; V. 1,0; VI. 0,83; R. 4,57	I. 5,01; II. 2,83; III. 1,79; IV. 1,26; V. 1,0; VI. 0,83; R. 4,57
Achsantriebsübersetzung	3,27	3,06	2,65	2,65	2,65	2,65
Höchstgeschwindigkeit	250 km/h (abgeregelt)	250 km/h (abgeregelt)	197 km/h	202 km/h	214 km/h	214 km/h
Beschleunigung[2] 0-100 km/h	6,9 s	5,2 s	12,6 s	12,2 s	10,7 s	10,7 s
Norm-Kraftstoffverbrauch in Liter	14,4-14,7/7,9-8,2/10,3-10,6 l	17,3/8,8/11,9 l	8,9/5,4/6,7 l	8,6/5,0/6,3 l	8,9/5,4/6,7 l	8,6/5,0/6,3 l
Getriebe [2]		5-Gang-Automatikgetriebe mit elektronischer Steuerung	6-Gang-Schaltgetriebe mit sequenzieller Schaltung	5-Gang-Automatikgetriebe mit elektronischer Steuerung	6-Gang-Schaltgetriebe mit sequenzieller Schaltung	5-Gang-Automatikgetriebe mit elektronischer Steuerung
Verfügbarkeit		auf Wunsch	auf Wunsch (ab 12.2001)	auf Wunsch	auf Wunsch (ab 09.2001)	auf Wunsch
Kupplung		hydraulischer Drehmomentwandler mit schlupfgesteuerter Überbrückungskupplung	Einscheiben-Trockenkupplung mit automatischer Betätigung	hydraulischer Drehmomentwandler mit schlupfgesteuerter Überbrückungskupplung	Einscheiben-Trockenkupplung mit automatischer Betätigung	hydraulischer Drehmomentwandler mit schlupfgesteuerter Überbrückungskupplung
Getriebebezeichnung		Planetengetriebe	Zahnrad-Wechselgetriebe mit automatischem Schaltmodus	Planetengetriebe	Zahnrad-Wechselgetriebe mit automatischem Schaltmodus	Planetengetriebe
Getriebe-Übersetzung		I. 3,93; II. 2,41; III. 1,49; IV. 1,0; V. 0,83; R. 3,15	I. 4,99; II. 2,82; III. 1,78; IV. 1,25; V. 1,0; VI. 0,82; R. 4,54	I. 3,93; II. 2,41; III. 1,49; IV. 1,0; V. 0,83; R. 3,15	I. 5,01; II. 2,83; III. 1,79; IV. 1,26; V. 1,0; VI. 0,83; R. 4,57	I. 3,93; II. 2,41; III. 1,49; IV. 1,0; V. 0,83; R. 3,15
Achsantriebsübersetzung		2,87	2,65	2,87	2,65	2,87
Höchstgeschwindigkeit		197 km/h	197 km/h	197 km/h	214 km/h	209 km/h
Beschleunigung[2] 0-100 km/h		12,4 s	12,6 s	12,4 s	10,7 s	10,9 s
Norm-Kraftstoffverbrauch in Liter		8,9/5,3/6,5 l	8,9/5,4/6,7 l	8,9/5,3/6,5 l	8,9/5,4/6,7 l	8,9/5,3/6,5 l
Getriebe [3]			5-Gang-Automatikgetriebe mit elektronischer Steuerung		5-Gang-Automatikgetriebe mit elektronischer Steuerung	
Verfügbarkeit			auf Wunsch		auf Wunsch	
Kupplung			hydraulischer Drehmomentwandler mit schlupfgesteuerter Überbrückungskupplung		hydraulischer Drehmomentwandler mit schlupfgesteuerter Überbrückungskupplung	
Getriebebezeichnung			Planetengetriebe		Planetengetriebe	
Getriebe-Übersetzung			I. 3,95; II. 2,42; III. 1,49; IV. 1,0; V. 0,83; R. 3,15		I. 3,95; II. 2,42; III. 1,49; IV. 1,0; V. 0,83; R. 3,15	
Achsantriebsübersetzung			2,87		2,87	
Höchstgeschwindigkeit			192 km/h		209 km/h	
Beschleunigung[2] 0-100 km/h			12,8 s		11,0 s	
Norm-Kraftstoffverbrauch in Liter			9,8/5,6/7,1 l		9,8/5,6/7,1 l	
Radstand	2715 mm	2715 mm	2715 mm	2715 mm	2715 mm	2715 mm
Spur vorne/hinten	1493/1464 mm	1507/1478 mm	1505/1476 mm (bei Sportfahrwerk: 1494/1468 mm)	1505/1476 mm (bei Sportfahrwerk: 1494/1468 mm)	1505/1476 mm (bei Sportfahrwerk: 1494/1468 mm)	1505/1476 mm (bei Sportfahrwerk: 1494/1468 mm)
Gesamtlänge	4526 mm	4611 mm	4541 mm	4541 mm	4541 mm	4541 mm
Gesamtbreite	1728 mm	1744 mm	1728 mm	1728 mm	1728 mm	1728 mm
Höhe	1430 mm	1412 mm	1465 mm (bei Sportfahrwerk: 1451 mm)	1465 mm (bei Sportfahrwerk: 1451 mm)	1465 mm (bei Sportfahrwerk: 1451 mm)	1465 mm (bei Sportfahrwerk: 1451 mm)
Wendekreisdurchmesser	10,76 m	10,76 m	10,76 m	10,76 m	10,76 m	10,76 m
Leergewicht[5]	1655 kg	1635 kg	1555 kg	1555 kg	1570 kg	1570 kg
Zul. Gesamtgewicht	2135 kg	2115 kg	2080 kg	2080 kg	2095 kg	2095 kg
Zuladung	480 kg	480 kg	525 kg	525 kg	525 kg	525 kg
Stückzahl	2619	4021	23.018	insgesamt 39.944 (bis 06.2007)[7]	55.534	insgesamt 80.783 (bis 05.2007)[7]
Preise[9]	04.2005: EUR 43.674,00 02.2006: EUR 43.964,00 08.2006: EUR 44.196,00 01.2007: EUR 45.339,00	02.2004: EUR 62.176,00 01.2005: EUR 63.046,00 04.2005: EUR 63.394,00 02.2006: EUR 64.090,00 08.2006: EUR 64.322,00 01.2007: EUR 65.985,50	01.2001: EUR 28.536,00 (DM 55.811,57) 01.2002: EUR 29.116,00	02.2003: EUR 29.348,00	01.2001: EUR 30.740,00 (DM 60.122,22) 01.2002: EUR 31.320,00	02.2003: EUR 31.436,00

C-Klasse-T-Modelle der Baureihe 203, 2001 - 2004

Typ	C 270 CDI T-Modell	C 30 CDI AMG T-Modell	C 180 T-Modell	C 180 Kompressor T-Modell	C 200 Kompressor T-Modell	C 200 Kompressor T-Modell
Konstruktionsbezeichnung	S 203 DE 27 LA	S 203 DE 30 LA	S 203 E 20	S 203 E 18 ML LR	S 203 E 20 ML	S 203 E 18 ML
Produktionszeitraum	04.2000/01.2001 - 03.2004[1]	07.2002/02.2003 - 03.2004[1]	06.2000/01.2001 - 06.2002[1]	01.2002/05.2002 - 03.2004[1]	04.2000/01.2001 - 06.2002[1]	02.2002/05.2002 - 03.2004[1]
Motor	Viertakt-Diesel (mit Direkteinspritzung, Abgas-Turbolader mit Ladeluftkühlung und Abgasreinigungsanlage mit Oxidationskatalysator)	Viertakt-Diesel (mit Direkteinspritzung, Abgas-Turbolader mit Ladeluftkühlung und Abgasreinigungsanlage mit Oxidationskatalysator)	Viertakt-Otto (mit Saugrohreinspritzung und Abgasreinigungsanlage mit geregeltem 3-Wege-Katalysator)	Viertakt-Otto (mit Saugrohreinspritzung und Kompressor mit Ladeluftkühlung; Abgasreinigungsanlage mit geregeltem 3-Wege-Katalysator)	Viertakt-Otto (mit Saugrohreinspritzung und Kompressor mit Ladeluftkühlung; Abgasreinigungsanlage mit geregeltem 3-Wege-Katalysator)	Viertakt-Otto (mit Saugrohreinspritzung und Kompressor mit Ladeluftkühlung; Abgasreinigungsanlage mit geregeltem 3-Wege-Katalysator)
Motor-Typ/-Baumuster	OM 612 DE 27 LA/612.962	OM 612 DE 30 LA/612.990	M 111 E 20 EVO/111.951	M 271 E 18 ML LR/271.946	M 111 E 20 ML EVO/111.955	M 271 E 18 ML/271.940
Zylinderzahl/Anordung	5/Reihe; 15° nach rechts geneigt	5/Reihe; 15° nach rechts geneigt	4/Reihe; 15° nach rechts geneigt	4/Reihe; 15° nach rechts geneigt	4/Reihe; 15° nach rechts geneigt	4/Reihe; 15° nach rechts geneigt
Bohrung x Hub	88,0 x 88,3 mm	88,0 x 97,0 mm	89,9 x 78,7 mm	82,0 x 85,0 mm	89,9 x 78,7 mm	82,0 x 85,0 mm
Gesamthubraum	2685 ccm	2950 ccm	1998 ccm	1796 ccm	1998 ccm	1796 ccm
Verdichtungsverhältnis	18	16,5	10,6	10,2	9,5	9,5
Leistung	125 kW/170 PS bei 4200 /min	170 kW/231 PS bei 3800 /min	95 kW/129 PS bei 5300 /min	105 kW/143 PS bei 5200 /min	120 kW/163 PS bei 5300 /min	120 kW/163 PS bei 5500 /min
Drehmoment	370 Nm bei 1600 - 2800 /min (Schaltgetriebe), ab 06.2002: 400 Nm bei 1600 - 2800 /min bzw. ~400 Nm bei 1800 - 2600 /min (Automatikgetriebe)	540 Nm bei 2000 - 2500 /min (Automatikgetriebe)	190 Nm bei 4000 /min	220 Nm bei 2500 - 4200 /min	230 Nm bei 2500 - 4800 /min	240 Nm bei 3000 - 4000 /min
Ventilanzahl/-anordnung	2 Einlass, 2 Auslass/hängend	2 Einlass, 2 Auslass/hängend	2 Einlass, 2 Auslass/V-förmig hängend	2 Einlass, 2 Auslass/hängend	2 Einlass, 2 Auslass/V-förmig hängend	2 Einlass, 2 Auslass/hängend
Ventilsteuerung	2 obenliegende Nockenwellen	2 obenliegende Nockenwellen	2 obenliegende Nockenwellen (Einlass-Nockenwelle verstellbar)	2 obenliegende Nockenwellen (variabel verstellbar)	2 obenliegende Nockenwellen (Einlass-Nockenwelle verstellbar)	2 obenliegende Nockenwellen (variabel verstellbar)
Gemischbildung	Common-Rail-Direkteinspritzung, elektronisch geregelt; Bosch 3-Stempel-Hochdruckpumpe/Abgas-Turbolader mit Ladeluftkühlung	Common-Rail-Direkteinspritzung, elektronisch geregelt; Bosch 3-Stempel-Hochdruckpumpe/Abgas-Turbolader mit Ladeluftkühlung	mikroprozessorgesteuerte Einspritzanlage mit Heißfilm-Luftmassenmessung (Motorsteuerung Siemens SIM 4 LE)	mikroprozessorgesteuerte Einspritzanlage mit HFM (Motorsteuerung Siemens SIM 4 LE)/Kompressor-Aufladung mit Ladeluftkühlung	mikroprozessorgesteuerte Einspritzanlage mit HFM (Motorsteuerung Siemens SIM 4 LE)/Kompressor-Aufladung mit Ladeluftkühlung	mikroprozessorgesteuerte Einspritzanlage mit HFM (Motorsteuerung Siemens SIM 4 LE)/Kompressor-Aufladung mit Ladeluftkühlung
Kühlung	Wasserkühlung/Pumpe; 8,6 l Wasser	Wasserkühlung/Pumpe; 11,2 l Wasser	Wasserkühlung/Pumpe; 6,0 l Wasser	Wasserkühlung/Pumpe; 5,6 l Wasser	Wasserkühlung/Pumpe; 6,0 l Wasser	Wasserkühlung/Pumpe; 5,6 l Wasser
Schmierung	Druckumlauf-Schmierung/7,5 l Öl	Druckumlauf-Schmierung/6,5 l Öl	Druckumlauf-Schmierung/7,0 l Öl	Druckumlauf-Schmierung/5,5 l Öl	Druckumlauf-Schmierung/7,0 l Öl	Druckumlauf-Schmierung/5,5 l Öl
Batterie	74 Ah/im Motorraum	74 Ah/im Motorraum	46 Ah/im Motorraum	46 Ah/im Motorraum	46 Ah/im Motorraum	46 Ah/im Motorraum
Kraftstofftank: Anordnung, Fassungsvermögen	vor der Hinterachse/62 l	vor der Hinterachse/62 l	vor der Hinterachse/62 l	vor der Hinterachse/62 l	vor der Hinterachse/62 l	vor der Hinterachse/62 l
Radaufhängung vorne	Dreilenkerachse/McPherson-Federbein	Dreilenkerachse/McPherson-Federbein	Dreilenkerachse/McPherson-Federbein	Dreilenkerachse/McPherson-Federbein	Dreilenkerachse/McPherson-Federbein	Dreilenkerachse/McPherson-Federbein
Radaufhängung hinten	Raumlenkerachse, ab 06.2001 auf Wunsch mit hydropneumatischer Niveau-Regulierung	Raumlenkerachse	Raumlenkerachse, ab 06.2001 auf Wunsch mit hydropneumatischer Niveau-Regulierung	Raumlenkerachse, auf Wunsch mit hydropneumatischer Niveau-Regulierung	Raumlenkerachse, ab 06.2001 auf Wunsch mit hydropneumatischer Niveau-Regulierung	Raumlenkerachse, auf Wunsch mit hydropneumatischer Niveau-Regulierung
Federung vorne	Schraubenfedern, Drehstab-Stabilisator	Schraubenfedern, Drehstab-Stabilisator	Schraubenfedern, Drehstab-Stabilisator	Schraubenfedern, Drehstab-Stabilisator	Schraubenfedern, Drehstab-Stabilisator	Schraubenfedern, Drehstab-Stabilisator
Federung hinten	Schraubenfedern, Drehstab-Stabilisator	Schraubenfedern, Drehstab-Stabilisator	Schraubenfedern, Drehstab-Stabilisator	Schraubenfedern	Schraubenfedern, Drehstab-Stabilisator	Schraubenfedern, Drehstab-Stabilisator
Stoßdämpfer vorne/hinten	Zweirohr-/Einrohr-Gasdruck-Stoßdämpfer	Zweirohr-/Einrohr-Gasdruck-Stoßdämpfer	Zweirohr-/Einrohr-Gasdruck-Stoßdämpfer	Zweirohr-/Einrohr-Gasdruck-Stoßdämpfer	Zweirohr-/Einrohr-Gasdruck-Stoßdämpfer	Zweirohr-/Einrohr-Gasdruck-Stoßdämpfer
Lenkung	Zahnstangen-Servolenkung	Zahnstangen-Servolenkung	Zahnstangen-Servolenkung	Zahnstangen-Servolenkung	Zahnstangen-Servolenkung	Zahnstangen-Servolenkung
Bremsanlage	hydraulische Zweikreis-Bremsanlage mit Unterdruck-Bremskraftverstärker, Anti-Blockier-System und Bremsassistent; Scheibenbremsen vorn (innenbelüftet) und hinten	hydraulische Zweikreis-Bremsanlage mit Unterdruck-Bremskraftverstärker, Anti-Blockier-System und Bremsassistent; Scheibenbremsen vorn (innenbelüftet) und hinten	hydraulische Zweikreis-Bremsanlage mit Unterdruck-Bremskraftverstärker, Anti-Blockier-System und Bremsassistent; Scheibenbremsen vorn (innenbelüftet) und hinten	hydraulische Zweikreis-Bremsanlage mit Unterdruck-Bremskraftverstärker, Anti-Blockier-System und Bremsassistent; Scheibenbremsen vorn (innenbelüftet) und hinten	hydraulische Zweikreis-Bremsanlage mit Unterdruck-Bremskraftverstärker, Anti-Blockier-System und Bremsassistent; Scheibenbremsen vorn (innenbelüftet) und hinten	hydraulische Zweikreis-Bremsanlage mit Unterdruck-Bremskraftverstärker, Anti-Blockier-System und Bremsassistent; Scheibenbremsen vorn (innenbelüftet) und hinten
Feststellbremse	mechanisch (fußbetätigt), auf Hinterräder wirkend	mechanisch (fußbetätigt), auf Hinterräder wirkend	mechanisch (fußbetätigt), auf Hinterräder wirkend	mechanisch (fußbetätigt), auf Hinterräder wirkend	mechanisch (fußbetätigt), auf Hinterräder wirkend	mechanisch (fußbetätigt), auf Hinterräder wirkend
Bremsscheibendurchmesser vorne/hinten	300/290 mm	345/300 mm	288/290 mm	288/290 mm	288/290 mm	288/290 mm
Räder	Stahlblechräder, auf Wunsch Leichtmetallräder	Leichtmetallräder	Stahlblechräder, auf Wunsch Leichtmetallräder	Stahlblechräder, auf Wunsch Leichtmetallräder	Stahlblechräder, auf Wunsch Leichtmetallräder	Stahlblechräder, auf Wunsch Leichtmetallräder
Reifen	205/55 R 16 91 V; bei Sportfahrwerk: 225/50 R 16	vorn 225/45 R 17 91 Y, hinten 245/40 R 17 91 Y	195/65 R 15 91 H; bei Sportfahrwerk: 225/50 R 16	195/65 R 15 91 V; bei Sportfahrwerk: 225/50 R 16	195/65 R 15 91 V; bei Sportfahrwerk: 225/50 R 16	195/65 R 15 91 V; bei Sportfahrwerk: 225/50 R 16
Kraftübertragung	geteilte Kardanwelle	geteilte Kardanwelle	geteilte Kardanwelle	geteilte Kardanwelle	geteilte Kardanwelle	geteilte Kardanwelle
Getriebe [1]	6-Gang-Schaltgetriebe	5-Gang-Automatikgetriebe mit elektronischer Steuerung	6-Gang-Schaltgetriebe	6-Gang-Schaltgetriebe	6-Gang-Schaltgetriebe	6-Gang-Schaltgetriebe
Verfügbarkeit	Serie	Serie	Serie	Serie	Serie	Serie
Kupplung	Einscheiben-Trockenkupplung	hydraulischer Drehmomentwandler mit schlupfgesteuerter Überbrückungskupplung	Einscheiben-Trockenkupplung	Einscheiben-Trockenkupplung	Einscheiben-Trockenkupplung	Einscheiben-Trockenkupplung
Getriebebezeichnung	Zahnrad-Wechselgetriebe	Planetengetriebe	Zahnrad-Wechselgetriebe	Zahnrad-Wechselgetriebe	Zahnrad-Wechselgetriebe	Zahnrad-Wechselgetriebe
Getriebe-Übersetzung	I. 5,01; II. 2,83; III. 1,79; IV. 1,26; V. 1,0; VI. 0,83; R. 4,57	I. 3,60; II. 2,19; III. 1,41; IV. 1,0; V. 0,83; R. 3,17	I. 4,46; II. 2,61; III. 1,72; IV. 1,25; V. 1,0; VI. 0,84; R. 4,06	I. 4,46; II. 2,61; III. 1,72; IV. 1,25; V. 1,0; VI. 0,84; R. 4,06	I. 4,46; II. 2,61; III. 1,72; IV. 1,25; V. 1,0; VI. 0,84; R. 4,06	I. 4,46; II. 2,61; III. 1,72; IV. 1,25; V. 1,0; VI. 0,84; R. 4,06
Achsantriebsübersetzung	2,47	2,24	3,46	3,07	3,46	3,27
Höchstgeschwindigkeit	224 km/h	250 km/h (abgeregelt)	206 km/h	212 km/h	226 km/h	228 km/h
Beschleunigung[2] 0-100 km/h	9,3 s	7,0 s	11,3 s	10,0 s	9,6 s	9,4 s
Norm-Kraftstoffverbrauch in Liter	9,7/5,6/7,1 l	10,4/6,1/7,9 l	13,6/7,3/9,6 l	11,8/6,3/8,3 l	14,3/7,4/9,9 l	12,4/6,5/8,7 l
Getriebe [2]	6-Gang-Schaltgetriebe mit sequenzieller Schaltung		6-Gang-Schaltgetriebe mit sequenzieller Schaltung	6-Gang-Schaltgetriebe mit sequenzieller Schaltung	6-Gang-Schaltgetriebe mit sequenzieller Schaltung	6-Gang-Schaltgetriebe mit sequenzieller Schaltung
Verfügbarkeit	auf Wunsch (ab 06.2002 bis 08.2003)		auf Wunsch (ab 12.2001)	auf Wunsch	auf Wunsch	auf Wunsch
Kupplung	Einscheiben-Trockenkupplung mit automatischer Betätigung		Einscheiben-Trockenkupplung mit automatischer Betätigung	Einscheiben-Trockenkupplung mit automatischer Betätigung	Einscheiben-Trockenkupplung mit automatischer Betätigung	Einscheiben-Trockenkupplung mit automatischer Betätigung
Getriebebezeichnung	Zahnrad-Wechselgetriebe mit automatischem Schaltmodus		Zahnrad-Wechselgetriebe mit automatischem Schaltmodus	Zahnrad-Wechselgetriebe mit automatischem Schaltmodus	Zahnrad-Wechselgetriebe mit automatischem Schaltmodus	Zahnrad-Wechselgetriebe mit automatischem Schaltmodus
Getriebe-Übersetzung	I. 5,01; II. 2,83; III. 1,79; IV. 1,26; V. 1,0; VI. 0,83; R. 4,57		I. 4,46; II. 2,61; III. 1,72; IV. 1,25; V. 1,0; VI. 0,84; R. 4,06	I. 4,46; II. 2,61; III. 1,72; IV. 1,25; V. 1,0; VI. 0,84; R. 4,06	I. 4,46; II. 2,61; III. 1,72; IV. 1,25; V. 1,0; VI. 0,84; R. 4,06	I. 4,46; II. 2,61; III. 1,72; IV. 1,25; V. 1,0; VI. 0,84; R. 4,06
Achsantriebsübersetzung	2,47		3,46	3,07	3,46	3,27
Höchstgeschwindigkeit	224 km/h		206 km/h	212 km/h	226 km/h	228 km/h
Beschleunigung[2] 0-100 km/h	9,3 s		11,3 s	10,0 s	9,6 s	9,4 s
Norm-Kraftstoffverbrauch in Liter	9,7/5,6/7,1 l		13,6/7,3/9,6 l	12,1/6,1/8,4 l	14,3/7,4/9,9 l	12,4/6,5/8,7 l
Getriebe [3]	5-Gang-Automatikgetriebe mit elektronischer Steuerung		5-Gang-Automatikgetriebe mit elektronischer Steuerung	5-Gang-Automatikgetriebe mit elektronischer Steuerung	5-Gang-Automatikgetriebe mit elektronischer Steuerung	5-Gang-Automatikgetriebe mit elektronischer Steuerung
Verfügbarkeit	auf Wunsch		auf Wunsch	auf Wunsch	auf Wunsch	auf Wunsch
Kupplung	hydraulischer Drehmomentwandler mit schlupfgesteuerter Überbrückungskupplung		hydraulischer Drehmomentwandler mit schlupfgesteuerter Überbrückungskupplung	hydraulischer Drehmomentwandler mit schlupfgesteuerter Überbrückungskupplung	hydraulischer Drehmomentwandler mit schlupfgesteuerter Überbrückungskupplung	hydraulischer Drehmomentwandler mit schlupfgesteuerter Überbrückungskupplung
Getriebebezeichnung	Planetengetriebe		Planetengetriebe	Planetengetriebe	Planetengetriebe	Planetengetriebe
Getriebe-Übersetzung	I. 3,60; II. 2,19; III. 1,41; IV. 1,0; V. 0,83; R. 3,17		I. 3,95; II. 2,42; III. 1,49; IV. 1,0; V. 0,83; R. 3,15	I. 3,95; II. 2,42; III. 1,49; IV. 1,0; V. 0,83; R. 3,15	I. 3,95; II. 2,42; III. 1,49; IV. 1,0; V. 0,83; R. 3,15	I. 3,95; II. 2,42; III. 1,49; IV. 1,0; V. 0,83; R. 3,15
Achsantriebsübersetzung	2,65		3,67	3,07	3,27	3,27
Höchstgeschwindigkeit	220 km/h		201 km/h	211 km/h	223 km/h	225 km/h
Beschleunigung[2] 0-100 km/h	9,4 s		11,9 s	10,2 s	10,1 s	9,7 s
Norm-Kraftstoffverbrauch in Liter	9,9/6,0/7,4 l		13,5/7,7/9,8 l	12,1/6,1/8,4 l	13,9/7,4/9,8 l	12,4/6,4/8,7 l
Radstand	2715 mm	2715 mm	2715 mm	2715 mm	2715 mm	2715 mm
Spur vorne/hinten	1493/1464 mm (bei Sportfahrwerk: 1494/1468 mm)	1494/1474 mm	1505/1476 mm (bei Sportfahrwerk: 1494/1468 mm)	1505/1476 mm (bei Sportfahrwerk: 1494/1468 mm)	1505/1476 mm (bei Sportfahrwerk: 1494/1468 mm)	1505/1476 mm (bei Sportfahrwerk: 1494/1468 mm)
Gesamtlänge	4541 mm	4541 mm	4541 mm	4541 mm	4541 mm	4541 mm
Gesamtbreite	1728 mm	1728 mm	1728 mm	1728 mm	1728 mm	1728 mm
Höhe	1466 mm (bei Sportfahrwerk: 1451 mm)	1455 mm	1465 mm (bei Sportfahrwerk: 1451 mm)	1465 mm (bei Sportfahrwerk: 1451 mm)	1465 mm (bei Sportfahrwerk: 1451 mm)	1465 mm (bei Sportfahrwerk: 1451 mm)
Wendekreisdurchmesser	10,76 m	10,76 m	10,76 m	10,76 m	10,76 m	10,76 m
Leergewicht[5]	1650 kg	1705 kg	1505 kg	1525 kg	1540 kg	1525 kg
Zul. Gesamtgewicht	2175 kg	2210 kg	2030 kg	2050 kg	2065 kg	2050 kg
Zuladung	525 kg	505 kg	525 kg	525 kg	525 kg	525 kg
Stückzahl	insgesamt 25.072 (bis 06.2005)[7]	insgesamt 830 (bis 12.2004)[7]	11.400	insgesamt 55.788 (bis 05.2007)[7]	13.150	insgesamt 24.917 (bis 05.2007)[7]
Preise[9]	01.2001: EUR 34.568,00 (DM 67.609,13) 01.2002: EUR 35.148,00 02.2003: EUR 35.380,00	09.2002: EUR 51.330,00	01.2001: EUR 27.724,00 (DM 54.223,43) 01.2002: EUR 28.188,00	03.2002: EUR 28.478,00 02.2003: EUR 28.710,00	01.2001: EUR 29.464,00 (DM 57.626,57) 01.2002: EUR 30.044,00	03.2002: EUR 30.044,00 02.2003: EUR 30.276,00

C-Klasse-T-Modelle der Baureihe 203, 2001 - 2004

Typ	C 200 CGI T-Modell	C 240 T-Modell	C 240 4MATIC T-Modell	C 320 T-Modell	C 320 4MATIC T-Modell	C 32 AMG T-Modell
Konstruktionsbezeichnung	S 203 E 18 DE ML	S 203 E 26	S 203 E 26 4-M	S 203 E 32	S 203 E 32 4-M	S 203 E 32 ML
Produktionszeitraum	07.2002/08.2003 - 03.2004[1]	05.2000/01.2001 - 03.2004[1]	01.2002/07.2002 - 03.2004[1]	06.2000/01.2001 - 03.2004[1]	01.2002/08.2002 - 03.2004[1]	12.2000/04.2001 - 03.2004[1]
Motor	Viertakt-Otto (mit Direkteinspritzung und Kompressor mit Ladeluftkühlung; Abgasreinigungsanlage mit geregeltem 3-Wege-Katalysator)	Viertakt-Otto (mit Saugrohreinspritzung und Abgasreinigungsanlage mit geregeltem 3-Wege-Katalysator)	Viertakt-Otto (mit Saugrohreinspritzung und Abgasreinigungsanlage mit geregeltem 3-Wege-Katalysator)	Viertakt-Otto (mit Saugrohreinspritzung und Abgasreinigungsanlage mit geregeltem 3-Wege-Katalysator)	Viertakt-Otto (mit Saugrohreinspritzung und Abgasreinigungsanlage mit geregeltem 3-Wege-Katalysator)	Viertakt-Otto (mit Saugrohreinspritzung und Kompressor mit Ladeluftkühlung; Abgasreinigungsanlage mit geregeltem 3-Wege-Katalysator)
Motor-Typ/-Baumuster	M 271 E 18 DE ML/2/1.942	M 112 E 26/112.912	M 112 E 26/112.916	M 112 E 32/112.946	M 112 E 32/112.953	M 112 E 32 ML AMG/112.961
Zylinderzahl/Anordung	4/Reihe; 15° nach rechts geneigt	6/90°-V-Form; Leichtmetallblock	6/90°-V-Form; Leichtmetallblock	6/90°-V-Form; Leichtmetallblock	6/90°-V-Form; Leichtmetallblock	6/90°-V-Form; Leichtmetallblock
Bohrung x Hub	82,0 x 85,0 mm	89,9 x 68,2 mm	89,9 x 68,2 mm	89,9 x 84,0 mm	89,9 x 84,0 mm	89,9 x 84,0 mm
Gesamthubraum	1796 ccm	2597 ccm	2597 ccm	3199 ccm	3199 ccm	3199 ccm
Verdichtungsverhältnis	10,5	10,5	10,5	10	10	9
Leistung	125 kW/170 PS bei 5300 /min	125 kW/170 PS bei 5500 /min	125 kW/170 PS bei 5500 /min	160 kW/218 PS bei 5700 /min	160 kW/218 PS bei 5700 /min	260 kW/354 PS bei 6100 /min
Drehmoment	250 Nm bei 3000 /min	240 Nm bei 4500 /min	240 Nm bei 4500 /min	310 Nm bei 3000 - 4600 /min	310 Nm bei 3000 - 4600 /min	450 Nm bei 4400 /min
Ventilanzahl/-anordnung	2 Einlass, 2 Auslass/hängend	2 Einlass, 1 Auslass/V-förmig hängend	2 Einlass, 1 Auslass/V-förmig hängend	2 Einlass, 1 Auslass/V-förmig hängend	2 Einlass, 1 Auslass/V-förmig hängend	2 Einlass, 1 Auslass/V-förmig hängend
Ventilsteuerung	2 obenliegende Nockenwellen (variabel verstellbar)	je Zylinderreihe 1 obenliegende Nockenwelle	je Zylinderreihe 1 obenliegende Nockenwelle	je Zylinderreihe 1 obenliegende Nockenwelle	je Zylinderreihe 1 obenliegende Nockenwelle	je Zylinderreihe 1 obenliegende Nockenwelle
Gemischbildung	mikroprozessorgesteuerte Einspritzanlage mit HFM (Motorsteuerung Siemens SIM 4 LE)/Kompressor-Aufladung mit Ladeluftkühlung	mikroprozessorgesteuerte Einspritzanlage mit Heißfilm-Luftmassenmessung (Motorsteuerung Bosch ME)	mikroprozessorgesteuerte Einspritzanlage mit Heißfilm-Luftmassenmessung (Motorsteuerung Bosch ME)	mikroprozessorgesteuerte Einspritzanlage mit Heißfilm-Luftmassenmessung (Motorsteuerung Bosch ME)	mikroprozessorgesteuerte Einspritzanlage mit Heißfilm-Luftmassenmessung (Motorsteuerung Bosch ME)	mikroprozessorgesteuerte Einspritzanlage mit HFM (Motorsteuerung Bosch ME)/Kompressor-Aufladung mit Ladeluftkühlung
Kühlung	Wasserkühlung/Pumpe; 5,6 l Wasser	Wasserkühlung/Pumpe; 6,4 l Wasser	Wasserkühlung/Pumpe; 6,7 l Wasser	Wasserkühlung/Pumpe; 6,4 l Wasser	Wasserkühlung/Pumpe; 6,7 l Wasser	Wasserkühlung/Pumpe; 6,4 l Wasser
Schmierung	Druckumlauf-Schmierung/5,5 l Öl	Druckumlauf-Schmierung/8,0 l Öl	Druckumlauf-Schmierung/8,0 l Öl	Druckumlauf-Schmierung/8,0 l Öl	Druckumlauf-Schmierung/8,0 l Öl	Druckumlauf-Schmierung/8,0 l Öl
Batterie	46 Ah/im Motorraum	62 Ah/im Motorraum	62 Ah/im Motorraum	62 Ah/im Motorraum	62 Ah/im Motorraum	62 Ah/im Motorraum
Kraftstofftank: Anordnung, Fassungsvermögen	vor der Hinterachse/62 l	vor der Hinterachse/62 l	vor der Hinterachse/62 l	vor der Hinterachse/62 l	vor der Hinterachse/62 l	vor der Hinterachse/62 l
Radaufhängung vorne	Dreilenkerachse/McPherson-Federbein	Dreilenkerachse/McPherson-Federbein	Dreilenkerachse/McPherson-Federbein	Dreilenkerachse/McPherson-Federbein	Dreilenkerachse/McPherson-Federbein	Dreilenkerachse/McPherson-Federbein
Radaufhängung hinten	Raumlenkerachse, auf Wunsch mit hydropneumatischer Niveau-Regulierung	Raumlenkerachse, ab 06.2001 auf Wunsch mit hydropneumatischer Niveau-Regulierung	Raumlenkerachse, auf Wunsch mit hydropneumatischer Niveau-Regulierung	Raumlenkerachse, ab 06.2001 auf Wunsch mit hydropneumatischer Niveau-Regulierung	Raumlenkerachse, auf Wunsch mit hydropneumatischer Niveau-Regulierung	Raumlenkerachse
Federung vorne	Schraubenfedern, Drehstab-Stabilisator	Schraubenfedern, Drehstab-Stabilisator	Schraubenfedern, Drehstab-Stabilisator	Schraubenfedern, Drehstab-Stabilisator	Schraubenfedern, Drehstab-Stabilisator	Schraubenfedern, Drehstab-Stabilisator
Federung hinten	Schraubenfedern, Drehstab-Stabilisator	Schraubenfedern, Drehstab-Stabilisator	Schraubenfedern, Drehstab-Stabilisator	Schraubenfedern, Drehstab-Stabilisator	Schraubenfedern, Drehstab-Stabilisator	Schraubenfedern, Drehstab-Stabilisator
Stoßdämpfer vorne/hinten	Zweirohr-/Einrohr-Gasdruck-Stoßdämpfer	Zweirohr-/Einrohr-Gasdruck-Stoßdämpfer	Zweirohr-/Einrohr-Gasdruck-Stoßdämpfer	Zweirohr-/Einrohr-Gasdruck-Stoßdämpfer	Zweirohr-/Einrohr-Gasdruck-Stoßdämpfer	Zweirohr-/Einrohr-Gasdruck-Stoßdämpfer
Lenkung	Zahnstangen-Servolenkung	Zahnstangen-Servolenkung	Zahnstangen-Servolenkung	Zahnstangen-Servolenkung	Zahnstangen-Servolenkung	Zahnstangen-Servolenkung
Bremsanlage	hydraulische Zweikreis-Bremsanlage mit Unterdruck-Bremskraftverstärker, Anti-Blockier-System und Bremsassistent; Scheibenbremsen vorn (innenbelüftet) und hinten	hydraulische Zweikreis-Bremsanlage mit Unterdruck-Bremskraftverstärker, Anti-Blockier-System und Bremsassistent; Scheibenbremsen vorn (innenbelüftet) und hinten	hydraulische Zweikreis-Bremsanlage mit Unterdruck-Bremskraftverstärker, Anti-Blockier-System und Bremsassistent; Scheibenbremsen vorn (innenbelüftet) und hinten	hydraulische Zweikreis-Bremsanlage mit Unterdruck-Bremskraftverstärker, Anti-Blockier-System und Bremsassistent; Scheibenbremsen vorn (innenbelüftet) und hinten	hydraulische Zweikreis-Bremsanlage mit Unterdruck-Bremskraftverstärker, Anti-Blockier-System und Bremsassistent; Scheibenbremsen vorn (innenbelüftet) und hinten	hydraulische Zweikreis-Bremsanlage mit Unterdruck-Bremskraftverstärker, Anti-Blockier-System und Bremsassistent; innenbelüftete Scheibenbremsen vorn (perforiert) und hinten
Feststellbremse	mechanisch (fußbetätigt), auf Hinterräder wirkend	mechanisch (fußbetätigt), auf Hinterräder wirkend	mechanisch (fußbetätigt), auf Hinterräder wirkend	mechanisch (fußbetätigt), auf Hinterräder wirkend	mechanisch (fußbetätigt), auf Hinterräder wirkend	mechanisch (fußbetätigt), auf Hinterräder wirkend
Bremsscheibendurchmesser vorne/hinten	288/290 mm	300/290 mm	300/290 mm	300/290 mm	300/290 mm	345/300 mm
Räder	Stahlblechräder, auf Wunsch Leichtmetallräder	Stahlblechräder, auf Wunsch Leichtmetallräder	Stahlblechräder, auf Wunsch Leichtmetallräder	Stahlblechräder, auf Wunsch Leichtmetallräder	Stahlblechräder, auf Wunsch Leichtmetallräder	Leichtmetallräder
Reifen	195/65 R 15 91 V; bei Sportfahrwerk: 225/50 R 16	205/55 R 16 91 V; bei Sportfahrwerk: 225/50 R 16	205/55 R 16 91 V; bei Sportfahrwerk: 225/50 R 16	205/55 R 16 91 W; bei Sportfahrwerk: 225/50 R 16	205/55 R 16 91 W; bei Sportfahrwerk: 225/50 R 16	vorn 225/45 ZR 17, hinten 245/40 ZR 17
Kraftübertragung	geteilte Kardanwelle	geteilte Kardanwelle	vom Verteilergetriebe über einteilige Gelenkwelle auf Vorderachs-Differenzial und über zweiteilige Gelenkwelle auf Hinterachs-Differenzial (Kraftverteilung 40% vorn, 60% hinten)	geteilte Kardanwelle	vom Verteilergetriebe über einteilige Gelenkwelle auf Vorderachs-Differenzial und über zweiteilige Gelenkwelle auf Hinterachs-Differenzial (Kraftverteilung 40% vorn, 60% hinten)	geteilte Kardanwelle
Getriebe [1]	6-Gang-Schaltgetriebe	6-Gang-Schaltgetriebe	5-Gang-Automatikgetriebe mit elektronischer Steuerung	5-Gang-Automatikgetriebe mit elektronischer Steuerung	5-Gang-Automatikgetriebe mit elektronischer Steuerung	5-Gang-Automatikgetriebe mit elektronischer Steuerung
Verfügbarkeit	Serie	Serie	Serie	Serie, ab 12.2002 auf Wunsch	Serie	Serie
Kupplung	Einscheiben-Trockenkupplung	Einscheiben-Trockenkupplung	hydraulischer Drehmomentwandler mit schlupfgesteuerter Überbrückungskupplung	hydraulischer Drehmomentwandler mit schlupfgesteuerter Überbrückungskupplung	hydraulischer Drehmomentwandler mit schlupfgesteuerter Überbrückungskupplung	hydraulischer Drehmomentwandler mit schlupfgesteuerter Überbrückungskupplung
Getriebebezeichnung	Zahnrad-Wechselgetriebe	Zahnrad-Wechselgetriebe	Planetengetriebe	Planetengetriebe	Planetengetriebe	Planetengetriebe
Getriebe-Übersetzung	I. 4,46; II. 2,61; III. 1,72; IV. 1,25; V. 1,0; VI. 0,84; R. 4,06	I. 4,46; II. 2,61; III. 1,72; IV. 1,25; V. 1,0; VI. 0,84; R. 4,06	I. 3,95; II. 2,42; III. 1,49; IV. 1,0; V. 0,83; R. 3,15	I. 3,95; II. 2,42; III. 1,49; IV. 1,0; V. 0,83; R. 3,15	I. 3,95; II. 2,42; III. 1,49; IV. 1,0; V. 0,83; R. 3,15	I. 3,59; II. 2,19; III. 1,41; IV. 1,0; V. 0,83; R. 3,16
Achsantriebsübersetzung	3,07	3,46	3,46	3,27	3,27	3,06
Höchstgeschwindigkeit	229 km/h	229 km/h	219 km/h	242 km/h	235 km/h	250 km/h (abgeregelt)
Beschleunigung[2] 0-100 km/h	9,3 s	9,5 s	10,4 s	8,1 s	8,3 s	5,4 s
Norm-Kraftstoffverbrauch in Liter	11,1/6,1/7,9 l	17,1/8,4/11,6 l	16,1/8,5/11,6 l	16,8/8,2/11,3 l	16,4/8,5/11,8 l	16,8/9,1/11,9 l
Getriebe [2]		6-Gang-Schaltgetriebe mit sequenzieller Schaltung		6-Gang-Schaltgetriebe		
Verfügbarkeit		auf Wunsch (ab 06.2002 bis 08.2003)		Serie (ab 12.2002)		
Kupplung		Einscheiben-Trockenkupplung mit automatischer Betätigung		Einscheiben-Trockenkupplung		
Getriebebezeichnung		Zahnrad-Wechselgetriebe mit automatischem Schaltmodus		Zahnrad-Wechselgetriebe		
Getriebe-Übersetzung		I. 4,46; II. 2,61; III. 1,72; IV. 1,25; V. 1,0; VI. 0,84; R. 4,06		I. 4,46; II. 2,61; III. 1,72; IV. 1,25; V. 1,0; VI. 0,84; R. 4,06		
Achsantriebsübersetzung		3,46		3,27		
Höchstgeschwindigkeit		229 km/h		244 km/h		
Beschleunigung[2] 0-100 km/h		9,5 s		7,9 s		
Norm-Kraftstoffverbrauch in Liter		17,1/8,4/11,6 l		16,7/8,2/11,4 l		
Getriebe [3]		5-Gang-Automatikgetriebe mit elektronischer Steuerung				
Verfügbarkeit		auf Wunsch				
Kupplung		hydraulischer Drehmomentwandler mit schlupfgesteuerter Überbrückungskupplung				
Getriebebezeichnung		Planetengetriebe				
Getriebe-Übersetzung		I. 3,95; II. 2,42; III. 1,49; IV. 1,0; V. 0,83; R. 3,15				
Achsantriebsübersetzung		3,27				
Höchstgeschwindigkeit		226 km/h				
Beschleunigung[2] 0-100 km/h		9,9 s				
Norm-Kraftstoffverbrauch in Liter		16,5/8,3/11,2 l				
Radstand	2715 mm	2715 mm	2715 mm	2715 mm	2715 mm	2715 mm
Spur vorne/hinten	1505/1476 mm (bei Sportfahrwerk: 1494/1468 mm)	1493/1464 mm (bei Sportfahrwerk: 1494/1468 mm)	1493/1464 mm	1493/1464 mm (bei Sportfahrwerk: 1494/1468 mm)	1493/1464 mm	1493/1478 mm
Gesamtlänge	4541 mm	4541 mm	4541 mm	4541 mm	4541 mm	4541 mm
Gesamtbreite	1728 mm	1728 mm	1728 mm	1728 mm	1728 mm	1728 mm
Höhe	1465 mm (bei Sportfahrwerk: 1451 mm)	1466 mm (bei Sportfahrwerk: 1451 mm)	1462 mm	1466 mm (bei Sportfahrwerk: 1451 mm)	1462 mm	1455 mm
Wendekreisdurchmesser	10,76 m	10,76 m	10,76 m	10,76 m	10,76 m	10,76 m
Leergewicht[5]	1535 kg	1585 kg	1690 kg	1615 kg	1700 kg	1695 kg
Zul. Gesamtgewicht	2060 kg	2110 kg	2215 kg	2120 kg	2225 kg	2200 kg
Zuladung	525 kg	525 kg	525 kg	505 kg	525 kg	505 kg
Stückzahl	insgesamt 137 (bis 05.2005)[7]	insgesamt 10.578 (bis 05.2005)[7]	insgesamt 5.915 (bis 05.2005)[7]	insgesamt 8.495 (bis 05.2005)[7]	insgesamt 2.031 (bis 05.2005)[7]	1.556
Preise[9]	09.2002: EUR 31.204,00 02.2003: EUR 31.436,00	01.2001: EUR 33.872,00 (DM 66.247,88) 01.2002: EUR 34.452,00 02.2003: EUR 34.684,00	07.2002: EUR 38.570,00 02.2003: EUR 38.802,00	01.2001: EUR 39.788,00 (DM 77.818,57) 01.2002: EUR 40.368,00 09.2002: EUR 38.396,00 02.2003: EUR 38.628,00	07.2002: EUR 42.514,00 02.2003: EUR 42.746,00	01.2001: EUR 57.768,00 (DM 112.984,38) 01.2002: EUR 58.522,00 02.2003: EUR 58.928,00

C-Klasse-T-Modelle der Baureihe 203, 2001 - 2007

Typ	C 200 CDI T-Modell	C 220 CDI T-Modell	C 270 CDI T-Modell	C 320 CDI T-Modell
Konstruktionsbezeichnung	S 203 DE 22 LA LR	S 203 DE 22 LA	S 203 DE 27 LA	S 203 DE 30 LA
Produktionszeitraum	04.2004 - 06.2007	04.2004 - 05.2007	04.2004 - 06.2005	07.2004/12.2004 - 05.2007[1]
Motor	Viertakt-Diesel (mit Direkteinspritzung, Abgas-Turbolader mit Ladeluftkühlung und Abgasreinigungsanlage mit Oxidationskatalysator)	Viertakt-Diesel (mit Direkteinspritzung, Abgas-Turbolader mit Ladeluftkühlung und Abgasreinigungsanlage mit Oxidationskatalysator)	Viertakt-Diesel (mit Direkteinspritzung, Abgas-Turbolader mit Ladeluftkühlung und Abgasreinigungsanlage mit Oxidationskatalysator)	Viertakt-Diesel (mit Direkteinspritzung, Abgas-Turbolader mit Ladeluftkühlung und Abgasreinigungsanlage mit Oxidationskatalysator)
Motor-Typ/-Baumuster	OM 646 DE 22 LA LR/646.962	OM 646 DE 22 LA/646.963	OM 612 DE 27 LA/612.962	OM 642 DE 30 LA/642.910
Zylinderzahl/Anordnung	4/Reihe; 15° nach rechts geneigt	4/Reihe; 15° nach rechts geneigt	5/Reihe; 15° nach rechts geneigt	6/72°-V-Form; Leichtmetallblock
Bohrung x Hub	88,0 x 88,3 mm	88,0 x 88,3 mm	88,0 x 88,3 mm	83,0 x 92,0 mm
Gesamthubraum	2148 ccm	2148 ccm	2685 ccm	2987 ccm
Verdichtungsverhältnis	18	18	18	17,7
Leistung	90 kW/122 PS bei 4200 /min	110 kW/150 PS bei 4200 /min	125 kW/170 PS bei 4200 /min	165 kW/224 PS bei 3800 /min
Drehmoment	270 Nm bei 1600 - 2800 /min	340 Nm bei 2000 /min	400 Nm bei 1600 - 2800 /min	510 Nm bei 1600 - 2800 /min (mit Schaltgetriebe: 415 Nm bei 1400 - 3800 /min)
Ventilanzahl/-anordnung	2 Einlass, 2 Auslass/hängend	2 Einlass, 2 Auslass/hängend	2 Einlass, 2 Auslass/hängend	2 Einlass, 2 Auslass/hängend
Ventilsteuerung	2 obenliegende Nockenwellen	2 obenliegende Nockenwellen	2 obenliegende Nockenwellen	je Zylinderreihe 2 obenliegende Nockenwellen
Gemischbildung	Common-Rail-Direkteinspritzung, elektronisch geregelt; Bosch 3-Stempel-Hochdruckpumpe/Abgas-Turbolader mit Ladeluftkühlung	Common-Rail-Direkteinspritzung, elektronisch geregelt; Bosch 3-Stempel-Hochdruckpumpe/Abgas-Turbolader mit Ladeluftkühlung	Common-Rail-Direkteinspritzung, elektronisch geregelt; Bosch 3-Stempel-Hochdruckpumpe/Abgas-Turbolader mit Ladeluftkühlung	Common-Rail-Direkteinspritzung, elektronisch geregelt; Bosch 3-Stempel-Hochdruckpumpe/Abgas-Turbolader mit Ladeluftkühlung
Kühlung	Wasserkühlung/Pumpe; 8,6 l Wasser	Wasserkühlung/Pumpe; 7,5 l Wasser	Wasserkühlung/Pumpe; 8,6 l Wasser	Wasserkühlung/Pumpe; 7,6 l Wasser
Schmierung	Druckumlauf-Schmierung/6,5 l Öl	Druckumlauf-Schmierung/6,5 l Öl	Druckumlauf-Schmierung/7,5 l Öl	Druckumlauf-Schmierung; 8,5 l Öl
Batterie	74 Ah/im Motorraum	74 Ah/im Motorraum	74 Ah/im Motorraum	74 Ah/im Motorraum
Kraftstofftank: Anordnung, Fassungsvermögen	vor der Hinterachse/62 l	vor der Hinterachse/62 l	vor der Hinterachse/62 l	vor der Hinterachse/62 l
Radaufhängung vorne	Dreilenkerachse/McPherson-Federbein	Dreilenkerachse/McPherson-Federbein	Dreilenkerachse/McPherson-Federbein	Dreilenkerachse/McPherson-Federbein
Radaufhängung hinten	Raumlenkerachse, auf Wunsch mit hydropneumatischer Niveau-Regulierung	Raumlenkerachse, auf Wunsch mit hydropneumatischer Niveau-Regulierung	Raumlenkerachse, auf Wunsch mit hydropneumatischer Niveau-Regulierung	Raumlenkerachse, auf Wunsch mit hydropneumatischer Niveau-Regulierung
Federung vorne	Schraubenfedern, Drehstab-Stabilisator	Schraubenfedern, Drehstab-Stabilisator	Schraubenfedern, Drehstab-Stabilisator	Schraubenfedern, Drehstab-Stabilisator
Federung hinten	Schraubenfedern, Drehstab-Stabilisator	Schraubenfedern, Drehstab-Stabilisator	Schraubenfedern, Drehstab-Stabilisator	Schraubenfedern, Drehstab-Stabilisator
Stoßdämpfer vorne/hinten	Zweirohr-/Einrohr-Gasdruck-Stoßdämpfer	Zweirohr-/Einrohr-Gasdruck-Stoßdämpfer	Zweirohr-/Einrohr-Gasdruck-Stoßdämpfer	Zweirohr-/Einrohr-Gasdruck-Stoßdämpfer
Lenkung	Zahnstangen-Servolenkung	Zahnstangen-Servolenkung	Zahnstangen-Servolenkung	Zahnstangen-Servolenkung
Bremsanlage	hydraulische Zweikreis-Bremsanlage mit Unterdruck-Bremskraftverstärker, Anti-Blockier-System und Bremsassistent; Scheibenbremsen vorn (innenbelüftet) und hinten	hydraulische Zweikreis-Bremsanlage mit Unterdruck-Bremskraftverstärker, Anti-Blockier-System und Bremsassistent; Scheibenbremsen vorn (innenbelüftet) und hinten	hydraulische Zweikreis-Bremsanlage mit Unterdruck-Bremskraftverstärker, Anti-Blockier-System und Bremsassistent; Scheibenbremsen vorn (innenbelüftet) und hinten	hydraulische Zweikreis-Bremsanlage mit Unterdruck-Bremskraftverstärker, Anti-Blockier-System und Bremsassistent; Scheibenbremsen vorn (innenbelüftet) und hinten
Feststellbremse	mechanisch (fußbetätigt), auf Hinterräder wirkend	mechanisch (fußbetätigt), auf Hinterräder wirkend	mechanisch (fußbetätigt), auf Hinterräder wirkend	mechanisch (fußbetätigt), auf Hinterräder wirkend
Bremsscheibendurchmesser vorne/hinten	288/290 mm	288/290 mm	300/290 mm	330/290 mm
Räder	Stahlblechräder, auf Wunsch Leichtmetallräder	Stahlblechräder, auf Wunsch Leichtmetallräder	Stahlblechräder, auf Wunsch Leichtmetallräder	Leichtmetallräder
Reifen	205/55 R 16; bei Sportfahrwerk: 225/50 R 16	205/55 R 16; bei Sportfahrwerk: 225/50 R 16	205/55 R 16; bei Sportfahrwerk: 225/50 R 16	225/45 R 17
Kraftübertragung	geteilte Kardanwelle	geteilte Kardanwelle	geteilte Kardanwelle	geteilte Kardanwelle
Getriebe [1]	6-Gang-Schaltgetriebe	6-Gang-Schaltgetriebe	6-Gang-Schaltgetriebe	6-Gang-Schaltgetriebe
Verfügbarkeit	Serie	Serie	Serie	Serie
Kupplung	Einscheiben-Trockenkupplung	Einscheiben-Trockenkupplung	Einscheiben-Trockenkupplung	Einscheiben-Trockenkupplung
Getriebebezeichnung	Zahnrad-Wechselgetriebe	Zahnrad-Wechselgetriebe	Zahnrad-Wechselgetriebe	Zahnrad-Wechselgetriebe
Getriebe-Übersetzung	I. 4,99; II. 2,82; III. 1,78; IV. 1,25; V. 1,0; VI. 0,82; R. 4,54	I. 5,01; II. 2,83; III. 1,79; IV. 1,26; V. 1,0; VI. 0,83; R. 4,57	I. 5,01; II. 2,83; III. 1,79; IV. 1,26; V. 1,0; VI. 0,83; R. 4,57	I. 5,01; II. 2,83; III. 1,79; IV. 1,26; V. 1,0; VI. 0,83; R. 4,57
Achsantriebsübersetzung	2,65	2,65	2,47	2,47
Höchstgeschwindigkeit	202 km/h	214 km/h	224 km/h	244 km/h
Beschleunigung[2] 0-100 km/h	12,2 s	10,7 s	9,3 s	8,3 s
Norm-Kraftstoffverbrauch in Liter	9,1/5,6/6,8 l	8,6/5,0/6,3 l	9,7/5,6/7,1 l	10,0-11,1/5,8-6,4/7,4-8,1 l
Getriebe [2]	5-Gang-Automatikgetriebe mit elektronischer Steuerung	5-Gang-Automatikgetriebe mit elektronischer Steuerung	5-Gang-Automatikgetriebe mit elektronischer Steuerung	7-Gang-Automatikgetriebe mit elektronischer Steuerung
Verfügbarkeit	auf Wunsch	auf Wunsch	auf Wunsch	auf Wunsch
Kupplung	hydraulischer Drehmomentwandler mit schlupfgesteuerter Überbrückungskupplung	hydraulischer Drehmomentwandler mit schlupfgesteuerter Überbrückungskupplung	hydraulischer Drehmomentwandler mit schlupfgesteuerter Überbrückungskupplung	hydraulischer Drehmomentwandler mit schlupfgesteuerter Überbrückungskupplung
Getriebebezeichnung	Planetengetriebe	Planetengetriebe	Planetengetriebe	Planetengetriebe
Getriebe-Übersetzung	I. 3,93; II. 2,41; III. 1,49; IV. 1,0; V. 0,83; R. 3,15	I. 3,95; II. 2,42; III. 1,49; IV. 1,0; V. 0,83; R. 3,15	I. 3,60; II. 2,19; III. 1,41; IV. 1,0; V. 0,83; R. 3,17	I. 4,38; II. 2,86; III. 1,92; IV. 1,37; V. 1,00; VI. 0,82; VII. 0,73; R. 3,42
Achsantriebsübersetzung	2,87	2,87	2,65	2,47
Höchstgeschwindigkeit	197 km/h	209 km/h	220 km/h	241 km/h
Beschleunigung[2] 0-100 km/h	12,4 s	10,9 s	9,4 s	7,1 s
Norm-Kraftstoffverbrauch in Liter	9,5/5,8/7,1 l	8,9/5,3/6,5 l	9,9/6,0/7,4 l	10,5-10,9/5,9-6,1/7,6-7,9 l
Radstand	2715 mm	2715 mm	2715 mm	2715 mm
Spur vorne/hinten	1505/1476 mm (bei Sportfahrwerk: 1494/1468 mm)	1505/1476 mm (bei Sportfahrwerk: 1494/1468 mm)	1493/1464 mm (bei Sportfahrwerk: 1494/1468 mm)	1493/1464 mm
Gesamtlänge	4541 mm	4541 mm	4541 mm	4541 mm
Gesamtbreite	1728 mm	1728 mm	1728 mm	1728 mm
Höhe	1465 mm (bei Sportfahrwerk: 1451 mm)	1465 mm (bei Sportfahrwerk: 1451 mm)	1466 mm (bei Sportfahrwerk: 1451 mm)	1465 mm
Wendekreisdurchmesser	10,76 m	10,76 m	10,76 m	10,76 m
Leergewicht[5]	1555 kg	1590 kg	1650 kg	1680 kg
Zul. Gesamtgewicht	2080 kg	2115 kg	2175 kg	2205 kg
Zuladung	525 kg	525 kg	525 kg	525 kg
Stückzahl	insgesamt 39.944 (seit 02.2003)	insgesamt 80.783 (seit 02.2003)	insgesamt 25.072 (seit 04.2000)[7]	4.834
Preise[9]	02.2004: EUR 30.276,00 01.2005: EUR 31.030,00 04.2005: EUR 31.958,00 02.2006: EUR 32.190,00 08.2006: EUR 32.422,00 01.2007: EUR 33.260,50	02.2004: EUR 32.422,00 01.2005: EUR 33.176,00 04.2005: EUR 34.104,00 02.2006: EUR 34.336,00 08.2006: EUR 34.568,00 01.2007: EUR 35.462,00	02.2004: EUR 35.612,00	01.2005: EUR 40.078,00 04.2005: EUR 40.426,00 02.2006: EUR 40.716,00 08.2006: EUR 40.948,00 01.2007: EUR 42.007,00

C-Klasse-T-Modelle der Baureihe 203, 2004 - 2007

Typ	C 30 CDI AMG T-Modell	C 180 Kompressor T-Modell	C 200 Kompressor T-Modell	C 200 CGI T-Modell	C 230 Kompressor T-Modell
Konstruktionsbezeichnung	S 203 DE 30 LA	S 203 E 18 ML LR	S 203 E 18 ML	S 203 E 18 DE ML	S 203 E 18 ML/1
Produktionszeitraum	04.2004 - 12.2004	04.2004 - 05.2007	04.2004 - 05.2007	04.2004 - 05.2005	06.2003/03.2004 - 05.2005[1]
Motor	Viertakt-Diesel (mit Direkteinspritzung, Abgas-Turbolader mit Ladeluftkühlung und Abgasreinigungsanlage mit Oxidationskatalysator)	Viertakt-Otto (mit Saugrohreinspritzung und Kompressor mit Ladeluftkühlung; Abgasreinigungsanlage mit geregeltem 3-Wege-Katalysator)	Viertakt-Otto (mit Saugrohreinspritzung und Kompressor mit Ladeluftkühlung; Abgasreinigungsanlage mit geregeltem 3-Wege-Katalysator)	Viertakt-Otto (mit Direkteinspritzung und Kompressor mit Ladeluftkühlung; Abgasreinigungsanlage mit geregeltem 3-Wege-Katalysator)	Viertakt-Otto (mit Saugrohreinspritzung und Kompressor mit Ladeluftkühlung; Abgasreinigungsanlage mit geregeltem 3-Wege-Katalysator)
Motor-Typ/-Baumuster	OM 612 DE 30 LA/612.990	M 271 E 18 ML LR/271.946	M 271 E 18 ML/271.940	M 271 E 18 DE ML/271.942	M 111 E 20 ML EVO/111.955
Zylinderzahl/Anordung	5/Reihe; 15° nach rechts geneigt	4/Reihe; 15° nach rechts geneigt	4/Reihe; 15° nach rechts geneigt	4/Reihe; 15° nach rechts geneigt	4/Reihe; 15° nach rechts geneigt
Bohrung x Hub	88,0 x 97,0 mm	82,0 x 85,0 mm	82,0 x 85,0 mm	82,0 x 85,0 mm	89,9 x 78,7 mm
Gesamthubraum	2950 ccm	1796 ccm	1796 ccm	1796 ccm	1998 ccm
Verdichtungsverhältnis	16,5	10,2	9,5	10,5	9,5
Leistung	170 kW/231 PS bei 3800 /min	105 kW/143 PS bei 5200 /min	120 kW/163 PS bei 5500 /min	125 kW/170 PS bei 5300 /min	120 kW/163 PS bei 5300 /min
Drehmoment	540 Nm bei 2000 - 2500 /min (Automatikgetriebe)	220 Nm bei 2500 - 4200 /min	240 Nm bei 3000 - 4000 /min	250 Nm bei 3000 - 4500 /min	230 Nm bei 2500 - 4800 /min
Ventilanzahl/-anordnung	2 Einlass, 2 Auslass/hängend	2 Einlass, 2 Auslass/hängend	2 Einlass, 2 Auslass/hängend	2 Einlass, 2 Auslass/hängend	2 Einlass, 2 Auslass/V-förmig hängend
Ventilsteuerung	2 obenliegende Nockenwellen	2 obenliegende Nockenwellen (variabel verstellbar)	2 obenliegende Nockenwellen (variabel verstellbar)	2 obenliegende Nockenwellen (variabel verstellbar)	2 obenliegende Nockenwellen (Einlass-Nockenwelle verstellbar)
Gemischbildung	Common-Rail-Direkteinspritzung, elektronisch geregelt; Bosch 3-Stempel-Hochdruckpumpe/Abgas-Turbolader mit Ladeluftkühlung	mikroprozessorgesteuerte Einspritzanlage mit HFM (Motorsteuerung Siemens SIM 4 LE)/Kompressor-Aufladung mit Ladeluftkühlung	mikroprozessorgesteuerte Einspritzanlage mit HFM (Motorsteuerung Siemens SIM 4 LE)/Kompressor-Aufladung mit Ladeluftkühlung	mikroprozessorgesteuerte Einspritzanlage mit HFM (Motorsteuerung Siemens SIM 4 LE)/Kompressor-Aufladung mit Ladeluftkühlung	mikroprozessorgesteuerte Einspritzanlage mit HFM (Motorsteuerung Siemens SIM 4 LE)/Kompressor-Aufladung mit Ladeluftkühlung
Kühlung	Wasserkühlung/Pumpe; 11,2 l Wasser	Wasserkühlung/Pumpe; 5,6 l Wasser	Wasserkühlung/Pumpe; 5,6 l Wasser	Wasserkühlung/Pumpe; 5,6 l Wasser	Wasserkühlung/Pumpe; 6,0 l Wasser
Schmierung	Druckumlauf-Schmierung/6,5 l Öl	Druckumlauf-Schmierung/5,5 l Öl	Druckumlauf-Schmierung/5,5 l Öl	Druckumlauf-Schmierung/5,5 l Öl	Druckumlauf-Schmierung/7,0 l Öl
Batterie	74 Ah/im Motorraum	46 Ah/im Motorraum	46 Ah/im Motorraum	46 Ah/im Motorraum	46 Ah/im Motorraum
Kraftstofftank: Anordnung, Fassungsvermögen	vor der Hinterachse/62 l	vor der Hinterachse/62 l	vor der Hinterachse/62 l	vor der Hinterachse/62 l	vor der Hinterachse/62 l
Radaufhängung vorne	Dreilenkerachse/McPherson-Federbein	Dreilenkerachse/McPherson-Federbein	Dreilenkerachse/McPherson-Federbein	Dreilenkerachse/McPherson-Federbein	Dreilenkerachse/McPherson-Federbein
Radaufhängung hinten	Raumlenkerachse	Raumlenkerachse, auf Wunsch mit hydropneumatischer Niveau-Regulierung	Raumlenkerachse, auf Wunsch mit hydropneumatischer Niveau-Regulierung	Raumlenkerachse, auf Wunsch mit hydropneumatischer Niveau-Regulierung	Raumlenkerachse, auf Wunsch mit hydropneumatischer Niveau-Regulierung
Federung vorne	Schraubenfedern, Drehstab-Stabilisator	Schraubenfedern, Drehstab-Stabilisator	Schraubenfedern, Drehstab-Stabilisator	Schraubenfedern, Drehstab-Stabilisator	Schraubenfedern, Drehstab-Stabilisator
Federung hinten	Schraubenfedern, Drehstab-Stabilisator	Schraubenfedern, Drehstab-Stabilisator	Schraubenfedern, Drehstab-Stabilisator	Schraubenfedern, Drehstab-Stabilisator	Schraubenfedern, Drehstab-Stabilisator
Stoßdämpfer vorne/hinten	Zweirohr-/Einrohr-Gasdruck-Stoßdämpfer	Zweirohr-/Einrohr-Gasdruck-Stoßdämpfer	Zweirohr-/Einrohr-Gasdruck-Stoßdämpfer	Zweirohr-/Einrohr-Gasdruck-Stoßdämpfer	Zweirohr-/Einrohr-Gasdruck-Stoßdämpfer
Lenkung	Zahnstangen-Servolenkung	Zahnstangen-Servolenkung	Zahnstangen-Servolenkung	Zahnstangen-Servolenkung	Zahnstangen-Servolenkung
Bremsanlage	hydraulische Zweikreis-Bremsanlage mit Unterdruck-Bremskraftverstärker, Anti-Blockier-System und Bremsassistent; Scheibenbremsen vorn (innenbelüftet) und hinten	hydraulische Zweikreis-Bremsanlage mit Unterdruck-Bremskraftverstärker, Anti-Blockier-System und Bremsassistent; Scheibenbremsen vorn (innenbelüftet) und hinten	hydraulische Zweikreis-Bremsanlage mit Unterdruck-Bremskraftverstärker, Anti-Blockier-System und Bremsassistent; Scheibenbremsen vorn (innenbelüftet) und hinten	hydraulische Zweikreis-Bremsanlage mit Unterdruck-Bremskraftverstärker, Anti-Blockier-System und Bremsassistent; Scheibenbremsen vorn (innenbelüftet) und hinten	hydraulische Zweikreis-Bremsanlage mit Unterdruck-Bremskraftverstärker, Anti-Blockier-System und Bremsassistent; Scheibenbremsen vorn (innenbelüftet) und hinten
Feststellbremse	mechanisch (fußbetätigt), auf Hinterräder wirkend	mechanisch (fußbetätigt), auf Hinterräder wirkend	mechanisch (fußbetätigt), auf Hinterräder wirkend	mechanisch (fußbetätigt), auf Hinterräder wirkend	mechanisch (fußbetätigt), auf Hinterräder wirkend
Bremsscheibendurchmesser vorne/hinten	345/300 mm	288/290 mm	288/290 mm	288/290 mm	288/290 mm
Räder	Leichtmetallräder	Stahlblechräder, auf Wunsch Leichtmetallräder	Stahlblechräder, auf Wunsch Leichtmetallräder	Stahlblechräder, auf Wunsch Leichtmetallräder	Stahlblechräder, auf Wunsch Leichtmetallräder
Reifen	vorn 225/45 R 17, hinten 245/40 R 17	205/55 R 16; bei Sportfahrwerk: 225/50 R 16	205/55 R 16; bei Sportfahrwerk: 225/50 R 16	205/55 R 16; bei Sportfahrwerk: 225/50 R 16	195/65 R 15 91 V; bei Sportfahrwerk: 225/50 R 16
Kraftübertragung	geteilte Kardanwelle	geteilte Kardanwelle	geteilte Kardanwelle	geteilte Kardanwelle	geteilte Kardanwelle
Getriebe [1]	5-Gang-Automatikgetriebe mit elektronischer Steuerung	6-Gang-Schaltgetriebe	6-Gang-Schaltgetriebe	6-Gang-Schaltgetriebe	6-Gang-Schaltgetriebe
Verfügbarkeit	Serie	Serie	Serie	Serie	Serie
Kupplung	hydraulischer Drehmomentwandler mit schlupfgesteuerter Überbrückungskupplung	Einscheiben-Trockenkupplung	Einscheiben-Trockenkupplung	Einscheiben-Trockenkupplung	Einscheiben-Trockenkupplung
Getriebebezeichnung	Planetengetriebe	Zahnrad-Wechselgetriebe	Zahnrad-Wechselgetriebe	Zahnrad-Wechselgetriebe	Zahnrad-Wechselgetriebe
Getriebe-Übersetzung	I. 3,59; II. 2,19; III. 1,41; IV. 1,0; V. 0,83; R. 3,16	I. 4,46; II. 2,61; III. 1,72; IV. 1,25; V. 1,0; VI. 0,84; R. 4,06	I. 4,46; II. 2,61; III. 1,72; IV. 1,24; V. 1,0; VI. 0,84; R. 4,06	I. 4,46; II. 2,61; III. 1,72; IV. 1,24; V. 1,0; VI. 0,84; R. 4,06	I. 4,46; II. 2,61; III. 1,72; IV. 1,25; V. 1,0; VI. 0,84; R. 4,06
Achsantriebsübersetzung	2,24	3,27	3,27	3,07	3,46
Höchstgeschwindigkeit	245 km/h	216 km/h	228 km/h	229 km/h	230 km/h
Beschleunigung[2] 0-100 km/h	7,0 s	10,0 s	9,4 s	9,3 s	9,3 s
Norm-Kraftstoffverbrauch in Liter	10,4/6,1/7,9 l	11,8/6,3/8,3 l	12,4/6,5/8,7 l	11,1/6,1/7,9 l	14,3/7,0/9,7 l
Getriebe [2]		5-Gang-Automatikgetriebe mit elektronischer Steuerung	5-Gang-Automatikgetriebe mit elektronischer Steuerung		5-Gang-Automatikgetriebe mit elektronischer Steuerung
Verfügbarkeit		auf Wunsch	auf Wunsch		auf Wunsch
Kupplung		hydraulischer Drehmomentwandler mit schlupfgesteuerter Überbrückungskupplung	hydraulischer Drehmomentwandler mit schlupfgesteuerter Überbrückungskupplung		hydraulischer Drehmomentwandler mit schlupfgesteuerter Überbrückungskupplung
Getriebebezeichnung		Planetengetriebe	Planetengetriebe		Planetengetriebe
Getriebe-Übersetzung		I. 3,95; II. 2,42; III. 1,49; IV. 1,0; V. 0,83; R. 3,15	I. 3,95; II. 2,42; III. 1,49; IV. 1,0; V. 0,83; R. 3,15		I. 3,95; II. 2,42; III. 1,49; IV. 1,0; V. 0,83; R. 3,15
Achsantriebsübersetzung		3,07	3,27		3,27
Höchstgeschwindigkeit		211 km/h	225 km/h		227 km/h
Beschleunigung[2] 0-100 km/h		10,2 s	9,7 s		9,7 s
Norm-Kraftstoffverbrauch in Liter		12,1/6,1/8,4 l	12,4/6,4/8,7 l		13,8/7,0/9,5 l
Radstand	2715 mm	2715 mm	2715 mm	2715 mm	2715 mm
Spur vorne/hinten	1493/1478 mm	1505/1476 mm (bei Sportfahrwerk: 1494/1468 mm)	1505/1476 mm (bei Sportfahrwerk: 1494/1468 mm)	1505/1476 mm (bei Sportfahrwerk: 1494/1468 mm)	1505/1476 mm (bei Sportfahrwerk: 1494/1468 mm)
Gesamtlänge	4541 mm	4541 mm	4541 mm	4541 mm	4526 mm
Gesamtbreite	1728 mm	1728 mm	1728 mm	1728 mm	1728 mm
Höhe	1455 mm	1465 mm (bei Sportfahrwerk: 1451 mm)	1465 mm (bei Sportfahrwerk: 1451 mm)	1465 mm (bei Sportfahrwerk: 1451 mm)	1465 mm (bei Sportfahrwerk: 1451 mm)
Wendekreisdurchmesser	10,76 m	10,76 m	10,76 m	10,76 m	10,76 m
Leergewicht[5]	1705 kg	1535 kg	1535 kg	1545 kg	1490 kg
Zul. Gesamtgewicht	2210 kg	2060 kg	2060 kg	2070 kg	1970 kg
Zuladung	505 kg	525 kg	525 kg	525 kg	480 kg
Stückzahl	insgesamt 830 (seit 07.2002)[7]	insgesamt 55.788 (seit 01.2002)	insgesamt 24.917 (seit 02.2002)	insgesamt 137 (seit 07.2002)[7]	2.600
Preise[9]	02.2004: EUR 51.678,00	02.2004: EUR 29.638,00 01.2005: EUR 30.102,00 04.2005: EUR 30.450,00 02.2006: EUR 30.682,00 08.2006: EUR 30.856,00 01.2007: EUR 31.654,00	02.2004: EUR 31.204,00 01.2005: EUR 31.668,00 04.2005: EUR 32.016,00 02.2006: EUR 32.248,00 08.2006: EUR 32.480,00 01.2007: EUR 33.320,00	02.2004: EUR 32.364,00 01.2005: EUR 32.828,00	02.2004: EUR 33.524,00 01.2005: EUR 33.988,00

C-Klasse-T-Modelle der Baureihe 203, 2004 - 2007

Typ	C 230 T-Modell	C 240 T-Modell	C 240 4MATIC T-Modell	C 280 T-Modell	C 280 4MATIC T-Modell
Konstruktionsbezeichnung	S 203 E 25	S 203 E 26	S 203 E 26 4-M	S 203 E 30	S 203 E 30 4-M
Produktionszeitraum	12.2004/06.2005 - 05.2007[1]	04.2004 - 05.2005	04.2004 - 05.2005	12.2004/06.2005 - 05.2007[1]	12.2004/07.2005 - 05.2007[1]
Motor	Viertakt-Otto (mit Saugrohreinspritzung und Abgasreinigungsanlage mit geregeltem 3-Wege-Katalysator)	Viertakt-Otto (mit Saugrohreinspritzung und Abgasreinigungsanlage mit geregeltem 3-Wege-Katalysator)	Viertakt-Otto (mit Saugrohreinspritzung und Abgasreinigungsanlage mit geregeltem 3-Wege-Katalysator)	Viertakt-Otto (mit Saugrohreinspritzung und Abgasreinigungsanlage mit geregeltem 3-Wege-Katalysator)	Viertakt-Otto (mit Saugrohreinspritzung und Abgasreinigungsanlage mit geregeltem 3-Wege-Katalysator)
Motor-Typ/-Baumuster	M 272 E 25/272.920	M 112 E 26/112.912	M 112 E 26/112.916	M 272 E 30/272.940	M 272 E 30/272.941
Zylinderzahl/Anordnung	6/90°-V-Form; Leichtmetallblock	6/90°-V-Form; Leichtmetallblock	6/90°-V-Form; Leichtmetallblock	6/90°-V-Form; Leichtmetallblock	6/90°-V-Form; Leichtmetallblock
Bohrung x Hub	88,0 x 68,4 mm	89,9 x 68,2 mm	89,9 x 68,2 mm	88,0 x 82,1 mm	88,0 x 82,1 mm
Gesamthubraum	2496 ccm	2597 ccm	2597 ccm	2996 ccm	2996 ccm
Verdichtungsverhältnis	11,2	10,5	10,5	11,3	11,3
Leistung	150 kW/204 PS bei 6100 /min	125 kW/170 PS bei 5500 /min	125 kW/170 PS bei 5500 /min	170 kW/231 PS bei 6000 /min	170 kW/231 PS bei 6000 /min
Drehmoment	245 Nm bei 2900 - 5500 /min	240 Nm bei 4500 /min	240 Nm bei 4500 /min	300 Nm bei 2500 - 5000 /min	300 Nm bei 2500 - 5000 /min
Ventilanzahl/-anordnung	2 Einlass, 2 Auslass/hängend	2 Einlass, 1 Auslass/V-förmig hängend	2 Einlass, 1 Auslass/V-förmig hängend	2 Einlass, 2 Auslass/hängend	2 Einlass, 2 Auslass/hängend
Ventilsteuerung	je Zylinderreihe 2 obenliegende Nockenwellen (variabel verstellbar)	je Zylinderreihe 1 obenliegende Nockenwelle	je Zylinderreihe 1 obenliegende Nockenwelle	je Zylinderreihe 2 obenliegende Nockenwellen (variabel verstellbar)	je Zylinderreihe 2 obenliegende Nockenwellen (variabel verstellbar)
Gemischbildung	mikroprozessorgesteuerte Einspritzanlage mit Heißfilm-Luftmassenmessung	mikroprozessorgesteuerte Einspritzanlage mit Heißfilm-Luftmassenmessung (Motorsteuerung Bosch ME)	mikroprozessorgesteuerte Einspritzanlage mit Heißfilm-Luftmassenmessung (Motorsteuerung Bosch ME)	mikroprozessorgesteuerte Einspritzanlage mit Heißfilm-Luftmassenmessung	mikroprozessorgesteuerte Einspritzanlage mit Heißfilm-Luftmassenmessung
Kühlung	Wasserkühlung/Pumpe; 7,1 l Wasser	Wasserkühlung/Pumpe; 6,4 l Wasser	Wasserkühlung/Pumpe; 6,7 l Wasser	Wasserkühlung/Pumpe; 7,1 l Wasser	Wasserkühlung/Pumpe; 7,1 l Wasser
Schmierung	Druckumlauf-Schmierung/8,0 l Öl	Druckumlauf-Schmierung/8,0 l Öl	Druckumlauf-Schmierung/8,0 l Öl	Druckumlauf-Schmierung/8,0 l Öl	Druckumlauf-Schmierung/8,5 l Öl
Batterie	62 Ah/im Motorraum	62 Ah/im Motorraum	62 Ah/im Motorraum	62 Ah/im Motorraum	62 Ah/im Motorraum
Kraftstofftank: Anordnung, Fassungsvermögen	vor der Hinterachse/62 l	vor der Hinterachse/62 l	vor der Hinterachse/62 l	vor der Hinterachse/62 l	vor der Hinterachse/62 l
Radaufhängung vorne	Dreilenkerachse/McPherson-Federbein	Dreilenkerachse/McPherson-Federbein	Dreilenkerachse/McPherson-Federbein	Dreilenkerachse/McPherson-Federbein	Dreilenkerachse/McPherson-Federbein
Radaufhängung hinten	Raumlenkerachse, auf Wunsch mit hydropneumatischer Niveau-Regulierung	Raumlenkerachse, auf Wunsch mit hydropneumatischer Niveau-Regulierung	Raumlenkerachse, auf Wunsch mit hydropneumatischer Niveau-Regulierung	Raumlenkerachse, auf Wunsch mit hydropneumatischer Niveau-Regulierung	Raumlenkerachse, auf Wunsch mit hydropneumatischer Niveau-Regulierung
Federung vorne	Schraubenfedern, Drehstab-Stabilisator	Schraubenfedern, Drehstab-Stabilisator	Schraubenfedern, Drehstab-Stabilisator	Schraubenfedern, Drehstab-Stabilisator	Schraubenfedern, Drehstab-Stabilisator
Federung hinten	Schraubenfedern, Drehstab-Stabilisator	Schraubenfedern, Drehstab-Stabilisator	Schraubenfedern, Drehstab-Stabilisator	Schraubenfedern, Drehstab-Stabilisator	Schraubenfedern, Drehstab-Stabilisator
Stoßdämpfer vorne/hinten	Zweirohr-/Einrohr-Gasdruck-Stoßdämpfer	Zweirohr-/Einrohr-Gasdruck-Stoßdämpfer	Zweirohr-/Einrohr-Gasdruck-Stoßdämpfer	Zweirohr-/Einrohr-Gasdruck-Stoßdämpfer	Zweirohr-/Einrohr-Gasdruck-Stoßdämpfer
Lenkung	Zahnstangen-Servolenkung	Zahnstangen-Servolenkung	Zahnstangen-Servolenkung	Zahnstangen-Servolenkung	Zahnstangen-Servolenkung
Bremsanlage	hydraulische Zweikreis-Bremsanlage mit Unterdruck-Bremskraftverstärker, Anti-Blockier-System und Bremsassistent; Scheibenbremsen vorn (innenbelüftet) und hinten	hydraulische Zweikreis-Bremsanlage mit Unterdruck-Bremskraftverstärker, Anti-Blockier-System und Bremsassistent; Scheibenbremsen vorn (innenbelüftet) und hinten	hydraulische Zweikreis-Bremsanlage mit Unterdruck-Bremskraftverstärker, Anti-Blockier-System und Bremsassistent; Scheibenbremsen vorn (innenbelüftet) und hinten	hydraulische Zweikreis-Bremsanlage mit Unterdruck-Bremskraftverstärker, Anti-Blockier-System und Bremsassistent; Scheibenbremsen vorn (innenbelüftet) und hinten	hydraulische Zweikreis-Bremsanlage mit Unterdruck-Bremskraftverstärker, Anti-Blockier-System und Bremsassistent; Scheibenbremsen vorn (innenbelüftet) und hinten
Feststellbremse	mechanisch (fußbetätigt), auf Hinterräder wirkend	mechanisch (fußbetätigt), auf Hinterräder wirkend	mechanisch (fußbetätigt), auf Hinterräder wirkend	mechanisch (fußbetätigt), auf Hinterräder wirkend	mechanisch (fußbetätigt), auf Hinterräder wirkend
Bremsscheibendurchmesser vorne/hinten	300/290 mm	300/290 mm	300/290 mm	300/290 mm	300/290 mm
Räder	Stahlblechräder, auf Wunsch Leichtmetallräder	Stahlblechräder, auf Wunsch Leichtmetallräder	Stahlblechräder, auf Wunsch Leichtmetallräder	Stahlblechräder, auf Wunsch Leichtmetallräder	Stahlblechräder, auf Wunsch Leichtmetallräder
Reifen	205/55 R 16	205/55 R 16; bei Sportfahrwerk: 225/50 R 16	205/55 R 16; bei Sportfahrwerk: 225/50 R 16	205/55 R 16; bei Sportfahrwerk: 225/50 R 16	205/55 R 16
Kraftübertragung	geteilte Kardanwelle	geteilte Kardanwelle	vom Verteilergetriebe über einteilige Gelenkwelle auf Vorderachs-Differenzial und über zweiteilige Gelenkwelle auf Hinterachs-Differenzial (Kraftverteilung 40% vorn, 60% hinten)	geteilte Kardanwelle	vom Verteilergetriebe über einteilige Gelenkwelle auf Vorderachs-Differenzial und über zweiteilige Gelenkwelle auf Hinterachs-Differenzial (Kraftverteilung 40% vorn, 60% hinten)
Getriebe [1]	6-Gang-Schaltgetriebe	6-Gang-Schaltgetriebe	5-Gang-Automatikgetriebe mit elektronischer Steuerung	6-Gang-Schaltgetriebe	5-Gang-Automatikgetriebe mit elektronischer Steuerung
Verfügbarkeit	Serie	Serie	Serie	Serie	auf Wunsch
Kupplung	Einscheiben-Trockenkupplung	Einscheiben-Trockenkupplung	hydraulischer Drehmomentwandler mit schlupfgesteuerter Überbrückungskupplung	Einscheiben-Trockenkupplung	hydraulischer Drehmomentwandler mit schlupfgesteuerter Überbrückungskupplung
Getriebebezeichnung	Zahnrad-Wechselgetriebe	Zahnrad-Wechselgetriebe	Planetengetriebe	Zahnrad-Wechselgetriebe	Planetengetriebe
Getriebe-Übersetzung	I. 4,46; II. 2,61; III. 1,72; IV. 1,24; V. 1,0; VI. 0,84; R. 4,06	I. 4,46; II. 2,61; III. 1,72; IV. 1,25; V. 1,0; VI. 0,84; R. 4,06	I. 3,95; II. 2,42; III. 1,49; IV. 1,0; V. 0,83; R. 3,15	I. 4,46; II. 2,61; III. 1,72; IV. 1,24; V. 1,0; VI. 0,84; R. 4,06	I. 3,95; II. 2,42; III. 1,49; IV. 1,0; V. 0,83; R. 3,15
Achsantriebsübersetzung	3,27	3,46	3,46	3,07	3,27
Höchstgeschwindigkeit	235 km/h	229 km/h	219 km/h	248 km/h	237 km/h
Beschleunigung[2] 0-100 km/h	8,6 s	9,5 s	10,4 s	7,5 s	7,9 s
Norm-Kraftstoffverbrauch in Liter	13,6-13,9/7,2-7,5/9,6-9,9 l	15,9/8,0/10,9 l	16,1/8,5/11,6 l	13,8-14,1/7,4-7,7/9,7-10,0 l	14,0-14,2/7,9-8,1/10,2-10,4 l
Getriebe [2]	7-Gang-Automatikgetriebe mit elektronischer Steuerung	5-Gang-Automatikgetriebe mit elektronischer Steuerung		7-Gang-Automatikgetriebe mit elektronischer Steuerung	
Verfügbarkeit	auf Wunsch	auf Wunsch		auf Wunsch	
Kupplung	hydraulischer Drehmomentwandler mit schlupfgesteuerter Überbrückungskupplung	hydraulischer Drehmomentwandler mit schlupfgesteuerter Überbrückungskupplung		hydraulischer Drehmomentwandler mit schlupfgesteuerter Überbrückungskupplung	
Getriebebezeichnung	Planetengetriebe	Planetengetriebe		Planetengetriebe	
Getriebe-Übersetzung	I. 4,38; II. 2,86; III. 1,92; IV. 1,37; V. 1,00; VI. 0,82; VII. 0,73; R. 3,42	I. 3,95; II. 2,42; III. 1,49; IV. 1,0; V. 0,83; R. 3,15		I. 4,38; II. 2,86; III. 1,92; IV. 1,37; V. 1,00; VI. 0,82; VII. 0,73; R. 3,42	
Achsantriebsübersetzung	3,27	3,46		3,07	
Höchstgeschwindigkeit	228 km/h	226 km/h		241 km/h	
Beschleunigung[2] 0-100 km/h	9,1 s	9,9 s		7,5 s	
Norm-Kraftstoffverbrauch in Liter	13,4-13,7/7,3-7,6/9,5-9,8 l	14,6/8,0/10,4 l		13,2-13,5/7,4-7,7/9,6-9,9 l	
Radstand	2715 mm	2715 mm	2715 mm	2715 mm	2715 mm
Spur vorne/hinten	1505/1476 mm (bei Sportfahrwerk: 1494/1468 mm)	1493/1464 mm (bei Sportfahrwerk: 1494/1468 mm)	1493/1464 mm	1505/1476 mm (bei Sportfahrwerk: 1494/1468 mm)	1505/1476 mm
Gesamtlänge	4541 mm	4541 mm	4541 mm	4541 mm	4541 mm
Gesamtbreite	1728 mm	1728 mm	1728 mm	1728 mm	1728 mm
Höhe	1466 mm (bei Sportfahrwerk: 1452 mm)	1466 mm (bei Sportfahrwerk: 1451 mm)	1467 mm	1466 mm (bei Sportfahrwerk: 1452 mm)	1466 mm
Wendekreisdurchmesser	10,76 m	10,76 m	10,76 m	10,76 m	10,76 m
Leergewicht[5]	1580 kg	1585 kg	1690 kg	1585 kg	1690 kg
Zul. Gesamtgewicht	2105 kg	2110 kg	2215 kg	2110 kg	2215 kg
Zuladung	525 kg	525 kg	525 kg	525 kg	525 kg
Stückzahl	3.300	insgesamt 10.578 (seit 05.2000)[7]	insgesamt 5.915 (seit 01.2002)[7]	1.697	933
Preise[9]	04.2005: EUR 33.988,00 02.2006: EUR 34.220,00 08.2006: EUR 34.452,00 01.2007: EUR 35.343,00	02.2004: EUR 34.684,00 01.2005: EUR 35.148,00	02.2004: EUR 38.802,00 01.2005: EUR 39.324,00	04.2005: EUR 35.148,00 02.2006: EUR 35.380,00 08.2006: EUR 35.612,00 01.2007: EUR 26.533,00	04.2005: EUR 39.324,00 02.2006: EUR 39.556,00 08.2006: EUR 39.788,00 01.2007: EUR 40.817,00

C-Klasse-T-Modelle der Baureihe 203, 2004 - 2007

Typ	C 320 T-Modell	C 320 4MATIC T-Modell	C 350 T-Modell	C 350 4MATIC T-Modell	C 55 AMG T-Modell
Konstruktionsbezeichnung	S 203 E 32	S 203 E 32 4-M	S 203 E 35	S 203 E 35 4-M	S 203 E 55
Produktionszeitraum	04.2004 - 05.2005	04.2004 - 05.2005	12.2004/06.2005 - 05.2007[1]	12.2004/07.2005 - 05.2007[1]	10.2003/05.2004 - 05.2007*
Motor	Viertakt-Otto (mit Saugrohreinspritzung und Abgasreinigungsanlage mit geregeltem 3-Wege-Katalysator)	Viertakt-Otto (mit Saugrohreinspritzung und Abgasreinigungsanlage mit geregeltem 3-Wege-Katalysator)	Viertakt-Otto (mit Saugrohreinspritzung und Abgasreinigungsanlage mit geregeltem 3-Wege-Katalysator)	Viertakt-Otto (mit Saugrohreinspritzung und Abgasreinigungsanlage mit geregeltem 3-Wege-Katalysator)	Viertakt-Otto (mit Saugrohreinspritzung und Abgasreinigungsanlage mit geregeltem 3-Wege-Katalysator)
Motor-Typ/-Baumuster	M 112 E 32/112.946	M 112 E 32/112.953	M 272 E 35/272.960	M 272 E 35/272.970	M 113 E 55 AMG/113.988
Zylinderzahl/Anordung	6/90°-V-Form; Leichtmetallblock	6/90°-V-Form; Leichtmetallblock	6/90°-V-Form; Leichtmetallblock	6/90°-V-Form; Leichtmetallblock	8/90°-V-Form; Leichtmetallblock
Bohrung x Hub	89,9 x 84,0 mm	89,9 x 84,0 mm	92,9 x 86,0 mm	92,9 x 86,0 mm	97,0 x 92,0 mm
Gesamthubraum	3199 ccm	3199 ccm	2996 ccm	2996 ccm	5439 ccm
Verdichtungsverhältnis	10	10	10,7	10,7	11
Leistung	160 kW/218 PS bei 5700 /min	160 kW/218 PS bei 5700 /min	200 kW/272 PS bei 6000 /min	200 kW/272 PS bei 6000 /min	270 kW/367 PS bei 5750 /min
Drehmoment	310 Nm bei 3000 - 4600 /min	310 Nm bei 3000 - 4600 /min	350 Nm bei 2400 - 5000 /min	350 Nm bei 2400 - 5000 /min	510 Nm bei 4000 /min
Ventilanzahl/-anordnung	2 Einlass, 1 Auslass/V-förmig hängend	2 Einlass, 1 Auslass/V-förmig hängend	2 Einlass, 2 Auslass/hängend	2 Einlass, 2 Auslass/hängend	2 Einlass, 1 Auslass/V-förmig hängend
Ventilsteuerung	je Zylinderreihe 1 obenliegende Nockenwelle	je Zylinderreihe 1 obenliegende Nockenwelle	je Zylinderreihe 2 obenliegende Nockenwellen (variabel verstellbar)	je Zylinderreihe 2 obenliegende Nockenwellen (variabel verstellbar)	je Zylinderreihe 1 obenliegende Nockenwelle
Gemischbildung	mikroprozessorgesteuerte Einspritzanlage mit Heißfilm-Luftmassenmessung (Motorsteuerung Bosch ME)	mikroprozessorgesteuerte Einspritzanlage mit Heißfilm-Luftmassenmessung (Motorsteuerung Bosch ME)	mikroprozessorgesteuerte Einspritzanlage mit Heißfilm-Luftmassenmessung	mikroprozessorgesteuerte Einspritzanlage mit Heißfilm-Luftmassenmessung	mikroprozessorgesteuerte Einspritzanlage mit Heißfilm-Luftmassenmessung (Motorsteuerung Bosch ME)
Kühlung	Wasserkühlung/Pumpe; 6,4 l Wasser	Wasserkühlung/Pumpe; 6,7 l Wasser	Wasserkühlung/Pumpe; 7,1 l Wasser	Wasserkühlung/Pumpe; 7,1 l Wasser	Wasserkühlung/Pumpe; 12,0 l Wasser
Schmierung	Druckumlauf-Schmierung/8,0 l Öl	Druckumlauf-Schmierung/8,0 l Öl	Druckumlauf-Schmierung/8,0 l Öl	Druckumlauf-Schmierung/8,5 l Öl	Druckumlauf-Schmierung/8,5 l Öl
Batterie	62 Ah/im Motorraum	62 Ah/im Motorraum	62 Ah/im Motorraum	62 Ah/im Motorraum	62 Ah/im Motorraum
Kraftstofftank: Anordnung, Fassungsvermögen	vor der Hinterachse/62 l	vor der Hinterachse/62 l	vor der Hinterachse/62 l	vor der Hinterachse/62 l	vor der Hinterachse/62 l
Radaufhängung vorne	Dreilenkerachse/McPherson-Federbein	Dreilenkerachse/McPherson-Federbein	Dreilenkerachse/McPherson-Federbein	Dreilenkerachse/McPherson-Federbein	Dreilenkerachse/McPherson-Federbein
Radaufhängung hinten	Raumlenkerachse, auf Wunsch mit hydropneumatischer Niveau-Regulierung	Raumlenkerachse, auf Wunsch mit hydropneumatischer Niveau-Regulierung	Raumlenkerachse, auf Wunsch mit hydropneumatischer Niveau-Regulierung	Raumlenkerachse, auf Wunsch mit hydropneumatischer Niveau-Regulierung	Raumlenkerachse
Federung vorne	Schraubenfedern, Drehstab-Stabilisator	Schraubenfedern, Drehstab-Stabilisator	Schraubenfedern, Drehstab-Stabilisator	Schraubenfedern, Drehstab-Stabilisator	Schraubenfedern, Drehstab-Stabilisator
Federung hinten	Schraubenfedern, Drehstab-Stabilisator	Schraubenfedern, Drehstab-Stabilisator	Schraubenfedern, Drehstab-Stabilisator	Schraubenfedern, Drehstab-Stabilisator	Schraubenfedern, Drehstab-Stabilisator
Stoßdämpfer vorne/hinten	Zweirohr-/Einrohr-Gasdruck-Stoßdämpfer	Zweirohr-/Einrohr-Gasdruck-Stoßdämpfer	Zweirohr-/Einrohr-Gasdruck-Stoßdämpfer	Zweirohr-/Einrohr-Gasdruck-Stoßdämpfer	Zweirohr-/Einrohr-Gasdruck-Stoßdämpfer
Lenkung	Zahnstangen-Servolenkung	Zahnstangen-Servolenkung	Zahnstangen-Servolenkung	Zahnstangen-Servolenkung	Zahnstangen-Servolenkung
Bremsanlage	hydraulische Zweikreis-Bremsanlage mit Unterdruck-Bremskraftverstärker, Anti-Blockier-System und Bremsassistent; Scheibenbremsen vorn (innenbelüftet) und hinten	hydraulische Zweikreis-Bremsanlage mit Unterdruck-Bremskraftverstärker, Anti-Blockier-System und Bremsassistent; Scheibenbremsen vorn (innenbelüftet) und hinten	hydraulische Zweikreis-Bremsanlage mit Unterdruck-Bremskraftverstärker, Anti-Blockier-System und Bremsassistent; Scheibenbremsen vorn (innenbelüftet) und hinten	hydraulische Zweikreis-Bremsanlage mit Unterdruck-Bremskraftverstärker, Anti-Blockier-System und Bremsassistent; innenbelüftete Scheibenbremsen vorn und hinten	hydraulische Zweikreis-Bremsanlage mit Unterdruck-Bremskraftverstärker, Anti-Blockier-System und Bremsassistent; innenbelüftete Scheibenbremsen vorn (perforiert) und hinten
Feststellbremse	mechanisch (fußbetätigt), auf Hinterräder wirkend	mechanisch (fußbetätigt), auf Hinterräder wirkend	mechanisch (fußbetätigt), auf Hinterräder wirkend	mechanisch (fußbetätigt), auf Hinterräder wirkend	mechanisch (fußbetätigt), auf Hinterräder wirkend
Bremsscheibendurchmesser vorne/hinten	300/290 mm	300/290 mm	330/290 mm	345/300 mm	345/300 mm
Räder	Stahlblechräder, auf Wunsch Leichtmetallräder	Stahlblechräder, auf Wunsch Leichtmetallräder	Leichtmetallräder	Leichtmetallräder	Leichtmetallräder
Reifen	205/55 R 16; bei Sportfahrwerk: 225/50 R 16	205/55 R 16; bei Sportfahrwerk: 225/50 R 16	225/45 R 17	225/45 R 17	vorn 225/40 R 18, hinten 245/35 R 18
Kraftübertragung	geteilte Kardanwelle	vom Verteilergetriebe über einteilige Gelenkwelle auf Vorderachs-Differenzial und über zweiteilige Gelenkwelle auf Hinterachs-Differenzial (Kraftverteilung 40% vorn, 60% hinten)	geteilte Kardanwelle	vom Verteilergetriebe über einteilige Gelenkwelle auf Vorderachs-Differenzial und über zweiteilige Gelenkwelle auf Hinterachs-Differenzial (Kraftverteilung 40% vorn, 60% hinten)	geteilte Kardanwelle
Getriebe [1]	6-Gang-Schaltgetriebe	5-Gang-Automatikgetriebe mit elektronischer Steuerung	6-Gang-Schaltgetriebe	5-Gang-Automatikgetriebe mit elektronischer Steuerung	5-Gang-Automatikgetriebe mit elektronischer Steuerung
Verfügbarkeit	Serie	Serie	Serie	auf Wunsch	Serie
Kupplung	Einscheiben-Trockenkupplung	hydraulischer Drehmomentwandler mit schlupfgesteuerter Überbrückungskupplung	Einscheiben-Trockenkupplung	hydraulischer Drehmomentwandler mit schlupfgesteuerter Überbrückungskupplung	hydraulischer Drehmomentwandler mit schlupfgesteuerter Überbrückungskupplung
Getriebebezeichnung	Zahnrad-Wechselgetriebe	Planetengetriebe	Zahnrad-Wechselgetriebe	Planetengetriebe	Planetengetriebe
Getriebe-Übersetzung	I. 4,46; II. 2,61; III. 1,72; IV. 1,25; V. 1,0; VI. 0,84; R. 4,06	I. 3,95; II. 2,42; III. 1,49; IV. 1,0; V. 0,83; R. 3,15	I. 4,46; II. 2,61; III. 1,72; IV. 1,24; V. 1,0; VI. 0,84; R. 4,06	I. 3,95; II. 2,42; III. 1,49; IV. 1,0; V. 0,83; R. 3,15	I. 3,59; II. 2,19; III. 1,41; IV. 1,0; V. 0,83; R. 3,15
Achsantriebsübersetzung	3,27	3,27	2,82	3,27	3,06
Höchstgeschwindigkeit	244 km/h	235 km/h	250 km/h (abgeregelt)	250 km/h (abgeregelt)	250 km/h (abgeregelt)
Beschleunigung[2] 0-100 km/h	7,9 s	8,3 s	6,5 s	7,1 s	5,4 s
Norm-Kraftstoffverbrauch in Liter	16,7/8,2/11,4 l	16,4/8,5/11,8 l	14,0-14,3/7,4-7,7/9,8-10,1 l	14,5-14,8/8,2-8,5/10,5-10,8 l	17,8/9,2/12,3 l
Getriebe [2]	5-Gang-Automatikgetriebe mit elektronischer Steuerung		7-Gang-Automatikgetriebe mit elektronischer Steuerung		
Verfügbarkeit	auf Wunsch		auf Wunsch		
Kupplung	hydraulischer Drehmomentwandler mit schlupfgesteuerter Überbrückungskupplung		hydraulischer Drehmomentwandler mit schlupfgesteuerter Überbrückungskupplung		
Getriebebezeichnung	Planetengetriebe		Planetengetriebe		
Getriebe-Übersetzung	I. 3,95; II. 2,42; III. 1,49; IV. 1,0; V. 0,83; R. 3,15		I. 4,38; II. 2,86; III. 1,92; IV. 1,37; V. 1,00; VI. 0,82; VII. 0,73; R. 3,42		
Achsantriebsübersetzung	3,27		2,82		
Höchstgeschwindigkeit	242 km/h		250 km/h (abgeregelt)		
Beschleunigung[2] 0-100 km/h	8,1 s		6,5 s		
Norm-Kraftstoffverbrauch in Liter	15,9/8,1/10,8 l		14,2-14,5/7,8-8,1/10,2-10,5 l		
Radstand	2715 mm	2715 mm	2715 mm	2715 mm	2715 mm
Spur vorne/hinten	1493/1464 mm (bei Sportfahrwerk: 1494/1468 mm)	1493/1464 mm	1493/1464 mm	1493/1464 mm	1507/1478 mm
Gesamtlänge	4541 mm	4541 mm	4541 mm	4541 mm	4626 mm
Gesamtbreite	1728 mm	1728 mm	1728 mm	1728 mm	1744 mm
Höhe	1466 mm (bei Sportfahrwerk: 1451 mm)	1467 mm	1470 mm	1467 mm	1455 mm
Wendekreisdurchmesser	10,76 m	10,76 m	10,76 m	10,76 m	10,76 m
Leergewicht[5]	1605 kg	1700 kg	1600 kg	1705 kg	1695 kg
Zul. Gesamtgewicht	2130 kg	2225 kg	2125 kg	2230 kg	2200 kg
Zuladung	525 kg	525 kg	525 kg	525 kg	505 kg
Stückzahl	insgesamt 8.495 (seit 06.2000)[7]	insgesamt 2.031 (seit 01.2002)[7]	448	318	595
Preise[9]	02.2004: EUR 38.860,00 01.2005: EUR 39.382,00	02.2004: EUR 42.978,00 01.2005: EUR 43.558,00	04.2005: EUR 41.238,00 02.2006: EUR 41.528,00 08.2006: EUR 41.760,00 01.2007: EUR 42.840,00	04.2005: EUR 45.414,00 02.2006: EUR 45.704,00 08.2006: EUR 45.936,00 01.2007: EUR 47.124,00	02.2004: EUR 63.568,00 01.2005: EUR 64.438,00 04.2005: EUR 64.786,00 02.2006: EUR 65.482,00 08.2006: EUR 65.712,00 01.2007: EUR 67.413,50

C-Klasse-Sportcoupés der Baureihe 203, 2001 - 2004

Typ	C 200 CDI Sportcoupé	C 220 CDI Sportcoupé	C 30 CDI AMG Sportcoupé	C 180 Sportcoupé	C 180 Kompressor Sportcoupé
Konstruktionsbezeichnung	CL 203 DE 22 LA LR	CL 203 DE 22 LA	CL 203 DE 30 LA	CL 203 E 20	CL 203 E 18 ML LR
Produktionszeitraum	02.2003/05.2003 - 03.2004[1]	11.1999/11.2000 - 03.2004	02.2002/02.2003 - 03.2004[1]	08.1999/12.2000 - 06.2002[1]	02.2002/05.2002 - 03.2004[1]
Motor	Viertakt-Diesel (mit Direkteinspritzung, Abgas-Turbolader mit Ladeluftkühlung und Abgasreinigungsanlage mit Oxidationskatalysator)	Viertakt-Diesel (mit Direkteinspritzung, Abgas-Turbolader mit Ladeluftkühlung und Abgasreinigungsanlage mit Oxidationskatalysator)	Viertakt-Diesel (mit Direkteinspritzung, Abgas-Turbolader mit Ladeluftkühlung und Abgasreinigungsanlage mit Oxidationskatalysator)	Viertakt-Otto (mit Saugrohreinspritzung und Abgasreinigungsanlage mit geregeltem 3-Wege-Katalysator)	Viertakt-Otto (mit Saugrohreinspritzung und Kompressor mit Ladeluftkühlung; Abgasreinigungsanlage mit geregeltem 3-Wege-Katalysator)
Motor-Typ/-Baumuster	OM 646 DE 22 LA LR/646.962	OM 611 DE 22 LA/611.962	OM 612 DE 30 LA/612.990	M 111 E 20 EVO/111.951	M 271 E 18 ML LR/271.946
Zylinderzahl/Anordung	4/Reihe; 15° nach rechts geneigt	4/Reihe; 15° nach rechts geneigt	5/Reihe; 15° nach rechts geneigt	4/Reihe; 15° nach rechts geneigt	4/Reihe; 15° nach rechts geneigt
Bohrung x Hub	88,0 x 88,3 mm	88,0 x 88,3 mm	88,0 x 97,0 mm	89,9 x 78,7 mm	82,0 x 85,0 mm
Gesamthubraum	2148 ccm	2148 ccm	2950 ccm	1998 ccm	1796 ccm
Verdichtungsverhältnis	18	18	16,5	10,6	10,2
Leistung	90 kW/122 PS bei 4200 /min	105 kW/143 PS bei 4200 /min	170 kW/231 PS bei 3800 /min	95 kW/129 PS bei 5300 /min	105 kW/143 PS bei 5200 /min
Drehmoment	270 Nm bei 1600 - 2800 /min	315 Nm bei 1800 - 2600 /min	540 Nm bei 2000 /min (Automatikgetriebe)	190 Nm bei 4000 /min	220 Nm bei 2500 - 4200 /min
Ventilanzahl/-anordnung	2 Einlass, 2 Auslass/hängend	2 Einlass, 2 Auslass/hängend	2 Einlass, 2 Auslass/hängend	2 Einlass, 2 Auslass/V-förmig hängend	2 Einlass, 2 Auslass/hängend
Ventilsteuerung	2 obenliegende Nockenwellen	2 obenliegende Nockenwellen	2 obenliegende Nockenwellen	2 obenliegende Nockenwellen (Einlass-Nockenwelle verstellbar)	2 obenliegende Nockenwellen (variabel verstellbar)
Gemischbildung	Common-Rail-Direkteinspritzung, elektronisch geregelt; Bosch 3-Stempel-Hochdruckpumpe/Abgas-Turbolader mit Ladeluftkühlung	Common-Rail-Direkteinspritzung, elektronisch geregelt; Bosch 3-Stempel-Hochdruckpumpe/Abgas-Turbolader mit Ladeluftkühlung	Common-Rail-Direkteinspritzung, elektronisch geregelt; Bosch 3-Stempel-Hochdruckpumpe/Abgas-Turbolader mit Ladeluftkühlung	mikroprozessorgesteuerte Einspritzanlage mit Heißfilm-Luftmassenmessung (Motorsteuerung Siemens SIM 4 LE)	mikroprozessorgesteuerte Einspritzanlage mit HFM (Motorsteuerung Siemens SIM 4 LE)/Kompressor-Aufladung mit Ladeluftkühlung
Kühlung	Wasserkühlung/Pumpe; 7,5 l Wasser	Wasserkühlung/Pumpe; 8,6 l Wasser	Wasserkühlung/Pumpe; 11,2 l Wasser	Wasserkühlung/Pumpe; 6,0 l Wasser	Wasserkühlung/Pumpe; 5,6 l Wasser
Schmierung	Druckumlauf-Schmierung/6,5 l Öl	Druckumlauf-Schmierung/6,5 l Öl	Druckumlauf-Schmierung/6,5 l Öl	Druckumlauf-Schmierung/7,0 l Öl	Druckumlauf-Schmierung/5,5 l Öl
Batterie	74 Ah/im Motorraum	74 Ah/im Motorraum	74 Ah/im Motorraum	46 Ah/im Motorraum	46 Ah/im Motorraum
Kraftstofftank: Anordnung, Fassungsvermögen	vor der Hinterachse/62 l	vor der Hinterachse/62 l	vor der Hinterachse/62 l	vor der Hinterachse/62 l	vor der Hinterachse/62 l
Radaufhängung vorne	Dreilenkerachse/McPherson-Federbein	Dreilenkerachse/McPherson-Federbein	Dreilenkerachse/McPherson-Federbein	Dreilenkerachse/McPherson-Federbein	Dreilenkerachse/McPherson-Federbein
Radaufhängung hinten	Raumlenkerachse	Raumlenkerachse	Raumlenkerachse	Raumlenkerachse	Raumlenkerachse
Federung vorne	Schraubenfedern, Drehstab-Stabilisator	Schraubenfedern, Drehstab-Stabilisator	Schraubenfedern, Drehstab-Stabilisator	Schraubenfedern, Drehstab-Stabilisator	Schraubenfedern, Drehstab-Stabilisator
Federung hinten	Schraubenfedern, Drehstab-Stabilisator	Schraubenfedern, Drehstab-Stabilisator	Schraubenfedern, Drehstab-Stabilisator	Schraubenfedern, Drehstab-Stabilisator	Schraubenfedern
Stoßdämpfer vorne/hinten	Zweirohr-/Einrohr-Gasdruck-Stoßdämpfer	Zweirohr-/Einrohr-Gasdruck-Stoßdämpfer	Zweirohr-/Einrohr-Gasdruck-Stoßdämpfer	Zweirohr-/Einrohr-Gasdruck-Stoßdämpfer	Zweirohr-/Einrohr-Gasdruck-Stoßdämpfer
Lenkung	Zahnstangen-Servolenkung	Zahnstangen-Servolenkung	Zahnstangen-Servolenkung	Zahnstangen-Servolenkung	Zahnstangen-Servolenkung
Bremsanlage	hydraulische Zweikreis-Bremsanlage mit Unterdruck-Bremskraftverstärker, Anti-Blockier-System und Bremsassistent; Scheibenbremsen vorn (innenbelüftet) und hinten	hydraulische Zweikreis-Bremsanlage mit Unterdruck-Bremskraftverstärker, Anti-Blockier-System und Bremsassistent; Scheibenbremsen vorn (innenbelüftet) und hinten	hydraulische Zweikreis-Bremsanlage mit Unterdruck-Bremskraftverstärker, Anti-Blockier-System und Bremsassistent; Scheibenbremsen vorn (innenbelüftet) und hinten	hydraulische Zweikreis-Bremsanlage mit Unterdruck-Bremskraftverstärker, Anti-Blockier-System und Bremsassistent; Scheibenbremsen vorn (innenbelüftet) und hinten	hydraulische Zweikreis-Bremsanlage mit Unterdruck-Bremskraftverstärker, Anti-Blockier-System und Bremsassistent; Scheibenbremsen vorn (innenbelüftet) und hinten
Feststellbremse	mechanisch (fußbetätigt), auf Hinterräder wirkend	mechanisch (fußbetätigt), auf Hinterräder wirkend	mechanisch (fußbetätigt), auf Hinterräder wirkend	mechanisch (fußbetätigt), auf Hinterräder wirkend	mechanisch (fußbetätigt), auf Hinterräder wirkend
Bremsscheibendurchmesser vorne/hinten	288/278 mm	288/278 mm	345/300 mm	288/278 mm	288/278 mm
Räder	Stahlblechräder, auf Wunsch Leichtmetallräder	Stahlblechräder, auf Wunsch Leichtmetallräder	Leichtmetallräder	Stahlblechräder, auf Wunsch Leichtmetallräder	Stahlblechräder, auf Wunsch Leichtmetallräder
Reifen	205/55 R 16 91 V; bei Sportfahrwerk: 225/50 R 16	205/55 R 16 91 V; bei Sportfahrwerk: 225/45 R 17	vorn 225/45 R 17 91 Y, hinten 245/40 ZR 17 91 Y	205/55 R 16 91 H; bei Sportfahrwerk: 225/45 R 17	205/55 R 15 91 V; bei Sportfahrwerk: 225/50 R 16
Kraftübertragung	geteilte Kardanwelle	geteilte Kardanwelle	geteilte Kardanwelle	geteilte Kardanwelle	geteilte Kardanwelle
Getriebe [1]	6-Gang-Schaltgetriebe	6-Gang-Schaltgetriebe	5-Gang-Automatikgetriebe mit elektronischer Steuerung	6-Gang-Schaltgetriebe	6-Gang-Schaltgetriebe
Verfügbarkeit	Serie	Serie	Serie	Serie	Serie
Kupplung	Einscheiben-Trockenkupplung	Einscheiben-Trockenkupplung	hydraulischer Drehmomentwandler mit schlupfgesteuerter Überbrückungskupplung	Einscheiben-Trockenkupplung	Einscheiben-Trockenkupplung
Getriebebezeichnung	Zahnrad-Wechselgetriebe	Zahnrad-Wechselgetriebe	Planetengetriebe	Zahnrad-Wechselgetriebe	Zahnrad-Wechselgetriebe
Getriebe-Übersetzung	I. 4,99; II. 2,82; III. 1,78; IV. 1,25; V. 1,0; VI. 0,82; R. 4,54	I. 5,01; II. 2,83; III. 1,79; IV. 1,26; V. 1,0; VI. 0,83; R. 4,57	I. 3,60; II. 2,19; III. 1,41; IV. 1,0; V. 0,83; R. 3,17	I. 4,46; II. 2,61; III. 1,72; IV. 1,25; V. 1,0; VI. 0,84; R. 4,06	I. 4,46; II. 2,61; III. 1,72; IV. 1,25; V. 1,0; VI. 0,84; R. 4,06
Achsantriebsübersetzung	2,65	2,65	2,24	3,46	3,07
Höchstgeschwindigkeit	208 km/h	220 km/h	250 km/h (abgeregelt)	210 km/h	222 km/h
Beschleunigung[2] 0-100 km/h	11,7 s	10,3 s	6,8 s	11,0 s	9,7 s
Norm-Kraftstoffverbrauch in Liter	8,4/4,8/6,1 l	8,6/4,8/6,2 l	10,2/5,9/7,6 l	13,8/6,9/9,4 l	11,7/6,1/8,2 l
Getriebe [2]	5-Gang-Automatikgetriebe mit elektronischer Steuerung	6-Gang-Schaltgetriebe mit sequenzieller Schaltung		6-Gang-Schaltgetriebe mit sequenzieller Schaltung	6-Gang-Schaltgetriebe mit sequenzieller Schaltung
Verfügbarkeit	auf Wunsch	auf Wunsch (ab 09.2001)		auf Wunsch (ab 12.2001)	auf Wunsch
Kupplung	hydraulischer Drehmomentwandler mit schlupfgesteuerter Überbrückungskupplung	Einscheiben-Trockenkupplung mit automatischer Betätigung		Einscheiben-Trockenkupplung mit automatischer Betätigung	Einscheiben-Trockenkupplung mit automatischer Betätigung
Getriebebezeichnung	Planetengetriebe	Zahnrad-Wechselgetriebe mit automatischem Schaltmodus		Zahnrad-Wechselgetriebe mit automatischem Schaltmodus	Zahnrad-Wechselgetriebe mit automatischem Schaltmodus
Getriebe-Übersetzung	I. 3,95; II. 2,42; III. 1,49; IV. 1,0; V. 0,83; R. 3,15	I. 5,01; II. 2,83; III. 1,79; IV. 1,26; V. 1,0; VI. 0,83; R. 4,57		I. 4,46; II. 2,61; III. 1,72; IV. 1,25; V. 1,0; VI. 0,84; R. 4,06	I. 4,46; II. 2,61; III. 1,72; IV. 1,25; V. 1,0; VI. 0,84; R. 4,06
Achsantriebsübersetzung	2,87	2,65		3,46	3,07
Höchstgeschwindigkeit	203 km/h	220 km/h		210 km/h	222 km/h
Beschleunigung[2] 0-100 km/h	11,9 s	10,3 s		11,0 s	9,7 s
Norm-Kraftstoffverbrauch in Liter	9,0/5,2/6,6 l	8,6/4,8/6,2 l		13,8/6,9/9,4 l	11,4/5,9/7,9 l
Getriebe [3]		5-Gang-Automatikgetriebe mit elektronischer Steuerung		5-Gang-Automatikgetriebe mit elektronischer Steuerung	5-Gang-Automatikgetriebe mit elektronischer Steuerung
Verfügbarkeit		auf Wunsch		auf Wunsch	auf Wunsch
Kupplung		hydraulischer Drehmomentwandler mit schlupfgesteuerter Überbrückungskupplung		hydraulischer Drehmomentwandler mit schlupfgesteuerter Überbrückungskupplung	hydraulischer Drehmomentwandler mit schlupfgesteuerter Überbrückungskupplung
Getriebebezeichnung		Planetengetriebe		Planetengetriebe	Planetengetriebe
Getriebe-Übersetzung		I. 3,95; II. 2,42; III. 1,49; IV. 1,0; V. 0,83; R. 3,15		I. 3,95; II. 2,42; III. 1,49; IV. 1,0; V. 0,83; R. 3,15	I. 3,95; II. 2,42; III. 1,49; IV. 1,0; V. 0,83; R. 3,15
Achsantriebsübersetzung		2,87		3,67	3,07
Höchstgeschwindigkeit		215 km/h		207 km/h	220 km/h
Beschleunigung[2] 0-100 km/h		10,5 s		11,6 s	9,9 s
Norm-Kraftstoffverbrauch in Liter		9,4/5,3/6,7 l		13,6/7,4/9,5 l	11,9/6,2/8,4 l
Radstand	2715 mm	2715 mm	2715 mm	2715 mm	2715 mm
Spur vorne/hinten	1493/1464 mm (bei Sportfahrwerk: 1494/1478 mm)	1493/1464 mm	1494/1468 mm	1493/1464 mm	1493/1464 mm (bei Sportfahrwerk: 1494/1478 mm)
Gesamtlänge	4343 mm	4343 mm	4343 mm	4343 mm	4343 mm
Gesamtbreite	1728 mm	1728 mm	1728 mm	1728 mm	1728 mm
Höhe	1406 mm (bei Sportfahrwerk: 1397 mm)	1406 mm	1401 mm	1406 mm	1406 mm (bei Sportfahrwerk: 1397 mm)
Wendekreisdurchmesser	10,76 m	10,76 m	10,76 m	10,76 m	10,76 m
Leergewicht[5]	1490 kg	1505 kg	1640 kg	1445 kg	1465 kg
Zul. Gesamtgewicht	1945 kg	1930 kg	2095 kg	1870 kg	1935 kg
Zuladung	455 kg	425 kg	455 kg	425 kg	470 kg
Stückzahl	nicht separat dokumentiert	45.040	insgesamt 691 (bis 11.2004)[7]	18.437	nicht separat dokumentiert
Preise[9]	04.2003: EUR 25.636,00	08.2000: DM 53.012,00 01.2001: EUR 27.144,00 (DM 53.089,05) 01.2002: EUR 27.608,00	09.2002: EUR 45.240,00	08.2000: DM 47.212,00 01.2001: EUR 24.128,00 (DM 47.190,00) 01.2002: EUR 24.592,00	03.2002: EUR 24.882,00 02.2003: EUR 25.114,00

C-Klasse-Sportcoupés der Baureihe 203, 2001 - 2004

Typ	C 200 Kompressor Sportcoupé	C 200 Kompressor Sportcoupé	C 200 CGI Sportcoupé	C 230 Kompressor Sportcoupé	C 230 Kompressor Sportcoupé	C 320 Sportcoupé
Konstruktionsbezeichnung	CL 203 E 20 ML	CL 203 E 18 ML	CL 203 E 18 DE ML	CL 203 E 23 ML	CL 203 E 18 ML/1	CL 203 E 32
Produktionszeitraum	09.1999/10.2000 - 06.2002[1]	01.2002/06.2002 - 03.2004[1]	07.2002/08.2003 - 03.2004[1]	02.2000/02.2001 - 06.2002[1]	01.2002/05.2002 - 03.2004[1]	07.2002/09.2002 - 03.2004[1]
Motor	Viertakt-Otto (mit Saugrohreinspritzung und Kompressor mit Ladeluftkühlung; Abgasreinigungsanlage mit geregeltem 3-Wege-Katalysator)	Viertakt-Otto (mit Saugrohreinspritzung und Kompressor mit Ladeluftkühlung; Abgasreinigungsanlage mit geregeltem 3-Wege-Katalysator)	Viertakt-Otto (mit Direkteinspritzung und Kompressor mit Ladeluftkühlung; Abgasreinigungsanlage mit geregeltem 3-Wege-Katalysator)	Viertakt-Otto (mit Saugrohreinspritzung und Kompressor mit Ladeluftkühlung; Abgasreinigungsanlage mit geregeltem 3-Wege-Katalysator)	Viertakt-Otto (mit Saugrohreinspritzung und Kompressor mit Ladeluftkühlung; Abgasreinigungsanlage mit geregeltem 3-Wege-Katalysator)	Viertakt-Otto (mit Saugrohreinspritzung und Abgasreinigungsanlage mit geregeltem 3-Wege-Katalysator)
Motor-Typ/-Baumuster	M 111 E 20 ML EVO/111.955	M 271 E 18 ML/271.940	M 271 E 18 DE ML/271.942	M 111 E 23 ML EVO/111.981	M 271 E 18 ML/1/271.948	M 112 E 32/112.946
Zylinderzahl/Anordung	4/Reihe; 15° nach rechts geneigt	4/Reihe; 15° nach rechts geneigt	4/Reihe; 15° nach rechts geneigt	4/Reihe; 15° nach rechts geneigt	4/Reihe; 15° nach rechts geneigt	6/90°-V-Form; Leichtmetallblock
Bohrung x Hub	89,9 x 78,7 mm	82,0 x 85,0 mm	82,0 x 85,0 mm	90,9 x 88,4 mm	82,0 x 85,0 mm	89,9 x 84,0 mm
Gesamthubraum	1998 ccm	1796 ccm	1796 ccm	2295 ccm	1796 ccm	3199 ccm
Verdichtungsverhältnis	9,5	9,5	10,5	9	8,7	10
Leistung	120 kW/163 PS bei 5300 /min	120 kW/163 PS bei 5500 /min	125 kW/170 PS bei 5300 /min	145 kW/197 PS bei 5500 /min	141 kW/192 PS bei 5800 /min	160 kW/218 PS bei 5700 /min
Drehmoment	230 Nm bei 2500 - 4800 /min	240 Nm bei 3000 - 4000 /min	250 Nm bei 3000 /min	280 Nm bei 2500 - 4800 /min	260 Nm bei 3500 - 4000 /min	310 Nm bei 3000 - 4600 /min
Ventilanzahl/-anordnung	2 Einlass, 2 Auslass/hängend	2 Einlass, 2 Auslass/hängend	2 Einlass, 2 Auslass/hängend	2 Einlass, 2 Auslass/V-förmig hängend	2 Einlass, 2 Auslass/hängend	2 Einlass, 1 Auslass/V-förmig hängend
Ventilsteuerung	2 obenliegende Nockenwellen (Einlass-Nockenwelle verstellbar)	2 obenliegende Nockenwellen (variabel verstellbar)	2 obenliegende Nockenwellen (variabel verstellbar)	2 obenliegende Nockenwellen (Einlass-Nockenwelle verstellbar)	2 obenliegende Nockenwellen (variabel verstellbar)	je Zylinderreihe 1 obenliegende Nockenwelle
Gemischbildung	mikroprozessorgesteuerte Einspritzanlage mit HFM (Motorsteuerung Siemens SIM 4 LE)/Kompressor-Aufladung mit Ladeluftkühlung	mikroprozessorgesteuerte Einspritzanlage mit HFM (Motorsteuerung Siemens SIM 4 LE)/Kompressor-Aufladung mit Ladeluftkühlung	mikroprozessorgesteuerte Einspritzanlage mit HFM (Motorsteuerung Siemens SIM 4 LE)/Kompressor-Aufladung mit Ladeluftkühlung	mikroprozessorgesteuerte Einspritzanlage mit HFM (Motorsteuerung Siemens SIM 4 LE)/Kompressor-Aufladung mit Ladeluftkühlung	mikroprozessorgesteuerte Einspritzanlage mit HFM (Motorsteuerung Siemens SIM 4 LE)/Kompressor-Aufladung mit Ladeluftkühlung	mikroprozessorgesteuerte Einspritzanlage mit Heißfilm-Luftmassenmessung (Motorsteuerung Bosch ME)
Kühlung	Wasserkühlung/Pumpe; 6,0 l Wasser	Wasserkühlung/Pumpe; 5,6 l Wasser	Wasserkühlung/Pumpe; 5,6 l Wasser	Wasserkühlung/Pumpe; 6,0 l Wasser	Wasserkühlung/Pumpe; 5,6 l Wasser	Wasserkühlung/Pumpe; 6,7 l Wasser
Schmierung	Druckumlauf-Schmierung/7,0 l Öl	Druckumlauf-Schmierung/5,5 l Öl	Druckumlauf-Schmierung/5,5 l Öl	Druckumlauf-Schmierung/7,0 l Öl	Druckumlauf-Schmierung/5,5 l Öl	Druckumlauf-Schmierung/8,0 l Öl
Batterie	46 Ah/im Motorraum	46 Ah/im Motorraum	46 Ah/im Motorraum	46 Ah/im Motorraum	46 Ah/im Motorraum	62 Ah/im Motorraum
Kraftstofftank: Anordnung, Fassungsvermögen	vor der Hinterachse/62 l	vor der Hinterachse/62 l	vor der Hinterachse/62 l	vor der Hinterachse/62 l	vor der Hinterachse/62 l	vor der Hinterachse/62 l
Radaufhängung vorne	Dreilenkerachse/McPherson-Federbein	Dreilenkerachse/McPherson-Federbein	Dreilenkerachse/McPherson-Federbein	Dreilenkerachse/McPherson-Federbein	Dreilenkerachse/McPherson-Federbein	Dreilenkerachse/McPherson-Federbein
Radaufhängung hinten	Raumlenkerachse	Raumlenkerachse	Raumlenkerachse	Raumlenkerachse	Raumlenkerachse	Raumlenkerachse
Federung vorne	Schraubenfedern, Drehstab-Stabilisator	Schraubenfedern, Drehstab-Stabilisator	Schraubenfedern, Drehstab-Stabilisator	Schraubenfedern, Drehstab-Stabilisator	Schraubenfedern, Drehstab-Stabilisator	Schraubenfedern, Drehstab-Stabilisator
Federung hinten	Schraubenfedern, Drehstab-Stabilisator	Schraubenfedern, Drehstab-Stabilisator	Schraubenfedern, Drehstab-Stabilisator	Schraubenfedern, Drehstab-Stabilisator	Schraubenfedern, Drehstab-Stabilisator	Schraubenfedern, Drehstab-Stabilisator
Stoßdämpfer vorne/hinten	Zweirohr-/Einrohr-Gasdruck-Stoßdämpfer	Zweirohr-/Einrohr-Gasdruck-Stoßdämpfer	Zweirohr-/Einrohr-Gasdruck-Stoßdämpfer	Zweirohr-/Einrohr-Gasdruck-Stoßdämpfer	Zweirohr-/Einrohr-Gasdruck-Stoßdämpfer	Zweirohr-/Einrohr-Gasdruck-Stoßdämpfer
Lenkung	Zahnstangen-Servolenkung	Zahnstangen-Servolenkung	Zahnstangen-Servolenkung	Zahnstangen-Servolenkung	Zahnstangen-Servolenkung	Zahnstangen-Servolenkung
Bremsanlage	hydraulische Zweikreis-Bremsanlage mit Unterdruck-Bremskraftverstärker, Anti-Blockier-System und Bremsassistent; Scheibenbremsen vorn (innenbelüftet) und hinten	hydraulische Zweikreis-Bremsanlage mit Unterdruck-Bremskraftverstärker, Anti-Blockier-System und Bremsassistent; Scheibenbremsen vorn (innenbelüftet) und hinten	hydraulische Zweikreis-Bremsanlage mit Unterdruck-Bremskraftverstärker, Anti-Blockier-System und Bremsassistent; Scheibenbremsen vorn (innenbelüftet) und hinten	hydraulische Zweikreis-Bremsanlage mit Unterdruck-Bremskraftverstärker, Anti-Blockier-System und Bremsassistent; Scheibenbremsen vorn (innenbelüftet) und hinten	hydraulische Zweikreis-Bremsanlage mit Unterdruck-Bremskraftverstärker, Anti-Blockier-System und Bremsassistent; Scheibenbremsen vorn (innenbelüftet) und hinten	hydraulische Zweikreis-Bremsanlage mit Unterdruck-Bremskraftverstärker, Anti-Blockier-System und Bremsassistent; Scheibenbremsen vorn (innenbelüftet) und hinten
Feststellbremse	mechanisch (fußbetätigt), auf Hinterräder wirkend	mechanisch (fußbetätigt), auf Hinterräder wirkend	mechanisch (fußbetätigt), auf Hinterräder wirkend	mechanisch (fußbetätigt), auf Hinterräder wirkend	mechanisch (fußbetätigt), auf Hinterräder wirkend	mechanisch (fußbetätigt), auf Hinterräder wirkend
Bremsscheibendurchmesser vorne/hinten	288/278 mm	288/278 mm	288/278 mm	288/278 mm	288/278 mm	300/290 mm
Räder	Stahlblechräder, auf Wunsch Leichtmetallräder	Stahlblechräder, auf Wunsch Leichtmetallräder	Stahlblechräder, auf Wunsch Leichtmetallräder	Leichtmetallräder	Leichtmetallräder	Leichtmetallräder
Reifen	205/55 R 16 91 V; bei Sportfahrwerk: 225/45 R 17	205/55 R 16 91 V; bei Sportfahrwerk: 225/50 R 16	205/55 R 16 91 V; bei Sportfahrwerk: 225/50 R 16	205/55 R 16 91 V; bei Sportfahrwerk: 225/45 R 17	205/55 R 16 91 V; bei Sportfahrwerk: 225/50 R 16	205/55 R 16 91 W; bei Sportfahrwerk: 225/50 R 16
Kraftübertragung	geteilte Kardanwelle	geteilte Kardanwelle	geteilte Kardanwelle	geteilte Kardanwelle	geteilte Kardanwelle	geteilte Kardanwelle
Getriebe [1]	6-Gang-Schaltgetriebe	6-Gang-Schaltgetriebe	6-Gang-Schaltgetriebe	6-Gang-Schaltgetriebe	6-Gang-Schaltgetriebe	6-Gang-Schaltgetriebe
Verfügbarkeit	Serie	Serie	Serie	Serie	Serie	Serie
Kupplung	Einscheiben-Trockenkupplung	Einscheiben-Trockenkupplung	Einscheiben-Trockenkupplung	Einscheiben-Trockenkupplung	Einscheiben-Trockenkupplung	Einscheiben-Trockenkupplung
Getriebebezeichnung	Zahnrad-Wechselgetriebe	Zahnrad-Wechselgetriebe	Zahnrad-Wechselgetriebe	Zahnrad-Wechselgetriebe	Zahnrad-Wechselgetriebe	Zahnrad-Wechselgetriebe
Getriebe-Übersetzung	I. 4,46; II. 2,61; III. 1,72; IV. 1,25; V. 1,0; VI. 0,84; R. 4,06	I. 4,46; II. 2,61; III. 1,72; IV. 1,25; V. 1,0; VI. 0,84; R. 4,06	I. 4,46; II. 2,61; III. 1,72; IV. 1,25; V. 1,0; VI. 0,84; R. 4,06	I. 4,46; II. 2,61; III. 1,72; IV. 1,25; V. 1,0; VI. 0,84; R. 4,06	I. 4,46; II. 2,61; III. 1,72; IV. 1,25; V. 1,0; VI. 0,84; R. 4,06	I. 4,46; II. 2,61; III. 1,72; IV. 1,25; V. 1,0; VI. 0,84; R. 4,06
Achsantriebsübersetzung	3,46	3,27	3,07	3,27	3,46	3,27
Höchstgeschwindigkeit	230 km/h	234 km/h	235 km/h	240 km/h	240 km/h	248 km/h
Beschleunigung[2] 0-100 km/h	9,3 s	9,1 s	9,0 s	8,0 s	8,1 s	7,7 s
Norm-Kraftstoffverbrauch in Liter	14,3/8,1/9,7 l	12,0/6,5/8,6 l	11,1/5,9/7,8 l	14,9/7,1/9,9 l	12,6/6,7/8,9 l	16,3/7,8/10,9 l
Getriebe [2]	6-Gang-Schaltgetriebe mit sequenzieller Schaltung	6-Gang-Schaltgetriebe mit sequenzieller Schaltung		6-Gang-Schaltgetriebe mit sequenzieller Schaltung	6-Gang-Schaltgetriebe mit sequenzieller Schaltung	5-Gang-Automatikgetriebe mit elektronischer Steuerung
Verfügbarkeit	auf Wunsch	auf Wunsch		auf Wunsch	auf Wunsch	auf Wunsch
Kupplung	Einscheiben-Trockenkupplung mit automatischer Betätigung	Einscheiben-Trockenkupplung mit automatischer Betätigung		Einscheiben-Trockenkupplung mit automatischer Betätigung	Einscheiben-Trockenkupplung mit automatischer Betätigung	hydraulischer Drehmomentwandler mit schlupfgesteuerter Überbrückungskupplung
Getriebebezeichnung	Zahnrad-Wechselgetriebe mit automatischem Schaltmodus	Zahnrad-Wechselgetriebe mit automatischem Schaltmodus		Zahnrad-Wechselgetriebe mit automatischem Schaltmodus	Zahnrad-Wechselgetriebe mit automatischem Schaltmodus	Planetengetriebe
Getriebe-Übersetzung	I. 4,46; II. 2,61; III. 1,72; IV. 1,25; V. 1,0; VI. 0,84; R. 4,06	I. 4,46; II. 2,61; III. 1,72; IV. 1,25; V. 1,0; VI. 0,84; R. 4,06		I. 4,46; II. 2,61; III. 1,72; IV. 1,25; V. 1,0; VI. 0,84; R. 4,06	I. 4,46; II. 2,61; III. 1,72; IV. 1,25; V. 1,0; VI. 0,84; R. 4,06	I. 3,93; II. 2,41; III. 1,49; IV. 1,0; V. 0,83; R. 3,15
Achsantriebsübersetzung	3,46	3,27		3,27	3,46	3,27
Höchstgeschwindigkeit	230 km/h	234 km/h		240 km/h	240 km/h	245 km/h
Beschleunigung[2] 0-100 km/h	9,3 s	9,1 s		8,0 s	8,1 s	7,8 s
Norm-Kraftstoffverbrauch in Liter	14,3/8,1/9,7 l	12,0/6,5/8,6 l		14,9/7,1/9,9 l	12,6/6,7/8,9 l	15,6/7,7/10,6 l
Getriebe [3]	5-Gang-Automatikgetriebe mit elektronischer Steuerung	5-Gang-Automatikgetriebe mit elektronischer Steuerung		5-Gang-Automatikgetriebe mit elektronischer Steuerung	5-Gang-Automatikgetriebe mit elektronischer Steuerung	
Verfügbarkeit	auf Wunsch	auf Wunsch		auf Wunsch	auf Wunsch	
Kupplung	hydraulischer Drehmomentwandler mit schlupfgesteuerter Überbrückungskupplung	hydraulischer Drehmomentwandler mit schlupfgesteuerter Überbrückungskupplung		hydraulischer Drehmomentwandler mit schlupfgesteuerter Überbrückungskupplung	hydraulischer Drehmomentwandler mit schlupfgesteuerter Überbrückungskupplung	
Getriebebezeichnung	Planetengetriebe	Planetengetriebe		Planetengetriebe	Planetengetriebe	
Getriebe-Übersetzung	I. 3,95; II. 2,42; III. 1,49; IV. 1,0; V. 0,83; R. 3,15	I. 3,95; II. 2,42; III. 1,49; IV. 1,0; V. 0,83; R. 3,15		I. 3,95; II. 2,42; III. 1,49; IV. 1,0; V. 0,83; R. 3,15	I. 3,95; II. 2,42; III. 1,49; IV. 1,0; V. 0,83; R. 3,15	
Achsantriebsübersetzung	3,27	3,27		3,27	3,46	
Höchstgeschwindigkeit	227 km/h	231 km/h		237 km/h	236 km/h	
Beschleunigung[2] 0-100 km/h	9,7 s	9,4 s		8,1 s	8,2 s	
Norm-Kraftstoffverbrauch in Liter	13,6/7,2/9,5 l	12,7/6,5/8,7 l		14,1/7,3/9,8 l	12,8/6,4/8,9 l	
Radstand	2715 mm	2715 mm	2715 mm	2715 mm	2715 mm	2715 mm
Spur vorne/hinten	1493/1464 mm	1493/1464 mm (bei Sportfahrwerk: 1494/1468 mm)	1493/1464 mm (bei Sportfahrwerk: 1494/1478 mm)	1493/1464 mm	1493/1464 mm (bei Sportfahrwerk: 1494/1478 mm)	1493/1464 mm (bei Sportfahrwerk: 1494/1478 mm)
Gesamtlänge	4343 mm	4343 mm	4343 mm	4343 mm	4343 mm	4343 mm
Gesamtbreite	1728 mm	1728 mm	1728 mm	1728 mm	1728 mm	1728 mm
Höhe	1406 mm	1406 mm (bei Sportfahrwerk: 1397 mm)	1406 mm (bei Sportfahrwerk: 1397 mm)	1406 mm	1406 mm (bei Sportfahrwerk: 1397 mm)	1406 mm (bei Sportfahrwerk: 1397 mm)
Wendekreisdurchmesser	10,76 m	10,76 m	10,76 m	10,76 m	10,76 m	10,76 m
Leergewicht[5]	1480 kg	1465 kg	1475 kg	1500 kg	1475 kg	1525 kg
Zul. Gesamtgewicht	1905 kg	1935 kg	1945 kg	1925 kg	1945 kg	1980 kg
Zuladung	425 kg	470 kg	470 kg	425 kg	470 kg	455 kg
Stückzahl	25.833	nicht separat dokumentiert	insgesamt 141 (bis 06.2005)[7]	30.957	insgesamt 30.013 (bis 06.2005)[7]	insgesamt 4269 (bis 05.2005)[7]
Preise[9]	08.2000: DM 50.692,00 01.2001: EUR 25.868,00 (DM 50.593,41) 01.2002: EUR 26.332,00	03.2002: EUR 26.332,00 02.2003: EUR 26.564,00	09.2002: EUR 27.492,00 02.2003: EUR 27.724,00	08.2000: DM 56.144,00 01.2001: EUR 28.652,00 (DM 56.038,44) 01.2002: EUR 29.116,00	03.2002: EUR 29.116,00 02.2003: EUR 29.348,00	09.2002: EUR 33.350,00

C-Klasse-Sportcoupés der Baureihe 203, 2004 - 2005

Typ	C 32 AMG Sportcoupé	C 200 CDI Sportcoupé	C 220 CDI Sportcoupé	C 30 CDI AMG Sportcoupé	C 160 Sportcoupé	C 180 Kompressor Sportcoupé
Konstruktionsbezeichnung	CL 203 E 32 ML	CL 203.2	CL 203 DE 22 LA	CL 203 DE 30 LA	CL 203 E 18 ML LR/1	CL 203 E 18 ML LR
Produktionszeitraum	05.2002 - 03.2004	04.2003-04.2008	04.2004 - 07.2008	02.2003 - 03.2004	12.2004/04.2005 - 12.2006	04.2004 - 07.2008
Motor	Viertakt-Otto (mit Saugrohreinspritzung und Kompressor mit Ladeluftkühlung; Abgasreinigungsanlage mit geregeltem 3-Wege-Katalysator)	Viertakt-Diesel (mit Common-Rail-Direkteinspritzung, Abgas-Turbolader mit Ladeluftkühlung, Abgasreinigungsanlage mit Oxidationskatalysator)	Viertakt-Diesel (mit Direkteinspritzung, Abgas-Turbolader mit Ladeluftkühlung und Abgasreinigungsanlage mit Oxidationskatalysator)	Viertakt-Diesel (mit Direkteinspritzung, Abgas-Turbolader mit Ladeluftkühlung und Abgasreinigungsanlage mit Oxidationskatalysator)	Viertakt-Otto (mit Saugrohreinspritzung und Kompressor mit Ladeluftkühlung; Abgasreinigungsanlage mit geregeltem 3-Wege-Katalysator)	Viertakt-Otto (mit Saugrohreinspritzung und Kompressor mit Ladeluftkühlung; Abgasreinigungsanlage mit geregeltem 3-Wege-Katalysator)
Motor-Typ/-Baumuster	M 112 E 32 ML AMG/112.961	OM 651 DE 22 LA red.	OM 646 DE 22 LA/646.963	OM 612 DE 30 LA/612.990	M 271 E 18 ML LR/1/271.921	M 271 E 18 ML LR/271.946
Zylinderzahl/Anordung	6/90°-V-Form; Leichtmetallblock	4/Reihe	4/Reihe; 15° nach rechts geneigt	5/Reihe; 15° nach rechts geneigt	4/Reihe; 15° nach rechts geneigt	4/Reihe; 15° nach rechts geneigt
Bohrung x Hub	89,9 x 84,0 mm	83 x 99 mm	88,0 x 88,3 mm	88,0 x 97,0 mm	82,0 x 85,0 mm	82,0 x 85,0 mm
Gesamthubraum	3199 ccm	2143 ccm	2148 ccm	2950 ccm	1796 ccm	1796 ccm
Verdichtungsverhältnis	9	16,2	18	16,5	10	10,2
Leistung	260 kW/354 PS bei 6100 /min	88 kW/122 PS bei 2800-4600/min	110 kW/150 PS bei 4200 /min	170 kW/231 PS bei 3800 /min	90 kW/122 PS bei 5200 /min	105 kW/143 PS bei 5200 /min
Drehmoment	450 Nm bei 4400 /min	270 Nm bei 1400-2800/min	340 Nm bei 2000 /min	540 Nm bei 2000 - 2500 /min (Automatikgetriebe)	190 Nm bei 1500 - 4200 /min	220 Nm bei 2500 - 4200 /min
Ventilanzahl/-anordnung	2 Einlass, 1 Auslass/V-förmig hängend	2 Einlass, 2 Auslass/hängend	2 Einlass, 2 Auslass/hängend	2 Einlass, 2 Auslass/hängend	2 Einlass, 2 Auslass/hängend	2 Einlass, 2 Auslass/hängend
Ventilsteuerung	je Zylinderreihe 1 obenliegende Nockenwelle	2 obenliegende Nockenwellen	2 obenliegende Nockenwellen	2 obenliegende Nockenwellen	2 obenliegende Nockenwellen (variabel verstellbar)	2 obenliegende Nockenwellen (variabel verstellbar)
Gemischbildung	mikroprozessorgesteuerte Einspritzanlage mit HFM (Motorsteuerung Bosch ME)/Kompressor-Aufladung mit Ladeluftkühlung	Common-Rail-Direkteinspritzung, Abgas-Turbolader mit verstellbarer Turbinengeometrie, Ladeluftkühlung	Common-Rail-Direkteinspritzung, elektronisch geregelt; Bosch 3-Stempel-Hochdruckpumpe/Abgas-Turbolader mit Ladeluftkühlung	Common-Rail-Direkteinspritzung, elektronisch geregelt; Bosch 3-Stempel-Hochdruckpumpe/Abgas-Turbolader mit Ladeluftkühlung	mikroprozessorgesteuerte Einspritzanlage mit HFM (Motorsteuerung Siemens SIM 4 LE)/Kompressor-Aufladung mit Ladeluftkühlung	mikroprozessorgesteuerte Einspritzanlage mit HFM (Motorsteuerung Siemens SIM 4 LE)/Kompressor-Aufladung mit Ladeluftkühlung
Kühlung	Wasserkühlung/Pumpe; 6,4 l Wasser	Wasserkühlung / Pumpe	Wasserkühlung/Pumpe; 7,5 l Wasser	Wasserkühlung/Pumpe; 11,2 l Wasser	Wasserkühlung/Pumpe; 5,6 l Wasser	Wasserkühlung/Pumpe; 5,6 l Wasser
Schmierung	Druckumlauf-Schmierung/8,0 l Öl	Druckumlauf-Schmierung	Druckumlauf-Schmierung/6,5 l Öl	Druckumlauf-Schmierung/6,5 l Öl	Druckumlauf-Schmierung/5,5 l Öl	Druckumlauf-Schmierung/5,5 l Öl
Batterie	62 Ah/im Motorraum	74 Ah/im Motorraum	74 Ah/im Motorraum	74 Ah/im Motorraum	46 Ah/im Motorraum	46 Ah/im Motorraum
Kraftstofftank: Anordnung, Fassungsvermögen	vor der Hinterachse/62 l	vor der Hinterachse/62 l	vor der Hinterachse/62 l	vor der Hinterachse/62 l	vor der Hinterachse/62 l	vor der Hinterachse/62 l
Radaufhängung vorne	Dreilenkerachse/McPherson-Federbein	Dreilenkerachse/McPherson-Federbein	Dreilenkerachse/McPherson-Federbein	Dreilenkerachse/McPherson-Federbein	Dreilenkerachse/McPherson-Federbein	Dreilenkerachse/McPherson-Federbein
Radaufhängung hinten	Raumlenkerachse	Raumlenkerachse	Raumlenkerachse	Raumlenkerachse	Raumlenkerachse	Raumlenkerachse
Federung vorne	Schraubenfedern, Drehstab-Stabilisator	Schraubenfedern, Drehstab-Stabilisator	Schraubenfedern, Drehstab-Stabilisator	Schraubenfedern, Drehstab-Stabilisator	Schraubenfedern, Drehstab-Stabilisator	Schraubenfedern, Drehstab-Stabilisator
Federung hinten	Schraubenfedern, Drehstab-Stabilisator	Schraubenfedern, Drehstab-Stabilisator	Schraubenfedern, Drehstab-Stabilisator	Schraubenfedern, Drehstab-Stabilisator	Schraubenfedern, Drehstab-Stabilisator	Schraubenfedern, Drehstab-Stabilisator
Stoßdämpfer vorne/hinten	Zweirohr-/Einrohr-Gasdruck-Stoßdämpfer	Zweirohr-/Einrohr-Gasdruckstoßdämpfer	Zweirohr-/Einrohr-Gasdruck-Stoßdämpfer	Zweirohr-/Einrohr-Gasdruck-Stoßdämpfer	Zweirohr-/Einrohr-Gasdruck-Stoßdämpfer	Zweirohr-/Einrohr-Gasdruck-Stoßdämpfer
Lenkung	Zahnstangen-Servolenkung	Zahnstangen-Servolenkung	Zahnstangen-Servolenkung	Zahnstangen-Servolenkung	Zahnstangen-Servolenkung	Zahnstangen-Servolenkung
Bremsanlage	hydraulische Zweikreis-Bremsanlage mit Unterdruck-Bremskraftverstärker, Anti-Blockier-System und Bremsassistent; innenbelüftete Scheibenbremsen vorn (perforiert) und hinten	hydraulische Zweikreis-Bremsanlage mit Unterdruck-Bremskraftverstärker, Scheibenbremsen vorn innenbelüftet, hinten massiv, ABS, BAS, ESP®	hydraulische Zweikreis-Bremsanlage mit Unterdruck-Bremskraftverstärker, Anti-Blockier-System und Bremsassistent; Scheibenbremsen vorn (innenbelüftet) und hinten	hydraulische Zweikreis-Bremsanlage mit Unterdruck-Bremskraftverstärker, Anti-Blockier-System und Bremsassistent; Scheibenbremsen vorn (innenbelüftet) und hinten	hydraulische Zweikreis-Bremsanlage mit Unterdruck-Bremskraftverstärker, Anti-Blockier-System und Bremsassistent; Scheibenbremsen vorn (innenbelüftet) und hinten	hydraulische Zweikreis-Bremsanlage mit Unterdruck-Bremskraftverstärker, Anti-Blockier-System und Bremsassistent; Scheibenbremsen vorn (innenbelüftet) und hinten
Feststellbremse	mechanisch (fußbetätigt), auf Hinterräder wirkend	elektrisch, auf Hinterräder wirkend	mechanisch (fußbetätigt), auf Hinterräder wirkend	mechanisch (fußbetätigt), auf Hinterräder wirkend	mechanisch (fußbetätigt), auf Hinterräder wirkend	mechanisch (fußbetätigt), auf Hinterräder wirkend
Bremsscheibendurchmesser vorne/hinten	345/300 mm	Bremsscheiben vorn/hinten: 288/278 mm	Bremsscheiben vorn/hinten: 288/278 mm	Bremsscheiben vorn/hinten: 345/300 mm	Bremsscheiben vorn/hinten: 288/278 mm	Bremsscheiben vorn/hinten: 288/278 mm
Räder	Leichtmetallräder	Stahlblechräder, auf Wunsch Leichtmetallräder	Stahlblechräder, auf Wunsch Leichtmetallräder	Leichtmetallräder	Stahlblechräder, auf Wunsch Leichtmetallräder	Stahlblechräder, auf Wunsch Leichtmetallräder
Reifen	vorn 245/40 ZR 18, hinten 275/35 ZR 18	205/55 R 16; bei Sportfahrwerk: 225/50 R 16	205/55 R 16; bei Sportfahrwerk: 225/50 R 16	vorn 225/45 R 17, hinten 245/40 R 17	205/55 R 16; bei Sportfahrwerk: 225/50 R 16	205/55 R 16; bei Sportfahrwerk: 225/50 R 16
Kraftübertragung	geteilte Kardanwelle	geteilte Kardanwelle	geteilte Kardanwelle	geteilte Kardanwelle	geteilte Kardanwelle	geteilte Kardanwelle
Getriebe [1]	5-Gang-Automatikgetriebe mit elektronischer Steuerung	6-Gang mechanisch	6-Gang-Schaltgetriebe	5-Gang-Automatikgetriebe mit elektronischer Steuerung	6-Gang-Schaltgetriebe	6-Gang-Schaltgetriebe
Verfügbarkeit	Serie	Serie	Serie	Serie	Serie	Serie
Kupplung	hydraulischer Drehmomentwandler mit schlupfgesteuerter Überbrückungskupplung	Einscheiben-Trockenkupplung	Einscheiben-Trockenkupplung	hydraulischer Drehmomentwandler mit schlupfgesteuerter Überbrückungskupplung	Einscheiben-Trockenkupplung	Einscheiben-Trockenkupplung
Getriebebezeichnung	Planetengetriebe	Zahnrad-Wechselgetriebe	Zahnrad-Wechselgetriebe	Planetengetriebe	Zahnrad-Wechselgetriebe	Zahnrad-Wechselgetriebe
Getriebe-Übersetzung	I. 3,59; II. 2,19; III. 1,41; IV. 1,0; V. 0,83; R. 3,16	I. 4,99; II. 2,82; III. 1,79; IV. 1,26; V. 1,00; VI. 0,82; R. 4,57	I. 5,01; II. 2,83; III. 1,79; IV. 1,26; V. 1,0; VI. 0,83; R. 4,57	I. 3,59; II. 2,19; III. 1,41; IV. 1,0; V. 0,83; R. 3,16	I. 4,46; II. 2,61; III. 1,72; IV. 1,25; V. 1,0; VI. 0,84; R. 4,06	I. 4,46; II. 2,61; III. 1,72; IV. 1,25; V. 1,0; VI. 0,84; R. 4,06
Achsantriebsübersetzung	3,06	2,65	2,65	2,24	3,27	3,07
Höchstgeschwindigkeit	250 km/h (abgeregelt)	204 km/h	224 km/h	250 km/h (abgeregelt)	205 km/h	223 km/h
Beschleunigung[2] 0-100 km/h	5,2 s	10,3 s	10,3 s	6,8 s	11,4 s	9,7 s
Norm-Kraftstoffverbrauch in Liter	16,7/8,6/11,5 l	4,8 - 8,4 l	8,4/4,8/6,1 l	10,2/5,9/7,6 l	11,4-11,6/6,1-6,4/8,0-8,3 l	11,7/6,1/8,2 l
Getriebe [2]		5-Gang-Automatikgetriebe mit elektronischer Steuerung	5-Gang-Automatikgetriebe mit elektronischer Steuerung		5-Gang-Automatikgetriebe mit elektronischer Steuerung	5-Gang-Automatikgetriebe mit elektronischer Steuerung
Verfügbarkeit		auf Wunsch	auf Wunsch		auf Wunsch	auf Wunsch
Kupplung		Wandler	hydraulischer Drehmomentwandler mit schlupfgesteuerter Überbrückungskupplung		hydraulischer Drehmomentwandler mit schlupfgesteuerter Überbrückungskupplung	hydraulischer Drehmomentwandler mit schlupfgesteuerter Überbrückungskupplung
Getriebebezeichnung		5G-TRONIC	Planetengetriebe		Planetengetriebe	Planetengetriebe
Getriebe-Übersetzung		I. 3,95; II. 2,42; III. 1,48; IV. 1,0; V. 0,83; R. 3,14	I. 3,95; II. 2,42; III. 1,49; IV. 1,0; V. 0,83; R. 3,15		I. 3,95; II. 2,42; III. 1,49; IV. 1,0; V. 0,83; R. 3,15	I. 3,95; II. 2,42; III. 1,49; IV. 1,0; V. 0,83; R. 3,15
Achsantriebsübersetzung		2,87	2,87		3,27	3,07
Höchstgeschwindigkeit		202 km/h	218 km/h		202 km/h	220 km/h
Beschleunigung[2] 0-100 km/h		11,1 s	10,5 s		11,9 s	9,9 s
Norm-Kraftstoffverbrauch in Liter		5,2 - 9 l	9,0/5,2/6,6 l		11,7-12,0/6,1-6,6/8,2-8,5 l	11,9/6,2/8,4 l
Radstand	2715 mm	2715 mm	2715 mm	2715 mm	2715 mm	2715 mm
Spur vorne/hinten	1518/1492 mm	149 /1464 mm (bei Sportfahrwerk: 1494/1478 mm)	1493/1464 mm (bei Sportfahrwerk: 1494/1478 mm)	1493/1478 mm	1493/1464 mm (bei Sportfahrwerk: 1494/1478 mm)	1493/1464 mm (bei Sportfahrwerk: 1494/1478 mm)
Gesamtlänge	4343 mm	4343 mm	4343 mm	4343 mm	4343 mm	4343 mm
Gesamtbreite	1728 mm	1728 mm	1728 mm	1728 mm	1728 mm	1728 mm
Höhe	1397 mm	1406 mm (bei Sportfahrwerk: 1397 mm)	1406 mm (bei Sportfahrwerk: 1397 mm)	1401 mm	1406 mm (bei Sportfahrwerk: 1397 mm)	1406 mm (bei Sportfahrwerk: 1397 mm)
Wendekreisdurchmesser	10,76 m	10,76 m	10,76 m	10,76 m	10,76 m	10,76 m
Leergewicht[5]	1550 kg	1490 kg	1515 kg	1640 kg	1465 kg	1465 kg
Zul. Gesamtgewicht	2080 kg	1945 kg	990 kg	1015 kg	990 kg	990 kg
Zuladung	530 kg	455 kg	455 kg	455 kg	470 kg	470 kg
Stückzahl	nicht separat dokumentiert			insgesamt 691 (seit 02.2002)[7]	4.946	
Preise[9]	Umbaupreis auf Basis C 230 Kompressor, ausgestattet mit AMG-Leichtmetallrädern und AMG-Stylingpaket: 09.2003: EUR 41.852,80	02.2004: EUR 26.564,00 01.2005: EUR 27.318,00 04.2005: EUR 27.898,00 02.2006: EUR 28.130,00 01.2007: EUR 28.857,50 07.2007: EUR 29.036,00	02.2004: EUR 28.710,00 01.2005: EUR 29.464,00 04.2005: EUR 30.044,00 02.2006: EUR 30.276,00 01.2007: EUR 31.059,00 07.2007: EUR 31.237,50	02.2004: EUR 45.588,00	04.2005: EUR XX.XXX,00 02.2006: EUR 24.940,00 01.2007: EUR 25.585,00	02.2004: EUR 26.042,00 01.2005: EUR 26.448,00 02.2006: EUR 26.680,00 01.2007: EUR 27.370,00 07.2007: EUR 27.548,50

C-Klasse-Sportcoupés der Baureihe 203, 2004 - 2007

Typ	C 200 Kompressor Sportcoupé	C 200 CGI Sportcoupé	C 230 Kompressor Sportcoupé	C 230 Sportcoupé	C 320 Sportcoupé	C 350 Sportcoupé
Konstruktionsbezeichnung	CL 203 E 18 ML	CL 203 E 18 DE ML	CL 203 E 18 ML/1	CL 203 E 25	CL 203 E 32	CL 203 E 35
Produktionszeitraum	04.2004 - 07.2008	04.2004 - 06.2005	04.2004 - 06.2005	12.2004/06.2005[1] - 07.2008	04.2004 - 05.2005	02.2005/05.2005[1] - 07.2008
Motor	Viertakt-Otto (mit Saugrohreinspritzung und Kompressor mit Ladeluftkühlung; Abgasreinigungsanlage mit geregeltem 3-Wege-Katalysator)	Viertakt-Otto (mit Direkteinspritzung und Kompressor mit Ladeluftkühlung; Abgasreinigungsanlage mit geregeltem 3-Wege-Katalysator)	Viertakt-Otto (mit Saugrohreinspritzung und Kompressor mit Ladeluftkühlung; Abgasreinigungsanlage mit geregeltem 3-Wege-Katalysator)	Viertakt-Otto (mit Saugrohreinspritzung und Abgasreinigungsanlage mit geregeltem 3-Wege-Katalysator)	Viertakt-Otto (mit Saugrohreinspritzung und Abgasreinigungsanlage mit geregeltem 3-Wege-Katalysator)	Viertakt-Otto (mit Saugrohreinspritzung und Abgasreinigungsanlage mit geregeltem 3-Wege-Katalysator)
Motor-Typ/-Baumuster	M 271 E 18 ML/271.940	M 271 E 18 DE ML/271.942	M 271 E 18 ML/1/271.948	M 272 E 25/272.920	M 112 E 32/112.946	M 272 E 35/272.960
Zylinderzahl/Anordung	4/Reihe; 15° nach rechts geneigt	4/Reihe; 15° nach rechts geneigt	4/Reihe; 15° nach rechts geneigt	6/90° V Form; Leichtmetallblock	6/90°-V-Form; Leichtmetallblock	6/90°-V-Form; Leichtmetallblock
Bohrung x Hub	82,0 x 85,0 mm	82,0 x 85,0 mm	82,0 x 85,0 mm	88,0 x 68,4 mm	89,9 x 84,0 mm	92,9 x 86,0 mm
Gesamthubraum	1796 ccm	1796 ccm	1796 ccm	2496 ccm	3199 ccm	2996 ccm
Verdichtungsverhältnis	9,5	10,5	8,7	11,2	10	10,7
Leistung	120 kW/163 PS bei 5500 /min	125 kW/170 PS bei 5300 /min	141 kW/192 PS bei 5800 /min	150 kW/204 PS bei 6100 /min	160 kW/218 PS bei 5700 /min	200 kW/272 PS bei 6000 /min
Drehmoment	240 Nm bei 3000 - 4000 /min	250 Nm bei 3000 - 4500 /min	260 Nm bei 3500 - 4000 /min	245 Nm bei 2900 - 5500 /min	310 Nm bei 3000 - 4600 /min	350 Nm bei 2400 - 5000 /min
Ventilanzahl/-anordnung	2 Einlass, 2 Auslass/hängend	2 Einlass, 2 Auslass/hängend	2 Einlass, 2 Auslass/hängend	2 Einlass, 2 Auslass/hängend	2 Einlass, 1 Auslass/V-förmig hängend	2 Einlass, 2 Auslass/hängend
Ventilsteuerung	2 obenliegende Nockenwellen (variabel verstellbar)	2 obenliegende Nockenwellen (variabel verstellbar)	2 obenliegende Nockenwellen (variabel verstellbar)	je Zylinderreihe 2 obenliegende Nockenwellen (variabel verstellbar)	je Zylinderreihe 1 obenliegende Nockenwelle	je Zylinderreihe 2 obenliegende Nockenwellen (variabel verstellbar)
Gemischbildung	mikroprozessorgesteuerte Einspritzanlage mit HFM (Motorsteuerung Siemens SIM 4 LE)/Kompressor-Aufladung mit Ladeluftkühlung	mikroprozessorgesteuerte Einspritzanlage mit HFM (Motorsteuerung Siemens SIM 4 LE)/Kompressor-Aufladung mit Ladeluftkühlung	mikroprozessorgesteuerte Einspritzanlage mit HFM (Motorsteuerung Siemens SIM 4 LE)/Kompressor-Aufladung mit Ladeluftkühlung	mikroprozessorgesteuerte Einspritzanlage mit Heißfilm-Luftmassenmessung	mikroprozessorgesteuerte Einspritzanlage mit Heißfilm-Luftmassenmessung (Motorsteuerung Bosch ME)	mikroprozessorgesteuerte Einspritzanlage mit Heißfilm-Luftmassenmessung
Kühlung	Wasserkühlung/Pumpe; 5,6 l Wasser	Wasserkühlung/Pumpe; 5,6 l Wasser	Wasserkühlung/Pumpe; 5,6 l Wasser	Wasserkühlung/Pumpe; 7,1 l Wasser	Wasserkühlung/Pumpe; 6,7 l Wasser	Wasserkühlung/Pumpe; 7,1 l Wasser
Schmierung	Druckumlauf-Schmierung/5,5 l Öl	Druckumlauf-Schmierung/5,5 l Öl	Druckumlauf-Schmierung/5,5 l Öl	Druckumlauf-Schmierung/8,0 l Öl	Druckumlauf-Schmierung/8,0 l Öl	Druckumlauf-Schmierung/8,0 l Öl
Batterie	46 Ah/im Motorraum	46 Ah/im Motorraum	46 Ah/im Motorraum	62 Ah/im Motorraum	62 Ah/im Motorraum	62 Ah/im Motorraum
Kraftstofftank: Anordnung, Fassungsvermögen	vor der Hinterachse/62 l	vor der Hinterachse/62 l	vor der Hinterachse/62 l	vor der Hinterachse/62 l	vor der Hinterachse/62 l	vor der Hinterachse/62 l
Radaufhängung vorne	Dreilenkerachse/McPherson-Federbein	Dreilenkerachse/McPherson-Federbein	Dreilenkerachse/McPherson-Federbein	Dreilenkerachse/McPherson-Federbein	Dreilenkerachse/McPherson-Federbein	Dreilenkerachse/McPherson-Federbein
Radaufhängung hinten	Raumlenkerachse	Raumlenkerachse	Raumlenkerachse	Raumlenkerachse	Raumlenkerachse	Raumlenkerachse
Federung vorne	Schraubenfedern, Drehstab-Stabilisator	Schraubenfedern, Drehstab-Stabilisator	Schraubenfedern, Drehstab-Stabilisator	Schraubenfedern, Drehstab-Stabilisator	Schraubenfedern, Drehstab-Stabilisator	Schraubenfedern, Drehstab-Stabilisator
Federung hinten	Schraubenfedern, Drehstab-Stabilisator	Schraubenfedern, Drehstab-Stabilisator	Schraubenfedern, Drehstab-Stabilisator	Schraubenfedern, Drehstab-Stabilisator	Schraubenfedern, Drehstab-Stabilisator	Schraubenfedern, Drehstab-Stabilisator
Stoßdämpfer vorne/hinten	Zweirohr-/Einrohr-Gasdruck-Stoßdämpfer	Zweirohr-/Einrohr-Gasdruck-Stoßdämpfer	Zweirohr-/Einrohr-Gasdruck-Stoßdämpfer	Zweirohr-/Einrohr-Gasdruck-Stoßdämpfer	Zweirohr-/Einrohr-Gasdruck-Stoßdämpfer	Zweirohr-/Einrohr-Gasdruck-Stoßdämpfer
Lenkung	Zahnstangen-Servolenkung	Zahnstangen-Servolenkung	Zahnstangen-Servolenkung	Zahnstangen-Servolenkung	Zahnstangen-Servolenkung	Zahnstangen-Servolenkung
Bremsanlage	hydraulische Zweikreis-Bremsanlage mit Unterdruck-Bremskraftverstärker, Anti-Blockier-System und Bremsassistent; Scheibenbremsen vorn (innenbelüftet) und hinten	hydraulische Zweikreis-Bremsanlage mit Unterdruck-Bremskraftverstärker, Anti-Blockier-System und Bremsassistent; Scheibenbremsen vorn (innenbelüftet) und hinten	hydraulische Zweikreis-Bremsanlage mit Unterdruck-Bremskraftverstärker, Anti-Blockier-System und Bremsassistent; Scheibenbremsen vorn (innenbelüftet) und hinten	hydraulische Zweikreis-Bremsanlage mit Unterdruck-Bremskraftverstärker, Anti-Blockier-System und Bremsassistent; Scheibenbremsen vorn (innenbelüftet) und hinten	hydraulische Zweikreis-Bremsanlage mit Unterdruck-Bremskraftverstärker, Anti-Blockier-System und Bremsassistent; Scheibenbremsen vorn (innenbelüftet) und hinten	hydraulische Zweikreis-Bremsanlage mit Unterdruck-Bremskraftverstärker, Anti-Blockier-System und Bremsassistent; Scheibenbremsen vorn (innenbelüftet) und hinten
Feststellbremse	mechanisch (fußbetätigt), auf Hinterräder wirkend	mechanisch (fußbetätigt), auf Hinterräder wirkend	mechanisch (fußbetätigt), auf Hinterräder wirkend	mechanisch (fußbetätigt), auf Hinterräder wirkend	mechanisch (fußbetätigt), auf Hinterräder wirkend	mechanisch (fußbetätigt), auf Hinterräder wirkend
Bremsscheibendurchmesser vorne/hinten	Bremsscheiben vorn/hinten: 288/278 mm	Bremsscheiben vorn/hinten: 288/278 mm	Bremsscheiben vorn/hinten: 288/278 mm	Bremsscheiben vorn/hinten: 300/290 mm	Bremsscheiben vorn/hinten: 300/290 mm	Bremsscheiben vorn/hinten: 330/290 mm
Räder	Stahlblechräder, auf Wunsch Leichtmetallräder	Stahlblechräder, auf Wunsch Leichtmetallräder	Leichtmetallräder	Leichtmetallräder	Leichtmetallräder	Leichtmetallräder
Reifen	205/55 R 16; bei Sportfahrwerk: 225/50 R 16	205/55 R 16; bei Sportfahrwerk: 225/50 R 16	205/55 R 16; bei Sportfahrwerk: 225/50 R 16	205/55 R 16	205/55 R 16; bei Sportfahrwerk: 225/50 R 16	225/45 R 17
Kraftübertragung	geteilte Kardanwelle	geteilte Kardanwelle	geteilte Kardanwelle	geteilte Kardanwelle	geteilte Kardanwelle	geteilte Kardanwelle
Getriebe [1]	6-Gang-Schaltgetriebe	6-Gang-Schaltgetriebe	6-Gang-Schaltgetriebe	6-Gang-Schaltgetriebe	6-Gang-Schaltgetriebe	6-Gang-Schaltgetriebe
Verfügbarkeit	Serie	Serie	Serie	Serie	Serie	Serie
Kupplung	Einscheiben-Trockenkupplung	Einscheiben-Trockenkupplung	Einscheiben-Trockenkupplung	Einscheiben-Trockenkupplung	Einscheiben-Trockenkupplung	Einscheiben-Trockenkupplung
Getriebebezeichnung	Zahnrad-Wechselgetriebe	Zahnrad-Wechselgetriebe	Zahnrad-Wechselgetriebe	Zahnrad-Wechselgetriebe	Zahnrad-Wechselgetriebe	Zahnrad-Wechselgetriebe
Getriebe-Übersetzung	I. 4,46; II. 2,61; III. 1,72; IV. 1,25; V. 1,0; VI. 0,84; R. 4,06	I. 4,46; II. 2,61; III. 1,72; IV. 1,25; V. 1,0; VI. 0,84; R. 4,06	I. 4,46; II. 2,61; III. 1,72; IV. 1,25; V. 1,0; VI. 0,84; R. 4,06	I. 4,46; II. 2,61; III. 1,72; IV. 1,24; V. 1,0; VI. 0,84; R. 4,06	I. 4,46; II. 2,61; III. 1,72; IV. 1,25; V. 1,0; VI. 0,84; R. 4,06	I. 4,46; II. 2,61; III. 1,72; IV. 1,24; V. 1,0; VI. 0,84; R. 4,06
Achsantriebsübersetzung	3,27	3,07	3,27	3,27	3,46	2,82
Höchstgeschwindigkeit	234 km/h	235 km/h	240 km/h	241 km/h	248 km/h	250 km/h (abgeregelt)
Beschleunigung[2] 0-100 km/h	9,1 s	9,0 s	8,1 s	8,4 s	7,7 s	6,4 s
Norm-Kraftstoffverbrauch in Liter	12,0/6,5/8,6 l	11,1/5,9/7,8 l	12,6/6,7/8,9 l	13,5-13,8/6,8-7,1/9,3-9,6 l	16,3/7,8/10,9 l	13,7-14,0/7,0-7,3/9,5-9,8 l
Getriebe [2]	5-Gang-Automatikgetriebe mit elektronischer Steuerung		5-Gang-Automatikgetriebe mit elektronischer Steuerung	7-Gang-Automatikgetriebe mit elektronischer Steuerung	5-Gang-Automatikgetriebe mit elektronischer Steuerung	7-Gang-Automatikgetriebe mit elektronischer Steuerung
Verfügbarkeit	auf Wunsch		auf Wunsch	auf Wunsch	auf Wunsch	auf Wunsch
Kupplung	hydraulischer Drehmomentwandler mit schlupfgesteuerter Überbrückungskupplung		hydraulischer Drehmomentwandler mit schlupfgesteuerter Überbrückungskupplung	hydraulischer Drehmomentwandler mit schlupfgesteuerter Überbrückungskupplung	hydraulischer Drehmomentwandler mit schlupfgesteuerter Überbrückungskupplung	hydraulischer Drehmomentwandler mit schlupfgesteuerter Überbrückungskupplung
Getriebebezeichnung	Planetengetriebe		Planetengetriebe	Planetengetriebe	Planetengetriebe	Planetengetriebe
Getriebe-Übersetzung	I. 3,95; II. 2,42; III. 1,49; IV. 1,0; V. 0,83; R. 3,15		I. 3,95; II. 2,42; III. 1,49; IV. 1,0; V. 0,83; R. 3,15	I. 4,38; II. 2,86; III. 1,92; IV. 1,37; V. 1,00; VI. 0,82; VII. 0,73; R. 3,42	I. 3,93; II. 2,41; III. 1,49; IV. 1,0; V. 0,83; R. 3,10	I. 4,38; II. 2,86; III. 1,92; IV. 1,37; V. 1,00; VI. 0,82; VII. 0,73; R. 3,42
Achsantriebsübersetzung	3,27		3,46	3,27	3,46	2,82
Höchstgeschwindigkeit	231 km/h		236 km/h	234 km/h	245 km/h	250 km/h (abgeregelt)
Beschleunigung[2] 0-100 km/h	9,4 s		8,2 s	8,9 s	7,8 s	6,4 s
Norm-Kraftstoffverbrauch in Liter	12,7/6,5/8,7 l		12,8/6,4/8,9 l	13,2-13,5/7,1-7,4/9,3-9,6 l	15,6/7,7/10,6 l	13,9-14,2/7,3-7,6/9,7-10,0 l
Radstand	2715 mm	2715 mm	2715 mm	2715 mm	2715 mm	2715 mm
Spur vorne/hinten	1493/1464 mm (bei Sportfahrwerk: 1494/1468 mm)	1493/1464 mm (bei Sportfahrwerk: 1494/1478 mm)	1493/1464 mm (bei Sportfahrwerk: 1494/1478 mm)	1505/1476 mm (bei Sportfahrwerk: 1494/1468 mm)	1493/1464 mm (bei Sportfahrwerk: 1494/1478 mm)	1493/1464 mm
Gesamtlänge	4343 mm	4343 mm	4343 mm	4343 mm	4343 mm	4343 mm
Gesamtbreite	1728 mm	1728 mm	1728 mm	1728 mm	1728 mm	1728 mm
Höhe	1406 mm (bei Sportfahrwerk: 1397 mm)	1406 mm (bei Sportfahrwerk: 1397 mm)	1406 mm (bei Sportfahrwerk: 1397 mm)	1406 mm (bei Sportfahrwerk: 1397 mm)	1406 mm (bei Sportfahrwerk: 1397 mm)	1410 mm
Wendekreisdurchmesser	10,76 m	10,76 m	10,76 m	10,76 m	10,76 m	10,76 m
Leergewicht[5]	1465 kg	1475 kg	1475 kg	1515 kg	1525 kg	1540 kg
Zul. Gesamtgewicht	1935 kg	1945 kg	1945 kg	1985 kg	1980 kg	2010 kg
Zuladung	470 kg	470 kg	470 kg	470 kg	455 kg	470 kg
Stückzahl	in Produktion	insgesamt 141 (seit 07.2002)[7]	insgesamt 30.013 (seit 01.2002)[7]	in Produktion	insgesamt 4.269 (seit 07.2002)[7]	in Produktion
Preise[9]	02.2004: EUR 27.492,00 01.2005: EUR 27.898,00 02.2006: EUR 28.130,00 01.2007: EUR 28.857,50 07.2007: EUR 29.036,00	02.2004: EUR 28.652,00 01.2005: EUR 29.058,00	02.2004: EUR 30.276,00 01.2005: EUR 30.740,00	04.2005: EUR 30.740,00 02.2006: EUR 30.972,00 01.2007: EUR 31.773,00 07.2007: EUR 31.951,50	02.2004: EUR 33.582,00 01.2005: EUR 34.162,00	04.2005: EUR 34.162,00 02.2006: EUR 34.452,00 01.2007: EUR 35.343,00 07.2007: EUR 35.521,50

CLC-Klasse-Sportcoupés der Baureihe 203, 2008 -2011

Typ	CLC 160 BlueEFFICIENCY	CLC 180 Kompressor	CLC 200 Kompressor	CLC 230	CLC 250	CLC 350
Konstruktionsbezeichnung	CL 203.2	CL 203.2	CL 203.2	CL 203.2	CL 203.2	CL 203.2
Produktionszeitraum	02.2009-02.2011	04.2008-02.2011	04.2008-02.2011	04.2008-05.2009	05.2009-02.2011	04.2008-02.2011
Motor	Viertakt-Ottomotor mit einem Kurbelgehäuse aus Aluminium-Druckguss, strahlgeführte Mehrfach-Benzin-Direkteinspritzung, Abgas-Turboaufladung mit Ladeluftkühlung	Viertakt-Otto (mit Saugrohreinspritzung und Kompressor mit Ladeluftkühlung; Abgasreinigungsanlage mit geregeltem 3-Wege-Katalysator)	Viertakt-Otto (mit Saugrohreinspritzung und Kompressor mit Ladeluft-~kühlung; Abgasreinigungsanlage mit geregeltem 3-Wege-Katalysator)	Viertakt-Otto (mit Saugrohreinspritzung und Abgasreinigungsanlage mit geregeltem 3-Wege-Katalysator)	Viertakt-Otto (mit Saugrohreinspritzung und Abgasreinigungsanlage mit geregeltem 3-Wege-Katalysator)	Viertakt-Otto (mit Saugrohreinspritzung und Abgasreinigungsanlage mit geregeltem 3-Wege-Katalysator)
Motor-Typ/-Baumuster	M 274 DE 16 AL	M 271 E 18 ML LR	M 271 E 18 ML	M 272 E 25	M 272 E 25	M 272 E 35
Zylinderzahl/Anordung	4 / Reihe	4 / Reihe	4 / Reihe	6 / V 90; Leichtmetallblock	6 / V 90; Leichtmetallblock	6 / V 90°; Leichtmetallblock
Bohrung x Hub	83 x 73,7 mm	82 x 85 mm	82 x 85 mm	88 x 68,4	88 x 68,4	92,9 x 86 mm
Gesamthubraum	1595 ccm	1796 ccm	1796 ccm	2496 ccm	2496 ccm	3498 ccm
Verdichtungsverhältnis	10,3	9,3	8,5	11,4	11,4	10,7
Leistung	95 kW / 129 PS bei 5000/min	105 kW / 143 PS bei 5200 /min	135 kW / 184 PS bei 5500/min	150 kW / 204 PS bei 6100/min	150 kW / 204 PS bei 6100/min	200 kW / 272 PS bei 6000/min
Drehmoment	210 Nm bei 1200-4000/min	220 Nm bei 2500-4200 /min	250 Nm bei 2800-5000/min	245 Nm bei 2900-5500 /min	245 Nm bei 2900-5500 /min	350 Nm bei 2400-5000 /min
Ventilanzahl/-anordnung	2 Einlass, 2 Auslass / hängend	2 Einlass, 2 Auslass / hängend	2 Einlass, 2 Auslass / hängend	2 Einlass, 2 Auslass / hängend	2 Einlass, 2 Auslass / hängend	2 Einlass, 2 Auslass / hängend
Ventilsteuerung	2 obenliegende und verstellbare Nockenwellen	2 obenliegende Nockenwellen (variabel verstellbar)	2 obenliegende Nockenwellen (variabel verstellbar)	je Zylinderreihe 2 obenliegende Nockenwellen (variabel verstellbar)	je Zylinderreihe 2 obenliegende Nockenwellen (variabel verstellbar)	je Zylinderreihe 2 obenliegende Nockenwellen (variabel verstellbar)
Gemischbildung	Mehrfach-Benzin-Direkteinspritzung durch Piezo-Injektoren, Abgas-Turboaufladung mit Ladeluftkühlung	Mikroprozessorgesteuerte Einspritzanlage mit HFM (Motorsteuerung Siemens SIM 4 LE) / Kompressor-Aufladung mit Ladeluftkühlung	Mikroprozessorgesteuerte Einspritzanlage mit HFM (Motorsteuerung Siemens SIM 4 LE) / Kompressor-Aufladung mit Ladeluftkühlung	Mikroprozessorgesteuerte Einspritzanlage mit Heißfilm-Luftmassenmessung	Mikroprozessorgesteuerte Einspritzanlage mit Heißfilm-Luftmassenmessung	Mikroprozessorgesteuerte Einspritzanlage mit Heißfilm-Luftmassenmessung
Kühlung	Wasserkühlung / Pumpe	Wasserkühlung / Pumpe	Wasserkühlung / Pumpe	Wasserkühlung / Pumpe	Wasserkühlung / Pumpe	Wasserkühlung / Pumpe
Schmierung	Druckumlauf-Schmierung	Druckumlauf-Schmierung	Druckumlauf-Schmierung	Druckumlauf-Schmierung	Druckumlauf-Schmierung	Druckumlauf-Schmierung
Kraftstofftank: Anordnung, Fassungsvermögen	vor der Hinterachse / 62 l	vor der Hinterachse / 62 l	vor der Hinterachse / 62 l	vor der Hinterachse / 62 l	vor der Hinterachse / 62 l	vor der Hinterachse / 62 l
Radaufhängung vorne	Dreilenkerachse / McPherson-Federbein	Dreilenkerachse / McPherson-Federbein	Dreilenkerachse / McPherson-Federbein	Dreilenkerachse / McPherson-Federbein	Dreilenkerachse / McPherson-Federbein	Dreilenkerachse / McPherson-Federbein
Radaufhängung hinten	Raumlenkerachse	Raumlenkerachse	Raumlenkerachse	Raumlenkerachse	Raumlenkerachse	Raumlenkerachse
Federung vorne	Schraubenfedern, Drehstab-Stabilisator	Schraubenfedern, Drehstab-Stabilisator	Schraubenfedern, Drehstab-Stabilisator	Schraubenfedern, Drehstab-Stabilisator	Schraubenfedern, Drehstab-Stabilisator	Schraubenfedern, Drehstab-Stabilisator
Federung hinten	Schraubenfedern, Drehstab-Stabilisator	Schraubenfedern, Drehstab-Stabilisator	Schraubenfedern, Drehstab-Stabilisator	Schraubenfedern, Drehstab-Stabilisator	Schraubenfedern, Drehstab-Stabilisator	Schraubenfedern, Drehstab-Stabilisator
Stoßdämpfer vorne/hinten	Zweirohr-/Einrohr-Gasdruckstoßdämpfer	Zweirohr-/Einrohr-Gasdruckstoßdämpfer	Zweirohr-/Einrohr-Gasdruckstoßdämpfer	Zweirohr-/Einrohr-Gasdruckstoßdämpfer	Zweirohr-/Einrohr-Gasdruckstoßdämpfer	Zweirohr-/Einrohr-Gasdruckstoßdämpfer
Lenkung	Zahnstangen-Servolenkung	Zahnstangen-Servolenkung	Zahnstangen-Servolenkung	Zahnstangen-Servolenkung	Zahnstangen-Servolenkung	Zahnstangen-Servolenkung
Bremsanlage	hydraulische Zweikreis-Bremsanlage mit Unterdruck-Bremskraftverstärker, Scheibenbremsen vorn innenbelüftet, hinten massiv, ABS, BAS, ESP®	hydraulische Zweikreis-Bremsanlage mit Unterdruck-Bremskraftverstärker, Scheibenbremsen vorn innenbelüftet, hinten massiv, ABS, BAS, ESP®	hydraulische Zweikreis-Bremsanlage mit Unterdruck-Bremskraftverstärker, Scheibenbremsen vorn innenbelüftet, hinten massiv, ABS, BAS, ESP®	hydraulische Zweikreis-Bremsanlage mit Unterdruck-Bremskraftverstärker, Scheibenbremsen vorn innenbelüftet, hinten massiv, ABS, BAS, ESP®	hydraulische Zweikreis-Bremsanlage mit Unterdruck-Bremskraftverstärker, Scheibenbremsen vorn innenbelüftet, hinten massiv, ABS, BAS, ESP®	hydraulische Zweikreis-Bremsanlage mit Unterdruck-Bremskraftverstärker, Scheibenbremsen vorn innenbelüftet, hinten massiv, ABS, BAS, ESP®
Feststellbremse	elektrisch, auf Hinterräder wirkend	elektrisch, auf Hinterräder wirkend	elektrisch, auf Hinterräder wirkend	elektrisch, auf Hinterräder wirkend	elektrisch, auf Hinterräder wirkend	elektrisch, auf Hinterräder wirkend
Bremsscheibendurchmesser vorne/hinten	288 / 278	288 / 278	288 / 278	300 / 290	300 / 290	330 / 290
Räder	Stahlräder mit Radzierblenden, 6 J x 16, auf Wunsch Leichtmetallfelgen	Stahlräder mit Radzierblenden, 6 J x 16, auf Wunsch Leichtmetallfelgen	Stahlräder mit Radzierblenden, 6 J x 16, auf Wunsch Leichtmetallfelgen	Leichtmetallfelgen 7 J x 16	Leichtmetallfelgen 7 J x 16	Leichtmetallfelgen 7,5 x 17
Reifen	205/55 R 16	205/55 R 16	205/55 R 16	205/55 R 16	205/55 R 16	225/45 R 17
Kraftübertragung	über geteilte Kardanwelle auf die Hinterräder	über geteilte Kardanwelle auf die Hinterräder	über geteilte Kardanwelle auf die Hinterräder	über geteilte Kardanwelle auf die Hinterräder	über geteilte Kardanwelle auf die Hinterräder	über geteilte Kardanwelle auf die Hinterräder
Getriebe [1]	6-Gang mechanisch	6-Gang mechanisch	6-Gang mechanisch	6-Gang mechanisch	6-Gang mechanisch	6-Gang mechanisch
Verfügbarkeit	Serie	Serie	Serie	Serie	Serie	Serie
Kupplung	Einscheiben-Trockenkupplung	Einscheiben-Trockenkupplung	Einscheiben-Trockenkupplung	Einscheiben-Trockenkupplung	Einscheiben-Trockenkupplung	Einscheiben-Trockenkupplung
Getriebebezeichnung	Zahnrad-Wechselgetriebe	Zahnrad-Wechselgetriebe	Zahnrad-Wechselgetriebe	Zahnrad-Wechselgetriebe	Zahnrad-Wechselgetriebe	Zahnrad-Wechselgetriebe
Getriebe-Übersetzung	I. 4,99; II. 2,82; III. 1,78; IV. 1,25; V. 1,0; VI. 0,82; R. 4,54	I. 4,45; II. 2,61; III. 1,72; IV. 1,24; V. 1,0; VI. 0,84; R. 4,06	I. 4,46; II. 2,61; III. 1,72; IV. 1,24; V. 1,0; VI. 0,84; R. 4,06	I. 4,46; II. 2,61; III. 1,72; IV. 1,24; V. 1,0; VI. 0,84; R. 4,06	I. 4,46; II. 2,61; III. 1,72; IV. 1,24; V. 1,0; VI. 0,84; R. 4,06	I. 4,46; II. 2,61; III. 1,72; IV. 1,24; V. 1,0; VI. 0,84; R. 4,06
Achsantriebsübersetzung	3,07	3,07	3,27	3,27	3,27	2,82
Höchstgeschwindigkeit	210 km/h	220 km/h	235 km/h	240 km/h	240 km/h	250 km/h (abgeregelt)
Beschleunigung[2] 0-100 km/h	11,2 s	9,7 s	8,6 s	7,5 s	7,7 s	6,3 s
Norm-Kraftstoffverbrauch in Liter	5,3-9,7	5,7-11	5,9-11	6,7-13,3	6,7-13,3	7-13,7
Getriebe [2]	5-Gang-Automatikgetriebe mit elektronischer Steuerung	5-Gang-Automatikgetriebe mit elektronischer Steuerung	5-Gang-Automatikgetriebe mit elektronischer Steuerung	7-Gang-Automatikgetriebe mit elektronischer Steuerung	7-Gang-Automatikgetriebe mit elektronischer Steuerung	7-Gang-Automatikgetriebe mit elektronischer Steuerung
Verfügbarkeit	auf Wunsch	auf Wunsch	auf Wunsch	auf Wunsch	auf Wunsch	Serie
Kupplung	Wandler	Wandler	Wandler	Wandler	Wandler	Wandler
Getriebebezeichnung	5G-TRONIC	5G-TRONIC	5G-TRONIC	7G-TRONIC	7G-TRONIC	7G-TRONIC
Getriebe-Übersetzung	I. 3,95; II. 2,42; III. 1,49; IV. 1,0; V. 0,83; R. 3,15	I. 3,95; II. 2,42; III. 1,49; IV. 1,0; V. 0,83; R. 3,15	I. 3,95; II. 2,42; III. 1,49; IV. 1,0; V. 0,83; R. 3,15	I. 4,38; II. 2,86; III. 1,92; IV. 1,37; V. 1,00; VI. 0,82; VII. 0,73; R. 3,42	I. 4,38; II. 2,86; III. 1,92; IV. 1,37; V. 1,00; VI. 0,82; VII. 0,73; R. 3,42	I. 4,38; II. 2,86; III. 1,92; IV. 1,37; V. 1,00; VI. 0,82; VII. 0,73; R. 3,42
Achsantriebsübersetzung	3,07	3,07	3,07	3,07	3,27	2,82
Höchstgeschwindigkeit	206 km/h	215km/h	231 km/h	242 km/h	242 km/h	250 km/h (abgeregelt)
Beschleunigung[2] 0-100 km/h	9,9 s	9,9 s	8,7 s	7,7 s	7,9 s	6,3 s
Norm-Kraftstoffverbrauch in Liter	5,8-10,9	5,9-11,1	6,2-11,6	6,8-13,2	6,8-13,2	7,3-13,9
Radstand	2715 mm	2715 mm	2715 mm	2715 mm	2715 mm	2715 mm
Spur vorne/hinten	1505 / 1476 mm	1505 / 1476 mm	1505 / 1476 mm	1505 / 1476 mm	1505 / 1476 mm	1495 / 1466
Gesamtlänge	4452 mm	4452 mm	4452 mm	4452 mm	4452 mm	4452 mm
Gesamtbreite	1728 mm	1728 mm	1728 mm	1728 mm	1728 mm	1728 mm
Höhe	1405 mm	1405 mm	1405 mm	1405 mm	1405 mm	1409 mm
Wendekreisdurchmesser	10,77 m	10,77 m	10,77 m	10,77 m	10,77 m	10,77 m
Leergewicht[5]	1395 kg	1400 kg	1405 kg	1450 kg	1450 kg	1475 kg
Zul. Gesamtgewicht	1940 kg	1945 kg	1950 kg	1995 kg	1995 kg	2020 kg
Zuladung	545 kg	545 kg	545 kg	545 kg	545 kg	545 kg
Anhängelast gebremst/ungebremst	1500 kg / 730 kg	1500 kg / 730 kg	1500 kg / 730 kg	1500 / 750 kg	1500 / 750 kg	1500 / 750 kg
Preise[9]	01.2009: EUR 26.745,25	03.2008: EUR 28.113,75	03.2008: EUR 29.601,25	03.2008: EUR 32.516,75	05.2009: EUR 32.933,25	03.2008: EUR 36.086,75

CLC-Klasse-Sportcoupés der Baureihe 203, 2008 -2011			C-Klasse Limousinen der Baureihe 204, 2007-2014			
Typ	CLC 200 CDI	CLC 220 CDI	C 180 CDI (bis 05.2013: C 180 CDI BlueEFFICIENCY)	C 200 CDI	C 200 CDI BlueEFFICIENCY	C 200 CDI BlueEFFICIENCY
Konstruktionsbezeichnung	CL 203.2	CL 203.2	W 204	W 204	W 204	W 204
Produktionszeitraum	04.2008-04.2010	04.2008-04.2010	04.2010-03.2014 (in Deutschland ab 03.2011)	07.2007-12.2009	04.2008-11.2009	11.2009-03.2014
Motor	Viertakt-Diesel (mit Common-Rail-Direkteinspritzung, Abgas-Turbolader mit Ladeluftkühlung, Abgasreinigungsanlage mit Oxidationskatalysator)	Viertakt-Diesel (mit Common-Rail-Direkteinspritzung, Abgas-Turbolader mit Ladeluftkühlung, Abgasreinigungsanlage mit Oxidationskatalysator)	Viertakt-Diesel (mit Common-Rail-Direkteinspritzung, Abgas-Turbolader mit Ladeluftkühlung, Abgasreinigungsanlage mit Oxidationskatalysator)	Viertakt-Diesel (mit Direkteinspritzung, Abgas-Turbolader mit Ladeluftkühlung und Abgasreinigungsanlage mit Oxidationskatalysator)	Viertakt-Diesel (mit Common-Rail-Direkteinspritzung, Abgas-Turbolader mit Ladeluftkühlung, Abgasreinigungsanlage mit Oxidationskatalysator)	Viertakt-Diesel (mit Common-Rail-Direkteinspritzung, Abgas-Turbolader mit Ladeluftkühlung, Abgasreinigungsanlage mit Oxidationskatalysator)
Motor-Typ/-Baumuster	OM 651 DE 22 LA red.	OM 646 DE 22 LA / 646.811	OM 651 DE 22 LA red.	OM 646 DE 22 LA LR	OM 646 DE 22 LA red.	OM 651 DE 22 LA red.
Zylinderzahl/Anordung	4 / Reihe	4 / Reihe	4/Reihe	4/Reihe	4/Reihe	4/Reihe
Bohrung x Hub	83 x 99 mm	88 x 88,3 mm	83 x 99 mm	88,0 x 88,3 mm	88 x 88,3 mm	83 x 99 mm
Gesamthubraum	2143 ccm	2148 ccm	2143 ccm	2148 ccm	2148 ccm	2143 ccm
Verdichtungsverhältnis	16,2	17,5	16,2	17,5	17,5	16,2
Leistung	88 kW / 122 PS bei 2800-4600/min	125 kW / 150 PS bei 3800/min	88 kW/120 PS bei 2800-4600/min	100 kW/136 PS bei 3800/min	100 kW/136 PS bei 3800/min	100 kW/136 PS bei 2800-4600/min
Drehmoment	270 Nm bei 1400-2800/min	400 Nm bei 2000/min	300 Nm bei 1400-2800/min	270 Nm bei 1600-3000/min	270 Nm bei 1600-3400/min	360 Nm bei 1600-2600/min
Ventilanzahl/-anordnung	2 Einlass, 2 Auslass / hängend	2 Einlass, 2 Auslass / hängend	2 Einlass, 2 Auslass/hängend	2 Einlass 2 Auslass/hängend	2 Einlass, 2 Auslass/hängend	2 Einlass, 2 Auslass/hängend
Ventilsteuerung	2 obenliegende Nockenwellen	2 obenliegende Nockenwellen	2 obenliegende Nockenwellen	2 obenliegende Nockenwellen	2 obenliegende Nockenwellen	2 obenliegende Nockenwellen
Gemischbildung	Common-Rail-Direkteinspritzung, Abgas-Turbolader mit verstellbarer Turbinengeometrie, Ladeluftkühlung	Common-Rail-Direkteinspritzung, elektronisch geregelt; Bosch 3-Stempel-Hochdruckpumpe/Abgas-Turbolader mit Ladeluftkühlung	Common-Rail-Direkteinspritzung, Abgas-Turbolader mit verstellbarer Turbinengeometrie, Ladeluftkühlung	Common-Rail-Direkteinspritzung, elektronisch geregelt; Bosch 3-Stempel-Hochdruckpumpe/Abgas-Turbolader mit Ladeluftkühlung	Common-Rail-Direkteinspritzung, Abgas-Turbolader mit verstellbarer Turbinengeometrie, Ladeluftkühlung	Common-Rail-Direkteinspritzung, Abgas-Turbolader mit verstellbarer Turbinengeometrie, Ladeluftkühlung
Kühlung	Wasserkühlung / Pumpe	Wasserkühlung / Pumpe	Wasserkühlung/Pumpe	Wasserkühlung/Pumpe	Wasserkühlung/Pumpe	Wasserkühlung/Pumpe
Schmierung	Druckumlauf-Schmierung	Druckumlauf-Schmierung	Druckumlauf-Schmierung	Druckumlauf-Schmierung	Druckumlauf-Schmierung	Druckumlauf-Schmierung
Batterie			im Kofferraum	im Kofferraum	im Kofferraum	im Kofferraum
Kraftstofftank: Anordnung, Fassungsvermögen	vor der Hinterachse / 62 l	vor der Hinterachse / 62 l	vor der Hinterachse, 59 l	vor der Hinterachse/66 l	vor der Hinterachse, 59 l	vor der Hinterachse, 59 l
Radaufhängung vorne	Dreilenkerachse / McPherson-Federbein	Dreilenkerachse / McPherson-Federbein	Dreilenkerachse/McPherson-Federbein	Dreilenkerachse/McPherson-Federbein	Dreilenkerachse/McPherson-Federbein	Dreilenkerachse/McPherson-Federbein
Radaufhängung hinten	Raumlenkerachse	Raumlenkerachse	Raumlenkerachse	Raumlenkerachse	Raumlenkerachse	Raumlenkerachse
Federung vorne	Schraubenfedern, Drehstab-Stabilisator	Schraubenfedern, Drehstab-Stabilisator	Schraubenfedern, Drehstab-Stabilisator	Schraubenfedern, Drehstab-Stabilisator	Schraubenfedern, Drehstab-Stabilisator	Schraubenfedern, Drehstab-Stabilisator
Federung hinten	Schraubenfedern, Drehstab-Stabilisator	Schraubenfedern, Drehstab-Stabilisator	Schraubenfedern, Drehstab-Stabilisator	Schraubenfedern, Drehstab-Stabilisator	Schraubenfedern, Drehstab-Stabilisator	Schraubenfedern, Drehstab-Stabilisator
Stoßdämpfer vorne/hinten	Zweirohr-/Einrohr-Gasdruckstoßdämpfer	Zweirohr-/Einrohr-Gasdruckstoßdämpfer	Gasdruckstoßdämpfer mit amplitudenabhängiger Dämpfung	Gasdruck-Stoßdämpfer mit amplitudenabhängiger Dämpfung	Gasdruckstoßdämpfer mit amplitudenabhängiger Dämpfung	Gasdruckstoßdämpfer mit amplitudenabhängiger Dämpfung
Lenkung	Zahnstangen-Servolenkung	Zahnstangen-Servolenkung	Zahnstangen-Servolenkung mit geschwindigkeitsabhängiger Lenkkraftunterstützung und variabler Lenkübersetzung	Zahnstangen-Servolenkung mit geschwindigkeitsabhängiger Lenkkraftunterstützung und variabler Lenkübersetzung	Zahnstangen-Servolenkung mit geschwindigkeitsabhängiger Lenkkraftunterstützung und variabler Lenkübersetzung	Zahnstangen-Servolenkung mit geschwindigkeitsabhängiger Lenkkraftunterstützung und variabler Lenkübersetzung
Bremsanlage	hydraulische Zweikreis-Bremsanlage mit Unterdruck-Bremskraftverstärker, Scheibenbremsen vorn innenbelüftet, hinten massiv, ABS, BAS, ESP®	hydraulische Zweikreis-Bremsanlage mit Unterdruck-Bremskraftverstärker, Scheibenbremsen vorn innenbelüftet, hinten massiv, ABS, BAS, ESP®	hydraulische Zweikreis-Bremsanlage mit Unterdruck-Bremskraftverstärker, Scheibenbremsen vorn innenbelüftet, hinten massiv, ABS, BAS, ESP®	hydraulische Zweikreis-Bremsanlage mit Unterdruck-Bremskraftverstärker, Scheibenbremsen vorn innenbelüftet, hinten massiv, ABS, BAS, ESP®	hydraulische Zweikreis-Bremsanlage mit Unterdruck-Bremskraftverstärker, Scheibenbremsen vorn innenbelüftet, hinten massiv, ABS, BAS, ESP®	hydraulische Zweikreis-Bremsanlage mit Unterdruck-Bremskraftverstärker, Scheibenbremsen vorn innenbelüftet, hinten massiv, ABS, BAS, ESP®
Feststellbremse	elektrisch, auf Hinterräder wirkend	elektrisch, auf Hinterräder wirkend	elektrisch, auf Hinterräder wirkend	mechanisch (fußbetätigt), auf Hinterräder wirkend	elektrisch, auf Hinterräder wirkend	elektrisch, auf Hinterräder wirkend
Bremsscheibendurchmesser vorne/hinten	288 / 278	288 / 278	288/278 mm	288/278 mm	288/278 mm	288/278 mm
Räder	Stahlräder mit Radzierblenden, 6 J x 16, auf Wunsch Leichtmetallfelgen	Stahlräder mit Radzierblenden, 6 J x 16, auf Wunsch Leichtmetallfelgen	Stahlräder mit Radzierblenden, 6 J x 16, auf Wunsch Leichtmetallfelgen	Stahlräder mit Radzierblenden, 6 J x 16, auf Wunsch Leichtmetallfelgen	Leichtmetallfelgen 6 J x 16	Leichtmetallfelgen 6 J x 16
Reifen	205/55 R 16	205/55 R 16	195/60 R 16	195/60 R 16	195/60 R 16	195/60 R 16
Kraftübertragung	über geteilte Kardanwelle auf die Hinterräder	über geteilte Kardanwelle auf die Hinterräder	über geteilte Kardanwelle auf die Hinterräder	über geteilte Kardanwelle auf die Hinterräder	über geteilte Kardanwelle auf die Hinterräder	über geteilte Kardanwelle auf die Hinterräder
Getriebe [1]	6-Gang mechanisch	6-Gang mechanisch	6-Gang mechanisch	6-Gang mechanisch	6-Gang mechanisch	6-Gang mechanisch
Verfügbarkeit	Serie	Serie	Serie	Serie	Serie	Serie
Kupplung	Einscheiben-Trockenkupplung	Einscheiben-Trockenkupplung	Einscheiben-Trockenkupplung	Einscheiben-Trockenkupplung	Einscheiben-Trockenkupplung	Einscheiben-Trockenkupplung
Getriebebezeichnung	Zahnrad-Wechselgetriebe	Zahnrad-Wechselgetriebe	Zahnrad-Wechselgetriebe	Zahnrad-Wechselgetriebe	Zahnrad-Wechselgetriebe	Zahnrad-Wechselgetriebe
Getriebe-Übersetzung	I. 4,99; II. 2,82; III. 1,79; IV. 1,26; V. 1,00; VI. 0,82; R. 4,57	I. 5,01; II. 2,82; III. 1,79; IV. 1,26; V. 1,0; VI. 0,83; R. 4,57	I. 5,01; II. 2,92; III. 1,79; IV. 1,26; V. 1,00; VI. 0,82; R. 4,57	I. 5,01; II. 2,83; III. 1,79; IV. 1,27; V. 1,0; VI. 0,83; R. 4,57	I. 5,01; II. 2,83; III. 1,79; IV. 1,26; V. 1,00; VI. 0,83; R. 4,57	I. 5,01; II. 2,83; III. 1,79; IV. 1,26; V. 1,00; VI. 0,83; R. 4,57
Achsantriebsübersetzung	2,65	2,65	2,47	2,65	2,47	2,47
Höchstgeschwindigkeit	206 km/h	224 km/h	208 km/h	215 km/h	220 km/h	218 km/h
Beschleunigung[2] 0-100 km/h	11,3 s	9,7 s	10,5 s	10,4 s	10,4 s	9,2 s
Norm-Kraftstoffverbrauch in Liter	4,7-7,7	4,8-7,8	4,8-5,3	4,5-8,2	5,1-5,4	4,8-5,3
Getriebe [2]	5-Gang-Automatikgetriebe mit elektronischer Steuerung	5-Gang-Automatikgetriebe mit elektronischer Steuerung	5-Gang-Automatikgetriebe mit elektronischer Steuerung	5-Gang-Automatikgetriebe mit elektronischer Steuerung		5-Gang-Automatikgetriebe mit elektronischer Steuerung
Verfügbarkeit	auf Wunsch	auf Wunsch	auf Wunsch	auf Wunsch		auf Wunsch
Kupplung	Wandler	Wandler	Wandler	Wandler		Wandler
Getriebebezeichnung	5G-TRONIC	5G-TRONIC	5G-TRONIC	5G-TRONIC		5G-TRONIC
Getriebe-Übersetzung	I. 3,95; II. 2,42; III. 1,48; IV. 1,0; V. 0,83; R. 3,14	I. 3,58; II. 2,18; III. 1,40; IV. 1,0; V. 0,83; R. 3,17		I. 3,95; II. 2,42; III. 1,49; IV. 1,0; V. 0,83; R. 3,15		I. 3,95; II. 2,42; III. 1,49; IV. 1,00; V. 0,83; R. 3,15
Achsantriebsübersetzung	2,87	2,87	2,47	2,65		2,65
Höchstgeschwindigkeit	205 km/h	219 km/h	206 km/h	213 km/h		215 km/h
Beschleunigung[2] 0-100 km/h	11,1 s	9,4 s	10,8 s	10,2 s		9,1 s
Norm-Kraftstoffverbrauch in Liter	5,4-8,8	5,2-8,8	4,9-5,3	5,0-9,2		4,9-5,3
Getriebe [3]			7-Gang-Automatikgetriebe mit elektronischer Steuerung			7-Gang-Automatikgetriebe mit elektronischer Steuerung
Verfügbarkeit			auf Wunsch			auf Wunsch
Kupplung			Wandler			Wandler
Getriebebezeichnung			7G-TRONIC+			7G-TRONIC+
Getriebe-Übersetzung			I. 4,38; II. 2,86; III. 1,92; IV. 1,37; V. 1,00; VI. 0,82; VII. 0,73; R. 3,42			I. 4,38; II. 2,86; III. 1,92; IV. 1,37; V. 1,00; VI. 0,82; VII. 0,73; R. 3,42
Achsantriebsübersetzung			2,47			2,47
Höchstgeschwindigkeit			206 km/h			218 km/h
Beschleunigung[2] 0-100 km/h			10,8 s			9,1 s
Norm-Kraftstoffverbrauch in Liter			4,9-5,3			4,9-5,3
Radstand	2715 mm	2715 mm	2760 mm	2760 mm	2760 mm	2760 mm
Spur vorne/hinten	1505 / 1476 mm	1505 / 1476 mm	1549/1552 mm	1549/1552 mm	1549/1552 mm	1549/1552 mm
Gesamtlänge	4452 mm	4452 mm	4581 mm	4581 mm	4581 mm	4581 mm
Gesamtbreite	1728 mm	1728 mm	1770 mm	1770 mm	1770 mm	1770 mm
Höhe	1405 mm	1405 mm	1447 mm	1447 mm	1447 mm	1447 mm
Wendekreisdurchmesser	10,77 m	10,77 m	10,80 m	10,80 m	10,80 m	10,80 m
Leergewicht[5]	1430 kg	1455 kg	1565 kg	1560 kg	1430 kg	1485 kg
Zul. Gesamtgewicht	1960 kg	1985 kg	2080 kg	2045 kg	1990 kg	2045 kg
Zuladung	530 kg	530 kg	515 kg	485 kg	560 kg	560 kg
Anhängelast gebremst/ungebremst	1500 / 750 kg	1500 / 750 kg	1800/750 kg	1800/750 kg	1800/750 kg	1800/750 kg
Preise[9]	03.2008: EUR 29.601,25	03.2008: EUR 31.802,75	01.2011: EUR 31.862,25	01.2007: EUR 31.892,00	04.2008: EUR 32.516,75	10.2009: EUR 33.706,75

C-Klasse Limousinen der Baureihe 204, 2007-2014

Typ	C 220 CDI	C 220 CDI (bis 05.2013: C 220 CDI BlueEFFICIENCY)	C 220 CDI BlueEFFICIENCY Edition	C 250 CDI (bis 05.2013: C 250 CDI BlueEFFICIENCY)	C 250 CDI 4MATIC (bis 05.2013: C 250 CDI 4MATIC BlueEFFICIENCY)	C 300 CDI 4MATIC BlueEFFICIENCY
Konstruktionsbezeichnung	W 204	W 204	W 204	W 204	W 204	W 204
Produktionszeitraum	02.2007-12.2009	06.2009-05.2014	10.2012-05.2014	10.2008-05.2014	04.2010-05.2014	06.2011-03.2014
Motor	Viertakt-Diesel (mit Common-Rail-Direkteinspritzung, Abgas-Turbolader mit Ladeluftkühlung, Abgasreinigungsanlage mit Oxidationskatalysator)	Viertakt-Diesel (mit Common-Rail-Direkteinspritzung, Abgas-Turbolader mit Ladeluftkühlung, Abgasreinigungsanlage mit Oxidationskatalysator)	Viertakt-Diesel (mit Common-Rail-Direkteinspritzung, Abgas-Turbolader mit Ladeluftkühlung, Abgasreinigungsanlage mit Oxidationskatalysator)	Viertakt-Diesel (mit Common-Rail-Direkteinspritzung, Abgas-Turbolader mit Ladeluftkühlung, Abgasreinigungsanlage mit Oxidationskatalysator)	Viertakt-Diesel (mit Common-Rail-Direkteinspritzung, Abgas-Turbolader mit Ladeluftkühlung, Abgasreinigungsanlage mit Oxidationskatalysator)	Viertakt-Diesel (mit Common-Rail-Direkteinspritzung, Abgas-Turbolader mit Ladeluftkühlung, Abgasreinigungsanlage mit Oxidationskatalysator)
Motor-Typ/-Baumuster	OM 646 DE 22 LA/646.811	OM 651 DE 22 LA	OM 651 DE 22 LA	OM 651 DE 22 LA	OM 651 DE 22 LA	OM 642 DE 30 LA
Zylinderzahl/Anordnung	4/Reihe	4/Reihe	4/Reihe	4/Reihe	4/Reihe	6/V 72°
Bohrung x Hub	88 x 88,3 mm	83 x 99 mm	83 x 99 mm	83 x 99 mm	83 x 99 mm	83 x 92 mm
Gesamthubraum	2148 ccm	2143 ccm	2143 ccm	2143 ccm	2143 ccm	2987 ccm
Verdichtungsverhältnis	17,5	16,2	16,2	16,2	16,2	15,5
Leistung	125 kW/170 PS bei 3800/min	125 kW/170 PS bei 3000-4200/min	125 kW/170 PS bei 3000-4200/min	150 kW/204 PS bei 4200/min	150 kW/204 PS bei 4200/min	170 kW/231 PS bei 3800/min
Drehmoment	400 Nm bei 2000/min	400 Nm bei 1400-2800/min	400 Nm bei 1400-2800/min	500 Nm bei 1600-1800/min	500 Nm bei 1600-1800/min	540 Nm bei 1600-2400/min
Ventilanzahl/-anordnung	2 Einlass, 2 Auslass/hängend	2 Einlass, 2 Auslass/hängend	2 Einlass, 2 Auslass/hängend	2 Einlass, 2 Auslass/hängend	2 Einlass, 2 Auslass/hängend	2 Einlass, 2 Auslass/hängend
Ventilsteuerung	2 obenliegende Nockenwellen	2 obenliegende Nockenwellen	2 obenliegende Nockenwellen	2 obenliegende Nockenwellen	2 obenliegende Nockenwellen	je Zylinderreihe 2 obenliegende Nockenwellen
Gemischbildung	Common-Rail-Direkteinspritzung, elektronisch geregelt; Bosch 3-Stempel-Hochdruckpumpe/Abgas-Turbolader mit Ladeluftkühlung	Common-Rail-Direkteinspritzung, Biturbo mit verstellbarer Turbinengeometrie, Ladeluftkühlung	Common-Rail-Direkteinspritzung, Biturbo mit verstellbarer Turbinengeometrie, Ladeluftkühlung	Common-Rail-Direkteinspritzung, Biturbo mit verstellbarer Turbinengeometrie, Ladeluftkühlung	Common-Rail-Direkteinspritzung, Biturbo mit verstellbarer Turbinengeometrie, Ladeluftkühlung	Common-Rail-Direkteinspritzung, Abgas-Turbolader mit verstellbarer Turbinengeometrie, Ladeluftkühlung
Kühlung	Wasserkühlung/Pumpe	Wasserkühlung/Pumpe	Wasserkühlung/Pumpe	Wasserkühlung/Pumpe	Wasserkühlung/Pumpe	Wasserkühlung/Pumpe
Schmierung	Druckumlauf-Schmierung	Druckumlauf-Schmierung	Druckumlauf-Schmierung	Druckumlauf-Schmierung	Druckumlauf-Schmierung	Druckumlauf-Schmierung
Batterie	im Kofferraum	im Kofferraum	im Kofferraum	im Kofferraum	im Kofferraum	im Kofferraum
Kraftstofftank: Anordnung, Fassungsvermögen	vor der Hinterachse, 59 l	vor der Hinterachse, 59 l	vor der Hinterachse, 66 l	vor der Hinterachse, 66 l	vor der Hinterachse, 66 l	vor der Hinterachse, 66 l
Radaufhängung vorne	Dreilenkerachse/McPherson-Federbein	Dreilenkerachse/McPherson-Federbein	Dreilenkerachse/McPherson-Federbein	Dreilenkerachse/McPherson-Federbein	Dreilenkerachse/McPherson-Federbein	Dreilenkerachse/McPherson-Federbein
Radaufhängung hinten	Raumlenkerachse	Raumlenkerachse	Raumlenkerachse	Raumlenkerachse	Raumlenkerachse	Raumlenkerachse
Federung vorne	Schraubenfedern, Drehstab-Stabilisator	Schraubenfedern, Drehstab-Stabilisator	Schraubenfedern, Drehstab-Stabilisator	Schraubenfedern, Drehstab-Stabilisator	Schraubenfedern, Drehstab-Stabilisator	Schraubenfedern, Drehstab-Stabilisator
Federung hinten	Schraubenfedern, Drehstab-Stabilisator	Schraubenfedern, Drehstab-Stabilisator	Schraubenfedern, Drehstab-Stabilisator	Schraubenfedern, Drehstab-Stabilisator	Schraubenfedern, Drehstab-Stabilisator	Schraubenfedern, Drehstab-Stabilisator
Stoßdämpfer vorne/hinten	Gasdruck-Stoßdämpfer mit amplitudenabhängiger Dämpfung	Gasdruckstoßdämpfer mit amplitudenabhängiger Dämpfung	Gasdruckstoßdämpfer mit amplitudenabhängiger Dämpfung	Gasdruckstoßdämpfer mit amplitudenabhängiger Dämpfung	Gasdruckstoßdämpfer mit amplitudenabhängiger Dämpfung	Gasdruckstoßdämpfer mit amplitudenabhängiger Dämpfung
Lenkung	Zahnstangen-Servolenkung mit geschwindigkeitsabhängiger Lenkkraftunterstützung und variabler Lenkübersetzung	Zahnstangen-Servolenkung mit geschwindigkeitsabhängiger Lenkkraftunterstützung und variabler Lenkübersetzung	Zahnstangen-Servolenkung mit geschwindigkeitsabhängiger Lenkkraftunterstützung und variabler Lenkübersetzung	Zahnstangen-Servolenkung mit geschwindigkeitsabhängiger Lenkkraftunterstützung und variabler Lenkübersetzung	Zahnstangen-Servolenkung mit geschwindigkeitsabhängiger Lenkkraftunterstützung und variabler Lenkübersetzung	Zahnstangen-Servolenkung mit geschwindigkeitsabhängiger Lenkkraftunterstützung und variabler Lenkübersetzung
Bremsanlage	hydraulische Zweikreis-Bremsanlage mit Unterdruck-Bremskraftverstärker, Scheibenbremsen vorn innenbelüftet, hinten massiv, ABS, BAS, ESP®	hydraulische Zweikreis-Bremsanlage mit Unterdruck-Bremskraftverstärker, Scheibenbremsen vorn innenbelüftet, hinten massiv, ABS, BAS, ESP®	hydraulische Zweikreis-Bremsanlage mit Unterdruck-Bremskraftverstärker, Scheibenbremsen vorn innenbelüftet, hinten massiv, ABS, BAS, ESP®	hydraulische Zweikreis-Bremsanlage mit Unterdruck-Bremskraftverstärker, Scheibenbremsen vorn innenbelüftet, hinten massiv, ABS, BAS, ESP®	hydraulische Zweikreis-Bremsanlage mit Unterdruck-Bremskraftverstärker, Scheibenbremsen vorn innenbelüftet, hinten massiv, ABS, BAS, ESP®	hydraulische Zweikreis-Bremsanlage mit Unterdruck-Bremskraftverstärker, Scheibenbremsen vorn innenbelüftet, hinten massiv, ABS, BAS, ESP®
Feststellbremse	mechanisch (fußbetätigt), auf Hinterräder wirkend	elektrisch, auf Hinterräder wirkend	elektrisch, auf Hinterräder wirkend	elektrisch, auf Hinterräder wirkend	elektrisch, auf Hinterräder wirkend	elektrisch, auf Hinterräder wirkend
Bremsscheibendurchmesser vorne/hinten	300/295 mm	300/295 mm	300/295 mm	300/295 mm	300/295 mm	322/300 mm
Räder	Leichtmetallfelgen 7 J x 16	Leichtmetallfelgen 6,5 x 16	Leichtmetallfelgen 6,5 x 16	Leichtmetallfelgen 6,5 x 16	Leichtmetallfelgen 6,5 x 16	Leichtmetallfelgen 7,5 x 17
Reifen	205/55 R 16	205/55 R 16	205/55 R 16	205/55 R 16	205/55 R 16	225/45 R 17
Kraftübertragung	über geteilte Kardanwelle auf die Hinterräder	über geteilte Kardanwelle auf die Hinterräder	über geteilte Kardanwelle auf die Hinterräder	über geteilte Kardanwelle auf die Hinterräder	permanenter Antrieb auf Vorder- und Hinterräder, gesteuert über das elektronische Traktions-System ETS	permanenter Antrieb auf Vorder- und Hinterräder, gesteuert über das elektronische Traktions-System ETS
Getriebe [1]	6-Gang mechanisch	6-Gang mechanisch	6-Gang mechanisch	6-Gang mechanisch	7-Gang-Automatikgetriebe mit elektronischer Steuerung	7-Gang-Automatikgetriebe mit elektronischer Steuerung
Verfügbarkeit	Serie	Serie	Serie	Serie	auf Wunsch	auf Wunsch
Kupplung	Einscheiben-Trockenkupplung	Einscheiben-Trockenkupplung	Einscheiben-Trockenkupplung	Einscheiben-Trockenkupplung	Wandler	Wandler
Getriebebezeichnung	Zahnrad-Wechselgetriebe	Zahnrad-Wechselgetriebe	Zahnrad-Wechselgetriebe	Zahnrad-Wechselgetriebe	7G-TRONIC+	7G-TRONIC+
Getriebe-Übersetzung	I. 5,01; II. 2,83; III. 1,79; IV. 1,27; V. 1,0; VI. 0,83; R. 4,57	I. 5,01; II. 2,83; III. 1,79; IV. 1,26; V. 1,00; VI. 0,83; R. 4,57	I. 5,01; II. 2,83; III. 1,79; IV. 1,26; V. 1,00; VI. 0,83; R. 4,57	I. 5,10; II. 2,78; III. 1,75; IV. 1,26; V. 1,00; VI. 0,81; R. 4,63	I. 4,38; II. 2,86; III. 1,92; IV. 1,37; V. 1,00; VI. 0,82; VII. 0,73; R. 3,42	I. 4,38; II. 2,86; III. 1,92; IV. 1,37; V. 1,00; VI. 0,82; VII. 0,73; R. 3,42
Achsantriebsübersetzung	2,65	2,65	2,65	2,47	2,47	2,47
Höchstgeschwindigkeit	229 km/h	232 km/h	232 km/h	240 km/h	240 km/h	250 km/h
Beschleunigung[2] 0-100 km/h	8,5 s	8,4 s	8,4 s	7,0 s	7,1 s	6,4 s
Norm-Kraftstoffverbrauch in Liter	4,7-8,2	4,4-5,1	4,1	4,8-5,1	5,4-5,7	7,0-7,2
Getriebe [2]	5-Gang-Automatikgetriebe mit elektronischer Steuerung	5-Gang-Automatikgetriebe mit elektronischer Steuerung		5-Gang-Automatikgetriebe mit elektronischer Steuerung		
Verfügbarkeit	auf Wunsch	auf Wunsch		auf Wunsch		
Kupplung	Wandler	Wandler		Wandler		
Getriebebezeichnung	5G-TRONIC	5G-TRONIC		5G-TRONIC		
Getriebe-Übersetzung	I. 3,60; II. 2,19; III. 1,40; IV. 1,0; V. 0,83; R. 3,17	I. 3,60; II. 2,19; III. 1,40; IV. 1,00; V. 0,83; R. 3,17		I.3,59; II. 2,19; III. 1,41; IV. 1,00; V. 0,83; R. 3,17		
Achsantriebsübersetzung	2,65	2,65		2,65		
Höchstgeschwindigkeit	227 km/h	231 km/h		240 km/h		
Beschleunigung[2] 0-100 km/h	8,4 s	8,1 s		7,1 s		
Norm-Kraftstoffverbrauch in Liter	5,1-9,2	4,8-5,2		4,8-5,2		
Getriebe [3]		7-Gang-Automatikgetriebe mit elektronischer Steuerung		7-Gang-Automatikgetriebe mit elektronischer Steuerung		
Verfügbarkeit		auf Wunsch		auf Wunsch		
Kupplung		Wandler		Wandler		
Getriebebezeichnung		7G-TRONIC+		7G-TRONIC+		
Getriebe-Übersetzung		I. 4,38; II. 2,86; III. 1,92; IV. 1,37; V. 1,00; VI. 0,82; VII. 0,73; R. 3,42		I. 4,38; II. 2,86; III. 1,92; IV. 1,37; V. 1,00; VI. 0,82; VII. 0,73; R. 3,42		
Achsantriebsübersetzung		2,47		2,47		
Höchstgeschwindigkeit		231 km/h		240 km/h		
Beschleunigung[2] 0-100 km/h		8,1 s		7,1 s		
Norm-Kraftstoffverbrauch in Liter		4,8-5,2		4,8-5,2		
Radstand	2760 mm	2760 mm	2760 mm	2760 mm	2760 mm	2760 mm
Spur vorne/hinten	1541/1544 mm	1549/1552 mm	1549/1552 mm	1549/1552 mm	1549/1552 mm	1549/1552 mm
Gesamtlänge	4581 mm	4581 mm	4581 mm	4581 mm	4581 mm	4581 mm
Gesamtbreite	1770 mm	1770 mm	1770 mm	1770 mm	1770 mm	1770 mm
Höhe	1444 mm	1447 mm	1447 mm	1447 mm	1447 mm	1447 mm
Wendekreisdurchmesser	10,80 m	10,80 m	10,80 m	10,80 m	10,80 m	10,80 m
Leergewicht[5]	1560 kg	1510 kg	1525 kg	1570 kg	1600 kg	1660 kg
Zul. Gesamtgewicht	2070 kg	2070 kg	2115 kg	2130 kg	2190 kg	2250 kg
Zuladung	485 kg	560 kg	590 kg	560 kg	590 kg	590 kg
Anhängelast gebremst/ungebremst	1800/750 kg	1800/750 kg	1800/750 kg	1800/750 kg	1800/750 kg	1800/750 kg
Preise[9]	01.2007: EUR 34.212,50	04.2009: EUR 35.967,75	02.2013: EUR 37.544,50	10.2008: EUR 40.638,50	04.2010: EUR 43.524,25	04.2011: EUR 47.540,50

C-Klasse Limousinen der Baureihe 204, 2007-2014

Typ	C 320 CDI	C 320 CDI 4MATIC	C 350 CDI	C 350 CDI 4MATIC	C 350 CDI BlueEFFICIENCY
Konstruktionsbezeichnung	W 204	W 204	W 204	W 204	W 204
Produktionszeitraum	04.2007-04.2011	04.2007-04.2011	06.2009-11.2009	06.2009-11.2009	11.2009-02.2011
Motor	Viertakt-Diesel (mit Common-Rail-Direkteinspritzung, Abgas-Turbolader mit Ladeluftkühlung, Abgasreinigungsanlage mit Oxidationskatalysator)	Viertakt-Diesel (mit Common-Rail-Direkteinspritzung, Abgas-Turbolader mit Ladeluftkühlung, Abgasreinigungsanlage mit Oxidationskatalysator)	Viertakt-Diesel (mit Common-Rail-Direkteinspritzung, Abgas-Turbolader mit Ladeluftkühlung, Abgasreinigungsanlage mit Oxidationskatalysator)	Viertakt-Diesel (mit Common-Rail-Direkteinspritzung, Abgas-Turbolader mit Ladeluftkühlung, Abgasreinigungsanlage mit Oxidationskatalysator)	Viertakt-Diesel (mit Common-Rail-Direkteinspritzung, Abgas-Turbolader mit Ladeluftkühlung, Abgasreinigungsanlage mit Oxidationskatalysator)
Motor-Typ/-Baumuster	OM 642 DE 30 LA	OM 642 DE 30 LA	OM 642 DE 30 LA	OM 642 DE 30 LA	OM 642 DE 30 LA
Zylinderzahl/Anordnung	6/V 72°	6/V 72°	6/V 72°	6/V 72°	6/V 72°
Bohrung x Hub	83 x 92 mm	83 x 92 mm	83 x 92 mm	83 x 92 mm	83 x 92 mm
Gesamthubraum	2987 ccm	2987 ccm	2987 ccm	2987 ccm	2987 ccm
Verdichtungsverhältnis	17,7	17,7	15,5	15,5	15,5
Leistung	165 kW/224 PS bei 3800/min	165 kW/224 PS bei 3800/min	165 kW/224 PS bei 3800/min	165 kW/224 PS bei 3800/min	170 kW/231 PS bei 3800/min
Drehmoment	510 Nm bei 1600-2800/min	510 Nm bei 1600-2800/min	510 Nm bei 1600-2800/min	510 Nm bei 1600-2800/min	540 Nm bei 1600-2400/min
Ventilanzahl/-anordnung	2 Einlass, 2 Auslass/hängend	2 Einlass, 2 Auslass/hängend	2 Einlass, 2 Auslass/hängend	2 Einlass, 2 Auslass/hängend	2 Einlass, 2 Auslass/hängend
Ventilsteuerung	je Zylinderreihe 2 obenliegende Nockenwellen	je Zylinderreihe 2 obenliegende Nockenwellen	je Zylinderreihe 2 obenliegende Nockenwellen	je Zylinderreihe 2 obenliegende Nockenwellen	je Zylinderreihe 2 obenliegende Nockenwellen
Gemischbildung	Common-Rail-Direkteinspritzung, elektronisch geregelt; Bosch 3-Stempel-Hochdruckpumpe/Abgas-Turbolader mit Ladeluftkühlung	Common-Rail-Direkteinspritzung, elektronisch geregelt; Bosch 3-Stempel-Hochdruckpumpe/Abgas-Turbolader mit Ladeluftkühlung	Common-Rail-Direkteinspritzung, Abgas-Turbolader mit verstellbarer Turbinengeometrie, Ladeluftkühlung	Common-Rail-Direkteinspritzung, Abgas-Turbolader mit verstellbarer Turbinengeometrie, Ladeluftkühlung	Common-Rail-Direkteinspritzung, Abgas-Turbolader mit verstellbarer Turbinengeometrie, Ladeluftkühlung
Kühlung	Wasserkühlung/Pumpe	Wasserkühlung/Pumpe	Wasserkühlung/Pumpe	Wasserkühlung/Pumpe	Wasserkühlung/Pumpe
Schmierung	Druckumlauf-Schmierung	Druckumlauf-Schmierung	Druckumlauf-Schmierung	Druckumlauf-Schmierung	Druckumlauf-Schmierung
Batterie	im Kofferraum	im Kofferraum	im Kofferraum	im Kofferraum	im Kofferraum
Kraftstofftank: Anordnung, Fassungsvermögen	vor der Hinterachse/66 l	vor der Hinterachse/66 l	vor der Hinterachse, 66 l	vor der Hinterachse, 66 l	vor der Hinterachse, 66 l
Radaufhängung vorne	Dreilenkerachse/McPherson-Federbein	Dreilenkerachse/McPherson-Federbein	Dreilenkerachse/McPherson-Federbein	Dreilenkerachse/McPherson-Federbein	Dreilenkerachse/McPherson-Federbein
Radaufhängung hinten	Raumlenkerachse	Raumlenkerachse	Raumlenkerachse	Raumlenkerachse	Raumlenkerachse
Federung vorne	Schraubenfedern, Drehstab-Stabilisator	Schraubenfedern, Drehstab-Stabilisator	Schraubenfedern, Drehstab-Stabilisator	Schraubenfedern, Drehstab-Stabilisator	Schraubenfedern, Drehstab-Stabilisator
Federung hinten	Schraubenfedern, Drehstab-Stabilisator	Schraubenfedern, Drehstab-Stabilisator	Schraubenfedern, Drehstab-Stabilisator	Schraubenfedern, Drehstab-Stabilisator	Schraubenfedern, Drehstab-Stabilisator
Stoßdämpfer vorne/hinten	Gasdruck-Stoßdämpfer mit amplitudenabhängiger Dämpfung	Gasdruck-Stoßdämpfer mit amplitudenabhängiger Dämpfung	Gasdruckstoßdämpfer mit amplitudenabhängiger Dämpfung	Gasdruckstoßdämpfer mit amplitudenabhängiger Dämpfung	Gasdruckstoßdämpfer mit amplitudenabhängiger Dämpfung
Lenkung	Zahnstangen-Servolenkung mit geschwindigkeitsabhängiger Lenkkraftunterstützung und variabler Lenkübersetzung	Zahnstangen-Servolenkung mit geschwindigkeitsabhängiger Lenkkraftunterstützung und variabler Lenkübersetzung	Zahnstangen-Servolenkung mit geschwindigkeitsabhängiger Lenkkraftunterstützung und variabler Lenkübersetzung	Zahnstangen-Servolenkung mit geschwindigkeitsabhängiger Lenkkraftunterstützung und variabler Lenkübersetzung	Zahnstangen-Servolenkung mit geschwindigkeitsabhängiger Lenkkraftunterstützung und variabler Lenkübersetzung
Bremsanlage	hydraulische Zweikreis-Bremsanlage mit Unterdruck-Bremskraftverstärker, Scheibenbremsen vorn innenbelüftet, hinten massiv, ABS, BAS, ESP®	hydraulische Zweikreis-Bremsanlage mit Unterdruck-Bremskraftverstärker, Scheibenbremsen vorn innenbelüftet, hinten massiv, ABS, BAS, ESP®	hydraulische Zweikreis-Bremsanlage mit Unterdruck-Bremskraftverstärker, Scheibenbremsen vorn innenbelüftet, hinten massiv, ABS, BAS, ESP®	hydraulische Zweikreis-Bremsanlage mit Unterdruck-Bremskraftverstärker, Scheibenbremsen vorn innenbelüftet, hinten massiv, ABS, BAS, ESP®	hydraulische Zweikreis-Bremsanlage mit Unterdruck-Bremskraftverstärker, Scheibenbremsen vorn innenbelüftet, hinten massiv, ABS, BAS, ESP®
Feststellbremse	mechanisch (fußbetätigt), auf Hinterräder wirkend	mechanisch (fußbetätigt), auf Hinterräder wirkend	elektrisch, auf Hinterräder wirkend	elektrisch, auf Hinterräder wirkend	elektrisch, auf Hinterräder wirkend
Bremsscheibendurchmesser vorne/hinten	322/300 mm	322/300 mm	322/300 mm	322/300 mm	322/300 mm
Räder	Leichtmetallfelgen 7,5 x 17	Leichtmetallfelgen 7,5 x 17	Leichtmetallfelgen 7,5 x 17	Leichtmetallfelgen 7,5 x 17	Leichtmetallfelgen 7,5 x 17
Reifen	225/45 R 17	225/45 R 17	225/45 R 17	225/45 R 17	225/45 R 17
Kraftübertragung	über geteilte Kardanwelle auf die Hinterräder	permanenter Antrieb auf Vorder- und Hinterräder, gesteuert über das elektronische Traktions-System ETS	über geteilte Kardanwelle auf die Hinterräder	permanenter Antrieb auf Vorder- und Hinterräder, gesteuert über das elektronische Traktions-System ETS	über geteilte Kardanwelle auf die Hinterräder
Getriebe [1]	6-Gang mechanisch	7-Gang-Automatikgetriebe mit elektronischer Steuerung	6-Gang mechanisch	7-Gang-Automatikgetriebe mit elektronischer Steuerung	7-Gang-Automatikgetriebe mit elektronischer Steuerung
Verfügbarkeit	Serie	Serie	Serie	auf Wunsch	auf Wunsch
Kupplung	Einscheiben-Trockenkupplung	Wandler	Einscheiben-Trockenkupplung	Wandler	Wandler
Getriebebezeichnung		7G-TRONIC		7G-TRONIC+	7G-TRONIC+
Getriebe-Übersetzung	I. 5,10; II. 2,78; III. 1,76; IV. 1,25; V. 1,0; VI. 0,81; R. 4,63	I. 4,38; II. 2,86; III. 1,92; IV. 1,37; V. 1,00; VI. 0,82; VII. 0,73; R. 3,42	I. 5,10; II. 2,78; III. 1,75; IV. 1,26; V. 1,00; VI. 0,81; R. 4,63	I. 4,38; II. 2,86; III. 1,92; IV. 1,37; V. 1,00; VI. 0,82; VII. 0,73; R. 3,42	I. 4,38; II. 2,86; III. 1,92; IV. 1,37; V. 1,00; VI. 0,82; VII. 0,73; R. 3,42
Achsantriebsübersetzung	2,47	2,47	2,47	2,47	2,47
Höchstgeschwindigkeit	250 km/h (abgeregelt)	250 km/h (abgeregelt)	250 km/h	250 km/h	250 km/h
Beschleunigung[2] 0-100 km/h	7,7 s	6,7 s	7,4 s	6,7 s	6,4 s
Norm-Kraftstoffverbrauch in Liter	5,5-9,5	6,2-10,6	6,9-7,2	7,7-8,0	6,6-6,9
Getriebe [2]	7-Gang-Automatikgetriebe mit elektronischer Steuerung		7-Gang-Automatikgetriebe mit elektronischer Steuerung		
Verfügbarkeit	auf Wunsch		auf Wunsch		
Kupplung	Wandler		Wandler		
Getriebebezeichnung	7G-TRONIC		7G-TRONIC+		
Getriebe-Übersetzung	I. 4,38; II. 2,86; III. 1,92; IV. 1,37; V. 1,00; VI. 0,82; VII. 0,73; R. 3,42		I. 4,38; II. 2,86; III. 1,92; IV. 1,37; V. 1,00; VI. 0,82; VII. 0,73; R. 3,42		
Achsantriebsübersetzung	2,47		2,47		
Höchstgeschwindigkeit	250 km/h (abgeregelt)		250 km/h		
Beschleunigung[2] 0-100 km/h	6,9 s		6,9 s		
Norm-Kraftstoffverbrauch in Liter	5,9-10,3		7,3-7,6		
Getriebe [3]					
Verfügbarkeit					
Kupplung					
Getriebebezeichnung					
Getriebe-Übersetzung					
Achsantriebsübersetzung					
Höchstgeschwindigkeit					
Beschleunigung[2] 0-100 km/h					
Norm-Kraftstoffverbrauch in Liter					
Radstand	2760 mm	2760 mm	2760 mm	2760 mm	2760 mm
Spur vorne/hinten	1533/1536 mm	1533/1536 mm	1549/1552 mm	1549/1552 mm	1549/1552 mm
Gesamtlänge	4581 mm	4581 mm	4581 mm	4581 mm	4581 mm
Gesamtbreite	1770 mm	1770 mm	1770 mm	1770 mm	1770 mm
Höhe	1448 mm	1448 mm	1447 mm	1447 mm	1447 mm
Wendekreisdurchmesser	10,80 m	10,80 m	10,80 m	10,80 m	10,80 m
Leergewicht[5]	1700 kg	1760 kg	1625 kg	1685 kg	1625 kg
Zul. Gesamtgewicht	2185 kg	2245 kg	2185 kg	2245 kg	2205 kg
Zuladung	485 kg	485 kg	560 kg	560 kg	580 kg
Anhängelast gebremst/ungebremst	1800/750 kg	1800/750 kg	1800/750 kg	1800/750 kg	1800/750 kg
Preise[9]	01.2007: EUR 40.757,50	07.2007: EUR 45.398,50	04.2009: EUR 42.512,75	06.2009: EUR 47.153,75	10.2009: EUR 44.892,75

C-Klasse Limousinen der Baureihe 204, 2007-2014

Typ	C 350 CDI 4MATIC	C 350 CDI BlueEFFICIENCY	C 180 Kompressor	C 180 Kompressor BlueEFFICIENCY	C 180 CGI BlueEFFICIENCY
Konstruktionsbezeichnung	W 204	W 204	W 204	W 204	W 204
Produktionszeitraum	06.2009-11.2009	06.2011-03.2014	07.2007-01.2009	04.2008-04.2010	11.2009-04.2012
Motor	Viertakt-Diesel (mit Common-Rail-Direkteinspritzung, Abgas-Turbolader mit Ladeluftkühlung, Abgasreinigungsanlage mit Oxidationskatalysator)	Viertakt-Diesel (mit Common-Rail-Direkteinspritzung, Abgas-Turbolader mit Ladeluftkühlung, Abgasreinigungsanlage mit Oxidationskatalysator)	Viertakt-Otto (mit Saugrohreinspritzung und Kompressor mit Ladeluftkühlung; Abgasreinigungsanlage mit geregeltem 3-Wege-Katalysator)	Viertakt-Otto (mit Saugrohreinspritzung und Kompressor mit Ladeluftkühlung; Abgasreinigungsanlage mit geregeltem 3-Wege-Katalysator)	Viertakt-Otto (mit Direkteinspritzung und Abgas-Turbolader mit Ladeluftkühlung; Abgasreinigungsanlage mit geregeltem 3-Wege-Katalysator)
Motor-Typ/-Baumuster	OM 642 DE 30 LA	OM 642 LS DE 30 LA	M 271 E 18 ML LR	M 271 KE 16 ML red.	M 271 DE 18 AL red.
Zylinderzahl/Anordung	6/V 72°	6/V 72°	4/Reihe	4/Reihe	4/Reihe
Bohrung x Hub	83 x 92 mm	83 x 92 mm	82 x 85 mm	82 x 75,6 mm	82 x 85 mm
Gesamthubraum	2987 ccm	2987 ccm	1796 ccm	1597 ccm	1796 ccm
Verdichtungsverhältnis	15,5	15,5	9,3	9,3	9,3
Leistung	165 kW/224 PS bei 3800/min	195 kW/265 PS bei 3800/min	115 kW/156 PS bei 5200/min	115 kW/156 PS bei 5200/min	115 kW/156 PS bei 5300/min
Drehmoment	510 Nm bei 1600-2800/min	620 Nm bei 1600-2400/min	230 Nm bei 2500-4200/min	230 Nm bei 3000-4500/min	250 Nm bei 1600-4200/min
Ventilanzahl/-anordnung	2 Einlass, 2 Auslass/hängend	2 Einlass, 2 Auslass/hängend	2 Einlass, 2 Auslass/hängend	2 Einlass, 2 Auslass/hängend	2 Einlass, 2 Auslass/hängend
Ventilsteuerung	je Zylinderreihe 2 obenliegende Nockenwellen	je Zylinderreihe 2 obenliegende Nockenwellen	2 obenliegende Nockenwellen (variabel verstellbar)	2 obenliegende Nockenwellen (variabel verstellbar)	2 obenliegende Nockenwellen (variabel verstellbar)
Gemischbildung	Common-Rail-Direkteinspritzung, Abgas-Turbolader mit verstellbarer Turbinengeometrie, Ladeluftkühlung	Common-Rail-Direkteinspritzung, Abgas-Turbolader mit verstellbarer Turbinengeometrie, Ladeluftkühlung	Mikroprozessorgesteuerte Einspritzanlage mit HFM (Motorsteuerung Siemens SIM 4 LE)/Kompressor-Aufladung mit Ladeluftkühlung	Mikroprozessorgesteuerte Einspritzanlage mit HFM (Motorsteuerung Siemens SIM 4 LE)/Kompressor-Aufladung mit Ladeluftkühlung	Mikroprozessorgesteuerte Direkteinspritzung mit HFM (Motorsteuerung Siemens SIM 4 LDE)/Turbo-Aufladung mit Ladeluftkühlung
Kühlung	Wasserkühlung/Pumpe	Wasserkühlung/Pumpe	Wasserkühlung/Pumpe	Wasserkühlung/Pumpe	Wasserkühlung/Pumpe
Schmierung	Druckumlauf-Schmierung	Druckumlauf-Schmierung	Druckumlauf-Schmierung	Druckumlauf-Schmierung	Druckumlauf-Schmierung
Batterie	im Kofferraum	im Kofferraum	im Motorraum	im Motorraum	im Kofferraum
Kraftstofftank: Anordnung, Fassungsvermögen	vor der Hinterachse, 66 l	vor der Hinterachse, 66 l	vor der Hinterachse, 66 l	vor der Hinterachse, 66 l	vor der Hinterachse, 66 l
Radaufhängung vorne	Dreilenkerachse/McPherson-Federbein	Dreilenkerachse/McPherson-Federbein	Dreilenkerachse/McPherson-Federbein	Dreilenkerachse/McPherson-Federbein	Dreilenkerachse/McPherson-Federbein
Radaufhängung hinten	Raumlenkerachse	Raumlenkerachse	Raumlenkerachse	Raumlenkerachse	Raumlenkerachse
Federung vorne	Schraubenfedern, Drehstab-Stabilisator	Schraubenfedern, Drehstab-Stabilisator	Schraubenfedern, Drehstab-Stabilisator	Schraubenfedern, Drehstab-Stabilisator	Schraubenfedern, Drehstab-Stabilisator
Federung hinten	Schraubenfedern, Drehstab-Stabilisator	Schraubenfedern, Drehstab-Stabilisator	Schraubenfedern, Drehstab-Stabilisator	Schraubenfedern, Drehstab-Stabilisator	Schraubenfedern, Drehstab-Stabilisator
Stoßdämpfer vorne/hinten	Gasdruckstoßdämpfer mit amplitudenabhängiger Dämpfung	Gasdruckstoßdämpfer mit amplitudenabhängiger Dämpfung	Gasdruck-Stoßdämpfer mit amplitudenabhängiger Dämpfung	Gasdruckstoßdämpfer mit amplitudenabhängiger Dämpfung	Gasdruckstoßdämpfer mit amplitudenabhängiger Dämpfung
Lenkung	Zahnstangen-Servolenkung mit geschwindigkeitsabhängiger Lenkkraftunterstützung und variabler Lenkübersetzung	Zahnstangen-Servolenkung mit geschwindigkeitsabhängiger Lenkkraftunterstützung und variabler Lenkübersetzung	Zahnstangen-Servolenkung mit geschwindigkeitsabhängiger Lenkkraftunterstützung und variabler Lenkübersetzung	Zahnstangen-Servolenkung mit geschwindigkeitsabhängiger Lenkkraftunterstützung und variabler Lenkübersetzung	Zahnstangen-Servolenkung mit geschwindigkeitsabhängiger Lenkkraftunterstützung und variabler Lenkübersetzung
Bremsanlage	hydraulische Zweikreis-Bremsanlage mit Unterdruck-Bremskraftverstärker, Scheibenbremsen vorn innenbelüftet, hinten massiv, ABS, BAS, ESP®	hydraulische Zweikreis-Bremsanlage mit Unterdruck-Bremskraftverstärker, Scheibenbremsen vorn innenbelüftet, hinten massiv, ABS, BAS, ESP®	hydraulische Zweikreis-Bremsanlage mit Unterdruck-Bremskraftverstärker, Scheibenbremsen vorn innenbelüftet, hinten massiv, ABS, BAS, ESP®	hydraulische Zweikreis-Bremsanlage mit Unterdruck-Bremskraftverstärker, Scheibenbremsen vorn innenbelüftet, hinten massiv, ABS, BAS, ESP®	hydraulische Zweikreis-Bremsanlage mit Unterdruck-Bremskraftverstärker, Scheibenbremsen vorn innenbelüftet, hinten massiv, ABS, BAS, ESP®
Feststellbremse	elektrisch, auf Hinterräder wirkend	elektrisch, auf Hinterräder wirkend	mechanisch (fußbetätigt), auf Hinterräder wirkend	elektrisch, auf Hinterräder wirkend	elektrisch, auf Hinterräder wirkend
Bremsscheibendurchmesser vorne/hinten	322/300 mm	322/300 mm	288/278 mm	288/278 mm	288/278 mm
Räder	Leichtmetallfelgen 7,5 x 17	Leichtmetallfelgen 7,5 x 17	Stahlräder mit Radzierblenden, 6 J x 16, auf Wunsch Leichtmetallfelgen	Leichtmetallfelgen 6 J x 16	Leichtmetallfelgen 6 J x 16
Reifen	225/45 R 17	225/45 R 17	195/60 R 16	195/60 R 16	195/60 R 16
Kraftübertragung	permanenter Antrieb auf Vorder- und Hinterräder, gesteuert über das elektronische Traktions-System ETS	über geteilte Kardanwelle auf die Hinterräder	über geteilte Kardanwelle auf die Hinterräder	über geteilte Kardanwelle auf die Hinterräder	über geteilte Kardanwelle auf die Hinterräder
Getriebe [1]	7-Gang-Automatikgetriebe mit elektronischer Steuerung	7-Gang-Automatikgetriebe mit elektronischer Steuerung	6-Gang-Schaltgetriebe	6-Gang mechanisch	6-Gang mechanisch
Verfügbarkeit	auf Wunsch	auf Wunsch	Serie	Serie	Serie
Kupplung	Wandler	Wandler	Einscheiben-Trockenkupplung	Einscheiben-Trockenkupplung	Einscheiben-Trockenkupplung
Getriebebezeichnung	7G-TRONIC+	7G-TRONIC+			
Getriebe-Übersetzung	I. 4,38; II. 2,86; III. 1,92; IV. 1,37; V. 1,00; VI. 0,82; VII. 0,73; R. 3,42	I. 4,38; II. 2,86; III. 1,92; IV. 1,37; V. 1,00; VI. 0,82; VII. 0,73; R. 3,42	I. 4,46; II. 2,61; III. 1,72; IV. 1,24; V. 1,0; VI. 0,84; R. 4,06	I. 4,46; II. 2,61; III. 1,72; IV. 1,25; V. 1,00; VI. 0,84; R. 4,06	I. 4,46; II. 2,61; III. 1,72; IV. 1,25; V. 1,00; VI. 0,84; R. 4,06
Achsantriebsübersetzung	2,47	2,47	3,07	2,87	2,87
Höchstgeschwindigkeit	250 km/h	250 km/h	223 km/h	230 km/h	225 km/h
Beschleunigung[2] 0-100 km/h	6,7 s	6,3 s	9,5 s	9,5 s	9,0 s
Norm-Kraftstoffverbrauch in Liter	7,0-7,2	5,9-6,0	5,6-10,7	6,5-6,8	6,7-7,3
Getriebe [2]			5-Gang-Automatikgetriebe mit elektronischer Steuerung	5-Gang-Automatikgetriebe mit elektronischer Steuerung (bis 10.2009)	5-Gang-Automatikgetriebe mit elektronischer Steuerung (bis 02.2011)
Verfügbarkeit			auf Wunsch	auf Wunsch	auf Wunsch
Kupplung			Wandler	Wandler	Wandler
Getriebebezeichnung			5G-TRONIC	5G-TRONIC	5G-TRONIC
Getriebe-Übersetzung			I. 3,95; II. 2,42; III. 1,49; IV. 1,0; V. 0,83; R. 3,15	I.3,95; II. 2,42; III. 1,49; IV. 1,00; V. 0,83; R. 3,15	I.3,95; II. 2,42; III. 1,49; IV. 1,00; V. 0,83; R. 3,15
Achsantriebsübersetzung			3,07	3,07	3,07
Höchstgeschwindigkeit			220 km/h	223 km/h	223 km/h
Beschleunigung[2] 0-100 km/h			9,9 s	9,9 s	8,9 s
Norm-Kraftstoffverbrauch in Liter			5,8-10,9	7,1-7,7	6,4-6,9
Getriebe [3]					7-Gang-Automatikgetriebe mit elektronischer Steuerung (ab 03.2011)
Verfügbarkeit					auf Wunsch
Kupplung					Wandler
Getriebebezeichnung					7G-TRONIC+
Getriebe-Übersetzung					I. 4,38; II. 2,86; III. 1,92; IV. 1,37; V. 1,00; VI. 0,82; VII. 0,73; R. 3,42
Achsantriebsübersetzung					2,47
Höchstgeschwindigkeit					223 km/h
Beschleunigung[2] 0-100 km/h					8,9 s
Norm-Kraftstoffverbrauch in Liter					6,4-6,9
Radstand	2760 mm	2760 mm	2760 mm	2760 mm	2760 mm
Spur vorne/hinten	1549/1552 mm	1549/1552 mm	1549/1552 mm	1549/1552 mm	1549/1552 mm
Gesamtlänge	4581 mm	4581 mm	4581 mm	4581 mm	4581 mm
Gesamtbreite	1770 mm	1770 mm	1770 mm	1770 mm	1770 mm
Höhe	1447 mm	1447 mm	1447 mm	1447 mm	1447 mm
Wendekreisdurchmesser	10,80 m	10,80 m	10,80 m	10,80 m	10,80 m
Leergewicht[5]	1685 kg	1630 kg	1485 kg	1405 kg	1410 kg
Zul. Gesamtgewicht	2245 kg	2220 kg	1970 kg	1965 kg	1990 kg
Zuladung	560 kg	590 kg	485 kg	560 kg	580 kg
Anhängelast gebremst/ungebremst	1800/750 kg	1800/750 kg	1800 kg/740 kg	1700/740 kg	1800/740 kg
Preise[9]	04.2009: EUR 47.153,75	04.2011: 47.540,50	01.2007: EUR 29.988,00	04.2008: EUR 30.612,75	10.2009: EUR 34.034,00

C-Klasse Limousinen der Baureihe 204, 2007-2014

Typ	C 180 (bis 05.2013: C 180 BlueEFFICIENCY)	C 200 Kompressor	C 200 (bis 02.2010: C 200 CGI BlueEFFICIENCY; 03.2010-04.2012: C 200)	C 230	C 250 (bis 05.2013: C 250 CGI BlueEFFICIENCY)
Konstruktionsbezeichnung	W 204	W 204	W 204	W 204	W 204
Produktionszeitraum	04.2012-05.2014	01.2007-06.2010	11.2009-05.2014	07.2007-04.2011	06.2009-05.2014
Motor	Viertakt-Ottomotor (mit einem Kurbelgehäuse aus Aluminium-Druckguss, strahlgeführte Mehrfach-Benzin-Direkteinspritzung, Abgas-Turboaufladung mit Ladeluftkühlung)	Viertakt-Otto (mit Saugrohreinspritzung und Kompressor mit Ladeluftkühlung; Abgasreinigungsanlage mit geregeltem 3-Wege-Katalysator)	Viertakt-Otto (mit Direkteinspritzung und Abgas-Turbolader mit Ladeluftkühlung; Abgasreinigungsanlage mit geregeltem 3-Wege-Katalysator)	Viertakt-Otto (mit Saugrohreinspritzung und Abgasreinigungsanlage mit geregeltem 3-Wege-Katalysator)	Viertakt-Otto (mit Direkteinspritzung und Abgas-Turbolader mit Ladeluftkühlung; Abgasreinigungsanlage mit geregeltem 3-Wege-Katalysator)
Motor-Typ/-Baumuster	M 274 DE 16 AL	M 271 E 18 ML	M 271 DE 18 AL	M 272 E 25	M 271 DE 18 AL
Zylinderzahl/Anordung	4/Reihe	4/Reihe	4/Reihe	6/V 90; Leichtmetallblock	4/Reihe
Bohrung x Hub	83 x 73,7 mm	82 x 85 mm	82 x 85 mm	88 x 68,4	82 x 85 mm
Gesamthubraum	1595 ccm	1796 ccm	1796 ccm	2496 ccm	1796 ccm
Verdichtungsverhältnis	10,3	8,5	9,3	11,4	9,3
Leistung	115 kW/156 PS bei 5300/min	135 kW/184 PS bei 5500/min	135 kW/184 PS bei 5250/min	150 kW/204 PS bei 6100/min	159 kW/204 PS bei 5500/min
Drehmoment	250 Nm bei 1250-4000/min	250 Nm bei 2800-5000/min	270 Nm bei 1800-4600/min	245 Nm bei 2900-5500/min	310 Nm bei 2000-4300/min
Ventilanzahl/-anordnung	2 Einlass, 2 Auslass/hängend	2 Einlass, 2 Auslass/hängend	2 Einlass, 2 Auslass/hängend	2 Einlass, 2 Auslass/hängend	2 Einlass, 2 Auslass/hängend
Ventilsteuerung	2 obenliegende Nockenwellen (variabel verstellbar)	2 obenliegende Nockenwellen (variabel verstellbar)	2 obenliegende Nockenwellen (variabel verstellbar)	je Zylinderreihe 2 obenliegende Nockenwellen (variabel verstellbar)	2 obenliegende Nockenwellen (variabel verstellbar)
Gemischbildung	Mehrfach-Benzin-Direkteinspritzung durch Piezo-Injektoren, Abgas-Turboaufladung mit Ladeluftkühlung	Mikroprozessorgesteuerte Einspritzanlage mit HFM (Motorsteuerung Siemens SIM 4 LE)/Kompressor-Aufladung mit Ladeluftkühlung	Mikroprozessorgesteuerte Direkteinspritzung mit HFM (Motorsteuerung Siemens SIM 4 LDE)/Turbo-Aufladung mit Ladeluftkühlung	Mikroprozessorgesteuerte Einspritzanlage mit Heißfilm-Luftmassenmessung	Mikroprozessorgesteuerte Direkteinspritzung mit HFM (Motorsteuerung Siemens SIM 4 LDE)/Turbo-Aufladung mit Ladeluftkühlung
Kühlung	Wasserkühlung/Pumpe	Wasserkühlung/Pumpe	Wasserkühlung/Pumpe	Wasserkühlung/Pumpe	Wasserkühlung/Pumpe
Schmierung	Druckumlauf-Schmierung	Druckumlauf-Schmierung	Druckumlauf-Schmierung	Druckumlauf-Schmierung	Druckumlauf-Schmierung
Batterie	im Kofferraum	im Motorraum	im Kofferraum	im Motorraum	im Kofferraum
Kraftstofftank: Anordnung, Fassungsvermögen	vor der Hinterachse, 66 l	vor der Hinterachse/66 l	vor der Hinterachse, 66 l	vor der Hinterachse, 66 l	vor der Hinterachse, 66 l
Radaufhängung vorne	Dreilenkerachse/McPherson-Federbein	Dreilenkerachse/McPherson-Federbein	Dreilenkerachse/McPherson-Federbein	Dreilenkerachse/McPherson-Federbein	Dreilenkerachse/McPherson-Federbein
Radaufhängung hinten	Raumlenkerachse	Raumlenkerachse	Raumlenkerachse	Raumlenkerachse	Raumlenkerachse
Federung vorne	Schraubenfedern, Drehstab-Stabilisator	Schraubenfedern, Drehstab-Stabilisator	Schraubenfedern, Drehstab-Stabilisator	Schraubenfedern, Drehstab-Stabilisator	Schraubenfedern, Drehstab-Stabilisator
Federung hinten	Schraubenfedern, Drehstab-Stabilisator	Schraubenfedern, Drehstab-Stabilisator	Schraubenfedern, Drehstab-Stabilisator	Schraubenfedern, Drehstab-Stabilisator	Schraubenfedern, Drehstab-Stabilisator
Stoßdämpfer vorne/hinten	Gasdruckstoßdämpfer mit amplitudenabhängiger Dämpfung	Gasdruck-Stoßdämpfer mit amplitudenabhängiger Dämpfung	Gasdruckstoßdämpfer mit amplitudenabhängiger Dämpfung	Gasdruck-Stoßdämpfer mit amplitudenabhängiger Dämpfung	Gasdruckstoßdämpfer mit amplitudenabhängiger Dämpfung
Lenkung	Zahnstangen-Servolenkung mit geschwindigkeitsabhängiger Lenkkraftunterstützung und variabler Lenkübersetzung	Zahnstangen-Servolenkung mit geschwindigkeitsabhängiger Lenkkraftunterstützung und variabler Lenkübersetzung	Zahnstangen-Servolenkung mit geschwindigkeitsabhängiger Lenkkraftunterstützung und variabler Lenkübersetzung	Zahnstangen-Servolenkung mit geschwindigkeitsabhängiger Lenkkraftunterstützung und variabler Lenkübersetzung	Zahnstangen-Servolenkung mit geschwindigkeitsabhängiger Lenkkraftunterstützung und variabler Lenkübersetzung
Bremsanlage	hydraulische Zweikreis-Bremsanlage mit Unterdruck-Bremskraftverstärker, Scheibenbremsen vorn innenbelüftet, hinten massiv, ABS, BAS, ESP®	hydraulische Zweikreis-Bremsanlage mit Unterdruck-Bremskraftverstärker, Scheibenbremsen vorn innenbelüftet, hinten massiv, ABS, BAS, ESP®	hydraulische Zweikreis-Bremsanlage mit Unterdruck-Bremskraftverstärker, Scheibenbremsen vorn innenbelüftet, hinten massiv, ABS, BAS, ESP®	hydraulische Zweikreis-Bremsanlage mit Unterdruck-Bremskraftverstärker, Scheibenbremsen vorn innenbelüftet, hinten massiv, ABS, BAS, ESP®	hydraulische Zweikreis-Bremsanlage mit Unterdruck-Bremskraftverstärker, Scheibenbremsen vorn innenbelüftet, hinten massiv, ABS, BAS, ESP®
Feststellbremse	elektrisch, auf Hinterräder wirkend	mechanisch (fußbetätigt), auf Hinterräder wirkend	elektrisch, auf Hinterräder wirkend	mechanisch (fußbetätigt), auf Hinterräder wirkend	elektrisch, auf Hinterräder wirkend
Bremsscheibendurchmesser vorne/hinten	288/278 mm	300/295 mm	300/295 mm	300/295 mm	300/295 mm
Räder	Leichtmetallfelgen 6 J x 16	Leichtmetallfelgen 7 J x 16	Leichtmetallfelgen 6,5 x 16	Leichtmetallfelgen 7 J x 16	Leichtmetallfelgen 6,5 x 16
Reifen	195/60 R 16	205/55 R 16	205/55 R 16	205/55 R 16	205/55 R 16
Kraftübertragung	über geteilte Kardanwelle auf die Hinterräder	über geteilte Kardanwelle auf die Hinterräder	über geteilte Kardanwelle auf die Hinterräder	über geteilte Kardanwelle auf die Hinterräder	über geteilte Kardanwelle auf die Hinterräder
Getriebe [1]	6-Gang mechanisch	6-Gang mechanisch	6-Gang mechanisch	6-Gang-Schaltgetriebe	5-Gang-Automatikgetriebe mit elektronischer Steuerung (bis 02.2011)
Verfügbarkeit	Serie	Serie	Serie	Serie	Serie
Kupplung	Einscheiben-Trockenkupplung	Einscheiben-Trockenkupplung	Einscheiben-Trockenkupplung	Einscheiben-Trockenkupplung	Wandler
Getriebebezeichnung					5G-TRONIC
Getriebe-Übersetzung	I. 4,46; II. 2,61; III. 1,72; IV. 1,25; V. 1,00; VI. 0,84; R. 4,06	I. 4,46; II. 2,61; III. 1,72; IV. 1,24; V. 1,0; VI. 0,84; R. 4,06	I. 4,99; II. 2,82; III. 1,78; IV. 1,25; V. 1,00; VI. 0,82; R. 4,54	I. 4,46; II. 2,61; III. 1,72; IV. 1,24; V. 1,0; VI. 0,84; R. 4,06	I.3,95; II. 2,42; III. 1,49; IV. 1,00; V. 0,83; R. 3,15
Achsantriebsübersetzung	2,87	3,27	2,87	3,27	3,07
Höchstgeschwindigkeit	225 km/h	235 km/h	237 km/h	240 km/h	235 km/h
Beschleunigung[2] 0-100 km/h	8,5 s	8,6 s	8,2 s	8,4 s	7,8
Norm-Kraftstoffverbrauch in Liter	5,8-6,4	5,8-10,7	6,6-7,2	6,7-13,5	6,4-6,9
Getriebe [2]	7-Gang-Automatikgetriebe mit elektronischer Steuerung	5-Gang-Automatikgetriebe mit elektronischer Steuerung	5-Gang-Automatikgetriebe mit elektronischer Steuerung (bis 02.2011)	7-Gang-Automatikgetriebe mit elektronischer Steuerung	7-Gang-Automatikgetriebe mit elektronischer Steuerung (ab 03.2011)
Verfügbarkeit	auf Wunsch	auf Wunsch	auf Wunsch	auf Wunsch	Serie
Kupplung	Wandler	Wandler	Wandler	Wandler	Wandler
Getriebebezeichnung	7G-TRONIC+	5G-TRONIC	5G-TRONIC	7G-TRONIC	7G-TRONIC+
Getriebe-Übersetzung	I. 4,38; II. 2,86; III. 1,92; IV. 1,37; V. 1,00; VI. 0,82; VII. 0,73; R. 3,42	I. 3,95; II. 2,42; III. 1,49; IV. 1,0; V. 0,83; R. 3,15	I.3,95; II. 2,42; III. 1,49; IV. 1,00; V. 0,83; R. 3,15	I. 4,38; II. 2,86; III. 1,92; IV. 1,37; V. 1,00; VI. 0,82; VII. 0,73; R. 3,42	I. 4,38; II. 2,86; III. 1,92; IV. 1,37; V. 1,00; VI. 0,82; VII. 0,73; R. 3,42
Achsantriebsübersetzung	3,07	3,07	3,07	3,27	3,07
Höchstgeschwindigkeit	223 km/h	230 km/h	235 km/h	233 km/h	240 km/h
Beschleunigung[2] 0-100 km/h	8,5 s	8,8 s	7,8 s	8,6 s	7,2 s
Norm-Kraftstoffverbrauch in Liter	5,8-6,3	6,1-11,2	6,4-6,9	6,8-13,3	6,4-7,2
Getriebe [3]			7-Gang-Automatikgetriebe mit elektronischer Steuerung (ab 03.2011)		
Verfügbarkeit			auf Wunsch		
Kupplung			Wandler		
Getriebebezeichnung			7G-TRONIC+		
Getriebe-Übersetzung			I. 4,38; II. 2,86; III. 1,92; IV. 1,37; V. 1,00; VI. 0,82; VII. 0,73; R. 3,42		
Achsantriebsübersetzung			2,47		
Höchstgeschwindigkeit			235 km/h		
Beschleunigung[2] 0-100 km/h			7,8		
Norm-Kraftstoffverbrauch in Liter			6,4 s-6,9		
Radstand	2760 mm	2760 mm	2760 mm	2760 mm	2760 mm
Spur vorne/hinten	1549/1552 mm	1541/1544 mm	1549/1552 mm	1541/1544 mm	1549/1552 mm
Gesamtlänge	4581 mm	4581 mm	4581 mm	4581 mm	4581 mm
Gesamtbreite	1770 mm	1770 mm	1770 mm	1770 mm	1770 mm
Höhe	1447 mm	1444 mm	1447 mm	1444 mm	1447 mm
Wendekreisdurchmesser	10,80 m	10,80 m	10,80 m	10,80 m	10,80 m
Leergewicht[5]	1395 kg	1490 kg	1415 kg	1540 kg	1455 kg
Zul. Gesamtgewicht	1985 kg	1975 kg	1990 kg	2025 kg	2015 kg
Zuladung	590 kg	485 kg	575 kg	485 kg	560 kg
Anhängelast gebremst/ungebremst	1800/740 kg	1800/740 kg	1800/745 kg	1800/750 kg	1800/750 kg
Preise[9]	04.2012: EUR 33.052,25	01.2007: EUR 32.070,50	10.2009: EUR 33.825,75	01.2007: EUR 34.450,50	04.2009: EUR 38.466,75

C-Klasse Limousinen der Baureihe 204, 2007-2014

Typ	C 280	C 280 4MATIC	C 300	C 300 4MATIC	C 350
Konstruktionsbezeichnung	W 204	W 204	W 204	W 204	W 204
Produktionszeitraum	02.2007-04.2011	08.2007-04.2011	06.2009-02.2011	06.2009-02.2011	02.2007-04.2011
Motor	Viertakt-Otto (mit Saugrohreinspritzung und Abgasreinigungsanlage mit geregeltem 3-Wege-Katalysator)	Viertakt-Otto (mit Saugrohreinspritzung und Abgasreinigungsanlage mit geregeltem 3-Wege-Katalysator)	Viertakt-Otto (mit Saugrohreinspritzung und Abgasreinigungsanlage mit geregeltem 3-Wege-Katalysator)	Viertakt-Otto (mit Saugrohreinspritzung und Abgasreinigungsanlage mit geregeltem 3-Wege-Katalysator)	Viertakt-Otto (mit Saugrohreinspritzung und Abgasreinigungsanlage mit geregeltem 3-Wege-Katalysator)
Motor-Typ/-Baumuster	M 272 E 30	M 272 E 30	M 272 KE 30	M 272 KE 30	M 272 E 35
Zylinderzahl/Anordung	6/V 90; Leichtmetallblock	6/V 90; Leichtmetallblock	6/V 90; Leichtmetallblock	6/V 90°; Leichtmetallblock	6/V 90°; Leichtmetallblock
Bohrung x Hub	88 x 82,1 mm	88 x 82,1 mm	88 x 82,1 mm	88 x 82,1 mm	92,9 x 86 mm
Gesamthubraum	2996 ccm	2996 ccm	2996 ccm	2996 ccm	3498 ccm
Verdichtungsverhältnis	11,3	11,3	11,3	11,3	10,7
Leistung	170 kW/231 PS bei 6000/min	170 kW/231 PS bei 6000/min	170 kW/231 PS bei 6000/min	170 kW/231 PS bei 6000/min	200 kW/272 PS bei 6000/min
Drehmoment	300 Nm bei 2500-5000/min	300 Nm bei 2500-5000/min	300 Nm bei 2500-5000/min	300 Nm bei 2500-5000/min	350 Nm bei 2400-5000/min
Ventilanzahl/-anordnung	2 Einlass, 2 Auslass/hängend	2 Einlass, 2 Auslass/hängend	2 Einlass, 2 Auslass/hängend	2 Einlass, 2 Auslass/hängend	2 Einlass, 2 Auslass/hängend
Ventilsteuerung	je Zylinderreihe 2 obenliegende Nockenwellen (variabel verstellbar)	je Zylinderreihe 2 obenliegende Nockenwellen (variabel verstellbar)	je Zylinderreihe 2 obenliegende Nockenwellen	je Zylinderreihe 2 obenliegende Nockenwellen	je Zylinderreihe 2 obenliegende Nockenwellen (variabel verstellbar)
Gemischbildung	Mikroprozessorgesteuerte Einspritzanlage mit Heißfilm-Luftmassenmessung	Mikroprozessorgesteuerte Einspritzanlage mit Heißfilm-Luftmassenmessung	Mikroprozessorgesteuerte Einspritzanlage mit Heißfilm-	Mikroprozessorgesteuerte Einspritzanlage mit Heißfilm-	Mikroprozessorgesteuerte Einspritzanlage mit Heißfilm-Luftmassenmessung
Kühlung	Wasserkühlung/Pumpe	Wasserkühlung/Pumpe	Luftmassenmessung	Luftmassenmessung	Wasserkühlung/Pumpe
Schmierung	Druckumlauf-Schmierung	Druckumlauf-Schmierung	Wasserkühlung/Pumpe	Wasserkühlung/Pumpe	Druckumlauf-Schmierung
Batterie	im Motorraum	im Motorraum	Druckumlauf-Schmierung	Druckumlauf-Schmierung	im Motorraum
Kraftstofftank: Anordnung, Fassungsvermögen	vor der Hinterachse/66 l	vor der Hinterachse/66 l	im Kofferraum	im Kofferraum	vor der Hinterachse/66 l
Radaufhängung vorne	Dreilenkerachse/McPherson-Federbein	Dreilenkerachse/McPherson-Federbein	vor der Hinterachse, 66 l	Dreilenkerachse/McPherson-Federbein	Dreilenkerachse/McPherson-Federbein
Radaufhängung hinten	Raumlenkerachse	Raumlenkerachse	Dreilenkerachse/McPherson-Federbein	Raumlenkerachse	Raumlenkerachse
Federung vorne	Schraubenfedern, Drehstab-Stabilisator	Schraubenfedern, Drehstab-Stabilisator	Raumlenkerachse	Schraubenfedern, Drehstab-Stabilisator	Schraubenfedern, Drehstab-Stabilisator
Federung hinten	Schraubenfedern, Drehstab-Stabilisator	Schraubenfedern, Drehstab-Stabilisator	Schraubenfedern, Drehstab-Stabilisator	Schraubenfedern, Drehstab-Stabilisator	Schraubenfedern, Drehstab-Stabilisator
Stoßdämpfer vorne/hinten	Gasdruck-Stoßdämpfer mit amplitudenabhängiger Dämpfung	Gasdruck-Stoßdämpfer mit amplitudenabhängiger Dämpfung	Schraubenfedern, Drehstab-Stabilisator	Gasdruckstoßdämpfer mit amplitudenabhängiger Dämpfung	Gasdruck-Stoßdämpfer mit amplitudenabhängiger Dämpfung
Lenkung	Zahnstangen-Servolenkung mit geschwindigkeitsabhängiger Lenkkraftunterstützung und variabler Lenkübersetzung	Zahnstangen-Servolenkung mit geschwindigkeitsabhängiger Lenkkraftunterstützung und variabler Lenkübersetzung	Gasdruckstoßdämpfer mit amplitudenabhängiger Dämpfung	Zahnstangen-Servolenkung mit geschwindigkeitsabhängiger Lenkkraftunterstützung und variabler Lenkübersetzung	Zahnstangen-Servolenkung mit geschwindigkeitsabhängiger Lenkkraftunterstützung und variabler Lenkübersetzung
Bremsanlage	hydraulische Zweikreis-Bremsanlage mit Unterdruck-Bremskraftverstärker, Scheibenbremsen vorn innenbelüftet, hinten massiv, ABS, BAS, ESP®	hydraulische Zweikreis-Bremsanlage mit Unterdruck-Bremskraftverstärker, Scheibenbremsen vorn innenbelüftet, hinten massiv, ABS, BAS, ESP®	Zahnstangen-Servolenkung mit geschwindigkeitsabhängiger Lenkkraftunterstützung und variabler Lenkübersetzung	hydraulische Zweikreis-Bremsanlage mit Unterdruck-Bremskraftverstärker, Scheibenbremsen vorn innenbelüftet, hinten massiv, ABS, BAS, ESP®, elektrisch, auf Hinterräder wirkend	hydraulische Zweikreis-Bremsanlage mit Unterdruck-Bremskraftverstärker, Scheibenbremsen vorn innenbelüftet, hinten massiv, ABS, BAS, ESP®
Feststellbremse	mechanisch (fußbetätigt), auf Hinterräder wirkend	mechanisch (fußbetätigt), auf Hinterräder wirkend	hydraulische Zweikreis-Bremsanlage mit Unterdruck-Bremskraftverstärker, Scheibenbremsen vorn innenbelüftet, hinten massiv, ABS, BAS, ESP®, elektrisch, auf Hinterräder wirkend		mechanisch (fußbetätigt), auf Hinterräder wirkend
Bremsscheibendurchmesser vorne/hinten	300/295 mm	300/295 mm	300/295 mm	300/295 mm	322/300 mm
Räder	Leichtmetallfelgen 7 J x 16	Leichtmetallfelgen 7 J x 16	Leichtmetallfelgen 6,5 x 16	Leichtmetallfelgen 6,5 x 16	Leichtmetallfelgen 7,5 x 17
Reifen	205/55 R 16	205/55 R 16	205/55 R 16	205/55 R 16	225/45 R 17
Kraftübertragung	über geteilte Kardanwelle auf die Hinterräder	permanenter Antrieb auf Vorder- und Hinterräder, gesteuert über das elektronische Traktions-System ETS	über geteilte Kardanwelle auf die Hinterräder	permanenter Antrieb auf Vorder- und Hinterräder, gesteuert über das elektronische Traktions-System ETS	über geteilte Kardanwelle auf die Hinterräder
Getriebe [1]	6-Gang-Schaltgetriebe	7-Gang-Automatikgetriebe mit elektronischer Steuerung	6-Gang mechanisch	7-Gang-Automatikgetriebe mit elektronischer Steuerung	7-Gang-Automatikgetriebe mit elektronischer Steuerung
Verfügbarkeit	Serie	Serie	Serie	Serie	Serie
Kupplung	Einscheiben-Trockenkupplung	Wandler	Einscheiben-Trockenkupplung	Wandler	Wandler
Getriebebezeichnung		7G-TRONIC		7G-TRONIC	7G-TRONIC
Getriebe-Übersetzung	I. 4,46; II. 2,61; III. 1,72; IV. 1,24; V. 1,0; VI. 0,84; R. 4,06	I. 4,38; II. 2,86; III. 1,92; IV. 1,37; V. 1,00; VI. 0,82; VII. 0,73; R. 3,42	I. 4,46; II. 2,61; III. 1,72; IV. 1,25; V. 1,00; VI. 0,84; R. 4,06	I. 4,38; II. 2,86; III. 1,92; IV. 1,37; V. 1,00; VI. 0,82; VII. 0,73; R. 3,42	I. 4,38; II. 2,86; III. 1,92; IV. 1,37; V. 1,00; VI. 0,82; VII. 0,73; R. 3,42
Achsantriebsübersetzung	3,07	3,07	3,07	3,07	2,82
Höchstgeschwindigkeit	250 km/h (abgeregelt)	243 km/h	250 km/h	243 km/h	250 km/h (abgeregelt)
Beschleunigung[2] 0-100 km/h	7,3 s	7,2 s	7,3 s	7,2	6,4 s
Norm-Kraftstoffverbrauch in Liter	6,8-13,6	7,2-13,6	9,4-9,6	9,6-9,8	7,3-14,2
Getriebe [2]	7-Gang-Automatikgetriebe mit elektronischer Steuerung		7-Gang-Automatikgetriebe mit elektronischer Steuerung		
Verfügbarkeit	auf Wunsch		auf Wunsch		
Kupplung	Wandler		Wandler		
Getriebebezeichnung	7G-TRONIC		7G-TRONIC		
Getriebe-Übersetzung	I. 4,38; II. 2,86; III. 1,92; IV. 1,37; V. 1,00; VI. 0,82; VII. 0,73; R. 3,42		I. 4,38; II. 2,86; III. 1,92; IV. 1,37; V. 1,00; VI. 0,82; VII. 0,73; R. 3,42		
Achsantriebsübersetzung	3,07		3,07		
Höchstgeschwindigkeit	244 km/h		246 km/h		
Beschleunigung[2] 0-100 km/h	7,2 s		7,2		
Norm-Kraftstoffverbrauch in Liter	6,9-13,5		9,4-9,6		
Getriebe [3]					
Verfügbarkeit					
Kupplung					
Getriebebezeichnung					
Getriebe-Übersetzung					
Achsantriebsübersetzung					
Höchstgeschwindigkeit					
Beschleunigung[2] 0-100 km/h					
Norm-Kraftstoffverbrauch in Liter					
Radstand	2760 mm	2760 mm	2760 mm	2760 mm	2760 mm
Spur vorne/hinten	1541/1544 mm	1541/1544 mm	1549/1552 mm	1549/1552 mm	1533/1536 mm
Gesamtlänge	4581 mm	4581 mm	4581 mm	4581 mm	4581 mm
Gesamtbreite	1770 mm	1770 mm	1770 mm	1770 mm	1770 mm
Höhe	1444 mm	1445 mm	1447 mm	1447 mm	1448 mm
Wendekreisdurchmesser	10,80 m	10,80 m	10,80 m	10,80 m	10,80 m
Leergewicht[5]	1555 kg	1635 kg	1480 kg	1560 kg	1610 kg
Zul. Gesamtgewicht	2040 kg	2120 kg	2040 kg	2120 kg	2095 kg
Zuladung	475 kg	475 kg	560 kg	560 kg	485 kg
Anhängelast gebremst/ungebremst	1800/750 kg	1800/750 kg	1800/750 kg	1800/750 kg	1800/750 kg
Preise[9]	01.2007: EUR 35.640,50	07.2007: EUR 40.281,50	04.2009: EUR 37.395,75	04.2009: EUR 42.036,75	01.2007: EUR 44.327,50

C-Klasse Limousinen der Baureihe 204, 2007-2014

Typ	C 350 4MATIC	C 350 CGI BlueEFFICIENCY	C 350 (bis 05.2013: C 350 BlueEFFICIENCY)	C 350 4MATIC (bis 05.2013: C 350 4MATIC BlueEFFICIENCY)	C 63 AMG	C 63 AMG Edition 507
Konstruktionsbezeichnung	W 204	W 204	W 204	W 204	W 204	W 204
Produktionszeitraum	03.2007-04.2011	10.2008-02.2011	03.2011-05.2014	03.2011-05.2014	07.2007-02.2014	06.2013-06.2014
Motor	Viertakt-Otto (mit Saugrohreinspritzung und Abgasreinigungsanlage mit geregeltem 3-Wege-Katalysator)	Viertakt-Otto (mit Direkteinspritzung und Abgasreinigungsanlage mit geregeltem 3-Wege-Katalysator)	Viertakt-Otto (mit Direkteinspritzung und Abgasreinigungsanlage mit geregeltem 3-Wege-Katalysator)	Viertakt-Otto (mit Direkteinspritzung und Abgasreinigungsanlage mit geregeltem 3-Wege-Katalysator)	Viertakt-Otto (mit Saugrohreinspritzung und Abgasreinigungsanlage mit geregeltem 3-Wege-Katalysator)	Viertakt-Otto (mit Saugrohreinspritzung und Abgasreinigungsanlage mit geregeltem 3-Wege-Katalysator)
Motor-Typ/-Baumuster	M 272 E 35	M 272 DE 35	M 276 DE 35	M 276 DE 35	M 156 E 62	M 156 KE 63
Zylinderzahl/Anordung	6/V 90°; Leichtmetallblock	6/V 90°; Leichtmetallblock	6/V 60°	6/V 60°	8/V 90°; Leichtmetallblock	8/V 90°; Leichtmetallblock
Bohrung x Hub	92,9 x 86 mm	92,9 x 86 mm	92,9 x 86 mm	92,9 x 86 mm	102,2 x 94,6 mm	102,2 x 94,6 mm
Gesamthubraum	3498 ccm	3498 ccm	3498 ccm	3498 ccm	6208 ccm	6208 ccm
Verdichtungsverhältnis	10,7	11,3	12	12	11,3	11,3
Leistung	200 kW/272 PS bei 6000/min	215 kW/292 PS bei 6400/min	225 kW/306 PS bei 6500/min	225 kW/306 PS bei 6500/min	336 kW/457 PS bei 6800/min	373 kW/507 PS bei 6800/min
Drehmoment	350 Nm bei 2400-5000/min	365 Nm bei 3000-5100/min	370 Nm bei 3500/min	370 Nm bei 3500/min	600 Nm bei 5000/min	610 bei 5200/min
Ventilanzahl/-anordnung	2 Einlass, 2 Auslass/hängend	2 Einlass, 2 Auslass/hängend	2 Einlass, 2 Auslass/hängend	2 Einlass, 2 Auslass/hängend	2 Einlass, 2 Auslass/hängend	2 Einlass, 2 Auslass/hängend
Ventilsteuerung	je Zylinderreihe 2 obenliegende Nockenwellen (variabel verstellbar)	je Zylinderreihe 2 obenliegende Nockenwellen	je Zylinderreihe 2 obenliegende und verstellbare Nockenwellen	je Zylinderreihe 2 obenliegende und verstellbare Nockenwellen	je Zylinderreihe 2 obenliegende Nockenwellen (variabel verstellbar)	je Zylinderreihe 2 obenliegende und verstellbare Nockenwellen
Gemischbildung	Mikroprozessorgesteuerte Einspritzanlage mit Heißfilm-Luftmassenmessung	Mehrfach-Benzin-Direkteinspritzung durch Piezo-Injektoren	Mehrfach-Benzin-Direkteinspritzung durch Piezo-Injektoren	Mehrfach-Benzin-Direkteinspritzung durch Piezo-Injektoren	Mikroprozessorgesteuerte Einspritzanlage mit Heißfilm-Luftmassenmessung	Mikroprozessorgesteuerte Einspritzanlage mit Heißfilm-Luftmassenmessung
Kühlung	Wasserkühlung/Pumpe	Wasserkühlung/Pumpe	Wasserkühlung/Pumpe	Wasserkühlung/Pumpe	Wasserkühlung/Pumpe	Wasserkühlung/Pumpe
Schmierung	Druckumlauf-Schmierung	Druckumlauf-Schmierung	Druckumlauf-Schmierung	Druckumlauf-Schmierung	Druckumlauf-Schmierung	Druckumlauf-Schmierung
Batterie	im Motorraum	im Kofferraum	im Kofferraum	im Kofferraum	im Motorraum	im Kofferraum
Kraftstofftank: Anordnung, Fassungsvermögen	vor der Hinterachse/66 l	vor der Hinterachse, 66 l	vor der Hinterachse, 66 l	vor der Hinterachse, 66 l	über der Hinterachse/66 l	über der Hinterachse/66 l
Radaufhängung vorne	Dreilenkerachse/McPherson-Federbein	Dreilenkerachse/McPherson-Federbein	Dreilenkerachse/McPherson-Federbein	Dreilenkerachse/McPherson-Federbein	Dreilenkerachse/McPherson-Federbein	Dreilenkerachse/McPherson-Federbein
Radaufhängung hinten	Raumlenkerachse	Raumlenkerachse	Raumlenkerachse	Raumlenkerachse	Raumlenkerachse	Raumlenkerachse
Federung vorne	Schraubenfedern, Drehstab-Stabilisator	Schraubenfedern, Drehstab-Stabilisator	Schraubenfedern, Drehstab-Stabilisator	Schraubenfedern, Drehstab-Stabilisator	Schraubenfedern, Drehstab-Stabilisator	Schraubenfedern, Drehstab-Stabilisator
Federung hinten	Schraubenfedern, Drehstab-Stabilisator	Schraubenfedern, Drehstab-Stabilisator	Schraubenfedern, Drehstab-Stabilisator	Schraubenfedern, Drehstab-Stabilisator	Schraubenfedern, Drehstab-Stabilisator	Schraubenfedern, Drehstab-Stabilisator
Stoßdämpfer vorne/hinten	Gasdruck-Stoßdämpfer mit amplitudenabhängiger Dämpfung	Gasdruckstoßdämpfer mit amplitudenabhängiger Dämpfung	Gasdruckstoßdämpfer mit amplitudenabhängiger Dämpfung	Gasdruckstoßdämpfer mit amplitudenabhängiger Dämpfung	Gasdruck-Stoßdämpfer mit amplitudenabhängiger Dämpfung	Gasdruck-Stoßdämpfer mit amplitudenabhängiger Dämpfung
Lenkung	Zahnstangen-Servolenkung mit geschwindigkeitsabhängiger Lenkkraftunterstützung und variabler Lenkübersetzung	Zahnstangen-Servolenkung mit geschwindigkeitsabhängiger Lenkkraftunterstützung und variabler Lenkübersetzung	Zahnstangen-Servolenkung mit geschwindigkeitsabhängiger Lenkkraftunterstützung und variabler Lenkübersetzung	Zahnstangen-Servolenkung mit geschwindigkeitsabhängiger Lenkkraftunterstützung und variabler Lenkübersetzung	Zahnstangen-Parameter-Servolenkung	Zahnstangen-Parameter-Servolenkung
Bremsanlage	hydraulische Zweikreis-Bremsanlage mit Unterdruck-Bremskraftverstärker, Scheibenbremsen vorn innenbelüftet, hinten massiv, ABS, BAS, ESP®	hydraulische Zweikreis-Bremsanlage mit Unterdruck-Bremskraftverstärker, Scheibenbremsen vorn innenbelüftet, hinten massiv, ABS, BAS, ESP®	hydraulische Zweikreis-Bremsanlage mit Unterdruck-Bremskraftverstärker, Scheibenbremsen vorn innenbelüftet, hinten massiv, ABS, BAS, ESP®	hydraulische Zweikreis-Bremsanlage mit Unterdruck-Bremskraftverstärker, Scheibenbremsen vorn innenbelüftet, hinten massiv, ABS, BAS, ESP®	hydraulische Zweikreis-Bremsanlage mit Unterdruck-Bremskraftverstärker, Scheibenbremsen vorn und hinten perforiert und innenbelüftet, ABS, BAS, ESP®	hydraulische Zweikreis-Bremsanlage mit Unterdruck-Bremskraftverstärker, Scheibenbremsen vorn und hinten perforiert und innenbelüftet, ABS, BAS, ESP®
Feststellbremse	mechanisch (fußbetätigt), auf Hinterräder wirkend	elektrisch, auf Hinterräder wirkend	elektrisch, auf Hinterräder wirkend	elektrisch, auf Hinterräder wirkend	mechanisch (fußbetätigt), auf Hinterräder wirkend	elektrisch, auf Hinterräder wirkend
Bremsscheibendurchmesser vorne/hinten	322/300 mm	322/300 mm	322/300 mm	322/300 mm	360/330 mm	360/330 mm
Räder	Leichtmetallfelgen 7,5 x 17	Leichtmetallfelgen 7,5 x 17	Leichtmetallfelgen 6,5 x 16	Leichtmetallfelgen 7,5 x 17	Leichtmetallfelgen vorn 8 J x 18, hinten 9 J x 18	Leichtmetallfelgen vorn 8 J x 19, hinten 9 J x 19
Reifen	225/45 R 17	225/45 R 17	205/55 R 16	225/45 R 17	vorn 235/40 ZR 18, hinten 255/35 ZR 18	vorn 235/35 ZR 19, hinten 255/30 ZR 19
Kraftübertragung	permanenter Antrieb auf Vorder- und Hinterräder, gesteuert über das elektronische Traktions-System ETS	über geteilte Kardanwelle auf die Hinterräder	über geteilte Kardanwelle auf die Hinterräder	permanenter Antrieb auf Vorder- und Hinterräder, gesteuert über das elektronische Traktions-System ETS	über geteilte Kardanwelle auf die Hinterräder	über geteilte Kardanwelle auf die Hinterräder
Getriebe [1]	7-Gang-Automatikgetriebe mit elektronischer Steuerung	7-Gang-Automatikgetriebe mit elektronischer Steuerung	7-Gang-Automatikgetriebe mit elektronischer Steuerung	7-Gang-Automatikgetriebe mit elektronischer Steuerung	7-Gang-Automatikgetriebe mit elektronischer Steuerung	7-Gang-Sportgetriebe mit elektronischer Steuerung
Verfügbarkeit	Serie	Serie	Serie	Serie	Serie	Serie
Kupplung	Wandler	Wandler	Wandler	Wandler	Wandler	Nasskupplung
Getriebebezeichnung	7G-TRONIC	7G-TRONIC	7G-TRONIC+	7G-TRONIC+	AMG SPEEDSHIFT PLUS 7G-TRONIC	AMG SPEEDSHIFT MCT 7-Gang- Sportgetriebe
Getriebe-Übersetzung	I. 4,38; II. 2,86; III. 1,92; IV. 1,37; V. 1,00; VI. 0,82; VII. 0,73; R. 3,42	I. 4,38; II. 2,86; III. 1,92; IV. 1,37; V. 1,00; VI. 0,82; VII. 0,73; R. 3,42	I. 4,38; II. 2,86; III. 1,92; IV. 1,37; V. 1,00; VI. 0,82; VII. 0,73; R. 3,42	I. 4,38; II. 2,86; III. 1,92; IV. 1,37; V. 1,00; VI. 0,82; VII. 0,73; R. 3,42	I. 4,38; II. 2,86; III. 1,92; IV. 1,37; V. 1,0; VI. 0,82; VII. 0,73; R. 3,42	I. 4,38; II. 2,86; III. 1,92; IV. 1,37; V. 1,00; VI. 0,82; VII. 0,73; R. 3,42
Achsantriebsübersetzung	2,87	2,82	2,82	2,82	2,82	2,82
Höchstgeschwindigkeit	250 km/h (abgeregelt)	250 km/h	250 km/h	250 km/h	250 km/h (abgeregelt)	280 km/h
Beschleunigung[2] 0-100 km/h	6,3 s	6,3 s	6 s	6 s	4,5 s	4,2 s
Norm-Kraftstoffverbrauch in Liter	7,5-14,8	8,3-8,9	6,8-7,0	7,0-7,6	10,0-21,3	12
Getriebe [2]						
Verfügbarkeit						
Kupplung						
Getriebebezeichnung						
Getriebe-Übersetzung						
Achsantriebsübersetzung						
Höchstgeschwindigkeit						
Beschleunigung[2] 0-100 km/h						
Norm-Kraftstoffverbrauch in Liter						
Getriebe [3]						
Verfügbarkeit						
Kupplung						
Getriebebezeichnung						
Getriebe-Übersetzung						
Achsantriebsübersetzung						
Höchstgeschwindigkeit						
Beschleunigung[2] 0-100 km/h						
Norm-Kraftstoffverbrauch in Liter						
Radstand	2760 mm	2760 mm	2760 mm	2760 mm	2765 mm	2760 mm
Spur vorne/hinten	1533/1536 mm	1549/1552 mm	1549/1552 mm	1549/1552 mm	1569/1525 mm	1658/1633 mm
Gesamtlänge	4581 mm	4581 mm	4581 mm	4581 mm	4711 mm	4707 mm
Gesamtbreite	1770 mm	1770 mm	1770 mm	1770 mm	1795 mm	1795 mm
Höhe	1449 mm	1447 mm	1447 mm	1447 mm	1439 mm	1433 mm
Wendekreisdurchmesser	10,80 m	10,80 m	10,80 m	10,80 m	11,75 m	11,75 mm
Leergewicht[5]	1670 kg	1540 kg	1535 kg	1595 kg	1795 kg	1655 kg
Zul. Gesamtgewicht	2155 kg	2100 kg	2125 kg	2185 kg	2170 kg	2185 kg
Zuladung	485 kg	560 kg	590 kg	590 kg	440 kg	530 kg
Anhängelast gebremst/ungebremst	1800/750 kg	1800/750 kg	1800/750 kg	1800/750 kg		
Preise[9]	07.2007: EUR 46.707,50	10.2008: EUR 46.796,75	02.2011: EUR 46.529,00	02.2011: EUR 48.909,00	09.2007: EUR 67.235,00	04.2013: EUR 83.835,50

C-Klasse T-Modelle der Baureihe 204, 2007-2014

Typ	C 180 CDI (bis 05.2013: C 180 CDI BlueEFFICIENCY)	C 200 CDI	C 200 CDI BlueEFFICIENCY	C 220 CDI	C 220 CDI (bis 05.2013: C 220 CDI BlueEFFICIENCY)
Konstruktionsbezeichnung	S 204	S 204	S 204	S 204	S 204
Produktionszeitraum	04.2010-03.2014 (in Deutschland ab 03.2011)	03.2007-06.2009	11.2009-03.2014	02.2007-06.2009	06.2009-03.2014
Motor	Viertakt-Diesel (mit Common-Rail-Direkteinspritzung, Abgas-Turbolader mit Ladeluftkühlung, Abgasreinigungsanlage mit Oxidationskatalysator)	Viertakt-Diesel (mit Common-Rail-Direkteinspritzung, Abgas-Turbolader mit Ladeluftkühlung, Abgasreinigungsanlage mit Oxidationskatalysator)	Viertakt-Diesel (mit Common-Rail-Direkteinspritzung, Abgas-Turbolader mit Ladeluftkühlung, Abgasreinigungsanlage mit Oxidationskatalysator)	Viertakt-Diesel (mit Common-Rail-Direkteinspritzung, Abgas-Turbolader mit Ladeluftkühlung, Abgasreinigungsanlage mit Oxidationskatalysator)	Viertakt-Diesel (mit Common-Rail-Direkteinspritzung, Abgas-Turbolader mit Ladeluftkühlung, Abgasreinigungsanlage mit Oxidationskatalysator)
Motor-Typ/-Baumuster	OM 651 DE 22 LA red.	OM 646 DE 22 LA LR	OM 651 DE 22 LA red.	OM 646 DE 22 LA	OM 651 DE 22 LA
Zylinderzahl/Anordung	4/Reihe	4/Reihe	4/Reihe	4/Reihe	4/Reihe
Bohrung x Hub	83 x 99 mm	88 x 88,3 mm	83 x 99 mm	88 x 88,3 mm	83 x 99 mm
Gesamthubraum	2143 ccm	2148 ccm	2143 ccm	2148 ccm	2143 ccm
Verdichtungsverhältnis	16,2	17,5	16,2	17,5	16,2
Leistung	88 kW/120 PS bei 2800-4600/min	100 kW/136 PS bei 3800/min	100 kW/136 PS bei 2800-4600/min	125 kW/170 PS bei 3800/min	125 kW/170 PS bei 3000-4200/min
Drehmoment	300 Nm bei 1400-2800/min	270 Nm bei 1600-3000/min	360 Nm bei 1600-2600/min	400 Nm bei 2000/min	400 Nm bei 1400-2800/min
Ventilanzahl/-anordnung	2 Einlass, 2 Auslass/hängend	2 Einlass, 2 Auslass/hängend	2 Einlass, 2 Auslass/hängend	2 Einlass, 2 Auslass/hängend	2 Einlass, 2 Auslass/hängend
Ventilsteuerung	2 obenliegende Nockenwellen	2 obenliegende Nockenwellen	2 obenliegende Nockenwellen	2 obenliegende Nockenwellen	2 obenliegende Nockenwellen
Gemischbildung	Common-Rail-Direkteinspritzung, Abgas-Turbolader mit verstellbarer Turbinengeometrie, Ladeluftkühlung	Common-Rail-Direkteinspritzung, elektronisch geregelt; Bosch 3-Stempel-Hochdruckpumpe/Abgas-Turbolader mit Ladeluftkühlung	Common-Rail-Direkteinspritzung, Abgas-Turbolader mit verstellbarer Turbinengeometrie, Ladeluftkühlung	Common-Rail-Direkteinspritzung, elektronisch geregelt; Bosch 3-Stempel-Hochdruckpumpe/Abgas-Turbolader mit Ladeluftkühlung	Common-Rail-Direkteinspritzung, Biturbo mit verstellbarer Turbinengeometrie, Ladeluftkühlung
Kühlung	Wasserkühlung/Pumpe	Wasserkühlung/Pumpe	Wasserkühlung/Pumpe	Wasserkühlung/Pumpe	Wasserkühlung/Pumpe
Schmierung	Druckumlauf-Schmierung	Druckumlauf-Schmierung	Druckumlauf-Schmierung	Druckumlauf-Schmierung	Druckumlauf-Schmierung
Batterie	im Kofferraum	unter dem Laderaumboden	im Kofferraum	unter dem Laderaumboden	im Kofferraum
Kraftstofftank: Anordnung, Fassungsvermögen	vor der Hinterachse, 59 l	vor der Hinterachse, 66 l	vor der Hinterachse, 59 l	vor der Hinterachse, 66 l	vor der Hinterachse, 59 l
Radaufhängung vorne	Dreilenkerachse/McPherson-Federbein	Dreilenkerachse/McPherson-Federbein	Dreilenkerachse/McPherson-Federbein	Dreilenkerachse/McPherson-Federbein	Dreilenkerachse/McPherson-Federbein
Radaufhängung hinten	Raumlenkerachse	Raumlenkerachse, auf Wunsch mit hydropneumatischer Niveau-Regulierung	Raumlenkerachse	Raumlenkerachse, auf Wunsch mit hydropneumatischer Niveau-Regulierung	Raumlenkerachse
Federung vorne	Schraubenfedern, Drehstab-Stabilisator	Schraubenfedern, Drehstab-Stabilisator	Schraubenfedern, Drehstab-Stabilisator	Schraubenfedern, Drehstab-Stabilisator	Schraubenfedern, Drehstab-Stabilisator
Federung hinten	Schraubenfedern, Drehstab-Stabilisator	Schraubenfedern, Drehstab-Stabilisator	Schraubenfedern, Drehstab-Stabilisator	Schraubenfedern, Drehstab-Stabilisator	Schraubenfedern, Drehstab-Stabilisator
Stoßdämpfer vorne/hinten	Gasdruckstoßdämpfer mit amplitudenabhängiger Dämpfung	Gasdruck-Stoßdämpfer mit amplitudenabhängiger Dämpfung	Gasdruckstoßdämpfer mit amplitudenabhängiger Dämpfung	Gasdruck-Stoßdämpfer mit amplitudenabhängiger Dämpfung	Gasdruckstoßdämpfer mit amplitudenabhängiger Dämpfung
Lenkung	Zahnstangen-Servolenkung mit geschwindigkeitsabhängiger Lenkkraftunterstützung und variabler Lenkübersetzung	Zahnstangen-Servolenkung mit geschwindigkeitsabhängiger Lenkkraftunterstützung und variabler Lenkübersetzung	Zahnstangen-Servolenkung mit geschwindigkeitsabhängiger Lenkkraftunterstützung und variabler Lenkübersetzung	Zahnstangen-Servolenkung mit geschwindigkeitsabhängiger Lenkkraftunterstützung und variabler Lenkübersetzung	Zahnstangen-Servolenkung mit geschwindigkeitsabhängiger Lenkkraftunterstützung und variabler Lenkübersetzung
Bremsanlage	hydraulische Zweikreis-Bremsanlage mit Unterdruck-Bremskraftverstärker, Scheibenbremsen vorn innenbelüftet, hinten massiv, ABS, BAS, ESP®	hydraulische Zweikreis-Bremsanlage mit Unterdruck-Bremskraftverstärker, Scheibenbremsen vorn innenbelüftet, hinten massiv, ABS, BAS, ESP®	hydraulische Zweikreis-Bremsanlage mit Unterdruck-Bremskraftverstärker, Scheibenbremsen vorn innenbelüftet, hinten massiv, ABS, BAS, ESP®	hydraulische Zweikreis-Bremsanlage mit Unterdruck-Bremskraftverstärker, Scheibenbremsen vorn innenbelüftet, hinten massiv, ABS, BAS, ESP®	hydraulische Zweikreis-Bremsanlage mit Unterdruck-Bremskraftverstärker, Scheibenbremsen vorn innenbelüftet, hinten massiv, ABS, BAS, ESP®
Feststellbremse	elektrisch, auf Hinterräder wirkend	mechanisch (fußbetätigt), auf Hinterräder wirkend	elektrisch, auf Hinterräder wirkend	mechanisch (fußbetätigt), auf Hinterräder wirkend	elektrisch, auf Hinterräder wirkend
Bremsscheibendurchmesser vorne/hinten	288/278 mm	288/278 mm	288/278 mm	300/295 mm	300/295 mm
Räder	Stahlräder mit Radzierblenden, 6 J x 16, auf Wunsch Leichtmetallfelgen	Stahlräder mit Radzierblenden, 7 J x 16, auf Wunsch Leichtmetallfelgen	Leichtmetallfelgen 6 J x 16	Leichtmetallfelgen 7 J x 16	Leichtmetallfelgen 6,5 x 16
Reifen	195/60 R 16	205/55 R 16	195/60 R 16	205/55 R 16	205/55 R 16
Kraftübertragung	über geteilte Kardanwelle auf die Hinterräder	über geteilte Kardanwelle auf die Hinterräder	über geteilte Kardanwelle auf die Hinterräder	über geteilte Kardanwelle auf die Hinterräder	über geteilte Kardanwelle auf die Hinterräder
Getriebe [1]	6-Gang mechanisch	6-Gang mechanisch	6-Gang mechanisch	6-Gang mechanisch	6-Gang mechanisch
Verfügbarkeit	Serie	Serie	Serie	Serie	Serie
Kupplung	Einscheiben-Trockenkupplung	Einscheiben-Trockenkupplung	Einscheiben-Trockenkupplung	Einscheiben-Trockenkupplung	Einscheiben-Trockenkupplung
Getriebebezeichnung					
Getriebe-Übersetzung	I. 5,01; II. 2,92; III. 1,79; IV. 1,26; V. 1,00; VI. 0,82; R. 4,57	I. 5,01; II. 2,83; III. 1,79; IV. 1,27; V. 1,0; VI. 0,83; R. 4,57	I. 5,01; II. 2,83; III. 1,79; IV. 1,26; V. 1,00; VI. 0,83; R. 4,57	I. 5,01; II. 2,83; III. 1,79; IV. 1,27; V. 1,0; VI. 0,83; R. 4,57	I. 5,01; II. 2,83; III. 1,79; IV. 1,26; V. 1,00; VI. 0,83; R. 4,57
Achsantriebsübersetzung	2,47	2,65	2,47	2,65	2,65
Höchstgeschwindigkeit	201 km/h	208 km/h	209 km/h	224 km/h	219 km/h
Beschleunigung[2] 0-100 km/h	10,8 s	10,8 s	9,6 s	8,9 s	8,5 s
Norm-Kraftstoffverbrauch in Liter	4,8-5,3	4,8-8,1	4,8-5,4	4,9-8,1	4,7-5,2
Getriebe [2]	5-Gang-Automatikgetriebe mit elektronischer Steuerung	5-Gang-Automatikgetriebe mit elektronischer Steuerung	5-Gang-Automatikgetriebe mit elektronischer Steuerung	5-Gang-Automatikgetriebe mit elektronischer Steuerung	5-Gang-Automatikgetriebe mit elektronischer Steuerung
Verfügbarkeit	auf Wunsch	auf Wunsch	auf Wunsch	auf Wunsch	auf Wunsch
Kupplung	Wandler	Wandler	Wandler	Wandler	Wandler
Getriebebezeichnung	5G-TRONIC	5G-TRONIC	5G-TRONIC	5G-TRONIC	5G-TRONIC
Getriebe-Übersetzung		I. 3,95; II. 2,42; III. 1,49; IV. 1,0; V. 0,83; R. 3,15	I. 3,95; II. 2,42; III. 1,49; IV. 1,00; V. 0,83; R. 3,15	I. 3,60; II. 2,19; III. 1,40; IV. 1,0; V. 0,83; R. 3,17	I. 3,60; II. 2,19; III. 1,40; IV. 1,00; V. 0,83; R. 3,17
Achsantriebsübersetzung	2,47	2,87	2,65	2,82	2,65
Höchstgeschwindigkeit	200 km/h	204 km/h	207 km/h	220 km/h	219 km/h
Beschleunigung[2] 0-100 km/h	11,1 s	10,6 s	9,5 s	8,8 s	8,3 s
Norm-Kraftstoffverbrauch in Liter	5,1-5,5	5,3-9,0	5,1-5,5	5,3-9,2	5,0-5,4
Getriebe [3]	7-Gang-Automatikgetriebe mit elektronischer Steuerung		7-Gang-Automatikgetriebe mit elektronischer Steuerung		7-Gang-Automatikgetriebe mit elektronischer Steuerung
Verfügbarkeit	auf Wunsch		auf Wunsch		auf Wunsch
Kupplung	Wandler		Wandler		Wandler
Getriebebezeichnung	7G-TRONIC+		7G-TRONIC+		7G-TRONIC+
Getriebe-Übersetzung	I. 4,38; II. 2,86; III. 1,92; IV. 1,37; V. 1,00; VI. 0,82; VII. 0,73; R. 3,42		I. 4,38; II. 2,86; III. 1,92; IV. 1,37; V. 1,00; VI. 0,82; VII. 0,73; R. 3,42		I. 4,38; II. 2,86; III. 1,92; IV. 1,37; V. 1,00; VI. 0,82; VII. 0,73; R. 3,42
Achsantriebsübersetzung	2,47		2,47		2,47
Höchstgeschwindigkeit	200 km/h		207 km/h		219 km/h
Beschleunigung[2] 0-100 km/h	11,1		9,5		8,3 s
Norm-Kraftstoffverbrauch in Liter	5,1-5,5		5,1-5,5		5,0-5,4
Radstand	2760 mm	2760 mm	2760 mm	2760 mm	2760 mm
Spur vorne/hinten	1541/1544 mm	1541/1544 mm	1541/1544 mm	1541/1541 mm	1541/1544 mm
Gesamtlänge	4596 mm	4596 mm	4596 mm	4596 mm	4596 mm
Gesamtbreite	1770 mm	1770 mm	1770 mm	1770 mm	1770 mm
Höhe	1459 mm	1459 mm	1459 mm	1459 mm	1459 mm
Wendekreisdurchmesser	10,80 m	10,80 m	10,80 m	10,80 m	10,80 m
Leergewicht[5]	1540 kg	1605 kg	1560 kg	1630 kg	1600 kg
Zul. Gesamtgewicht	2155 kg	2135 kg	2175 kg	2160 kg	2205 kg
Zuladung	615 kg	530 kg	615 kg	530 kg	605 kg
Anhängelast gebremst/ungebremst	1800/750 kg	1800/750 kg	1800/750 kg	1800/750 kg	1800/750 kg
Preise[9]	03.2011: EUR 34.480,25	09.2007: EUR 33.617,50	11.2009: EUR 35.551,25	09.2007: EUR 35.938,00	06.2009: EUR 37.812,25

C-Klasse T-Modelle der Baureihe 204, 2007-2014

Typ	C 220 CDI BlueEFFICIENCY Edition	C 250 CDI (bis 05.2013: C 250 CDI BlueEFFICIENCY)	C 250 CDI 4MATIC (bis 05.2013: C 250 CDI 4MATIC BlueEFFICIENCY	C 300 CDI 4MATIC BlueEFFICIENCY	C 320 CDI
Konstruktionsbezeichnung	S 204	S 204	S 204	S 204	S 204
Produktionszeitraum	10.2012-03.2014	10.2008-03.2014	04.2010-03.2014	06.2011-03.2014	02.2007-06.2009
Motor	Viertakt-Diesel (mit Common-Rail-Direkteinspritzung, Abgas-Turbolader mit Ladeluftkühlung, Abgasreinigungsanlage mit Oxidationskatalysator)	Viertakt-Diesel (mit Common-Rail-Direkteinspritzung, Abgas-Turbolader mit Ladeluftkühlung, Abgasreinigungsanlage mit Oxidationskatalysator)	Viertakt-Diesel (mit Common-Rail-Direkteinspritzung, Abgas-Turbolader mit Ladeluftkühlung, Abgasreinigungsanlage mit Oxidationskatalysator)	Viertakt-Diesel (mit Common-Rail-Direkteinspritzung, Abgas-Turbolader mit Ladeluftkühlung, Abgasreinigungsanlage mit Oxidationskatalysator)	Viertakt-Diesel (mit Common-Rail-Direkteinspritzung, Abgas-Turbolader mit Ladeluftkühlung, Abgasreinigungsanlage mit Oxidationskatalysator)
Motor-Typ/-Baumuster	OM 651 DE 22 LA	OM 651 DE 22 LA	OM 651 DE 22 LA	OM 642 DE 30 LA	OM 642 DE 30 LA
Zylinderzahl/Anordung	4/Reihe	4/Reihe	4/Reihe	6/V 72°; Leichtmetallblock	6/V 72°; Leichtmetallblock
Bohrung x Hub	83 x 99 mm	83 x 99 mm	83 x 99 mm	83 x 92 mm	83 x 92 mm
Gesamthubraum	2143 ccm	2143 ccm	2143 ccm	2987 ccm	2987 ccm
Verdichtungsverhältnis	16,2	16,2	16,2	15,5	17,7
Leistung	125 kW/170 PS bei 3000-4200/min	150 kW/204 PS bei 4200/min	150 kW/204 PS bei 4200/min	170 kW/231 PS bei 3800/min	165 kW/224 PS bei 3800/min
Drehmoment	400 Nm bei 1400-2800/min	500 Nm bei 1600-1800/min	500 Nm bei 1600-1800/min	540 Nm bei 1600-2400/min	510 Nm bei 1600-2800/min
Ventilanzahl/-anordnung	2 Einlass, 2 Auslass/hängend	2 Einlass, 2 Auslass/hängend	2 Einlass, 2 Auslass/hängend	2 Einlass, 2 Auslass/hängend	2 Einlass, 2 Auslass/hängend
Ventilsteuerung	2 obenliegende Nockenwellen	2 obenliegende Nockenwellen	2 obenliegende Nockenwellen	je Zylinderreihe 2 obenliegende Nockenwellen	je Zylinderreihe 2 obenliegende Nockenwellen
Gemischbildung	Common-Rail-Direkteinspritzung, Biturbo mit verstellbarer Turbinengeometrie, Ladeluftkühlung	Common-Rail-Direkteinspritzung, Biturbo mit verstellbarer Turbinengeometrie, Ladeluftkühlung	Common-Rail-Direkteinspritzung, Biturbo mit verstellbarer Turbinengeometrie, Ladeluftkühlung	Common-Rail-Direkteinspritzung, Abgas-Turbolader mit verstellbarer Turbinengeometrie, Ladeluftkühlung	Common-Rail-Direkteinspritzung, elektronisch geregelt; Bosch 3-Stempel-Hochdruckpumpe/Abgas-Turbolader mit Ladeluftkühlung
Kühlung	Wasserkühlung/Pumpe	Wasserkühlung/Pumpe	Wasserkühlung/Pumpe	Wasserkühlung/Pumpe	Wasserkühlung/Pumpe
Schmierung	Druckumlauf-Schmierung	Druckumlauf-Schmierung	Druckumlauf-Schmierung	Druckumlauf-Schmierung	Druckumlauf-Schmierung
Batterie	im Kofferraum	im Kofferraum	im Kofferraum	im Kofferraum	unter dem Laderaumboden
Kraftstofftank: Anordnung, Fassungsvermögen	vor der Hinterachse, 59 l	vor der Hinterachse, 66 l	vor der Hinterachse, 66 l	vor der Hinterachse, 66 l	vor der Hinterachse, 66 l
Radaufhängung vorne	Dreilenkerachse/McPherson-Federbein	Dreilenkerachse/McPherson-Federbein	Dreilenkerachse/McPherson-Federbein	Dreilenkerachse/McPherson-Federbein	Dreilenkerachse/McPherson-Federbein
Radaufhängung hinten	Raumlenkerachse	Raumlenkerachse	Raumlenkerachse	Raumlenkerachse	Raumlenkerachse, auf Wunsch mit hydropneumatischer Niveau-Regulierung
Federung vorne	Schraubenfedern, Drehstab-Stabilisator	Schraubenfedern, Drehstab-Stabilisator	Schraubenfedern, Drehstab-Stabilisator	Schraubenfedern, Drehstab-Stabilisator	Schraubenfedern, Drehstab-Stabilisator
Federung hinten	Schraubenfedern, Drehstab-Stabilisator	Schraubenfedern, Drehstab-Stabilisator	Schraubenfedern, Drehstab-Stabilisator	Schraubenfedern, Drehstab-Stabilisator	Schraubenfedern, Drehstab-Stabilisator
Stoßdämpfer vorne/hinten	Gasdruckstoßdämpfer mit amplitudenabhängiger Dämpfung	Gasdruckstoßdämpfer mit amplitudenabhängiger Dämpfung	Gasdruckstoßdämpfer mit amplitudenabhängiger Dämpfung	Gasdruckstoßdämpfer mit amplitudenabhängiger Dämpfung	Gasdruck-Stoßdämpfer mit amplitudenabhängiger Dämpfung
Lenkung	Zahnstangen-Servolenkung mit geschwindigkeitsabhängiger Lenkkraftunterstützung und variabler Lenkübersetzung	Zahnstangen-Servolenkung mit geschwindigkeitsabhängiger Lenkkraftunterstützung und variabler Lenkübersetzung	Zahnstangen-Servolenkung mit geschwindigkeitsabhängiger Lenkkraftunterstützung und variabler Lenkübersetzung	Zahnstangen-Servolenkung mit geschwindigkeitsabhängiger Lenkkraftunterstützung und variabler Lenkübersetzung	Zahnstangen-Servolenkung mit geschwindigkeitsabhängiger Lenkkraftunterstützung und variabler Lenkübersetzung
Bremsanlage	hydraulische Zweikreis-Bremsanlage mit Unterdruck-Bremskraftverstärker, Scheibenbremsen vorn innenbelüftet, hinten massiv, ABS, BAS, ESP®	hydraulische Zweikreis-Bremsanlage mit Unterdruck-Bremskraftverstärker, Scheibenbremsen vorn innenbelüftet, hinten massiv, ABS, BAS, ESP®	hydraulische Zweikreis-Bremsanlage mit Unterdruck-Bremskraftverstärker, Scheibenbremsen vorn innenbelüftet, hinten massiv, ABS, BAS, ESP®	hydraulische Zweikreis-Bremsanlage mit Unterdruck-Bremskraftverstärker, Scheibenbremsen vorn innenbelüftet, hinten massiv, ABS, BAS, ESP®	hydraulische Zweikreis-Bremsanlage mit Unterdruck-Bremskraftverstärker, Scheibenbremsen vorn innenbelüftet, hinten massiv, ABS, BAS, ESP®
Feststellbremse	elektrisch, auf Hinterräder wirkend	elektrisch, auf Hinterräder wirkend	elektrisch, auf Hinterräder wirkend	elektrisch, auf Hinterräder wirkend	mechanisch (fußbetätigt), auf Hinterräder wirkend
Bremsscheibendurchmesser vorne/hinten	300/295 mm	300/295 mm	300/295 mm	322/300 mm	322/300 mm
Räder	Leichtmetallfelgen 6,5 x 16	Leichtmetallfelgen 6,5 x 16	Leichtmetallfelgen 6,5 x 16	Leichtmetallfelgen 7,5 x 17	Leichtmetallfelgen 7,5 x 17
Reifen	205/55 R 16	205/55 R 16	205/55 R 16	225/45 R 17	225/45 R 17
Kraftübertragung	über geteilte Kardanwelle auf die Hinterräder	über geteilte Kardanwelle auf die Hinterräder	permanenter Antrieb auf Vorder- und Hinterräder, gesteuert über das elektronische Traktions-System ETS	permanenter Antrieb auf Vorder- und Hinterräder, gesteuert über das elektronische Traktions-System ETS	über geteilte Kardanwelle auf die Hinterräder
Getriebe [1]	6-Gang mechanisch	6-Gang mechanisch	7-Gang-Automatikgetriebe mit elektronischer Steuerung	7-Gang-Automatikgetriebe mit elektronischer Steuerung	6-Gang mechanisch
Verfügbarkeit	Serie	Serie	auf Wunsch	auf Wunsch	Serie
Kupplung	Einscheiben-Trockenkupplung	Einscheiben-Trockenkupplung	Wandler	Wandler	Einscheiben-Trockenkupplung
Getriebebezeichnung			7G-TRONIC+	7G-TRONIC+	
Getriebe-Übersetzung	I. 5,01; II. 2,83; III. 1,79; IV. 1,26; V. 1,00; VI. 0,83; R. 4,57	I. 5,10; II. 2,78; III. 1,75; IV. 1,26; V. 1,00; VI. 0,81; R. 4,63	I. 4,38; II. 2,86; III. 1,92; IV. 1,37; V. 1,00; VI. 0,82; VII. 0,73; R. 3,42	I. 4,38; II. 2,86; III. 1,92; IV. 1,37; V. 1,00; VI. 0,82; VII. 0,73; R. 3,42	I. 5,10; II. 2,78; III. 1,76; IV. 1,25; V. 1,0; VI. 0,81; R. 4,63
Achsantriebsübersetzung	2,65	2,47	2,47	2,47	2,47
Höchstgeschwindigkeit	219 km/h	237 km/h	237 km/h	242 km/h	245 km/h
Beschleunigung[2] 0-100 km/h	8,4 s	7,3 s	7,4 s	6,5 s	7,9 s
Norm-Kraftstoffverbrauch in Liter	4,3	4,9-5,4	5,5-5,8	7,2-7,4	5,9-10,0
Getriebe [2]		5-Gang-Automatikgetriebe mit elektronischer Steuerung			7-Gang-Automatikgetriebe mit elektronischer Steuerung
Verfügbarkeit		auf Wunsch			auf Wunsch
Kupplung		Wandler			Wandler
Getriebebezeichnung		5G-TRONIC			7G-TRONIC
Getriebe-Übersetzung		I.3,59; II. 2,19; III. 1,41; IV. 1,00; V. 0,83; R. 3,17			I. 4,38; II. 2,86; III. 1,92; IV. 1,37; V. 1,00; VI. 0,82; VII. 0,73; R. 3,42
Achsantriebsübersetzung		2,65			2,47
Höchstgeschwindigkeit		237 km/h			244 km/h
Beschleunigung[2] 0-100 km/h		7,4 s			7,1 s
Norm-Kraftstoffverbrauch in Liter		5,1-5,3			6,2-10,5
Getriebe [3]		7-Gang-Automatikgetriebe mit elektronischer Steuerung			
Verfügbarkeit		auf Wunsch			
Kupplung		Wandler			
Getriebebezeichnung		7G-TRONIC+			
Getriebe-Übersetzung		I. 4,38; II. 2,86; III. 1,92; IV. 1,37; V. 1,00; VI. 0,82; VII. 0,73; R. 3,42			
Achsantriebsübersetzung		2,47			
Höchstgeschwindigkeit		237 km/h			
Beschleunigung[2] 0-100 km/h		7,4 s			
Norm-Kraftstoffverbrauch in Liter		5,1-5,3			
Radstand	2760 mm	2760 mm	2760 mm	2760 mm	2760 mm
Spur vorne/hinten	1541/1544 mm	1541/1544 mm	1541/1544 mm	1541/1544 mm	1533/1536 mm
Gesamtlänge	4596 mm	4596 mm	4596 mm	4596 mm	4596 mm
Gesamtbreite	1770 mm	1770 mm	1770 mm	1770 mm	1770 mm
Höhe	1459 mm	1459 mm	1459 mm	1459 mm	1463 mm
Wendekreisdurchmesser	10,80 m	10,80 m	10,80 m	10,80 m	10,80 m
Leergewicht[5]	1580 kg	1615 kg	1660 kg	1720 kg	1750 kg
Zul. Gesamtgewicht	2195 kg	2200 kg	2275 kg	2325 kg	2280 kg
Zuladung	615 kg	585 kg	615 kg	605 kg	530 kg
Anhängelast gebremst/ungebremst	1800/750 kg	1800/750 kg	1800/750 kg	1800/750 kg	1800/750 kg
Preise[9]	10.2012: EUR 39.210,50	10.2008: EUR 40.311,25	04.2010: EUR 45.279,50	06.2011: EUR 49.206,50	09.2007: EUR 42.483,00

C-Klasse T-Modelle der Baureihe 204, 2007-2014

Typ	C 320 CDI 4MATIC	C 350 CDI	C 350 CDI 4MATIC	C 350 CDI BlueEFFICIENCY	C 350 CDI 4MATIC BlueEFFICIENCY
Konstruktionsbezeichnung	S 204	S 204	S 204	S 204	S 204
Produktionszeitraum	03.2007-06.2009	06.2009-11.2009	06.2009-11.2009	11.2009-02.2011	11.2009-02.2011
Motor	Viertakt-Diesel (mit Common-Rail-Direkteinspritzung, Abgas-Turbolader mit Ladeluftkühlung, Abgasreinigungsanlage mit Oxidationskatalysator)	Viertakt-Diesel (mit Common-Rail-Direkteinspritzung, Abgas-Turbolader mit Ladeluftkühlung, Abgasreinigungsanlage mit Oxidationskatalysator)	Viertakt-Diesel (mit Common-Rail-Direkteinspritzung, Abgas-Turbolader mit Ladeluftkühlung, Abgasreinigungsanlage mit Oxidationskatalysator)	Viertakt-Diesel (mit Common-Rail-Direkteinspritzung, Abgas-Turbolader mit Ladeluftkühlung, Abgasreinigungsanlage mit Oxidationskatalysator)	Viertakt-Diesel (mit Common-Rail-Direkteinspritzung, Abgas-Turbolader mit Ladeluftkühlung, Abgasreinigungsanlage mit Oxidationskatalysator)
Motor-Typ/-Baumuster	OM 642 DE 30 LA	OM 642 DE 30 LA	OM 642 DE 30 LA	OM 642 DE 30 LA	OM 642 DE 30 LA
Zylinderzahl/Anordnung	6/72°-V-Form; Leichtmetallblock	6/V 72°; Leichtmetallblock	6/V 72°; Leichtmetallblock	6/V 72°; Leichtmetallblock	6/V 72°; Leichtmetallblock
Bohrung x Hub	83 x 92 mm	83 x 92 mm	83 x 92 mm	83 x 92 mm	83 x 92 mm
Gesamthubraum	2987 ccm	2987 ccm	2987 ccm	2987 ccm	2987 ccm
Verdichtungsverhältnis	17,7	15,5	15,5	15,5	15,5
Leistung	165 kW/224 PS bei 3800/min	165 kW/224 PS bei 3800/min	165 kW/224 PS bei 3800/min	170 kW/231 PS bei 3800/min	170 kW/231 PS bei 3800/min
Drehmoment	510 Nm bei 1600 - 2800/min	510 Nm bei 1600-2800/min	510 Nm bei 1600-2800/min	540 Nm bei 1600-2400/min	540 Nm bei 1600-2400/min
Ventilanzahl/-anordnung	2 Einlass, 2 Auslass/hängend	2 Einlass, 2 Auslass/hängend	2 Einlass, 2 Auslass/hängend	2 Einlass, 2 Auslass/hängend	2 Einlass, 2 Auslass/hängend
Ventilsteuerung	je Zylinderreihe 2 obenliegende Nockenwellen	je Zylinderreihe 2 obenliegende Nockenwellen	je Zylinderreihe 2 obenliegende Nockenwellen	je Zylinderreihe 2 obenliegende Nockenwellen	je Zylinderreihe 2 obenliegende Nockenwellen
Gemischbildung	Common-Rail-Direkteinspritzung, elektronisch geregelt; Bosch 3-Stempel-Hochdruckpumpe/Abgas-Turbolader mit Ladeluftkühlung	Common-Rail-Direkteinspritzung, Abgas-Turbolader mit verstellbarer Turbinengeometrie, Ladeluftkühlung	Common-Rail-Direkteinspritzung, Abgas-Turbolader mit verstellbarer Turbinengeometrie, Ladeluftkühlung	Common-Rail-Direkteinspritzung, Abgas-Turbolader mit verstellbarer Turbinengeometrie, Ladeluftkühlung	Common-Rail-Direkteinspritzung, Abgas-Turbolader mit verstellbarer Turbinengeometrie, Ladeluftkühlung
Kühlung	Wasserkühlung/Pumpe	Wasserkühlung/Pumpe	Wasserkühlung/Pumpe	Wasserkühlung/Pumpe	Wasserkühlung/Pumpe
Schmierung	Druckumlauf-Schmierung	Druckumlauf-Schmierung	Druckumlauf-Schmierung	Druckumlauf-Schmierung	Druckumlauf-Schmierung
Batterie	unter dem Laderaumboden	im Kofferraum	im Kofferraum	im Kofferraum	im Kofferraum
Kraftstofftank: Anordnung, Fassungsvermögen	vor der Hinterachse, 66 l	vor der Hinterachse, 66 l	vor der Hinterachse, 66 l	vor der Hinterachse, 66 l	vor der Hinterachse, 66 l
Radaufhängung vorne	Dreilenkerachse/McPherson-Federbein	Dreilenkerachse/McPherson-Federbein	Dreilenkerachse/McPherson-Federbein	Dreilenkerachse/McPherson-Federbein	Dreilenkerachse/McPherson-Federbein
Radaufhängung hinten	Raumlenkerachse, auf Wunsch mit hydropneumatischer Niveau-Regulierung	Raumlenkerachse	Raumlenkerachse	Raumlenkerachse	Raumlenkerachse
Federung vorne	Schraubenfedern, Drehstab-Stabilisator	Schraubenfedern, Drehstab-Stabilisator	Schraubenfedern, Drehstab-Stabilisator	Schraubenfedern, Drehstab-Stabilisator	Schraubenfedern, Drehstab-Stabilisator
Federung hinten	Schraubenfedern, Drehstab-Stabilisator	Schraubenfedern, Drehstab-Stabilisator	Schraubenfedern, Drehstab-Stabilisator	Schraubenfedern, Drehstab-Stabilisator	Schraubenfedern, Drehstab-Stabilisator
Stoßdämpfer vorne/hinten	Gasdruck-Stoßdämpfer mit amplitudenabhängiger Dämpfung	Gasdruckstoßdämpfer mit amplitudenabhängiger Dämpfung	Gasdruckstoßdämpfer mit amplitudenabhängiger Dämpfung	Gasdruckstoßdämpfer mit amplitudenabhängiger Dämpfung	Gasdruckstoßdämpfer mit amplitudenabhängiger Dämpfung
Lenkung	Zahnstangen-Servolenkung mit geschwindigkeitsabhängiger Lenkkraftunterstützung und variabler Lenkübersetzung	Zahnstangen-Servolenkung mit geschwindigkeitsabhängiger Lenkkraftunterstützung und variabler Lenkübersetzung	Zahnstangen-Servolenkung mit geschwindigkeitsabhängiger Lenkkraftunterstützung und variabler Lenkübersetzung	Zahnstangen-Servolenkung mit geschwindigkeitsabhängiger Lenkkraftunterstützung und variabler Lenkübersetzung	Zahnstangen-Servolenkung mit geschwindigkeitsabhängiger Lenkkraftunterstützung und variabler Lenkübersetzung
Bremsanlage	hydraulische Zweikreis-Bremsanlage mit Unterdruck-Bremskraftverstärker, Scheibenbremsen vorn innenbelüftet, hinten massiv, ABS, BAS, ESP®	hydraulische Zweikreis-Bremsanlage mit Unterdruck-Bremskraftverstärker, Scheibenbremsen vorn innenbelüftet, hinten massiv, ABS, BAS, ESP®	hydraulische Zweikreis-Bremsanlage mit Unterdruck-Bremskraftverstärker, Scheibenbremsen vorn innenbelüftet, hinten massiv, ABS, BAS, ESP®	hydraulische Zweikreis-Bremsanlage mit Unterdruck-Bremskraftverstärker, Scheibenbremsen vorn innenbelüftet, hinten massiv, ABS, BAS, ESP®	hydraulische Zweikreis-Bremsanlage mit Unterdruck-Bremskraftverstärker, Scheibenbremsen vorn innenbelüftet, hinten massiv, ABS, BAS, ESP®
Feststellbremse	mechanisch (fußbetätigt), auf Hinterräder wirkend	elektrisch, auf Hinterräder wirkend	elektrisch, auf Hinterräder wirkend	elektrisch, auf Hinterräder wirkend	elektrisch, auf Hinterräder wirkend
Bremsscheibendurchmesser vorne/hinten	322/300 mm	322/300 mm	322/300 mm	322/300 mm	322/300 mm
Räder	Leichtmetallfelgen 7,5 x 17	Leichtmetallfelgen 7,5 x 17	Leichtmetallfelgen 7,5 x 17	Leichtmetallfelgen 7,5 x 17	Leichtmetallfelgen 7,5 x 17
Reifen	225/45 R 17	225/45 R 17	225/45 R 17	225/45 R 17	225/45 R 17
Kraftübertragung	permanenter Antrieb auf Vorder- und Hinterräder, gesteuert über das elektronische Traktions-System ETS	über geteilte Kardanwelle auf die Hinterräder	permanenter Antrieb auf Vorder- und Hinterräder, gesteuert über das elektronische Traktions-System ETS	über geteilte Kardanwelle auf die Hinterräder	permanenter Antrieb auf Vorder- und Hinterräder, gesteuert über das elektronische Traktions-System ETS
Getriebe [1]	7-Gang-Automatikgetriebe mit elektronischer Steuerung	6-Gang mechanisch	7-Gang-Automatikgetriebe mit elektronischer Steuerung	7-Gang-Automatikgetriebe mit elektronischer Steuerung	7-Gang-Automatikgetriebe mit elektronischer Steuerung
Verfügbarkeit	Serie	Serie	Serie	Serie	Serie
Kupplung	Wandler	Einscheiben-Trockenkupplung	Wandler	Wandler	Wandler
Getriebebezeichnung	7G-TRONIC		7G-TRONIC+	7G-TRONIC+	7G-TRONIC+
Getriebe-Übersetzung	I. 4,38; II. 2,86; III. 1,92; IV. 1,37; V. 1,00; VI. 0,82; VII. 0,73; R. 3,42	I. 5,10; II. 2,78; III. 1,75; IV. 1,26; V. 1,00; VI. 0,81; R. 4,63	I. 4,38; II. 2,86; III. 1,92; IV. 1,37; V. 1,00; VI. 0,82; VII. 0,73; R. 3,42	I. 4,38; II. 2,86; III. 1,92; IV. 1,37; V. 1,00; VI. 0,82; VII. 0,73; R. 3,42	I. 4,38; II. 2,86; III. 1,92; IV. 1,37; V. 1,00; VI. 0,82; VII. 0,73; R. 3,42
Achsantriebsübersetzung	2,47	2,47	2,47	2,47	2,47
Höchstgeschwindigkeit	244 km/h	245 km/h	244 km/h	244 km/h	242 km/h
Beschleunigung[2] 0-100 km/h	7,1 s	7,9 s	7,1 s	6,5 s	6,5 s
Norm-Kraftstoffverbrauch in Liter	6,3-10,4	7,1-7,4	7,8-8,1	6,8-7,0	7,2-7,4
Getriebe [2]		7-Gang-Automatikgetriebe mit elektronischer Steuerung			
Verfügbarkeit		auf Wunsch			
Kupplung		Wandler			
Getriebebezeichnung		7G-TRONIC+			
Getriebe-Übersetzung		I. 4,38; II. 2,86; III. 1,92; IV. 1,37; V. 1,00; VI. 0,82; VII. 0,73; R. 3,42			
Achsantriebsübersetzung		2,47			
Höchstgeschwindigkeit		244 km/h			
Beschleunigung[2] 0-100 km/h		7,1 s			
Norm-Kraftstoffverbrauch in Liter		7,5-7,8			
Getriebe [3]					
Verfügbarkeit					
Kupplung					
Getriebebezeichnung					
Getriebe-Übersetzung					
Achsantriebsübersetzung					
Höchstgeschwindigkeit					
Beschleunigung[2] 0-100 km/h					
Norm-Kraftstoffverbrauch in Liter					
Radstand	2760 mm	2760 mm	2760 mm	2760 mm	2760 mm
Spur vorne/hinten	1533/1536 mm	1541/1544 mm	1541/1544 mm	1541/1544 mm	1541/1544 mm
Gesamtlänge	4581 mm	4596 mm	4596 mm	4596 mm	4596 mm
Gesamtbreite	1770 mm	1770 mm	1770 mm	1770 mm	1770 mm
Höhe	1449 mm	1459 mm	1459 mm	1459 mm	1459 mm
Wendekreisdurchmesser	10,80 m	10,80 m	10,80 m	10,80 m	10,80 m
Leergewicht[5]	1810 kg	1675 kg	1735 kg	1675 kg	1735 kg
Zul. Gesamtgewicht	2340 kg	2280 kg	2340 kg	2280 kg	2340 kg
Zuladung	530 kg	605 kg	605 kg	605 kg	605 kg
Anhängelast gebremst/ungebremst	1800/750 kg	1800/750 kg	1800/750 kg	1800/750 kg	1800/750 kg
Preise[9]	09.2007: EUR 47.124,00	06.2009: EUR 44.357,25	06.2009: EUR 48.998,25	11.2009: EUR 46.737,25	11.2009: EUR 48.998,25

C-Klasse T-Modelle der Baureihe 204, 2007-2014

Typ	C 350 CDI BlueEFFICIENCY	C 180 Kompressor	C 180 Kompressor BlueEFFICIENCY	C 180 CGI BlueEFFICIENCY	C 180 (bis 05.2013: C 180 BlueEFFICIENCY)
Konstruktionsbezeichnung	S 204	S 204	S 204	S 204	S 204
Produktionszeitraum	06.2011-03.2014	03.2007-10.2008	04.2008-04.2010	11.2009-04.2012	04.2012-03.2014
Motor	Viertakt-Diesel (mit Common-Rail-Direkteinspritzung, Abgas-Turbolader mit Ladeluftkühlung, Abgasreinigungsanlage mit Oxidationskatalysator)	Viertakt-Otto (mit Saugrohreinspritzung und Kompressor mit Ladeluftkühlung; Abgasreinigungsanlage mit geregeltem 3-Wege-Katalysator)	Viertakt-Otto (mit Saugrohreinspritzung und Kompressor mit Ladeluftkühlung; Abgasreinigungsanlage mit geregeltem 3-Wege-Katalysator)	Viertakt-Otto (mit Direkteinspritzung und Abgas-Turbolader mit Ladeluftkühlung; Abgasreinigungsanlage mit geregeltem 3-Wege-Katalysator)	Viertakt-Ottomotor (mit einem Kurbelgehäuse aus Aluminium-Druckguss, strahlgeführte Mehrfach-Benzin-Direkteinspritzung, Abgas-Turboaufladung mit Ladeluftkühlung)
Motor-Typ/-Baumuster	OM 642 LS DE 30 LA	M 271 E 18 ML LR	M 271 KE 16 ML red.	M 271 DE 18 AL red.	M 274 DE 16 AL
Zylinderzahl/Anordung	6/V 72°; Leichtmetallblock	4/Reihe	4/Reihe	4/Reihe	4/Reihe
Bohrung x Hub	83 x 92 mm	82 x 85 mm	82 x 75,6 mm	82 x 85 mm	83 x 73,7 mm
Gesamthubraum	2987 ccm	1796 ccm	1597 ccm	1796 ccm	1595 ccm
Verdichtungsverhältnis	15,5	9,3	9,3	9,3	10,3
Leistung	195 kW/265 PS bei 3800/min	115 kW/156 PS bei 5200/min	115 kW/156 PS bei 5200/min	115 kW/156 PS bei 5300/min	115 kW/156 PS bei 5300/min
Drehmoment	620 Nm bei 1600-2400/min	230 Nm bei 2500-4200/min	230 Nm bei 3000-4500/min	250 Nm bei 1600-4200/min	250 Nm bei 1250-4000/min
Ventilanzahl/-anordnung	2 Einlass, 2 Auslass/hängend	2 Einlass, 2 Auslass/hängend	2 Einlass, 2 Auslass/hängend	2 Einlass, 2 Auslass/hängend	2 Einlass, 2 Auslass/hängend
Ventilsteuerung	je Zylinderreihe 2 obenliegende Nockenwellen	2 obenliegende Nockenwellen (variabel verstellbar)	2 obenliegende Nockenwellen (variabel verstellbar)	2 obenliegende Nockenwellen (variabel verstellbar)	2 obenliegende Nockenwellen (variabel verstellbar)
Gemischbildung	Common-Rail-Direkteinspritzung, Abgas-Turbolader mit verstellbarer Turbinengeometrie, Ladeluftkühlung	Mikroprozessorgesteuerte Einspritzanlage mit HFM (Motorsteuerung Siemens SIM 4 LE)/Kompressor-Aufladung mit Ladeluftkühlung	Mikroprozessorgesteuerte Einspritzanlage mit HFM (Motorsteuerung Siemens SIM 4 LE)/Kompressor-Aufladung mit Ladeluftkühlung	Mikroprozessorgesteuerte Direkteinspritzung mit HFM (Motorsteuerung Siemens SIM 4 LDE)/Turbo-Aufladung mit Ladeluftkühlung	Mehrfach-Benzin-Direkteinspritzung durch Piezo-Injektoren, Abgas-Turboaufladung mit Ladeluftkühlung
Kühlung	Wasserkühlung/Pumpe	Wasserkühlung/Pumpe	Wasserkühlung/Pumpe	Wasserkühlung/Pumpe	Wasserkühlung/Pumpe
Schmierung	Druckumlauf-Schmierung	Druckumlauf-Schmierung	Druckumlauf-Schmierung	Druckumlauf-Schmierung	Druckumlauf-Schmierung
Batterie	im Kofferraum	im Motorraum	im Kofferraum	im Kofferraum	im Kofferraum
Kraftstofftank: Anordnung, Fassungsvermögen	vor der Hinterachse, 66 l	vor der Hinterachse, 66 l	vor der Hinterachse, 66 l	vor der Hinterachse, 66 l	vor der Hinterachse, 66 l
Radaufhängung vorne	Dreilenkerachse/McPherson-Federbein	Dreilenkerachse/McPherson-Federbein	Dreilenkerachse/McPherson-Federbein	Dreilenkerachse/McPherson-Federbein	Dreilenkerachse/McPherson-Federbein
Radaufhängung hinten	Raumlenkerachse	Raumlenkerachse, auf Wunsch mit hydropneumatischer Niveau-Regulierung	Raumlenkerachse	Raumlenkerachse	Raumlenkerachse
Federung vorne	Schraubenfedern, Drehstab-Stabilisator	Schraubenfedern, Drehstab-Stabilisator	Schraubenfedern, Drehstab-Stabilisator	Schraubenfedern, Drehstab-Stabilisator	Schraubenfedern, Drehstab-Stabilisator
Federung hinten	Schraubenfedern, Drehstab-Stabilisator	Schraubenfedern, Drehstab-Stabilisator	Schraubenfedern, Drehstab-Stabilisator	Schraubenfedern, Drehstab-Stabilisator	Schraubenfedern, Drehstab-Stabilisator
Stoßdämpfer vorne/hinten	Gasdruckstoßdämpfer mit amplitudenabhängiger Dämpfung	Gasdruck-Stoßdämpfer mit amplitudenabhängiger Dämpfung	Gasdruckstoßdämpfer mit amplitudenabhängiger Dämpfung	Gasdruckstoßdämpfer mit amplitudenabhängiger Dämpfung	Gasdruckstoßdämpfer mit amplitudenabhängiger Dämpfung
Lenkung	Zahnstangen-Servolenkung mit geschwindigkeitsabhängiger Lenkkraftunterstützung und variabler Lenkübersetzung	Zahnstangen-Servolenkung mit geschwindigkeitsabhängiger Lenkkraftunterstützung und variabler Lenkübersetzung	Zahnstangen-Servolenkung mit geschwindigkeitsabhängiger Lenkkraftunterstützung und variabler Lenkübersetzung	Zahnstangen-Servolenkung mit geschwindigkeitsabhängiger Lenkkraftunterstützung und variabler Lenkübersetzung	Zahnstangen-Servolenkung mit geschwindigkeitsabhängiger Lenkkraftunterstützung und variabler Lenkübersetzung
Bremsanlage	hydraulische Zweikreis-Bremsanlage mit Unterdruck-Bremskraftverstärker, Scheibenbremsen vorn innenbelüftet, hinten massiv, ABS, BAS, ESP®	hydraulische Zweikreis-Bremsanlage mit Unterdruck-Bremskraftverstärker, Scheibenbremsen vorn innenbelüftet, hinten massiv, ABS, BAS, ESP®	hydraulische Zweikreis-Bremsanlage mit Unterdruck-Bremskraftverstärker, Scheibenbremsen vorn innenbelüftet, hinten massiv, ABS, BAS, ESP®	hydraulische Zweikreis-Bremsanlage mit Unterdruck-Bremskraftverstärker, Scheibenbremsen vorn innenbelüftet, hinten massiv, ABS, BAS, ESP®	hydraulische Zweikreis-Bremsanlage mit Unterdruck-Bremskraftverstärker, Scheibenbremsen vorn innenbelüftet, hinten massiv, ABS, BAS, ESP®
Feststellbremse	elektrisch, auf Hinterräder wirkend	mechanisch (fußbetätigt), auf Hinterräder wirkend	elektrisch, auf Hinterräder wirkend	elektrisch, auf Hinterräder wirkend	elektrisch, auf Hinterräder wirkend
Bremsscheibendurchmesser vorne/hinten	322/300 mm	288/278 mm	288/278 mm	288/278 mm	288/278 mm
Räder	Leichtmetallfelgen 7,5 x 17	Stahlräder mit Radzierblenden, 7 J x 16, auf Wunsch Leichtmetallfelgen	Leichtmetallfelgen 6 J x 16	Leichtmetallfelgen 6 J x 16	Leichtmetallfelgen 6 J x 16
Reifen	225/45 R 17	205/55 R 16	195/60 R 16	195/60 R 16	195/60 R 16
Kraftübertragung	über geteilte Kardanwelle auf die Hinterräder	über geteilte Kardanwelle auf die Hinterräder	über geteilte Kardanwelle auf die Hinterräder	über geteilte Kardanwelle auf die Hinterräder	über geteilte Kardanwelle auf die Hinterräder
Getriebe [1]	7-Gang-Automatikgetriebe mit elektronischer Steuerung	6-Gang mechanisch	6-Gang mechanisch	6-Gang mechanisch	6-Gang mechanisch
Verfügbarkeit	Serie	Serie	Serie	Serie	Serie
Kupplung	Wandler	Einscheiben-Trockenkupplung	Einscheiben-Trockenkupplung	Einscheiben-Trockenkupplung	Einscheiben-Trockenkupplung
Getriebebezeichnung	7G-TRONIC+				
Getriebe-Übersetzung	I. 4,38; II. 2,86; III. 1,92; IV. 1,37; V. 1,00; VI. 0,82; VII. 0,73; R. 3,42	I. 4,46; II. 2,61; III. 1,72; IV. 1,24; V. 1,0; VI. 0,84; R. 4,06	I. 4,46; II. 2,61; III. 1,72; IV. 1,25; V. 1,00; VI. 0,84; R. 4,06	I. 4,46; II. 2,61; III. 1,72; IV. 1,25; V. 1,00; VI. 0,84; R. 4,06	I. 4,46; II. 2,61; III. 1,72; IV. 1,25; V. 1,00; VI. 0,84; R. 4,06
Achsantriebsübersetzung	2,47	3,07	2,87	2,87	2,87
Höchstgeschwindigkeit	250 km/h	218 km/h	223 km/h	218 km/h	218 km/h
Beschleunigung[2] 0-100 km/h	6,3	9,8 s	9,8 s	9,2 s	8,7 s
Norm-Kraftstoffverbrauch in Liter	6,0-6,2	5,9-10,8	6,9-7,4	6,8-7,5	5,9-6,4
Getriebe [2]		5-Gang-Automatikgetriebe mit elektronischer Steuerung	5-Gang-Automatikgetriebe mit elektronischer Steuerung (bis 10.2009)	5-Gang-Automatikgetriebe mit elektronischer Steuerung (bis 02.2011)	7-Gang-Automatikgetriebe mit elektronischer Steuerung
Verfügbarkeit		auf Wunsch	auf Wunsch	auf Wunsch	auf Wunsch
Kupplung		Wandler	Wandler	Wandler	Wandler
Getriebebezeichnung		5G-TRONIC	5G-TRONIC	5G-TRONIC	7G-TRONIC+
Getriebe-Übersetzung		I. 3,95; II. 2,42; III. 1,49; IV. 1,0; V. 0,83; R. 3,15	I.3,95; II. 2,42; III. 1,49; IV. 1,00; V. 0,83; R. 3,15	I.3,95; II. 2,42; III. 1,49; IV. 1,00; V. 0,83; R. 3,15	I. 4,38; II. 2,86; III. 1,92; IV. 1,37; V. 1,00; VI. 0,82; VII. 0,73; R. 3,42
Achsantriebsübersetzung		3,07	3,07	3,07	2,47
Höchstgeschwindigkeit		215 km/h	218 km/h	216 km/h	216 km/h
Beschleunigung[2] 0-100 km/h		10,2 s	10,2 s	9,1 s	8,7 s
Norm-Kraftstoffverbrauch in Liter		6,3-11,3	7,5-7,9	6,6-7,0	5,9-6,4
Getriebe [3]				7-Gang-Automatikgetriebe mit elektronischer Steuerung (ab 03.2011)	
Verfügbarkeit				auf Wunsch	
Kupplung				Wandler	
Getriebebezeichnung				7G-TRONIC+	
Getriebe-Übersetzung				I. 4,38; II. 2,86; III. 1,92; IV. 1,37; V. 1,00; VI. 0,82; VII. 0,73; R. 3,42	
Achsantriebsübersetzung				2,47	
Höchstgeschwindigkeit				216 km/h	
Beschleunigung[2] 0-100 km/h				9,1 s	
Norm-Kraftstoffverbrauch in Liter				6,6-7,0	
Radstand	2760 mm	2760 mm	2760 mm	2760 mm	2760 mm
Spur vorne/hinten	1541/1544 mm	1541/1544 mm	1541/1544 mm	1541/1544 mm	1541/1544 mm
Gesamtlänge	4596 mm	4596 mm	4596 mm	4596 mm	4596 mm
Gesamtbreite	1770 mm	1770 mm	1770 mm	1770 mm	1770 mm
Höhe	1459 mm	1459 mm	1459 mm	1459 mm	1459 mm
Wendekreisdurchmesser	10,80 m	10,80 m	10,80 m	10,80 m	10,80 m
Leergewicht[5]	1695 kg	1535 kg	1455 kg	1480 g	1430 g
Zul. Gesamtgewicht	2290 kg	2065 kg	2060 kg	2095 kg	2045 kg
Zuladung	595 kg	530 kg	605 kg	615 kg	615 kg
Anhängelast gebremst/ungebremst	1800/750 kg	1700 kg (mit Automatikgetriebe 1800 kg)/740 kg	1700/750 kg	1800/750 kg	1800/750 kg
Preise[9]	06.2011: EUR 49.206,50	09.2007: EUR 31.713,50	04.2008: EUR 33.647,25	11.2009: EUR 35.878,50	04.2012: EUR 34.718,25

C-Klasse T-Modelle der Baureihe 204, 2007-2014

Typ	C 200 Kompressor	C 200 (bis 02.2010: C 200 CGI BlueEFFICIENCY; 03.2010-04.2012: C 200 BlueEFFICIENCY)	C 230	C 250 (bis 05.2013: C 250 CGI BlueEFFICIENCY)	C 280
Konstruktionsbezeichnung	S 204	S 204	S 204	S 204	S 204
Produktionszeitraum	02.2007-04.2010	11.2009-03.2014	04.2007-06.2009	06.2009-03.2014	03.2007-06.2009
Motor	Viertakt-Otto (mit Saugrohreinspritzung und Kompressor mit Ladeluftkühlung; Abgasreinigungsanlage mit geregeltem 3-Wege-Katalysator)	Viertakt-Otto (mit Direkteinspritzung und Abgas-Turbolader mit Ladeluftkühlung; Abgasreinigungsanlage mit geregeltem 3-Wege-Katalysator)	Viertakt-Otto (mit Saugrohreinspritzung und Abgasreinigungsanlage mit geregeltem 3-Wege-Katalysator)	Viertakt-Otto (mit Direkteinspritzung und Abgas-Turbolader mit Ladeluftkühlung; Abgasreinigungsanlage mit geregeltem 3-Wege-Katalysator)	Viertakt-Otto (mit Saugrohreinspritzung und Abgasreinigungsanlage mit geregeltem 3-Wege-Katalysator)
Motor-Typ/-Baumuster	M 271 E 18 ML	M 271 DE 18 AL	M 272 E 25	M 271 DE 18 AL	M 272 E 30
Zylinderzahl/Anordung	4/Reihe	4/Reihe	6/V 90°; Leichtmetallblock	4/Reihe	6/V 90°; Leichtmetallblock
Bohrung x Hub	82 x 85 mm	82 x 85 mm	88 x 68,4 mm	82 x 85 mm	88 x 82,1 mm
Gesamthubraum	1796 ccm	1796 ccm	2496 ccm	1796 ccm	2996 ccm
Verdichtungsverhältnis	8,5	9,3	11,4	9,3	11,3
Leistung	135 kW/184 PS bei 5500/min	135 kW/184 PS bei 5250/min	150 kW/204 PS bei 6100/min	159 kW/204 PS bei 5500/min	170 kW/231 PS bei 6000/min
Drehmoment	250 Nm bei 2800-5000/min	270 Nm bei 1800-4600/min	245 Nm bei 2900-5500/min	310 Nm bei 2000-4300/min	300 Nm bei 2500-5000/min
Ventilanzahl/-anordnung	2 Einlass, 2 Auslass/hängend	2 Einlass, 2 Auslass/hängend	2 Einlass, 2 Auslass/hängend	2 Einlass, 2 Auslass/hängend	2 Einlass, 2 Auslass/hängend
Ventilsteuerung	2 obenliegende Nockenwellen (variabel verstellbar)	2 obenliegende Nockenwellen (variabel verstellbar)	je Zylinderreihe 2 obenliegende Nockenwellen (variabel verstellbar)	2 obenliegende Nockenwellen (variabel verstellbar)	je Zylinderreihe 2 obenliegende Nockenwellen (variabel verstellbar)
Gemischbildung	Mikroprozessorgesteuerte Einspritzanlage mit HFM (Motorsteuerung Siemens SIM 4 LE)/Kompressor-Aufladung mit Ladeluftkühlung	Mikroprozessorgesteuerte Direkteinspritzung mit HFM (Motorsteuerung Siemens SIM 4 LDE)/Turbo-Aufladung mit Ladeluftkühlung	Mikroprozessorgesteuerte Einspritzanlage mit Heißfilm-Luftmassenmessung	Mikroprozessorgesteuerte Direkteinspritzung mit HFM (Motorsteuerung Siemens SIM 4 LDE)/Turbo-Aufladung mit Ladeluftkühlung	Mikroprozessorgesteuerte Einspritzanlage mit Heißfilm-Luftmassenmessung
Kühlung	Wasserkühlung/Pumpe	Wasserkühlung/Pumpe	Wasserkühlung/Pumpe	Wasserkühlung/Pumpe	Wasserkühlung/Pumpe
Schmierung	Druckumlauf-Schmierung	Druckumlauf-Schmierung	Druckumlauf-Schmierung	Druckumlauf-Schmierung	Druckumlauf-Schmierung
Batterie	im Motorraum	im Kofferraum	im Motorraum	im Kofferraum	im Motorraum
Kraftstofftank: Anordnung, Fassungsvermögen	vor der Hinterachse, 66 l	vor der Hinterachse, 66 l	vor der Hinterachse, 66 l	vor der Hinterachse, 66 l	vor der Hinterachse, 66 l
Radaufhängung vorne	Dreilenkerachse/McPherson-Federbein	Dreilenkerachse/McPherson-Federbein	Dreilenkerachse/McPherson-Federbein	Dreilenkerachse/McPherson-Federbein	Dreilenkerachse/McPherson-Federbein
Radaufhängung hinten	Raumlenkerachse, auf Wunsch mit hydropneumatischer Niveau-Regulierung	Raumlenkerachse	Raumlenkerachse, auf Wunsch mit hydropneumatischer Niveau-Regulierung	Raumlenkerachse	Raumlenkerachse, auf Wunsch mit hydropneumatischer Niveau-Regulierung
Federung vorne	Schraubenfedern, Drehstab-Stabilisator	Schraubenfedern, Drehstab-Stabilisator	Schraubenfedern, Drehstab-Stabilisator	Schraubenfedern, Drehstab-Stabilisator	Schraubenfedern, Drehstab-Stabilisator
Federung hinten	Schraubenfedern, Drehstab-Stabilisator	Schraubenfedern, Drehstab-Stabilisator	Schraubenfedern, Drehstab-Stabilisator	Schraubenfedern, Drehstab-Stabilisator	Schraubenfedern, Drehstab-Stabilisator
Stoßdämpfer vorne/hinten	Gasdruck-Stoßdämpfer mit amplitudenabhängiger Dämpfung	Gasdruckstoßdämpfer mit amplitudenabhängiger Dämpfung	Gasdruck-Stoßdämpfer mit amplitudenabhängiger Dämpfung	Gasdruckstoßdämpfer mit amplitudenabhängiger Dämpfung	Gasdruck-Stoßdämpfer mit amplitudenabhängiger Dämpfung
Lenkung	Zahnstangen-Servolenkung mit geschwindigkeitsabhängiger Lenkkraftunterstützung und variabler Lenkübersetzung	Zahnstangen-Servolenkung mit geschwindigkeitsabhängiger Lenkkraftunterstützung und variabler Lenkübersetzung	Zahnstangen-Servolenkung mit geschwindigkeitsabhängiger Lenkkraftunterstützung und variabler Lenkübersetzung	Zahnstangen-Servolenkung mit geschwindigkeitsabhängiger Lenkkraftunterstützung und variabler Lenkübersetzung	Zahnstangen-Servolenkung mit geschwindigkeitsabhängiger Lenkkraftunterstützung und variabler Lenkübersetzung
Bremsanlage	hydraulische Zweikreis-Bremsanlage mit Unterdruck-Bremskraftverstärker, Scheibenbremsen vorn innenbelüftet, hinten massiv, ABS, BAS, ESP®	hydraulische Zweikreis-Bremsanlage mit Unterdruck-Bremskraftverstärker, Scheibenbremsen vorn innenbelüftet, hinten massiv, ABS, BAS, ESP®	hydraulische Zweikreis-Bremsanlage mit Unterdruck-Bremskraftverstärker, Scheibenbremsen vorn innenbelüftet, hinten massiv, ABS, BAS, ESP®	hydraulische Zweikreis-Bremsanlage mit Unterdruck-Bremskraftverstärker, Scheibenbremsen vorn innenbelüftet, hinten massiv, ABS, BAS, ESP®	hydraulische Zweikreis-Bremsanlage mit Unterdruck-Bremskraftverstärker, Scheibenbremsen vorn innenbelüftet, hinten massiv, ABS, BAS, ESP®
Feststellbremse	mechanisch (fußbetätigt), auf Hinterräder wirkend	elektrisch, auf Hinterräder wirkend	mechanisch (fußbetätigt), auf Hinterräder wirkend	elektrisch, auf Hinterräder wirkend	mechanisch (fußbetätigt), auf Hinterräder wirkend
Bremsscheibendurchmesser vorne/hinten	300/295 mm	300/295 mm	300/295 mm	300/295 mm	300/295 mm
Räder	Leichtmetallfelgen 7 J x 16	Leichtmetallfelgen 6,5 x 16	Leichtmetallfelgen 7 J x 16	Leichtmetallfelgen 6,5 x 16	Leichtmetallfelgen 7 J x 16
Reifen	205/55 R 16	205/55 R 16	205/55 R 16	205/55 R 16	205/55 R 16
Kraftübertragung	über geteilte Kardanwelle auf die Hinterräder	über geteilte Kardanwelle auf die Hinterräder	über geteilte Kardanwelle auf die Hinterräder	über geteilte Kardanwelle auf die Hinterräder	über geteilte Kardanwelle auf die Hinterräder
Getriebe [1]	6-Gang mechanisch	6-Gang mechanisch	6-Gang mechanisch	5-Gang-Automatikgetriebe mit elektronischer Steuerung (bis 02.2011)	6-Gang mechanisch
Verfügbarkeit	Serie	Serie	Serie	Serie	Serie
Kupplung	Einscheiben-Trockenkupplung	Einscheiben-Trockenkupplung	Einscheiben-Trockenkupplung	Wandler	Einscheiben-Trockenkupplung
Getriebebezeichnung				5G-TRONIC	
Getriebe-Übersetzung	I. 4,46; II. 2,61; III. 1,72; IV. 1,24; V. 1,0; VI. 0,84; R. 4,06	I. 4,99; II. 2,82; III. 1,78; IV. 1,25; V. 1,00; VI. 0,82; R. 4,54	I. 4,46; II. 2,61; III. 1,72; IV. 1,24; V. 1,0; VI. 0,84; R. 4,06	I.3,95; II. 2,42; III. 1,49; IV. 1,00; V. 0,83; R. 3,15	I. 4,46; II. 2,61; III. 1,72; IV. 1,24; V. 1,0; VI. 0,84; R. 4,06
Achsantriebsübersetzung	3,07	2,87	3,27	3,07	3,07
Höchstgeschwindigkeit	228 km/h	228 km/h	232 km/h	233 km/h	242 km/h
Beschleunigung[2] 0-100 km/h	8,8 s	8,4 s	8,6 s	7,4 s	7,5 s
Norm-Kraftstoffverbrauch in Liter	6,0-10,9	6,9-7,6	6,9-13,6	6,7-6,9	7,0-13,8
Getriebe [2]	5-Gang-Automatikgetriebe mit elektronischer Steuerung	5-Gang-Automatikgetriebe mit elektronischer Steuerung (bis 02.2011)	7-Gang-Automatikgetriebe mit elektronischer Steuerung	7-Gang-Automatikgetriebe mit elektronischer Steuerung (ab 03.2011)	7-Gang-Automatikgetriebe mit elektronischer Steuerung
Verfügbarkeit	auf Wunsch	auf Wunsch	auf Wunsch	Serie	auf Wunsch
Kupplung	Wandler	Wandler	Wandler	Wandler	Wandler
Getriebebezeichnung	5G-TRONIC	5G-TRONIC	7G-TRONIC	7G-TRONIC+	7G-TRONIC
Getriebe-Übersetzung	I. 3,95; II. 2,42; III. 1,49; IV. 1,0; V. 0,83; R. 3,15	I.3,95; II. 2,42; III. 1,49; IV. 1,00; V. 0,83; R. 3,15	I. 4,38; II. 2,86; III. 1,92; IV. 1,37; V. 1,00; VI. 0,82; VII. 0,73; R. 3,42	I. 4,38; II. 2,86; III. 1,92; IV. 1,37; V. 1,00; VI. 0,82; VII. 0,73; R. 3,42	I. 4,38; II. 2,86; III. 1,92; IV. 1,37; V. 1,00; VI. 0,82; VII. 0,73; R. 3,42
Achsantriebsübersetzung	3,07	3,07	3,27	2,47	3,07
Höchstgeschwindigkeit	225 km/h	226 km/h	227 km/h	233 km/h	240 km/h
Beschleunigung[2] 0-100 km/h	9,0 s	8,1	8,9 s	7,4	7,5 s
Norm-Kraftstoffverbrauch in Liter	6,4-11,4	6,7-6,9	6,9-13,6	6,7-6,9	7,1-13,6
Getriebe [3]		7-Gang-Automatikgetriebe mit elektronischer Steuerung (ab 03.2011)			
Verfügbarkeit		auf Wunsch			
Kupplung		Wandler			
Getriebebezeichnung		7G-TRONIC+			
Getriebe-Übersetzung		I. 4,38; II. 2,86; III. 1,92; IV. 1,37; V. 1,00; VI. 0,82; VII. 0,73; R. 3,42			
Achsantriebsübersetzung		2,47			
Höchstgeschwindigkeit		226 km/h			
Beschleunigung[2] 0-100 km/h		8,1 s			
Norm-Kraftstoffverbrauch in Liter		6,7-6,9			
Radstand	2760 mm	2760 mm	2760 mm	2760 mm	2760 mm
Spur vorne/hinten	1541/1544 mm	1541/1544 mm	1541/1544 mm	1541/1544 mm	1541/1544 mm
Gesamtlänge	4596 mm	4596 mm	4596 mm	4596 mm	4596 mm
Gesamtbreite	1770 mm	1770 mm	1770 mm	1770 mm	1770 mm
Höhe	1459 mm	1459 mm	1459 mm	1459 mm	1459 mm
Wendekreisdurchmesser	10,80 m	10,80 m	10,80 m	10,80 m	10,80 m
Leergewicht[5]	1540 kg	1485 kg	1585 kg	1510 kg	1600 kg
Zul. Gesamtgewicht	2070 kg	2100 kg	2115 kg	2115 kg	2130 kg
Zuladung	530 kg	615 kg	530 kg	605 kg	530 kg
Anhängelast gebremst/ungebremst	1800 kg/740 kg	1800/750 kg	1800 kg/750 kg	1800/750 kg	1800 kg/750 kg
Preise[9]	09.2007: EUR 33.796,00	11.2009: EUR 37.901,50	09.2007: EUR 36.176,00	06.2009: EUR 40.311,25	09.2007: EUR 37.366,00

C-Klasse T-Modelle der Baureihe 204, 2007-2014

Typ	C 300	C 350	C 350 (bis 05.2013: C 350 BlueEFFICIENCY)	C 63 AMG	C 63 AMG Edition 507
Konstruktionsbezeichnung	S 204	S 204	S 204	S 204	S 204
Produktionszeitraum	06.2009-02.2011	02.2007-02.2011	03.2011-03.2014	07.2007-05.2014	06.2013-06.2014
Motor	Viertakt-Otto (mit Saugrohreinspritzung und Abgasreinigungsanlage mit geregeltem 3-Wege-Katalysator)	Viertakt-Otto (mit Saugrohreinspritzung und Abgasreinigungsanlage mit geregeltem 3-Wege-Katalysator)	Viertakt-Otto (mit Direkteinspritzung und Abgasreinigungsanlage mit geregeltem 3-Wege-Katalysator)	Viertakt-Otto (mit Saugrohreinspritzung und Abgasreinigungsanlage mit geregeltem 3-Wege-Katalysator)	Viertakt-Otto (mit Saugrohreinspritzung und Abgasreinigungsanlage mit geregeltem 3-Wege-Katalysator)
Motor-Typ/-Baumuster	M 272 KE 30	M 272 E 35	M 276 DE 35	M 156 E 62	M 156 KE 63
Zylinderzahl/Anordnung	6/V 90°; Leichtmetallblock	6/V 90°; Leichtmetallblock	6/V 60°	8/V 90°; Leichtmetallblock	8/V 90°; Leichtmetallblock
Bohrung x Hub	88 x 82,1 mm	92,9 x 86 mm	92,9 x 86 mm	102,2 x 94,6 mm	102,2 x 94,6 mm
Gesamthubraum	2996 ccm	3498 ccm	3498 ccm	6208 ccm	6208 ccm
Verdichtungsverhältnis	11,3	10,7	12	11,3	11,3:1
Leistung	170 kW/231 PS bei 6000/min	200 kW/272 PS bei 6000/min	225 kW/306 PS bei 6500/min	336 kW/457 PS bei 6800/min	373 kW/507 PS bei 6800/min
Drehmoment	300 Nm bei 2500-5000/min	350 Nm bei 2400-5000/min	370 Nm bei 3500/min	600 Nm bei 5000/min	610 bei 5200/min
Ventilanzahl/-anordnung	2 Einlass, 2 Auslass/hängend	2 Einlass, 2 Auslass/hängend	2 Einlass, 2 Auslass/hängend	2 Einlass, 2 Auslass/hängend	2 Einlass, 2 Auslass/hängend
Ventilsteuerung	2 obenliegende Nockenwellen	je Zylinderreihe 2 obenliegende Nockenwellen (variabel verstellbar)	je Zylinderbank 2 obenliegende und verstellbare Nockenwellen	je Zylinderreihe 2 obenliegende Nockenwellen (variabel verstellbar)	je Zylinderbank 2 obenliegende und verstellbare Nockenwellen
Gemischbildung	Mikroprozessorgesteuerte Einspritzanlage mit Heißfilm-Luftmassenmessung	Mikroprozessorgesteuerte Einspritzanlage mit Heißfilm-Luftmassenmessung	Mehrfach-Benzin-Direkteinspritzung durch Piezo-Injektoren	Mikroprozessorgesteuerte Einspritzanlage mit Heißfilm-Luftmassenmessung	Mikroprozessorgesteuerte Einspritzanlage mit Heißfilm-Luftmassenmessung
Kühlung	Wasserkühlung/Pumpe	Wasserkühlung/Pumpe	Wasserkühlung/Pumpe	Wasserkühlung/Pumpe	Wasserkühlung/Pumpe
Schmierung	Druckumlauf-Schmierung	Druckumlauf-Schmierung	Druckumlauf-Schmierung	Druckumlauf-Schmierung	Druckumlauf-Schmierung
Batterie	im Kofferraum	im Motorraum	im Kofferraum	im Motorraum	im Kofferraum
Kraftstofftank: Anordnung, Fassungsvermögen	vor der Hinterachse, 66 l	vor der Hinterachse, 66 l	vor der Hinterachse, 66 l	über der Hinterachse, 66 l	vor der Hinterachse, 66 l
Radaufhängung vorne	Dreilenkerachse/McPherson-Federbein	Dreilenkerachse/McPherson-Federbein	Dreilenkerachse/McPherson-Federbein	Dreilenkerachse/McPherson-Federbein	Dreilenkerachse/McPherson-Federbein
Radaufhängung hinten	Raumlenkerachse	Raumlenkerachse, auf Wunsch mit hydropneumatischer Niveau-Regulierung	Raumlenkerachse	Raumlenkerachse	Raumlenkerachse
Federung vorne	Schraubenfedern, Drehstab-Stabilisator	Schraubenfedern, Drehstab-Stabilisator	Schraubenfedern, Drehstab-Stabilisator	Schraubenfedern, Drehstab-Stabilisator	Schraubenfedern, Drehstab-Stabilisator
Federung hinten	Schraubenfedern, Drehstab-Stabilisator	Schraubenfedern, Drehstab-Stabilisator	Schraubenfedern, Drehstab-Stabilisator	Schraubenfedern, Drehstab-Stabilisator	Schraubenfedern, Drehstab-Stabilisator
Stoßdämpfer vorne/hinten	Gasdruckstoßdämpfer mit amplitudenabhängiger Dämpfung	Gasdruck-Stoßdämpfer mit amplitudenabhängiger Dämpfung	Gasdruckstoßdämpfer mit amplitudenabhängiger Dämpfung	Gasdruck-Stoßdämpfer mit amplitudenabhängiger Dämpfung	Gasdruckstoßdämpfer
Lenkung	Zahnstangen-Servolenkung mit geschwindigkeitsabhängiger Lenkkraftunterstützung und variabler Lenkübersetzung	Zahnstangen-Servolenkung mit geschwindigkeitsabhängiger Lenkkraftunterstützung und variabler Lenkübersetzung	Zahnstangen-Servolenkung mit geschwindigkeitsabhängiger Lenkkraftunterstützung und variabler Lenkübersetzung	Zahnstangen-Parameter-Servolenkung	Zahnstangen-Parameter-Servolenkung
Bremsanlage	hydraulische Zweikreis-Bremsanlage mit Unterdruck-Bremskraftverstärker, Scheibenbremsen vorn innenbelüftet, hinten massiv, ABS, BAS, ESP®	hydraulische Zweikreis-Bremsanlage mit Unterdruck-Bremskraftverstärker, Scheibenbremsen vorn innenbelüftet, hinten massiv, ABS, BAS, ESP®	hydraulische Zweikreis-Bremsanlage mit Unterdruck-Bremskraftverstärker, Scheibenbremsen vorn innenbelüftet, hinten massiv, ABS, BAS, ESP®	hydraulische Zweikreis-Bremsanlage mit Unterdruck-Bremskraftverstärker, Scheibenbremsen vorn und hinten perforiert und innenbelüftet, ABS, BAS, ESP®	hydraulische Zweikreis-Bremsanlage mit Unterdruck-Bremskraftverstärker, Scheibenbremsen vorn und hinten perforiert und innenbelüftet, ABS, BAS, ESP®
Feststellbremse	elektrisch, auf Hinterräder wirkend	mechanisch (fußbetätigt), auf Hinterräder wirkend	elektrisch, auf Hinterräder wirkend	mechanisch (fußbetätigt), auf Hinterräder wirkend	elektrisch, auf Hinterräder wirkend
Bremsscheibendurchmesser vorne/hinten	300/295 mm	322/300 mm	322/300 mm	360/330 mm	330/360 mm
Räder	Leichtmetallfelgen 6,5 x 16	Leichtmetallfelgen 7,5 x 17	Leichtmetallfelgen 6,5 x 16	Leichtmetallfelgen vorn 8 J x 18, hinten 9 J x 18	Leichtmetallfelgen vorn 8 J x 18, hinten 9 J x 18
Reifen	205/55 R 16	225/45 R 17	205/55 R 16	vorn 235/40 R 18, hinten 255/35 R 18	vorn 235/40 ZR 18 vorn; hinten 255/35 ZR 18
Kraftübertragung	über geteilte Kardanwelle auf die Hinterräder	über geteilte Kardanwelle auf die Hinterräder	über geteilte Kardanwelle auf die Hinterräder	über geteilte Kardanwelle auf die Hinterräder	über geteilte Kardanwelle auf die Hinterräder
Getriebe [1]	6-Gang mechanisch	7-Gang-Automatikgetriebe mit elektronischer Steuerung	7-Gang-Automatikgetriebe mit elektronischer Steuerung	7-Gang-Automatikgetriebe mit elektronischer Steuerung	7-Gang-Sportgetriebe mit elektronischer Steuerung
Verfügbarkeit	Serie	Serie	Serie	Serie	Serie
Kupplung	Einscheiben-Trockenkupplung	Wandler	Wandler	Wandler	Nasskupplung
Getriebebezeichnung		7G-TRONIC	7G-TRONIC+	AMG SPEEDSHIFT PLUS 7G-TRONIC	AMG SPEEDSHIFT MCT 7-Gang- Sportgetriebe
Getriebe-Übersetzung	I. 4,46; II. 2,61; III. 1,72; IV. 1,25; V. 1,00; VI. 0,84; R. 4,06	I. 4,38; II. 2,86; III. 1,92; IV. 1,37; V. 1,00; VI. 0,82; VII. 0,73; R. 3,42	I. 4,38; II. 2,86; III. 1,92; IV. 1,37; V. 1,00; VI. 0,82; VII. 0,73; R. 3,42	I. 4,38; II. 2,86; III. 1,92; IV. 1,37; V. 1,00; VI. 0,82; VII. 0,73; R. 3,42	I. 4,38; II. 2,86; III. 1,92; IV. 1,37; V. 1,00; VI. 0,82; VII. 0,73; R. 3,42
Achsantriebsübersetzung	3,07	2,82	3,07	2,82	2,82
Höchstgeschwindigkeit	242 km/h	250 km/h (abgeregelt)	250 km/h	250 km/h (abgeregelt)	280
Beschleunigung[2] 0-100 km/h	7,5 s	6,5 s	6,1	4,6 s	4,3
Norm-Kraftstoffverbrauch in Liter	9,6-9,8	7,3-14,8	6,8-7,0	10,0-21,3	12,2
Getriebe [2]	7-Gang-Automatikgetriebe mit elektronischer Steuerung				
Verfügbarkeit	auf Wunsch				
Kupplung	Wandler				
Getriebebezeichnung	7G-TRONIC+				
Getriebe-Übersetzung	I. 4,38; II. 2,86; III. 1,92; IV. 1,37; V. 1,00; VI. 0,82; VII. 0,73; R. 3,42				
Achsantriebsübersetzung	3,07				
Höchstgeschwindigkeit	240 km/h				
Beschleunigung[2] 0-100 km/h	7,5 s				
Norm-Kraftstoffverbrauch in Liter	9,4-9,6				
Getriebe [3]					
Verfügbarkeit					
Kupplung					
Getriebebezeichnung					
Getriebe-Übersetzung					
Achsantriebsübersetzung					
Höchstgeschwindigkeit					
Beschleunigung[2] 0-100 km/h					
Norm-Kraftstoffverbrauch in Liter					
Radstand	2760 mm	2760 mm	2760 mm	2765 mm	2760 mm
Spur vorne/hinten	1541/1544 mm	1533/1536 mm	1541/1544 mm	1569/1525 mm	1658/1633 mm
Gesamtlänge	4596 mm	4596 mm	4596 mm	4726 mm	4707 mm
Gesamtbreite	1770 mm	1770 mm	1770 mm	1795 mm	1795 mm
Höhe	1459 mm	1463 mm	1459 mm	1442 mm	1443 mm
Wendekreisdurchmesser	10,80 m	10,80 m	10,80 m	11,75 m	11,75
Leergewicht[5]	1525 kg	1635 kg	1595 kg	1795 kg	1720 kg
Zul. Gesamtgewicht	2130 kg	2185 kg	2185 kg	2275 kg	2275 kg
Zuladung	605 kg	530 kg	590 kg	480 kg	555 kg
Anhängelast gebremst/ungebremst	1800/750 kg	1800 kg/750 kg	1800/750 kg		
Preise[9]	06.2009: EUR 39.240,25	09.2007: EUR 46.053,00	03.2011: EUR 48.195,00	09.2007: EUR 69.853,00	06.2013: EUR 86.394,00

C-Klasse Coupés der Baureihe 204, 2011-2015

Typ	C 220 CDI (bis 05.2013: C 220 CDI BlueEFFICIENCY)	C 220 CDI BlueEFFICIENCY Edition	C 250 CDI (bis 05.2013: C 250 CDI BlueEFFICIENCY)	C 250 CDI Sport	C 180 BlueEFFICIENCY	C 180 (bis 05.2013: C 180 BlueEFFICIENCY)
Konstruktionsbezeichnung	C 204	C 204	C 204	C 204	C 204	C 204
Produktionszeitraum	03.2011-06.2015	10.2012-06.2015	03.2011-06.2015	03.2012-06.2015	03.2011-04.2012	04.2012-06.2015
Motor	Viertakt-Diesel (mit Common-Rail-Direkteinspritzung, Abgas-Turbolader mit Ladeluftkühlung, Abgasreinigungsanlage mit Oxidationskatalysator)	Viertakt-Diesel (mit Common-Rail-Direkteinspritzung, Abgas-Turbolader mit Ladeluftkühlung, Abgasreinigungsanlage mit Oxidationskatalysator)	Viertakt-Diesel (mit Common-Rail-Direkteinspritzung, Abgas-Turbolader mit Ladeluftkühlung, Abgasreinigungsanlage mit Oxidationskatalysator)	Viertakt-Diesel mit Common-Rail-Direkteinspritzung, Abgas-Turbolader mit Ladeluftkühlung, Abgasreinigungsanlage mit Oxidationskatalysator)	Viertakt-Otto (mit Direkteinspritzung und Abgas-Turbolader mit Ladeluftkühlung; Abgasreinigungsanlage mit geregeltem 3-Wege-Katalysator)	Viertakt-Ottomotor (mit einem Kurbelgehäuse aus Aluminium-Druckguss, strahlgeführte Mehrfach-Benzin-Direkteinspritzung, Abgas-Turboaufladung mit Ladeluftkühlung)
Motor-Typ/-Baumuster	OM 651 DE 22 LA	OM 651 DE 22 LA	OM 651 DE 22 LA	OM 651 DE 22 LA	M 271 DE 18 AL red.	M 274 DE 16 AL
Zylinderzahl/Anordung	4/Reihe	4/Reihe	4/Reihe	4/Reihe	4/Reihe; 15° nach rechts geneigt	4/Reihe
Bohrung x Hub	83 x 99 mm	83 x 99 mm	83 x 99 mm	83 x 99 mm	82 x 85 mm	83 x 73,7 mm
Gesamthubraum	2143 ccm	2143 ccm	2143 ccm	2143 ccm	1796 ccm	1595 ccm
Verdichtungsverhältnis	16,2:1	16,2:1	16,2:1	16,2:1	9,3:1	10,3:1
Leistung	125 kW/170 PS bei 3000-4200/min	125 kW/170 PS bei 3000-4200/min	150 kW/204 PS bei 4200/min	150 kW/204 PS bei 4200/min	115 kW/156 PS bei 5300/min	115 kW/156 PS bei 5300/min
Drehmoment	400 Nm bei 1400-2800/min	400 Nm bei 1400-2800/min	500 Nm bei 1600-1800/min	500 Nm bei 1600-1800/min	250 Nm bei 1600-4200/min	250 Nm bei 1250-4000/min
Ventilanzahl/-anordnung	2 Einlass, 2 Auslass/hängend	2 Einlass, 2 Auslass/hängend	2 Einlass, 2 Auslass/hängend	2 Einlass, 2 Auslass/hängend	2 Einlass, 2 Auslass/hängend	2 Einlass, 2 Auslass/hängend
Ventilsteuerung	2 obenliegende Nockenwellen	2 obenliegende Nockenwellen	2 obenliegende Nockenwellen	2 obenliegende Nockenwellen	2 obenliegende Nockenwellen (variabel verstellbar)	2 obenliegende Nockenwellen (variabel verstellbar)
Gemischbildung	Common-Rail-Direkteinspritzung, Biturbo mit verstellbarer Turbinengeometrie, Ladeluftkühlung	Common-Rail-Direkteinspritzung, Biturbo mit verstellbarer Turbinengeometrie, Ladeluftkühlung	Common-Rail-Direkteinspritzung, Biturbo mit verstellbarer Turbinengeometrie, Ladeluftkühlung	Common-Rail-Direkteinspritzung, Biturbo mit verstellbarer Turbinengeometrie, Ladeluftkühlung	Mikroprozessorgesteuerte Direkteinspritzung mit HFM (Motorsteuerung Siemens SIM 4 LDE)/Turbo-Aufladung mit Ladeluftkühlung	Mehrfach-Benzin-Direkteinspritzung durch Piezo-Injektoren, Abgas-Turboaufladung mit Ladeluftkühlung
Kühlung	Wasserkühlung/Pumpe	Wasserkühlung/Pumpe	Wasserkühlung/Pumpe	Wasserkühlung/Pumpe	Wasserkühlung/Pumpe	Wasserkühlung/Pumpe
Schmierung	Druckumlaufschmierung	Druckumlaufschmierung	Druckumlaufschmierung	Druckumlaufschmierung	Druckumlaufschmierung	Druckumlaufschmierung
Batterie	im Kofferraum	im Kofferraum	im Kofferraum	im Kofferraum	im Kofferraum	im Kofferraum
Kraftstofftank: Anordnung, Fassungsvermögen	vor der Hinterachse, 59 l	vor der Hinterachse, 59 l	vor der Hinterachse, 59 l	vor der Hinterachse, 59 l	vor der Hinterachse, 59 l	vor der Hinterachse, 59 l
Radaufhängung vorne	Dreilenkerachse/McPherson-Federbein	Dreilenkerachse/McPherson-Federbein	Dreilenkerachse/McPherson-Federbein	Dreilenkerachse/McPherson-Federbein	Dreilenkerachse/McPherson-Federbein	Dreilenkerachse/McPherson-Federbein
Radaufhängung hinten	Raumlenkerachse	Raumlenkerachse	Raumlenkerachse	Raumlenkerachse	Raumlenkerachse	Raumlenkerachse
Federung vorne	Schraubenfedern, Drehstab-Stabilisator	Schraubenfedern, Drehstab-Stabilisator	Schraubenfedern, Drehstab-Stabilisator	Schraubenfedern, Drehstab-Stabilisator	Schraubenfedern, Drehstab-Stabilisator	Schraubenfedern, Drehstab-Stabilisator
Federung hinten	Schraubenfedern, Drehstab-Stabilisator	Schraubenfedern, Drehstab-Stabilisator	Schraubenfedern, Drehstab-Stabilisator	Schraubenfedern, Drehstab-Stabilisator	Schraubenfedern, Drehstab-Stabilisator	Schraubenfedern, Drehstab-Stabilisator
Stoßdämpfer vorne/hinten	Gasdruckstoßdämpfer mit amplitudenabhängiger Dämpfung	Gasdruckstoßdämpfer mit amplitudenabhängiger Dämpfung	Gasdruckstoßdämpfer mit amplitudenabhängiger Dämpfung	Gasdruckstoßdämpfer mit amplitudenabhängiger Dämpfung	Gasdruckstoßdämpfer mit amplitudenabhängiger Dämpfung	Gasdruckstoßdämpfer mit amplitudenabhängiger Dämpfung
Lenkung	Zahnstangen-Servolenkung mit geschwindigkeitsabhängiger Lenkkraftunterstützung und variabler Lenkübersetzung	Zahnstangen-Servolenkung mit geschwindigkeitsabhängiger Lenkkraftunterstützung und variabler Lenkübersetzung	Zahnstangen-Servolenkung mit geschwindigkeitsabhängiger Lenkkraftunterstützung und variabler Lenkübersetzung	Zahnstangen-Servolenkung mit geschwindigkeitsabhängiger Lenkkraftunterstützung und variabler Lenkübersetzung	Zahnstangen-Servolenkung mit geschwindigkeitsabhängiger Lenkkraftunterstützung und variabler Lenkübersetzung	Zahnstangen-Servolenkung mit geschwindigkeitsabhängiger Lenkkraftunterstützung und variabler Lenkübersetzung
Bremsanlage	hydraulische Zweikreis-Bremsanlage mit Unterdruck-Bremskraftverstärker, Scheibenbremsen vorn innenbelüftet, hinten massiv, ABS, BAS, ESP®	hydraulische Zweikreis-Bremsanlage mit Unterdruck-Bremskraftverstärker, Scheibenbremsen vorn innenbelüftet, hinten massiv, ABS, BAS, ESP®	hydraulische Zweikreis-Bremsanlage mit Unterdruck-Bremskraftverstärker, Scheibenbremsen vorn innenbelüftet, hinten massiv, ABS, BAS, ESP®	hydraulische Zweikreis-Bremsanlage mit Unterdruck-Bremskraftverstärker, Scheibenbremsen vorn innenbelüftet, hinten massiv, ABS, BAS, ESP®	hydraulische Zweikreis-Bremsanlage mit Unterdruck-Bremskraftverstärker, Scheibenbremsen vorn innenbelüftet, hinten massiv, ABS, BAS, ESP®	hydraulische Zweikreis-Bremsanlage mit Unterdruck-Bremskraftverstärker, Scheibenbremsen vorn innenbelüftet, hinten massiv, ABS, BAS, ESP®
Feststellbremse	elektrisch, auf Hinterräder wirkend	elektrisch, auf Hinterräder wirkend	elektrisch, auf Hinterräder wirkend	elektrisch, auf Hinterräder wirkend	elektrisch, auf Hinterräder wirkend	elektrisch, auf Hinterräder wirkend
Bremsscheibendurchmesser vorne/hinten	300/295 mm	300/295 mm	300/295 mm	300/295 mm	288/278 mm	288/278 mm
Räder	Leichtmetallfelgen 6,5 x 16	Leichtmetallfelgen 6,5 x 16	Leichtmetallfelgen 6,5 x 16	Leichtmetallfelgen 6,5 x 16	Leichtmetallfelgen 6 J x 16	Leichtmetallfelgen 6 J x 16
Reifen	205/55 R 16	205/55 R 16	205/55 R 16	205/55 R 16	195/60 R 16	195/60 R 16
Kraftübertragung	über geteilte Kardanwelle auf die Hinterräder	über geteilte Kardanwelle auf die Hinterräder	über geteilte Kardanwelle auf die Hinterräder	permanenter Antrieb auf Vorder- und Hinterräder, gesteuert über das elektronische Traktions-System ETS	über geteilte Kardanwelle auf die Hinterräder	über geteilte Kardanwelle auf die Hinterräder
Getriebe [1]	6-Gang mechanisch	6-Gang mechanisch	6-Gang mechanisch	7-Gang-Automatikgetriebe mit elektronischer Steuerung	6-Gang mechanisch	6-Gang mechanisch
Verfügbarkeit	Serie	Serie	Serie	auf Wunsch	Serie	Serie
Kupplung	Einscheiben-Trockenkupplung	Einscheiben-Trockenkupplung	Einscheiben-Trockenkupplung	Wandler	Einscheiben-Trockenkupplung	Einscheiben-Trockenkupplung
Getriebebezeichnung				7G-TRONIC+		
Getriebe-Übersetzung	I. 5,01; II. 2,83; III. 1,79; IV. 1,26; V. 1,00; VI. 0,83; R. 4,57	I. 5,01; II. 2,83; III. 1,79; IV. 1,26; V. 1,00; VI. 0,83; R. 4,57	I. 5,10; II. 2,78; III. 1,75; IV. 1,26; V. 1,00; VI. 0,81; R. 4,63	I. 4,38; II. 2,86; III. 1,92; IV. 1,37; V. 1,00; VI. 0,82; VII. 0,73; R. 3,42	I. 4,46; II. 2,61; III. 1,72; IV. 1,25; V. 1,00; VI. 0,84; R. 4,06	I. 4,46; II. 2,61; III. 1,72; IV. 1,25; V. 1,00; VI. 0,84; R. 4,06
Achsantriebsübersetzung	2,65	2,65	2,47	2,47	2,87	2,87
Höchstgeschwindigkeit	232 km/h	236 km/h	240 km/h	240 km/h	225 km/h	225 km/h
Beschleunigung[2] 0-100 km/h	8,4 s	8,4 s	7,0 s	7,1 s	9,0 s	8,5 s
Norm-Kraftstoffverbrauch in Liter	4,4-5,1	4,1	4,9-5,4	5,3	6,7-7,3	5,8-6,4
Getriebe [2]	7-Gang-Automatikgetriebe mit elektronischer Steuerung		7-Gang-Automatikgetriebe mit elektronischer Steuerung		7-Gang-Automatikgetriebe mit elektronischer Steuerung (ab 03.2011)	7-Gang-Automatikgetriebe mit elektronischer Steuerung
Verfügbarkeit	auf Wunsch		auf Wunsch		auf Wunsch	auf Wunsch
Kupplung	Wandler		Wandler		Wandler	Wandler
Getriebebezeichnung	7G-TRONIC+		7G-TRONIC+		7G-TRONIC+	7G-TRONIC+
Getriebe-Übersetzung	I. 4,38; II. 2,86; III. 1,92; IV. 1,37; V. 1,00; VI. 0,82; VII. 0,73; R. 3,42		I. 4,38; II. 2,86; III. 1,92; IV. 1,37; V. 1,00; VI. 0,82; VII. 0,73; R. 3,42		I. 4,38; II. 2,86; III. 1,92; IV. 1,37; V. 1,00; VI. 0,82; VII. 0,73; R. 3,42	I. 4,38; II. 2,86; III. 1,92; IV. 1,37; V. 1,00; VI. 0,82; VII. 0,73; R. 3,42
Achsantriebsübersetzung	2,47		2,47		2,47	2,47
Höchstgeschwindigkeit	228 km/h		240 km/h		223 km/h	223 km/h
Beschleunigung[2] 0-100 km/h	7,4 s		7,1 s		8,9 s	8,5 s
Norm-Kraftstoffverbrauch in Liter	4,9-5,3		5,1-5,3		6,5-7,0	5,8-6,3
Radstand	2760 mm	2760 mm	2760 mm	2760 mm	2760 mm	2760 mm
Spur vorne/hinten	1549/1552 mm	1549/1552 mm	1549/1552 mm	1549/1552 mm	1549/1552 mm	1549/1552 mm
Gesamtlänge	4590 mm	4590 mm	4590 mm	4590 mm	4590 mm	4590 mm
Gesamtbreite	1770 mm	1770 mm	1770 mm	1770 mm	1770 mm	1770 mm
Höhe	1406 mm	1406 mm	1406 mm	1406 mm	1406 mm	1406 mm
Wendekreisdurchmesser	10,84 m	10,84 m	10,84 m	10,84 m	10,84 m	10,84 m
Leergewicht[5]	1615 kg	1615 kg	1655 kg	1655 kg	1500 kg	1500 kg
Zul. Gesamtgewicht	2085 kg	2085 kg	2125 kg	2125 kg	1970 kg	1970 kg
Zuladung	470 kg	470 kg	470 kg	470 kg	470 kg	470 kg
Anhängelast gebremst/ungebremst	1800/750 kg	1800/750 kg	1800/750 kg	1800/750 kg	1800/750 kg	1800/750 kg
Preise[9]	03.2011: EUR 37.455,25	10.2012: EUR 38.169,25	03.2011: EUR 41.174,00	03.2012: EUR 48.813,80	03.2011: EUR 33.290,25	04.2012: EUR 33.647,25

C-Klasse Coupés der Baureihe 204, 2011-2015

Typ	C 200 (bis 05.2013: C 200 BlueEFFICIENCY)	C 250 (bis 05.2013: C 250 BlueEFFICIENCY)	C 250 Sport	C 63 AMG	C 63 AMG Edition 507	C 63 AMG Coupé Black Series
Konstruktionsbezeichnung	C 204	C 204	C 204	C 204	C 204	C 204
Produktionszeitraum	04.2012-06.2015	03.2011-06.2015	04.2012-06.2015	03.2011-06.2015	06.2013-06.2014	01.2012-12.2012
Motor	Viertakt-Otto (mit Direkteinspritzung und Abgas-Turbolader mit Ladeluftkühlung; Abgasreinigungsanlage mit geregeltem 3-Wege-Katalysator)	Viertakt-Otto (mit Direkteinspritzung und Abgas-Turbolader mit Ladeluftkühlung; Abgasreinigungsanlage mit geregeltem 3-Wege-Katalysator)	Viertakt-Otto (mit Direkteinspritzung und Abgas-Turbolader mit Ladeluftkühlung; Abgasreinigungsanlage mit geregeltem 3-Wege-Katalysator)	Viertakt-Otto (mit Saugrohreinspritzung und Abgasreinigungsanlage mit geregeltem 3-Wege-Katalysator)	Viertakt-Otto (mit Saugrohreinspritzung und Abgasreinigungsanlage mit geregeltem 3-Wege-Katalysator)	Viertakt-Otto (mit Saugrohreinspritzung und Abgasreinigungsanlage mit geregeltem 3-Wege-Katalysator)
Motor-Typ/-Baumuster	M 271 DE 18 AL	M 271 DE 18 AL	M 271 DE 18 AL	M 156 KE 63	M 156 KE 63	M 156 KE 63
Zylinderzahl/Anordnung	4/Reihe 15° nach rechts geneigt	4/Reihe; 15° nach rechts geneigt	4/Reihe; 15° nach rechts geneigt	8/V 90°; Leichtmetallblock	8/V 90°; Leichtmetallblock	8/V 90°; Leichtmetallblock
Bohrung x Hub	82 x 85 mm	82 x 85 mm	82 x 85 mm	102,2 x 94,6 mm	102,2 x 94,6 mm	102,2 x 94,6 mm
Gesamthubraum	1796 ccm	1796 ccm	1796 ccm	6208 ccm	6208 ccm	6208 ccm
Verdichtungsverhältnis	9,3:1	9,3:1	9,3:1	11,3:1	11,3:1	11,3:1
Leistung	135 kW/184 PS bei 5250/min	159 kW/204 PS bei 5500/min	159 kW/204 PS bei 5500/min	336 kW/457 PS bei 6800/min	373 kW/507 PS bei 6800/min	380 kW/517 PS bei 6800/min
Drehmoment	270 Nm bei 1800-4600/min	310 Nm bei 2000-4300/min	310 Nm bei 2000-4300/min	600 Nm bei 5000/min	610 bei 5200/min	620 bei 5200/min
Ventilanzahl/-anordnung	2 Einlass, 2 Auslass/hängend	2 Einlass, 2 Auslass/hängend	2 Einlass, 2 Auslass/hängend	2 Einlass, 2 Auslass/hängend	2 Einlass, 2 Auslass/hängend	2 Einlass, 2 Auslass/hängend
Ventilsteuerung	2 obenliegende Nockenwellen (variabel verstellbar)	2 obenliegende Nockenwellen (variabel verstellbar)	2 obenliegende Nockenwellen (variabel verstellbar)	je Zylinderbank 2 obenliegende und verstellbare Nockenwellen	je Zylinderbank 2 obenliegende und verstellbare Nockenwellen	je Zylinderbank 2 obenliegende und verstellbare Nockenwellen
Gemischbildung	Mikroprozessorgesteuerte Direkteinspritzung mit HFM (Motorsteuerung Siemens SIM 4 LDE)/Turbo-Aufladung mit Ladeluftkühlung	Mikroprozessorgesteuerte Direkteinspritzung mit HFM (Motorsteuerung Siemens SIM 4 LDE)/Turbo-Aufladung mit Ladeluftkühlung	Mikroprozessorgesteuerte Direkteinspritzung mit HFM (Motorsteuerung Siemens SIM 4 LDE)/Turbo-Aufladung mit Ladeluftkühlung	Mikroprozessorgesteuerte Einspritzanlage mit Heißfilm-Luftmassenmessung	Mikroprozessorgesteuerte Einspritzanlage mit Heißfilm-Luftmassenmessung	Mikroprozessorgesteuerte Einspritzanlage mit Heißfilm-Luftmassenmessung
Kühlung	Wasserkühlung/Pumpe	Wasserkühlung/Pumpe	Wasserkühlung/Pumpe	Wasserkühlung/Pumpe	Wasserkühlung/Pumpe	Wasserkühlung/Pumpe
Schmierung	Druckumlaufschmierung	Druckumlaufschmierung	Druckumlaufschmierung	Druckumlaufschmierung	Druckumlaufschmierung	Druckumlaufschmierung
Batterie	im Kofferraum	im Kofferraum	im Kofferraum	im Kofferraum	im Kofferraum	im Kofferraum
Kraftstofftank: Anordnung, Fassungsvermögen	vor der Hinterachse, 59 l	vor der Hinterachse, 59 l	vor der Hinterachse, 59 l	vor der Hinterachse, 66 l	vor der Hinterachse, 66 l	vor der Hinterachse, 66 l
Radaufhängung vorne	Dreilenkerachse/McPherson-Federbein	Dreilenkerachse/McPherson-Federbein	Dreilenkerachse/McPherson-Federbein	Dreilenkerachse/McPherson-Federbein	Dreilenkerachse/McPherson-Federbein	Dreilenkerachse/McPherson-Federbein
Radaufhängung hinten	Raumlenkerachse	Raumlenkerachse	Raumlenkerachse	Raumlenkerachse	Raumlenkerachse	Raumlenkerachse
Federung vorne	Schraubenfedern, Drehstab-Stabilisator	Schraubenfedern, Drehstab-Stabilisator	Schraubenfedern, Drehstab-Stabilisator	Schraubenfedern, Drehstab-Stabilisator	Schraubenfedern, Drehstab-Stabilisator	Schraubenfedern, Drehstab-Stabilisator
Federung hinten	Schraubenfedern, Drehstab-Stabilisator	Schraubenfedern, Drehstab-Stabilisator	Schraubenfedern, Drehstab-Stabilisator	Schraubenfedern, Drehstab-Stabilisator	Schraubenfedern, Drehstab-Stabilisator	Schraubenfedern, Drehstab-Stabilisator
Stoßdämpfer vorne/hinten	Gasdruckstoßdämpfer mit amplitudenabhängiger Dämpfung	Gasdruckstoßdämpfer mit amplitudenabhängiger Dämpfung	Gasdruckstoßdämpfer mit amplitudenabhängiger Dämpfung	Gasdruckstoßdämpfer	Gasdruckstoßdämpfer	Gasdruckstoßdämpfer
Lenkung	Zahnstangen-Servolenkung mit geschwindigkeitsabhängiger Lenkkraftunterstützung und variabler Lenkübersetzung	Zahnstangen-Servolenkung mit geschwindigkeitsabhängiger Lenkkraftunterstützung und variabler Lenkübersetzung	Zahnstangen-Servolenkung mit geschwindigkeitsabhängiger Lenkkraftunterstützung und variabler Lenkübersetzung	Zahnstangen-Servolenkung mit geschwindigkeitsabhängiger Lenkkraftunterstützung und variabler Lenkübersetzung	Zahnstangen-Servolenkung mit geschwindigkeitsabhängiger Lenkkraftunterstützung und variabler Lenkübersetzung	Zahnstangen-Servolenkung mit geschwindigkeitsabhängiger Lenkkraftunterstützung und variabler Lenkübersetzung
Bremsanlage	hydraulische Zweikreis-Bremsanlage mit Unterdruck-Bremskraftverstärker, Scheibenbremsen vorn innenbelüftet, hinten massiv, ABS, BAS, ESP®	hydraulische Zweikreis-Bremsanlage mit Unterdruck-Bremskraftverstärker, Scheibenbremsen vorn innenbelüftet, hinten massiv, ABS, BAS, ESP®	hydraulische Zweikreis-Bremsanlage mit Unterdruck-Bremskraftverstärker, Scheibenbremsen vorn innenbelüftet, hinten massiv, ABS, BAS, ESP®	hydraulische Zweikreis-Bremsanlage mit Unterdruck-Bremskraftverstärker, Scheibenbremsen vorn und hinten perforiert und innenbelüftet, ABS, BAS, ESP®	hydraulische Zweikreis-Bremsanlage mit Unterdruck-Bremskraftverstärker, Scheibenbremsen vorn und hinten perforiert und innenbelüftet, ABS, BAS, ESP®	hydraulische Zweikreis-Bremsanlage mit Unterdruck-Bremskraftverstärker, Scheibenbremsen vorn und hinten perforiert und innenbelüftet, ABS, BAS, ESP®
Feststellbremse	elektrisch, auf Hinterräder wirkend	elektrisch, auf Hinterräder wirkend	elektrisch, auf Hinterräder wirkend	elektrisch, auf Hinterräder wirkend	elektrisch, auf Hinterräder wirkend	elektrisch, auf Hinterräder wirkend
Bremsscheibendurchmesser vorne/hinten	300/295 mm	300/295 mm	300/295 mm	330/360 mm	330/360 mm	390/360 mm
Räder	Leichtmetallfelgen 6,5 x 16	Leichtmetallfelgen 6,5 x 16	Leichtmetallfelgen, vorn 7,5 x 18, hinten 8,5 x 18	Leichtmetallfelgen, vorn 8 J x 18, hinten 9 J x 18	Leichtmetallfelgen, vorn 8 J x 18, hinten 9 J x 18	Leichtmetallfelgen, vorn 9 J x 19, hinten 9 5 J x 19
Reifen	205/55 R 16	205/55 R 16	225/40 R 18 vorn; 255/35 R 18 hinten	vorn 235/40 ZR 18; hinten 255/35 ZR 18	vorn 235/40 ZR 18; hinten 255/35 ZR 18	vorn 255/35 ZR 19; hinten 285/30 ZR 19
Kraftübertragung	über geteilte Kardanwelle auf die Hinterräder	über geteilte Kardanwelle auf die Hinterräder	über geteilte Kardanwelle auf die Hinterräder	über geteilte Kardanwelle auf die Hinterräder	über geteilte Kardanwelle auf die Hinterräder	über geteilte Kardanwelle auf die Hinterräder
Getriebe [1]	6-Gang mechanisch	7-Gang-Automatikgetriebe mit elektronischer Steuerung (ab 03.2011)	7-Gang-Automatikgetriebe mit elektronischer Steuerung (ab 03.2011)	7-Gang-Sportgetriebe mit elektronischer Steuerung	7-Gang-Sportgetriebe mit elektronischer Steuerung	7-Gang-Sportgetriebe mit elektronischer Steuerung
Verfügbarkeit	Serie	Serie	Serie	Serie	Serie	Serie
Kupplung	Einscheiben-Trockenkupplung	Wandler	Wandler	Nasskupplung	Nasskupplung	Nasskupplung
Getriebebezeichnung		7G-TRONIC+	7G-TRONIC+	AMG SPEEDSHIFT MCT 7-Gang- Sportgetriebe	AMG SPEEDSHIFT MCT 7-Gang- Sportgetriebe	AMG SPEEDSHIFT MCT 7-Gang- Sportgetriebe
Getriebe-Übersetzung	I. 4,99; II. 2,82; III. 1,78; IV. 1,25; V. 1,00; VI. 0,82; R. 4,54	I. 4,38; II. 2,86; III. 1,92; IV. 1,37; V. 1,00; VI. 0,82; VII. 0,73; R. 3,42	I. 4,38; II. 2,86; III. 1,92; IV. 1,37; V. 1,00; VI. 0,82; VII. 0,73; R. 3,42	I. 4,38; II. 2,86; III. 1,92; IV. 1,37; V. 1,00; VI. 0,82; VII. 0,73; R. 3,42	I. 4,38; II. 2,86; III. 1,92; IV. 1,37; V. 1,00; VI. 0,82; VII. 0,73; R. 3,42	I. 4,38; II. 2,86; III. 1,92; IV. 1,37; V. 1,00; VI. 0,82; VII. 0,73; R. 3,42
Achsantriebsübersetzung	2,87	2,47	2,47	2,82	2,82	2,82
Höchstgeschwindigkeit	237 km/h	240 km/h	240 km/h	250 km/h (elektr. begr.)	280 km/h	300 km/h (elektr. begr.)
Beschleunigung[2] 0-100 km/h	8,2 s	7,2 s	7, s	4,4 s	4,2 s	4,2 s
Norm-Kraftstoffverbrauch in Liter	6,6-7,2	6,5-7,0	6,5-7,0	12	12	12,2
Getriebe [2]	7-Gang-Automatikgetriebe mit elektronischer Steuerung (ab 03.2011)					
Verfügbarkeit	auf Wunsch					
Kupplung	Wandler					
Getriebebezeichnung	7G-TRONIC+					
Getriebe-Übersetzung	I. 4,38; II. 2,86; III. 1,92; IV. 1,37; V. 1,00; VI. 0,82; VII. 0,73; R. 3,42					
Achsantriebsübersetzung	2,47					
Höchstgeschwindigkeit	235 km/h					
Beschleunigung[2] 0-100 km/h	7,8					
Norm-Kraftstoffverbrauch in Liter	6,4-6,9					
Radstand	2760 mm	2760 mm	2760 mm	2760 mm	2760 mm	2765 mm
Spur vorne/hinten	1549/1552 mm	1549/1552 mm	1549/1552 mm	1585/1562 mm	1585/1562 mm	1626/1641 mm
Gesamtlänge	4590 mm	4590 mm	4590 mm	4707 mm	4707 mm	4707 mm
Gesamtbreite	1770 mm	1770 mm	1770 mm	1795 mm	1795 mm	1879 mm
Höhe	1406 mm	1406 mm	1406 mm	1391 mm	1391 mm	1387 mm
Wendekreisdurchmesser	10,84 m	10,84 m	10,84 m	11,10 m	11,10 m	11,10 m
Leergewicht[5]	1540 kg	1550 kg	1550 kg	1655 kg	1655 kg	1635 kg
Zul. Gesamtgewicht	2010 kg	2020	2020	2160 kg	2160 kg	2015 kg
Zuladung	470 kg	470 kg	470 kg	505 kg	505 kg	380 kg
Anhängelast gebremst/ungebremst	1800/750 kg	1800/750 kg	1800/750 kg			
Preise[9]	04.2012: EUR 36.890,00	03.2011: EUR 41.174,00	04.2012: EUR 46.076,80	03.2011: EUR 72.590,00	06.2013: EUR 85.085,00	01.2012: EUR 115.430,00

C-Klasse Limousinen der Baureihe 205, seit 2014

Typ	C 180 d	C 180 d	C 200 d	C 200 d	C 200 d
Konstruktionsbezeichnung	W 205	W 205	W 205	W 205	W 205
Produktionszeitraum	09.2014-07.2018	seit 07.2018	09.2014-07.2018	09.2014-07.2018	seit 07.2018
Motor	Viertakt-Diesel mit Common-Rail-Direkteinspritzung, Abgas-Turbolader mit Ladeluftkühlung, Abgasreinigungsanlage mit Oxidationskatalysator	Viertakt-Diesel mit Common-Rail-Direkteinspritzung, VTG-Abgas-Turbolader mit Ladeluftkühlung, Abgasreinigungsanlage mit Oxidationskatalysator, Harnstoffeinspritzung, Partikelfilter und SCR/Katalysator	Viertakt-Diesel mit Common-Rail-Direkteinspritzung, Abgas-Turbolader mit Ladeluftkühlung, Abgasreinigungsanlage mit Oxidationskatalysator	Viertakt-Diesel mit Common-Rail-Direkteinspritzung, Abgas-Turbolader mit Ladeluftkühlung, Abgasreinigungsanlage mit Oxidationskatalysator	Viertakt-Diesel mit Common-Rail-Direkteinspritzung, VTG-Abgas-Turbolader mit Ladeluftkühlung, Abgasreinigungsanlage mit Oxidationskatalysator, Harnstoffeinspritzung, Partikelfilter und SCR/Katalysator
Motor-Typ/-Baumuster	OM 626 DE 16 LA red.	OM 654 DE 16 G SCR red.	OM 626 DE 16 LA	OM 651 DE 22 LA red.	OM 654 DE 16 G SCR red.
Zylinderzahl/Anordung	4/Reihe	4/Reihe	4/Reihe	4/Reihe	4/Reihe
Bohrung x Hub	80 x 79,5 mm	78 x 83,6 mm	80 x 79,5 mm	83 x 99 mm	78 x 83,6 mm
Gesamthubraum	1598 ccm	1598 ccm	1598 ccm	2143 ccm	1598 ccm
Verdichtungsverhältnis	15,4	15,5	15,7	16,2	15,5
Leistung	84 kW/116 PS bei 1500-2800/min	90 kW/122 PS bei 3200-4600/min	100 kW/136 PS bei 3200-4600/min	100 kW/136 PS bei 2800-4600/min	118 kW/160 PS bei 3000-4800/min
Drehmoment	280 Nm bei 1500-2800/min	300 Nm bei 1400-2800/min	300 Nm bei 1500-3000/min	350 Nm bei 1200-2700/min	360 Nm bei 1600 -2600/min
Ventilanzahl/-anordnung	2 Einlass, 2 Auslass/hängend	2 Einlass, 2 Auslass/hängend	2 Einlass, 2 Auslass/hängend	2 Einlass, 2 Auslass/hängend	2 Einlass, 2 Auslass/hängend
Ventilsteuerung	2 obenliegende Nockenwellen	2 obenliegende Nockenwellen	2 obenliegende Nockenwellen	2 obenliegende Nockenwellen	2 obenliegende Nockenwellen
Gemischbildung	Common-Rail-Direkteinspritzung, Abgas-Turbolader mit verstellbarer Turbinengeometrie, Ladeluftkühlung	Common-Rail-Direkteinspritzung, Abgas-Turbolader mit verstellbarer Turbinengeometrie, Ladeluftkühlung	Common-Rail-Direkteinspritzung, Abgas-Turbolader mit verstellbarer Turbinengeometrie, Ladeluftkühlung	Common-Rail-Direkteinspritzung, Abgas-Turbolader mit verstellbarer Turbinengeometrie, Ladeluftkühlung	Common-Rail-Direkteinspritzung, Abgas-Turbolader mit verstellbarer Turbinengeometrie, Ladeluftkühlung
Kühlung	Wasserkühlung/Pumpe	Wasserkühlung/Pumpe	Wasserkühlung/Pumpe	Wasserkühlung/Pumpe	Wasserkühlung/Pumpe
Schmierung	Druckumlauf-Schmierung	Druckumlauf-Schmierung	Druckumlauf-Schmierung	Druckumlauf-Schmierung	Druckumlauf-Schmierung
Kraftstofftank: Anordnung, Fassungsvermögen	vor der Hinterachse, 41 l, auf Wunsch 66 l	vor der Hinterachse, 41 l, auf Wunsch 66 l	vor der Hinterachse, 41 l, auf Wunsch 66 l	vor der Hinterachse, 41 l, auf Wunsch 66 l	vor der Hinterachse, 41 l, auf Wunsch 66 l
Radaufhängung vorne	Mehrlenkerachsen/McPherson-Federbeine	Mehrlenkerachsen/McPherson-Federbeine	Mehrlenkerachsen/McPherson-Federbeine	Mehrlenkerachsen/McPherson-Federbeine	Mehrlenkerachsen/McPherson-Federbeine
Radaufhängung hinten	Raumlenkerachse	Raumlenkerachse	Raumlenkerachse	Raumlenkerachse	Raumlenkerachse
Federung vorne	Schraubenfedern, Drehstab-Stabilisator	Schraubenfedern, Drehstab-Stabilisator	Schraubenfedern, Drehstab-Stabilisator	Schraubenfedern, Drehstab-Stabilisator	Schraubenfedern, Drehstab-Stabilisator
Federung hinten	Schraubenfedern, Drehstab-Stabilisator	Schraubenfedern, Drehstab-Stabilisator	Schraubenfedern, Drehstab-Stabilisator	Schraubenfedern, Drehstab-Stabilisator	Schraubenfedern, Drehstab-Stabilisator
Stoßdämpfer vorne/hinten	Gasdruckstoßdämpfer	Gasdruckstoßdämpfer	Gasdruckstoßdämpfer	Gasdruckstoßdämpfer	Gasdruckstoßdämpfer
Lenkung	Zahnstangen-Servolenkung mit geschwindigkeitsabhängiger Lenkkraftunterstützung und variabler Lenkübersetzung	Zahnstangen-Servolenkung mit geschwindigkeitsabhängiger Lenkkraftunterstützung und variabler Lenkübersetzung	Zahnstangen-Servolenkung mit geschwindigkeitsabhängiger Lenkkraftunterstützung und variabler Lenkübersetzung	Zahnstangen-Servolenkung mit geschwindigkeitsabhängiger Lenkkraftunterstützung und variabler Lenkübersetzung	Zahnstangen-Servolenkung mit geschwindigkeitsabhängiger Lenkkraftunterstützung und variabler Lenkübersetzung
Bremsanlage	hydraulische Zweikreis-Bremsanlage mit Unterdruck-Bremskraftverstärker, Scheibenbremsen vorn innenbelüftet, hinten massiv, ABS, BAS, ESP®	hydraulische Zweikreis-Bremsanlage mit Unterdruck-Bremskraftverstärker, Scheibenbremsen vorn innenbelüftet, hinten massiv, ABS, BAS, optional BAS+, ESP®	hydraulische Zweikreis-Bremsanlage mit Unterdruck-Bremskraftverstärker, Scheibenbremsen vorn innenbelüftet, hinten massiv, ABS, BAS, ESP®	hydraulische Zweikreis-Bremsanlage mit Unterdruck-Bremskraftverstärker, Scheibenbremsen vorn innenbelüftet, hinten massiv, ABS, BAS, ESP®	hydraulische Zweikreis-Bremsanlage mit Unterdruck-Bremskraftverstärker, Scheibenbremsen vorn innenbelüftet, hinten massiv, ABS, BAS, ESP®
Feststellbremse	elektrisch, auf Hinterräder wirkend	elektrisch, auf Hinterräder wirkend	elektrisch, auf Hinterräder wirkend	elektrisch, auf Hinterräder wirkend	elektrisch, auf Hinterräder wirkend
Bremsscheibendurchmesser vorne/hinten	295/300 mm	295/300 mm	305/300 mm	305/300 mm	305/300 mm
Räder	Stahlräder mit Radzierblenden, 6 J x 16, auf Wunsch Leichtmetallfelgen	Stahlräder mit Radzierblenden, 6 J x 16, auf Wunsch Leichtmetallfelgen	Leichtmetallfelgen 6 J x 16	Leichtmetallfelgen 6,5 J x 16	Leichtmetallfelgen 7 J x 16
Reifen	195/65 R 16	195/65 R 16	195/65 R 16	205/60 R 16	205/60 R 16
Kraftübertragung	über geteilte Kardanwelle auf die Hinterräder	über geteilte Kardanwelle auf die Hinterräder	über geteilte Kardanwelle auf die Hinterräder	über geteilte Kardanwelle auf die Hinterräder	über geteilte Kardanwelle auf die Hinterräder
Getriebe [1]	6-Gang mechanisch	6-Gang mechanisch	6-Gang mechanisch	6-Gang mechanisch	6-Gang mechanisch
Verfügbarkeit	Serie	Serie	Serie	Serie	Serie
Kupplung	Einscheiben-Trockenkupplung	Einscheiben-Trockenkupplung	Einscheiben-Trockenkupplung	Einscheiben-Trockenkupplung	Einscheiben-Trockenkupplung
Getriebebezeichnung					
Getriebe-Übersetzung	I. 5,65; II. 2,92; III. 1,82; IV. 1,33; V. 1,00; VI. 0,79; R. 5,32	I. 5,65; II. 2,92; III. 1,82; IV. 1,33; V. 1,00; VI. 0,79; R. 5,32	I. 5,65; II. 2,92; III. 1,82; IV. 1,33; V. 1,00; VI. 0,79; R. 5,32	I. 5,65; II. 2,92; III. 1,82; IV. 1,33; V. 1,00; VI. 0,79; R. 5,32	I. 5,65; II. 2,92; III. 1,82; IV. 1,33; V. 1,00; VI. 0,79; R. 5,32
Achsantriebsübersetzung	2,82	2,82	2,82	2,82	2,65
Höchstgeschwindigkeit	205 km/h	207 km/h	218 km/h	210 km/h	226 km/h
Beschleunigung[2] 0-100 km/h	11,1 s	10,0 s	9,7 s	10,2 s	8,5 s
Norm-Kraftstoffverbrauch in Liter	3,9-4,2	4,2-4,5	3,9-4,2	4,3-4,6	4,1-4,5
Emissionsklasse	Euro 6	Euro 6d-TEMP	Euro 6	Euro 6	Euro 6d-TEMP
Effizienzklasse	A+	A+	A+	A+	A+
Getriebe [2]	7-Gang-Automatikgetriebe mit elektronischer Steuerung	9-Gang-Automatikgetriebe mit elektronischer Steuerung	7-Gang-Automatikgetriebe mit elektronischer Steuerung; ab Anfang.2017: 9-Gang-Automatikgetriebe mit elektronischer Steuerung	7-Gang-Automatikgetriebe mit elektronischer Steuerung; ab Anfang.2017: 9-Gang-Automatikgetriebe mit elektronischer Steuerung	9-Gang-Automatikgetriebe mit elektronischer Steuerung
Verfügbarkeit	auf Wunsch	auf Wunsch	auf Wunsch	auf Wunsch	auf Wunsch
Kupplung	Wandler	Wandler	Wandler	Wandler	Wandler
Getriebebezeichnung	7G-TRONIC+	9G-TRONIC	7G-TRONIC+; ab Anfang 2017: 9G-TRONIC	7G-TRONIC+; ab Anfang 2017: 9G-TRONIC	9G-TRONIC
Getriebe-Übersetzung	I. 4,38; II. 2,86; III. 1,92; IV. 1,37; V. 1,00; VI. 0,82; VII. 0,73; R. 3,42	I. 5,35; II. 3,24; III. 2,25; IV. 1,64; V. 1,21; VI. 1,00; VII. 0,87; VIII. 0,72; IX. 0,60; R. 4,80	7G-TRONIC+: I. 4,38; II. 2,86; III. 1,92; IV. 1,37; V. 1,00; VI. 0,82; VII. 0,73; R. 3,42; 9G-TRONIC: I. 5,35; II. 3,24; III. 2,25; IV. 1,64; V. 1,21; VI. 1,00; VII. 0,87; VIII. 0,72; IX. 0,60; R. 4,80	7G-TRONIC+: I. 4,38; II. 2,86; III. 1,92; IV. 1,37; V. 1,00; VI. 0,82; VII. 0,73; R. 3,42; 9G-TRONIC: I. 5,35; II. 3,24; III. 2,25; IV. 1,64; V. 1,21; VI. 1,00; VII. 0,87; VIII. 0,72; IX. 0,60; R. 4,80	I. 5,35; II. 3,24; III. 2,25; IV. 1,64; V. 1,21; VI. 1,00; VII. 0,87; VIII. 0,72; IX. 0,60; R. 4,80
Achsantriebsübersetzung	2,82	2,82	2,82	2,82	2,47
Höchstgeschwindigkeit	204 km/h	206 km/h	218 km/h	210 km/h	235 km/h
Beschleunigung[2] 0-100 km/h	11,6 s	10,7 s	9,7 s	10,2 s	7,5 s
Norm-Kraftstoffverbrauch in Liter	4,1-4,4	4,1-4,6	3,9-4,2	4,3-4,6	4,2-4,7
Emissionsklasse	Euro 6	Euro 6d-TEMP	Euro 6	Euro 6	Euro 6d-TEMP
Effizienzklasse	A+	A+	A+	A+	A+
Radstand	2840 mm	2840 mm	2840 mm	2840 mm	2840 mm
Spur vorne/hinten	1590/1570 mm	1584/1566 mm	1584/1566 mm	1584/1566 mm	1584/1566 mm
Gesamtlänge	4686 mm	4686 mm	4686 mm	4686 mm	4686 mm
Gesamtbreite	1810 mm	1810 mm	1810 mm	1810 mm	1810 mm
Höhe	1442 mm	1442 mm	1442 mm	1442 mm	1442 mm
Wendekreisdurchmesser	11,22 m	11,22 m	11,22 m	11,22 m	11,22 m
Leergewicht[5]	1485 kg, Autom. + 20 kg	1555 kg	1485 kg	1570 kg	1555 kg
Zul. Gesamtgewicht	2055 kg	2135 kg	2055 kg	2135 kg	2135 kg
Zuladung	bis 570 kg, je nach Ausstattung	580 kg	bis 570 kg, je nach Ausstattung	bis 564 kg, je nach Ausstattung	bis 580 kg, je nach Ausstattung
Anhängelast gebremst/ungebremst	1600/740 kg	1800/710 kg	1600/740 kg	1800/750 kg	1800/710 kg
Preise[9]	04.2015: EUR 34.063,75	10.2018: EUR 34.914,60	04.2016: EUR 36.533,00	04.2016: EUR 39.032,00	10.2018: EUR 37.294,16

C-Klasse Limousinen der Baureihe 205, seit 2014

Typ	C 200 d	C 220 d	C 220 d 4MATIC	C 220 d	C 220 d 4MATIC
Konstruktionsbezeichnung	W 205	W 205	W 205	W 205	W 205
Produktionszeitraum	seit 07.2018	02.2014-07.2018	05.2015-07.2018	seit 07.2018	seit 07.2018
Motor	Viertakt-Diesel mit Common-Rail-Direkteinspritzung, VTG-Abgas-Turbolader mit Ladeluftkühlung, Abgasreinigungsanlage mit Oxidationskatalysator, Harnstoffeinspritzung, Partikelfilter und SCR/Katalysator	Viertakt-Diesel mit Common-Rail-Direkteinspritzung, Abgas-Turbolader mit Ladeluftkühlung, Abgasreinigungsanlage mit Oxidationskatalysator	Viertakt-Diesel mit Common-Rail-Direkteinspritzung, Abgas-Turbolader mit Ladeluftkühlung, Abgasreinigungsanlage mit Oxidationskatalysator	Viertakt-Diesel mit Common-Rail-Direkteinspritzung, VTG-Abgas-Turbolader mit Ladeluftkühlung, Abgasreinigungsanlage mit Oxidationskatalysator, Harnstoffeinspritzung, Partikelfilter und SCR/Katalysator	Viertakt-Diesel mit Common-Rail-Direkteinspritzung, VTG-Abgas-Turbolader mit Ladeluftkühlung, Abgasreinigungsanlage mit Oxidationskatalysator, Harnstoffeinspritzung, Partikelfilter und SCR/Katalysator
Motor-Typ/-Baumuster	OM 654 DE 16 G SCR red.	OM 651 DE 22 LA	OM 651 DE 22 LA	OM 654 DE 20 G SCR	OM 654 DE 20 G SCR
Zylinderzahl/Anordung	4/Reihe	4/Reihe	4/Reihe	4/Reihe	4/Reihe
Bohrung x Hub	78 x 83,6 mm	83 x 99 mm	83 x 99 mm	82 x 92,3 mm	78 x 83,6 mm
Gesamthubraum	1598 ccm	2143 ccm	2143 ccm	1950 ccm	1598 ccm
Verdichtungsverhältnis	15,5	16,2	16,2	15,5	15,5
Leistung	118 kW/160 PS bei 3000-4800/min	125 kW/170 PS bei 3000-4200/min	125 kW/170 PS bei 4200/min	143 kW/194 PS bei 3800/min	143 kW/194 PS bei 3800/min
Drehmoment	360 Nm bei 1600 -2600/min	400 Nm bei 1400-2800/min	400 Nm bei 1400-2800/min	400 Nm bei 1600-2800/min	400 Nm bei 1400-2800/min
Ventilanzahl/-anordnung	2 Einlass, 2 Auslass/hängend	2 Einlass, 2 Auslass/hängend	2 Einlass, 2 Auslass/hängend	2 Einlass, 2 Auslass/hängend	2 Einlass, 2 Auslass/hängend
Ventilsteuerung	2 obenliegende Nockenwellen	2 obenliegende Nockenwellen	2 obenliegende Nockenwellen	2 obenliegende Nockenwellen	2 obenliegende Nockenwellen
Gemischbildung	Common-Rail-Direkteinspritzung, Abgas-Turbolader mit verstellbarer Turbinengeometrie, Ladeluftkühlung	Common-Rail-Direkteinspritzung, Abgas-Turbolader mit verstellbarer Turbinengeometrie, Ladeluftkühlung	Common-Rail-Direkteinspritzung, Abgas-Turbolader mit verstellbarer Turbinengeometrie, Ladeluftkühlung	Common-Rail-Direkteinspritzung, Abgas-Turbolader mit verstellbarer Turbinengeometrie, Ladeluftkühlung	Common-Rail-Direkteinspritzung, Abgas-Turbolader mit verstellbarer Turbinengeometrie, Ladeluftkühlung
Kühlung	Wasserkühlung/Pumpe	Wasserkühlung/Pumpe	Wasserkühlung/Pumpe	Wasserkühlung/Pumpe	Wasserkühlung/Pumpe
Schmierung	Druckumlauf-Schmierung	Druckumlauf-Schmierung	Druckumlauf-Schmierung	Druckumlauf-Schmierung	Druckumlauf-Schmierung
Kraftstofftank: Anordnung, Fassungsvermögen	vor der Hinterachse, 41 l, auf Wunsch 66 l	vor der Hinterachse, 41 l, auf Wunsch 66 l	vor der Hinterachse, 41 l, auf Wunsch 66 l	vor der Hinterachse, 41 l, auf Wunsch 66 l	vor der Hinterachse, 41 l, auf Wunsch 66 l
Radaufhängung vorne	Mehrlenkerachsen/McPherson-Federbeine	Mehrlenkerachsen/McPherson-Federbeine	Mehrlenkerachsen/McPherson-Federbeine	Mehrlenkerachsen/McPherson-Federbeine	Mehrlenkerachsen/McPherson-Federbeine
Radaufhängung hinten	Raumlenkerachse	Raumlenkerachse	Raumlenkerachse	Raumlenkerachse	Raumlenkerachse
Federung vorne	Schraubenfedern, Drehstab-Stabilisator	Schraubenfedern, Drehstab-Stabilisator	Schraubenfedern, Drehstab-Stabilisator	Schraubenfedern, Drehstab-Stabilisator	Schraubenfedern, Drehstab-Stabilisator
Federung hinten	Schraubenfedern, Drehstab-Stabilisator	Schraubenfedern, Drehstab-Stabilisator	Schraubenfedern, Drehstab-Stabilisator	Schraubenfedern, Drehstab-Stabilisator	Schraubenfedern, Drehstab-Stabilisator
Stoßdämpfer vorne/hinten	Gasdruckstoßdämpfer	Gasdruckstoßdämpfer	Gasdruckstoßdämpfer	Gasdruckstoßdämpfer	Gasdruckstoßdämpfer
Lenkung	Zahnstangen-Servolenkung mit geschwindigkeitsabhängiger Lenkkraftunterstützung und variabler Lenkübersetzung	Zahnstangen-Servolenkung mit geschwindigkeitsabhängiger Lenkkraftunterstützung und variabler Lenkübersetzung	Zahnstangen-Servolenkung mit geschwindigkeitsabhängiger Lenkkraftunterstützung und variabler Lenkübersetzung	Zahnstangen-Servolenkung mit geschwindigkeitsabhängiger Lenkkraftunterstützung und variabler Lenkübersetzung	Zahnstangen-Servolenkung mit geschwindigkeitsabhängiger Lenkkraftunterstützung und variabler Lenkübersetzung
Bremsanlage	hydraulische Zweikreis-Bremsanlage mit Unterdruck-Bremskraftverstärker, Scheibenbremsen vorn innenbelüftet, hinten massiv, ABS, BAS, ESP®	hydraulische Zweikreis-Bremsanlage mit Unterdruck-Bremskraftverstärker, Scheibenbremsen vorn innenbelüftet, hinten massiv, ABS, BAS, ESP®	hydraulische Zweikreis-Bremsanlage mit Unterdruck-Bremskraftverstärker, Scheibenbremsen vorn innenbelüftet, hinten massiv, ABS, BAS, ESP®	hydraulische Zweikreis-Bremsanlage mit Unterdruck-Bremskraftverstärker, Scheibenbremsen vorn innenbelüftet, hinten massiv, ABS, BAS, ESP®	hydraulische Zweikreis-Bremsanlage mit Unterdruck-Bremskraftverstärker, Scheibenbremsen vorn innenbelüftet, hinten massiv, ABS, BAS, ESP®
Feststellbremse	elektrisch, auf Hinterräder wirkend	elektrisch, auf Hinterräder wirkend	elektrisch, auf Hinterräder wirkend	elektrisch, auf Hinterräder wirkend	elektrisch, auf Hinterräder wirkend
Bremsscheibendurchmesser vorne/hinten	305/300 mm	305/300 mm	305/300 mm	305/300 mm	305/300 mm
Räder	Leichtmetallfelgen 7 J x 16	Leichtmetallfelgen 7 J x 16	Leichtmetallfelgen 7 J x 17	Leichtmetallfelgen 7 J x 16	Leichtmetallfelgen 7 J x 17
Reifen	205/60 R 16	205/60 R 16	225/50 R 17	205/60 R 16	225/50 R 17
Kraftübertragung	über geteilte Kardanwelle auf die Hinterräder	über geteilte Kardanwelle auf die Hinterräder	4MATIC Allradantrieb	über geteilte Kardanwelle auf die Hinterräder	4MATIC Allradantrieb
Getriebe [1]	6-Gang mechanisch	6-Gang mechanisch	9-Gang-Automatikgetriebe mit elektronischer Steuerung	9-Gang-Automatikgetriebe mit elektronischer Steuerung	9-Gang-Automatikgetriebe mit elektronischer Steuerung
Verfügbarkeit	Serie	Serie	Serie	Serie	Serie
Kupplung	Einscheiben-Trockenkupplung	Einscheiben-Trockenkupplung	Wandler	Wandler	Wandler
Getriebebezeichnung			9G-TRONIC	9G-TRONIC	9G-TRONIC
Getriebe-Übersetzung	I. 5,65; II. 2,92; III. 1,82; IV. 1,33; V. 1,00; VI. 0,79; R. 5,32	I. 4,79; II. 2,51; III. 1,46; IV. 1,00; V. 0,78; VI. 0,67; R. 4,48	I. 5,35; II. 3,24; III. 2,25; IV. 1,64; V. 1,21; VI. 1,00; VII. 0,87; VIII. 0,72; IX. 0,60; R. 4,80	I. 5,35; II. 3,24; III. 2,25; IV. 1,64; V. 1,21; VI. 1,00; VII. 0,87; VIII. 0,72; IX. 0,60; R. 4,80	I. 5,35; II. 3,24; III. 2,25; IV. 1,64; V. 1,21; VI. 1,00; VII. 0,87; VIII. 0,72; IX. 0,60; R. 4,80
Achsantriebsübersetzung	2,65	2,65	2,47	2,47	2,47
Höchstgeschwindigkeit	226 km/h	234 km/h	230 km/h	240 km/h	233 km/h
Beschleunigung[2] 0-100 km/h	8,5 s	7,7 s	7,5 s	6,9 s	6,9 s
Norm-Kraftstoffverbrauch in Liter	4,1-4,5	4,0-4,2	4,6-5,0	4,4-4,9	4,9-5,5
Emissionsklasse	Euro 6d-TEMP	Euro 6	Euro 6	Euro 6d-TEMP	Euro 6d- TEMP
Effizienzklasse	A+	A+	A	A	A
Getriebe [2]	9-Gang-Automatikgetriebe mit elektronischer Steuerung	7-Gang-Automatikgetriebe mit elektronischer Steuerung			
Verfügbarkeit	auf Wunsch	auf Wunsch			
Kupplung	Wandler	Wandler			
Getriebebezeichnung	9G-TRONIC	7G-TRONIC+			
Getriebe-Übersetzung	I. 5,35; II. 3,24; III. 2,25; IV. 1,64; V. 1,21; VI. 1,00; VII. 0,87; VIII. 0,72; IX. 0,60; R. 4,80	I. 4,38; II. 2,86; III. 1,92; IV. 1,37; V. 1,00; VI. 0,82; VII. 0,73; R. 3,42			
Achsantriebsübersetzung	2,47	2,47			
Höchstgeschwindigkeit	235 km/h	233 km/h			
Beschleunigung[2] 0-100 km/h	7,5 s	7,4 s			
Norm-Kraftstoffverbrauch in Liter	4,2-4,7	4,3-4,5			
Emissionsklasse	Euro 6d-TEMP	Euro 6			
Effizienzklasse	A+	A+			
Radstand	2840 mm	2840 mm	2840 mm	2840 mm	2840 mm
Spur vorne/hinten	1584/1566 mm	1584/1566 mm	1584/1566 mm	1584/1566 mm	1584/1566 mm
Gesamtlänge	4686 mm	4686 mm	4686 mm	4686 mm	4686 mm
Gesamtbreite	1810 mm	1810 mm	1810 mm	1810 mm	1810 mm
Höhe	1442 mm	1442 mm	1442 mm	1442 mm	1442 mm
Wendekreisdurchmesser	11,22 m	11,22 m	11,22 m	11,22 m	11,22 m
Leergewicht[5]	1555 kg	1550 kg	1635 kg	1585 kg	1665 kg
Zul. Gesamtgewicht	2135 kg	2115 kg	2200 kg	2165 kg	2245 kg
Zuladung	bis 580 kg, je nach Ausstattung	bis 565 kg, je nach Ausstattung	bis 565 kg, je nach Ausstattung	bis 580 kg, je nach Ausstattung	bis 580 kg, je nach Ausstattung
Anhängelast gebremst/ungebremst	1800/710	1800/750 kg	1800/750 kg	1800/750 kg	1800/750 kg
Preise[9]	10.2018: EUR 37.294,16	04.2016: EUR 38.913,00	04.2016: EUR 43.792,00	10.2018: EUR 42.328,30	10.2018: EUR 44.708,30

C-Klasse Limousinen der Baureihe 205, seit 2014

Typ	C 250 d	C 250 d 4MATIC	C 300 h	C 300 d	C 300 d 4MATIC
Konstruktionsbezeichnung	W 205	W 205	W 205	W 205	W 205
Produktionszeitraum	02.2014-07.2018	05.2015-07.2018	09.2014-07.2018	seit 07.2018	seit 07.2018
Motor	Viertakt-Diesel mit Common-Rail-Direkteinspritzung, Abgas-Turbolader mit Ladeluftkühlung, Abgasreinigungsanlage mit Oxidationskatalysator	Viertakt-Diesel mit Common-Rail-Direkteinspritzung, Abgas-Turbolader mit Ladeluftkühlung, Abgasreinigungsanlage mit Oxidationskatalysator	Viertakt-Diesel mit Common-Rail-Direkteinspritzung, Abgas-Turbolader mit Ladeluftkühlung, Abgasreinigungsanlage mit Oxidationskatalysator + Elektromotor	Viertakt-Diesel mit Common-Rail-Direkteinspritzung, VTG-Abgas-Turbolader mit Ladeluftkühlung, Abgasreinigungsanlage mit Oxidationskatalysator, Harnstoffeinspritzung, Partikelfilter und SCR/Katalysator	Viertakt-Diesel mit Common-Rail-Direkteinspritzung, VTG-Abgas-Turbolader mit Ladeluftkühlung, Abgasreinigungsanlage mit Oxidationskatalysator, Harnstoffeinspritzung, Partikelfilter und SCR/Katalysator
Motor-Typ/-Baumuster	OM 651 DE 22 LA	OM 651 DE 22 LA	OM 651 DE 22 LA + Parallel-Hybrid AC Synchronmotor	OM 654 DE 20 G SCR	OM 654 DE 20 G SCR
Zylinderzahl/Anordung	4/Reihe	4/Reihe	4/Reihe	4/Reihe	4/Reihe
Bohrung x Hub	83 x 99 mm	83 x 99 mm	83 x 99 mm	82 x 92,3 mm	82 x 92,3 mm
Gesamthubraum	2143 ccm	2143 ccm	2143 ccm	1950 ccm	1950 ccm
Verdichtungsverhältnis	16,2	16,2	16,2	15,5	15,5
Leistung	150 kW/204 PS bei 4200/min	150 kW/204 PS bei 4200/min	125 kW/204 PS + 20 kW/27 PS bei 3800/min	180 kW/245 PS bei 4200/min	180 kW/245 PS bei 4200/min
Drehmoment	500 Nm bei 1600-1800/min	500 Nm bei 1600-1800/min	500 Nm + 250 Nm bei 1600-1800/min	500 Nm bei 1600-2400/min	500 Nm bei 1600-2400/min
Ventilanzahl/-anordnung	2 Einlass, 2 Auslass/hängend	2 Einlass, 2 Auslass/hängend	2 Einlass, 2 Auslass/hängend	2 Einlass, 2 Auslass/hängend	2 Einlass, 2 Auslass/hängend
Ventilsteuerung	2 obenliegende Nockenwellen	2 obenliegende Nockenwellen	2 obenliegende Nockenwellen	2 obenliegende Nockenwellen	2 obenliegende Nockenwellen
Gemischbildung	Common-Rail-Direkteinspritzung, Abgas-Turbolader mit verstellbarer Turbinengeometrie, Ladeluftkühlung	Common-Rail-Direkteinspritzung, Abgas-Turbolader mit verstellbarer Turbinengeometrie, Ladeluftkühlung	Common-Rail-Direkteinspritzung, Abgas-Turbolader mit verstellbarer Turbinengeometrie, Ladeluftkühlung	Common-Rail-Direkteinspritzung, Abgas-Turbolader mit verstellbarer Turbinengeometrie, Ladeluftkühlung	Common-Rail-Direkteinspritzung, Abgas-Turbolader mit verstellbarer Turbinengeometrie, Ladeluftkühlung
Kühlung	Wasserkühlung/Pumpe	Wasserkühlung/Pumpe	Wasserkühlung/Pumpe	Wasserkühlung/Pumpe	Wasserkühlung/Pumpe
Schmierung	Druckumlauf-Schmierung	Druckumlauf-Schmierung	Druckumlauf-Schmierung	Druckumlauf-Schmierung	Druckumlauf-Schmierung
Kraftstofftank: Anordnung, Fassungsvermögen	vor der Hinterachse, 50/7 l, auf Wunsch 66 l	vor der Hinterachse, 50/7 l, auf Wunsch 66 l	vor der Hinterachse, 50/7 l, auf Wunsch 66 l	vor der Hinterachse, 41 l, auf Wunsch 66 l	vor der Hinterachse, 41 l, auf Wunsch 66 l
Radaufhängung vorne	Mehrlenkerachsen/McPherson-Federbeine	Mehrlenkerachsen/McPherson-Federbeine	Mehrlenkerachsen/McPherson-Federbeine	Mehrlenkerachsen/McPherson-Federbeine	Mehrlenkerachsen/McPherson-Federbeine
Radaufhängung hinten	Raumlenkerachse	Raumlenkerachse	Raumlenkerachse	Raumlenkerachse	Raumlenkerachse
Federung vorne	Schraubenfedern, Drehstab-Stabilisator	Schraubenfedern, Drehstab-Stabilisator	Schraubenfedern, Drehstab-Stabilisator	Schraubenfedern, Drehstab-Stabilisator	Schraubenfedern, Drehstab-Stabilisator
Federung hinten	Schraubenfedern, Drehstab-Stabilisator	Schraubenfedern, Drehstab-Stabilisator	Schraubenfedern, Drehstab-Stabilisator	Schraubenfedern, Drehstab-Stabilisator	Schraubenfedern, Drehstab-Stabilisator
Stoßdämpfer vorne/hinten	Gasdruckstoßdämpfer	Gasdruckstoßdämpfer	Gasdruckstoßdämpfer	Gasdruckstoßdämpfer	Gasdruckstoßdämpfer
Lenkung	Zahnstangen-Servolenkung mit geschwindigkeitsabhängiger Lenkkraftunterstützung und variabler Lenkübersetzung	Zahnstangen-Servolenkung mit geschwindigkeitsabhängiger Lenkkraftunterstützung und variabler Lenkübersetzung	Zahnstangen-Servolenkung mit geschwindigkeitsabhängiger Lenkkraftunterstützung und variabler Lenkübersetzung	Zahnstangen-Servolenkung mit geschwindigkeitsabhängiger Lenkkraftunterstützung und variabler Lenkübersetzung	Zahnstangen-Servolenkung mit geschwindigkeitsabhängiger Lenkkraftunterstützung und variabler Lenkübersetzung
Bremsanlage	hydraulische Zweikreis-Bremsanlage mit Unterdruck-Bremskraftverstärker, Scheibenbremsen vorn innenbelüftet, hinten massiv, ABS, BAS, ESP®	hydraulische Zweikreis-Bremsanlage mit Unterdruck-Bremskraftverstärker, Scheibenbremsen vorn innenbelüftet, hinten massiv, ABS, BAS, ESP®	hydraulische Zweikreis-Bremsanlage mit Unterdruck-Bremskraftverstärker, Scheibenbremsen vorn innenbelüftet, hinten massiv, ABS, BAS, ESP®	hydraulische Zweikreis-Bremsanlage mit Unterdruck-Bremskraftverstärker, Scheibenbremsen vorn innenbelüftet, hinten massiv, ABS, BAS, ESP®	hydraulische Zweikreis-Bremsanlage mit Unterdruck-Bremskraftverstärker, Scheibenbremsen vorn innenbelüftet, hinten massiv, ABS, BAS, ESP®
Feststellbremse	elektrisch, auf Hinterräder wirkend	elektrisch, auf Hinterräder wirkend	elektrisch, auf Hinterräder wirkend	elektrisch, auf Hinterräder wirkend	elektrisch, auf Hinterräder wirkend
Bremsscheibendurchmesser vorne/hinten	318/300 mm	318/300 mm	318/300 mm	318/300 mm	318/300 mm
Räder	Leichtmetallfelgen 7 J x 17	Leichtmetallfelgen 7 J x 17	Leichtmetallfelgen 7 J x 17	Leichtmetallfelgen 7 J x 17	Leichtmetallfelgen 7 J x 17
Reifen	225/50 R 17	225/50 R 17	225/50 R 17	225/50 R 17	225/50 R 17
Kraftübertragung	über geteilte Kardanwelle auf die Hinterräder	4MATIC Allradantrieb	über geteilte Kardanwelle auf die Hinterräder	über geteilte Kardanwelle auf die Hinterräder	4MATIC Allradantrieb
Getriebe [1]	7-Gang-Automatikgetriebe mit elektronischer Steuerung	9-Gang-Automatikgetriebe mit elektronischer Steuerung	7-Gang-Automatikgetriebe mit elektronischer Steuerung	9-Gang-Automatikgetriebe mit elektronischer Steuerung	9-Gang-Automatikgetriebe mit elektronischer Steuerung
Verfügbarkeit	Serie	Serie	Serie	Serie	Serie
Kupplung	Wandler	Wandler	Wandler	Wandler	Wandler
Getriebebezeichnung	7G-TRONIC+	9G-TRONIC	7G-TRONIC+	9G-TRONIC	9G-TRONIC
Getriebe-Übersetzung	I. 4,38; II. 2,86; III.1,92; IV. 1,37; V.1,00; VI. 0,82; VII. 0,73; R. 3,42	I. 5,35; II. 3,24; III. 2,25; IV. 1,64; V. 1,21; VI. 1,00; VII. 0,87; VIII. 0,72; IX. 0,60; R. 4,80	I. 4,38; II. 2,86; III. 1,92; IV. 1,37; V. 1,00; VI. 0,82: VII. 0,73: R. 3,42	I. 5,35; II. 3,24; III. 2,25; IV. 1,64; V. 1,21; VI. 1,00; VII. 0,87; VIII. 0,72; IX. 0,60; R. 4,80	I. 5,35; II. 3,24; III. 2,25; IV. 1,64; V. 1,21; VI. 1,00; VII. 0,87; VIII. 0,72; IX. 0,60; R. 4,80
Achsantriebsübersetzung	2,47	2,47	2,47		
Höchstgeschwindigkeit	247 km/h	242 km/h	244 km/h	250 km/h	245 km/h
Beschleunigung[2] 0-100 km/h	6,6 s	6,8 s	6,4 s	5.9 s	5,7 s
Norm-Kraftstoffverbrauch in Liter	4,3-4,6	4,6-5,0	3,6	4,9-5,4	5,3-5,7
Emissionsklasse	Euro 6	Euro 6	Euro 6	Euro 6d-TEMP	Euro 6d-TEMP
Effizienzklasse	A+	A	A+	B	B
Getriebe [2]					
Verfügbarkeit					
Kupplung					
Getriebebezeichnung					
Getriebe-Übersetzung					
Achsantriebsübersetzung					
Höchstgeschwindigkeit					
Beschleunigung[2] 0-100 km/h					
Norm-Kraftstoffverbrauch in Liter					
Emissionsklasse					
Effizienzklasse					
Radstand	2840 mm	2840 mm	2840 mm	2840 mm	2840 mm
Spur vorne/hinten	1584/1566 mm	1584/1566 mm	1584/1566 mm	1584/1566 mm	1584/1566 mm
Gesamtlänge	4686 mm	4686 mm	4686 mm	4686 mm	4686 mm
Gesamtbreite	1810 mm	1810 mm	1810 mm	1810 mm	1810 mm
Höhe	1442 mm	1442 mm	1442 mm	1442 mm	1442 mm
Wendekreisdurchmesser	11,22 m	11,22 m	11,22 m	11,22 m	11,22 m
Leergewicht[5]	1595 kg	1660 kg	1715 kg	1635 kg	1705 kg
Zul. Gesamtgewicht	2160 kg	2225 kg	2280 kg	2215 kg	2285 kg
Zuladung	bis 565 kg, je nach Ausstattung	bis 565 kg, je nach Ausstattung	bis 565 kg, je nach Ausstattung	bis 580 kg, je nach Ausstattung	bis 580 kg, je nach Ausstattung
Anhängelast gebremst/ungebremst	1800/750 kg	1800/750 kg	1600/750 kg	1800/750 kg	1800/750 kg
Preise[9]	04.2016: EUR 44.268,00	04.2016: EUR 46.648,00	04.2016: EUR 47.243,00	10.2018: EUR 46.070,85	10.2018: EUR 48.450,85

C-Klasse Limousinen der Baureihe 205, seit 2014

Typ	C 160	C 180	C 200	C 200 4MATIC	C 200
Konstruktionsbezeichnung	W 205	W 205	W 205	W 205	W 205
Produktionszeitraum	seit 05.2015	seit 02.2014	02.2014-04.2018	05.2015 bis 04.2018	seit 04.2018
Motor	Viertakt-Ottomotor mit einem Kurbelgehäuse aus Aluminium-Druckguss, strahlgeführte Mehrfach-Benzin-Direkteinspritzung, Abgas-Turboaufladung mit Ladeluftkühlung	Viertakt-Ottomotor mit einem Kurbelgehäuse aus Aluminium-Druckguss, strahlgeführte Mehrfach-Benzin-Direkteinspritzung, Abgas-Turboaufladung mit Ladeluftkühlung	Viertakt-Ottomotor mit einem Kurbelgehäuse aus Aluminium-Druckguss, strahlgeführte Mehrfach-Benzin-Direkteinspritzung, Abgas-Turboaufladung mit Ladeluftkühlung	Viertakt-Ottomotor mit einem Kurbelgehäuse aus Aluminium-Druckguss, strahlgeführte Mehrfach-Benzin-Direkteinspritzung, Abgas-Turboaufladung mit Ladeluftkühlung	Viertakt-Ottomotor mit einem Kurbelgehäuse aus Aluminium-Druckguss, strahlgeführte Mehrfach-Benzin-Direkteinspritzung, Abgas-Turboaufladung mit Ladeluftkühlung + Elektromotor
Motor-Typ/-Baumuster	M 274 DE 16 AL	M 274 DE 16 AL	M 274 DE 20 AL	M 274 DE 20 AL	M 264 E 15 DE AL + Parallel-Hybrid AC Synchronmotor
Zylinderzahl/Anordung	4/Reihe	4/Reihe	4/Reihe	4/Reihe	4/Reihe
Bohrung x Hub	83 x 73,7 mm	83 x 73,7 mm	83 x 92 mm	83 x 92 mm	80,4 x 73,7 mm
Gesamthubraum	1595 ccm	1595 ccm	1991 ccm	1991 ccm	1497 ccm
Verdichtungsverhältnis	10,3	10,3	9,8	9,8	10,5
Leistung	95 kW/129 PS bei 5000/min	115 kW/156 PS bei 5300/min	135 kW/184 PS bei 5500/min	135 kW/184 PS bei 5500/min	135 kW/184 PS + 10 kW/14 PS bei 5800-6100/min
Drehmoment	210 Nm bei 1200-4000/min	250 Nm bei 1250-4000/min	300 Nm bei 1200-4000/min	300 Nm bei 1200-4000/min	280 Nm bei 3000-4000/min
Ventilanzahl/-anordnung	2 Einlass, 2 Auslass/hängend	2 Einlass, 2 Auslass/hängend	2 Einlass, 2 Auslass/hängend	2 Einlass, 2 Auslass/hängend	2 Einlass-, 2 Auslass/hängend
Ventilsteuerung	2 obenliegende und verstellbare Nockenwellen	2 obenliegende und verstellbare Nockenwellen	2 obenliegende und verstellbare Nockenwellen	2 obenliegende und verstellbare Nockenwellen	2 obenliegende und verstellbare Nockenwellen
Gemischbildung	Mehrfach-Benzin-Direkteinspritzung durch Piezo-Injektoren, Abgas-Turboaufladung mit Ladeluftkühlung	Mehrfach-Benzin-Direkteinspritzung durch Piezo-Injektoren, Abgas-Turboaufladung mit Ladeluftkühlung	Mehrfach-Benzin-Direkteinspritzung durch Piezo-Injektoren, Abgas-Turboaufladung mit Ladeluftkühlung	Mehrfach-Benzin-Direkteinspritzung durch Piezo-Injektoren, Abgas-Turboaufladung mit Ladeluftkühlung	Mehrfach-Benzin-Direkteinspritzung durch Piezo-Injektoren, Abgas-Turboaufladung mit Ladeluftkühlung, auf der Einlassseite variable Ventilsteuerung CAMTRONIC
Kühlung	Wasserkühlung/Pumpe	Wasserkühlung/Pumpe	Wasserkühlung/Pumpe	Wasserkühlung/Pumpe	Wasserkühlung/Pumpe
Schmierung	Druckumlauf-Schmierung	Druckumlauf-Schmierung	Druckumlauf-Schmierung	Druckumlauf-Schmierung	Druckumlauf-Schmierung
Kraftstofftank: Anordnung, Fassungsvermögen	vor der Hinterachse, 41 l, auf Wunsch 66 l	vor der Hinterachse, 41 l, auf Wunsch 66 l	vor der Hinterachse, 41 l, auf Wunsch 66 l	vor der Hinterachse, 41 l, auf Wunsch 66 l	vor der Hinterachse, 41 l, auf Wunsch 66 l
Radaufhängung vorne	Mehrlenkerachsen/McPherson-Federbeine	Mehrlenkerachsen/McPherson-Federbeine	Mehrlenkerachsen/McPherson-Federbeine	Mehrlenkerachsen/McPherson-Federbeine	Mehrlenkerachsen/McPherson-Federbeine
Radaufhängung hinten	Raumlenkerachse	Raumlenkerachse	Raumlenkerachse	Raumlenkerachse	Raumlenkerachse
Federung vorne	Schraubenfedern, Drehstab-Stabilisator	Schraubenfedern, Drehstab-Stabilisator	Schraubenfedern, Drehstab-Stabilisator	Schraubenfedern, Drehstab-Stabilisator	Schraubenfedern, Drehstab-Stabilisator
Federung hinten	Schraubenfedern, Drehstab-Stabilisator	Schraubenfedern, Drehstab-Stabilisator	Schraubenfedern, Drehstab-Stabilisator	Schraubenfedern, Drehstab-Stabilisator	Schraubenfedern, Drehstab-Stabilisator
Stoßdämpfer vorne/hinten	Gasdruckstoßdämpfer	Gasdruckstoßdämpfer	Gasdruckstoßdämpfer	Gasdruckstoßdämpfer	Gasdruckstoßdämpfer
Lenkung	Zahnstangen-Servolenkung mit geschwindigkeitsabhängiger Lenkkraftunterstützung und variabler Lenkübersetzung	Zahnstangen-Servolenkung mit geschwindigkeitsabhängiger Lenkkraftunterstützung und variabler Lenkübersetzung	Zahnstangen-Servolenkung mit geschwindigkeitsabhängiger Lenkkraftunterstützung und variabler Lenkübersetzung	Zahnstangen-Servolenkung mit geschwindigkeitsabhängiger Lenkkraftunterstützung und variabler Lenkübersetzung	Zahnstangen-Servolenkung mit geschwindigkeitsabhängiger Lenkkraftunterstützung und variabler Lenkübersetzung
Bremsanlage	hydraulische Zweikreis-Bremsanlage mit Unterdruck-Bremskraftverstärker, Scheibenbremsen vorn innenbelüftet, hinten massiv, ABS, BAS, ESP®	hydraulische Zweikreis-Bremsanlage mit Unterdruck-Bremskraftverstärker, Scheibenbremsen vorn innenbelüftet, hinten massiv, ABS, BAS, ESP®	hydraulische Zweikreis-Bremsanlage mit Unterdruck-Bremskraftverstärker, Scheibenbremsen vorn innenbelüftet, hinten massiv, ABS, BAS, ESP®	hydraulische Zweikreis-Bremsanlage mit Unterdruck-Bremskraftverstärker, Scheibenbremsen vorn innenbelüftet, hinten massiv, ABS, BAS, ESP®	hydraulische Zweikreis-Bremsanlage mit Unterdruck-Bremskraftverstärker, Scheibenbremsen vorn innenbelüftet, hinten massiv, ABS, BAS, ESP®
Feststellbremse	elektrisch, auf Hinterräder wirkend	elektrisch, auf Hinterräder wirkend	elektrisch, auf Hinterräder wirkend	elektrisch, auf Hinterräder wirkend	elektrisch, auf Hinterräder wirkend
Bremsscheibendurchmesser vorne/hinten	295/300 mm	295/300 mm	305/300 mm	305/300 mm	305/300 mm
Räder	Stahlräder mit Radzierblenden, 6,5 J x 16, auf Wunsch Leichtmetallfelgen	Stahlräder mit Radzierblenden, 6,5 J x 16, auf Wunsch Leichtmetallfelgen	Leichtmetallfelgen 6,5 J x 16	Leichtmetallfelgen 7 J x 17	Leichtmetallfelgen 6,5 J x 16
Reifen	205/60 R 16	205/60 R 16	205/60 R 16	225/50 R 17	205/60 R 16
Kraftübertragung	über geteilte Kardanwelle auf die Hinterräder	über geteilte Kardanwelle auf die Hinterräder	über geteilte Kardanwelle auf die Hinterräder	4MATIC Allradantrieb	über geteilte Kardanwelle auf die Hinterräder
Getriebe [1]	6-Gang mechanisch	6-Gang mechanisch	6-Gang mechanisch	7-Gang-Automatikgetriebe mit elektronischer Steuerung; ab Mitte 2016: 9-Gang-Automatikgetriebe mit elektronischer Steuerung	9-Gang-Automatikgetriebe mit elektronischer Steuerung
Verfügbarkeit	Serie	Serie	Serie	Serie	Serie
Kupplung	Einscheiben-Trockenkupplung	Einscheiben-Trockenkupplung	Einscheiben-Trockenkupplung	Wandler	Wandler
Getriebebezeichnung				7G-TRONIC+; ab Mitte 2016: 9G-TRONIC	9G-TRONIC
Getriebe-Übersetzung	I. 4,75; II. 2,46; III. 1,62; IV. 1,24; V. 1,00; VI. 0,79; R. 4,47	I. 4,75; II. 2,46; III. 1,62; IV. 1,24; V. 1,00; VI. 0,79; R. 4,47	I. 4,75; II. 2,46; III. 1,62; IV. 1,24; V. 1,00; VI. 0,79; R. 4,47	7G-TRONIC+: I. 4,38; II. 2,86; III. 1,92; IV. 1,37; V. 1,00; VI. 0,82; VII. 0,73; R. 3,42; 9G-TRONIC:I. 5,35; II. 3, 24; III. 2,25; IV. 1,64; V. 1,21; VI. 1,00; VII. 0,87; VIII; 0,72; IX: 0,60; R. 4,80	I. 5,35; II. 3,24; III. 2,25; IV. 1,64; V. 1,21; VI. 1,00; VII. 0,87; VIII. 0,72; IX. 0,60; R. 4,80
Achsantriebsübersetzung	2,65	2,65	2,65	2,65	3,07
Höchstgeschwindigkeit	216 km/h	225 km/h	237 km/h	229 km/h	239 km/h
Beschleunigung[2] 0-100 km/h	9,6 s	8,2 s	7,5 s	7,4 s	7,7 s
Norm-Kraftstoffverbrauch in Liter	5,2-5,7	5,0-5,5	5,3-5,9	6,1-6,5	6,0-6,3
Emissionsklasse	Euro 6; ab 04.2018: Euro6d-TEMP	Euro 6; ab 04.2018: Euro6d-TEMP	Euro 6	Euro 6	Euro 6d-TEMP
Effizienzklasse	B	A	A	B	B
Getriebe [2]	9-Gang-Automatikgetriebe mit elektronischer Steuerung	7-Gang-Automatikgetriebe mit elektronischer Steuerung; ab Mitte 2016: 9-Gang-Automatikgetriebe mit elektronischer Steuerung	7-Gang-Automatikgetriebe mit elektronischer Steuerung; ab Mitte 2016: 9-Gang-Automatikgetriebe mit elektronischer Steuerung		
Verfügbarkeit	auf Wunsch	auf Wunsch	auf Wunsch		
Kupplung	Wandler	Wandler	Wandler		
Getriebebezeichnung	9G-TRONIC	7G-TRONIC+; ab Mitte 2016: 9G-TRONIC	7G-TRONIC+; ab Mitte 2016: 9G-TRONIC		
Getriebe-Übersetzung	I. 5,35; II. 3, 24; III. 2,25; IV. 1,64; V. 1,21; VI. 1,00; VII. 0,87; VIII; 0,72; IX: 0,60; R. 3,42	7G-TRONIC+: I. 4,38; II. 2,86; III. 1,92; IV. 1,37; V. 1,00; VI. 0,82; VII. 0,73; R. 3,42; 9G-TRONIC: I. 5,35; II. 3, 24; III. 2,25; IV. 1,64; V. 1,21; VI. 1,00; VII. 0,87; VIII; 0,72; IX: 0,60; R. 3,42	7G-TRONIC+: I. 4,38; II. 2,86; III. 1,92; IV. 1,37; V. 1,00; VI. 0,82; VII. 0,73; R. 3,42: 9G-TRONIC:I. 5,35; II. 3, 24; III. 2,25; IV. 1,64; V. 1,21; VI. 1,00; VII. 0,87; VIII; 0,72; IX: 0,60; R. 3,42		
Achsantriebsübersetzung	3,07	3,07	3,07		
Höchstgeschwindigkeit	214 km/h	223 km/h	235 km/h		
Beschleunigung[2] 0-100 km/h	9,8 s	8,2 s	7,2 s		
Norm-Kraftstoffverbrauch in Liter	4,0-7,8	5,4-7,8	5,1-7,7		
Emissionsklasse	Euro 6; ab 04.2018 Euro 6d-TEMP	Euro 6; ab 04.2018 Euro 6d-TEMP	Euro 6		
Effizienzklasse	B	A	A		
Radstand	2840 mm	2840 mm	2840 mm	2840 mm	2840 mm
Spur vorne/hinten	1584/1566 mm	1584/1566 mm	1584/1566 mm	1584/1566 mm	1584/1566 mm
Gesamtlänge	4686 mm	4686 mm	4686 mm	4686 mm	4686 mm
Gesamtbreite	1810 mm	1810 mm	1810 mm	1810 mm	1810 mm
Höhe	1442 mm	1442 mm	1442 mm	1442 mm	1442 mm
Wendekreisdurchmesser	11,22 m	11,22 m	11,22 m	11,22 m	11,22 m
Leergewicht[5]	1395 kg	1395 kg	1450 kg	1545 kg	1505 kg
Zul. Gesamtgewicht	1960 kg	1960 kg	2015 kg	2110 kg	2085 kg
Zuladung	bis 565 kg, je nach Ausstattung	bis 565 kg je nach Ausstattung	bis 565 kg, je nach Ausstattung	bis 565 kg, je nach Ausstattung	bis 580 kg, je nach Ausstattuung
Anhängelast gebremst/ungebremst	1400/695 kg	1400/695 kg	1600/725 kg	1800/750 kg	1800/750 kg
Preise[9]	04.2016: EUR 31.773,00	04.2016: EUR 33.766,25,00	04.2016: EUR 36.652,00	04.2016: EUR 41.531,00	10.2018: EUR 39.948,30

C-Klasse Limousinen der Baureihe 205, seit 2014

Typ	C 200 4MATIC	C 250	C 300	C 300	C 350 e
Konstruktionsbezeichnung	W 205	W 205	W 205	W 205	W 205
Produktionszeitraum	seit 04.2018	02.2014-04.2018	02.2014-04.2018	seit 04.2018	03.2015-04.2018
Motor	Viertakt-Ottomotor mit einem Kurbelgehäuse aus Aluminium-Druckguss, strahlgeführte Mehrfach-Benzin-Direkteinspritzung, Abgas-Turboaufladung mit Ladeluftkühlung + Elektromotor	Viertakt-Ottomotor mit einem Kurbelgehäuse aus Aluminium-Druckguss, strahlgeführte Mehrfach-Benzin-Direkteinspritzung, Abgas-Turboaufladung mit Ladeluftkühlung	Viertakt-Ottomotor mit einem Kurbelgehäuse aus Aluminium-Druckguss, strahlgeführte Mehrfach-Benzin-Direkteinspritzung, Abgas-Turboaufladung mit Ladeluftkühlung	Viertakt-Ottomotor mit einem Kurbelgehäuse aus Aluminium-Druckguss, strahlgeführte Mehrfach-Benzin-Direkteinspritzung, Abgas-Turboaufladung mit Ladeluftkühlung	Viertakt-Ottomotor mit einem Kurbelgehäuse aus Aluminium-Druckguss, strahlgeführte Mehrfach-Benzin-Direkteinspritzung, Abgas-Turboaufladung mit Ladeluftkühlung + Elektromotor
Motor-Typ/-Baumuster	M 264 E 15 DE AL + Parallel-Hybrid AC Synchronmotor	M 274 DE 20 AL	M 274 DE 20 AL	M 274 DE 20 AL	M 274 DE 20 AL + Parallel-Hybrid AC Synchronmotor
Zylinderzahl/Anordung	4/Reihe	4/Reihe	4/Reihe	4/Reihe	4/Reihe
Bohrung x Hub	80,4 x 73,7 mm	83 x 92 mm	83 x 92 mm	83 x 92 mm	83 x 92 mm
Gesamthubraum	1497 ccm	1991 ccm	1991 ccm	1991 ccm	1991 ccm
Verdichtungsverhältnis	10,5	9,8	9,8	9,8	9,8
Leistung	135 kW/184 PS + 10 kW/14 PS bei 5800-6100/min	155 kW/211 PS bei 5500/min	180 kW/245 PS bei 5500/min	190 kW/258 PS bei 5500/min	155 kW/211 PS bei 5500/min + 60 kW/82 PS, Systemleistung 205 kW/279 PS
Drehmoment	280 Nm bei 3000-4000/min	350 Nm bei 1200-4000/min	370 Nm bei 1300-4000/min	370 Nm bei 1800-4000/min	Systemleistung 600 Nm bei 1200-2000/min
Ventilanzahl/-anordnung	2 Einlass, 2 Auslass/hängend	2 Einlass, 2 Auslass/hängend	2 Einlass, 2 Auslass/hängend	2 Einlass, 2 Auslass/hängend	2 Einlass, 2 Auslass/hängend
Ventilsteuerung	2 obenliegende und verstellbare Nockenwellen	2 obenliegende und verstellbare Nockenwellen	2 obenliegende und verstellbare Nockenwellen	2 obenliegende und verstellbare Nockenwellen	2 obenliegende und verstellbare Nockenwellen
Gemischbildung	Mehrfach-Benzin-Direkteinspritzung durch Piezo-Injektoren, Abgas-Turboaufladung mit Ladeluftkühlung, auf der Einlasseite variable Ventilsteuerung CAMTRONIC	Mehrfach-Benzin-Direkteinspritzung durch Piezo-Injektoren, Abgas-Turboaufladung mit Ladeluftkühlung	Mehrfach-Benzin-Direkteinspritzung durch Piezo-Injektoren, Abgas-Turboaufladung mit Ladeluftkühlung	Mehrfach-Benzin-Direkteinspritzung durch Piezo-Injektoren, Abgas-Turboaufladung mit Ladeluftkühlung	Mehrfach-Benzin-Direkteinspritzung durch Piezo-Injektoren, Abgas-Turboaufladung mit Ladeluftkühlung
Kühlung	Wasserkühlung/Pumpe	Wasserkühlung/Pumpe	Wasserkühlung/Pumpe	Wasserkühlung/Pumpe	Wasserkühlung/Pumpe
Schmierung	Druckumlauf-Schmierung	Druckumlauf-Schmierung	Druckumlauf-Schmierung	Druckumlauf-Schmierung	Druckumlauf-Schmierung
Kraftstofftank: Anordnung, Fassungsvermögen	vor der Hinterachse, 41 l, auf Wunsch 66 l	vor der Hinterachse, 41 l, auf Wunsch 66 l	vor der Hinterachse, 66 l	vor der Hinterachse, 66 l	vor der Hinterachse, 50 l, auf Wunsch 66 l
Radaufhängung vorne	Mehrlenkerachsen/McPherson-Federbeine	Mehrlenkerachsen/McPherson-Federbeine	Mehrlenkerachsen/McPherson-Federbeine	Mehrlenkerachsen/McPherson-Federbeine	Mehrlenkerachsen/McPherson-Federbeine
Radaufhängung hinten	Raumlenkerachse	Raumlenkerachse	Raumlenkerachse	Raumlenkerachse	Raumlenkerachse
Federung vorne	Schraubenfedern, Drehstab-Stabilisator	Schraubenfedern, Drehstab-Stabilisator	Schraubenfedern, Drehstab-Stabilisator	Schraubenfedern, Drehstab-Stabilisator	Schraubenfedern, Drehstab-Stabilisator
Federung hinten	Schraubenfedern, Drehstab-Stabilisator	Schraubenfedern, Drehstab-Stabilisator	Schraubenfedern, Drehstab-Stabilisator	Schraubenfedern, Drehstab-Stabilisator	Schraubenfedern, Drehstab-Stabilisator
Stoßdämpfer vorne/hinten	Gasdruckstoßdämpfer	Gasdruckstoßdämpfer	Gasdruckstoßdämpfer	Gasdruckstoßdämpfer	Gasdruckstoßdämpfer
Lenkung	Zahnstangen-Servolenkung mit geschwindigkeitsabhängiger Lenkkraftunterstützung und variabler Lenkübersetzung	Zahnstangen-Servolenkung mit geschwindigkeitsabhängiger Lenkkraftunterstützung und variabler Lenkübersetzung	Zahnstangen-Servolenkung mit geschwindigkeitsabhängiger Lenkkraftunterstützung und variabler Lenkübersetzung	Zahnstangen-Servolenkung mit geschwindigkeitsabhängiger Lenkkraftunterstützung und variabler Lenkübersetzung	Zahnstangen-Servolenkung mit geschwindigkeitsabhängiger Lenkkraftunterstützung und variabler Lenkübersetzung
Bremsanlage	hydraulische Zweikreis-Bremsanlage mit Unterdruck-Bremskraftverstärker, Scheibenbremsen vorn innenbelüftet, hinten massiv, ABS, BAS, ESP®	hydraulische Zweikreis-Bremsanlage mit Unterdruck-Bremskraftverstärker, Scheibenbremsen vorn innenbelüftet, hinten massiv, ABS, BAS, ESP®	hydraulische Zweikreis-Bremsanlage mit Unterdruck-Bremskraftverstärker, Scheibenbremsen vorn innenbelüftet, hinten massiv, ABS, BAS, ESP®	hydraulische Zweikreis-Bremsanlage mit Unterdruck-Bremskraftverstärker, Scheibenbremsen vorn innenbelüftet, hinten massiv, ABS, BAS, ESP®	hydraulische Zweikreis-Bremsanlage mit Unterdruck-Bremskraftverstärker, Scheibenbremsen vorn innenbelüftet, hinten massiv, ABS, BAS, ESP®
Feststellbremse	elektrisch, auf Hinterräder wirkend	elektrisch, auf Hinterräder wirkend	elektrisch, auf Hinterräder wirkend	elektrisch, auf Hinterräder wirkend	elektrisch, auf Hinterräder wirkend
Bremsscheibendurchmesser vorne/hinten	305/300 mm	318/300 mm	318/300 mm	330/300 mm	322/300 mm
Räder	Leichtmetallfelgen 7 J x 17	Leichtmetallfelgen 6,5 J x 16	Leichtmetallfelgen 7 J x 17	Leichtmetallfelgen 7 J x 17	Leichtmetallfelgen 7 J x 17 vorne, Leichtmetallfelgen 8 J x17 hinten
Reifen	225/50 R 17	205/60 R 16	225/50 R 17	225/50 R 17	225/50 R 17 vorne, 245/45 R 17 hinten
Kraftübertragung	4MATIC Allradantrieb	über geteilte Kardanwelle auf die Hinterräder	über geteilte Kardanwelle auf die Hinterräder	über geteilte Kardanwelle auf die Hinterräder	über geteilte Kardanwelle auf die Hinterräder
Getriebe [1]	9-Gang-Automatikgetriebe mit elektronischer Steuerung	7-Gang-Automatikgetriebe mit elektronischer Steuerung	7-Gang-Automatikgetriebe mit elektronischer Steuerung	9-Gang-Automatikgetriebe mit elektronischer Steuerung	7-Gang-Automatikgetriebe mit elektronischer Steuerung
Verfügbarkeit	Serie	Serie	Serie	Serie	Serie
Kupplung	Wandler	Wandler	Wandler	Wandler	Wandler
Getriebebezeichnung	9G-TRONIC	7G-TRONIC+	7G-TRONIC+	9G-TRONIC	7G-TRONIC+
Getriebe-Übersetzung	I. 5,35; II. 3,24; III. 2,25; IV. 1,64; V. 1,21; VI. 1,00; VII. 0,87; VIII. 0,72; IX. 0,60; R. 4,80	I. 4,38; II. 2,86; III. 1,92; IV. 1,37; V. 1,00; VI. 0,82; VII. 0,73; R. 3,42	I. 4,38; II. 2,86; III. 1,92; IV. 1,37; V. 1,00; VI. 0,82; VII. 0,73; R. 3,42	I. 5,35; II. 3,24; III. 2,25; IV. 1,64; V. 1,21; VI. 1,00; VII. 0,87; VIII. 0,72; IX. 0,60; R. 4,80	I. 4,38; II. 2,86; III. 1,92; IV. 1,37; V. 1,00; VI. 0,82; VII. 0,73; R. 3,42
Achsantriebsübersetzung	3,07	3,07	3,07	3,27	3,07
Höchstgeschwindigkeit	234 km/h	250 km/h	250 km/h	250 km/h	250 km/h/130 km/h E-Motor
Beschleunigung[2] 0-100 km/h	8,1 s	6,6 s	5,9 s	5,9 s	5,9 s
Norm-Kraftstoffverbrauch in Liter	6,5-6,9	5,3-5,8	6,3-6,8	6,5-6,9	2,1-2,4
Emissionsklasse	Euro 6d-TEMP	Euro 6	Euro 6	Euro 6d-TEMP	Euro 6
Effizienzklasse	C	B	C	C	A+
Getriebe [2]					
Verfügbarkeit					
Kupplung					
Getriebebezeichnung					
Getriebe-Übersetzung					
Achsantriebsübersetzung					
Höchstgeschwindigkeit					
Beschleunigung[2] 0-100 km/h					
Norm-Kraftstoffverbrauch in Liter					
Emissionsklasse					
Effizienzklasse					
Radstand	2840 mm	2840 mm	2840 mm	2840 mm	2840 mm
Spur vorne/hinten	1584/1566 mm	1584/1566 mm	1584/1566 mm	1584/1566 mm	1584/1566 mm
Gesamtlänge	4686 mm	4686 mm	4686 mm	4686 mm	4686 mm
Gesamtbreite	1810 mm	1810 mm	1810 mm	1810 mm	1810 mm
Höhe	1442 mm	1442 mm	1442 mm	1442 mm	1442 mm
Wendekreisdurchmesser	11,22 m	11,22 m	11,22 m	11,22 m	11,22 m
Leergewicht[5]	1595 kg	1480 kg	1530 kg	1555 kg	1780 kg
Zul. Gesamtgewicht	2175 kg	2045 kg	2085 kg	2135 kg	2305 kg
Zuladung	bis 580 kg, je nach Ausstattung	bis 565 kg, je nach Ausstattung	bis 565 kg, je nach Ausstattung	bis 580 kg, je nach Ausstattung	bis 525 kg, je nach Ausstattung
Anhängelast gebremst/ungebremst	1800/750 kg	1800/740 kg	1800/750 kg	1800/750 kg	1600/750 kg
Preise[9]	10.2018: EUR 42.228,30	04.2016: EUR 41.174,00	04.2016: EUR 43.792,00	10.2018: EUR 43.982,40	04.2016: EUR 51.051,00

C-Klasse Limousinen der Baureihe 205, seit 2014

Typ	C 400 4MATIC	Mercedes-AMG C 450 4MATIC	Mercedes-AMG C 43 4MATIC	Mercedes-AMG C 43 4MATIC	Mercedes-AMG C 63	Mercedes-AMG C 63 S
Konstruktionsbezeichnung	W 205	W 205	W 205	W 205	W 205	W 205
Produktionszeitraum	seit 10.2014	04.2015-06.2016	07.2016-04.2018	ab 04.2018	ab 02.2015	ab 02.2015
Motor	Viertakt-Ottomotor mit einem Kurbelgehäuse aus Aluminium-Druckguss, Zylinderlaufbahn mit NANOSLIDE® Beschichtung, strahlgeführte Mehrfach-Benzin-Direkteinspritzung, zwei Abgas-Turbolader, Ladeluftkühlung	Viertakt-Ottomotor mit einem Kurbelgehäuse aus Aluminium-Druckguss, Zylinderlaufbahn mit NANO-SLIDE® Beschichtung, strahlgeführte Mehrfach-Benzin-Direkteinspritzung, zwei Abgas-Turbolader mit Ladeluftkühlung	Viertakt-Ottomotor mit einem Kurbelgehäuse aus Aluminium-Druckguss, Zylinderlaufbahn mit NANO-SLIDE® Beschichtung, strahlgeführte Mehrfach-Benzin-Direkteinspritzung, zwei Abgas-Turbolader mit Ladeluftkühlung	Viertakt-Ottomotor mit einem Kurbelgehäuse aus Aluminium-Druckguss, Zylinderlaufbahn mit NANO-SLIDE® Beschichtung, strahlgeführte Mehrfach-Benzin-Direkteinspritzung, zwei Abgas-Turbolader mit Ladeluftkühlung	Viertakt-Ottomotor mit einem Kurbelgehäuse aus Aluminium-Druckguss, Zylinderlaufbahn mit NANO-SLIDE® Beschichtung, strahlgeführte Mehrfach-Benzin-Direkteinspritzung, zwei Abgas-Turbolader mit Ladeluftkühlung	Viertakt-Ottomotor mit einem Kurbelgehäuse aus Aluminium-Druckguss, Zylinderlaufbahn mit NANO-SLIDE® Beschichtung, strahlgeführte Mehrfach-Benzin-Direkteinspritzung, zwei Abgas-Turbolader mit Ladeluftkühlung
Motor-Typ/-Baumuster	M 276 DEH 30 LA	M 276 DEH 30 LA	M 276 DEH 30 LA	M 276 DEH 30 LA	M 177 DE 40 AL	M 177 DE 40 AL
Zylinderzahl/Anordnung	6/V 60°	6/V 60°	6/V 60°	6/V 60°	8/V 90°	8/V 90°
Bohrung x Hub	88 x 82,1 mm	88 x 82,1 mm	88 x 82,1 mm	88 x 82,1 mm	83 x 92 mm	83 x 92 mm
Gesamthubraum	2996 ccm	2996 ccm	2996 ccm	2996 ccm	3982 ccm	3982 ccm
Verdichtungsverhältnis	10,7	10,5	10,5	10,5	10,5	10,5
Leistung	245 kW/333 PS bei 5250-6000/min	270 kW/367 PS bei 5500-6000/min	270 kW/367 PS bei 5500-6000/min	287 kW/390 PS bei 5500-6000/min	350 kW/476 PS bei 5500-6250/min	375 kW/510 PS bei 5500-6250/min
Drehmoment	480 Nm bei 1600-4000/min	520 Nm bei 2000-4200/min	520 Nm bei 2000-4200/min	520 Nm bei 2500-5000/min	650 Nm bei 1750-4500/min	700 Nm bei 2000-4500/min
Ventilanzahl/-anordnung	2 Einlass, 2 Auslass/hängend	2 Einlass, 2 Auslass/hängend	2 Einlass, 2 Auslass/hängend	2 Einlass, 2 Auslass/hängend	2 Einlass, 2 Auslass/hängend	2 Einlass, 2 Auslass/hängend
Ventilsteuerung	je Zylinderbank 2 obenliegende und verstellbare Nockenwellen	je Zylinderbank 2 obenliegende und verstellbare Nockenwellen	je Zylinderbank 2 obenliegende und verstellbare Nockenwellen	je Zylinderbank 2 obenliegende und verstellbare Nockenwellen	je Zylinderbank 2 obenliegende und verstellbare Nockenwellen	je Zylinderbank 2 obenliegende und verstellbare Nockenwellen
Gemischbildung	Mehrfach-Benzin-Direkteinspritzung durch Piezo-Injektoren, je Zylinderbank ein Abgas-Turbolader mit Ladeluftkühlung	Mehrfach-Benzin-Direkteinspritzung durch Piezo-Injektoren, je Zylinderbank ein Abgas-Turbolader mit Ladeluftkühlung	Mehrfach-Benzin-Direkteinspritzung durch Piezo-Injektoren, je Zylinderbank ein Abgas-Turbolader mit Ladeluftkühlung	Mehrfach-Benzin-Direkteinspritzung durch Piezo-Injektoren, je Zylinderbank ein Abgas-Turbolader mit Ladeluftkühlung	Mehrfach-Benzin-Direkteinspritzung durch Piezo-Injektoren, je Zylinderbank ein Abgas-Turbolader mit Ladeluftkühlung	Mehrfach-Benzin-Direkteinspritzung durch Piezo-Injektoren, je Zylinderbank ein Abgas-Turbolader mit Ladeluftkühlung
Kühlung	Wasserkühlung/Pumpe	Wasserkühlung/Pumpe	Wasserkühlung/Pumpe	Wasserkühlung/Pumpe	Wasserkühlung/Pumpe	Wasserkühlung/Pumpe
Schmierung	Druckumlauf-Schmierung	Druckumlauf-Schmierung	Druckumlauf-Schmierung	Druckumlauf-Schmierung	Druckumlauf-Schmierung	Druckumlauf-Schmierung
Kraftstofftank: Anordnung, Fassungsvermögen	vor der Hinterachse, 66 l	vor der Hinterachse, 66 l	vor der Hinterachse, 66 l	vor der Hinterachse, 66 l	vor der Hinterachse, 66 l	vor der Hinterachse, 66 l
Radaufhängung vorne	Mehrlenkerachsen/McPherson-Federbeine	Mehrlenkerachsen/McPherson-Federbeine	Mehrlenkerachsen/McPherson-Federbeine	Mehrlenkerachsen/McPherson-Federbeine	Mehrlenkerachsen/McPherson-Federbeine	Mehrlenkerachsen/McPherson-Federbeine
Radaufhängung hinten	Raumlenkerachse	Raumlenkerachse	Raumlenkerachse	Raumlenkerachse	Raumlenkerachse	Raumlenkerachse
Federung vorne	Schraubenfedern, Drehstab-Stabilisator	Schraubenfedern, Drehstab-Stabilisator	Schraubenfedern, Drehstab-Stabilisator	Schraubenfedern, Drehstab-Stabilisator	Schraubenfedern, Drehstab-Stabilisator	Schraubenfedern, Drehstab-Stabilisator
Federung hinten	Schraubenfedern, Drehstab-Stabilisator	Schraubenfedern, Drehstab-Stabilisator	Schraubenfedern, Drehstab-Stabilisator	Schraubenfedern, Drehstab-Stabilisator	Schraubenfedern, Drehstab-Stabilisator	Schraubenfedern, Drehstab-Stabilisator
Stoßdämpfer vorne/hinten	Gasdruckstoßdämpfer	Gasdruckstoßdämpfer	Gasdruckstoßdämpfer	Gasdruckstoßdämpfer	Gasdruckstoßdämpfer	Gasdruckstoßdämpfer
Lenkung	Zahnstangen-Servolenkung mit geschwindigkeits-abhängiger Lenkkraftunterstützung und variabler Lenkübersetzung	Zahnstangen-Servolenkung mit geschwindigkeits-abhängiger Lenkkraftunterstützung und variabler Lenkübersetzung	Zahnstangen-Servolenkung mit geschwindigkeits-abhängiger Lenkkraftunterstützung und variabler Lenkübersetzung	Zahnstangen-Servolenkung mit geschwindigkeits-abhängiger Lenkkraftunterstützung und variabler Lenkübersetzung	Zahnstangen-Servolenkung mit geschwindigkeits-abhängiger Lenkkraftunterstützung und variabler Lenkübersetzung	Zahnstangen-Servolenkung mit geschwindigkeits-abhängiger Lenkkraftunterstützung und variabler Lenkübersetzung
Bremsanlage	hydraulische Zweikreis-Bremsanlage mit Unterdruck-Bremskraftverstärker, Scheibenbremsen vorn innenbelüftet, hinten massiv, ABS, BAS, ESP®	hydraulische Zweikreis-Bremsanlage mit Unterdruck-Bremskraftverstärker, Scheibenbremsen vorn innenbelüftet, hinten massiv, ABS, BAS, ESP®	hydraulische Zweikreis-Bremsanlage mit Unterdruck-Bremskraftverstärker, Scheibenbremsen vorn innenbelüftet, hinten massiv, ABS, BAS, ESP®	hydraulische Zweikreis-Bremsanlage mit Unterdruck-Bremskraftverstärker, Scheibenbremsen vorn innenbelüftet, hinten massiv, ABS, BAS, ESP®	hydraulische Zweikreis-Bremsanlage mit Unterdruck-Bremskraftverstärker, Scheibenbremsen vorn und hinten innenbelüftet, ABS, BAS, ESP®	hydraulische Zweikreis-Bremsanlage mit Unterdruck-Bremskraftverstärker, AMG Verbund-Bremsanlage, optional Keramik Verbund-Bremsanlage
Feststellbremse	elektrisch, auf Hinterräder wirkend	elektrisch, auf Hinterräder wirkend	elektrisch, auf Hinterräder wirkend	elektrisch, auf Hinterräder wirkend	elektrisch, auf Hinterräder wirkend	elektrisch, auf Hinterräder wirkend
Bremsscheibendurchmesser vorne/hinten	342/300 mm	360/ 320 mm	360/320 mm	360/320 mm	360/360 mm	390/360 mm
Räder	Leichtmetallfelgen 7 J x 17	Leichtmetallfelgen 7,5 J x 18 vorne, 8,5 J x 18 hinten	Leichtmetallfelgen 7,5 J x 18 vorn, 8,5 J x 18 hinten	Leichtmetallfelgen 7,5 J x 18 vorn, 8,5 J x 18 hinten	Leichtmetallfelgen 8,5 J x 18 vorn, 9,5 J x 18 hinten	Leichtmetallfelgen 8,5 J x 19 vorn, 9,5 J x 19 hinten
Reifen	225/50 R 17	225/45 ZR 18 vorne, 245/40 ZR 18 hinten	225/45 ZR 18 vorne, 245/40 ZR 18 hinten	225/45 R 18 vorne, 245/40 R 18 hinten	245/40 R 18 vorne, 265/40 R 18 hinten	245/35 R 19 vorne, 265/35 R 19 hinten
Kraftübertragung	4MATIC Allradantrieb	4MATIC Allradantrieb	4MATIC Allradantrieb	4MATIC Allradantrieb	4MATIC Allradantrieb	4MATIC Allradantrieb
Getriebe [1]	7-Gang-Automatikgetriebe mit elektronischer Steuerung; ab 04.2016: 9-Gang-Automatikgetriebe mit elektronischer Steuerung	7-Gang-Automatikgetriebe mit elektronischer Steuerung	9-Gang-Automatikgetriebe mit elektronischer Steuerung	9-Gang-Automatikgetriebe mit elektronischer Steuerung	7-Gang-Automatikgetriebe mit elektronischer Steuerung; ab 2017: 9-Gang-Automatikgetriebe mit elektronischer Steuerung	7-Gang-Automatikgetriebe mit elektronischer Steuerung; ab 2017: 9-Gang-Automatikgetriebe mit elektronischer Steuerung
Verfügbarkeit	Serie	Serie	Serie	Serie	Serie	Serie
Kupplung	Wandler	Wandler	Wandler	Nasskupplung	Nasskupplung	Nasskupplung
Getriebebezeichnung	7G-TRONIC+; ab 04.2016: 9G-TRONIC	7G-TRONIC+	9G-TRONIC	AMG SPEEDSHIFT TCT 9G-Getriebe	AMG SPEEDSHIFT MCT 7G-Getriebe bis 2017, dann AMG SPEEDSHIFT MCT 9G-Getriebe	AMG SPEEDSHIFT MCT 7G-Getriebe bis 2017, dann AMG SPEEDSHIFT MCT 9G-Getriebe
Getriebe-Übersetzung	7G-TRONIC+: I. 4,38; II. 2,86; III. 1,92; IV. 1,37; V. 1,00; VI. 0,82; VII. 0,73; R. 3,42; 9G-TRONIC: I. 5,35; II. 3,24; III. 2,25; IV. 1,64; V. 1,21; VI. 1,00; VII. 0,87; VIII. 0,72; IX. 0,60; R. 4,80	7G-TRONIC+: I. 4,38; II. 2,86; III. 1,92; IV. 1,37; V. 1,00; VI. 0,82; VII. 0,73; R. 3,42	I. 5,35; II. 3,24; III. 2,25; IV. 1,64; V. 1,21; VI. 1,00; VII. 0,87; VIII. 0,72; IX. 0,60; R. 4,80	I. 5,35; II. 3,24; III. 2,25; IV. 1,64; V. 1,21; VI. 1,00; VII. 0,87; VIII. 0,72; IX. 0,60; R. 4,80	7G-Getriebe: I. 4,38; II. 2,86; III. 1,92; IV. 1,37; V. 1,00; VI. 0,82; VII. 0,73; R. 3,42 9G-Getriebe: I. 5,35; II. 3,24; III. 2,25; IV. 1,64; V. 1,21; VI. 1,00; VII. 0,87; VIII. 0,72; IX. 0,60; R. 4,80	7G-Getriebe: I. 4,38; II. 2,86; III. 1,92; IV. 1,37; V. 1,00; VI. 0,82; VII. 0,73; R. 3,42 9G-Getriebe: I. 5,35; II. 3,24; III. 2,25; IV. 1,64; V. 1,21; VI. 1,00; VII. 0,87; VIII. 0,72; IX. 0,60; R. 4,80
Achsantriebsübersetzung	2,82	2,82	3,07	3,07	2,82	2,82
Höchstgeschwindigkeit	250 km/h	250 km/h	250 km/h	250 km/h	250 km/h, 290 km/h mit optionalem Drivers Package	290 km/h
Beschleunigung[2] 0-100 km/h	5,2 s	4,9 s	4,7	4,7 s	4,1 s	4,0 s
Norm-Kraftstoffverbrauch in Liter	7,3-8,2	7,6	8	9,1-9,3	8,0-9,5	8,2-9,7
Emissionsklasse	Euro 6; ab 07.2018: Euro 6d-TEMP	Euro 6	Euro 6b	Euro 6d-TEMP	Euro 6; ab 09.2018: Euro 6d-TEMP	Euro 6; ab 09.2018: Euro 6d-TEMP
Effizienzklasse	D	D	D	F	E (Euro 6); G (Euro6d-TEMP)	E (Euro 6); G (Euro 6d-TEMP)
Getriebe [2]						
Verfügbarkeit						
Kupplung						
Getriebebezeichnung						
Getriebe-Übersetzung						
Achsantriebsübersetzung						
Höchstgeschwindigkeit						
Beschleunigung[2] 0-100 km/h						
Norm-Kraftstoffverbrauch in Liter						
Emissionsklasse						
Effizienzklasse						
Radstand	2840 mm	2840 mm	2840 mm	2840 mm	2840 mm	2840 mm
Spur vorne/hinten	1584/1566 mm	1584/1566 mm	1584/1566 mm	1584/1566 mm	1584/1566 mm	1584/1566 mm
Gesamtlänge	4686 mm	4686 mm	4686 mm	4686 mm	4686 mm	4686 mm
Gesamtbreite	1810 mm	1810 mm	1810 mm	1810 mm	1810 mm	1810 mm
Höhe	1442 mm	1442 mm	1442 mm	1442 mm	1442 mm	1442 mm
Wendekreisdurchmesser	11,22 m	11,22 m	11,22 m	11,22 m	11,22 m	11,22 m
Leergewicht[5]	1645 kg/1675 kg	1615 kg	1690 kg	1705 kg	1745 kg	1755 kg
Zul. Gesamtgewicht	2210 kg/2255 kg	2225 kg	2225 kg	2225 kg	2175 kg	2180 kg
Zuladung	565 kg/580 kg je nach Ausstattung	535 kg	535 kg	520 kg	430 kg	420 kg
Anhängelast gebremst/ungebremst	1800/750 kg			1800/750 kg		
Preise[9]	04.2016: EUR 52.479,00	04.2015: EUR 60.065,00	10.2016: EUR 60.184,00	10.2018: EUR 61.850,25	04.2016: EUR 76.279,00	04.2016: EUR 84.549,50

C-Klasse T-Modelle der Baureihe 205, seit 2014

Typ	C 180 d	C 180 d	C 200 d	C 200 d	C 200 d
Konstruktionsbezeichnung	S 205	S 205	S 205	S 205	S 205
Produktionszeitraum	09.2014-07.2018	seit 07.2018	09.2014-07.2018	09.2014-07.2018	seit 07.2018
Motor	Viertakt-Diesel mit Common-Rail-Direkteinspritzung, Abgas-Turbolader mit Ladeluftkühlung, Abgasreinigungsanlage mit Oxidationskatalysator	Viertakt-Diesel mit Common-Rail- Direkteinspritzung, VTG-Abgas-Turbolader mit Ladeluftkühlung, Abgasreinigungsanlage mit Oxidationskatalysator, Harnstoffeinspritzung, Partikelfilter und SCR/Katalysator	Viertakt-Diesel mit Common-Rail-Direkteinspritzung, Abgas-Turbolader mit Ladeluftkühlung, Abgasreinigungsanlage mit Oxidationskatalysator	Viertakt-Diesel mit Common-Rail-Direkteinspritzung, Abgas-Turbolader mit Ladeluftkühlung, Abgasreinigungsanlage mit Oxidationskatalysator	Viertakt-Diesel mit Common-Rail- Direkteinspritzung, VTG-Abgas-Turbolader mit Ladeluftkühlung, Abgasreinigungsanlage mit Oxidationskatalysator, Harnstoffeinspritzung, Partikelfilter und SCR/Katalysator
Motor-Typ/-Baumuster	OM 626 DE 16 LA red.	OM 654 DE 16 G SCR red.	OM 626 DE 16 LA	OM 651 DE 22 LA red.	OM 654 DE 16 G SCR red.
Zylinderzahl/Anordung	4/Reihe	4/Reihe	4/Reihe	4/Reihe	4/Reihe
Bohrung x Hub	80 x 79,5 mm	78 x 83,6 mm	80 x 79,5 mm	83 x 99 mm	78 x 83,6 mm
Gesamthubraum	1598 ccm	1598 ccm	1598 ccm	2143 ccm	1598 ccm
Verdichtungsverhältnis	15,4	15,5	15,7	16,2	15,5
Leistung	84 kW/116 PS bei 1500-2800/min	90 kW/122 PS bei 3200-4600/min	100 kW/136 PS bei 1500-3000/min	100 kW/136 PS bei 1200-2700/min	118 kW/160 PS bei 3000-4800/min
Drehmoment	280 Nm bei 1500-2800/min	300 Nm bei 1400-2800/min	300 Nm bei 1500-3000/min	350 Nm bei 1200-2700/min	360 Nm bei 1600-2600/min
Ventilanzahl/-anordnung	2 Einlass, 2 Auslass/hängend	2 Einlass, 2 Auslass/hängend	2 Einlass, 2 Auslass/hängend	2 Einlass, 2 Auslass/hängend	2 Einlass, 2 Auslass/hängend
Ventilsteuerung	2 obenliegende Nockenwellen	2 obenliegende Nockenwellen	2 obenliegende Nockenwellen	2 obenliegende Nockenwellen	2 obenliegende Nockenwellen
Gemischbildung	Common-Rail-Direkteinspritzung, Abgas-Turbolader mit verstellbarer Turbinengeometrie, Ladeluftkühlung	Common-Rail-Direkteinspritzung, Abgas-Turbolader mit verstellbarer Turbinengeometrie, Ladeluftkühlung	Common-Rail-Direkteinspritzung, Abgas-Turbolader mit verstellbarer Turbinengeometrie, Ladeluftkühlung	Common-Rail-Direkteinspritzung, Abgas-Turbolader mit verstellbarer Turbinengeometrie, Ladeluftkühlung	Common-Rail-Direkteinspritzung, Abgas-Turbolader mit verstellbarer Turbinengeometrie, Ladeluftkühlung
Kühlung	Wasserkühlung/Pumpe	Wasserkühlung/Pumpe	Wasserkühlung/Pumpe	Wasserkühlung/Pumpe	Wasserkühlung/Pumpe
Schmierung	Druckumlaufschmierung	Druckumlaufschmierung	Druckumlaufschmierung	Druckumlaufschmierung	Druckumlaufschmierung
Kraftstofftank: Anordnung, Fassungsvermögen	vor der Hinterachse, 41 l, auf Wunsch 66 l	vor der Hinterachse, 41 l, auf Wunsch 66 l	vor der Hinterachse, 41 l, auf Wunsch 66 l	vor der Hinterachse, 41 l, auf Wunsch 66 l	vor der Hinterachse, 41 l, auf Wunsch 66 l
Radaufhängung vorne	Mehrlenkerachsen/McPherson-Federbeine	Mehrlenkerachsen/McPherson-Federbeine	Mehrlenkerachsen/McPherson-Federbeine	Mehrlenkerachsen/McPherson-Federbeine	Mehrlenkerachsen/McPherson-Federbeine
Radaufhängung hinten	Raumlenkerachse	Raumlenkerachse	Raumlemkerachse	Raumlenkerachse	Raumlenkerachse
Federung vorne	Schraubenfedern, Drehstab-Stabilisator	Schraubenfedern, Drehstab-Stabilisator	Schraubenfedern, Drehstab-Stabilisator	Schraubenfedern, Drehstab-Stabilisator	Schraubenfedern, Drehstab-Stabilisator
Federung hinten	Schraubenfedern, Drehstab-Stabilisator	Schraubenfedern, Drehstab-Stabilisator	Schraubenfedern, Drehstab-Stabilisator	Schraubenfedern, Drehstab-Stabilisator	Schraubenfedern, Drehstab-Stabilisator
Stoßdämpfer vorne/hinten	Gasdruckstoßdämpfer	Gasdruckstoßdämpfer	Gasdruckstoßdämpfer	Gasdruckstoßdämpfer	Gasdruckstoßdämpfer
Lenkung	Zahnstangen-Servolenkung mit geschwindigkeitsabhängiger Lenkkraftunterstützung und variabler Lenkübersetzung	Zahnstangen-Servolenkung mit geschwindigkeitsabhängiger Lenkkraftunterstützung und variabler Lenkübersetzung	Zahnstangen-Servolenkung mit geschwindigkeitsabhängiger Lenkkraftunterstützung und variabler Lenkübersetzung	Zahnstangen-Servolenkung mit geschwindigkeitsabhängiger Lenkkraftunterstützung und variabler Lenkübersetzung	Zahnstangen-Servolenkung mit geschwindigkeitsabhängiger Lenkkraftunterstützung und variabler Lenkübersetzung
Bremsanlage	hydraulische Zweikreis-Bremsanlage mit Unterdruck-Bremskraftverstärker, Scheibenbremsen vorn innenbelüftet, hinten massiv, ABS, BAS, ESP®	hydraulische Zweikreis-Bremsanlage mit Unterdruck-Bremskraftverstärker, Scheibenbremsen vorn innenbelüftet, hinten massiv, ABS, BAS, auf Wunsch BAS+, ESP®	hydraulische Zweikreis-Bremsanlage mit Unterdruck-Bremskraftverstärker, Scheibenbremsen vorn innenbelüftet, hinten massiv, ABS, BAS, ESP®	hydraulische Zweikreis-Bremsanlage mit Unterdruck-Bremskraftverstärker, Scheibenbremsen vorn innenbelüftet, hinten massiv, ABS, BAS, ESP®	hydraulische Zweikreis-Bremsanlage mit Unterdruck-Bremskraftverstärker, Scheibenbremsen vorn innenbelüftet, hinten massiv, ABS, BAS, ESP®
Feststellbremse	elektrisch, auf Hinterräder wirkend	elektrisch, auf Hinterräder wirkend	elektrisch, auf Hinterräder wirkend	elektrisch, auf Hinterräder wirkend	elektrisch, auf Hinterräder wirkend
Bremsscheibendurchmesser vorne/hinten	295/300 mm	k. A.	305/300 mm	305/300 mm	305/300 mm
Räder	Stahlräder mit Radzierblenden, 6 J x 16, auf Wunsch Leichtmetallfelgen	Leichtmetallfelgen 6,5 J x 16	Leichtmetallfelgen 6,5 J x 16 im 10-Speichen-Design, nur T-Modell	Leichtmetallfelgen 6,5 J x 16	Leichtmetallfelgen 7 J x 16
Reifen	205/60 R 16	205/60 R 16	205/60 R 16	205/60 R 16	205/60 R 16
Kraftübertragung	über geteilte Kardanwelle auf die Hinterräder	über geteilte Kardanwelle auf die Hinterräder	über geteilte Kardanwelle auf die Hinterräder	über geteilte Kardanwelle auf die Hinterräder	über geteilte Kardanwelle auf die Hinterräder
Getriebe [1]	6-Gang mechanisch	6-Gang mechanisch	6-Gang mechanisch	6-Gang mechanisch	6-Gang mechanisch
Verfügbarkeit	Serie	Serie	Serie	Serie	Serie
Kupplung	Einscheiben-Trockenkupplung	Einscheiben-Trockenkupplung	Einscheiben-Trockenkupplung	Einscheiben-Trockenkupplung	Einscheiben-Trockenkupplung
Getriebebezeichnung					
Getriebe-Übersetzung	I. 5,65; II. 2,92; III. 1,82; IV. 1,33; V. 1,00; VI. 0,79; R. 5,32	I. 5,65; II. 2,92; III. 1,82; IV. 1,33; V. 1,00; VI. 0,79; R. 5,32	I. 5,65; II. 2,92; III. 1,82; IV. 1,33; V. 1,00; VI. 0,79; R. 5,32	I. 5,65; II. 2,92; III. 1,82; IV. 1,33; V. 1,00; VI. 0,79; R. 5,32	I. 5,65; II. 2,92; III. 1,82; IV. 1,33; V. 1,00; VI. 0,79; R. 5,32
Achsantriebsübersetzung	2,82	2,82	2,82	2,82	2,82
Höchstgeschwindigkeit	201 km/h	207 km/h	218 km/h	210 km/h	226 km/h
Beschleunigung[2] 0-100 km/h	11,5 s	10,0 s	9,7 s	10,2 s	8,5 s
Norm-Kraftstoffverbrauch in Liter	4,3-4,6	4,2-4,5	3,9-4,2	4,3-4,6	4,1-4,5
Emissionsklasse	Euro 6	Euro 6d-TEMP	Euro 6	Euro 6	Euro 6d-TEMP
Effizienzklasse	A+	A+	A+	A+	A+
Getriebe [2]	7-Gang-Automatikgetriebe mit elektronischer Steuerung	9-Gang-Automatikgetriebe mit elektronischer Steuerung	7-Gang-Automatikgetriebe mit elektronischer Steuerung; ab Anfang.2017: 9-Gang-Automatikgetriebe mit elektronischer Steuerung	7-Gang-Automatikgetriebe mit elektronischer Steuerung; ab Anfang.2017: 9-Gang-Automatikgetriebe mit elektronischer Steuerung	9-Gang-Automatikgetriebe mit elektronischer Steuerung
Verfügbarkeit	auf Wunsch	auf Wunsch	auf Wunsch	auf Wunsch	auf Wunsch
Kupplung	Wandler	Wandler	Wandler	Wandler	Wandler
Getriebebezeichnung	7G-TRONIC+	9G-TRONIC	7G-TRONIC+; ab Anfang 2017: 9G-TRONIC	7G-TRONIC+; ab Anfang 2017: 9G-TRONIC	9G-TRONIC
Getriebe-Übersetzung	I. 4,38; 2.Gang 2,86; III. 1,92; IV. Gang 1,37; V. 1,00; VI. 0,82; VII. 0,73; R. 3,42	I. 5,35; II. 3,24; III. 2,25; IV. 1,64; V. 1,21; VI. 1,00; VII. 0,86; VIII. 0,72; IX. 0,60; R. 4,80	7G-TRONIC+: I. 4,38; II. 2,86; III. 1,92; IV. 1,37; V. 1,00; VI. 0,82; VII. 0,73; R. 3,42; 9G-TRONIC: I. 5,35; II. 3,24; III. 2,25; IV. 1,64; V. 1,21; VI. 1,00; VII. 0,86; VIII. 0,72; IX. 0,60; R. 4,80	7G-TRONIC+: I. 4,38; II. 2,86; III. 1,92; IV. 1,37; V. 1,00; VI. 0,82; VII. 0,73; R. 3,42; 9G-TRONIC: I. 5,35; II. 3,24; III. 2,25; IV. 1,64; V. 1,21; VI. 1,00; VII. 0,86; VIII. 0,72; IX. 0,60; R. 4,80	I. 5,35; II. 3,24; III. 2,25; IV. 1,64; V. 1,21; VI. 1,00; VII. 0,86; VIII. 0,72; IX. 0,60; R. 4,80
Achsantriebsübersetzung	2,82	2,82	2,82	2,82	2,82
Höchstgeschwindigkeit	200 km/h	197 km/h	210 km/h	210 km/h	218 km/h
Beschleunigung[2] 0-100 km/h	12,0 s	11,1 s	10,6 s	10,6 s	8,2 s
Norm-Kraftstoffverbrauch in Liter	4,3-4,6	4,3-4,7	4,4-4,8	4,5-4,9	4,2-4,6
Emissionsklasse	Euro 6	Euro 6d-TEMP	Euro 6	Euro 6	Euro 6d-TEMP
Effizienzklasse	A+	A+	A+	A+	A+
Radstand	2840 mm	2840 mm	2840 mm	2840 mm	2840 mm
Spur vorne/hinten	1585/1565 mm	1584/1566 mm	1584/1566 mm	1584/1566 mm	1584/1566 mm
Gesamtlänge	4700 mm	4700 mm	4700 mm	4700 mm	4700 mm
Gesamtbreite	1810 mm	1810 mm	1810 mm	1810 mm	1810 mm
Höhe	1457 mm	1457 mm	1457 mm	1457 mm	1457 mm
Wendekreisdurchmesser	11,22 m	11,22 m	11,22 m	11,22 m	11,22 m
Leergewicht[5]	1550 kg, Autom. + 20 kg	1605 kg	1545 kg	1615 kg	1605 kg
Zul. Gesamtgewicht	2125 kg	2195 kg	2120 kg	2190 kg	2195 kg
Zuladung	bis 575 kg, je nach Ausstattung	590 kg	bis 575 kg, je nach Ausstattung	bis 575 kg, je nach Ausstattung	bis 590 kg, je nach Ausstattung
Anhängelast gebremst/ungebremst	1600/750 kg	1800/750 kg	1600/750 kg	1800/750 kg	1800/750 kg
Preise[9]	04.2016: EUR 35.819,00	10.2018: EUR 36.580,60	04.2016: EUR 38.199,00	04.2016: EUR 40.698,00	10.2018: EUR 38.960,60

C-Klasse T-Modelle der Baureihe 205, seit 2014

Typ	C 220 d	C 220 d 4MATIC	C 220 d	C 220 d 4MATIC	C 250 d
Konstruktionsbezeichnung	S 205	S 205	S 205	S 205	S 205
Produktionszeitraum	02.2014-07.2018	05.2015-07.2018	seit 07.2018	seit 07.2018	02.2014-07.2018
Motor	Viertakt-Diesel mit Common-Rail-Direkteinspritzung, Abgas-Turbolader mit Ladeluftkühlung, Abgasreinigungsanlage mit Oxidationskatalysator	Viertakt-Diesel mit Common-Rail- Direkteinspritzung, Abgas-Turbolader mit Ladeluftkühlung, Abgasreinigungsanlage mit Oxidationskatalysator	Viertakt-Diesel mit Common-Rail-Direkteinspritzung, VTG-Abgas-Turbolader mit Ladeluftkühlung, Abgasreinigungsanlage mit Oxidationskatalysator, Harnstoffeinspritzung, Partikelfilter und SCR/Katalysator	Viertakt-Diesel mit Common-Rail-Direkteinspritzung, VTG-Abgas-Turbolader mit Ladeluftkühlung, Abgasreinigungsanlage mit Oxidationskatalysator, Harnstoffeinspritzung, Partikelfilter und SCR/Katalysator	Viertakt-Diesel mit Common-Rail-Direkteinspritzung, Abgas-Turbolader mit Ladeluftkühlung, Abgasreinigungsanlage mit Oxidationskatalysator
Motor-Typ/-Baumuster	OM 651 DE 22 LA	OM 651 DE 22 LA	OM 654 DE 20 G SCR	OM 654 DE 20 G SCR	OM 651 DE 22 LA
Zylinderzahl/Anordung	4/Reihe	4/Reihe	4/Reihe	4/Reihe	4/Reihe
Bohrung x Hub	83 x 99 mm	83 x 99 mm	82 x 92,3 mm	82 x 92,3 mm	83 x 99 mm
Gesamthubraum	2143 ccm	2143 ccm	1950 ccm	1950 ccm	2143 ccm
Verdichtungsverhältnis	16,2	16,2	15,5	15,5	16,2
Leistung	125 kW/170 PS bei 3000-4200/min	125 kW/170 PS bei 4200/min	143 kW/194 PS bei 3800/min	143 kW/194 PS bei 3800/min	150 kW/204 PS bei 4200/min
Drehmoment	400 Nm bei 1400-2800/min	400 Nm bei 1400-2800/min	400 Nm bei 1600-2800/min	400 Nm bei 1400-2800/min	500 Nm bei 1600-1800/min
Ventilanzahl/-anordnung	2 Einlass, 2 Auslass/hängend	2 Einlass, 2 Auslass/hängend	2 Einlass, 2 Auslass/hängend	2 Einlass, 2 Auslass/hängend	2 Einlass, 2 Auslass/hängend
Ventilsteuerung	2 obenliegende Nockenwellen	2 obenliegende Nockenwellen	2 obenliegende Nockenwellen	2 obenliegende Nockenwellen	2 obenliegende Nockenwellen
Gemischbildung	Common-Rail-Direkteinspritzung, Abgas-Turbolader mit verstellbarer Turbinengeometrie, Ladeluftkühlung	Common-Rail-Direkteinspritzung, Abgas-Turbolader mit verstellbarer Turbinengeometrie, Ladeluftkühlung	Common-Rail-Direkteinspritzung, Abgas-Turbolader mit verstellbarer Turbinengeometrie, Ladeluftkühlung	Common-Rail-Direkteinspritzung, Abgas-Turbolader mit verstellbarer Turbinengeometrie, Ladeluftkühlung	Common-Rail-Direkteinspritzung, Abgas-Turbolader mit verstellbarer Turbinengeometrie, Ladeluftkühlung
Kühlung	Wasserkühlung/Pumpe	Wasserkühlung/Pumpe	Wasserkühlung/Pumpe	Wasserkühlung/Pumpe	Wasserkühlung/Pumpe
Schmierung	Druckumlaufschmierung	Druckumlaufschmierung	Druckumlaufschmierung	Druckumlaufschmierung	Druckumlaufschmierung
Kraftstofftank: Anordnung, Fassungsvermögen	vor der Hinterachse, 41 l, auf Wunsch 66 l	vor der Hinterachse, 41 l, auf Wunsch 66 l	vor der Hinterachse, 41 l, auf Wunsch 66 l	vor der Hinterachse, 41 l, auf Wunsch 66 l	vor der Hinterachse, 50/7 l, auf Wunsch 66 l
Radaufhängung vorne	Mehrlenkerachsen/McPherson-Federbeine	Mehrlenkerachsen/McPherson-Federbeine	Mehrlenkerachsen/McPherson-Federbeine	Mehrlenkerachsen/McPherson-Federbeine	Mehrlenkerachsen/McPherson-Federbeine
Radaufhängung hinten	Raumlenkerachse	Raumlenkerachse	Raumlenkerachse	Raumlenkerachse	Raumlenkerachse
Federung vorne	Schraubenfedern, Drehstab-Stabilisator	Schraubenfedern, Drehstab-Stabilisator	Schraubenfedern, Drehstab-Stabilisator	Schraubenfedern, Drehstab-Stabilisator	Schraubenfedern, Drehstab-Stabilisator
Federung hinten	Schraubenfedern, Drehstab-Stabilisator	Schraubenfedern, Drehstab-Stabilisator	Schraubenfedern, Drehstab-Stabilisator	Schraubenfedern, Drehstab-Stabilisator	Schraubenfedern, Drehstab-Stabilisator
Stoßdämpfer vorne/hinten	Gasdruckstoßdämpfer	Gasdruckstoßdämpfer	Gasdruckstoßdämpfer	Gasdruckstoßdämpfer	Gasdruckstoßdämpfer
Lenkung	Zahnstangen-Servolenkung mit geschwindigkeitsabhängiger Lenkkraftunterstützung und variabler Lenkübersetzung	Zahnstangen-Servolenkung mit geschwindigkeitsabhängiger Lenkkraftunterstützung und variabler Lenkübersetzung	Zahnstangen-Servolenkung mit geschwindigkeitsabhängiger Lenkkraftunterstützung und variabler Lenkübersetzung	Zahnstangen-Servolenkung mit geschwindigkeitsabhängiger Lenkkraftunterstützung und variabler Lenkübersetzung	Zahnstangen-Servolenkung mit geschwindigkeitsabhängiger Lenkkraftunterstützung und variabler Lenkübersetzung
Bremsanlage	hydraulische Zweikreis-Bremsanlage mit Unterdruck-Bremskraftverstärker, Scheibenbremsen vorn innenbelüftet, hinten massiv, ABS, BAS, ESP®	hydraulische Zweikreis-Bremsanlage mit Unterdruck-Bremskraftverstärker, Scheibenbremsen vorn innenbelüftet, hinten massiv, ABS, BAS, ESP®	hydraulische Zweikreis-Bremsanlage mit Unterdruck-Bremskraftverstärker, Scheibenbremsen vorn innenbelüftet, hinten massiv, ABS, BAS, ESP®	hydraulische Zweikreis-Bremsanlage mit Unterdruck-Bremskraftverstärker, Scheibenbremsen vorn innenbelüftet, hinten massiv, ABS, BAS, ESP®	hydraulische Zweikreis-Bremsanlage mit Unterdruck-Bremskraftverstärker, Scheibenbremsen vorn innenbelüftet, hinten massiv, ABS, BAS, ESP®
Feststellbremse	elektrisch, auf Hinterräder wirkend	elektrisch, auf Hinterräder wirkend	elektrisch, auf Hinterräder wirkend	elektrisch, auf Hinterräder wirkend	elektrisch, auf Hinterräder wirkend
Bremsscheibendurchmesser vorne/hinten	305/300 mm	305/300 mm	305/300 mm	305/300 mm	318/300 mm
Räder	Leichtmetallfelgen 7 J x 16	Leichtmetallfelgen 7 J x 17	Leichtmetallfelgen 7 J x 16	Leichtmetallfelgen 7 J x 17	Leichtmetallfelgen 7 J x 17
Reifen	205/60 R 16	225/50 R 17	205/60 R 16	225/50 R 17	225/50 R 17
Kraftübertragung	über geteilte Kardanwelle auf die Hinterräder	4MATIC Allradantrieb	über geteilte Kardanwelle auf die Hinterräder	4MATIC Allradantrieb	über geteilte Kardanwelle auf die Hinterräder
Getriebe [1]	6-Gang mechanisch	9-Gang-Automatikgetriebe mit elektronischer Steuerung	9-Gang-Automatikgetriebe mit elektronischer Steuerung	9-Gang-Automatikgetriebe mit elektronischer Steuerung	7-Gang-Automatikgetriebe mit elektronischer Steuerung
Verfügbarkeit	Serie	Serie	Serie	Serie	Serie
Kupplung	Einscheiben-Trockenkupplung	Wandler	Wandler	Wandler	Wandler
Getriebebezeichnung		9G-TRONIC	9G-TRONIC	9G-TRONIC	7G-TRONIC+
Getriebe-Übersetzung	I. 4,79; II. 2,51; III. 1,46; IV. 1,00; V. 0,78; VI. 0,67; R. 4,48	I. 5,35; II. 3,24; III. 2,25; IV. 1,64; V. 1,21; VI. 1,00; VII. 0,86; VIII. 0,72; IX. 0,60; R. 4,80	I. 5,35; II. 3,24; III. 2,25; IV. 1,64; V. 1,21; VI. 1,00; VII. 0,86; VIII. 0,72; IX. 0,60; R. 4,80	I. 5,35; II. 3,24; III. 2,25; IV. 1,64; V. 1,21; VI. 1,00; VII. 0,86; VIII. 0,72; IX. 0,60; R. 4,80	I. 4,38; II. 2,86; III. 1,92; IV. 1,37; V. 1,00; VI. 0,82; VII. 0,73; R. 3,42
Achsantriebsübersetzung	2,65	2,47	2,47	2,47	2,47
Höchstgeschwindigkeit	230 km/h	225 km/h	233 km/h	228 km/h	247 km/h
Beschleunigung[2] 0-100 km/h	7,9 s	7,7 s	7 s	7,4 s	6,6 s
Norm-Kraftstoffverbrauch in Liter	4,3-4,5	4,7-5,1	4,7-5,0	5,0-5,3	4,3-4,6
Emissionsklasse	Euro 6	Euro 6	Euro 6d-TEMP	Euro 6d-TEMP	Euro 6
Effizienzklasse	A	A	A	A	A
Getriebe [2]	7-Gang-Automatikgetriebe mit elektronischer Steuerung				
Verfügbarkeit	auf Wunsch				
Kupplung	Wandler				
Getriebebezeichnung	7G-TRONIC+				
Getriebe-Übersetzung	I. 4,38; II. 2,86; III. 1,92; IV. 1,37; V. 1,00; VI. 0,82; VII. 0,73; R. 3,42				
Achsantriebsübersetzung	2,47				
Höchstgeschwindigkeit	230 km/h				
Beschleunigung[2] 0-100 km/h	7,4 s				
Norm-Kraftstoffverbrauch in Liter	4,4-4,7				
Emissionsklasse	Euro 6				
Effizienzklasse	A				
Radstand	2840 mm	2840 mm	2840 mm	2840 mm	2840 mm
Spur vorne/hinten	1584/1566 mm	1584/1566 mm	1584/1566 mm	1584/1566 mm	1584/1566 mm
Gesamtlänge	4700 mm	4700 mm	4700 mm	4700 mm	4686 mm
Gesamtbreite	1810 mm	1810 mm	1810 mm	1810 mm	1810 mm
Höhe	1457 mm	1457 mm	1457 mm	1457 mm	1457 mm
Wendekreisdurchmesser	11,22 m	11,22 m	11,22 m	11,22 m	11,22 m
Leergewicht[5]	1595 kg	1695 kg	1645 kg	1720 kg	1595 kg
Zul. Gesamtgewicht	2170 kg	2270 kg	2235 kg	2310 kg	2160 kg
Zuladung	bis 575 kg, je nach Ausstattung	bis 575 kg, je nach Ausstattung	bis 590 kg, je nach Ausstattung	bis 590 kg, je nach Ausstattung	bis 575 kg, je nach Ausstattung
Anhängelast gebremst/ungebremst	1800/750 kg	1800/750 kg	1800/750 kg	1800/750 kg	1800/750 kg
Preise[9]	04.2016: EUR 40.579,00	04.2016: EUR 45.458,00	10.2018: EUR 43.994,30	10.2018: EUR 46.374,30,-	04.2016: EUR 45.934,00

C-Klasse T-Modelle der Baureihe 205, seit 2014

Typ	C 250 d 4MATIC	C 300 h	C 300 d	C 300 d 4MATIC	C 160
Konstruktionsbezeichnung	S 205	S 205	S 205	S 205	S 205
Produktionszeitraum	05.2015-07.2018	09.2014-07.2018	seit 07.2018	seit 07.2018	seit 05.2015
Motor	Viertakt-Diesel mit Common-Rail-Direkteinspritzung, Abgas-Turbolader mit Ladeluftkühlung, Abgasreinigungdanlage mit Oxidationskatalysator	Viertakt-Diesel mit Common-Rail- Direkteinspritzung, Abgas-Turbolader mit Ladeluftkühlung, Abgasreinigungsanlage mit Oxidationskatalysator + Elektromotor	Viertakt-Diesel mit Common-Rail- Direkteinspritzung, VTG-Abgas-Turbolader mit Ladeluftkühlung, Abgasreinigungsanlage mit Oxidationskatalysator, Harnstoffeinspritzung, Partikelfilter und SCR/Katalysator	Viertakt-Diesel mit Common-Rail- Direkteinspritzung, VTG-Abgas-Turbolader mit Ladeluftkühlung, Abgasreinigungsanlage mit Oxidationskatalysator, Harnstoffeinspritzung, Partikelfilter und SCR/Katalysator	Viertakt-Ottomotor mit einem Kurbelgehäuse aus Aluminium-Druckguss, strahlgeführte Mehrfach-Benzin-Direkteinspritzung, Abgas-Turboaufladung mit Ladeluftkühlung
Motor-Typ/-Baumuster	OM 651 DE 22 LA	OM 651 DE 22 LA + Parallel-Hybrid AC Synchronmotor	OM 654 DE 20 G SCR	OM 654 DE 20 G SCR	M 274 DE 16 AL
Zylinderzahl/Anordung	4/Reihe	4/Reihe	4/Reihe	4/Reihe	4/Reihe
Bohrung x Hub	83 x 99 mm	83 x 99 mm	82 x 92,3 mm	78 x 83,6 mm	83 x 73,7 mm
Gesamthubraum	2143 ccm	2143 ccm	1950 ccm	1598 ccm	1595 ccm
Verdichtungsverhältnis	16,2	16,2	15,5	15,5	10,3
Leistung	150 kW/204 PS bei 4200/min	125 kW/204 PS + 20 kW/27 PS bei 3800/min	180 kW/245 PS bei 4200/min	180 kW/245 PS bei 4200/min	95 kW/129 PS bei 5000/min
Drehmoment	500 Nm bei 1600-1800/min	500 Nm + 250 Nm bei 1600-1800/min	500 Nm bei 1600-2400/min	500 Nm bei 1600-2400/min	210 Nm bei 1200-4000/min
Ventilanzahl/-anordnung	2 Einlass, 2 Auslass/hängend	2 Einlass, 2 Auslass/hängend	2 Einlass, 2 Auslass/hängend	2 Einlass, 2 Auslass/hängend	2 Einlass, 2 Auslass/hängend
Ventilsteuerung	2 obenliegende Nockenwellen	2 obenliegende Nockenwellen	2 obenliegende Nockenwellen	2 obenliegende Nockenwellen	2 obenliegende Nockenwellen
Gemischbildung	Common-Rail-Direkteinspritzung, Abgas-Turbolader mit verstellbarer Turbinengeometrie, Ladeluftkühlung	Common-Rail-Direkteinspritzung, Abgas-Turbolader mit verstellbarer Turbinengeometrie, Ladeluftkühlung	Common-Rail-Direkteinspritzung, Abgas-Turbolader mit verstellbarer Turbinengeometrie, Ladeluftkühlung	Common-Rail-Direkteinspritzung, Abgas-Turbolader mit verstellbarer Turbinengeometrie, Ladeluftkühlung	Mehrfach-Benzin-Direkteinspritzung durch Piezo-Injektoren, Abgas-Turboaufladung mit Ladeluftkühlung
Kühlung	Wasserkühlung/Pumpe	Wasserkühlung/Pumpe	Wasserkühlung/Pumpe	Wasserkühlung/Pumpe	Wasserkühlung/Pumpe
Schmierung	Druckumlaufschmierung	Druckumlaufschmierung	Druckumlaufschmierung	Druckumlaufschmierung	Druckumlaufschmierung
Kraftstofftank: Anordnung, Fassungsvermögen	vor der Hinterachse, 50/7 l, auf Wunsch 66 l	vor der Hinterachse, 50/7 l, auf Wunsch 66 l	vor der Hinterachse, 41 l, auf Wunsch 66 l	vor der Hinterachse, 41 l, auf Wunsch 66 l	vor der Hinterachse, 41 l, auf Wunsch 66 l
Radaufhängung vorne	Mehrlenkerachsen/McPherson-Federbeine	Mehrlenkerachsen/McPherson-Federbeine	Mehrlenkerachsen/McPherson-Federbeine	Mehrlenkerachsen/McPherson-Federbeine	Mehrlenkerachsen/McPherson-Federbeine
Radaufhängung hinten	Raumlenkerachse	Raumlenkerachse	Raumlenkerachse	Raumlenkerachse	Raumlenkerachse
Federung vorne	Schraubenfedern, Drehstab-Stabilisator	Schraubenfedern, Drehstab-Stabilisator	Schraubenfedern, Drehstab-Stabilisator	Schraubenfedern, Drehstab-Stabilisator	Schraubenfedern, Drehstab-Stabilisator
Federung hinten	Schraubenfedern, Drehstab-Stabilisator	Schraubenfedern, Drehstab-Stabilisator	Schraubenfedern, Drehstab-Stabilisator	Schraubenfedern, Drehstab-Stabilisator	Schraubenfedern, Drehstab-Stabilisator
Stoßdämpfer vorne/hinten	Gasdruckstoßdämpfer	Gasdruckstoßdämpfer	Gasdruckstoßdämpfer	Gasdruckstoßdämpfer	Gasdruckstoßdämpfer
Lenkung	Zahnstangen-Servolenkung mit geschwindigkeitsabhängiger Lenkkraftunterstützung und variabler Lenkübersetzung	Zahnstangen-Servolenkung mit geschwindigkeitsabhängiger Lenkkraftunterstützung und variabler Lenkübersetzung	Zahnstangen-Servolenkung mit geschwindigkeitsabhängiger Lenkkraftunterstützung und variabler Lenkübersetzung	Zahnstangen-Servolenkung mit geschwindigkeitsabhängiger Lenkkraftunterstützung und variabler Lenkübersetzung	Zahnstangen-Servolenkung mit geschwindigkeitsabhängiger Lenkkraftunterstützung und variabler Lenkübersetzung
Bremsanlage	hydraulische Zweikreis-Bremsanlage mit Unterdruck-Bremskraftverstärker, Scheibenbremsen vorn innenbelüftet, hinten massiv, ABS, BAS, ESP®	hydraulische Zweikreis-Bremsanlage mit Unterdruck-Bremskraftverstärker, Scheibenbremsen vorn innenbelüftet, hinten massiv, ABS, BAS, ESP®	hydraulische Zweikreis-Bremsanlage mit Unterdruck-Bremskraftverstärker, Scheibenbremsen vorn innenbelüftet, hinten massiv, ABS, BAS, ESP®	hydraulische Zweikreis-Bremsanlage mit Unterdruck-Bremskraftverstärker, Scheibenbremsen vorn innenbelüftet, hinten massiv, ABS, BAS, ESP®	hydraulische Zweikreis-Bremsanlage mit Unterdruck-Bremskraftverstärker, Scheibenbremsen vorn innenbelüftet, hinten massiv, ABS, BAS, ESP®
Feststellbremse	elektrisch, auf Hinterräder wirkend	elektrisch, auf Hinterräder wirkend	elektrisch, auf Hinterräder wirkend	elektrisch, auf Hinterräder wirkend	elektrisch, auf Hinterräder wirkend
Bremsscheibendurchmesser vorne/hinten	318/300 mm	318/300 mm	318/300 mm	318/300 mm	295/300 mm
Räder	Leichtmetallfelgen 7 J x 17	Leichtmetallfelgen 7 J x 17	Leichtmetallfelgen 7 J x 17	Leichtmetallfelgen 7 J x 17	Stahlräder mit Radzierblenden, 6,5 J x 16, auf Wunsch Leichtmetallfelgen
Reifen	225/50 R 17	225/50 R 17	225/50 R 17	225/50 R 17	205/60 R 16
Kraftübertragung	4MATIC Allradantrieb	über geteilte Kardanwelle auf die Hinterräder	über geteilte Kardanwelle auf die Hinterräder	4MATIC Allradantrieb	über geteilte Kardanwelle auf die Hinterräder
Getriebe [1]	9-Gang-Automatikgetriebe mit elektronischer Steuerung	7-Gang-Automatikgetriebe mit elektronischer Steuerung	9-Gang-Automatikgetriebe mit elektronischer Steuerung	9-Gang-Automatikgetriebe mit elektronischer Steuerung	6-Gang mechanisch
Verfügbarkeit	Serie	Serie	Serie	Serie	Serie
Kupplung	Wandler	Wandler	Wandler	Wandler	Einscheiben-Trockenkupplung
Getriebebezeichnung	9G-TRONIC	7G-TRONIC+	9G-TRONIC	9G-TRONIC	
Getriebe-Übersetzung	I. 5,35; II. 3,24; III. 2,25; IV. 1,64; V. 1,21; VI. 1,00; VII. 0,86; VIII. 0,72; IX. 0,60; R. 4,80	I. 4,38; II. 2,86; III. 1,92; IV. 1,37; V. 1,00; VI. 0,82: VII. 0,73; R. 3,42	I. 5,35; II. 3,24; III. 2,25; IV. 1,64; V. 1,21; VI. 1,00; VII. 0,86; VIII. 0,72; IX. 0,60; R. 4,80	I. 5,35; II. 3,24; III. 2,25; IV. 1,64; V. 1,21; VI. 1,00; VII. 0,86; VIII. 0,72; IX. 0,60; R. 4,80	I. 4,75; II. 2,46; III. 1,62; IV. 1,24; V. 1,00; VI. 0,79; R. 4,47
Achsantriebsübersetzung	2,47	2,47	k. A.	k. A.	2,65
Höchstgeschwindigkeit	237 km/h	238 km/h	250 km/h	250 km/h	210 km/h
Beschleunigung[2] 0-100 km/h	7,0 s	6,7 s	5.9 s	6,0 s	9,9 s
Norm-Kraftstoffverbrauch in Liter	4,7-5,1	3,8-4,2	5,0-5,6	5,4-5,7	5,4-6,2
Emissionsklasse	Euro 6	Euro 6	Euro 6d-TEMP	Euro 6d-TEMP	Euro 6; ab 04.2018: Euro 6d-TEMP
Effizienzklasse	A	A+	B	B	B
Getriebe [2]					9-Gang-Automatikgetriebe mit elektronischer Steuerung
Verfügbarkeit					auf Wunsch
Kupplung					Wandler
Getriebebezeichnung					9G-TRONIC
Getriebe-Übersetzung					I. 5,35; II. 3, 24; III. 2,25; IV. 1,64; V. 1,21; VI. 1,00; VII. 0,87; VIII; 0,72; IX: 0,60; R. 3,42
Achsantriebsübersetzung					3,07
Höchstgeschwindigkeit					208 km/h
Beschleunigung[2] 0-100 km/h					10,2 s
Norm-Kraftstoffverbrauch in Liter					5,4-5,7
Emissionsklasse					Euro 6; ab 04.2018: Euro 6d-TEMP
Effizienzklasse					B
Radstand	2840 mm	2840 mm	2840 mm	2840 mm	2840 mm
Spur vorne/hinten	1584/1566 mm	1584/1566 mm	1584/1566 mm	1584/1566 mm	1584/1566 mm
Gesamtlänge	4700mm	4700 mm	4700 mm	4700 mm	4700 mm
Gesamtbreite	1810 mm	1810 mm	1810 mm	1810 mm	1810 mm
Höhe	1457 mm	1457 mm	1457 mm	1457 mm	1457 mm
Wendekreisdurchmesser	11,22 m	11,22 m	11,22 m	11,22 m	11,22 m
Leergewicht[5]	1660 kg	1765 kg	1685 kg	1470 kg	1470 kg/1495 kg
Zul. Gesamtgewicht	2225 kg	2340 kg	2275 kg	2045 kg	2045 kg/2085 kg
Zuladung	bis 575 kg, je nach Ausstattung	bis 575 kg, je nach Ausstattung	bis 590 kg, je nach Ausstattung	bis 575 kg, je nach Ausstattung	bis 575 kg, je nach Ausstattung
Anhängelast gebremst/ungebremst	1600/750 kg	1600/750 kg	1800/750 kg	1400/695 kg	1600/735 kg
Preise[9]	04.2016: EUR 48.314,00	04.2016: EUR 48.909,00	10.2018: EUR 47.736,85	04.2016: EUR 33.439,00	04.2016: EUR 31.773,00

C-Klasse T-Modelle der Baureihe 205, seit 2014

Typ	C 180	C 200	C 200 4MATIC	C 200	C 200 4MATIC
Konstruktionsbezeichnung	S 205	S 205	S 205	S 205	S 205
Produktionszeitraum	seit 02.2014	02.2014-04.2018	05.2015 bis 04.2018	seit 04.2018	seit 04.2018
Motor	Viertakt-Ottomotor mit einem Kurbelgehäuse aus Aluminium-Druckguss, strahlgeführte Mehrfach-Benzin-Direkteinspritzung, Abgas-Turboaufladung mit Ladeluftkühlung	Viertakt-Ottomotor mit einem Kurbelgehäuse aus Aluminium-Druckguss, strahlgeführte Mehrfach-Benzin-Direkteinspritzung, Abgas-Turboaufladung mit Ladeluftkühlung	Viertakt-Ottomotor mit einem Kurbelgehäuse aus Aluminium-Druckguss, strahlgeführte Mehrfach-Benzin-Direkteinspritzung, Abgas-Turboaufladung mit Ladeluftkühlung	Viertakt-Ottomotor mit einem Kurbelgehäuse aus Aluminium-Druckguss, strahlgeführte Mehrfach-Benzin-Direkteinspritzung, Abgas-Turboaufladung mit Ladeluftkühlung + Elektromotor	Viertakt-Ottomotor mit einem Kurbelgehäuse aus Aluminium-Druckguss, strahlgeführte Mehrfach-Benzin-Direkteinspritzung, Abgas-Turboaufladung mit Ladeluftkühlung + Elektromotor
Motor-Typ/-Baumuster	M 274 DE 16 AL	M 274 DE 20 AL	M 274 DE 20 AL	M 264 E 15DE AL + Parallel-Hybrid AC Synchronmotor	M 264 E 15DE AL + Parallel-Hybrid AC Synchronmotor
Zylinderzahl/Anordung	4/Reihe	4/Reihe	4/Reihe	4/Reihe	4/Reihe
Bohrung x Hub	83 x 73,7 mm	83 x 92 mm	83 x 92 mm	80,4 x 73,7 mm	80,4 x 73,7 mm
Gesamthubraum	1595 ccm	1991 ccm	1991 ccm	1497 ccm	1497 ccm
Verdichtungsverhältnis	10,3	9,8	9,8	10,5	10,5
Leistung	115 kW/156 PS bei 5300/min	135 kW/184 PS bei 5500/min	135 kW/184 PS bei 5500/min	135 kW/184 PS + 10 kW/14 PS bei 5800-6100/min	135 kW/184 PS + 10 kW/14 PS bei 5800-6100/min
Drehmoment	250 Nm bei 1250-4000/min	300 Nm bei 1200-4000/min	300 Nm bei 1200-4000 /min	280 Nm bei 3000-4000/min	280 Nm bei 3000-4000/min
Ventilanzahl/-anordnung	2 Einlass, 2 Auslass/hängend	2 Einlass, 2 Auslass/hängend	2 Einlass, 2 Auslass/hängend	2 Einlass, 2 Auslass/hängend	2 Einlass, 2 Auslass/hängend
Ventilsteuerung	2 obenliegende Nockenwellen	2 obenliegende Nockenwellen	2 obenliegende Nockenwellen	2 obenliegende und verstellbare Nockenwellen	2 obenliegende und verstellbare Nockenwellen
Gemischbildung	Mehrfach Benzin-Direkteinspritzung durch Piezo-Injektoren, Abgas-Turboaufladung mit Ladeluftkühlung	Mehrfach Benzin-Direkteinspritzung durch Piezo-Injektoren, Abgas-Turboaufladung mit Ladeluftkühlung	Mehrfach Benzin-Direkteinspritzung durch Piezo-Injektoren, Abgas-Turboaufladung mit Ladeluftkühlung	Mehrfach-Benzin-Direkteinspritzung durch Piezo-Injektoren, Abgas-Turboaufladung mit Ladeluftkühlung, auf der Einlassseite variable Ventilsteuerung CAMTRONIC	Mehrfach-Benzin-Direkteinspritzung durch Piezo-Injektoren, Abgas-Turboaufladung mit Ladeluftkühlung, auf der Einlassseite variable Ventilsteuerung CAMTRONIC
Kühlung	Wasserkühlung/Pumpe	Wasserkühlung/Pumpe	Wasserkühlung/Pumpe	Wasserkühlung/Pumpe	Wasserkühlung/Pumpe
Schmierung	Druckumlaufschmierung	Druckumlaufschmierung	Druckumlaufschmierung	Druckumlaufschmierung	Druckumlaufschmierung
Kraftstofftank: Anordnung, Fassungsvermögen	vor der Hinterachse, 41 l, auf Wunsch 66 l	vor der Hinterachse, 41 l, auf Wunsch 66 l	vor der Hinterachse, 41 l, auf Wunsch 66 l	vor der Hinterachse, 41 l, auf Wunsch 66 l	vor der Hinterachse, 41 l, auf Wunsch 66 l
Radaufhängung vorne	Mehrlenkerachsen/McPherson-Federbeine	Mehrlenkerachsen/McPherson-Federbeine	Mehrlenkerachsen/McPherson-Federbeine	Mehrlenkerachsen/McPherson-Federbeine	Mehrlenkerachsen/McPherson-Federbeine
Radaufhängung hinten	Raumlenkerachse	Raumlenkerachse	Raumlenkerachse	Raumlenkerachse	Raumlenkerachse
Federung vorne	Schraubenfedern, Drehstab-Stabilisator	Schraubenfedern, Drehstab-Stabilisator	Schraubenfedern, Drehstab-Stabilisator	Schraubenfedern, Drehstab-Stabilisator	Schraubenfedern, Drehstab-Stabilisator
Federung hinten	Schraubenfedern, Drehstab-Stabilisator	Schraubenfedern, Drehstab-Stabilisator	Schraubenfedern, Drehstab-Stabilisator	Schraubenfedern, Drehstab-Stabilisator	Schraubenfedern, Drehstab-Stabilisator
Stoßdämpfer vorne/hinten	Gasdruckstoßdämpfer	Gasdruckstoßdämpfer	Gasdruckstoßdämpfer	Gasdruckstoßdämpfer	Gasdruckstoßdämpfer
Lenkung	Zahnstangen-Servolenkung mit geschwindigkeitsabhängiger Lenkkraftunterstützung und variabler Lenkübersetzung	Zahnstangen-Servolenkung mit geschwindigkeitsabhängiger Lenkkraftunterstützung und variabler Lenkübersetzung	Zahnstangen-Servolenkung mit geschwindigkeitsabhängiger Lenkkraftunterstützung und variabler Lenkübersetzung	Zahnstangen-Servolenkung mit geschwindigkeitsabhängiger Lenkkraftunterstützung und variabler Lenkübersetzung	Zahnstangen-Servolenkung mit geschwindigkeitsabhängiger Lenkkraftunterstützung und variabler Lenkübersetzung
Bremsanlage	hydraulische Zweikreis-Bremsanlage mit Unterdruck-Bremskraftverstärker, Scheibenbremsen vorn innenbelüftet, hinten massiv, ABS, BAS, ESP®	hydraulische Zweikreis-Bremsanlage mit Unterdruck-Bremskraftverstärker, Scheibenbremsen vorn innenbelüftet, hinten massiv, ABS, BAS, ESP®	hydraulische Zweikreis-Bremsanlage mit Unterdruck-Bremskraftverstärker, Scheibenbremsen vorn innenbelüftet, hinten massiv, ABS, BAS, ESP®	hydraulische Zweikreis-Bremsanlage mit Unterdruck-Bremskraftverstärker, Scheibenbremsen vorn innenbelüftet, hinten massiv, ABS, BAS, ESP®	hydraulische Zweikreis-Bremsanlage mit Unterdruck-Bremskraftverstärker, Scheibenbremsen vorn innenbelüftet, hinten massiv, ABS, BAS, ESP®
Feststellbremse	elektrisch, auf Hinterräder wirkend	elektrisch, auf Hinterräder wirkend	elektrisch, auf Hinterräder wirkend	elektrisch, auf Hinterräder wirkend	elektrisch, auf Hinterräder wirkend
Bremsscheibendurchmesser vorne/hinten	295/300 mm	305/300 mm	305/300 mm	305/300 mm	305/300 mm
Räder	Stahlräder mit Radzierblenden, 6,5 J x 16, auf Wunsch Leichtmetallfelgen	Leichtmetallfelgen 6,5 J x 16	Leichtmetallfelgen 7 J x 17	Leichtmetallfelgen 6,5 J x 16	Leichtmetallfelgen 7 J x 17
Reifen	205/60 R 16	205/60 R 16	225/50 R 17	205/60 R 16	225/50 R 17
Kraftübertragung	über geteilte Kardanwelle auf die Hinterräder	über geteilte Kardanwelle auf die Hinterräder	4MATIC Allradantrieb	über geteilte Kardanwelle auf die Hinterräder	4MATIC Allradantrieb
Getriebe [1]	6-Gang mechanisch	6-Gang mechanisch	7-Gang-Automatikgetriebe mit elektronischer Steuerung	9-Gang-Automatikgetriebe mit elektronischer Steuerung	9-Gang-Automatikgetriebe mit elektronischer Steuerung
Verfügbarkeit	Serie	Serie	Serie	Serie	Serie
Kupplung	Einscheiben-Trockenkupplung	Einscheiben-Trockenkupplung	Wandler	Wandler	Wandler
Getriebebezeichnung			7G-TRONIC+	9G-TRONIC	9G-TRONIC
Getriebe-Übersetzung	I. 4,75; II. 2,46; III. 1,62; IV. 1,24; V. 1,00; VI. 0,79; R. 4,47	I. 4,75; II. 2,46; III. 1,62; IV. 1,24; V. 1,00; VI. 0,79; R. 4,47	I. 4,38; II. 2,86; III. 1,92; IV. 1,37; V. 1,00; VI. 0,82; VII. 0,73; R. 3,42	I. 5,35; II. 3,24; III. 2,25; IV. 1,64; V. 1,21; VI. 1,00; VII. 0,86; VIII. 0,72; IX. 0,60; R. 4,80	I. 5,35; II. 3,24; III. 2,25; IV. 1,64; V. 1,21; VI. 1,00; VII. 0,86; VIII. 0,72; IX. 0,60; R. 4,80
Achsantriebsübersetzung	2,65	2,65	2,65	3,07	3,07
Höchstgeschwindigkeit	223 km/h	235 km/h	227 km/h	235 km/h	230 km/h
Beschleunigung[2] 0-100 km/h	8,4 s	7,7 s	7,8 s	7,9 s	8,4 s
Norm-Kraftstoffverbrauch in Liter	5,4-6,5	5,4-5,7	6,2-6,5	6,2-6,6	6,7-7,1
Emissionsklasse	Euro 6; ab 04.2018: Euro 6d-TEMP	Euro 6	Euro 6	Euro 6d-TEMP	Euro 6d-TEMP
Effizienzklasse	B	B	B	C	C
Getriebe [2]	7-Gang-Automatikgetriebe mit elektronischer Steuerung; ab Mitte 2016: 9-Gang-Automatikgetriebe mit elektronischer Steuerung	7-Gang-Automatikgetriebe mit elektronischer Steuerung; ab Mitte 2016: 9-Gang-Automatikgetriebe mit elektronischer Steuerung			
Verfügbarkeit	auf Wunsch	auf Wunsch			
Kupplung	Wandler	Wandler			
Getriebebezeichnung	7G-TRONIC+; ab Mitte 2016: 9G-TRONIC	7G-TRONIC+; ab Mitte 2016: 9G-TRONIC			
Getriebe-Übersetzung	7G-TRONIC+: I. 4,38; II. 2,86; III. 1,92; IV. 1,37; V. 1,00; VI. 0,82; VII. 0,73; R. 3,42; 9G-TRONIC: I. 5,35; II. 3, 24; III. 2,25; IV. 1,64; V. 1,21; VI. 1,00; VII. 0,87; VIII; 0,72; IX: 0,60; R. 3,42	7G-TRONIC+: I. 4,38; II. 2,86; III. 1,92; IV. 1,37; V. 1,00; VI. 0,82; VII. 0,73; R. 3,42: 9G-TRONIC:I. 5,35; II. 3, 24; III. 2,25; IV. 1,64; V. 1,21; VI. 1,00; VII. 0,87; VIII; 0,72; IX: 0,60; R. 3,42			
Achsantriebsübersetzung	3,07	3,07			
Höchstgeschwindigkeit	221 km/h	233 km/h			
Beschleunigung[2] 0-100 km/h	8,2 s	7,5 s			
Norm-Kraftstoffverbrauch in Liter	5,6-5,8	5,6-6,0			
Emissionsklasse	Euro 6; ab 04.2018: Euro 6d-TEMP	Euro 6			
Effizienzklasse	B	B			
Radstand	2840 mm	2840 mm	2840 mm	2840 mm	2840 mm
Spur vorne/hinten	1584/1566 mm	1584/1566 mm	1584/1566 mm	1584/1566 mm	1584/1566 mm
Gesamtlänge	4700 mm	4700 mm	4700 mm	4700 mm	4700 mm
Gesamtbreite	1810 mm	1810 mm	1810 mm	1810 mm	1810 mm
Höhe	1457 mm	1457 mm	1457 mm	1457 mm	1457 mm
Wendekreisdurchmesser	11,22 m	11,22 m	11,22 m	11,22 m	11,22 m
Leergewicht[5]	1470 kg/1495 kg	1470 kg	1605 kg	1505 kg	1650 kg
Zul. Gesamtgewicht	2045 kg/2085 kg	2045 kg	2180 kg	2085 kg	2240 kg
Zuladung	bis 575 kg bis 590 kg je nach Ausstattung	bis 575 kg, je nach Ausstattung	bis 575 kg, je nach Ausstattung	bis 590 kg, je nach Ausstattuung	bis 590 kg, je nach Ausstattung
Anhängelast gebremst/ungebremst	1600/735 kg	1600/735 kg	1800/750 kg	1800/750 kg	1800/750 kg
Preise[9]	04.2016: EUR 35.432,00	04.2016: EUR 38.318,00	04.2016: EUR 43.197,00	10.2018: EUR 41.614,30	10.2018: EUR 43.994,30

C-Klasse T-Modelle der Baureihe 205, seit 2014

Typ	C 250	C 300	C 300	C 350 e	C 400 4MATIC
Konstruktionsbezeichnung	S 205	S 205	S 205	S 205	S 205
Produktionszeitraum	02.2014-04.2018	02.2014-04.2018	seit 07.2018	03.2015-04.2018	seit 10.2014
Motor	Viertakt-Ottomotor mit einem Kurbelgehäuse aus Aluminium-Druckguss, strahlgeführte Mehrfach-Benzin-Direkteinspritzung, Abgas-Turboaufladung mit Ladeluftkühlung	Viertakt-Ottomotor mit einem Kurbelgehäuse aus Aluminium-Druckguss, strahlgeführte Mehrfach-Benzin-Direkteinspritzung, Abgas-Turboaufladung mit Ladeluftkühlung	Viertakt-Diesel mit Common-Rail- Direkteinspritzung, VTG-Abgas-Turbolader mit Ladeluftkühlung, Abgasreinigungsanlage mit Oxidationskatalysator, Harnstoffeinspritzung, Partikelfilter und SCR/Katalysator	Viertakt-Ottomotor mit einem Kurbelgehäuse aus Aluminium-Druckguss, strahlgeführte Mehrfach-Benzin-Direkteinspritzung, Abgas-Turboaufladung mit Ladeluftkühlung + Elektromtor	Viertakt-Ottomotor mit einem Kurbelgehäuse aus Aluminium-Druckguss, Zylinderlaufbahn mit NANOSLIDE® Beschichtung, strahlgeführte Mehrfach-Benzin-Direkteinspritzung, zwei Abgas-Turbolader mit Ladeluftkühlung
Motor-Typ/-Baumuster	M 274 DE 20 AL	M 274 DE 20 AL	OM 654 DE 20 G SCR	M 274 DE 20 AL + Parallel-Hybrid AC Synchronmotor	M 276 DEH 30 LA
Zylinderzahl/Anordung	4 /Reihe	4/Reihe	4/Reihe	4/Reihe	6/V 60°
Bohrung x Hub	83 x 92 mm	83 x 92 mm	82 x 92,3 mm	83 x 92 mm	88 x 82,1 mm
Gesamthubraum	1991 ccm	1991 ccm	1950 ccm	1991 ccm	2996 ccm
Verdichtungsverhältnis	9,8	9,8	15,5	9,8	10,7
Leistung	155 kW/211 PS bei 5500/min	180 kW/245 PS bei 5500/min	180 kW/245 PS bei 4200/min	155 kW/211 PS bei 5500/min + 60 kW/82 PS. Systemleistung 205 kW/279 PS	245 kW/333 PS bei 5250-6000/min
Drehmoment	350 Nm bei 1200-4000/min	370 Nm bei 1300-4000/min	500 Nm bei 1600-2400/min	Systemleistung 600 Nm bei 1200-2000/min	480 Nm bei 1600-4000/min
Ventilanzahl/-anordnung	2 Einlass, 2 Auslass/hängend	2 Einlass, 2 Auslass/hängend	2 Einlass, 2 Auslass/hängend	2 Einlass, 2 Auslass/hängend	2 Einlass, 2 Auslass/hängend
Ventilsteuerung	2 obenliegende und verstellbare Nockenwellen	2 obenliegende und verstellbare Nockenwellen	2 obenliegende Nockenwellen	2 obenliegende und verstellbare Nockenwellen	je Zylinderbank 2 obenliegende und verstellbare Nockenwellen
Gemischbildung	Mehrfach-Benzin-Direkteinspritzung durch Piezo-Injektoren, Abgas-Turboaufladung mit Ladeluftkühlung	Mehrfach-Benzin-Direkteinspritzung durch Piezo-Injektoren, Abgas-Turboaufladung mit Ladeluftkühlung	Common-Rail-Direkteinspritzung, Abgas-Turbolader mit verstellbarer Turbinengeometrie, Ladeluftkühlung	Mehrfach-Benzin-Direkteinspritzung durch Piezo-Injektoren, Abgas-Turboaufladung mit Ladeluftkühlung	Mehrfach-Benzin-Direkteinspritzung durch Piezo-Injektoren, je Zylinderbank ein Abgas-Turbolader mit Ladeluftkühlung
Kühlung	Wasserkühlung/Pumpe	Wasserkühlung/Pumpe	Wasserkühlung/Pumpe	Wasserkühlung/Pumpe	Wasserkühlung/Pumpe
Schmierung	Druckumlaufschmierung	Druckumlaufschmierung	Druckumlaufschmierung	Druckumlaufschmierung	Druckumlaufschmierung
Kraftstofftank: Anordnung, Fassungsvermögen	vor der Hinterachse, 41 l, auf Wunsch 66 l	vor der Hinterachse, 66 l	vor der Hinterachse, 41 l, auf Wunsch 66 l	vor der Hinterachse, 50 l, auf Wunsch 66 l	vor der Hinterachse, 66 l
Radaufhängung vorne	Mehrlenkerachsen/McPherson-Federbeine	Mehrlenkerachsen/McPherson-Federbeine	Mehrlenkerachsen/McPherson-Federbeine	Mehrlenkerachsen/McPherson-Federbeine	Mehrlenkerachsen/McPherson-Federbeine
Radaufhängung hinten	Raumlenkerachse	Raumlenkerachse	Raumlenkerachse	Raumlenkerachse	Raumlenkerachse
Federung vorne	Schraubenfedern, Drehstab-Stabilisator	Schraubenfedern, Drehstab-Stabilisator	Schraubenfedern, Drehstab-Stabilisator	Schraubenfedern, Drehstab-Stabilisator	Schraubenfedern, Drehstab-Stabilisator
Federung hinten	Schraubenfedern, Drehstab-Stabilisator	Schraubenfedern, Drehstab-Stabilisator	Schraubenfedern, Drehstab-Stabilisator	Schraubenfedern, Drehstab-Stabilisator	Schraubenfedern, Drehstab-Stabilisator
Stoßdämpfer vorne/hinten	Gasdruckstoßdämpfer	Gasdruckstoßdämpfer	Gasdruckstoßdämpfer	Gasdruckstoßdämpfer	Gasdruckstoßdämpfer
Lenkung	Zahnstangen-Servolenkung mit geschwindigkeitsabhängiger Lenkkraftunterstützung und variabler Lenkübersetzung	Zahnstangen-Servolenkung mit geschwindigkeitsabhängiger Lenkkraftunterstützung und variabler Lenkübersetzung	Zahnstangen-Servolenkung mit geschwindigkeitsabhängiger Lenkkraftunterstützung und variabler Lenkübersetzung	Zahnstangen-Servolenkung mit geschwindigkeitsabhängiger Lenkkraftunterstützung und variabler Lenkübersetzung	Zahnstangen-Servolenkung mit geschwindigkeitsabhängiger Lenkkraftunterstützung und variabler Lenkübersetzung
Bremsanlage	hydraulische Zweikreis-Bremsanlage mit Unterdruck-Bremskraftverstärker, Scheibenbremsen vorn innenbelüftet, hinten massiv, ABS, BAS, ESP®	hydraulische Zweikreis-Bremsanlage mit Unterdruck-Bremskraftverstärker, Scheibenbremsen vorn innenbelüftet, hinten massiv, ABS, BAS, ESP®	hydraulische Zweikreis-Bremsanlage mit Unterdruck-Bremskraftverstärker, Scheibenbremsen vorn innenbelüftet, hinten massiv, ABS, BAS, ESP®	hydraulische Zweikreis-Bremsanlage mit Unterdruck-Bremskraftverstärker, Scheibenbremsen vorn innenbelüftet, hinten massiv, ABS, BAS, ESP®	hydraulische Zweikreis-Bremsanlage mit Unterdruck-Bremskraftverstärker, Scheibenbremsen vorn innenbelüftet, hinten massiv, ABS, BAS, ESP®
Feststellbremse	elektrisch, auf Hinterräder wirkend	elektrisch, auf Hinterräder wirkend	elektrisch, auf Hinterräder wirkend	elektrisch, auf Hinterräder wirkend	elektrisch, auf Hinterräder wirkend
Bremsscheibendurchmesser vorne/hinten	318/300 mm	318/300 mm	318/300 mm	322/300 mm	342/300 mm
Räder	Leichtmetallfelgen 6,5 J x 16	Leichtmetallfelgen 7 J x 17	Leichtmetallfelgen 7 J x 17	Leichtmetallfelgen, 7 J x 17 vorne, 8 J x 17 hinten	Leichtmetallfelgen 7 J x 17
Reifen	205/60 R 16	225/50 R 17	225/50 R 17	225/50 R 17 vorne, 245/45 R 17 hinten	225/50 R 17
Kraftübertragung	über geteilte Kardanwelle auf die Hinterräder	über geteilte Kardanwelle auf die Hinterräder	über geteilte Kardanwelle auf die Hinterräder	über geteilte Kardanwelle auf die Hinterräder	4MATIC Allradantrieb
Getriebe [1]	7-Gang-Automatikgetriebe mit elektronischer Steuerung	7-Gang-Automatikgetriebe mit elektronischer Steuerung	9-Gang-Automatikgetriebe mit elektronischer Steuerung	7-Gang-Automatikgetriebe mit elektronischer Steuerung	7-Gang-Automatikgetriebe mit elektronischer Steuerung; ab 04.2016: 9-Gang-Automatikgetriebe mit elektronischer Steuerung
Verfügbarkeit	Serie	Serie	Serie	Serie	Serie
Kupplung	Wandler	Wandler	Wandler	Wandler	Wandler
Getriebebezeichnung	7G-TRONIC+	7G-TRONIC+	9G-TRONIC	7G-TRONIC+	7G-TRONIC+; ab 04.2016: 9G-TRONIC
Getriebe-Übersetzung	I. 4,38; II. 2,86; III. 1,92; IV. 1,37; V. 1,00; VI. 0,82; VII. 0,73; R. 3,42	I. 4,38; II. 2,86; III. 1,92; IV. 1,37; V. 1,00; VI. 0,82; VII. 0,73; R. 3,42	I. 5,35; II. 3,24; III. 2,25; IV. 1,64; V. 1,21; VI. 1,00; VII. 0,86; VIII. 0,72; IX. 0,60; R. 4,80	I. 4,38; II. 2,86; III. 1,92; IV. 1,37; V. 1,00; VI. 0,82; VII. 0,73; R. 3,42	7G-TRONIC+: I. 4,38; II. 2,86; III. 1,92; IV. 1,37; V. 1,00; VI. 0,82; VII. 0,73; R. 3,42; 9G-TRONIC: I. 5,35; II. 3,24; III. 2,25; IV. 1,64; V. 1,21; VI. 1,00; VII. 0,86; VIII. 0,72; IX. 0,60; R. 4,80
Achsantriebsübersetzung	3,07	3,07	k. A.	3,07	2,82
Höchstgeschwindigkeit	244 km/h	250 km/h	250 km/h	246 km/h/130 km/h E-Motor	250 km/h
Beschleunigung[2] 0-100 km/h	6,8 s	6,1 s	5.9 s	6,2 s	5,0 s
Norm-Kraftstoffverbrauch in Liter	5,6-6,2	6,4-6,8	5,0-5,6	2,1-2,4	7,9-8,3
Emissionsklasse	Euro 6	Euro 6	Euro 6d-TEMP	Euro 6	Euro 6; ab 04.2018: Euro 6d-TEMP
Effizienzklasse	B	C	B	A+	D
Getriebe [2]					
Verfügbarkeit					
Kupplung					
Getriebebezeichnung					
Getriebe-Übersetzung					
Achsantriebsübersetzung					
Höchstgeschwindigkeit					
Beschleunigung[2] 0-100 km/h					
Norm-Kraftstoffverbrauch in Liter					
Emissionsklasse					
Effizienzklasse					
Radstand	2840 mm	2840 mm	2840 mm	2840 mm	2840 mm
Spur vorne/hinten	1584/1566 mm	1584/1566 mm	1584/1566 mm	1584/1566 mm	1584/1566 mm
Gesamtlänge	4700 mm	4700mm	4700 mm	4700 mm	4700 mm
Gesamtbreite	1810 mm	1810 mm	1810 mm	1810 mm	1810 mm
Höhe	1457 mm	1457 mm	1457 mm	1457 mm	1457 mm
Wendekreisdurchmesser	11,22 m	11,22 m	11,22 m	11,22 m	11,22 m
Leergewicht[5]	1545 kg	1595 kg	1685 kg	1840 kg	1730 kg/1720 kg
Zul. Gesamtgewicht	2120 kg	2170 kg	2275 kg	2385 kg	2385 kg/2310 kg
Zuladung	bis 575 kg, je nach Ausstattung	bis 575 kg, je nach Ausstattung	bis 590 kg, je nach Ausstattung	bis 545 kg, je nach Ausstattung	545 kg/590 kg je nach Ausstattung
Anhängelast gebremst/ungebremst	1800/740 kg	1800/750 kg	1800/750 kg	1600/750 kg	1800/750 kg;1800/750 kg
Preise[9]	04.2016: EUR 42.840,00	04.2016: EUR 45.458,00	10.2018: EUR 47.736,85	04.2016: EUR 52.717,00	04.2016: EUR 52.479,00

C-Klasse T-Modelle der Baureihe 205, seit 2014

Typ	Mercedes-AMG C 450 4MATIC	Mercedes-AMG C 43 4MATIC	Mercedes-AMG C 43 4MATIC	Mercedes-AMG C 63	Mercedes-AMG C 63 S
Konstruktionsbezeichnung	S 205	S 205	S 205	S 205	S 205
Produktionszeitraum	04.2015-06.2016	07.2016-04.2018	ab 04.2018	ab 02.2015	ab 02.2015
Motor	Viertakt-Ottomotor mit einem Kurbelgehäuse aus Aluminium-Druckguss, Zylinderlaufbahn mit NANOSLIDE® Beschichtung, strahlgeführte Mehrfach-Benzin-Direkteinspritzung, zwei Abgas-Turbolader mit Ladeluftkühlung	Viertakt-Ottomotor mit einem Kurbelgehäuse aus Aluminium-Druckguss, Zylinderlaufbahn mit NANOSLIDE® Beschichtung, strahlgeführte Mehrfach-Benzin-Direkteinspritzung, zwei Abgas-Turbolader mit Ladeluftkühlung	Viertakt-Ottomotor mit einem Kurbelgehäuse aus Aluminium-Druckguss, Zylinderlaufbahn mit NANOSLIDE® Beschichtung, strahlgeführte Mehrfach-Benzin-Direkteinspritzung, zwei Abgas-Turbolader mit Ladeluftkühlung	Viertakt-Ottomotor mit einem Kurbelgehäuse aus Aluminium-Druckguss, Zylinderlaufbahn mit NANOSLIDE® Beschichtung, strahlgeführte Mehrfach-Benzin-Direkteinspritzung, zwei Abgas-Turbolader mit Ladeluftkühlung	Viertakt-Ottomotor mit einem Kurbelgehäuse aus Aluminium-Druckguss, Zylinderlaufbahn mit NANOSLIDE® Beschichtung, strahlgeführte Mehrfach-Benzin-Direkteinspritzung, zwei Abgas-Turbolader mit Ladeluftkühlung
Motor-Typ/-Baumuster	M 276 DEH 30 LA	M 276 DEH 30 LA	M 276 DEH 30 LA	M 177 DE 40 AL	M 177 DE 40 AL
Zylinderzahl/Anordnung	6/V 60°	6/V 60°	6/V 60°	8/V 90°	8/V 90°
Bohrung x Hub	88 x 82,1 mm	88 x 82,1 mm	88 x 82,1 mm	83 x 92 mm	83 x 92 mm
Gesamthubraum	2996 ccm	2996 ccm	2996 ccm	3982 ccm	3982 ccm
Verdichtungsverhältnis	10,5	10,5	10,5	10,5	10,5
Leistung	270 kW/367 PS bei 5500-6000/min	270 kW/367 PS bei 5500-6000/min	287 kW/390 PS bei 5500-6000/min	350 kW/476 PS bei 5500-6250/min	375 kW/510 PS bei 5500-6250/min
Drehmoment	520 Nm bei 2000-4200/min	520 Nm bei 2000-4200/min	520 Nm bei 2500-5000/min	650 Nm bei 1750-4500/min	700 Nm bei 2000-4500/min
Ventilanzahl/-anordnung	2 Einlass, 2 Auslass/hängend	2 Einlass, 2 Auslass/hängend	2 Einlass, 2 Auslass/hängend	2 Einlass, 2 Auslass/hängend	2 Einlass, 2 Auslass/hängend
Ventilsteuerung	je Zylinderbank 2 obenliegende und verstellbare Nockenwellen	je Zylinderbank 2 obenliegende und verstellbare Nockenwellen	je Zylinderbank 2 obenliegende und verstellbare Nockenwellen	je Zylinderbank 2 obenliegende und verstellbare Nockenwellen	je Zylinderbank 2 obenliegende und verstellbare Nockenwellen
Gemischbildung	Mehrfach-Benzin-Direkteinspritzung durch Piezo-Injektoren, je Zylinderbank ein Abgas-Turbolader mit Ladeluftkühlung	Mehrfach-Benzin-Direkteinspritzung durch Piezo-Injektoren, je Zylinderbank ein Abgas-Turbolader mit Ladeluftkühlung	Mehrfach-Benzin-Direkteinspritzung durch Piezo-Injektoren, je Zylinderbank ein Abgas-Turbolader mit Ladeluftkühlung	Mehrfach-Benzin-Direkteinspritzung durch Piezo-Injektoren, je Zylinderbank ein Abgas-Turbolader mit Ladeluftkühlung	Mehrfach-Benzin-Direkteinspritzung durch Piezo-Injektoren, je Zylinderbank ein Abgas-Turbolader mit Ladeluftkühlung
Kühlung	Wasserkühlung/Pumpe	Wasserkühlung/Pumpe	Wasserkühlung/Pumpe	Wasserkühlung/Pumpe	Wasserkühlung/Pumpe
Schmierung	Druckumlaufschmierung	Druckumlaufschmierung	Druckumlaufschmierung	Druckumlaufschmierung	Druckumlaufschmierung
Kraftstofftank: Anordnung, Fassungsvermögen	vor der Hinterachse, 66 l	vor der Hinterachse, 66 l	vor der Hinterachse, 66 l	vor der Hinterachse, 66 l	vor der Hinterachse, 66 l
Radaufhängung vorne	Mehrlenkerachsen/McPherson-Federbeine	Mehrlenkerachsen/McPherson-Federbeine	Mehrlenkerachsen/McPherson-Federbeine	Mehrlenkerachsen/McPherson-Federbeine	Mehrlenkerachsen/McPherson-Federbeine
Radaufhängung hinten	Raumlenkerachse	Raumlenkerachse	Raumlenkerachse	Raumlenkerachse	Raumlenkerachse
Federung vorne	Schraubenfedern, Drehstab-Stabilisator	Schraubenfedern, Drehstab-Stabilisator	Schraubenfedern, Drehstab-Stabilisator	Schraubenfedern, Drehstab-Stabilisator	Schraubenfedern, Drehstab-Stabilisator
Federung hinten	Schraubenfedern, Drehstab-Stabilisator	Schraubenfedern, Drehstab-Stabilisator	Schraubenfedern, Drehstab-Stabilisator	Schraubenfedern, Drehstab-Stabilisator	Schraubenfedern, Drehstab-Stabilisator
Stoßdämpfer vorne/hinten	Gasdruckstoßdämpfer	Gasdruckstoßdämpfer	Gasdruckstoßdämpfer	Gasdruckstoßdämpfer	Gasdruckstoßdämpfer
Lenkung	Zahnstangen-Servolenkung mit geschwindigkeitsabhängiger Lenkkraftunterstützung und variabler Lenkübersetzung	Zahnstangen-Servolenkung mit geschwindigkeitsabhängiger Lenkkraftunterstützung und variabler Lenkübersetzung	Zahnstangen-Servolenkung mit geschwindigkeitsabhängiger Lenkkraftunterstützung und variabler Lenkübersetzung	Zahnstangen-Servolenkung mit geschwindigkeitsabhängiger Lenkkraftunterstützung und variabler Lenkübersetzung	Zahnstangen-Servolenkung mit geschwindigkeitsabhängiger Lenkkraftunterstützung und variabler Lenkübersetzung
Bremsanlage	hydraulische Zweikreis-Bremsanlage mit Unterdruck-Bremskraftverstärker, Scheibenbremsen vorn innenbelüftet, hinten massiv, ABS, BAS, ESP®	hydraulische Zweikreis-Bremsanlage mit Unterdruck-Bremskraftverstärker, Scheibenbremsen vorn innenbelüftet, hinten massiv, ABS, BAS, ESP®	hydraulische Zweikreis-Bremsanlage mit Unterdruck-Bremskraftverstärker, Scheibenbremsen vorn innenbelüftet, hinten massiv, ABS, BAS, ESP®	hydraulische Zweikreis-Bremsanlage mit Unterdruck-Bremskraftverstärker, Scheibenbremsen vorn und hinten innenbelüftet, ABS, BAS, ESP®	hydraulische Zweikreis-Bremsanlage mit Unterdruck-Bremskraftverstärker, AMG Verbund-Bremsanlage, auf Wunsch Keramik Verbund-Bremsanlage mit ABS, BAS, ESP®
Feststellbremse	elektrisch, auf Hinterräder wirkend	elektrisch, auf Hinterräder wirkend	elektrisch, auf Hinterräder wirkend	elektrisch, auf Hinterräder wirkend	elektrisch, auf Hinterräder wirkend
Bremsscheibendurchmesser vorne/hinten	360/320 mm	360/320 mm	360/320 mm	360/360 mm	390/360 mm
Räder	Leichtmetallfelgen, 7,5 J x 18 vorne, 8,5 J x 18 hinten	Leichtmetallfelgen, 7,5 J x 18 vorne, 8,5 J x 18 hinten	Leichtmetallfelgen, 7,5 J x 18 vorne, 8,5 J x 18 hinten	Leichtmetallfelgen, 8,5 J x 18 vorn, 9,5 J x 18 hinten	Leichtmetallfelgen, 8,5 J x 19 vorn, 9,5 J x 19 hinten
Reifen	225/45 ZR 18 vorne, 245/40 ZR 18 hinten	225/45 ZR 18 vorne, 245/40 ZR 18 hinten	225/45 R 18 vorne, 245/40 R 18 hinten	245/40 R 18 vorne, 265/40 R 18 hinten	245/35 R 19 vorne, 265/35 R 19 hinten
Kraftübertragung	über geteilte Kardanwelle auf die Hinterräder	4MATIC Allradantrieb	4MATIC Allradantrieb	4MATIC Allradantrieb	4MATIC Allradantrieb
	7-Gang-Automatikgetriebe mit elektronischer Steuerung	9-Gang-Automatikgetriebe mit elektronischer Steuerung	9-Gang-Automatikgetriebe mit elektronischer Steuerung	7-Gang-Automatikgetriebe mit elektronischer Steuerung; ab 2017: 9-Gang-Automatikgetriebe mit elektronischer Steuerung	7-Gang-Automatikgetriebe mit elektronischer Steuerung; ab 2017: 9-Gang-Automatikgetriebe mit elektronischer Steuerung
Verfügbarkeit	Serie	Serie	Serie	Serie	Serie
Kupplung	Wandler	Wandler	Nasskupplung	Nasskupplung	Nasskupplung
Getriebebezeichnung	7G-TRONIC+	9G-Tronic	AMG SPEEDSHIFT TCT 9G-Getriebe	AMG SPEEDSHIFT MCT 7G-Getriebe bis 2017, dann AMG SPEEDSHIFT MCT 9G-Getriebe	AMG SPEEDSHIFT MCT 7G-Getriebe bis 2017, dann AMG SPEEDSHIFT MCT 9G-Getriebe
Getriebe-Übersetzung	7G-TRONIC+: I. 4,38: II. 2,86; III. 1,92; IV. 1,37; V. 1,00; VI. 0,82; VII. 0,73; R. 3,42	I. 5,35; II. 3,24; III. 2,25; IV. 1,64; V. 1,21; VI. 1,00; VII. 0,86; VIII. 0,72; IX. 0,60; R. 4,80	I. 5,35; II. 3,24; III. 2,25; IV. 1,64; V. 1,21; VI. 1,00; VII. 0,86; VIII. 0,72; IX. 0,60; R. 4,80	7G-Getriebe: I. 4,38; II. 2,86; III. 1,92; IV. 1,37; V. 1,00; VI. 0,82; VII. 0,73; R. 3,42 9G-Getriebe: I. 5,35; II. 3,24; III. 2,25; IV. 1,64; V. 1,21; VI. 1,00; VII. 0,86; VIII. 0,72; IX. 0,60; R. 4,80	7G-Getriebe: I. 4,38; II. 2,86; III. 1,92; IV. 1,37; V. 1,00; VI. 0,82; VII. 0,73; R. 3,42; 9G-Getriebe: I. 5,35; II. 3,24; III. 2,25; IV. 1,64; V. 1,21; VI. 1,00; VII. 0,86; VIII. 0,72; IX. 0,60; R. 4,80
Achsantriebsübersetzung	2,82	3,07	3,07	2,82	2,82
Höchstgeschwindigkeit	250 km/h	250 km/h	250 km/h	250 km/h, 290 km/h mit auf Wunschem Drivers Package	290 km/h
Beschleunigung[2] 0-100 km/h	5,0 s	4,8 s	4,8 s	4,2 s	4,1 s
Norm-Kraftstoffverbrauch in Liter	7,7	8,1	9,3-9,6	8,2-9,7	8,4-9,9
Emissionsklasse	Euro 6	Euro 6b	Euro 6d-TEMP	Euro 6; ab 09.2018: Euro 6d-TEMP	Euro 6; ab 09.2018: Euro 6d-TEMP
Effizienzklasse	D	D	F	E (Euro 6); G (Euro 6d-TEMP)	E (Euro 6); G (Euro 6d-TEMP)
Getriebe [2]					
Verfügbarkeit					
Kupplung					
Getriebebezeichnung					
Getriebe-Übersetzung					
Achsantriebsübersetzung					
Höchstgeschwindigkeit					
Beschleunigung[2] 0-100 km/h					
Norm-Kraftstoffverbrauch in Liter					
Emissionsklasse					
Effizienzklasse					
Radstand	2840 mm	2840 mm	2840 mm	2840 mm	2840 mm
Spur vorne/hinten	1584/1566 mm	1584/1566 mm	1584/1566 mm	1584/1566 mm	1584/1566 mm
Gesamtlänge	4700 mm	4700 mm	4700 mm	4700 mm	4700 mm
Gesamtbreite	1810 mm	1810 mm	1810 mm	1810 mm	1810 mm
Höhe	1457 mm	1457 mm	1457 mm	1457 mm	1457 mm
Wendekreisdurchmesser	11,22 m	11,22 m	11,22 m	11,22 m	11,22 m
Leergewicht[5]	1730 kg	1735 kg	1760 kg	1815 kg	1825 kg
Zul. Gesamtgewicht	2385 kg	2320 kg	2320 kg	2240 kg	2240 kg
Zuladung	585 kg	585 kg	560 kg	425 kg	415 kg
Anhängelast gebremst/ungebremst	1800/750 kg	1800/750 kg	1800/750 kg		
Preise[9]	04.2015: EUR 61.731,00	10.2016: EUR 61.850,00	10.2018: EUR 63.516,25	04.2016: EUR 77.945,00	04.2016: EUR 86.215,50

C-Klasse Coupés/Cabriolets der Baureihe 205, seit 2015

Typ	C 200 d	C 220 d	C 220 d 4MATIC	C 220 d	C 220 d 4MATIC
Konstruktionsbezeichnung	C 205/A 205	C 205/A 205	C 205/A 205	C 205/A 205	C 205/A 205
Produktionszeitraum	seit 07.2018	Coupé 09.2015-06.2018/Cabriolet 02.2016- 06.2018	Coupé 09.2015-06.2018/Cabriolet 02.2016-06.2018	seit 07.2018	seit 07.2018
Motor	Viertakt-Diesel mit Common-Rail- Direkteinspritzung, VTG-Abgas-Turbolader mit Ladeluftkühlung, Abgasreinigungsanlage mit Oxidationskatalysator, Harnstoffeinspritzung, Partikelfilter und SCR/Katalysator	Viertakt-Diesel mit Common-Rail- Direkteinspritzung, Abgas-Turbolader mit Ladeluftkühlung, Abgasreinigungsanlage mit Oxidationskatalysator	Viertakt-Diesel mit Common-Rail- Direkteinspritzung, Abgas-Turbolader mit Ladeluftkühlung, Abgasreinigungsanlage mit Oxidationskatalysator	Viertakt-Diesel mit Common-Rail- Direkteinspritzung, VTG-Abgas-Turbolader mit Ladeluftkühlung, Abgasreinigungsanlage mit Oxidationskatalysator, Harnstoffeinspritzung, Partikelfilter und SCR/Katalysator	Viertakt-Diesel mit Common-Rail- Direkteinspritzung, VTG-Abgas-Turbolader mit Ladeluftkühlung, Abgasreinigungsanlage mit Oxidationskatalysator, Harnstoffeinspritzung, Partikelfilter und SCR/Katalysator
Motor-Typ/-Baumuster	OM 654 DE 16 G SCR red.	OM 651 DE 22 LA	OM 651 DE 22 LA	OM 654 DE 20 G SCR	OM 654 DE 20 G SCR
Zylinderzahl/Anordung	4/Reihe	4/Reihe	4/Reihe	4/Reihe	4/Reihe
Bohrung x Hub	78 x 83,6 mm	83 x 99 mm	83 x 99 mm	82 x 92,3 mm	78 x 83,6 mm
Gesamthubraum	1598 ccm	2143 ccm	2143 ccm	1950 ccm	1598 ccm
Verdichtungsverhältnis	15,5:1	16,2:1	16,2:1	15,5:1	15,5:1
Leistung	118 kW/160 PS bei 3000-4800/min	125 kW/170 PS bei 3000-4200/min	125 kW/170 PS bei 4200/min	143 kW/194 PS bei 3800/min	143 kW/194 PS bei 3800/min
Drehmoment	360 Nm bei 1600-2600/min	400 Nm bei 1400-2800/min	400 Nm bei 1400-2800/min	400 Nm bei 1600-2800/min	400 Nm bei 1400-2800/min
Ventilanzahl/-anordnung	2 Einlass, 2 Auslass/hängend	2 Einlass, 2 Auslass/hängend	2 Einlass, 2 Auslass/hängend	2 Einlass, 2 Auslass/hängend	2 Einlass, 2 Auslass/hängend
Ventilsteuerung	2 obenliegende Nockenwellen	2 obenliegende Nockenwellen	2 obenliegende Nockenwellen	2 obenliegende Nockenwellen	2 obenliegende Nockenwellen
Gemischbildung	Common-Rail-Direkteinspritzung, Abgas-Turbolader mit verstellbarer Turbinengeometrie, Ladeluftkühlung	Common-Rail-Direkteinspritzung, Abgas-Turbolader mit verstellbarer Turbinengeometrie, Ladeluftkühlung	Common-Rail-Direkteinspritzung, Abgas-Turbolader mit verstellbarer Turbinengeometrie, Ladeluftkühlung	Common-Rail-Direkteinspritzung, Abgas-Turbolader mit verstellbarer Turbinengeometrie, Ladeluftkühlung	Common-Rail-Direkteinspritzung, Abgas-Turbolader mit verstellbarer Turbinengeometrie, Ladeluftkühlung
Kühlung	Wasserkühlung/Pumpe	Wasserkühlung/Pumpe	Wasserkühlung/Pumpe	Wasserkühlung/Pumpe	Wasserkühlung/Pumpe
Schmierung	Druckumlaufschmierung	Druckumlaufschmierung	Druckumlaufschmierung	Druckumlaufschmierung	Druckumlaufschmierung
Kraftstofftank: Anordnung, Fassungsvermögen	vor der Hinterachse, 41 l, auf Wunsch 66 l	vor der Hinterachse, 41 l, auf Wunsch 66 l	vor der Hinterachse, 41 l, auf Wunsch 66 l	vor der Hinterachse, 41 l, auf Wunsch 66 l	vor der Hinterachse, 41 l, auf Wunsch 66 l
Radaufhängung vorne	Mehrlenkerachsen/McPherson-Federbeine	Mehrlenkerachsen/McPherson-Federbeine	Mehrlenkerachsen/McPherson-Federbeine	Mehrlenkerachsen/McPherson-Federbeine	Mehrlenkerachsen/McPherson-Federbeine
Radaufhängung hinten	Raumlenkerachse	Raumlenkerachse	Raumlenkerachse	Raumlenkerachse	Raumlenkerachse
Federung vorne	Schraubenfedern, Drehstab-Stabilisator	Schraubenfedern, Drehstab-Stabilisator	Schraubenfedern, Drehstab-Stabilisator	Schraubenfedern, Drehstab-Stabilisator	Schraubenfedern, Drehstab-Stabilisator
Federung hinten	Schraubenfedern, Drehstab-Stabilisator	Schraubenfedern, Drehstab-Stabilisator	Schraubenfedern, Drehstab-Stabilisator	Schraubenfedern, Drehstab-Stabilisator	Schraubenfedern, Drehstab-Stabilisator
Stoßdämpfer vorne/hinten	Gasdruckstoßdämpfer	Gasdruckstoßdämpfer	Gasdruckstoßdämpfer	Gasdruckstoßdämpfer	Gasdruckstoßdämpfer
Lenkung	Zahnstangen-Servolenkung mit geschwindigkeitsabhängiger Lenkkraftunterstützung und variabler Lenkübersetzung	Zahnstangen-Servolenkung mit geschwindigkeitsabhängiger Lenkkraftunterstützung und variabler Lenkübersetzung	Zahnstangen-Servolenkung mit geschwindigkeitsabhängiger Lenkkraftunterstützung und variabler Lenkübersetzung	Zahnstangen-Servolenkung mit geschwindigkeitsabhängiger Lenkkraftunterstützung und variabler Lenkübersetzung	Zahnstangen-Servolenkung mit geschwindigkeitsabhängiger Lenkkraftunterstützung und variabler Lenkübersetzung
Bremsanlage	hydraulische Zweikreis-Bremsanlage mit Unterdruck-Bremskraftverstärker, Scheibenbremsen vorn innenbelüftet, hinten massiv, ABS, BAS, ESP®	hydraulische Zweikreis-Bremsanlage mit Unterdruck-Bremskraftverstärker, Scheibenbremsen vorn innenbelüftet, hinten massiv, ABS, BAS, ESP®	hydraulische Zweikreis-Bremsanlage mit Unterdruck-Bremskraftverstärker, Scheibenbremsen vorn innenbelüftet, hinten massiv, ABS, BAS, ESP®	hydraulische Zweikreis-Bremsanlage mit Unterdruck-Bremskraftverstärker, Scheibenbremsen vorn innenbelüftet, hinten massiv, ABS, BAS, ESP®	hydraulische Zweikreis-Bremsanlage mit Unterdruck-Bremskraftverstärker, Scheibenbremsen vorn innenbelüftet, hinten massiv, ABS, BAS, ESP®
Feststellbremse	elektrisch, auf Hinterräder wirkend	elektrisch, auf Hinterräder wirkend	elektrisch, auf Hinterräder wirkend	elektrisch, auf Hinterräder wirkend	elektrisch, auf Hinterräder wirkend
Bremsscheibendurchmesser vorne/hinten	305/300 mm	305/300 mm	305/300 mm	305/300 mm	305/300 mm
Räder	Leichtmetallfelgen 7 J x 17	Leichtmetallfelgen 7 J x 17	Leichtmetallfelgen 7 J x 17	Leichtmetallfelgen 7 J x 17	Leichtmetallfelgen 7 J x 17
Reifen	225/50 R 17	225/50 R 17	225/50 R 17	225/50 R 17	225/50 R 17
Kraftübertragung	über geteilte Kardanwelle auf die Hinterräder	über geteilte Kardanwelle auf die Hinterräder	4MATIC Allradantrieb	über geteilte Kardanwelle auf die Hinterräder	4MATIC Allradantrieb
Getriebe [1]	6-Gang mechanisch	6-Gang mechanisch	9-Gang-Automatikgetriebe mit elektronischer Steuerung	9-Gang-Automatikgetriebe mit elektronischer Steuerung	9-Gang-Automatikgetriebe mit elektronischer Steuerung
Verfügbarkeit	Serie	Serie	Serie	Serie	Serie
Kupplung	Einscheiben-Trockenkupplung	Einscheiben-Trockenkupplung	Wandler	Wandler	Wandler
Getriebebezeichnung			9G-TRONIC	9G-TRONIC	9G-TRONIC
Getriebe-Übersetzung	I. 5,65; II. 2,92; 3.Gang 1,82; IV. 1,33; 5.Gang 1,00; 6.Gang 0,79; R. 5,32	I. 4,79; II. 2,51; III. 1,46; IV. 1,00; V. 0,78; VI. 0,67; R. 4,48	I. 5,35; II. 3,24; III. 2,25; IV. 1,64; V. 1,21; VI. 1,00; VII. 0,86; VIII. 0,72; IX. 0,60; R. 4,80	I. 5,35; II. 3,24; III. 2,25; IV. 1,64; V. 1,21; VI. 1,00; VII. 0,86; VIII. 0,72; IX. 0,60; R. 4,80	I. 5,35; II. 3,24; III. 2,25; IV. 1,64; V. 1,21; VI. 1,00; VII. 0,86; VIII. 0,72; IX. 0,60; R. 4,80
Achsantriebsübersetzung	2,65	2,65	2,47		
Höchstgeschwindigkeit	226 km/h/220 km/h	234 km/h/231 km/h	231 km/h/225 km/h	240 km/h/233 km/h	233 km/h/228 km/h
Beschleunigung[2] 0-100 km/h	8,7 s/9,2 s	7,8 s/8,3 s	7,6 s/8,1 s	7,0 s/7,5 s	7,3 s/7,8 s
Norm-Kraftstoffverbrauch in Liter	4,3-4,7/4,5-4,7	4,1-4,4/ 4,5-4,8	4,6-5,0/5,0-5,3	4,6-4,9/4,8-5,1	4,9-5,3/5,2-5,6
Emissionsklasse	Euro 6d-TEMP	Euro 6	Euro 6	Euro 6d-TEMP	Euro 6d-TEMP
Effizienzklasse	A	A+	A	A	A
Getriebe [2]	9-Gang-Automatikgetriebe mit elektronischer Steuerung	9-Gang-Automatikgetriebe mit elektronischer Steuerung			
Verfügbarkeit	auf Wunsch	auf Wunsch			
Kupplung	Wandler	Wandler			
Getriebebezeichnung	9G-TRONIC	9G-TRONIC			
Getriebe-Übersetzung	I. 5,35; II. 3,24; III. 2,25; IV. 1,64; V. 1,21; VI. 1,00; VII. 0,86; VIII. 0,72; IX. 0,60; R. 4,80	I. 5,35; II. 3,24; III. 2,25; IV. 1,64; V. 1,21; VI. 1,00; VII. 0,86; VIII. 0,72; IX. 0,60; R. 4,80			
Achsantriebsübersetzung	2,47	2,47			
Höchstgeschwindigkeit	226 km/h/220 km/h	234 km/h/231 km/h			
Beschleunigung[2] 0-100 km/h	8,7 s/9,2 s	7,5 s/8,2 s			
Norm-Kraftstoffverbrauch in Liter	4,3-4,7/4,5-4,7	4,4-4,7/4,6-5,2			
Emissionsklasse	Euro 6d-TEMP	Euro 6			
Effizienzklasse	A	A+			
Radstand	2840 mm	2840 mm	2840 mm	2840 mm	2840 mm
Spur vorne/hinten	1563/1546 mm	1563/1546 mm	1563/1546 mm	1563/1546 mm	1563/1546 mm
Gesamtlänge	4686 mm	4686 mm	4686 mm	4686 mm	4686 mm
Gesamtbreite	1810 mm	1810 mm	1810 mm	1810 mm	1810 mm
Höhe	1405 mm/1409 mm	1405 mm/1409 mm	1405 mm/1409 mm	1405 mm/1409 mm	1405 mm/1409 mm
Wendekreisdurchmesser	11,22 m	11,22 m	11,22 m	11,22 m	11,22 m
Leergewicht[5]	1630 kg/1760 kg	1530 kg/1660kg	1595 kg/1730 kg	1650 kg/1840 kg	1650 kg/1840 kg
Zul. Gesamtgewicht	2125 kg/2225 kg	2085 kg/2215 kg	2150 kg/2285 kg	2145 kg/2305 kg	2145 kg/2305 kg
Zuladung	bis 495 kg/bis 465 kg, je nach Ausstattung	bis 495 kg/bis 465 kg, je nach Ausstattung	bis 495 kg/bis 465 kg, je nach Ausstattung	bis 495 kg/bis 465 kg, je nach Ausstattung	bis 495 kg/bis 465 kg, je nach Ausstattung
Anhängelast gebremst/ungebremst	1800/750 kg	1800/750 kg	1800/750 kg	1800/750 kg	1800/750 kg
Preise[9]	10.2018: EUR 40.406,45/EUR 46.606,35	10.2015: EUR 39,567,50/06.2016: EUR 46.737,25	04.2016: EUR 39.567,50/06.2016: EUR 51.616,25	10.2018: EUR 44.607,15/EUR 50.807,05	10.2018: EUR 46.987,15/EUR 53.187,05

C-Klasse Coupés/Cabriolets der Baureihe 205, seit 2015

Typ	C 250 d	C 250 d 4MATIC	C 300 d	C 300 d 4MATIC	C 180
Konstruktionsbezeichnung	C 205/A 205	C 205	C 205/A 205	C 205	C 205/A 205
Produktionszeitraum	Coupé 09.2015-06.2018/Cabriolet 02.2016-07.2018	04.2016-07.2018	seit 07.2018	seit 07.2018	Coupé seit 09.2015/Cabriolet seit 02.2016
Motor	Viertakt-Diesel mit Common-Rail- Direkteinspritzung, Abgas-Turbolader mit Ladeluftkühlung, Abgasreinigungsanlage mit Oxidationskatalysator	Viertakt-Diesel mit Common-Rail- Direkteinspritzung, Abgas-Turbolader mit Ladeluftkühlung, Abgasreinigungsanlage mit Oxidationskatalysator	Viertakt-Diesel mit Common-Rail- Direkteinspritzung, VTG-Abgas-Turbolader mit Ladeluftkühlung, Abgasreinigungsanlage mit Oxidationskatalysator, Harnstoffeinspritzung, Partikelfilter und SCR/Katalysator	Viertakt-Diesel mit Common-Rail- Direkteinspritzung, VTG-Abgas-Turbolader mit Ladeluftkühlung, Abgasreinigungsanlage mit Oxidationskatalysator, Harnstoffeinspritzung, Partikelfilter und SCR/Katalysator	Viertakt-Ottomotor mit einem Kurbelgehäuse aus Aluminium-Druckguss, strahlgeführte Mehrfach-Benzin-Direkteinspritzung, Abgas-Turboaufladung mit Ladeluftkühlung
Motor-Typ/-Baumuster	OM 651 DE 22 LA	OM 651 DE 22 LA	OM 654 DE 20 G SCR	OM 654 DE 20 G SCR	M 274 DE 16 AL
Zylinderzahl/Anordung	4/Reihe	4/Reihe	4/Reihe	4/Reihe	4/Reihe
Bohrung x Hub	83 x 99 mm	83 x 99 mm	82 x 92,3 mm	82 x 92,3 mm	83 x 73,7mm
Gesamthubraum	2143 ccm	2143 ccm	1950 ccm	1950 ccm	1595 ccm
Verdichtungsverhältnis	16,2:1	16,2:1	15,5:1	15,5:1	10,3:1
Leistung	150 kW/204 PS bei 4200/min	150 kW/204 PS bei 4200/min	180 kW/245 PS bei 4200/min	180 kW/245 PS bei 4200/min	115 kW/156 PS bei 5300/min
Drehmoment	500 Nm bei 1600-1800/min	500 Nm bei 1600-1800/min	500 Nm bei 1600-2400/min	500 Nm bei 1600-2400/min	250 Nm bei 1250-4000/min
Ventilanzahl/-anordnung	2 Einlass, 2 Auslass/hängend	2 Einlass, 2 Auslass/hängend	2 Einlass, 2 Auslass/hängend	2 Einlass, 2 Auslass/hängend	2 Einlass, 2 Auslass/hängend
Ventilsteuerung	2 obenliegende Nockenwellen	2 obenliegende Nockenwellen	2 obenliegende Nockenwellen	2 obenliegende Nockenwellen	2 obenliegende und verstellbare Nockenwellen
Gemischbildung	Common-Rail-Direkteinspritzung, Abgas-Turbolader mit verstellbarer Turbinengeometrie, Ladeluftkühlung	Common-Rail-Direkteinspritzung, Abgas-Turbolader mit verstellbarer Turbinengeometrie, Ladeluftkühlung	Common-Rail-Direkteinspritzung, Abgas-Turbolader mit verstellbarer Turbinengeometrie, Ladeluftkühlung	Common-Rail-Direkteinspritzung, Abgas-Turbolader mit verstellbarer Turbinengeometrie, Ladeluftkühlung	Mehrfach-Benzin-Direkteinspritzung durch Piezo-Injektoren, Abgas-Turboaufladung mit Ladeluftkühlung
Kühlung	Wasserkühlung/Pumpe	Wasserkühlung/Pumpe	Wasserkühlung/Pumpe	Wasserkühlung/Pumpe	Wasserkühlung/Pumpe
Schmierung	Druckumlaufschmierung	Druckumlaufschmierung	Druckumlaufschmierung	Druckumlaufschmierung	Druckumlaufschmierung
Kraftstofftank: Anordnung, Fassungsvermögen	vor der Hinterachse, 50 l, auf Wunsch 66 l	vor der Hinterachse, 50 l, auf Wunsch 66 l	vor der Hinterachse, 50 l, auf Wunsch 66 l	vor der Hinterachse, 50 l, auf Wunsch 66 l	vor der Hinterachse, 41 l, auf Wunsch 66 l
Radaufhängung vorne	Mehrlenkerachsen/McPherson-Federbeine	Mehrlenkerachsen/McPherson-Federbeine	Mehrlenkerachsen/McPherson-Federbeine	Mehrlenkerachsen/McPherson-Federbeine	Mehrlenkerachsen/McPherson-Federbeine
Radaufhängung hinten	Raumlenkerachse	Raumlenkerachse	Raumlenkerachse	Raumlenkerachse	Raumlenkerachse
Federung vorne	Schraubenfedern, Drehstab-Stabilisator	Schraubenfedern, Drehstab-Stabilisator	Schraubenfedern, Drehstab-Stabilisator	Schraubenfedern, Drehstab-Stabilisator	Schraubenfedern, Drehstab-Stabilisator
Federung hinten	Schraubenfedern, Drehstab-Stabilisator	Schraubenfedern, Drehstab-Stabilisator	Schraubenfedern, Drehstab-Stabilisator	Schraubenfedern, Drehstab-Stabilisator	Schraubenfedern, Drehstab-Stabilisator
Stoßdämpfer vorne/hinten	Gasdruckstoßdämpfer	Gasdruckstoßdämpfer	Gasdruckstoßdämpfer	Gasdruckstoßdämpfer	Gasdruckstoßdämpfer
Lenkung	Zahnstangen-Servolenkung mit geschwindigkeitsabhängiger Lenkkraftunterstützung und variabler Lenkübersetzung	Zahnstangen-Servolenkung mit geschwindigkeitsabhängiger Lenkkraftunterstützung und variabler Lenkübersetzung	Zahnstangen-Servolenkung mit geschwindigkeitsabhängiger Lenkkraftunterstützung und variabler Lenkübersetzung	Zahnstangen-Servolenkung mit geschwindigkeitsabhängiger Lenkkraftunterstützung und variabler Lenkübersetzung	Zahnstangen-Servolenkung mit geschwindigkeitsabhängiger Lenkkraftunterstützung und variabler Lenkübersetzung
Bremsanlage	hydraulische Zweikreis-Bremsanlage mit Unterdruck-Bremskraftverstärker, Scheibenbremsen vorn innenbelüftet, hinten massiv, ABS, BAS, ESP®	hydraulische Zweikreis-Bremsanlage mit Unterdruck-Bremskraftverstärker, Scheibenbremsen vorn innenbelüftet, hinten massiv, ABS, BAS, ESP®	hydraulische Zweikreis-Bremsanlage mit Unterdruck-Bremskraftverstärker, Scheibenbremsen vorn innenbelüftet, hinten massiv, ABS, BAS, ESP®	hydraulische Zweikreis-Bremsanlage mit Unterdruck-Bremskraftverstärker, Scheibenbremsen vorn innenbelüftet, hinten massiv, ABS, BAS, ESP®	hydraulische Zweikreis-Bremsanlage mit Unterdruck-Bremskraftverstärker, Scheibenbremsen vorn innenbelüftet, hinten massiv, ABS, BAS, ESP®
Feststellbremse	elektrisch, auf Hinterräder wirkend	elektrisch, auf Hinterräder wirkend	elektrisch, auf Hinterräder wirkend	elektrisch, auf Hinterräder wirkend	elektrisch, auf Hinterräder wirkend
Bremsscheibendurchmesser vorne/hinten	318/300 mm	318/300 mm	318/300 mm	318/300 mm	295/300 mm
Räder	Leichtmetallfelgen 7 J x 17	Leichtmetallfelgen 7 J x 17	Leichtmetallfelgen 7 J x 17	Leichtmetallfelgen 7 J x 17	Leichtmetallfelgen 7 J x 17
Reifen	225/50 R 17	225/50 R 17	225/50 R 17	225/50 R 17	225/50 R 17
Kraftübertragung	über geteilte Kardanwelle auf die Hinterräder	4MATIC Allradantrieb	über geteilte Kardanwelle auf die Hinterräder	4MATIC Allradantrieb	über geteilte Kardanwelle auf die Hinterräder
Getriebe [1]	9-Gang-Automatikgetriebe mit elektronischer Steuerung	9-Gang-Automatikgetriebe mit elektronischer Steuerung	9-Gang-Automatikgetriebe mit elektronischer Steuerung	9-Gang-Automatikgetriebe mit elektronischer Steuerung	6-Gang mechanisch
Verfügbarkeit	Serie	Serie	Serie	Serie	Serie
Kupplung	Wandler	Wandler	Wandler	Wandler	Einscheiben-Trockenkupplung
Getriebebezeichnung	9G-TRONIC	9G-TRONIC	9G-TRONIC	9G-TRONIC	I. 4,75; II. 2,46; III. 1,62; IV. 1,24; V. 1,00; VI. 0,79; R. 4,47
Getriebe-Übersetzung	I. 5,35; II. 3,24; III. 2,25; IV. 1,64; V. 1,21; VI. 1,00; VII. 0,86; VIII. 0,72; IX. 0,60; R. 4,80	I. 5,35; II. 3,24; III. 2,25; IV. 1,64; V. 1,21; VI. 1,00; VII. 0,86; VIII. 0,72; IX. 0,60; R. 4,80	I. 5,35; II. 3,24; III. 2,25; IV. 1,64; V. 1,21; VI. 1,00; VII. 0,86; VIII. 0,72; IX. 0,60; R. 4,80	I. 5,35; II. 3,24; III. 2,25; IV. 1,64; V. 1,21; VI. 1,00; VII. 0,86; VIII. 0,72; IX. 0,60; R. 4,80	2,82
Achsantriebsübersetzung	2,47	2,47			
Höchstgeschwindigkeit	247 km/h/243 km/h	240 km/h	250 km/h/250 km/h	250 km/h	225 km/h/222 km/h
Beschleunigung[2] 0-100 km/h	6,7 s/7,2 s	6,9 s	6,0 s/6,3 s	6,0 s	8,5 s/8,9 s
Norm-Kraftstoffverbrauch in Liter	4,4-4,8/4,6-5,2	4,6-5,0	4,9-5,4/5,2-5,7	5,2-5,7	5,8-6,3/6,5-6,9
Emissionsklasse	Euro 6	Euro 6	Euro 6d-TEMP	Euro 6d-TEMP	Euro 6d-TEMP
Effizienzklasse	A+	A	A	B	B
Getriebe [2]					7-Gang Automatikgetriebe mit elektronischer Steuerung; ab 2017: 9-Gang Automatikgetriebe mit elektronischer Steuerung
Verfügbarkeit					auf Wunsch
Kupplung					Wandler
Getriebebezeichnung					7G-TRONIC+; ab 2017: 9G-TRONIC
Getriebe-Übersetzung					7G-TRONIC+: I. 4,38; II. 2,86; III. 1,92; IV. 1,37; V. 1,00; VI. 0,82; VII. 0,73; R. 3,42; 9G-TRONIC: I. 5,35; II. 3,24; III. 2,25; IV. 1,64; V. 1,21; VI. 1,00; VII. 0,86; VIII. 0,72; IX. 0,60; R. 4,80
Achsantriebsübersetzung					3,07
Höchstgeschwindigkeit					225 km/h/222 km/h
Beschleunigung[2] 0-100 km/h					8,5 s/8,9 s
Norm-Kraftstoffverbrauch in Liter					6,0-6,5/6,7-7,1
Emissionsklasse					Euro 6d-TEMP
Effizienzklasse					B
Radstand	2840 mm	2840 mm	2840 mm	2840 mm	2840 mm
Spur vorne/hinten	1563/1546 mm	1563/1546 mm	1563/1546 mm	1563/1546 mm	1563/1546 mm
Gesamtlänge	4686 mm	4686 mm	4686 mm	4686 mm	4686 mm
Gesamtbreite	1810 mm	1810 mm	1810 mm	1810 mm	1810 mm
Höhe	1405 mm/1409 mm	1405 mm/1409 mm	1405 mm/1409 mm	1405 mm	1405 mm/1409 mm
Wendekreisdurchmesser	11,22 m	11,22 m	11,22 m	11,22 m	11,22 m
Leergewicht[5]	1570 kg/1695 kg	1570 kg/1695 kg	1570 kg/1695 kg	1570 kg	1530 kg/1650 kg
Zul. Gesamtgewicht	2125 kg/2250 kg	2125 kg/2250 kg	2125 kg/2250 kg	2125 kg	2025 kg/2115 kg
Zuladung	bis 495 kg/bis 465 kg, je nach Ausstattung	bis 495 kg/bis 465 kg, je nach Ausstattung	bis 495 kg/bis 465 kg, je nach Ausstattung	bis 495 kg/bis 465 kg, je nach Ausstattung	bis 495 kg/bis 465 kg, je nach Ausstattung
Anhängelast gebremst/ungebremst	1800/750 kg	1800/750 kg	1800/750 kg	1800/750 kg	1400/750 kg
Preise[9]	10.2015: EUR 45.041,50/06.2016: EUR 52.211,25	04.2016: EUR 47.421,50	10.2018: EUR 47.427,45/EUR 53.627,35	10.2018: EUR 49.807,45	10.2018: EUR 37.966,95/EUR 43.631,35

C-Klasse Coupés/Cabriolets der Baureihe 205, seit 2015

Typ	C 200	C 200 4 MATIC	C 200	C 200 4MATIC	C 250
Konstruktionsbezeichnung	C 205/A 205	C 205/A 205	C 205/A 205	C 205/A 205	C 205/A 205
Produktionszeitraum	Coupé 09. 2015-07.2018/Cabriolet 02.2016- 07.2018	Coupé 09. 2015-07.2018/Cabriolet 02.2016-07.2018	seit 07.2018	seit 07.2018	Coupé 09. 2015-07.2018/Cabriolet 06.2016-07.2018
Motor	Viertakt-Ottomotor mit einem Kurbelgehäuse aus Aluminium-Druckguss, strahlgeführte Mehrfach-Benzin-Direkteinspritzung, Abgas-Turboaufladung mit Ladeluftkühlung	Viertakt-Ottomotor mit einem Kurbelgehäuse aus Aluminium-Druckguss, strahlgeführte Mehrfach-Benzin-Direkteinspritzung, Abgas-Turboaufladung mit Ladeluftkühlung	Viertakt-Ottomotor mit einem Kurbelgehäuse aus Aluminium-Druckguss, strahlgeführte Mehrfach-Benzin-Direkteinspritzung, Abgas-Turboaufladung mit Ladeluftkühlung + Elektromotor	Viertakt-Ottomotor mit einem Kurbelgehäuse aus Aluminium-Druckguss, strahlgeführte Mehrfach-Benzin-Direkteinspritzung, Abgas-Turboaufladung mit Ladeluftkühlung + Elektromotor	Viertakt-Ottomotor mit einem Kurbelgehäuse aus Aluminium-Druckguss, strahlgeführte Mehrfach-Benzin-Direkteinspritzung, Abgas-Turboaufladung mit Ladeluftkühlung
Motor-Typ/-Baumuster	M 274 DE 20 AL	M 274 DE 20 AL	M 264 E 15DE AL + Parallel-Hybrid AC Synchronmotor	M 264 E 15DE AL + Parallel-Hybrid AC Synchronmotor	M 274 DE 20 AL
Zylinderzahl/Anordnung	4/Reihe	4/Reihe	4/Reihe	4/Reihe	4/Reihe
Bohrung x Hub	83 x 92 mm	83 x 92 mm	80,4 x 73,7 mm	80,4 x 73,7 mm	83 x 92 mm
Gesamthubraum	1991 ccm	1991 ccm	1497 ccm	1497 ccm	1991 ccm
Verdichtungsverhältnis	9,8:1	9,8:1	10,5:1	10,5:1	9,8:1
Leistung	135 kW/184 PS bei 5500/min	135 kW/184 PS bei 5500/min	135 kW/184 PS + 10 kW/14 PS bei 5800-6100/min	135 kW/184 PS + 10 kW/14 PS bei 5800-6100/min	155 kW/211 PS bei 5500/min
Drehmoment	300 Nm bei 1200-4000/min	300 Nm bei 1200-4000/min	280 Nm bei 3000-4000/min	280 Nm bei 3000-4000/min	350 Nm bei 1200-4000/min
Ventilanzahl/-anordnung	2 Einlass, 2 Auslass/hängend	2 Einlass, 2 Auslass/hängend	2 Einlass, 2 Auslass/hängend	2 Einlass, 2 Auslass/hängend	2 Einlass, 2 Auslass/hängend
Ventilsteuerung	2 obenliegende und verstellbare Nockenwellen	2 obenliegende und verstellbare Nockenwellen	2 obenliegende und verstellbare Nockenwellen	2 obenliegende und verstellbare Nockenwellen	2 obenliegende und verstellbare Nockenwellen
Gemischbildung	Mehrfach-Benzin-Direkteinspritzung durch Piezo-Injektoren, Abgas-Turboaufladung mit Ladeluftkühlung	Mehrfach-Benzin-Direkteinspritzung durch Piezo-Injektoren, Abgas-Turboaufladung mit Ladeluftkühlung	Mehrfach-Benzin-Direkteinspritzung durch Piezo-Injektoren, Abgas-Turboaufladung mit Ladeluftkühlung, auf der Einlassseite variable Ventilsteuerung CAMTRONIC	Mehrfach-Benzin-Direkteinspritzung durch Piezo-Injektoren, Abgas-Turboaufladung mit Ladeluftkühlung, auf der Einlassseite variable Ventilsteuerung CAMTRONIC	Mehrfach-Benzin-Direkteinspritzung durch Piezo-Injektoren, Abgas-Turboaufladung mit Ladeluftkühlung
Kühlung	Wasserkühlung/Pumpe	Wasserkühlung/Pumpe	Wasserkühlung/Pumpe	Wasserkühlung/Pumpe	Wasserkühlung/Pumpe
Schmierung	Druckumlaufschmierung	Druckumlaufschmierung	Druckumlaufschmierung	Druckumlaufschmierung	Druckumlaufschmierung
Kraftstofftank: Anordnung, Fassungsvermögen	vor der Hinterachse, 41 l, auf Wunsch 66 l	vor der Hinterachse, 41 l, auf Wunsch 66 l	vor der Hinterachse, 50 l, auf Wunsch 66 l	vor der Hinterachse, 50 l, auf Wunsch 66 l	vor der Hinterachse, 50 l, auf Wunsch 66 l
Radaufhängung vorne	Mehrlenkerachsen/McPherson-Federbeine	Mehrlenkerachsen/McPherson-Federbeine	Mehrlenkerachsen/McPherson-Federbeine	Mehrlenkerachsen/McPherson-Federbeine	Mehrlenkerachsen/McPherson-Federbeine
Radaufhängung hinten	Raumlenkerachse	Raumlenkerachse	Raumlenkerachse	Raumlenkerachse	Raumlenkerachse
Federung vorne	Schraubenfedern, Drehstab-Stabilisator	Schraubenfedern, Drehstab-Stabilisator	Schraubenfedern, Drehstab-Stabilisator	Schraubenfedern, Drehstab-Stabilisator	Schraubenfedern, Drehstab-Stabilisator
Federung hinten	Schraubenfedern, Drehstab-Stabilisator	Schraubenfedern, Drehstab-Stabilisator	Schraubenfedern, Drehstab-Stabilisator	Schraubenfedern, Drehstab-Stabilisator	Schraubenfedern, Drehstab-Stabilisator
Stoßdämpfer vorne/hinten	Gasdruckstoßdämpfer	Gasdruckstoßdämpfer	Gasdruckstoßdämpfer	Gasdruckstoßdämpfer	Gasdruckstoßdämpfer
Lenkung	Zahnstangen-Servolenkung mit geschwindigkeitsabhängiger Lenkkraftunterstützung und variabler Lenkübersetzung	Zahnstangen-Servolenkung mit geschwindigkeitsabhängiger Lenkkraftunterstützung und variabler Lenkübersetzung	Zahnstangen-Servolenkung mit geschwindigkeitsabhängiger Lenkkraftunterstützung und variabler Lenkübersetzung	Zahnstangen-Servolenkung mit geschwindigkeitsabhängiger Lenkkraftunterstützung und variabler Lenkübersetzung	Zahnstangen-Servolenkung mit geschwindigkeitsabhängiger Lenkkraftunterstützung und variabler Lenkübersetzung
Bremsanlage	hydraulische Zweikreis-Bremsanlage mit Unterdruck-Bremskraftverstärker, Scheibenbremsen vorn innenbelüftet, hinten massiv, ABS, BAS, ESP®	hydraulische Zweikreis-Bremsanlage mit Unterdruck-Bremskraftverstärker, Scheibenbremsen vorn innenbelüftet, hinten massiv, ABS, BAS, ESP®	hydraulische Zweikreis-Bremsanlage mit Unterdruck-Bremskraftverstärker, Scheibenbremsen vorn innenbelüftet, hinten massiv, ABS, BAS, ESP®	hydraulische Zweikreis-Bremsanlage mit Unterdruck-Bremskraftverstärker, Scheibenbremsen vorn innenbelüftet, hinten massiv, ABS, BAS, ESP®	hydraulische Zweikreis-Bremsanlage mit Unterdruck-Bremskraftverstärker, Scheibenbremsen vorn innenbelüftet, hinten massiv, ABS, BAS, ESP®
Feststellbremse	elektrisch, auf Hinterräder wirkend	elektrisch, auf Hinterräder wirkend	elektrisch, auf Hinterräder wirkend	elektrisch, auf Hinterräder wirkend	elektrisch, auf Hinterräder wirkend
Bremsscheibendurchmesser vorne/hinten	305/300 mm	305/300 mm	305/300 mm	305/300 mm	318/300 mm
Räder	Leichtmetallfelgen 7 J x 17	Leichtmetallfelgen 7 J x 17	Leichtmetallfelgen 7 J x 17	Leichtmetallfelgen 7 J x 17	Leichtmetallfelgen 7 J x 17
Reifen	225/50 R 17	225/50 R 17	225/50 R 17	225/50 R 17	225/50 R 17
Kraftübertragung	über geteilte Kardanwelle auf die Hinterräder	4MATIC Allradantrieb	über geteilte Kardanwelle auf die Hinterräder	4MATIC Allradantrieb	über geteilte Kardanwelle auf die Hinterräder
Getriebe [1]	6-Gang mechanisch	9-Gang-Automatikgetriebe mit elektronischer Steuerung	9-Gang-Automatikgetriebe mit elektronischer Steuerung	9-Gang-Automatikgetriebe mit elektronischer Steuerung	7-Gang-Automatikgetriebe mit elektronischer Steuerung
Verfügbarkeit	Serie	Serie	Serie	Serie	Serie
Kupplung	Einscheiben-Trockenkupplung	Wandler	Wandler	Wandler	Wandler
Getriebebezeichnung		9G-TRONIC	9G-TRONIC	9G-TRONIC	7G-TRONIC+
Getriebe-Übersetzung	I. 4,75; II. 2,46; III. 1,62; IV. 1,24; V. 1,00; VI. 0,79; R. 4,47	I. 5,35; II. 3,24; III. 2,25; IV. 1,64; V. 1,21; VI. 1,00; VII. 0,86; VIII. 0,72; IX. 0,60; R. 4,80	I. 5,35; II. 3,24; III. 2,25; IV. 1,64; V. 1,21; VI. 1,00; VII. 0,86; VIII. 0,72; IX. 0,60; R. 4,80	I. 5,35; II. 3,24; III. 2,25; IV. 1,64; V. 1,21; VI. 1,00; VII. 0,86; VIII. 0,72; IX. 0,60; R. 4,80	I. 4,38; II. 2,86; III. 1,92; IV. 1,37; V. 1,00; VI. 0,82; VII. 0,73; R. 3,42
Achsantriebsübersetzung	2,65	2,47			3,07
Höchstgeschwindigkeit	237 km/h/235 km/h	230 km/h/227 km/h	239 km/h/235 km/h	234 km/h/230 km/h	250 km/h/244 km/h
Beschleunigung[2] 0-100 km/h	7,5 s/8,2 s	7,6 s/8,1 s	7,9 s/8,5 s	8,4 s/8,8 s	6,8 s/6,9 s
Norm-Kraftstoffverbrauch in Liter	5,9-6,4/6,6,3-7,0	4,6/5,0-5,3	6,1-6,5/6,4-6,8	6,6-7,0/6,8-7,0	5,4-5,9/6,2-6,6
Emissionsklasse	Euro 6	Euro 6	Euro 6d-TEMP	Euro 6d-TEMP	Euro 6
Effizienzklasse	A	A	B	C/B	A/B
Getriebe [2]	7-Gang Automatikgetriebe mit elektronischer Steuerung; ab 2017: 9-Gang Automatikgetriebe mit elektronischer Steuerung				
Verfügbarkeit	auf Wunsch				
Kupplung	Wandler				
Getriebebezeichnung	7G-TRONIC+; ab 2017: 9G-TRONIC				
Getriebe-Übersetzung	7G-TRONIC+: I. 4,38; II. 2,86; III. 1,92; IV. 1,37; V. 1,00; VI. 0,82; VII. 0,73; R. 3,42; 9G-TRONIC: I. 5,35; II. 3,24; III. 2,25; IV. 1,64; V. 1,21; VI. 1,00; VII. 0,86; VIII. 0,72; IX. 0,60; R. 4,80				
Achsantriebsübersetzung	3,07				
Höchstgeschwindigkeit	235 km/h/235 km/h				
Beschleunigung[2] 0-100 km/h	7,3 s/7,8 s				
Norm-Kraftstoffverbrauch in Liter	5,5-6,2/6,2/6,5				
Emissionsklasse	Euro 6				
Effizienzklasse	A				
Radstand	2840 mm	2840 mm	2840 mm	2840 mm	2840 mm
Spur vorne/hinten	1563/1546 mm	1563/1546 mm	1563/1546 mm	1563/1546 mm	1563/1546 mm
Gesamtlänge	4686 mm	4686 mm	4686 mm	4686 mm	4686 mm
Gesamtbreite	1810 mm	1810 mm	1810 mm	1810 mm	1810 mm
Höhe	1405 mm/1409 mm	1405 mm/1409 mm	1405 mm/1409 mm	1405 mm/1409 mm	1405 mm/1409 mm
Wendekreisdurchmesser	11,22 m	11,22 m	11,22 m	11,22 m	11,22 m
Leergewicht[5]	1430 kg/1570 kg	1595 kg/1805 kg	1590 kg/1730 kg	1660 kg/1800 kg	1540 kg/1665 kg
Zul. Gesamtgewicht	2015 kg/2125 kg	2150 kg/2285 kg	2085 kg/2195 kg	2155 kg/2265 kg	2020 kg/2145 kg
Zuladung	bis 495 kg/bis 465 kg, je nach Ausstattung		bis 495 kg/bis 465 kg, je nach Ausstattung	bis 495 kg/bis 465 kg, je nach Ausstattung	bis 480 kg, je nach Ausstattung
Anhängelast gebremst/ungebremst	1600/750 kg	1800 kg	1600/750 kg	1800/750 kg	1800/750 kg
Preise[9]	04.2016: EUR 37.604,00/06.2016: EUR 44.238,25	06.2016: EUR 51.616,25	10.2018: EUR 42.405,65/EUR 50.450,05	10.2018: EUR 44.785,65/EUR 50.450,05	10.2015: EUR 42.840,00/06.2016: EUR 49.474,25

C-Klasse Coupés/Cabriolets der Baureihe 205, seit 2015

Typ	C 300	C 300	C 400 4MATIC	C 400 4MATIC
Konstruktionsbezeichnung	C 205/A 205	C 205/A 205	C 205/A 205	C 205/A 205
Produktionszeitraum	Coupé 09. 2015-07.2018/Cabriolet 02.2016-07.2018	seit 07.2018	Coupé 04.2016-07.2018/Cabriolet 06.2016-07.2018	seit 07.2018
Motor	Viertakt-Ottomotor mit einem Kurbelgehäuse aus Aluminium-Druckguss, strahlgeführte Mehrfach-Benzin-Direkteinspritzung, Abgas-Turboaufladung mit Ladeluftkühlung	Viertakt-Ottomotor mit einem Kurbelgehäuse aus Aluminium-Druckguss, strahlgeführte Mehrfach-Benzin-Direkteinspritzung, Abgas-Turboaufladung mit Ladeluftkühlung	Viertakt-Ottomotor mit einem Kurbelgehäuse aus Aluminium-Druckguss, Zylinderlaufbahn mit NANOSLIDE® Beschichtung, strahlgeführte Mehrfach-Benzin-Direkteinspritzung, 2 Abgas-Turbolader, Ladeluftkühlung	Viertakt-Ottomotor mit einem Kurbelgehäuse aus Aluminium-Druckguss, Zylinderlaufbahn mit NANOSLIDE® Beschichtung, strahlgeführte Mehrfach-Benzin-Direkteinspritzung, zwei Abgas-Turbolader, Ladeluftkühlung
Motor-Typ/-Baumuster	M 274 DE 20 AL	M 274 DE 20 AL	M 276 DEH 30 LA	M 276 DEH 30 LA
Zylinderzahl/Anordnung	4/Reihe	4/Reihe	6/V 60°	6/V 60°
Bohrung x Hub	83 x 92 mm	83 x 92 mm	88 x 82,1 mm	88 x 82,1 mm
Gesamthubraum	1991 ccm	1991 ccm	2996 ccm	2996 ccm
Verdichtungsverhältnis	9,8:1	9,8:1	10,7:1	10,7:1
Leistung	180 kW/245 PS bei 5500/min	190 kW/258 PS bei 5500/min	245 kW/333 PS bei 5250-6000/min	245 kW/333 PS bei 5250-6000/min
Drehmoment	370 Nm bei 1300-4000/min	370 Nm bei 1800-4000/min	480 Nm bei 1600-4000/min	480 Nm bei 1600-4000/min
Ventilanzahl/-anordnung	2 Einlass, 2 Auslass/hängend	2 Einlass, 2 Auslass/hängend	2 Einlass, 2 Auslass/hängend	2 Einlass, 2 Auslass/hängend
Ventilsteuerung	2 obenliegende und verstellbare Nockenwellen	2 obenliegende und verstellbare Nockenwellen	je Zylinderbank 2 obenliegende und verstellbare Nockenwellen	je Zylinderbank 2 obenliegende und verstellbare Nockenwellen
Gemischbildung	Mehrfach-Benzin-Direkteinspritzung durch Piezo-Injektoren, Abgas-Turboaufladung mit Ladeluftkühlung	Mehrfach-Benzin-Direkteinspritzung durch Piezo-Injektoren, Abgas-Turboaufladung mit Ladeluftkühlung	Mehrfach-Benzin-Direkteinspritzung durch Piezo-Injektoren, je Zylinderbank ein Abgas-Turbolader mit Ladeluftkühlung	Mehrfach-Benzin-Direkteinspritzung durch Piezo-Injektoren, je Zylinderbank ein Abgas-Turbolader mit Ladeluftkühlung
Kühlung	Wasserkühlung/Pumpe	Wasserkühlung/Pumpe	Wasserkühlung/Pumpe	Wasserkühlung/Pumpe
Schmierung	Druckumlaufschmierung	Druckumlaufschmierung	Druckumlaufschmierung	Druckumlaufschmierung
Kraftstofftank: Anordnung, Fassungsvermögen	vor der Hinterachse, 66 l	vor der Hinterachse, 66 l	vor der Hinterachse, 66 l	vor der Hinterachse, 66 l
Radaufhängung vorne	Mehrlenkerachsen/McPherson-Federbeine	Mehrlenkerachsen/McPherson-Federbeine	Mehrlenkerachsen/McPherson-Federbeine	Mehrlenkerachsen/McPherson-Federbeine
Radaufhängung hinten	Raumlenkerachse	Raumlenkerachse	Raumlenkerachse	Raumlenkerachse
Federung vorne	Schraubenfedern, Drehstab-Stabilisator	Schraubenfedern, Drehstab-Stabilisator	Schraubenfedern, Drehstab-Stabilisator	Schraubenfedern, Drehstab-Stabilisator
Federung hinten	Schraubenfedern, Drehstab-Stabilisator	Schraubenfedern, Drehstab-Stabilisator	Schraubenfedern, Drehstab-Stabilisator	Schraubenfedern, Drehstab-Stabilisator
Stoßdämpfer vorne/hinten	Gasdruckstoßdämpfer	Gasdruckstoßdämpfer	Gasdruckstoßdämpfer	Gasdruckstoßdämpfer
Lenkung	Zahnstangen-Servolenkung mit geschwindigkeitsabhängiger Lenkkraftunterstützung und variabler Lenkübersetzung	Zahnstangen-Servolenkung mit geschwindigkeitsabhängiger Lenkkraftunterstützung und variabler Lenkübersetzung	Zahnstangen-Servolenkung mit geschwindigkeitsabhängiger Lenkkraftunterstützung und variabler Lenkübersetzung	Zahnstangen-Servolenkung mit geschwindigkeitsabhängiger Lenkkraftunterstützung und variabler Lenkübersetzung
Bremsanlage	hydraulische Zweikreis-Bremsanlage mit Unterdruck-Bremskraftverstärker, Scheibenbremsen vorn innenbelüftet, hinten massiv, ABS, BAS, ESP®	hydraulische Zweikreis-Bremsanlage mit Unterdruck-Bremskraftverstärker, Scheibenbremsen vorn innenbelüftet, hinten massiv, ABS, BAS, ESP®	hydraulische Zweikreis-Bremsanlage mit Unterdruck-Bremskraftverstärker, Scheibenbremsen vorn innenbelüftet, hinten massiv, ABS, BAS, ESP®	hydraulische Zweikreis-Bremsanlage mit Unterdruck-Bremskraftverstärker, Scheibenbremsen vorn innenbelüftet, hinten massiv, ABS, BAS, ESP®
Feststellbremse	elektrisch, auf Hinterräder wirkend	elektrisch, auf Hinterräder wirkend	elektrisch, auf Hinterräder wirkend	elektrisch, auf Hinterräder wirkend
Bremsscheibendurchmesser vorne/hinten	318/300 mm	318/300 mm	342/300 mm	342/300 mm
Räder	Leichtmetallfelgen 7 J x 17	Leichtmetallfelgen 7 J x 17	Leichtmetallfelgen 7 J x 17	Leichtmetallfelgen 7 J x 17
Reifen	225/50 R 17	225/50 R 17	225/50 R 17	225/50 R 17
Kraftübertragung	über geteilte Kardanwelle auf die Hinterräder	über geteilte Kardanwelle auf die Hinterräder	4MATIC Allradantrieb	4MATIC Allradantrieb
Getriebe [1]	9-Gang-Automatikgetriebe mit elektronischer Steuerung	9-Gang-Automatikgetriebe mit elektronischer Steuerung	7-Gang Automatik mit elektronischer Steuerung; ab 04.2016: 9-Gang Automatik mit elektronischer Steuerung	9-Gang-Automatikgetriebe mit elektronischer Steuerung
Verfügbarkeit	Serie	Serie	Serie	Serie
Kupplung	Wandler	Wandler	Wandler	Wandler
Getriebebezeichnung	9G-TRONIC	9G-TRONIC	7G-TRONIC+; ab 04.2016: 9G-TRONIC	9G-TRONIC
Getriebe-Übersetzung	I. 5,35; II. 3,24; III. 2,25; IV. 1,64; V. 1,21; VI. 1,00; VII. 0,86; VIII. 0,72; IX. 0,60; R. 4,80	I. 5,35; II. 3,24; III. 2,25; IV. 1,64; V. 1,21; VI. 1,00; VII. 0,86; VIII. 0,72; IX. 0,60; R. 4,80	7G-TRONIC+: I. 4,38; II. 2,86; III. 1,92; IV. 1,37; V. 1,00; VI. 0,82; VII. 0,73; R. 3,42; 9G-TRONIC: I. 5,35; II. 3,24; III. 2,25; IV. 1,64; V. 1,21; VI. 1,00; VII. 0,86; VIII. 0,72; IX. 0,60; R. 4,80	I. 5,35; II. 3,24; III. 2,25; IV. 1,64; V. 1,21; VI. 1,00; VII. 0,86; VIII. 0,72; IX. 0,60; R. 4,80
Achsantriebsübersetzung	3,07	3,07	2,82	2,82
Höchstgeschwindigkeit	250 km/h/250 km/h	250 km/h/250 km/h	250 km/h/250 km/h	250 km/h/250 km/h
Beschleunigung[2] 0-100 km/h	5,9 s/6,4 s	6,0 s/6,2 s	4,9 s/5,2 s	4,9 s/ 5,2 s
Norm-Kraftstoffverbrauch in Liter	6,3-6,8/6,7-7,1	6,4-6,9/6,7-7,1	7,6-8,0/8,0- 8,3	7,7-8,1/8,2-8,7
Emissionsklasse	Euro 6	Euro 6d-TEMP	Euro 6	Euro 6d-TEMP
Effizienzklasse	B	C/B	D	D
Getriebe [2]				
Verfügbarkeit				
Kupplung				
Getriebebezeichnung				
Getriebe-Übersetzung				
Achsantriebsübersetzung				
Höchstgeschwindigkeit				
Beschleunigung[2] 0-100 km/h				
Norm-Kraftstoffverbrauch in Liter				
Emissionsklasse				
Effizienzklasse				
Radstand	2840 mm	2840 mm	2840 mm	2840 mm
Spur vorne/hinten	1563/1546 mm	1563/1546 mm	1563/1546 mm	1563/1546 mm
Gesamtlänge	4686 mm	4686 mm	4686 mm	4686 mm
Gesamtbreite	1810 mm	1810 mm	1810 mm	1810 mm
Höhe	1405 mm/1409 mm	1405 mm/1409 mm	1405 mm/1409 mm	1405 mm/1409 mm
Wendekreisdurchmesser	11,22 m	11,22 m	11,22 m	11,22 m
Leergewicht[5]	1490 kg/1615 kg	1600 kg/1735 kg	1645 kg/1730 kg	1720 kg/1860 kg
Zul. Gesamtgewicht	2045 kg/2170 kg	2095 kg/2200 kg	2210 kg/ 2285 kg	2215 kg/2325 kg
Zuladung	bis 495 kg/bis 465 kg, je nach Ausstattung	bis 495 kg/bis 465 kg, je nach Ausstattung	bis 495 kg/bis 465 kg, je nach Ausstattung	bis 495 kg/bis 465 kg, je nach Ausstattung
Anhängelast gebremst/ungebremst	1800/750 kg	1800/750 kg	1800/750 kg	1800/750 kg
Preise[9]	10.2015: EUR 44.803,50/06.2016: EUR 51.437,75	10.2018: EUR 46.951,45/EUR 52.615,85	04.2016: EUR 53.133,50/06.2016: EUR 59.767,75	10.2018: EUR 55.816,95/EUR 61.481,35

C-Klasse Coupés/Cabriolets der Baureihe 205, seit 2015

Typ	Mercedes-AMG C 43 4MATIC	Mercedes-AMG C 43 4MATIC	Mercedes-AMG C 63	Mercedes-AMG C 63 S
Konstruktionsbezeichnung	C 205/A 205	C 205/A 205	C 205/A 205	C 205/A 205
Produktionszeitraum	Coupé 04.2016-07.2018/Cabriolet 06.2016-07.2018	seit 07.2018	Coupé seit 09.2015/Cabriolet seit 02.2016	Coupé seit 09.2015/Cabriolet seit 02.2016
Motor	Viertakt-Ottomotor mit einem Kurbelgehäuse aus Aluminium-Druckguss, Zylinderlaufbahn mit NANOSLIDE® Beschichtung, strahlgeführte Mehrfach-Benzin-Direkteinspritzung, zwei Abgas-Turbolader, Ladeluftkühlung	Viertakt-Ottomotor mit einem Kurbelgehäuse aus Aluminium-Druckguss, Zylinderlaufbahn mit NANOSLIDE® Beschichtung, strahlgeführte Mehrfach-Benzin-Direkteinspritzung, zwei Abgas-Turbolader, Ladeluftkühlung	Viertakt-Ottomotor mit einem Kurbelgehäuse aus Aluminium-Druckguss, Zylinderlaufbahn mit NANOSLIDE® Beschichtung, strahlgeführte Mehrfach-Benzin-Direkteinspritzung, zwei Abgas-Turbolader, Ladeluftkühlung	Viertakt-Ottomotor mit einem Kurbelgehäuse aus Aluminium-Druckguss, Zylinderlaufbahn mit NANOSLIDE® Beschichtung, strahlgeführte Mehrfach-Benzin-Direkteinspritzung, zwei Abgas-Turbolader, Ladeluftkühlung
Motor-Typ/-Baumuster	M 276 DEH 30 LA	M 276 DEH 30 LA	M 177 DE 40 AL	M 177 DE 40 AL
Zylinderzahl/Anordung	6/V 60°	6/V 60°	8/V 90°	8/V 90°
Bohrung x Hub	88 x 82,1 mm	88 x 82,1 mm	83 x 92 mm	83 x 92 mm
Gesamthubraum	2996 ccm	2996 ccm	3982 ccm	3982 ccm
Verdichtungsverhältnis	10,5:1	10,5:1	10,5:1	10,5:1
Leistung	270 kW/367 PS bei 5500-6000/min	287 kW/390 PS bei 5500-6000/min	350 kW/476 PS bei 5500-6250/min	350 kW/510 PS bei 5500-6250/min
Drehmoment	520 Nm bei 2000-4200/min	520 Nm bei 2000-4200/min	650 Nm bei 1750-4500/min	700 Nm bei 2000-4500/min
Ventilanzahl/-anordnung	2 Einlass, 2 Auslass/hängend	2 Einlass, 2 Auslass/hängend	2 Einlass, 2 Auslass/hängend	2 Einlass, 2 Auslass/hängend
Ventilsteuerung	je Zylinderbank 2 obenliegende und verstellbare Nockenwellen	je Zylinderbank 2 obenliegende und verstellbare Nockenwellen	je Zylinderbank 2 obenliegende und verstellbare Nockenwellen	je Zylinderbank 2 obenliegende und verstellbare Nockenwellen
Gemischbildung	Mehrfach-Benzin-Direkteinspritzung durch Piezo-Injektoren, je Zylinderbank ein Abgas-Turbolader mit Ladeluftkühlung	Mehrfach-Benzin-Direkteinspritzung durch Piezo-Injektoren, je Zylinderbank ein Abgas-Turbolader mit Ladeluftkühlung	Mehrfach-Benzin-Direkteinspritzung durch Piezo-Injektoren, je Zylinderbank ein Abgas-Turbolader mit Ladeluftkühlung	Mehrfach-Benzin-Direkteinspritzung durch Piezo-Injektoren, je Zylinderbank ein Abgas-Turbolader mit Ladeluftkühlung
Kühlung	Wasserkühlung/Pumpe	Wasserkühlung/Pumpe	Wasserkühlung/Pumpe	Wasserkühlung/Pumpe
Schmierung	Druckumlaufschmierung	Druckumlaufschmierung	Druckumlaufschmierung	Druckumlaufschmierung
Kraftstofftank: Anordnung, Fassungsvermögen	vor der Hinterachse, 66 l	vor der Hinterachse, 66 l	vor der Hinterachse, 66 l	vor der Hinterachse, 66 l
Radaufhängung vorne	Mehrlenkerachsen/McPherson-Federbeine	Mehrlenkerachsen/McPherson-Federbeine	Mehrlenkerachsen/McPherson-Federbeine	Mehrlenkerachsen/McPherson-Federbeine
Radaufhängung hinten	Raumlenkerachse	Raumlenkerachse	Raumlenkerachse	Raumlenkerachse
Federung vorne	Schraubenfedern, Drehstab-Stabilisator	Schraubenfedern, Drehstab-Stabilisator	Schraubenfedern, Drehstab-Stabilisator	Schraubenfedern, Drehstab-Stabilisator
Federung hinten	Schraubenfedern, Drehstab-Stabilisator	Schraubenfedern, Drehstab-Stabilisator	Schraubenfedern, Drehstab-Stabilisator	Schraubenfedern, Drehstab-Stabilisator
Stoßdämpfer vorne/hinten	Gasdruckstoßdämpfer	Gasdruckstoßdämpfer	Gasdruckstoßdämpfer	Gasdruckstoßdämpfer
Lenkung	Zahnstangen-Servolenkung mit geschwindigkeitsabhängiger Lenkkraftunterstützung und variabler Lenkübersetzung	Zahnstangen-Servolenkung mit geschwindigkeitsabhängiger Lenkkraftunterstützung und variabler Lenkübersetzung	Zahnstangen-Servolenkung mit geschwindigkeitsabhängiger Lenkkraftunterstützung und variabler Lenkübersetzung	Zahnstangen-Servolenkung mit geschwindigkeitsabhängiger Lenkkraftunterstützung und variabler Lenkübersetzung
Bremsanlage	hydraulische Zweikreis-Bremsanlage mit Unterdruck-Bremskraftverstärker, Scheibenbremsen vorn innenbelüftet, hinten massiv, ABS, BAS, ESP®	hydraulische Zweikreis-Bremsanlage mit Unterdruck-Bremskraftverstärker, Scheibenbremsen vorn innenbelüftet, hinten massiv, ABS, BAS, ESP®	hydraulische Zweikreis-Bremsanlage mit Unterdruck-Bremskraftverstärker, Scheibenbremsen vorn und hinten innenbelüftet, ABS, BAS, ESP®	hydraulische Zweikreis-Bremsanlage mit Unterdruck-Bremskraftverstärker, AMG Verbund-Bremsanlage, optional Keramik Verbund-Bremsanlage
Feststellbremse	elektrisch, auf Hinterräder wirkend	elektrisch, auf Hinterräder wirkend	elektrisch, auf Hinterräder wirkend	elektrisch, auf Hinterräder wirkend
Bremsscheibendurchmesser vorne/hinten	360/320 mm	360/320 mm	360/360 mm	390/360 mm
Räder	Leichtmetallfelgen, 7,5 J x 18 vorn, 8,5 J x 18 hinten	Leichtmetallfelgen, 7,5 J x 18 vorn, 8,5 J x 18 hinten	Leichtmetallfelgen, 8,5 J x 18 vorn, 9,5 J x 18 hinten	Leichtmetallfelgen, 8,5 J x 18 vorn, 9,5 J x 18 hinten
Reifen	225/45 ZR 18 vorne, 245/40 ZR 18 hinten	225/45 ZR 18 vorne, 245/40 ZR 18 hinten	245/40 R 18 vorne, 265/40 R 18 hinten	245/40 R 18 vorne, 265/40 R 18 hinten
Kraftübertragung	4MATIC Allradantrieb	4MATIC Allradantrieb	4MATIC Allradantrieb	4MATIC Allradantrieb
Getriebe [1]	9-Gang-Automatikgetriebe mit elektronischer Steuerung	9-Gang-Automatikgetriebe mit elektronischer Steuerung	7-Gang Automatik mit elektronischer Steuerung; ab 2017: 9-Gang Automatik mit elektronischer Steuerung	7-Gang Automatik mit elektronischer Steuerung; ab 2017: 9-Gang Automatik mit elektronischer Steuerung
Verfügbarkeit	Serie	Serie	Serie	Serie
Kupplung	Wandler	Wandler	Nasskupplung	Nasskupplung
Getriebebezeichnung	9G-TRONIC	9G-TRONIC	AMG SPEEDSHIFT MCT 7G-Getriebe bis 2017, dann AMG SPEEDSHIFT MCT 9G-Getriebe	AMG SPEEDSHIFT MCT 7G-Getriebe bis 2017, dann AMG SPEEDSHIFT MCT 9G-Getriebe
Getriebe-Übersetzung	I. 5,35; II. 3,24; III. 2,25; IV. 1,64; V. 1,21; VI. 1,00; VII. 0,86; VIII. 0,72; IX. 0,60; R. 4,80	I. 5,35; II. 3,24; III. 2,25; IV. 1,64; V. 1,21; VI. 1,00; VII. 0,86; VIII. 0,72; IX. 0,60; R. 4,80	7G-Getriebe: I. 4,38; II. 2,86; III. 1,92; IV. 1,37; V. 1,00; VI. 0,82; VII. 0,73; R. 3,42 9G-Getriebe: I. 5,35; II. 3,24; III. 2,25; IV. 1,64; V. 1,21; VI. 1,00; VII. 0,86; VIII. 0,72; IX. 0,60; R. 4,80	7G-Getriebe: I. 4,38; II. 2,86; III. 1,92; IV. 1,37; V. 1,00; VI. 0,82; VII. 0,73; R. 3,42 9G-Getriebe: I. 5,35; II. 3,24; III. 2,25; IV. 1,64; V. 1,21; VI. 1,00; VII. 0,86; VIII. 0,72; IX. 0,60; R. 4,80
Achsantriebsübersetzung	3,07	3,07	2,82	2,82
Höchstgeschwindigkeit	250 km/h/250 km/h	250 km/h/250 km/h	250 km/h/290 km/h; 250 km/h/280 km/h mit optionalem Drivers Package	290 km/h/280 km/h
Beschleunigung[2] 0-100 km/h	4,7 s/4,8 s	4,7 s/4,8 s	4,0 s/4,2 s	3,9 s/4,1 s
Norm-Kraftstoffverbrauch in Liter	7,8-8,0/8,3-8,4	9,2-9,5/9,5-9,8	8,6-8,9/8,9-9,3	8,6-8,9/8,9-9,3
Emissionsklasse	Euro 6	Euro 6d-TEMP	Euro 6 ; ab 09.2018: Euro 6d-TEMP	Euro 6 ; ab 09.2018: Euro 6d-TEMP
Effizienzklasse	D	F	E/F	E/F/G
Getriebe [2]				
Verfügbarkeit				
Kupplung				
Getriebebezeichnung				
Getriebe-Übersetzung				
Achsantriebsübersetzung				
Höchstgeschwindigkeit				
Beschleunigung[2] 0-100 km/h				
Norm-Kraftstoffverbrauch in Liter				
Emissionsklasse				
Effizienzklasse				
Radstand	2840 mm	2840 mm	2840 mm	2840 mm
Spur vorne/hinten	1563/1546 mm	1563/1546 mm	1563/1546 mm	1563/1546 mm
Gesamtlänge	4686 mm	4686 mm	4686 mm	4686 mm
Gesamtbreite	1810 mm	1810 mm	1810 mm	1810 mm
Höhe	1405 mm/1409 mm	1405 mm/1409 mm	1405 mm/1409 mm	1405 mm/1409 mm
Wendekreisdurchmesser	11,22 m	11,22 m	11,22 m	11,22 m
Leergewicht[5]	1660 kg/1795 kg	1750 kg/1885 kg	1810 kg/1925 kg	1820 kg/1940 kg
Zul. Gesamtgewicht	2185 kg/2315 kg	2185 kg/2315 kg	2155 kg/2275 kg	2160 kg/2280 kg
Zuladung	bis 495 kg/bis 465 kg, je nach Ausstattung	435 kg/430 kg	445 kg/440 kg	435 kg/430 kg
Anhängelast gebremst/ungebremst	1800/750 kg	1800/750 kg		
Preise[9]	04.2016: EUR 61.285,00/06.2016: EUR 67.919,25	10.2018: EUR 64.456,35/EUR 70.120,75	10.2018: EUR 79.492,00/EUR 85.204,00	10.2018: EUR 88.238,50/EUR 93.950,50

1 Produktionsbeginn Vorserie/Hauptserie - Produktionsende
2 Beschleunigung mit Durchschalten von 0 - 100 km/h; Belastung 2 Personen
3 nach Richtlinie 80/1268/EWG; Werte für 90 km/h/120 km/h/Stadtzyklus
4 nach Richtlinie DIN 70020 (mit Kraftstoff, Reserverad und Werkzeug)
5 nach Richtlinie EG 92/21 (mit Fahrer, 68 kg, und Gepäck, 7 kg; Tank zu 90 % gefüllt)
6 nach Richtlinie 93/116/EG; Werte für City (innerorts)/EUDC (außerorts)/NEFZ (Neuer Eur. Fahrzyklus, Mittel aus City <36,8%> und EUDC <63,2%>)
7 Stückzahlen bis/ab Modellpflege nicht separat dokumentiert
8 Produktionsbeginn Vorserie/Hauptserie
9 Preise inkl. gesetzlicher MwSt. für ein Fahrzeug in Serienausstattung ab Werk
10 mit 4-Gang-Automatikgetriebe
11 mit 5-Gang-Schaltgetriebe